从技工到技师
考证一本通

数控程序员全技师培训教程

韩鸿鸾　丛培兰　主编

面向数控程序员高级工、技师国家职业技能鉴定全过程培训 ●
覆盖高级工、技师全部鉴定考点 ●
学完本书，可能你不是技师，但你已具备了技师的视野和感觉 ●

化学工业出版社
·北京·

图书在版编目（CIP）数据

数控程序员全技师培训教程/韩鸿鸾，丛培兰主编. 北京：化学工业出版社，2014.8
（从技工到技师考证一本通）
ISBN 978-7-122-20751-7

Ⅰ.①数… Ⅱ.①韩…②丛… Ⅲ.①数控机床-程序设计-技术培训-教材 Ⅳ.①TG659

中国版本图书馆 CIP 数据核字（2014）第 104742 号

责任编辑：王　烨　　　　文字编辑：张绪瑞
责任校对：吴　静　　　　装帧设计：尹琳琳

出版发行：化学工业出版社（北京市东城区青年湖南街 13 号　邮政编码 100011）
印　　装：大厂聚鑫印刷有限责任公司
787mm×1092mm　1/16　印张 20¾　字数 755 千字　　2014 年 10 月北京第 1 版第 1 次印刷

购书咨询：010-64518888（传真：010-64519686）　售后服务：010-64518899
网　　址：http://www.cip.com.cn
凡购买本书，如有缺损质量问题，本社销售中心负责调换。

定　价：79.00 元

前　言

本书在依据国家职业标准《数控程序员》中的理论知识要求和技能要求的同时，还兼顾了《数控车工》、《数控铣工》、《加工中心操作工》与《电切削工》中的理论知识要求和技能要求，按照岗位培训需要编写的。

职业资格证书等级考试的书籍很多，但大多是按初、中、高、技师（高级技师）几个等级分册编写的。这种编写方式适合不同等级的学习考试，但不适合全过程的培训，随着技术学院、高级技校、技师学院及各种培训机构的增加，高级工、技师（高级技师）全过程的培训也在快速增加，社会上迫切需要适合这种形式的书籍。我们这套书就是在这种形势下产生的。

何谓“全技师”?

全技师是指本书的知识体系涵盖数控程序员高级、技师两个职业等级的全部知识点。一书在手，可以完成从高级程序员到技师的蜕变。

本书内容先进，引用了新观点、新思想以适应经济社会发展和科技进步的需要，体现以职业能力为本位，以应用为核心，以“必需、够用”为度的原则；紧密联系生产实际；加强针对性，与职业资格标准相互衔接。

本书为数控程序员考评教材，在实际应用时，当地可以根据实际情况全用或选用本书的部分内容。

本书由韩鸿鸾、丛培兰主编，袁雪芬、赵峰、马淑香副主编，刘曙光、陈青、宋洪滨、王鹏、陈黎丽、王敏敏、史先伟、王秀珠、胡永英、卢超、阮洪涛、蔡艳辉、王宗霞、韩中华、张玉东、王常义、刘书峰、吴海燕、倪建光、曲善珍、马红荣、董海萍、解芳、丛志鹏、陶建海、马述秀、李鲁平、朱晓华、柳伯超、于海滨参加编写，全书由韩鸿鸾统稿，张玉东主审。

本书在编写过程中得到了烟台、东营、常州、广州、营口、郴州、九江、内蒙古、天津、武汉等省市的职业院校、技师学院、高级技工学校的大力帮助，得到了威海精密机床附件厂、威海联桥仲精机械有限公司、华东数控有限公司的大力支持，在此深表谢意。

由于时间仓促，编者水平有限，书中缺陷及不足在所难免，感谢广大读者给予批评指正。

编者于山东威海

目　录

第一章 数控机床概述

第一节　认识数控机床

数控程序员基础知识

图 1-1-1 是在数控机床上加工零件的示意，数控机床是现代机械工业的重要技术装备，也是先进制造技术的基础装备。随着微电子技术、计算机技术、自动化技术的发展，数控机床也得到了飞速发展，在我国几乎所有的机床品种都有了数控机床，并且还发展了一些新的品种。

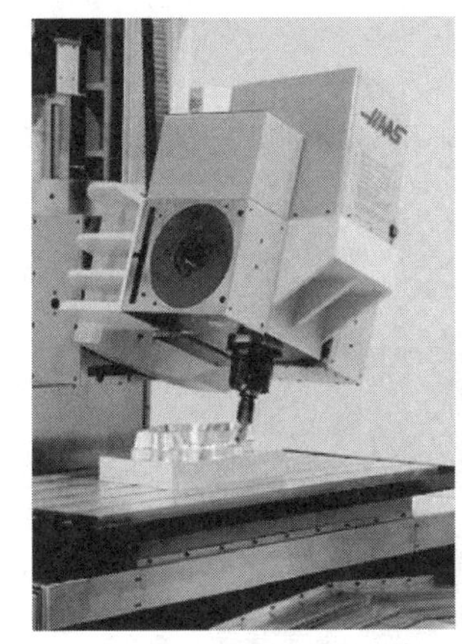

图 1-1-1　数控机床加工零件示意

一、基本概念

数字控制（Numerical Control）简称数控（NC），是一种借助数字、字符或其他符号对某一工作过程（如加工、测量、装配等）进行可编程控制的自动化方法。

数控技术（Numerical Control Technology）是指用数字量及字符发出指令并实现自动控制的技术，它已经成为制造业实现自动化、柔性化、集成化生产的基础技术。

数控系统（Numerical Control System）是指采用数字控制技术的控制系统。

计算机数控系统（Computer Numerical Control）是以计算机为核心的数控系统。

数控机床（Numerical Control Machine Tools）是指采用数字控制技术对机床的加工过程进行自动控制的一类机床。国际信息处理联盟（IFIP）第五技术委员会对数控机床定义如下：数控机床是一个装有程序控制系统的机床，该系统能够逻辑地处理具有使用号码或其他符号编码指令规定的程序。定义中所说的程序控制系统即数控系统。

二、数控机床的产生

1949 年美国空军后勤司令部为了在短时间内造出经常变更设计的火箭零件与帕森斯（John C. Parson）公司合作，并选择麻省理工学院伺服机构研究所为协作单位，于 1952 年研制成功了世界上第一台数控机床。1958 年，美国的克耐·杜列克公司（Keaney&Treeker corp-K&T 公司）在一台数控镗铣床上增加了自动换刀装置，第一台加工中心问世了，现代意义上的加工中心是 1959 年由该公司开发出来的。我国是从 1958 年开始研制数控机床的。

三、数控机床的特点

① 适应性强。
② 适合加工复杂型面的零件。
③ 加工精度高、加工质量稳定。
④ 自动化程度高。
⑤ 加工生产率高。
⑥ 一机多用。
⑦ 减轻操作者的劳动强度。
⑧ 有利于生产管理的现代化。
⑨ 价格较贵。
⑩ 调试和维修较复杂，需专门的技术人员。

四、数控机床的分类

1. 按工艺用途分类

(1) 一般数控机床

最普通的数控机床有钻床、车床、铣床、镗床、磨床和齿轮加工机床，如图 1-1-2 所示。初期它们和传统的通用机床工艺用途虽然相似，但是它们的生产率和自动化程度比传统机床高，都适合加工单件、小批量和复杂形状的零件。现在的数控机床其工艺用途已经有了很大的发展。

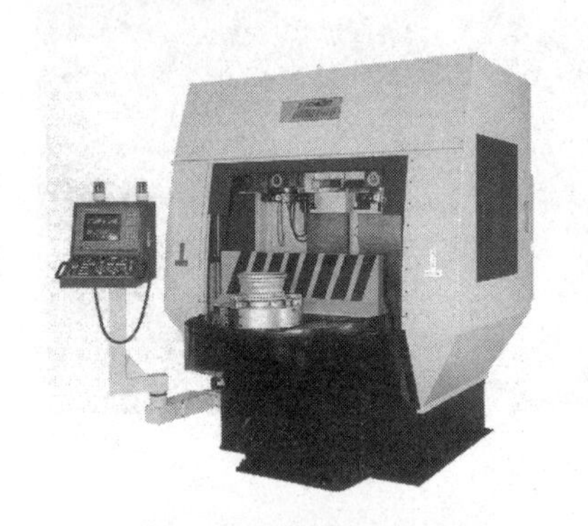

(a) 立式数控车床

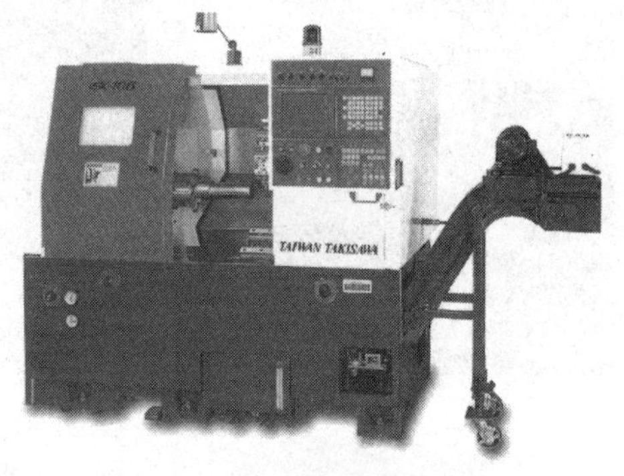

(b) 卧式数控车床

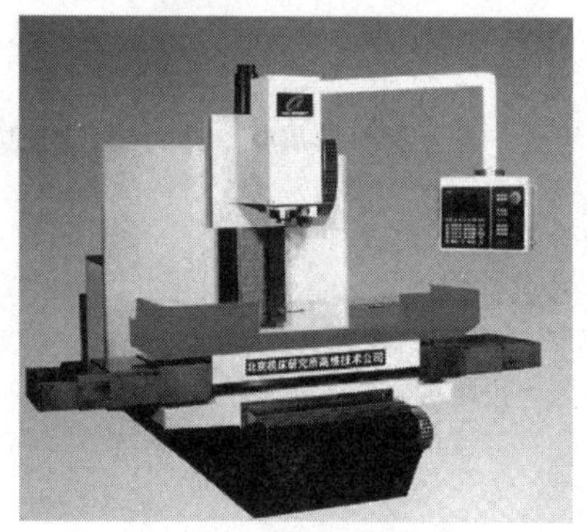

(c) 立式数控铣床

(d) 卧式数控铣床

图 1-1-2　常见数控机床

(2) 数控加工中心

这类数控机床是在一般数控机床上加装一个刀库和自动换刀装置，构成一种带自动换刀装置的数控机床。这类数控机床的出现打破了一台机床只能进行单工种加工的传统概念，实行一次安装定位、完成多工序加工方式。加工中心机床有较多的种类，一般按以下几种方式分类。

1）按加工范围分类。车削加工中心、钻削加工中心、镗铣加工中心、磨削加工中心、电火花加工中心等。一般镗铣类加工中心简称加工中心，其余种类加工中心要有前面的定语。

2）按数控系统联动轴数分类。有 2 坐标加工中心、3 坐标加工中心和多坐标加工中心。

3）按精度分类。可分为普通加工中心和精密加工中心。

4）按机床结构分类。卧式加工中心、立式加工中心、五面加工中心和并联加工中心（虚拟加工中心）。

① 卧式加工中心（见图 1-1-3）。卧式加工中心是指主轴轴线水平设置的加工中心，分固定立柱式或固定工作台式。卧式加工中心一般具有 3～5 个运动坐标轴，它能在工件一次装夹后完成除安装面和顶面以外的其余四个面的加工，最适合加工箱体类工件。

② 立式加工中心（见图 1-1-4）。立式加工中心的主轴轴线为垂直设置。其结构多为固定立柱式。立式加工中心适合加工盘类、模具类零件。其结构简单，占地面积小，价格低，配备各种附件后，可进行大部分工件的加工。

图 1-1-3　卧式加工中心

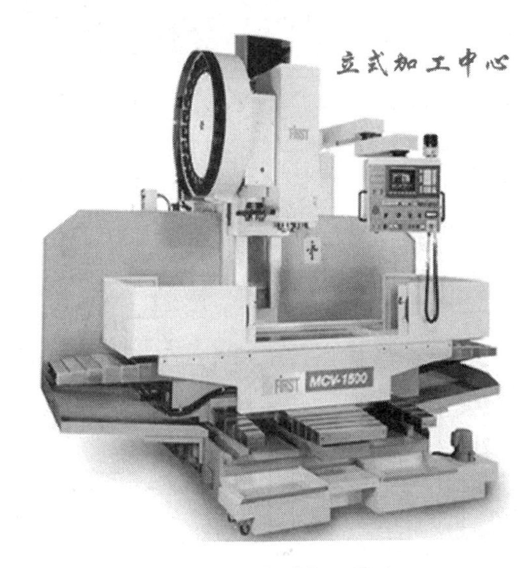

图 1-1-4　立式加工中心

加工大型的零件时，常用龙门式加工中心。大型龙门式加工中心主轴多为垂直设置，如图 1-1-5 所示，尤其适用于大型或形状复杂的零件，像航空、航天工业及大型汽轮机上零件的加工。其实这是立式加工中心的一种。

图 1-1-5　大型龙门式加工中心

③ 五面加工中心（见图 1-1-6）。五面加工中心兼具有立式和卧式加工中心的功能，工件一次装夹后能完成除安装面外的所有侧面和顶面等五个面的加工。常见的五面加工中心有图 1-1-7 所示两种结构形式：图 1-1-7（a）所示的主轴可以 90°旋转，并可按照立式和卧式加工中心两种方式进行切削加工；图 1-1-7（b）所示的工作台可以带着工件做 90°旋转来完成装夹面外的五面切削加工。

④ 六杆/三杆数控机床（并联数控机床）。六杆数控机床（又称虚拟轴机床）是 20 世纪最具革命性的机床运动结构的突破。该数控机床由基座与运动平台及其间的六根可伸缩杆件组成，每根杆件上的两端通过球面支承分别将运动平台与基座相连，并由伺服电动机和滚珠丝杠按数控指令实现伸缩运动，使运动平台带着主轴部件作任意轨迹的运动。工件固定在基座上，刀具相对工件作六个自由度的运动，实现所要求的空间加工轨迹。图 1-1-8 是该机床的实物；其结构见表 1-1-1。

六杆数控机床既有采用滚珠丝杠驱动的又有采用滚珠螺母驱动的。六杆数控机床的关键技术之一是六对球面支承的设计与制造，球面支承将对运动平台的运动精度和定位精度产生直接影响。

图 1-1-6　五面加工中心

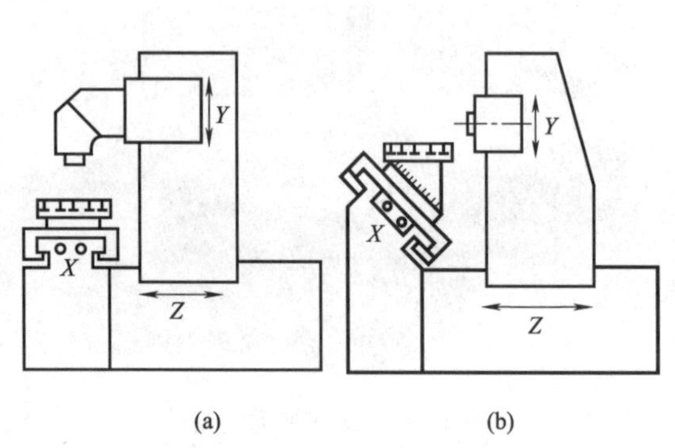

图 1-1-7　五面加工中心的布局形式

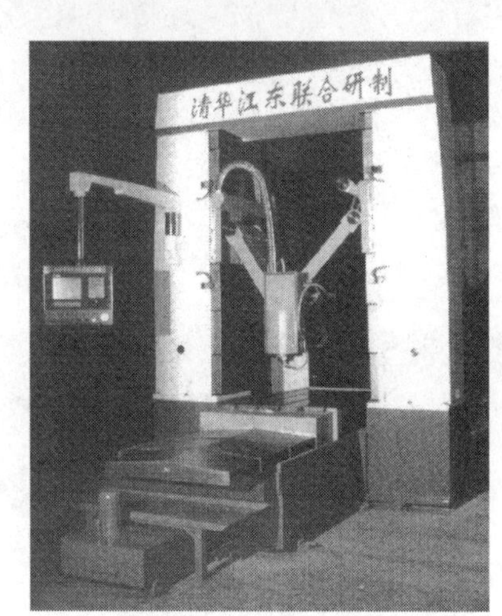

图 1-1-8　并联数控机床

2. 按加工路线分类 这部分非常重要，数控程序员应掌握

数控机床按其进刀与工件相对运动的方式，可以分为点位控制、直线控制和轮廓控制，见表 1-1-2。

3. 按可控制联动的坐标轴分类 这部分非常重要，数控程序员应掌握

所谓数控机床可控制联动的坐标轴，是指数控装置控制几个伺服电动机，同时驱动机床移动部件运动的坐标轴数目。

表 1-1-1　虚拟数控机床

	Hexapod 系列	G 系列	Mikromat 系列
结构图	伺服电动机驱动的可伸缩六杆机构 连接杆 八角固定块 加工用电主轴 主轴固定盘 加工区 工件托盘		

续表

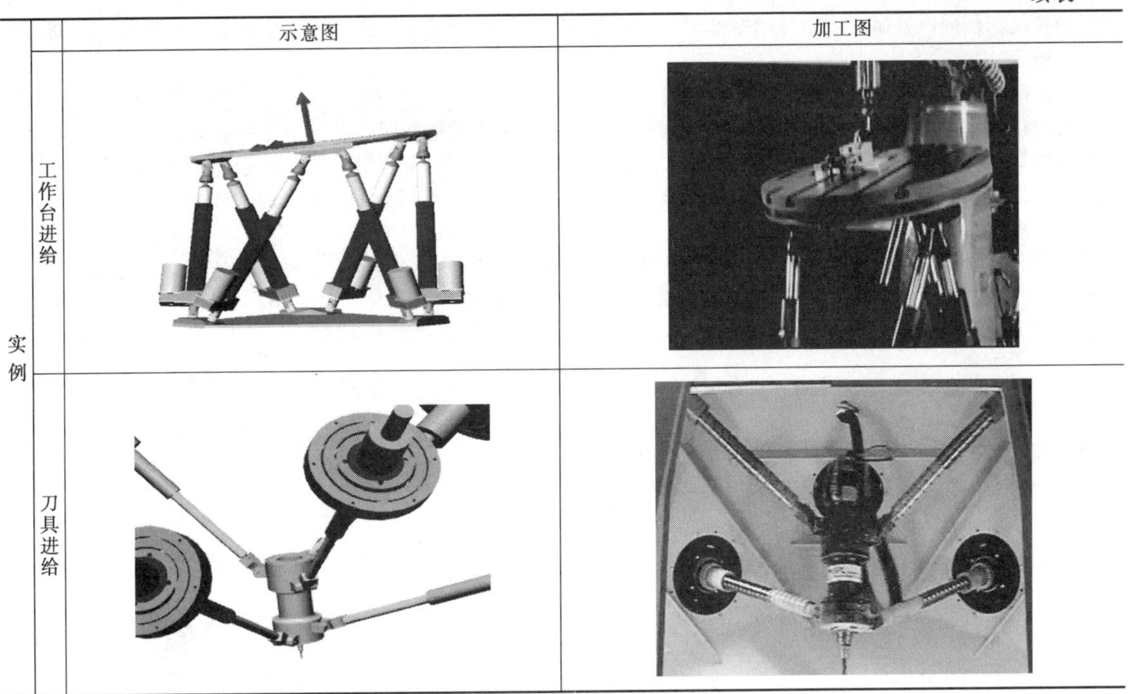

表 1-1-2 数控机床按加工路线分类

加工路线控制	图示与说明	应　　用
点位控制	移动时刀具未加工 刀具与工件相对运动时，只控制从一点运动到另一点的准确性，而不考虑两点之间的运动路径和方向	多应用于数控钻床、数控冲床、数控坐标镗床和数控点焊机等
直线控制	刀具在加工 刀具与工件相对运动时，除控制从起点到终点的准确定位外，还要保证平行坐标轴的直线切削运动	由于只作平行坐标轴的直线进给运动(可以加工与坐标轴成 45°角的直线)，因此不能加工复杂的零件轮廓，多用于简易数控车床、数控铣床、数控磨床等
轮廓控制	刀具在加工 刀具与工件相对运动时，能对两个或两个以上坐标轴的运动同时进行控制	可以加工平面曲线轮廓或空间曲面轮廓，多用于数控车床、数控铣床、数控磨床、加工中心等

(1) 两坐标联动

数控机床能同时控制两个坐标轴联动，即数控装置同时控制 X 和 Z 方向运动，可用于加工各种曲线轮廓的回转体类零件。在加工中能实现坐标平面的变换，用于加工图 1-1-9 (a) 所示的零件沟槽。

（2）三坐标联动

数控机床能同时控制三个坐标轴联动，此时，铣床称为三坐标数控铣床，可用于加工曲面零件，如图 1-1-9（b）所示。

（3）两轴半坐标联动

数控机床本身有三个坐标能作三个方向的运动，但控制装置只能同时控制两个坐标联动，而第三个坐标只能作等距周期移动，可加工空间曲面，如图 1-1-9（c）所示零件。数控装置在 ZX 坐标平面内控制 X、Z 两坐标联动，加工垂直面内的轮廓表面，控制 Y 坐标作定期等距移动，即可加工出零件的空间曲面。

（4）多坐标联动

能同时控制四个以上坐标轴联动的数控机床，多坐标数控机床的结构复杂、精度要求高、程序编制复杂，主要应用于加工形状复杂的零件。五轴联动铣床加工曲面形状零件，如图 1-1-9（d）所示；六轴加工中心示意，如图 1-1-10 所示。

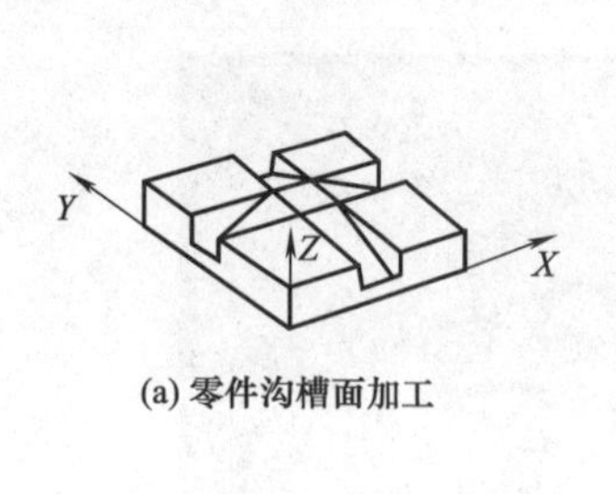

(a) 零件沟槽面加工

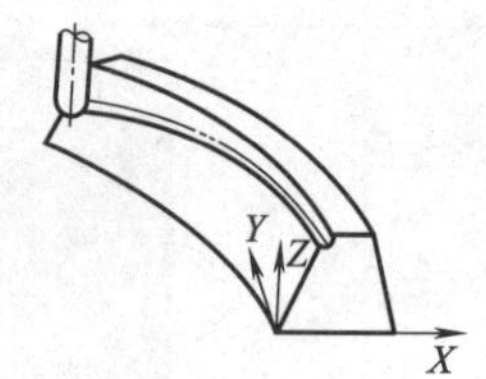

(b) 三坐标联动加工曲面

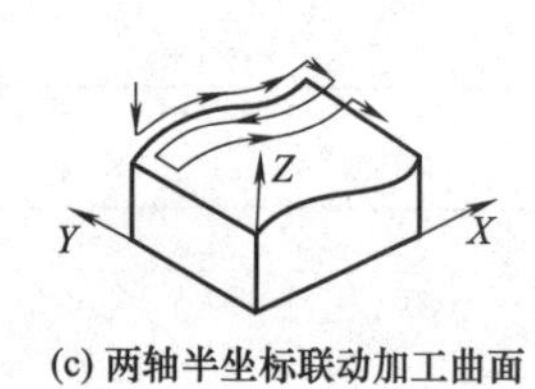

(c) 两轴半坐标联动加工曲面

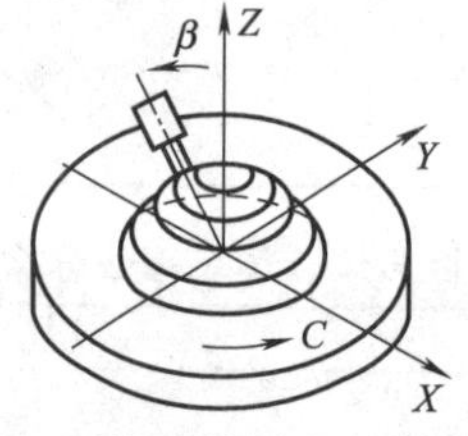

(d) 五轴联动铣床加工曲面

图 1-1-9　空间平面和曲面的数控加工

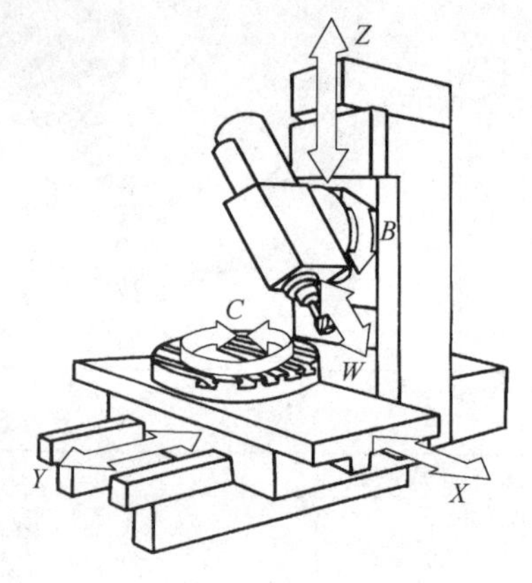

图 1-1-10　六轴加工中心

4. 按加工方式分类（表 1-1-3）

表 1-1-3　按加工方式分类

加工方式	图示举例
金属切削类数控机床	数控车床　加工中心　数控钻床 数控磨床　数控镗床

续表

加工方式	图 示 举 例
金属成形类数控机床	数控折弯机　数控全自动弯管机　数控旋压机
数控特种加工机床	数控电火花线切割机床　数控电火花成形加工机床　数控激光切割机
其他类型数控机床	数控火焰切割机　数控三坐标测量机

五、数控机床的发展

数控机床的发展趋势是工序集中；高速、高效、高精度；方便实用；多功能化；智能化；高可靠性；高柔性化；小型化与开放式体系结构。如纳米铣床加工就是纳米加工头通过刀柄夹装到铣床上，通过铣床工作台或主轴的移动，带动纳米加工头对工件表面进行纳米加工，可实现平面、曲面加工。一次加工到镜面效果，一般 Ra 值都在 0.1μm 以下。其优势是可代替传统的手工平面抛光、研磨；抛光表面无波浪形，几何尺寸稳定；解决曲面抛光的难题，无污染，抛光效率大大提高；预置压应力，提高工件表面硬度、提高工件表面质量（疲劳寿命、耐磨性、耐腐蚀性）；降低成本。

第二节　数控机床的组成

数控程序员工艺基础要求

数控机床一般由计算机数控系统和机床本体两部分组成，其中计算机数控系统是由输入/输出设备、计算机数控装置（CNC 装置）、可编程控制器、主轴驱动系统和进给伺服驱动系统等组成的一个整体系统，如图 1-2-1所示。

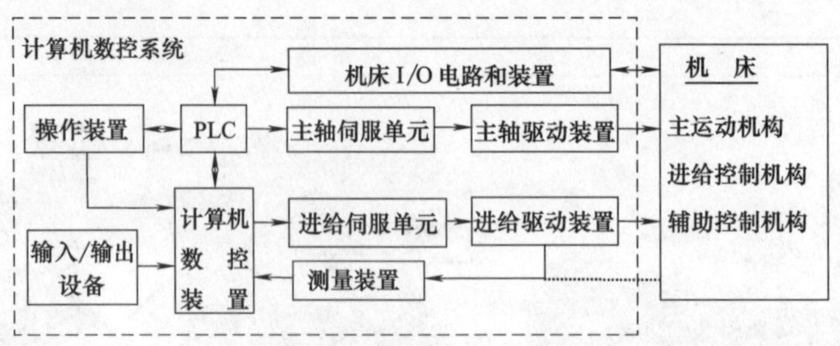

图 1-2-1 数控机床的组成

1. 输入/输出装置

程序员经常用到，应掌握

数控机床在进行加工前，必须接收由操作人员输入的零件加工程序（根据加工工艺、切削参数、辅助动作以及数控机床所规定的代码和格式编写的程序，简称为零件程序。现代数控机床上该程序通常以文本格式存放)，然后才能根据输入的零件程序进行加工控制，从而加工出所需的零件。此外，数控机床中常用的零件程序有时也需要在系统外备份或保存。

因此数控机床中必须具备必要的交互装置，即输入/输出装置来完成零件程序的输入/输出过程。

零件程序一般存放于便于与数控装置交互的一种控制介质上，早期的数控机床常用穿孔纸带、磁带等控制介质，现代数控机床常用移动硬盘、Flash（U 盘)、CF 卡（图 1-2-2）及其他半导体存储器等控制介质。此外，现代数控机床可以不用控制介质，直接由操作人员通过手动数据输入（Manual Data Input，简称 MDI）键盘输入零件程序；或采用通信方式进行零件程序的输入/输出。目前数控机床常采用的通信方式有：串行通信（RS232、RS422、RS485 等)；自动控制专用接口和规范，如 DNC（Direct Numerical Control）方式，MAP（Manufacturing Automation Protocol）协议等；网络通信（Internet，Intranet，LAN 等）及无线通信［无线接收装置（无线 AP)、智能终端］等。

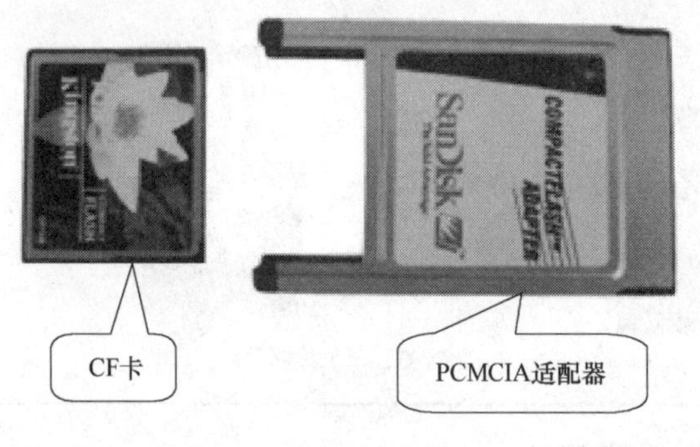

图 1-2-2 CF 卡

2. 操作装置

操作装置是操作人员与数控机床（系统）进行交互的工具，一方面，操作人员可以通过它对数控机床（系统）进行操作、编程、调试或对机床参数进行设定和修改，另一方面，操作人员也可以通过它了解或查询数控机床（系统）的运行状态，它是数控机床特有的一个输入输出部件。操作装置主要由显示装置、NC 键盘（功能类似于计算机键盘的按键阵列)、机床控制面板（Machine Control Panel，简称 MCP)、状态灯、手持单元等部分组成，如图 1-2-3 为 FANUC 系统的操作装置，其他数控系统的操作装置布局与之相比大同小异。

(1) 显示装置

数控系统通过显示装置为操作人员提供必要的信息，根据系统所处的状态和操作命令的不同，显示的信息可以是正在编辑的程序、正在运行的程序、机床的加工状态、机床坐标轴的指令/实际坐标值、加工轨迹的图形仿真、故障报警信号等。

较简单的显示装置只有若干个数码管，只能显示字符，显示的信息也很有限；较高级的系统一般配有 CRT 显示器或点阵式液晶显示器，一般能显示图形，显示的信息较丰富。

(2) NC 键盘

NC 键盘包括 MDI 键盘及软键功能键等。

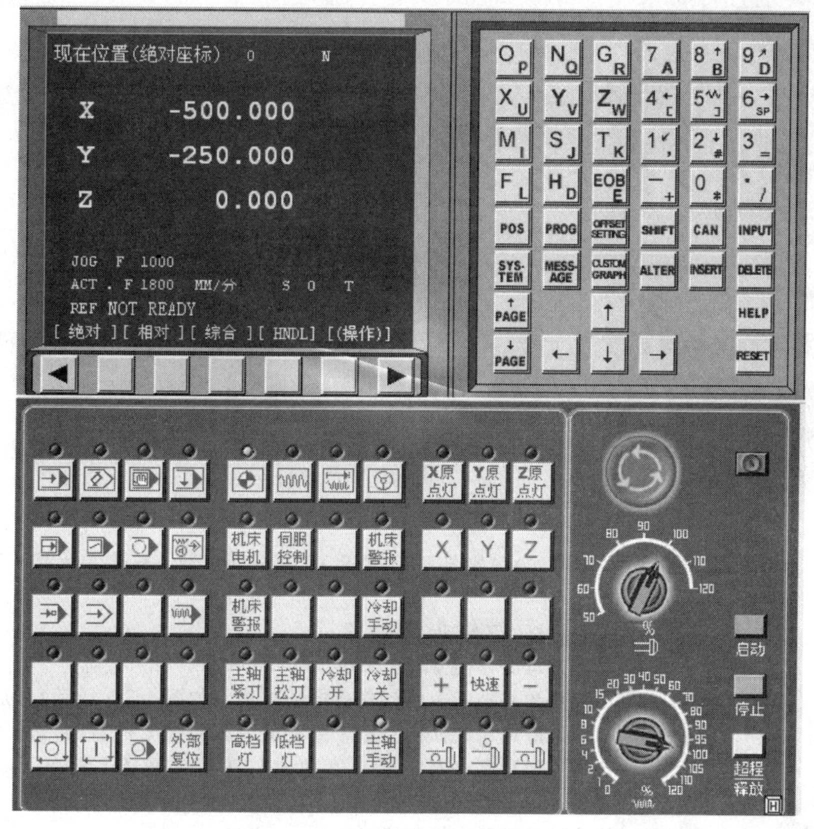

图 1-2-3　FANUC 系统操作装置

MDI 键盘一般具有标准化的字母、数字和符号（有的通过上档键实现），主要用于零件程序的编辑、参数输入、MDI 操作及系统管理等。

功能键一般用于系统的菜单操作（如图 1-2-3 所示）。

（3）机床控制面板 MCP

机床控制面板集中了系统的所有按钮（故可称为按钮站），这些按钮用于直接控制机床的动作或加工过程，如启动、暂停零件程序的运行，手动进给坐标轴，调整进给速度等（如图 1-2-3 所示）。

（4）手持单元

手持单元不是操作装置的必需件，有些数控系统为方便用户配有手持单元用于手摇方式增量进给坐标轴。

手持单元一般由手摇脉冲发生器 MPG、坐标轴选择开关等组成，如图 1-2-4 所示为手持单元的一种形式。

3. 计算机数控装置（CNC 装置或 CNC 单元）

计算机数控（CNC）装置是计算机数控系统的核心，如图 1-2-5 所示。其主要作用是根据输入的零件程序和操作指令进行相应的处理（如运动轨迹处理、机床输入输出处理等），然后输出控制命令到相应的执行部件（伺服单元、驱动装置和 PLC 等），控制其动作，加工出需要的零件。所有这些工作是由 CNC 装置内的系统程序（亦称控制程序）进行合理的组织，在 CNC 装置硬件的协调配合下，有条不紊地进行的。

4. 伺服机构

伺服机构是数控机床的执行机构，由驱动机构和执行机构两大部分组成，如图 1-2-6 所示。它接受数控装置的指令信息，并按指令信息的要求控制执行部件的进给速度、方向和位移。指令信息是以脉冲信息体现的，每一脉冲使机床移动部件产生的位移量称为脉冲当量。目前数控机床的伺服机构中，常用的位移执行机构有功率步进电动机、直流伺服电动机、交流伺服电动机和直线电动机。

5. 检测装置

检测装置（也称反馈装置）对数控机床运动部件的位置及速度进行检测，通常安装在机床的工作台、丝杠或驱动电动机转轴上，相当于普通机床的刻度盘和人的眼睛，它把机床工作台的实际位移或速度转变成电信号反馈给 CNC 装置或伺服驱动系统，与指令信号进行比较，以实现位置或速度的闭环控制。数控机床上常用的

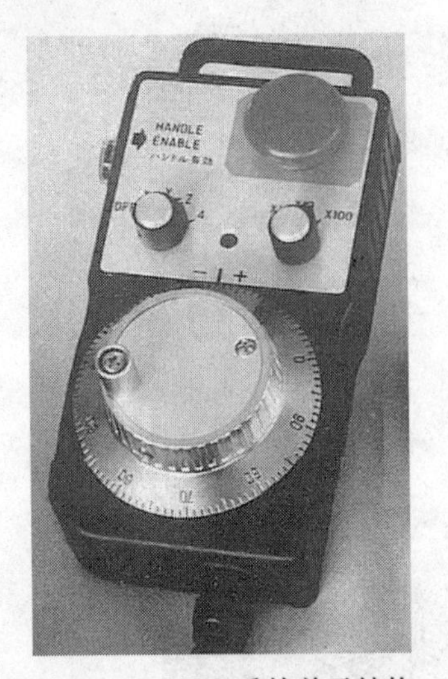

图 1-2-4　MPG 手持单元结构

图 1-2-5　计算机数控装置

检测装置有光栅、编码器（光电式或接触式）（如图 1-2-7 所示）、感应同步器、旋转变压器、磁栅、磁尺、双频激光干涉仪等。

6. 可编程控制器

(a) 伺服电动机　　(b) 驱动机构

图 1-2-6　伺服机构

可编程控制器（Programmable Controller，简称 PC）是一种以微处理器为基础的通用型自动控制装置（如图 1-2-8 所示），是专为在工业环境下应用而设计的。由于最初研制这种装置的目的，是为了解决生产设备的逻辑及开关量控制，故被称为可编程逻辑控制器（Programmable Logic Controller，简称 PLC）。当 PLC 用于控制机床顺序动作时，也被称为可编程机床控制器（Programmable Machine Controller，简称 PMC）。

在数控机床中，PLC 主要完成与逻辑运算有关的一些顺序动作的 I/O 控制，它和实现 I/O 控制的执行部件——机床 I/O 电路和装置（由继电器、电磁阀、行程开关、接触器等组成的逻辑电路）一起，共同完成以下任务。

接受 CNC 装置的控制代码 M（辅助功能）、S（主轴功能）、T（刀具功能）等顺序动作信息，对其进行译码，转换成对应的控制信号，一方面，它控制主轴单元实现主轴转速控制；另一方面，它控制辅助装置完成机床相应的开关动作，如卡盘夹紧松开（工件的装夹）、刀具的自动更换、切削液（冷却液）的开关、机械手取送刀、主轴正反转和停止、准停等动作。

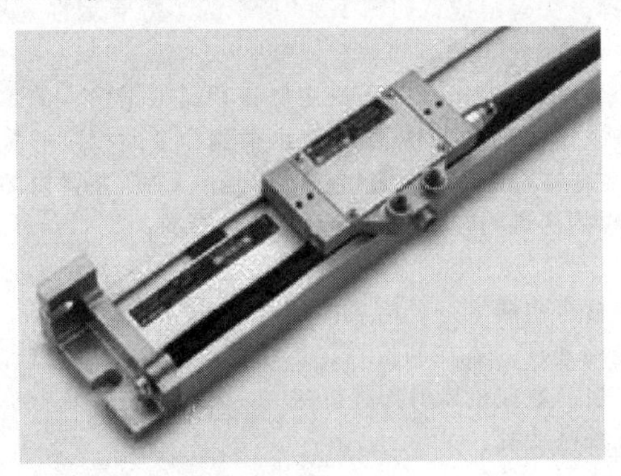

(a) 光栅

(b) 光电编码器

图 1-2-7　检测装置

接受机床控制面板（循环启动、进给保持、手动进给等）和机床侧（行程开关、压力开关、温控开关等）

的 I/O 信号，一部分信号直接控制机床的动作，另一部分信号送往 CNC 装置，经其处理后，输出指令控制 CNC 系统的工作状态和机床的动作。用于数控机床的 PLC 一般分为两类：内装型（集成型）PLC 和通用型（独立型）PLC。

7. 机床本体 数控程序员的工艺基础中明确提出的，但程序员只是了解就可了

机床本体是数控机床的主体，是数控系统的被控对象，是实现制造加工的执行部件。它主要由主运动部件、进给运动部件（工作台、拖板以及相应的传动机构）、支承件（立柱、床身等）以及特殊装置（刀具自动交换系统、工件自动交换系统）和辅助装置（如冷却、润滑、排屑、转位和夹紧装置等）组成。图 1-2-9 为典型数控车床的机械结构系统组成，带有刀库、动力刀具、*C* 轴控制的数控车床通常称为车削中心，如图 1-2-10 所示。车削中心除进行车削工序外，还可以进行轴向、径向铣削、钻孔、攻螺纹等，使工序高度集中。图 1-2-11 所示底座是整台机床的主体，支撑着机台的所有重量；图 1-2-12 所示鞍座下面连接着底座，上面连接滑板，用于实现 *X* 轴移动等功能；图1-2-13为滑板连接刀塔和鞍座。

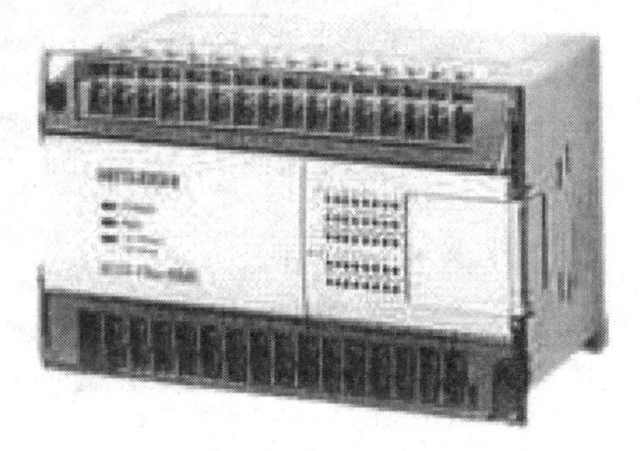

图 1-2-8　可编程控制器

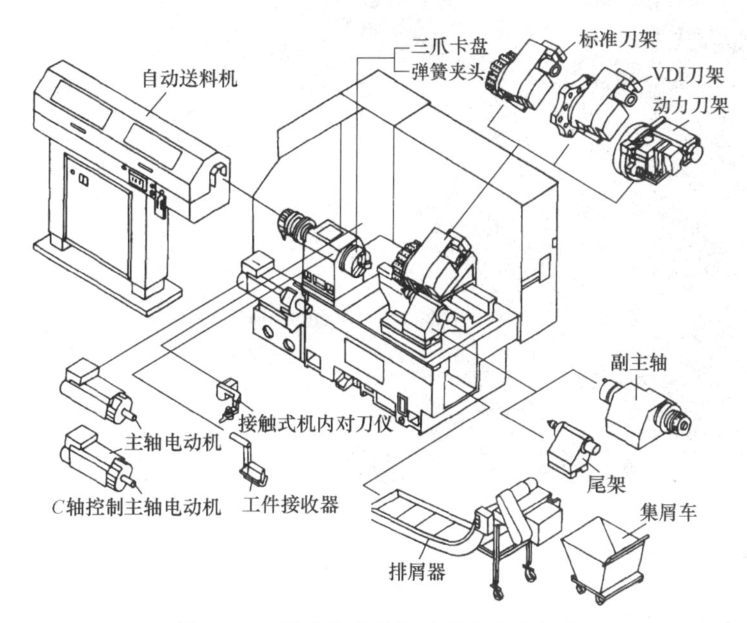

图 1-2-9　数控车床的机械结构系统组成

图 1-2-10　车削中心

图 1-2-11　底座

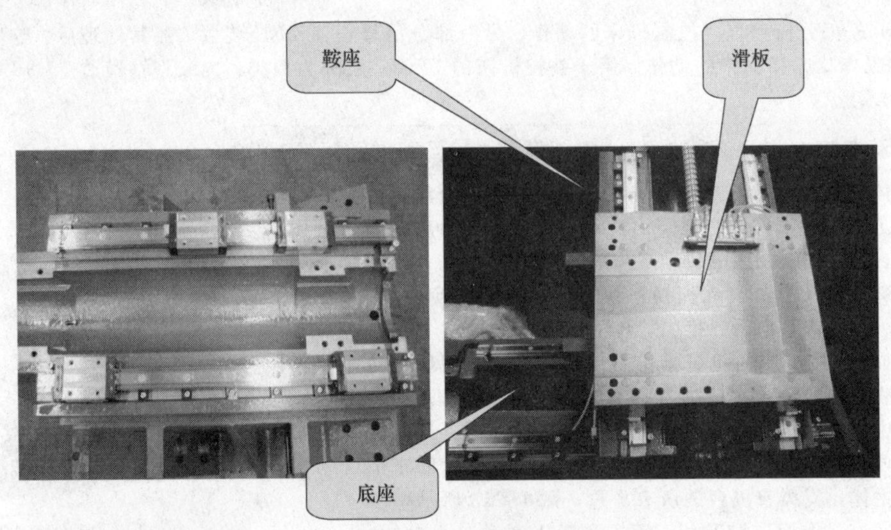

图 1-2-12　鞍座

图 1-2-13　滑板连接刀塔和鞍座

为了达到数控机床高的运动精度、定位精度和高的自动化性能，对其机械结构提出了如下要求。

1）高刚度。提高静刚度的措施主要是基础大件采用封闭整体箱形结构（如图 1-2-14 所示）、合理布置加强筋和提高部件之间的接触刚度。

提高动刚度的措施主要是改善机床的阻尼特性（如填充阻尼材料）、床身表面喷涂阻尼涂层、充分利用结合面的摩擦阻尼、采用新材料，提高抗振性（如图 1-2-15 所示）。

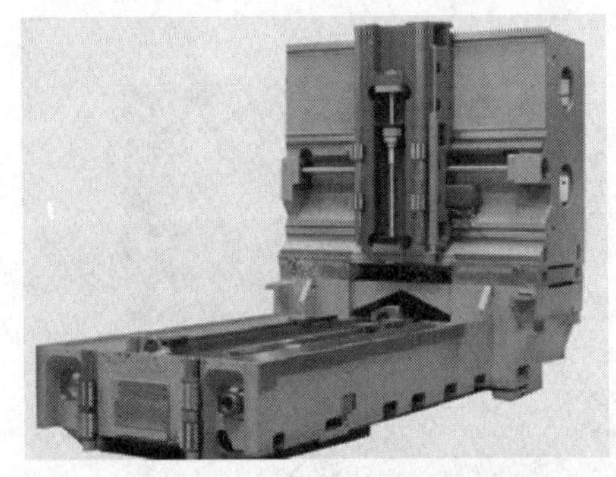

图 1-2-14　封闭整体箱形结构

图 1-2-15　人造大理石床身（混凝土聚合物）

2）高精度、高灵敏度。

3）高抗振性。

4）热变形小。

机床的主轴、工作台、刀架等运动部件在运动中会产生热量，从而产生相应的热变形。为保证部件的运动精度，要求各运动部件的发热量要少，以防产生过大的热变形。为此，对机床热源进行强制冷却（如图 1-2-16 所示）及采用热对称结构（如图 1-2-17 所示），并改善主轴轴承、丝杠螺母副、高速运动导轨副的摩擦特性。如 MJ-50CNC 数控车床主轴箱壳体按照热对称原则设计，并在壳体外缘上铸有密集的散热片结构，主轴轴承采用高性能油脂润滑，并严格控制注入量，使主轴温升很低。对于产生大量切屑的数控机床，一般都带有良好的自动排屑装置等。

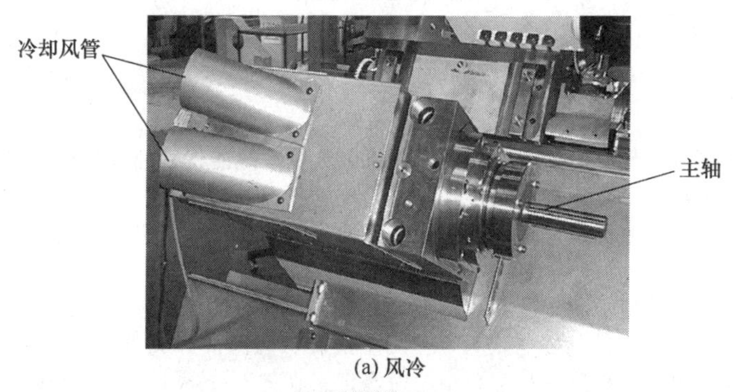

(a) 风冷

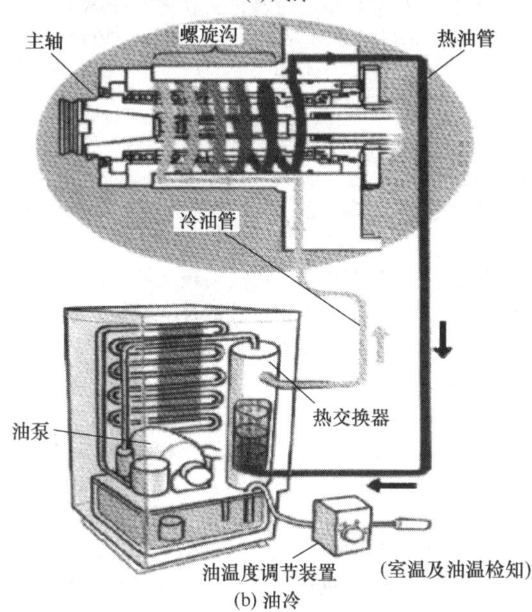

(b) 油冷

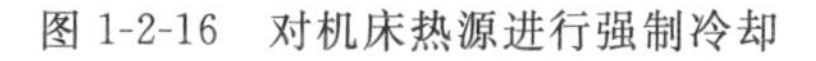

图 1-2-16　对机床热源进行强制冷却

图 1-2-17　热对称结构立柱

思考与练习

1. 简述数控、数控机床的概念。
2. 数控机床由哪些部分组成？各有什么作用？
3. 数控机床产生于哪一年？哪个国家？
4. 简述数控机床的分类。
5. 点位控制系统有什么特点？
6. 直线控制数控机床是否可以加工由直线组成的任意轮廓？
7. 数控机床的机械结构有什么特点？

第二章　数控机床加工程序编制的基础

第一节　数控编程概述

数控程序员的基础知识

一、数控编程

1. 数控编程的定义

为了使数控机床能根据零件加工的要求进行动作，必须将这些要求以机床数控系统能识别的指令形式告知数控系统，这种数控系统可以识别的指令称为程序，制作程序的过程称为数控编程。

数控编程的过程不仅仅单一指编写数控加工指令的过程，它还包括从零件分析到获得加工指令再到制成控制介质以及程序校核的全过程。

在编程前首先要进行零件的加工工艺分析，确定加工工艺路线、工艺参数、刀具的运动轨迹、位移量、切削参数（切削速度、进给量、背吃刀量）以及各项辅助功能（换刀、主轴正反转、切削液开关等）；然后根据数控机床规定的指令及程序格式编写加工程序单；再把这一程序单中的内容记录在控制介质上（如CF卡、移动存储器、硬盘），检查正确无误后采用手工输入方式或计算机传输方式输入数控机床的数控装置中，从而指挥机床加工零件。

2. 数控编程的分类

（1）按编程主体分类

按编程主体，数控编程可分为手工编程和自动编程两种。

1）手工编程　手工编程是指所有编制加工程序的全过程，即图样分析、工艺处理、数值计算、编写程序单、制作控制介质、程序校验都是由手工来完成。

手工编程不需要计算机、编程器、编程软件等辅助设备，只需要有合格的编程人员即可完成。手工编程具有编程快速及时的优点，但其缺点是不能进行复杂曲面的编程。手工编程比较适合批量较大、形状简单、计算方便、轮廓由直线或圆弧组成的零件的加工。对于形状复杂的零件，特别是具有非圆曲线、列表曲线及曲面的零件，采用手工编程则比较困难，最好采用自动编程的方法进行编程。

2）自动编程　自动编程是指通过计算机自动编制数控加工程序的过程。随着计算机技术的发展，自动编程技术也得到了飞跃发展，自动编程种类越来越多，极大地促进了数控机床在全球范围内日益广泛的使用。根据自动编程时原始数据输入方式的不同，自动编程可以分为语言输入、会话编程、图形输入（CAD/CAM编程）、语音输入和实物模型输入五种方式。

① 语言数控自动编程　语言数控自动编程是指零件加工的几何尺寸、工艺参数、切削用量及辅助要求等原始信息，用数控语言编写成源程序后输入到计算机中，再由计算机通过语言自动编程系统进一步处理后得到零件加工程序单及控制介质。

自动编程技术的研究是从语言自动编程系统开始的。其品种多，功能强，使用范围最广，以美国的APT（Automatical Programmed Tools）系统最具代表性，现在已经很少用了。

② 会话编程　会话型自动编程系统就是在数控语言自动编程的基础上，增加了“会话”功能。编程员通过与计算机对话的方式，用会话型自动编程系统专用的会话命令回答计算机显示屏的提问，输入必要的数据和指令，完成对零件源程序的编辑、修改。会话型自动编程系统的特点是：编程员可随时修改零件源程序；随时停止或开始处理过程；随时打印零件加工程序单或某一中间结果；随时给出数控机床的脉冲当量等后置处理参数；可用菜单方式输入零件源程序及操作过程。日本的FAPT、荷兰的MITURN、美国的NCPTS、我国的SAPT等都是会话型自动编程系统，是目前应用较多的自动编程方法。

③ 图形交互自动编程（CAD/CAM）　图形交互自动编程是计算机配备了图形终端和必要的软件后进行编程的一种方法。图形终端由鼠标器、显示屏和键盘组成，它既是输入设备，又是输出设备。利用它能实现人与计算机的“实时对话”，发现错误能及时修改。编程时，可在终端屏幕上显示出所要加工的零件图形，用户可

利用键盘和鼠标器交互确定进给路径和切削用量，计算机便可按预先存储的图形自动编程系统计算刀具轨迹，自动编制出零件的加工程序，并输出程序单和制备控制介质。

图形交互自动编程方法简化了编程过程，减少了编程差错，缩短了编程时间，降低了编程费用，是目前应用最多的一种自动编程方法。

④ 语音提示自动编程　语音数控自动编程是利用人的声音作为输入信息，并与计算机和显示器直接对话，令计算机编出加工程序的一种方法。语音编程系统的构成如图 2-1-1 所示。编程时，编程员只需对着话筒讲出所需的指令即可。编程前应使系统“熟悉”编程员的“声音”，即首次使用该系统时，编程员必须对着话筒讲该系统约定的各种词汇和数字，让系统记录下来并转换成计算机可以接受的数字指令。用语音自动编程的主要优点是：便于操作，未经训练的人员也可使用语音编程系统；可免除打字错误，编程速度快，编程效率高。

⑤ 数字化仪自动编程　数字化仪自动编程适用于有模型或实物而无尺寸零件加工的程序编制，因此也称为实物编程。这种编程方法应具有一台坐标测量机或装有探针，具有相应扫描软件的数控机床，对模型或实物进行扫描。由计算机将所测数据进行处理，最后控制输出设备，输出零件加工程序单或控制介质，即所谓的探针编程。

图 2-1-2 所示是计算机控制的坐标测量机数字化系统。这种系统可编制两坐标或三坐标数控铣床加工复杂曲面的程序。

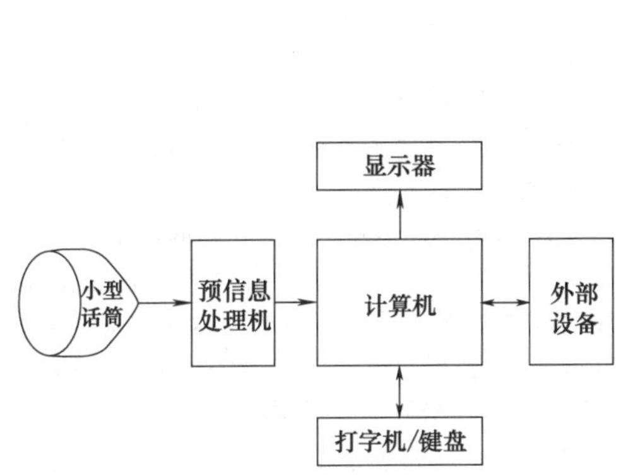

图 2-1-1　语音编程系统的构成

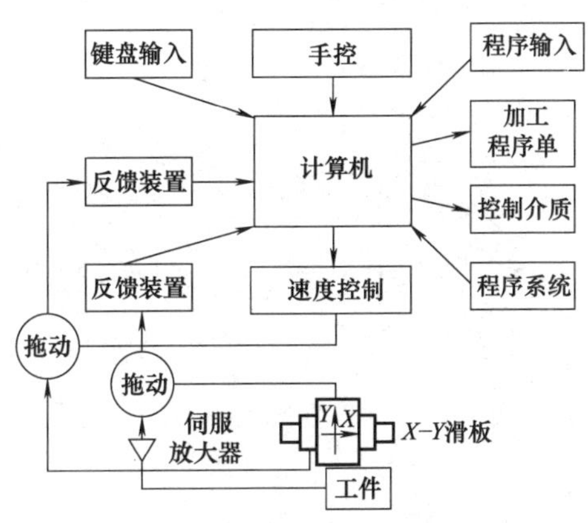

图 2-1-2　计算机控制的坐标测量机数字化系统

(2) 按表述对象分类

数控程序，按照表述对象（指程序的内容及含义）通常可分为两大类：一是面向加工对象，程序描述的是待加工零件的几何要素、单元的信息数据，控制系统依据这些数据和参数计算刀路，具体的计算过程均在系统内部完成，编程者无法看到相关细节，MAZATROL 就是这种程序的典型代表，西门子的 shopmill 程序也属于此类；第二种是面向运动过程，即程序语句由描述机床顺序动作的指令（如 G1、G2、G3、M3 等每种指令对应唯一的驱动方式）组成，常见的有 FANUC、HEIDENHAIN 及 SIEMENS 等系统。

3. 手工编程的步骤

手工编程的步骤如图 2-1-3 所示，主要有以下几个方面的内容。

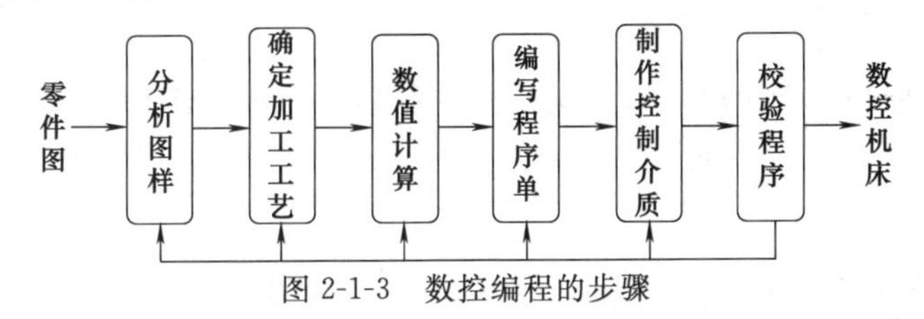

图 2-1-3　数控编程的步骤

(1) 分析零件图样

包括零件轮廓分析，零件尺寸精度、形位精度、表面粗糙度、技术要求的分析，零件材料、热处理等要求的分析等。

(2) 确定加工工艺

包括选择加工方案，确定加工路线，选择定位与夹紧方式，选择刀具，选择各项切削参数，选择对刀点、换刀点等。

(3) 数值计算

选择编程原点，对零件图样各基点进行正确的数学计算，为编写程序单做好准备。

(4) 编写程序单

根据数控机床规定的指令及程序格式编写加工程序单。

(5) 制作控制介质

简单的数控程序直接采用手工输入机床，当程序自动输入机床时，必须制作控制介质。现在大多数程序采用软盘、移动存储器、硬盘作为存储介质，采用计算机传输来输入机床。目前老式的控制介质——穿孔纸带已基本停止使用了。

(6) 校验程序

程序必须经过校验正确后才能使用。一般采用机床空运行的方式进行校验，有图形显示卡的机床可直接在CRT显示屏上进行校验，现在有很多学校还采用计算机数控模拟进行校验。以上方式只能进行数控程序、机床动作的校验，如果要校验加工精度，则要进行首件试切校验。

二、数控机床坐标系

数控程序员高级工，数控车工、数控铣工、加工中心操作工中级工内容

为了便于编程时描述机床的运动，简化程序的编制方法及保证记录数据的互换性，数控机床的坐标和运动的方向均已标准化。这里仅作介绍和解释。

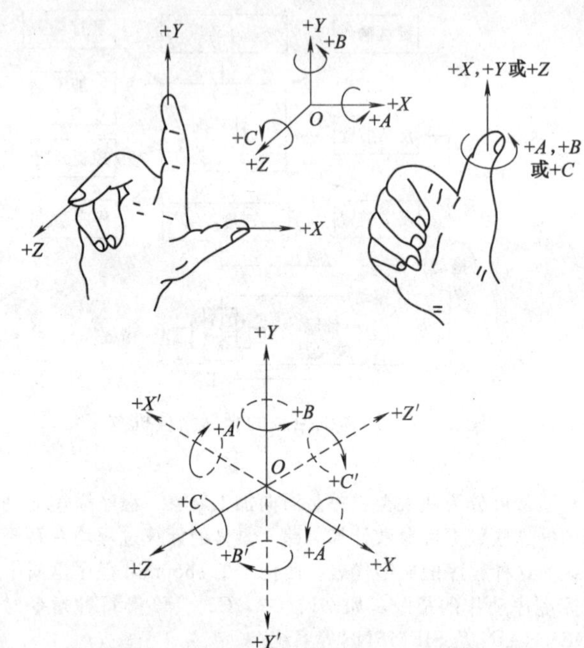

图 2-1-4 右手笛卡儿直角坐标系

1. 坐标系的确定原则

(1) 刀具相对于静止工件而运动的原则

这一原则使编程人员能在不知道是刀具移近工件还是工件移近刀具的情况下，就可根据零件图样，确定机床的加工过程。

(2) 标准坐标（机床坐标）系的规定

在数控机床上，机床的动作是由数控装置来控制的，为了确定机床上的成形运动和辅助运动，必须先确定机床上运动的方向和运动的距离，这就需要一个坐标系才能实现，这个坐标系就称为机床坐标系。

标准的机床坐标系是一个右手笛卡儿直角坐标系，如图 2-1-4 所示。图中规定了 *X*、*Y*、*Z* 三个直角坐标轴的方向，这个坐标系的各个坐标轴与机床的主要导轨相平行，它与安装在机床上、并且按机床的主要直线导轨找正的工件相关。根据右手螺旋方法，可以很方便地确定出 *A*、*B*、*C* 三个旋转坐标的方向。

2. 运动方向的确定

机床的某一运动部件的运动正方向，规定为增大工件与刀具之间距离的方向。

(1) *Z* 坐标的运动

Z 坐标的运动由传递切削力的主轴所决定，与主轴轴线平行的标准坐标轴即为 *Z* 坐标，如图 2-1-5、图 2-1-6 所示的车床，图 2-1-7 所示立式转塔车床或立式镗铣床等。若机床没有主轴（如刨床等），则 *Z* 坐标垂直于工件装夹面，如图 2-1-8 所示的牛头刨床。若机床有几个主轴，可选择一个垂直于工件装夹面的主要轴作为主轴，并以它确定 *Z* 坐标。

Z 坐标的正方向是增加刀具和工件之间距离的方向。如在钻镗加工中，钻入或镗入工件的方向是 *Z* 的负方向。

(2) *X* 坐标的运动

X 坐标运动是水平的，它平行于工件装夹面，是刀具或工件定位平面内运动的主要坐标，如图 2-1-9 所示。

在没有回转刀具和没有回转工件的机床上（如牛头刨床）*X* 坐标平行于主要切削方向，以该方向为正方向，如图 2-1-8 所示。

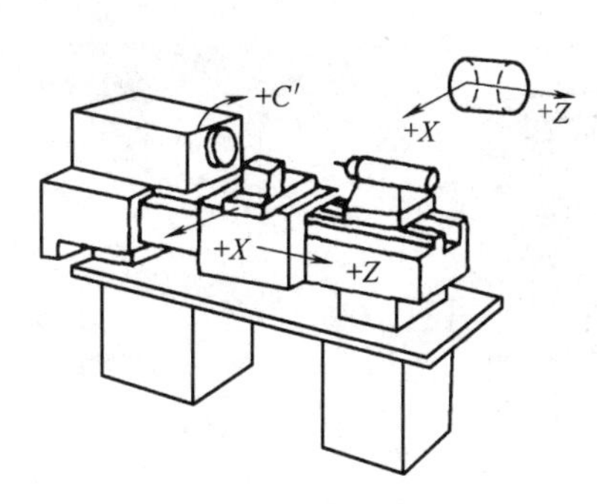

图 2-1-5　卧式车床

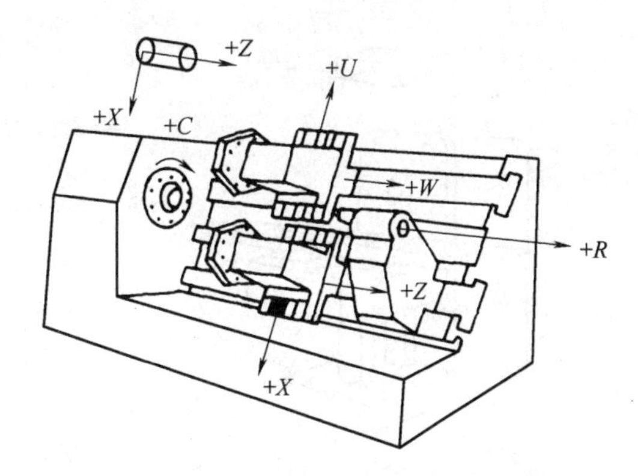

图 2-1-6　具有可编程尾座的双刀架车床

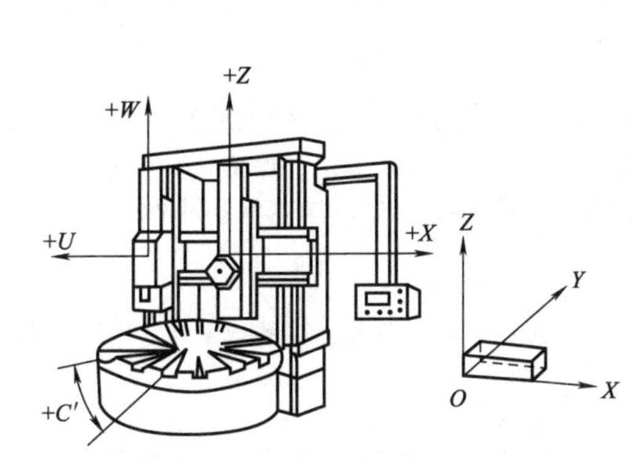

图 2-1-7　立式转塔车床或立式镗铣床

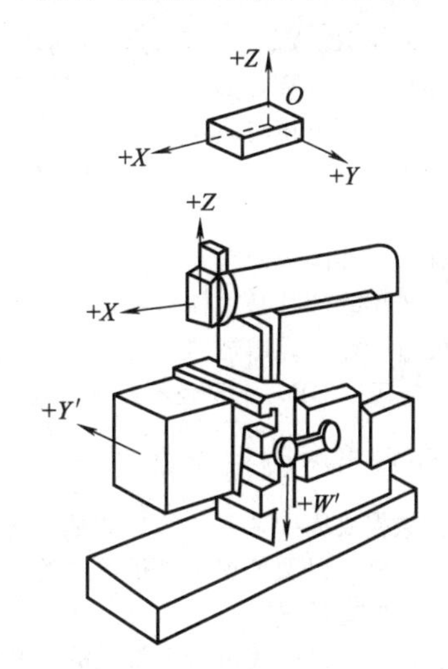

图 2-1-8　牛头刨床

在有回转工件的机床上，如车床、磨床等，X 运动方向是径向的，而且平行于横向滑座，X 的正方向是安装在横向滑座的主要刀架上的刀具离开工件回转中心的方向。

在有刀具回转的机床上（如铣床），若 Z 坐标是水平的（主轴是卧式的），当由主要刀具的主轴向工件看时，X 运动的正方向指向右方，如图 2-1-10 所示。若 Z 坐标是垂直的（主轴是立式的），当由主要刀具主轴向立柱看时，X 运动正方向指向右方，如图 2-1-9 所示的立式铣床。对于桥式龙门机床，当由主要刀具的主轴向左侧立柱看时，X 运动的正方向指向右方，如图 2-1-11 所示。

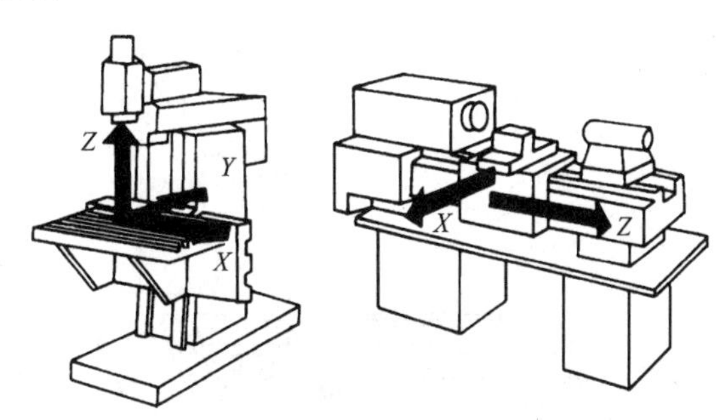

图 2-1-9　铣床与车床的 X 坐标

（3）Y 坐标的运动

正向 Y 坐标的运动，根据 X 和 Z 的运动，按照右手笛卡儿坐标系来确定。

（4）旋转运动

在图 2-1-4 中，A、B、C 相应地表示其轴线平行于 X、Y、Z 的旋转运动。A、B、C 正向为在 X、Y 和 Z 方向上，右旋螺纹前进的方向。

（5）机床坐标系的原点及附加坐标

标准坐标系的原点位置是任意选择的。A、B、C 的运动原点（0°的位置）也是任意的，但 A、B、C 原点的位置最好选择为与相应的 X、Y、Z 坐标平行。

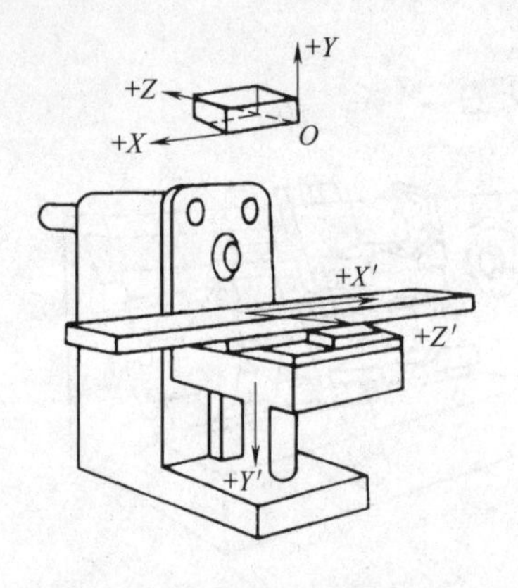

图 2-1-10　卧式升降台铣床

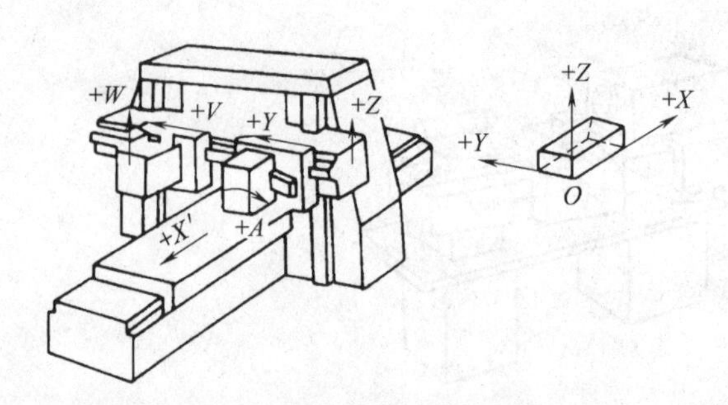

图 2-1-11　龙门式轮廓铣床

如果在 X、Y、Z 主要直线运动之外另有第二组平行于它们的坐标运动，就称为附加坐标。它们应分别被指定为 U、V 和 W，如还有第三组运动，则分别指定为 P、Q 和 R，如有不平行或可以不平行于 X、Y、Z 的直线运动，则可相应地规定为 U、V、W、P、Q 或 R。

如果在第一组回转运动 A、B、C 之外，还有平行或不平行于 A、B、C 的第二组回转运动，可指定为 D、E 或 F。

(6) 工件的运动

对于移动部分是工件而不是刀具的机床，必须将前面所介绍的移动部分中刀具的各项规定，在理论上作相反的安排。此时，用带“$'$”的字母表示工件正向运动，如 $+X'$、$+Y'$、$+Z'$ 表示工件相对于刀具正向运动的指令，$+X$、$+Y$、$+Z$ 表示刀具相对于工件正向运动的指令，二者所表示的运动方向恰好相反。

三、数控机床的相关点

在数控机床中，刀具的运动是在坐标系中进行的。在一台机床上，有各种坐标系与零点。理解它们对使用、操作机床以及编程都是很重要的。

1. 机床原点

机床原点是指在机床上设置的一个固定的点，即机床坐标系的原点。它在机床装配、调试时就已确定下来了，是数控机床进行加工运动的基准参考点。在数控铣床上，机床原点一般取在 X、Y、Z 三个直线坐标轴正方向的极限位置上，如图 2-1-12 所示，图中 O_1 即为立式数控铣床的机床原点。在数控车床上，一般取在卡盘端面与主轴中心线的交点处。如图 2-1-13 所示，图中 M 即为机床原点。

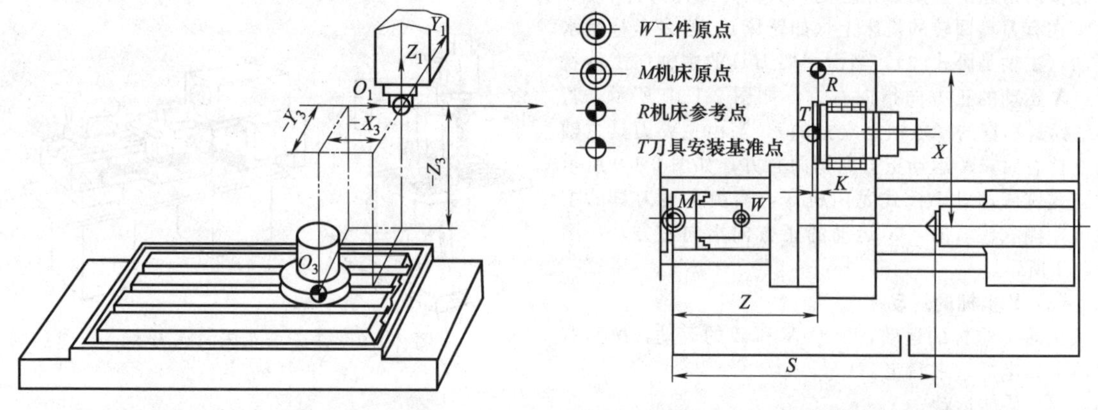

图 2-1-12　数控铣床的机床原点　　　　图 2-1-13　数控车床上的有关点

2. 机床参考点

许多数控机床（全功能型及高档型）都设有机床参考点，该点至机床原点在其进给坐标轴方向上的距离在机床出厂时已准确确定，使用时可通过“寻找操作”方式进行确认。它与机床原点相对应，有的机床参考点与原点重合。它是机床制造商在机床上借助行程开关设置的一个物理位置，与机床原点的相对位置是固定的，机床出厂之前由机床制造商精密测量确定。一般来说，加工中心的参考点为机床的自动换刀位置，如图 2-1-14 所示。有的数控机床可以设置多个参考点，其中第一参考点与机床参考点一致。其他参考点（固定点）与机床参考点的距离利用参数事先设置，如图 2-1-15 所示。接通电源后，必须先进行第一参考点的返回，否则不能进行其他操作。

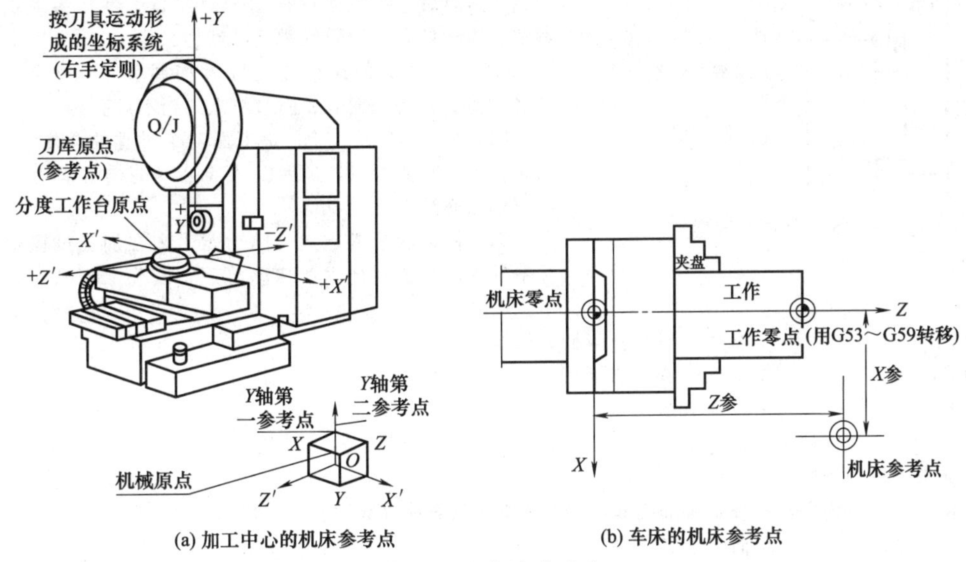

(a) 加工中心的机床参考点 (b) 车床的机床参考点

图 2-1-14 机床参考点

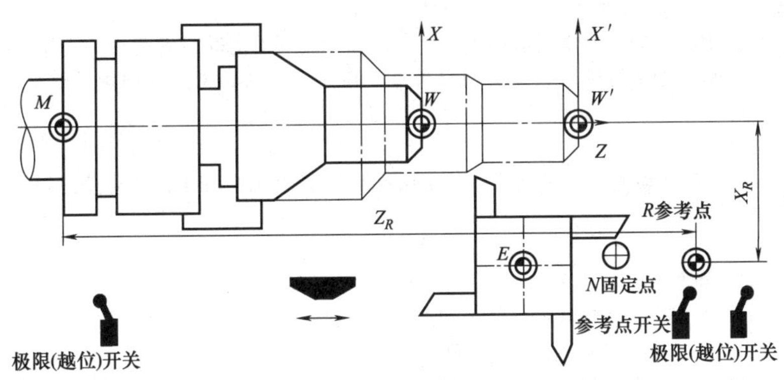

图 2-1-15 固定点和参考点

机床原点实际上是通过返回（或称寻找）机床参考点来完成确定的。机床参考点的位置在每个轴上都是通过减速行程开关粗定位，然后由编码器零位电脉冲（或称栅格零点）精定位的。数控机床通电后，必须首先使各轴均返回各自参考点，从而确定了机床坐标系后，才能进行其他操作。机床参考点相对机床原点的值是一个可设定的参数值。它由机床厂家测量并输入至数控系统中，用户不得改变。当返回参考点的工作完成后，显示器即显示出机床参考点在机床坐标系中的坐标值，此表明机床坐标系已经建立。

值得注意的是不同数控系统返回参考点的动作、细节不同，因此当使用时，应仔细阅读其有关说明。

参考点返回有两种方法：

1）手动参考点返回。

2）自动参考点返回。该功能是用于接通电源已进行手动参考点返回后，在程序中需要返回参考点进行换刀时使用自动参考点返回功能。FANUC 系统与参考点有关的指令如下。

（1）返回参考点

自动参考点返回时需要用到如下指令：

G28 X ____；*X* 向回参考点。

G28 Z ____：*Z* 向回参考点。

G28 X ____ Z ____；刀架回参考点。

其中 X、Z 坐标设定值为指定的某一中间点，但此中间点不能超过参考点，如图 2-1-16 所示。该点可以绝对值的方式写入，也可以增量方式写入。

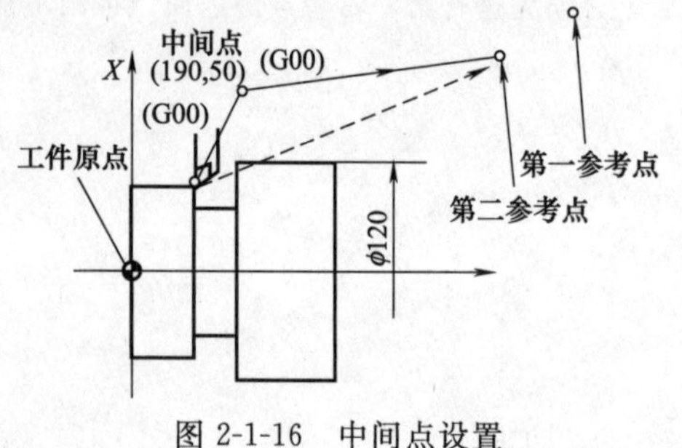

图 2-1-16　中间点设置

系统在执行 G28 X ____；时，X 向以快速向中间点移动，到达中间点后，再以快速向参考点定位，到达参考点，X 向参考点指示灯亮，说明参考点已到达。

G28 Z ____；的执行过程与 X 向回参考点完全相同，只是 Z 向到达参考点时，Z 向参考点的指示灯亮。

G28 X ____　Z ____；是上面两个过程的合成，即 X、Z 同时各自回其参考点，最后以 X 向参考点与 Z 向参考点的指示灯都亮而结束。

返回机床的参考定点。此功能用来在加工过程中检查坐标系的正确与否和建立机床坐标系，以确保精确的控制加工尺寸。

G30 P2 X ____　Z ____；　第二参考点返回，P2 可省略

G30 P3 X ____　Z ____；　第三参考点返回

G30 P4 X ____　Z ____；　第四参考点返回

第二、第三和第四参考点返回中的 X ______、Z ______的含义与 G28 中的相同。

(2) 参考点返回校验 G27

G27 用于加工过程中，检查是否准确地返回参考点。指令格式如下：

G27 X ____；　　　X 向参考点校验

G27 Z ____；　　　Z 向参考点校验

G27 X ____ Z ____；　参考点校验

执行 G27 指令的前提是机床在通电后必须返回过一次参考点（手动返回或用 G28 返回）。

执行完 G27 指令以后，如果机床准确地返回参考点，则面板上的参考点返回指示灯亮，否则，机床将出现报警。

(3) 从参考点返回 G29

G29 指令使刀具以快速移动速度，从机床参考点经过 G28 指令设定的中间点，快速移动到 G29 指令设定的返回点，其程序段格式为：

G29 X __ Z __；

其中，X、Z 值可以绝对值的方式写入，也可以增量方式写入。当然，在从参考点返回时，可以不用 G29 而用 G00 或 G01，但此时，不经过 G28 设置的中间点，而直接运动到返回点，如图 2-1-17 所示。

在铣削类数控机床上，G28、G29 后面可以跟 X、Y、Z 中的任一轴或任两轴，亦可以三轴都跟，其意义与以上介绍的相同。

图 2-1-17　G28 与 G29 的关系
G28 的轨迹是 A→B→R；G29 的轨迹是 R→B→C；若用 G01 返回 G29 的终点，其轨迹是 R→C

3. 刀架相关点

从机械上说，所谓寻找机床参考点，就是使刀架相关点与机床参考点重合，从而使数控系统得知刀架相关点在机床坐标系中的坐标位置。所有刀具的长度补偿量均是刀尖相对该点长度尺寸，即为刀长。例如对车床类有 $X_{刀长}$、$Z_{刀长}$，对铣床类有 $Z_{刀长}$。可采用机上或机外刀具测量的方法测得每把刀具的补偿量。

有些数控机床使用某把刀具作为基准刀具，其他刀具的长度补偿均以该刀具作为基准，对刀则直接用基准刀具完成。这实际上是把基准刀尖作为刀架相关点，其含义与上相同。但采用这种方式，当基准刀具出现误差或损坏时，整个刀库的刀具要重新设置。

4. 刀位点

在数控编程过程中，为了方便编程，通常将数控刀具假想成一个点，该点称为刀位点或刀尖点。因此，刀位点既是用于表示刀具特征的点，也是对刀和加工的基准点；如图 2-1-18 所示。车刀与镗刀的刀位点通常指刀具的刀尖，钻头的刀位点通常指钻尖，立铣刀、端面铣刀和铰刀的刀位点指刀具底面的中心，而球头铣刀的刀位点指球头中心。

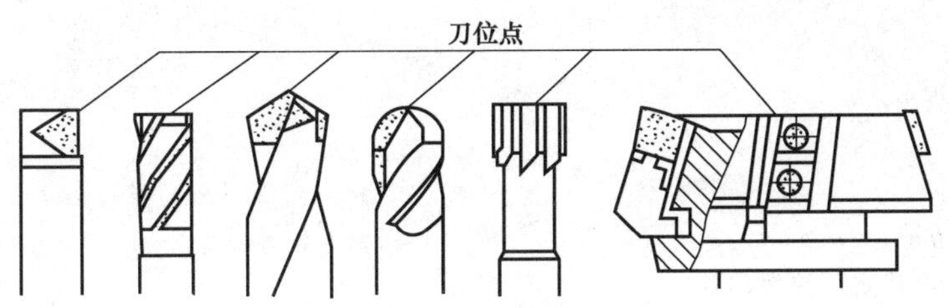

图 2-1-18　数控刀具的刀位点

5. 装夹原点

除了上述三个基本原点以外，有的机床还有一个重要的原点，即装夹原点，用 *C* 表示。装夹原点常见于带回转（或摆动）工作台的数控机床或加工中心，一般是机床工作台上的一个固定点，比如回转中心与机床参考点的偏移量可通过测量，存入 CNC 系统的原点偏置寄存器中，供 CNC 系统原点偏移计算用。

6. 工件坐标系原点

在工件坐标系上，确定工件轮廓的编程和计算原点，称为工件坐标系原点，简称为工件原点，亦称编程零点。

在加工中，因其工件的装夹位置是相对于机床而固定的，所以工件坐标系在机床坐标系中位置也就确定了。

在数控机床上 G92 指令与 G54～G59 指令都是用于设定工件加工坐标系的，但它们在使用中是有区别的，G92（采用 EIA 标准的为 G50，如 FANUC 数控车床）指令是通过程序来设定工件加工坐标系的，G54～G59 指令是通过 CRT/MDI 在设置参数方式下设定工件加工坐标系的，一经设定，加工坐标原点在机床坐标系中的位置是不变的，它与刀具的当前位置无关，除非再通过 CRT/MDI 方式更改。G92 指令程序段只是设定加工坐标系，而不产生任何动作；G54～G59 指令程序段则可以和 G00、G01 指令组合在选定的加工坐标系中进行位移。

(1) 用 G92 确定工件坐标系

在编程中，一般是选择工件或夹具上的某一点作为编程零点，并以这一点作为零点，建立一个坐标系，这个坐标系是通常所讲的工件坐标系。这个坐标系的原点与机床坐标系的原点（机床零点）之间的距离用 G92（EIA 代码中用 G50）指令进行设定，即确定工件坐标系原点距刀具现在位置多远的地方。也就是以程序的原点为准，确定刀具起始点的坐标值，并把这个设定值存于程序存储器中，作为零件所有加工尺寸的基准点。因此，在每个程序的开头都要设定工件坐标系，其标准编程格式如下：

G92 X____ Y____ Z;

图 2-1-19 所示为立式加工中心工件坐标系设定的例子。图中机床坐标系原点（机械原点）是指刀具退到机床坐标系最远的距离点，在机床出厂之前已经调好，并记录在机床说明书或编程手册之中，供用户编程时使用。

图 2-1-20 所示给出了用 G92 确定工件坐标系的例子。

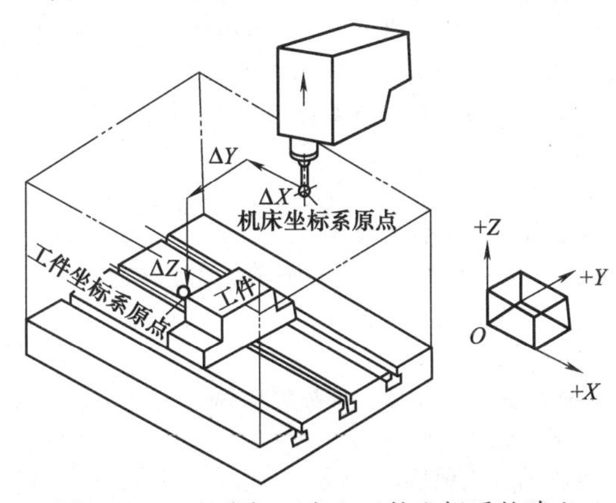

图 2-1-19　立式加工中心工件坐标系的建立

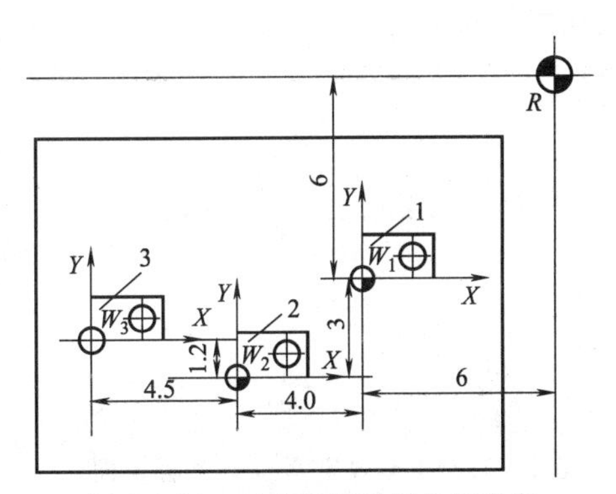

图 2-1-20　工件坐标系原点的确定

N1 G90;
N2 G92 X6.0 Y6.0 Z0;

……

N8 G00 X0 Y0；

N9 G92 X4.0 Y3.0；

……

N13 G00 X0 Y0；

N14 G92 X4.5 Y−1.2；

(2) 用G54～G59确定工件坐标系

图2-1-21所示给出了用G54～G59确定工件坐标系的方法。

工件坐标系的设定可采用输入每个坐标系距机械原点的 X、Y、Z 轴的距离（x，y，z）来实现。在图2-1-21中分别设定G54和G59时可用下列方法：

G54 时	G59 时
X−X_1	X−X_2
Y−Y_1	Y−Y_2
Z−Z_1	Z−Z_2

当工件坐标系设定后，如果在程序中写成：G90 G54 X30.0 Y40.0 时，机床就会向预先设定的G54坐标系中的 A 点（30.0，40.0）处移动。同样，当写成G90 G59 X30.0 Y40.0时，机床就会向预先设定的G59中的 B 点（30.0，40.0）处移动（图2-1-22）。

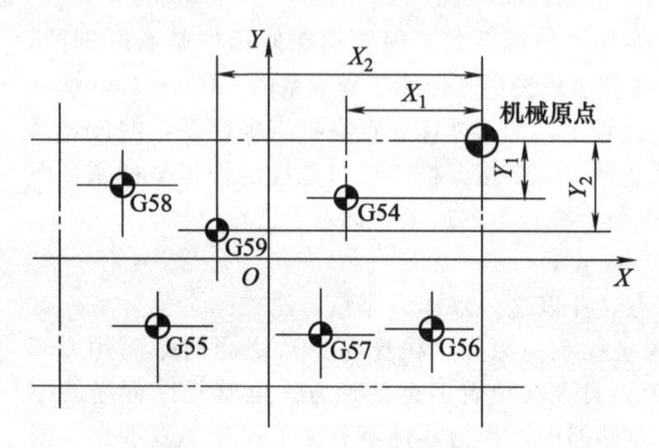

图2-1-21　工件坐标系及设定

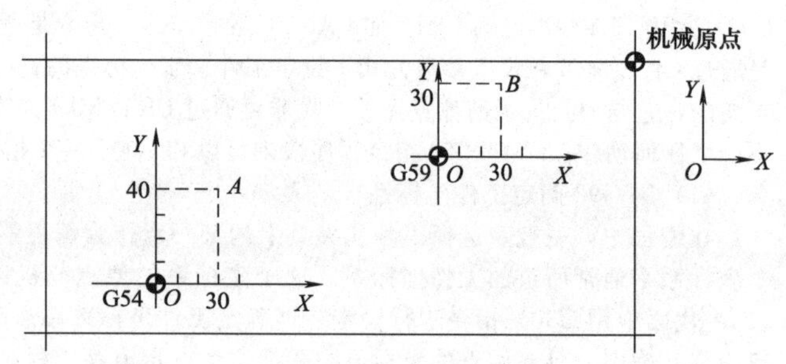

图2-1-22　工件坐标系的使用

(3) 零点变更 数控程序员高级工内容

1) G92指令变更

格式：G92 X＿ Y＿ Z＿；

指令含义与前面叙述的相同，因而在程序中间使用，使工件坐标系产生位移。G92指令使G54～G59的6个坐标系产生位移，所产生的坐标系的移动量加在后面指令的所有工件原点偏置量上。所以所有的工件坐标原点都移动相同的量。如图2-1-23所示，在G54方式时，当刀具定位于 XOY 坐标平面中的（200，160）点时，执行程序段：G92 X100.0 Y100.0就由向量 A 偏移产生了一个新的工件坐标系 $X'O'Y'$ 坐标平面。

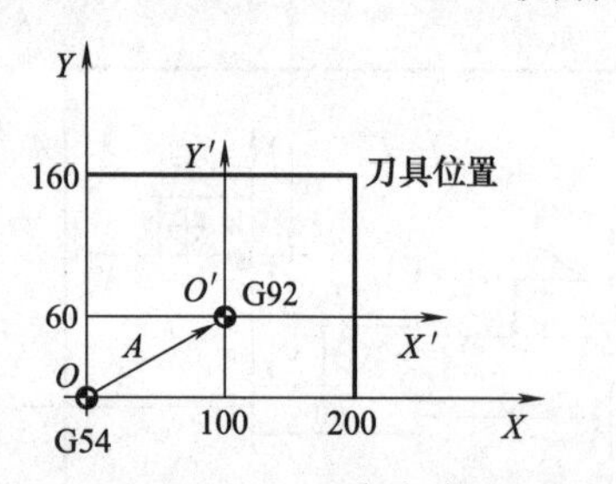

图2-1-23　重新设定 $X'O'Y'$ 坐标平面

2) G10指令编程

G10 L2 Pp X＿ Y＿ Z＿；

p=0时：外部工件零点偏置值为0。

p=1～6时：工件坐标系1到6的工件零点偏置。

X＿ Y＿ Z＿：各个轴上点的位置。

3) 外部工件坐标系偏置

外部工件坐标系偏置G52指令，即特定坐标系。

G52 X＿ Y＿ Z＿；

X、Y、Z 为各轴的零点偏置值。

图2-1-24所示从 A→B→C→D 进给路线，可编程如下：

O1234；

N10 G54 G00 G90 X30.0 Y40.0；　　　快速移到G54中的 A 点

N15 G59;	将 G59 置为当前工件坐标系
N20 G00 X30.0 Y30.0;	移到 G59 中的 B 点
N25 G52 X45.0 Y15.0;	在当前工件坐标系 G59 中，建立局部坐标系 G52
N30 G00 G90 X35.0 Y20.0;	移到 G52 中的 C 点
N35 G53 X35.0 Y35.0;	移到 G53(机床机械坐标系)中的 D 点

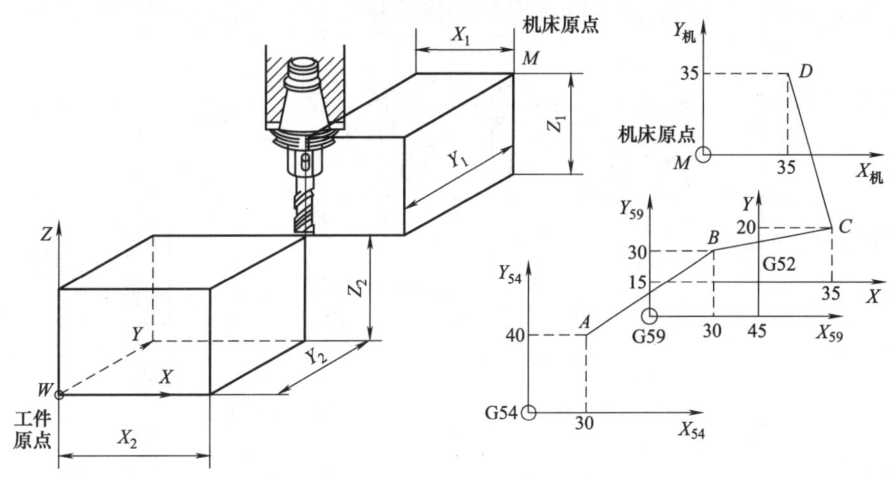

图 2-1-24 工件坐标系设定

四、数控机床的主要功能

1. 准备功能字

准备功能字的地址符是 G，所以又称为 G 功能、G 指令或 G 代码。它的作用是建立数控机床工作方式，为数控系统插补运算、刀补运算、固定循环等做好准备。

G 指令中的数字一般是两位正整数(包括 00)。随着数控系统功能的增加，G00～G99 已不够使用，所以有些数控系统的 G 功能字中的后续数字已采用 3 位数。G 功能有模态 G 功能和非模态 G 功能之分。非模态 G 功能是只在所规定的程序段中有效，程序段结束时被注销；模态 G 功能是指一组可相互注销的 G 功能，其中某一 G 功能一旦被执行，则一直有效，直到被同一组的另一 G 功能注销为止。

2. 辅助功能

(1)辅助功能简介

辅助功能字也称 M 功能、M 指令或 M 代码。M 指令是控制机床在加工时做一些辅助动作的指令，如主轴的正反转、切削液的开关等。

(2)常用辅助功能介绍

由于数控系统不同，数控机床的生产厂家不同，数控机床的辅助功能也是不同的，比如采用 FANUC 系统的数控机床 M99 为子程序返回指令，而采用 SIEMENS 系统的数控机床可用 M17 表示子程序返回。应以数控机床实际功能为准。表 2-1-1 列出了常用的辅助功能。

表 2-1-1 常用的辅助功能

指令	解释	说 明
M00	程序暂停	●执行 M00 功能后，机床的所有动作均被切断，机床处于暂停状态。重新启动程序启动按钮后，系统将继续执行后面的程序段 ●如进行尺寸检验，排屑或插入必要的手工动作时，用此功能很方便 ●M00 须单独设一程序段 ●如在 M00 状态下，按复位键，则程序将回到开始位置
M01	选择停止	●在机床的操作面板上有一“任选停止”开关，当该开关打到“ON”位置时，程序中如遇到 M01 代码时，其执行过程同 M00 相同，当上述开关打到“OFF”位置时，数控系统对 M01 不予理睬 ●此功能通常用来进行尺寸检验，而且 M01 应作为一个程序段单独设定
M02	程序结束	●主程序结束，切断机床所有动作，并使程序复位 ●必须单独作为一个程序段设定

续表

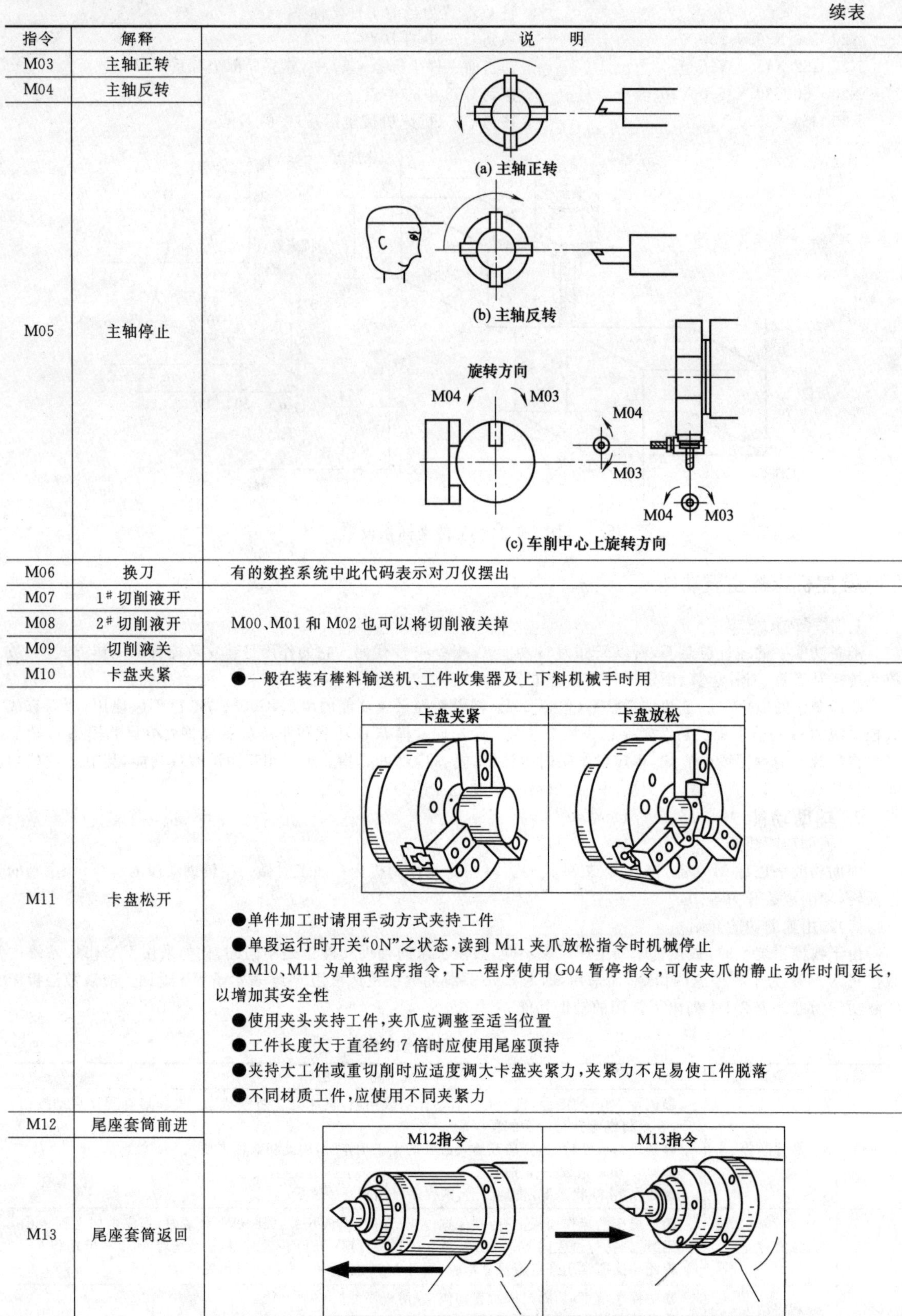

指令	解释	说　明
M03	主轴正转	(a) 主轴正转 (b) 主轴反转 (c) 车削中心上旋转方向
M04	主轴反转	
M05	主轴停止	
M06	换刀	有的数控系统中此代码表示对刀仪摆出
M07	1# 切削液开	M00、M01 和 M02 也可以将切削液关掉
M08	2# 切削液开	
M09	切削液关	
M10	卡盘夹紧	●一般在装有棒料输送机、工件收集器及上下料机械手时用 ●单件加工时请用手动方式夹持工件 ●单段运行时开关"ON"之状态，读到 M11 夹爪放松指令时机械停止 ●M10、M11 为单独程序指令，下一程序使用 G04 暂停指令，可使夹爪的静止动作时间延长，以增加其安全性 ●使用夹头夹持工件，夹爪应调整至适当位置 ●工件长度大于直径约 7 倍时应使用尾座顶持 ●夹持大工件或重切削时应适度调大卡盘夹紧力，夹紧力不足易使工件脱落 ●不同材质工件，应使用不同夹紧力
M11	卡盘松开	
M12	尾座套筒前进	
M13	尾座套筒返回	

续表

指令	解释	说　明
M17	主轴速度到达信号取消	●指定某一主轴速度后，主轴电动机控制单元有反馈信号SAR，即主轴速度到达指令速度后，这一信号即刻发出，然后才能进行其他动作，主轴速度的上升需一定的时间 ●有时为了提高效率，或在特定场合，需忽略此信号，这时用此指令 ●有的系统用M17表示刀夹正转，M18表示刀夹反转 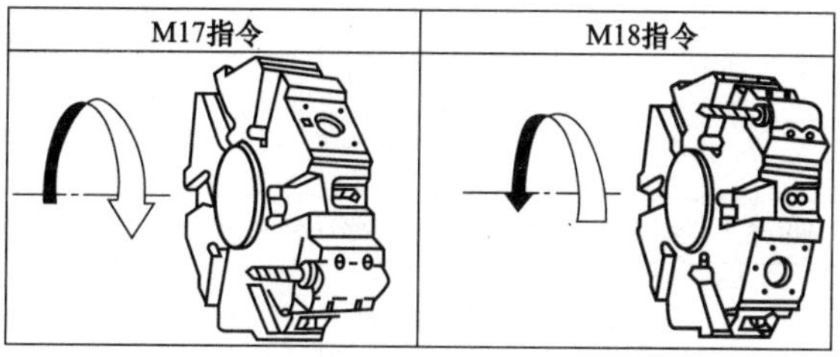 M17指令　M18指令
M19	主轴准停	●主轴准停功能，在数控车床上用在形状复杂或容易脱落之场合，可使工件拿取方便 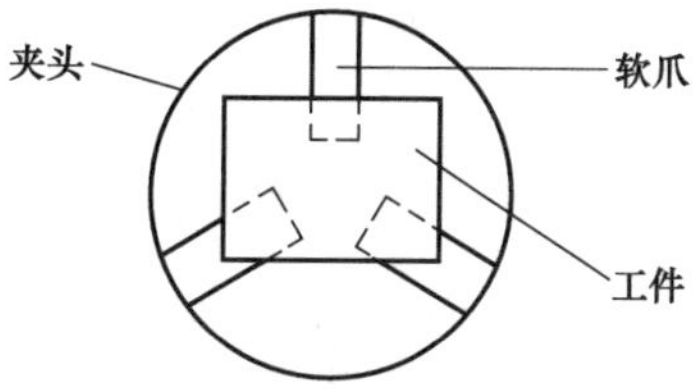 夹头　软爪　工件 主轴准停 ●三爪夹头夹持四角形工件时，须先将夹爪成形，如此可方便夹紧工件。当主轴旋转停止时，因使用主轴准停机能可固定主轴位置，如此可防止工件掉落 ●夹爪容易脱落的工件时，可用成形夹爪夹持，可避免工件因掉落而损坏，这是数控车床上的主轴准停 ●在加工中心上主轴准停可用于换刀 ●在加工中心上主轴准停也可用于精镗孔、背镗孔 ●主轴准停主要有机械准停和电气准停。其中机械准停包括端面螺旋凸轮准停和V形槽定位盘准停装置两种。电气准停主要包括：磁传感器主轴准停、编码器型主轴准停、PLC型主轴准停和数控系统主轴准停四种
M20	卡盘吹气	●此指令在有上下工件机械手，进行工件自动装卸时用。每车削完工件由机械手卸下后，卡盘上可能会沾有切屑，若不吹去，再次装夹工件时，就有可能将切屑一起夹入 ●每次装夹工件前，都必须用压缩空气吹屑，通过本代码控制对卡盘爪自动吹气一次
M21	尾座前进	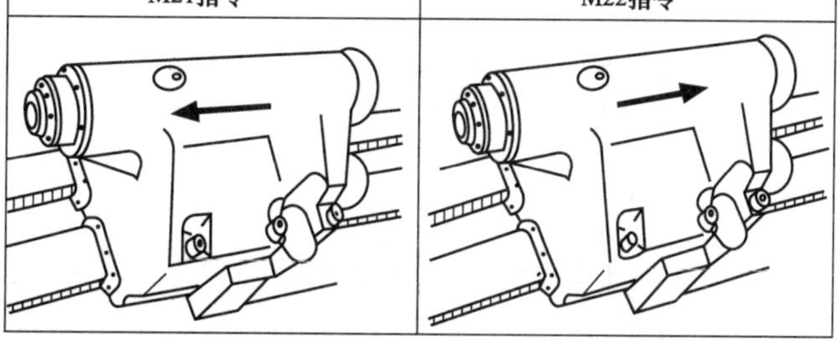 M21指令　M22指令 ●尾座上注油孔需适时加油以防卡死 ●经常保养尾座内锥度孔，避免生锈、污秽 ●使用顶尖工作，不宜伸出太长
M22	尾座后退	

续表

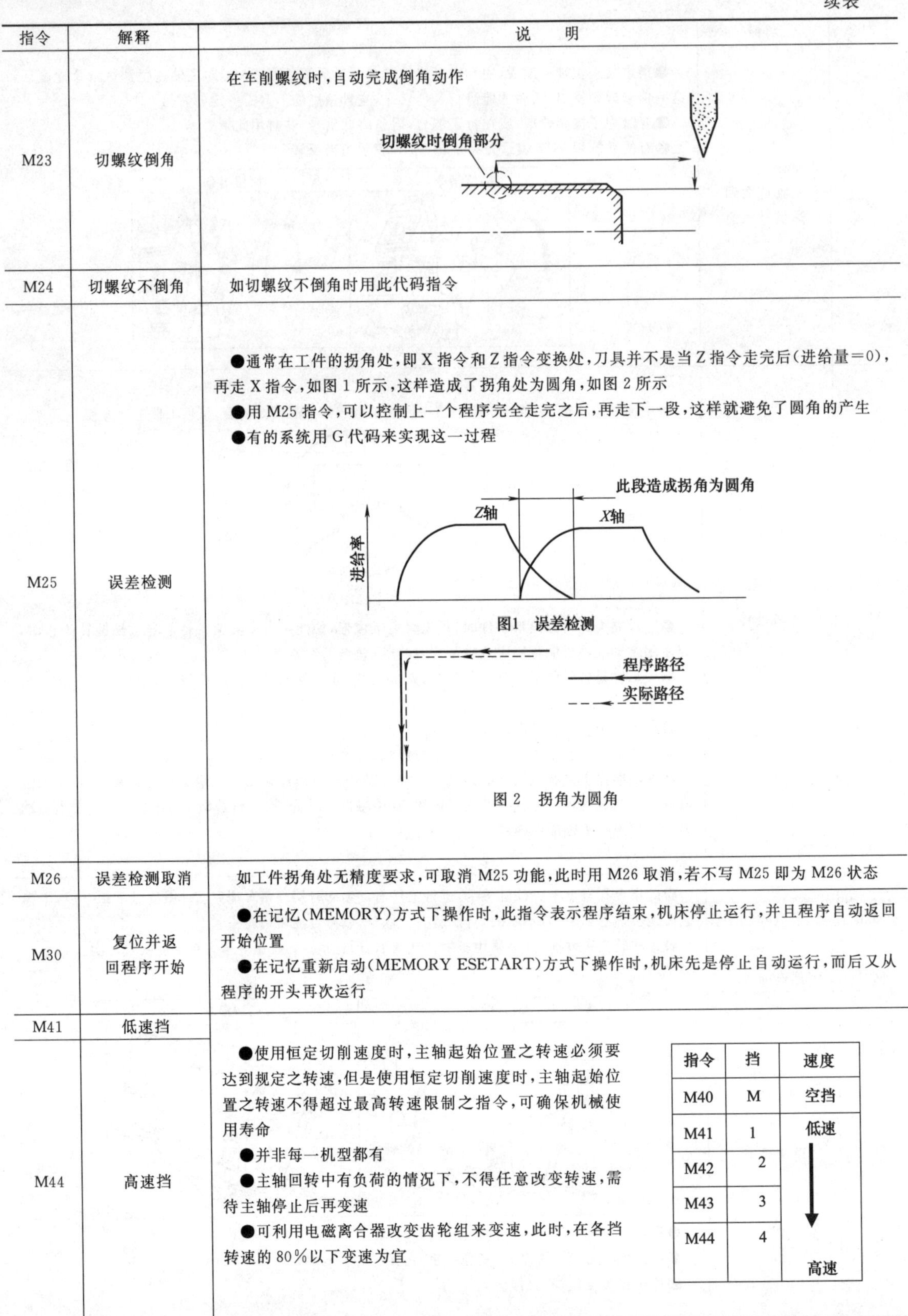

指令	解释	说明
M23	切螺纹倒角	在车削螺纹时，自动完成倒角动作
M24	切螺纹不倒角	如切螺纹不倒角时用此代码指令
M25	误差检测	●通常在工件的拐角处，即X指令和Z指令变换处，刀具并不是当Z指令走完后（进给量=0），再走X指令，如图1所示，这样造成了拐角处为圆角，如图2所示 ●用M25指令，可以控制上一个程序完全走完之后，再走下一段，这样就避免了圆角的产生 ●有的系统用G代码来实现这一过程 图1 误差检测 图2 拐角为圆角
M26	误差检测取消	如工件拐角处无精度要求，可取消M25功能，此时用M26取消，若不写M25即为M26状态
M30	复位并返回程序开始	●在记忆(MEMORY)方式下操作时，此指令表示程序结束，机床停止运行，并且程序自动返回开始位置 ●在记忆重新启动(MEMORY ESETART)方式下操作时，机床先是停止自动运行，而后又从程序的开头再次运行
M41	低速挡	
M44	高速挡	●使用恒定切削速度时，主轴起始位置之转速必须要达到规定之转速，但是使用恒定切削速度时，主轴起始位置之转速不得超过最高转速限制之指令，可确保机械使用寿命 ●并非每一机型都有 ●主轴回转中有负荷的情况下，不得任意改变转速，需待主轴停止后再变速 ●可利用电磁离合器改变齿轮组来变速，此时，在各挡转速的80%以下变速为宜

指令	挡	速度
M40	M	空挡
M41	1	低速
M42	2	↓
M43	3	↓
M44	4	高速

续表

指令	解释	说　　明
M60	对刀仪吹屑	●一般情况下在对刀时，当对刀仪摆出到位后，就开始吹屑，延时一段时间以后便停止吹气，主要是吹掉黏附在刀具上的切屑 ●而在自动对刀时，可指令 M60，自动控制其吹气时间
M73	工件收集器进	●工件加工完后，需切断时，将工件收集器摆进（接料状态），这时可指令代码 M73 ●工件切断以后，落入工件收集器内，然后将工件收集器退回，这时指令 M74
M74	工件收集器退	M73 指令：夹爪；收集器前进 M74 指令：夹爪；收集器退回
M82	卡盘压力转换	在车薄套类工件时，为了防止工件因卡紧力过大而变形，希望在粗精车不同工步时，卡盘有高、低不同的夹持力（通过液压系统的减压阀预先调好），当工件转换到精车工步前，可指令 M82 进行高压向低压的自动转换
M83	卡盘压力恢复	压力转换以后，需恢复正常压力时，用 M83 指令

（3）第二辅助功能

第二辅助功能也称 B 功能，它是用来指令工作台进行分度的功能。B 功能用地址 B 及其后面的数字来表示。

3. 进给速度

（1）每分钟进给

用 F 指令表示刀具每分钟的进给量，如图 2-1-25 所示。在 FANUC 系统数控车床上常用 G98 指令表示，在 FANUC 系统加工中心与铣床上常用 G94 表示。在 SIEMENS 系统的数控机床上也常用 G94 表示。

（2）每转进给

用 F 指令表示主轴每转的进给量（图 2-1-25），在 FANUC 系统数控车床上常用 G99 指令表示，在 FANUC 系统加工中心与铣床上常用 G95 表示。在 SIEMENS 系统的数控机床上也常用 G95 表示。

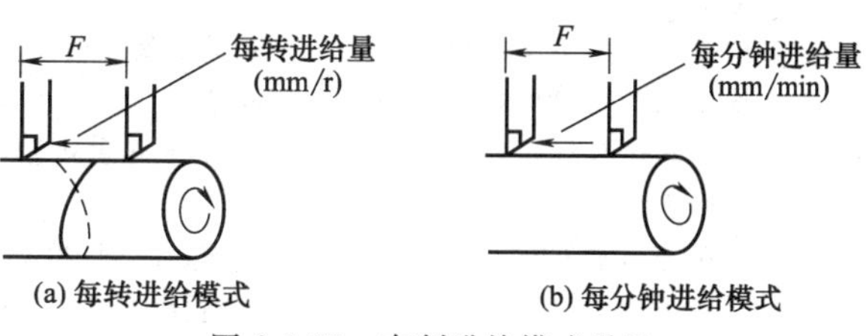

图 2-1-25　车削进给模式设置

每转进给与每分钟进给的关系为

$$f_m = f_r S$$

式中　f_m——每分钟进给率，mm/min；

f_r——每转进给率，mm/r；

S——主轴转速，r/min。

当然，在数控铣床上还有每齿进给，由于用得不多，在一般数控系统中没有特殊的指令表示，只能转化为其他进给方式编程。

F功能一经设定，后面只要不变更，前面的指令仍然有效。所以，只有在变更进给时才需指定F功能。

4. S功能

(1) 主轴功能

主轴转速功能用来指定主轴的转速，单位为r/min，地址符使用S。现代数控机床的转速可以直接指令，即用S后加数字直接表示每分钟主轴转速。例如，要求1300r/min，就指令S1300。转向由M03、M04确定，见M功能。

(2) 恒线速控制功能——数控程序员与数控车工高级工内容

在主轴为受控主轴前提下，可通过G96设定恒线速度加工功能。G96功能生效后，主轴转速随着当前加工工件直径（横向坐标轴）的变化而变化，从而始终保证刀具切削点处执行的切削线速度为编程设定的常数，即：主轴转速×直径＝常数，如图2-1-26所示。数控装置依刀架在X轴的位置计算出主轴的转速，自动而连续地控制主轴转速，使之始终达到由S功能所指定的切削速度。在使用G96指令前必须正确地设定工件的坐标系。

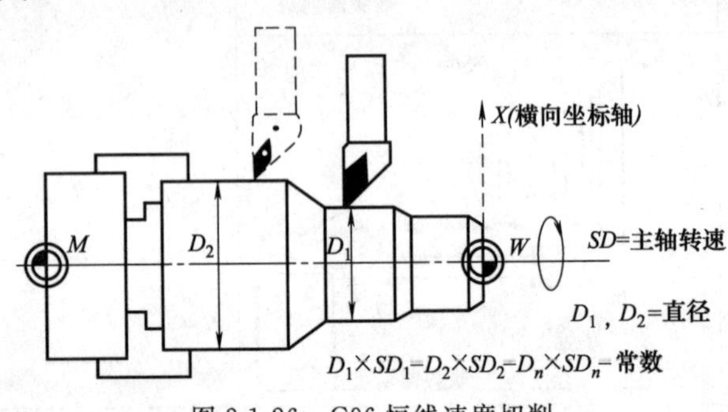

图2-1-26　G96恒线速度切削

从G96程序段开始，地址S下的数值作为切削线速度处理。G96为模态有效，直到被同组中其他G功能指令（G94/G98、G95/G99、G97）替代为止。

1）书写格式

G96 S____

2）取消恒线速度切削G97

用G97指令取消“恒线速度切削”功能。如果G97生效，则地址S下的数值又恢复为r/min。如果没有重新写地址S，则主轴以原先G96功能生效时的转速旋转。G96功能也可以用同一组G功能取消。在这种情况下，如果没有写入新的地址S，则主轴按在此之前最后编程的主轴转速旋转。

(3) 主轴转速限定

用恒线速控制加工端面、锥度、圆弧时，容易获得内外一致的表面粗糙度，但由于X坐标值不断变化，所以由公式$v=n\pi d/1000$计算出的主轴转速也不断变化，当刀具逐渐移近工件旋转中心时，主轴转速就会越来越高，即所谓“超速”，工件就有可能从卡盘中飞出，为了防止这种事故，有时不得不限制主轴的最高转速。FANUC系统的主轴转速限定如下。

G50 S____

G50的功能中有坐标系设定和主轴最高转速设定两种功能，这里用的是后一种功能。用S指定的数值是设定主轴每分钟最高转速。例如，G50 S2000把主轴最高转速设定为2000r/min。

5. 刀具功能

这是用于指令加工中所用刀具号及自动补偿编组号的地址字，地址符规定为T。其自动补偿内容主要指刀具的刀位偏差或刀具长度补偿及刀具半径补偿。

车床数控系统其地址符T的后续数字有以下几种规定：

(1) 一位数的规定

在少数车床（如CK0630）的数控系统（如HN-100T）中，因除了刀具的编码（刀号）之外，其他如刀具偏置、刀具长度与半径的自动补偿值，都不需要填入加工程序段时，只需用一位数表示刀具编码号即可。

(2) 两位数的规定

在经济型车床数控系统中，普遍采用两位数的规定，首位数字一般表示刀具（或刀位）的编码号，常用0～8共9个数字，其中，“0”表示不换刀；末位数字表示刀具补偿（不包括刀尖圆弧半径补偿）的编组号，常用0～8共9个数字，其中，数字“0”表示补偿量为零，即撤销其补偿。

(3) 四位数的规定

对车削中心等刀具数较多的数控机床，其数控系统一般规定其后续数字中的前两位数为刀具编码号，后两位为刀具位置补偿的编组号，或同时为刀尖圆弧半径补偿的编组号。

（4）六位数的规定

采用这种规定的数控系统较少。如日本大限铁工所的两坐标系统，规定前两位数字为刀具编码号，中间两位数字为刀尖圆弧半径补偿的编组号，最后两位为刀具位置（或刀位偏差）补偿的编组号。

6. FANUC 系统加工中心的自动换刀

（1）换刀动作

通常分刀具的选择和刀具的交换两个基本动作。

1）刀具的选择

① 指令格式

T __；

如：T01；T13；等。

② 作用　将刀库上某个刀位的刀具转到换刀的位置，为下次换刀做好准备。刀具选择指令可在任意程序段内执行。为了节省换刀时间，通常在加工过程中就同时执行 T 指令。

2）刀具换刀前的准备

① 主轴回到换刀点　换刀点通常位于靠近 Z 向机床原点（机床参考点）的位置。为了在换刀前接近该换刀点，通常采用以下指令来实现：

G91 G28 Z0；　　　（返回 Z 向参考点）

G49 G53 G00 Z0；　（取消刀具长度补偿，并返回机床坐标系 Z 向原点）

② 主轴准停

作用：使主轴上的两个凸起对准刀柄的两个卡槽。FANUC 系统主轴准停通常通过指令“M19”来实现。

3）刀具的交换

指令格式：M06；

注意：在 FANUC 系统中，“M06”指令中不仅包括了刀具交换的过程，还包含了刀具换刀前的所有准备动作，即返回换刀点、切削液关、主轴准停。

（2）加工中心常用换刀程序

1）带机械手的换刀程序

① N×××× 　G28 　Z ____ 　T××

……

N×××× M06

……

执行该程序段后，T××号刀由刀库中转至换刀刀位，做换刀准备，此时执行 T 指令的辅助时间与机动时间重合。本次所交换的为前段换刀指令执行后转至换刀刀位的刀具，而本段指定的 T××刀号在下一次刀具交换时使用。

② 程序格式：T×× M06；

T 指令在前，表示选择刀具；M06 指令在后，表示通过机械手执行主轴中刀具与刀库中刀具的交换。

例 …

G40 G01 X20.0 Y30.0；　（XY 平面内取消刀补）

G49 G53 G00 Z0；　　　（刀具返回机床坐标系 Z 向原点）

T05 M06；　　　　　　（选择 5 号刀具，主轴准停，切削液关，刀具交换）

M03 S600 G54；　　　　（开启主轴转速，选择工件坐标系）

…

2）不带机械手的换刀程序

① 换刀程序

M06 T××；

该指令格式中的 M06 指令在前，T 指令在后，且指令中的“M06”指令和“T”指令不可以前后调换位置。否则在指令执行过程中产生程序出错报警。

② 换刀动作　先自动完成换刀前的准备动作，再执行 M06 指令，主轴上的刀具放入当前刀库中处于换刀位置的空刀位；然后刀库转位寻刀，将所需刀具（如 7 号刀具）转换到当前换刀位置，再次执行 M06 指令，将 7 号刀具装入主轴。因此，这种方式的换刀，每次换刀过程要执行两次刀具交换。

3）子程序换刀

①子程序号通常为 O8999：

```
O8999；              (立式加工中心换刀子程序)
M05 M09；            (主轴停转，切削液关)
G80；                (取消固定循环)
G91 G28 Z0；         (Z 轴返回机床原点)
G49 M06；            (取消刀具长度补偿，刀具交换)
M99；                (返回主程序)
```

② 调用格式：T06 M98 P8999。

五、程序组成

一个数控加工程序由程序开始、程序内容、程序结束指令 3 部分组成。例如：

```
程序开始        O0001；
               N10  G92  X0  Y0   Z0；
程序内容        N20  G90   G00   X20  Y30    T01  S800  M03；
               N30  G01  X50    Y10  F200；
               N40  X0    Y0；
程序结束指令    N50  M02；
```

1. 程序开始部分

常用程序号表示程序开始，每一个存储在系统存储器中的程序都需要指定一个程序号以相互区别，这种用于区别零件加工程序的代号称为程序名。程序名是加工程序开始部分的识别标记，所以同一数控系统中的程序名不能重复。程序名写在程序的最前面，必须单独占一行。

(1) FANUC 系统的程序号

FANUC 系统程序号的书写格式为 O××××，其中 O 为地址符，其后为四位数字，数值从 O0000 到 O9999，在书写时其数字前的零可以省略不写，如 O0020 可写成 O20。

(2) SIEMENS 802D 系统的程序号

1) 开始的两个符号必须是字母，其后的符号可以是字母、数字或下划线。

2) 最多为 16 个字符，不得使用分隔符。

例如：ZLX1 _ 1。

3) 子程序中还可以使用地址字 L _，其中的值，可以有 7 位（只能为整数）。地址字 L 之后的每个零均有意义，不可省略。例如，L169 并非 L0169 或 L00169。以上表示 3 个不同的子程序。子程序名 L6 专门用于刀具更换。

4) 在程序输入过程中主程序扩展名 .MPF 可以自动输入，而子程序扩展名 .SPF 必须与文件名一起输入。

2. 程序内容部分

程序内容部分是整个程序的核心部分，由若干程序段组成，表示数控机床要完成的全部动作。常用顺序号表示顺序，程序中可以在程序段前任意设置顺序号，可以不写，也可以不按顺序编号，或只在重要程序段前按顺序编号，以便检索。如在不同刀具加工时给出不同的顺序号，顺序号也叫程序段号或程序段序号。顺序号位于程序段之首，它的地址符是 N，后续数字一般 2～4 位。顺序号可以用在主程序、子程序和宏程序中。

(1) 顺序号的作用

首先，顺序号可用于对程序的校对和检索修改。其次，在加工轨迹图的几何节点处标上相应程序段的顺序号，就可直观地检查程序。顺序号还可作为条件转移的目标。更重要的是，标注了程序段号的程序可以进行程序段的复归操作，这是指操作可以回到程序的（运行）中断处重新开始，或加工从程序的中途开始的操作。

(2) 顺序号的使用规则

数字部分应为正整数，一般最小顺序号是 N1。顺序号的数字可以不连续，也不一定从小到大顺序排列，如第一段用 N1、第二段用 N20、第三段用 N10。对于整个程序，可以每个程序段都设顺序号，也可以只在部分程序段中设顺序号，还可在整个程序中全不设顺序号。一般都将第一程序段冠以 N10，以后以间隔 10 递增的方法设置顺序号，这样，在调试程序时如需要在 N10 与 N20 之间加入两个程序段，就可以用 N11、N12。

3. 程序结束部分

1) 程序结束由程序结束指令构成，它必须写在程序的最后。

2) 可以作为程序结束标记的 M 指令有 M02 和 M30，它们代表零件加工程序的结束。

3) 通常要求 M02/M30 单独占一行。

4）FANUC系统中用M99表示子程序结束后返回主程序。对于子程序结束指令M99，不一定要单独书写一行，如上面程序中最后两行写成“G91 G28 Z0 M99；”也是允许的。

5）SIEMENS系统中则通常用M17、M02或字符“RET”作为子程序的结束标记。

针对不同的数控机床，其程序开始部分和结束部分的内容都是相对固定的，包括一些机床信息，如程序初始化、转刀、工件原点设定、快速点定位、主轴启动、冷却液开启等功能。因此，程序的开始和程序的结束可编成相对固定格式，从而减少编程的重复工作量。

FANUC系统和SIEMENS系统的程序开始部分与程序结束部分见表2-1-2与表2-1-3。

表 2-1-2 数控车削程序的开始与结束

程序号	FANUC 0i系统程序	SIEMENS 802D系统程序	程序说明
	O0021；	AA21. MPF	程序号
N10	G99 G40 G21；	G90 G95 G71 G40	程序初始化
N20	T0101；	T1D1	换刀并设定刀具补偿
N30	M03 S__；	M03 S__	主轴正转
N40	G00 X100.0 Z100.0；	G00 X100Z100	刀具至目测安全位置
N50	X__Z__；	X__Z__	刀具定位至循环起点
…	……	……	工件车削加工
N150	G00 X100.0 Z100.0；(或G28 U0 W0；)	G00 X100 Z100(或G74 X0 Z0)	刀具退出
N160	M05；	M05	主轴停转
N170	M30；	M02	程序结束

注：N10～N50为程序内容的开始段，N150～N170即为程序结束段。

表 2-1-3 数控铣削程序的开始与结束

程序号	FANUC 0i系统程序	SIEMENS 802D系统程序	程序说明
	O0021；	AA21. MPF	程序号
N10	G90 G94 G21 G40 G17 G54；	G90 G94 G71 G40 G17 G54	程序初始化
N20	G91 G28 Z0；	G74 Z0	刀具Z向回参考点
N30	M03 S__；	M03 S__	主轴正转
N40	G90 G00 X__Y__M08；	G00 X__Y__M08	刀具定位
N50	Z__；	Z__	
…	……	……	工件加工
N150	G00 Z50.0；(或G91 G28 Z0；)	G00 Z50(或G74 Z0)	刀具退出
N160	M05；	M05	主轴停转
N170	M30；	M02	程序结束

注：N10～N50为程序内容的开始段，N150～N170即为程序结束段。

程序段号加上若干个程序字就可组成一个程序段。在程序段中表示地址的英文字母可分为尺寸字地址和非尺寸字地址两种。表示尺寸字地址的有X、Y、Z、U、V、W、P、Q、I、J、K、A、B、C、D、E、R、H共18个英文字母。表示非尺寸字地址的有N、G、F、S、T、M、L、O等8个英文字母。其字母的含义见表2-1-4。

表 2-1-4 地址字母表

地址	功能	意义	地址	功能	意义
A	坐标字	绕X轴旋转	N	顺序号	程序段顺序号
B	坐标字	绕Y轴旋转	O	程序号	程序号、子程序号的指定
C	坐标字	绕Z轴旋转	P		暂停或程序中某功能的开始使用的顺序号
D	补偿号	刀具半径补偿指令	Q		固定循环终止段号或固定循环中的定距
E		第二进给功能	R	坐标字	固定循环中定距离或圆弧半径的指定
F	进给速度	进给速度的指令	S	主轴功能	主轴转速的指令
G	准备功能	指令动作方式	T	刀具功能	刀具编号的指令
H	补偿号	补偿号的指定	U	坐标字	与X轴平行的附加轴的增量坐标值或暂停时间
I	坐标字	圆弧中心X轴向坐标	V	坐标字	与Y轴平行的附加轴的增量坐标值
J	坐标字	圆弧中心Y轴向坐标	W	坐标字	与Z轴平行的附加轴的增量坐标值
K	坐标字	圆弧中心Z轴向坐标	X	坐标字	X轴的绝对坐标值或暂停时间
L	重复次数	固定循环及子程序的重复次数	Y	坐标字	Y轴的绝对坐标值
M	辅助功能	机床开/关指令	Z	坐标字	Z轴的绝对坐标值

尺寸字也叫尺寸指令。尺寸字在程序段中主要用来指令机床上刀具运动到达的坐标位置，表示暂停时间等的指令也列入其中。地址符用得较多的有三组，第一组是X、Y、Z、U、V、W、P、Q、R，主要用于指令到达点的直线坐标尺寸，有些地址（例如X）还可用于在G04之后指定暂停时间；第二组是A、B、C、D、E，主要用来指令到达点的角度坐标；第三组是I、J、K，主要用来指令零件圆弧轮廓圆心点的坐标尺寸（其含义见表2-1-5）。尺寸字中，地址符的使用虽然有一定规律，但是各系统往往还有一些差别。例如，FANUC有些系统还可以用P指令暂停时间、用R指令圆弧的半径等。程序中有时还会用到一些符号，它们的含义见表2-1-5。

表2-1-5　程序中所用符号及含义

符　号	意　义	符　号	意　义
HT或TAB	分隔符	—	负号
LF或NL	程序段结束	/	跳过任意程序段
%	程序开始	：	对准功能
（	控制暂停	BS	返回
）	控制恢复	EM	纸带终了
＋	正号	DEL	注销

六、程序段格式

程序段格式是指在同一个程序段中关于字母、数字和符号等各个信息代码的排列顺序和含义规定的表示方法。数控机床有固定程序段格式、具有分隔符号TAB的固定顺序的程序段格式与字地址程序段格式三种格式，其中应用最多的是字地址程序段格式。

1. 具有分隔符号TAB的固定顺序的程序段格式

数控程序员与电切削工的内容

这种格式的基本形式与固定程序段格式相同，只是各字间用分隔符隔开，以表示地址的顺序。如下述所示：

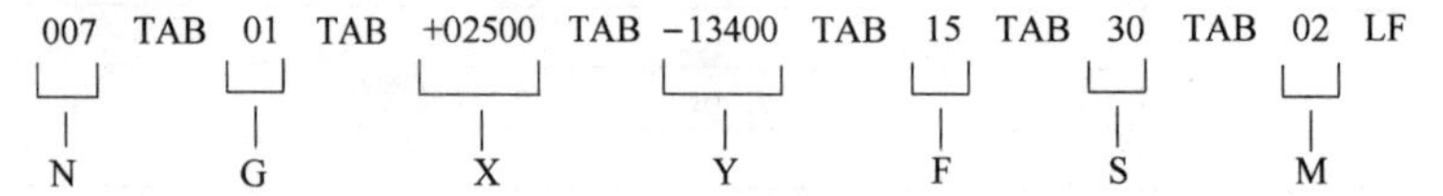

由于有分隔符号，不需要的字与上程序段相同的字可以省略，但必须保留相应的分隔符（即各程序段的分隔符数目相等）。此种格式比前一种格式好，常用于功能不多的数控装置，如线切割机床和某些数控铣床等。

2. 字地址程序段格式

目前使用最多的就是这种字地址程序段格式（也称为使用地址符的可变程序段格式）。以这种格式表示的程序段，每一个字之前都标有地址码用以识别地址。因此对不需要的字或与上一程序段相同的字都可省略。一个程序段内的各字也可以不按顺序（但为了编程方便，常按一定的顺序）排列。采用这种格式虽然增加了地址读入电路，但编程直观灵活，便于检查，可缩短穿孔带，广泛用于车、铣等数控机床。对于字地址格式的程序段常常可以用一般形式来表示。如：N134 G01 X－32000 Y＋47000 F1020 S1250 T16 M06。

七、主程序与子程序

机床的加工程序可以分为主程序和子程序两种。所谓主程序是一个完整的零件加工程序，或是零件加工程序的主体部分。它和被加工零件或加工要求一一对应，不同的零件或不同的加工要求，都有唯一的主程序。

在编制加工程序中，有时会遇到一组程序段在一个程序中多次出现，或者在几个程序中都要使用它。这个典型的加工程序可以做成固定程序，并单独加以命名，这组程序段就称为子程序。

子程序一般都不可以作为独立的加工程序使用，它只能通过调用，实现加工中的局部动作。子程序执行结束后，能自动返回到调用的程序中。

1. 子程序的调用

（1）FANUC系统子程序调用

在FANUC系统中，子程序的调用可通过辅助功能代码M98指令进行，且在调用格式中将子程序的程序号地址改为P，其常用的子程序调用格式有两种。

1）M98　P××××　L××××；

其中地址 P 后面的四位数字为子程序序号，地址 L 的数字表示重复调用的次数，子程序号及调用次数前的 0 可省略不写。如果只调用子程序一次，则地址 L 及其后的数字可省略。M98 P200 L3 表示调用子程序 0200 有 3 次，而 M98 P100 表示调用子程序一次。

2）M98　P××××××××；

地址 P 后面的八位数字中，前四位表示调用次数，后四位表示子程序序号，采用此种调用格式时，调用次数前的 0 可以省略不写，但子程序号前的 0 不可省略。如 M98 P50010 表示调用子程序 0010 五次，而 M98 P510 则表示调用子程序 0510 一次。

3）利用跳读功能调用程序段时要用 N××××指令调用的程序段。其编程方法如下表示：

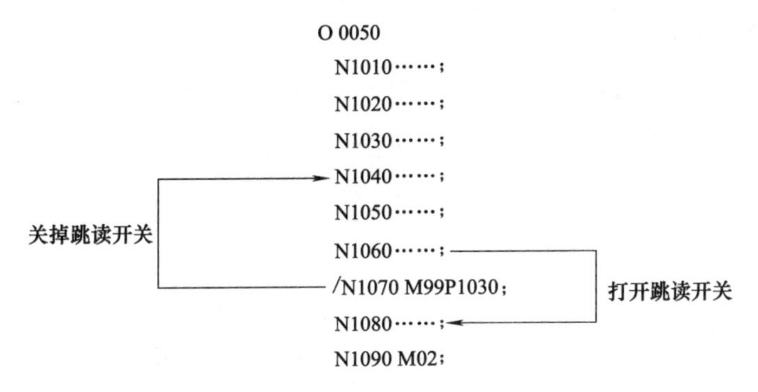

4）可以 M99P××××指令返回到 PX×××程序段（即返回到 N××××段）。

（2）SIEMENS 系统子程序调用

在 SIEMENS 系统中，一个程序中（主程序或子程序）可以直接用程序名调用子程序。子程序调用要求占用一个独立的程序段。

例如：

N10 L789　　　　调用子程序 L789

N20 LFAME6　　　调用子程序 LFAME6

2. 子程序重复调用次数及嵌套

主程序可以多次重复调用某一子程序，重复调用时 FANUC 系统用 L 及后面的数字指示调用次数，SIEMENS 系统用 P 及后面的数字指示。例如：N10 L789 P3 表示调用子程序 L789，运行 3 次。重复调用方式如图 2-1-27 所示。子程序还可以调用另外的子程序，称为子程序嵌套，不同的数控系统所规定的嵌套次数是不同的。一般情况下，在 FANUC-0 及 SIEMENS 802D 系统中，子程序可以嵌套 4 级，有的系统可嵌套 8 级，如图 2-1-28 所示。

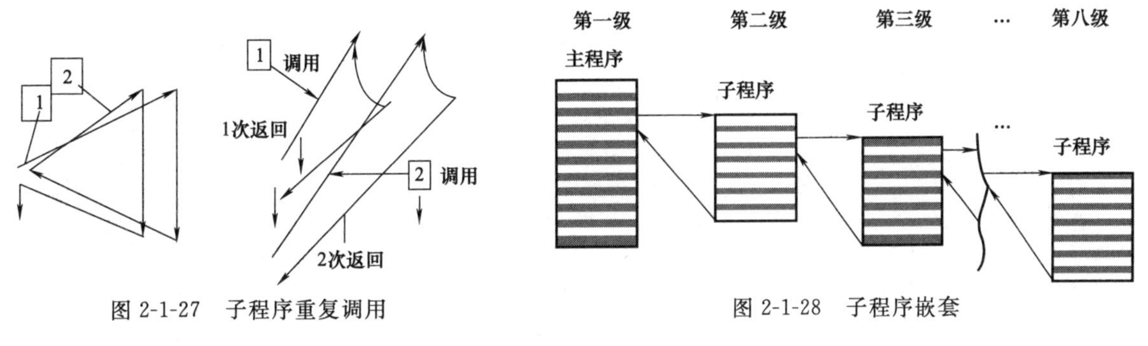

图 2-1-27　子程序重复调用　　　　图 2-1-28　子程序嵌套

3. 子程序的应用

1）同平面内多个相同轮廓形状工件的加工。在一次装夹中，若要完成多个相同轮廓形状工件的加工，编程时只编写一个轮廓形状的加工程序，然后用主程序来调用子程序。

2）实现零件的分层切削。在数控铣削加工中当零件在 Z 方向上的总铣削深度比较大时，需采用分层切削方式进行加工。实际编程时先编写该轮廓加工的刀具轨迹子程序，然后通过子程序调用方式来实现分层切削。

3）实现程序的优化。数控机床的程序往往包含有许多独立的工序，为了优化加工顺序，通常将每一个独立的工序编写成一个子程序，主程序只有换刀和调用子程序的命令，从而实现优化程序的目的。

第二节　刀具补偿功能

数控机床在切削过程中不可避免地存在刀具磨损问题，譬如钻头长度变短，铣刀半径变小等，这时加工出的工件尺寸也随之变化。如果系统功能中有刀具尺寸补偿功能，可在操作面板上输入相应的修正值，使加工出的工件尺寸仍然符合图样要求，否则就得重新编写数控加工程序。刀具尺寸补偿通常有三种：刀具位置补偿、刀具长度尺寸补偿、刀具半径尺寸补偿。

一、刀具尺寸补偿的原理 数控程序员高级工内容

以刀具位置补偿的原理来介绍之。车削刀具的补偿主要包括刀具位置补偿（X、Z 方向的长度补偿）、刀尖圆弧半径补偿（刀具半径尺寸补偿）。

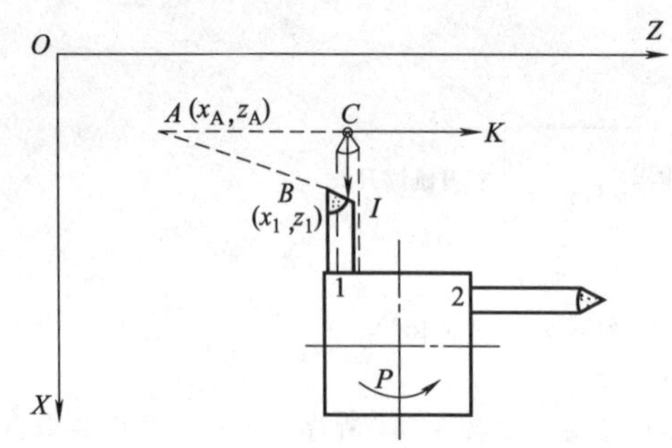

图 2-2-1　刀具位置补偿示意

当采用不同尺寸的刀具加工同一轮廓尺寸的零件，或同一名义尺寸的刀具因换刀重调、磨损以及切削力使工件、刀具、机床变形引起工件尺寸变化时，为加工出合格的零件必须进行刀具位置补偿。如图 2-2-1 所示，车床的刀架装有不同尺寸的刀具。设图示刀架的中心位置 P 为各刀具的换刀点，并以 1 号刀具的刀尖 B 点为所有刀具的编程起点。当 1 号刀具从 B 点运动到 A 点时其增量值为

$$U_{BA}=X_A-X_1$$
$$W_{BA}=Z_A-Z_1$$

当换 2 号刀具加工时，2 号刀具的刀尖在 C 点位置，要想运用 A、B 两点的坐标值来实现从 C 点到 A 点的运动，就必须知道 B 点和 C 点的坐标差值，利用这个差值对 B 到 A 的位移量进行修正，就能实现从 C 到 A 的运动。为此，将 B 点（作为基准刀尖位置）对 C 点的位置差值用以 C 为原点的直角坐标系，I、K 来表示（如图 2-2-1 所示）。

当从 C 到 A 时

$$U_{CA}=(X_A-X_1)+I_{\triangle}$$
$$W_{CA}=(Z_A-Z_1)+K_{\triangle}$$

式中，$I_{\triangle}$、$K_{\triangle}$ 分别为 X 轴、Z 轴的刀补量，可由键盘输入数控系统。由上式可知，从 C 到 A 的增量值等于从 B 到 A 的增量值加上刀补值。

当 2 号刀具加工结束时，刀架中心位置必须回到 P 点，也就是 2 号刀的刀尖必须从 A 点回到 C 点，但程序是以回到 B 点来编制，只给出了 A 到 B 的增量，因此，也必须用刀补值来修正。

$$U_{AC}=(X_1-X_A)-I_{\triangle}$$
$$W_{AC}=(Z_1-Z_A)-K_{\triangle}$$

从以上分析可以看出，数控系统进行刀具位置补偿，就是用刀补值对刀补建立程序段的增量值进行加修正，对刀补撤消段的增量值进行减修正。

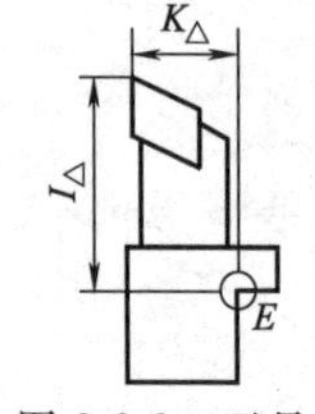

图 2-2-2　刀具位置补偿

这里的 1 号刀是标准刀，只要在加工前输入与标准刀的差 $I_{\triangle}$、$K_{\triangle}$ 就可以了。在这种情况下，标准刀磨损后，整个刀库中的刀补都要改变。为此，有的数控系统要求刀具位置补偿的基准点为刀具相关点。因此，每把刀具都要输入 $I_{\triangle}$、$K_{\triangle}$，其中 $I_{\triangle}$、$K_{\triangle}$ 是刀尖相对刀具相关点的位置差，如图 2-2-2 所示。

二、车削刀具的尺寸补偿 数控程序员高级工与数控车工中级工内容

1. 位置补偿

(1) 指令方式

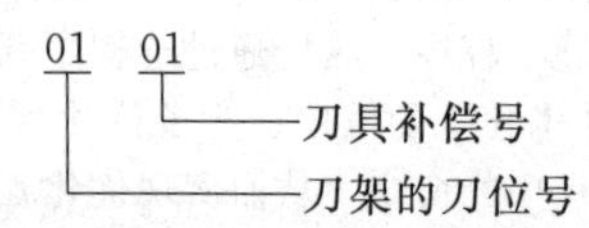

在字母 T 后用 4 位数来表示 T 功能，前两位表示刀架的刀位号，后两位表示刀具的补偿号。

(2) 说明

1) 加工完成之后要将刀补取消，刀补号 00 为取消刀具位置补偿。例如：T△△00 表示取消△△号刀上的刀具补偿。

2) 坐标系变换之后，补偿坐标及补偿值也需改变。

3) 刀具补偿号中记录的是刀位点相对于刀架相关点或标准刀的两个尺寸，有的系统另设一存储器存入刀位点需微调的数值，此值试切后手动输入。

用 T 代码对刀具进行补偿一般是在换刀指令后第一个含有移动指令（G00、G01 等）的程序段中进行，而取消刀具的补偿则是在加工完该刀的工序后，返回换刀点的程序段中执行的。

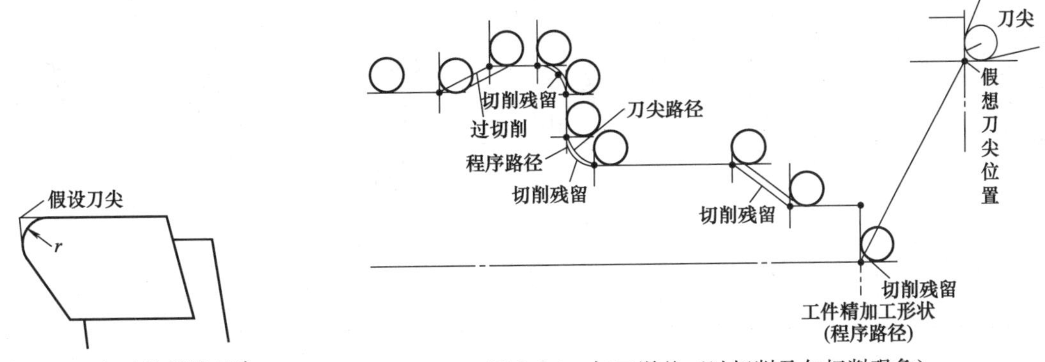

图 2-2-3　车刀的假设刀尖及刀刃圆弧

图 2-2-4　加工误差（过切削及欠切削现象）

2. 刀尖圆弧半径补偿

对于车削数控加工，由于车刀的刀尖通常是一段半径很小的圆弧，而假设的刀尖点（一般是通过对刀仪测量出来的）并不是刀刃圆弧上的一点，如图 2-2-3 所示。因此，在车削锥面、倒角或圆弧时，可能会造成切削加工不足（不到位）或切削过量（过切）的现象。图 2-2-4 描述了切削时由于刀尖圆弧的存在所引起的加工误差。

因此，当使用车刀来切削加工锥面时，必须将假设的刀尖点的路径作适当的修正，使之切削加工出来的工件能获得正确的尺寸，这种修正方法称为刀尖半径补偿（Tool Nose Radius Compensation，简称 TNRC）。

(1) 车刀形状和位置

车刀形状和位置是多种多样的，车刀形状还决定刀尖圆弧在什么位置。因此，车刀形状和位置亦必须输入计算机中。

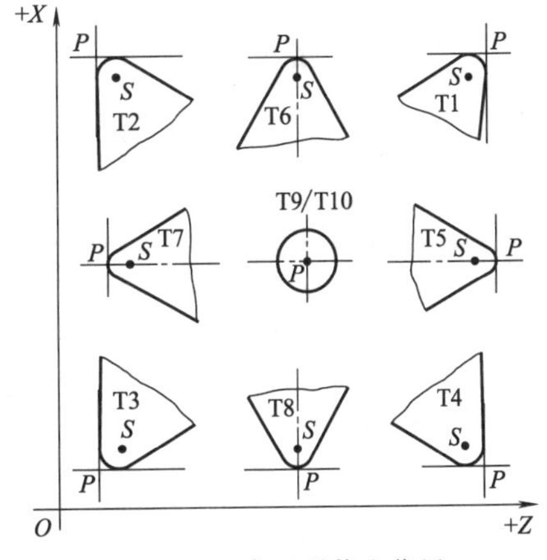

图 2-2-5　车刀形状和位置

车刀形状和位置共有九种，如图 2-2-5 所示。车刀的形状和位置分别用参数 T1～T9 输入到刀具数据库中。典型车刀形状、位置与参数的关系见表 2-2-1。

表 2-2-1　典型车刀形状、位置与参数的关系

走刀方向	T 代码	刀尖圆弧的位置	典型车刀形状			
←	T3	P S				
← →	T8	S P				

续表

走刀方向	T代码	刀尖圆弧的位置	典型车刀形状
→	T4	S P	
↓ ↑	T5	S P	
→	T1	P S	
→ ←	T6	P S	
←	T2	P S	
↓ ↑	T7	P S	

(2) 刀具半径的左右补偿

1) G41 刀具左补偿。如图 2-2-6 (b)、(c) 所示，顺着刀具运动方向看，刀具在工件的左边，称为刀具左补偿，用 G41 代码编程。

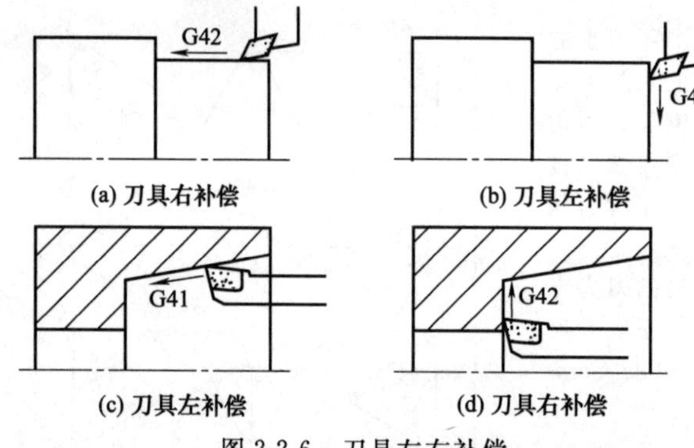

图 2-2-6　刀具左右补偿

2) G42 刀具右补偿。如图 2-2-6 (a)、(d) 所示，顺着刀具运动方向看，刀具在工件的右边，称为刀具右补偿，用 G42 代码编程。

3) G40 取消刀具左、右补偿。如需要取消刀具左、右补偿，可编入 G40 代码。这时，车刀轨迹按理论刀尖轨迹运动。

(3) 刀具补偿的编程方法及其作用

如果根据机床初始状态编程（即无刀尖半径补偿），车刀按理论刀尖轨迹移动［图 2-2-7 (a)］，产生表面形状误差 δ。

如程序段中编入 G42 指令，车刀按车刀圆弧中心轨迹移动［图 2-2-7 (b)］，无表面形状误差。从图 2-2-7 (a) 与图 2-2-7 (b) 中 P_1 的比较，亦可看出当编入 G42 指令，到达 P_1 点时，车刀多走一个刀尖半径距离。

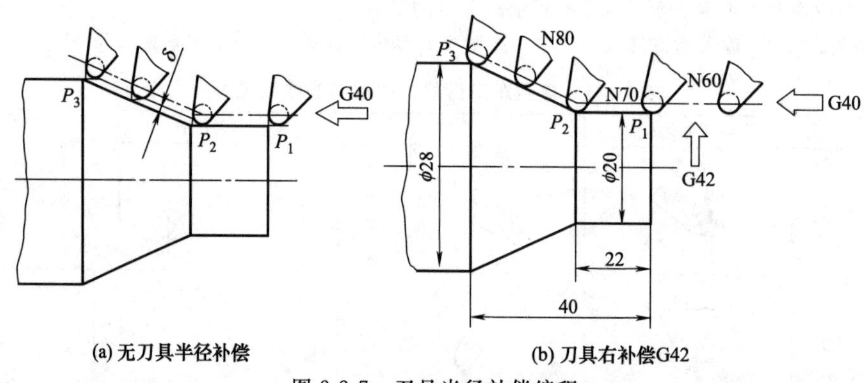

图 2-2-7　刀具半径补偿编程

用刀具半径补偿车削如图 2-2-7（b）所示的工件，编程方法如下：

N0050　G40　G00　X20.0　Z5.0；

N0060　G42　G01　X20.0　Z0.0　T0101；

N0070　　　　　　　　Z－22.0；

N0080　　　　　X28.0　Z－40.0；

N0090　　　　G00　X32.0；

（4）刀具半径补偿的编程规则

1）G40、G41、G42 只能用 G00、G01 结合编程。不允许与 G02、G03 等其他指令结合编程，否则报警。

2）在编入 G40、G41、G42 的 G00 与 G01 前后的两个程序段中，X、Z 值至少有一个值变化。否则产生报警。

3）在调用新的刀具前，必须取消刀具补偿，否则产生报警。

（5）注意残余面积的产生和消除

在使用刀具补偿编程时，如稍有疏忽，便会产生残余面积。

如车削如图 2-2-8 所示的工件，按下面方法编程，就会产生残余面积。

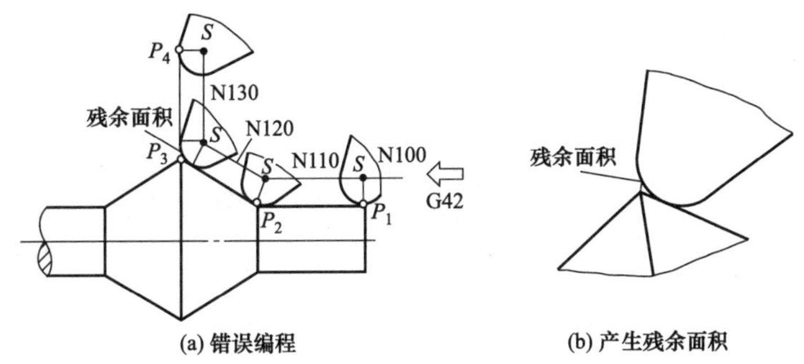

图 2-2-8　残余面积的产生

N90　G00　XP_0　ZP_0　G40；

N100 G01　XP_1　ZP_1　G42　　T0101；

N110　　　XP_2　ZP_2；

N120　　　XP_3　ZP_3；

N130　　　XP_4　ZP_4；

这样编程，在 P_3 点转角处产生了残余面积［图 2-2-8（b）］。

如果采用下面方法编程，就可消除残余面积（图 2-2-9）。

N90　G00　XP_0　ZP_0　G40；

N100 G01　XP_1　ZP_1　G42　　T0101；

N110　　　XP_2　ZP_2；

N120　　　XP_3　ZP_3；

N130 G40　　XP_4　ZP_4；

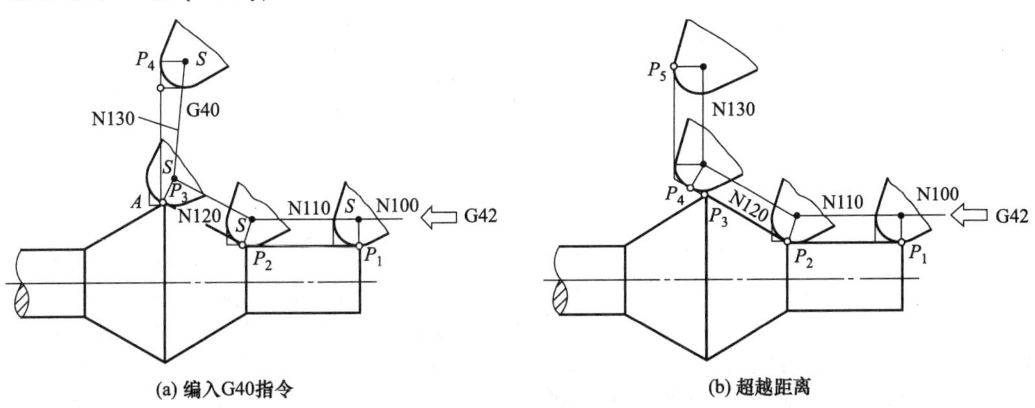

图 2-2-9　消除残余面积的方法

因为刀具补偿G42执行N120至P_3点，P_3点仍是按与刀尖圆弧相切原则进行车削，因此不产生残余面积，如图2-2-9（a）所示，N130程序按刀尖A轨迹移动。

另一种消除残余面积的方法是使车刀沿斜面超越一段距离，如图2-2-9（b）所示。必须注意，P_4点的坐标应按锥度严格计算。

具体编程方法如下：

N90　G00　XP_0　ZP_0　G40；
N100 G01　XP_1　ZP_1　G42　　T0101；
N110　　　XP_2　ZP_2；
N120　　　XP_3　ZP_3；
N130　　　XP_4　ZP_4；
N140　　　XP_5　ZP_5

又如车削如图2-2-10所示的圆弧工件，按下面方法编程，就会产生残余面积。

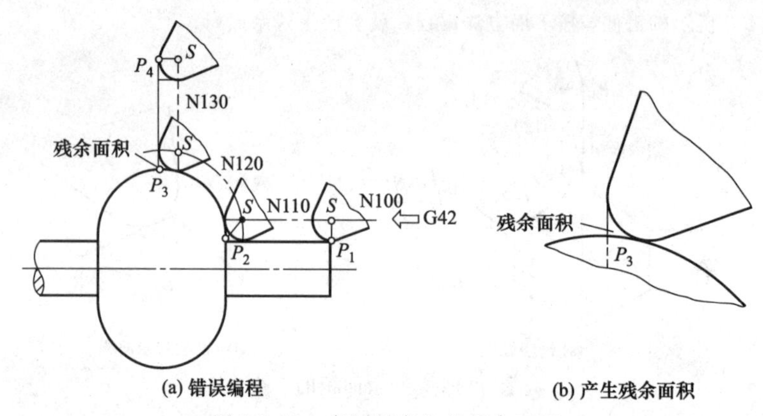

图2-2-10　车圆弧产生的残余面积

N90　G00　XP_0　ZP_0　G40；
N100 G01　XP_1　ZP_1　G42　　T0101；
N110　　　XP_2　ZP_2；
N120 G03　XP_3　ZP_3 R __；
N130 G00　XP_4　ZP_4；

以上编程，在P_3点转角处产生了残余面积［图2-2-10（b）］。

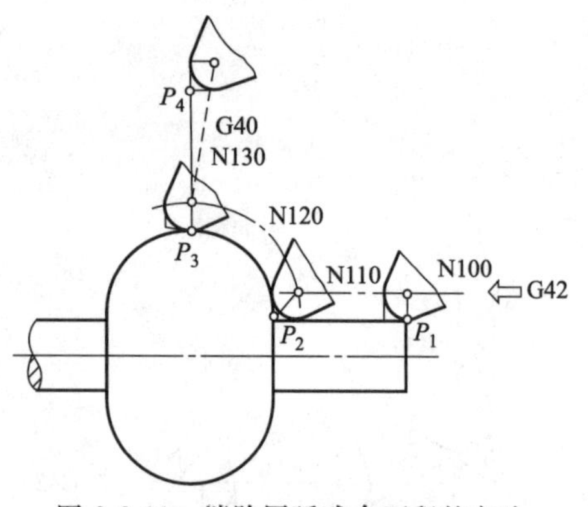

图2-2-11　消除圆弧残余面积的方法

如果采用下面方法编程，就可消除残余面积（图2-2-11）。

N90　G00　XP_0　ZP_0　G40；
N100 G01　XP_1　ZP_1　G42　　T0101；
N110　　　XP_2　ZP_2；
N120 G03　XP_3　ZP_3 R __；
N130 G00　XP_4　ZP_4　G40；

因刀具补偿G42执行N120至P_3点，P_3点仍是按与刀尖圆弧相切原则进行车削，因此不产生残余面积。N130程序按刀尖轨迹移动。

3. 刀具磨损补偿

系统对刀具长度或半径是按计算得到的最终尺寸（总和长度、总和半径）进行补偿的，如图2-2-12所示。这些补偿数据通常是通过对刀测量采集后，准确地储存到刀具数据库中，并且刀具的几何补偿和磨损补偿存放在同一个寄存器的地址号中。然后在数控系统中通过程序中的刀补代码提取并通过移动溜板来实现。而最终尺寸是由基本尺寸和磨损尺寸相减而得。因此，当一把刀具用过一段时间有一定的磨损后，实际尺寸发生了变化，此时可以直接修改补偿基本尺寸，也可以加入一个磨损量，使最终补偿量与实际刀具尺寸相一致，从而仍能加工出合格的零件。

在零件试加工等过程中，由于对刀等误差的影响，执行一次程序加工结束，不可能一定保证零件就符合图样要求，有可能出现超差。如果有超差但尚有余量，则可以进行修正。此时可利用原来的刀具和加工程序的一部分（精加工部分），不需要对程序作任何坐标修改，而只需在刀具磨损补偿中增加一磨损量后，再补充加工一次，就可将余量切去。此时，实际刀具并没有磨损，故此称为虚拟磨损量。

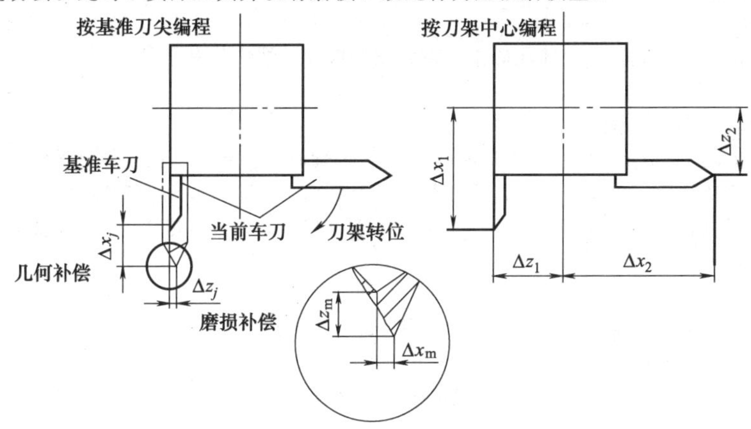

图 2-2-12　刀具磨损补偿

对于刀具的磨损补偿，有的数控机床专门有一个存储器，有的数控机床与刀具的位置补偿合并在一起，用一个存储器。

三、铣削刀具的补偿 数控程序员高级工与数控铣工/加工中心操作工中级工内容

铣削刀具的补偿主要包括刀具长度补偿与刀具半径补偿。

1. 刀具长度补偿

为了简化零件的数控加工编程，使数控程序与刀具形状和刀具尺寸尽量无关，现代 CNC 系统具有刀具长度补偿（Tool Length Compensation）功能。刀具长度补偿使刀具垂直于进给平面（比如 *XY* 平面，由 G17 指定）偏移一个刀具长度修正值，因此在数控编程过程中，一般无需考虑刀具长度。

刀具长度补偿要视情况而定。一般而言，刀具长度补偿对于二坐标和三坐标联动数控加工是有效的，但对于刀具摆动的四、五坐标联动数控加工，刀具长度补偿则无效，在进行刀位计算时可以不考虑刀具长度，但后置处理计算过程中必须考虑刀具长度。

刀具长度补偿在发生作用前，必须先进行刀具参数的设置。设置的方法有机内试切法、机内对刀法、机外对刀法和编程法。

有的数控机床补偿的是刀具的实际长度与标准刀具的差，如图 2-2-13（a）所示。有的数控机床补偿的是刀具相对于相关点的长度，如图 2-2-13（b）、（c）所示，其中图 2-2-13（c）是圆弧刀的情况。

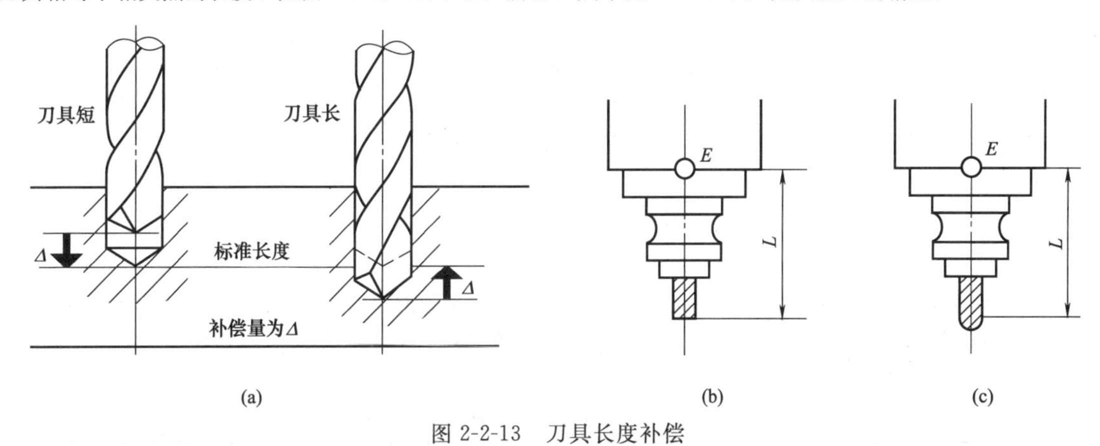

图 2-2-13　刀具长度补偿

（1）刀具长度补偿 A

1）刀具长度补偿的建立

$\left.\begin{matrix}G43\\G44\end{matrix}\right\}Z\_\_\_\_\_\_\ H\_\_\_\_\_\_$ 或 $\left.\begin{matrix}G43\\G44\end{matrix}\right\}H\_\_\_\_\_\_$

根据上述指令，把 Z 轴移动指令的终点位置加上（G43）或减去（G44）补偿存储器设定的补偿值。由于把编程时设定的刀具长度的值和实际加工所使用的刀具长度值的差设定在补偿存储器中，无需变更程序便可以对刀具长度值的差进行补偿。

由 G43、G44 指令补偿方向，由 H 代码指定设定在补偿存储器中的补偿量。

2）补偿方向

G43：＋侧补偿；G44：－侧补偿

无论是绝对值指令还是增量值指令，在 G43 时程序中 Z 轴移动指令终点的坐标（设定在补偿存储器中）中加上用 H 代码指定的补偿量，其最终计算结果的坐标值为终点。Z 轴的移动被省略时，可认为是下述的指令，补偿值的符号为“＋”时，G43 时是在“＋”方向移动一个补偿量，G44 是在“－”方向移动一个补偿量。

$\left.\begin{matrix}G43\\G44\end{matrix}\right\}Z0H\_\_\_\_\_\_$

补偿值的符号为负时，分别变为反方向。G43、G44 为模态 G 代码，直到同一组的其他 G 代码出现之前均有效。

3）指定补偿量　由 H 代码指定补偿号。程序中 Z 轴的指令值减去或加上与指定补偿号相对应（设定在补偿量存储器中）的补偿量。

补偿量与补偿号相对应，由 CRT/MDI 操作面板预先输入在存储器中。与补偿号 00 即 H00 相对应的补偿量，始终意味着零。不能设定与 H00 相对应的补偿量。

4）取消刀具长度补偿　指令 G49 或者 H00 取消补偿。一旦设定了 G49 或者 H00，立刻取消补偿。

如图 2-2-14 所示，假定的标准刀具长度为 0，理论移动距离为－100。采用 G43 指令进行编程，计算刀具从当前位置移动至工件表面的实际移动量（已知：H01 中的偏置值为 20.0，H02 中的偏置值为 60.0；H03 中的偏置值为 40.0）。

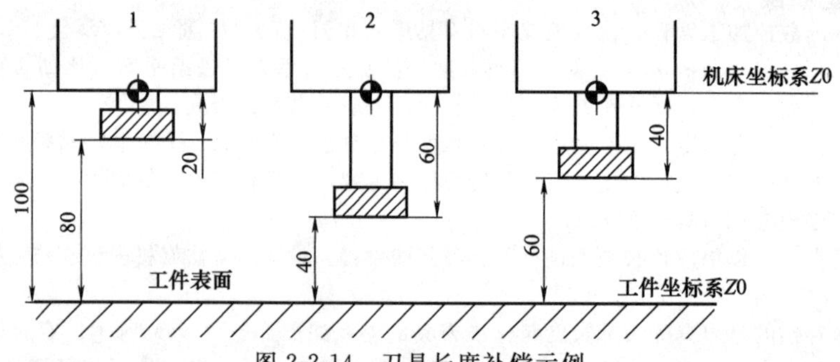

图 2-2-14　刀具长度补偿示例

刀具 1：G43 G01 Z0 H01 F100；刀具的实际移动量＝－100＋20＝－80，刀具向下移 80mm。

刀具 2：G43 G01 Z0 H02 F100；刀具的实际移动量＝－100＋60＝－40，刀具向下移 40mm。

刀具 3：如果采用 G44 编程，则输入 H03 中的偏置值应为－40.0，其编程指令及对应的刀具实际移动量如下：G44 G01 Z0 H03 F100；刀具的实际移动量＝－100－(－40)＝－60，刀具向下移 60mm。

（2）刀具长度补偿 B

根据 $\left.\begin{matrix}G17\\G18\\G19\end{matrix}\right\}\left.\begin{matrix}G43\\G44\end{matrix}\right\}\left.\begin{matrix}X\\Y\\Z\end{matrix}\right\}H\_\_\_\_\_\_$ 或 $\left.\begin{matrix}G17\\G18\\G19\end{matrix}\right\}\left.\begin{matrix}G43\\G44\end{matrix}\right\}H\_\_\_\_\_\_$；

指令 Z 轴或 Y 轴、X 轴的移动指令终点位置，需要向正或负方向再移动一个在补偿存储器中设定的值。由 G17、G18、G19 指定补偿平面，由 G43、G44 指定补偿方向，由 H 代码指定设定在补偿存储器中的补偿量。把与平面指定（G17，G18，G19）垂直的轴作为补偿轴，见表 2-2-2。

表 2-2-2　补偿轴

平面指定	补偿轴	平面指定	补偿轴	平面指定	补偿轴
G17	Z 轴	G18	Y 轴	G19	X 轴

二轴以上的刀具位置补偿，由指定补偿平面切换补偿轴，也可以用 2～3 个程序段指定。例如补偿 X、Y 轴。

G19 G4 3H ____；补偿 X 轴

G18 G4 3H ____；补偿 Y 轴与上述的程序段一起补偿 X、Y 轴

其他的与刀具长度补偿 A 相同。

由参数选择刀具长度补偿 A 或 B。

三轴共同补偿，若用 G49 指令全部取消，显示 P/S015 报警（同时控制轴为三轴报警），应与 H00 合并进行取消。

（3）刀具长度补偿 C

G43、G44 是把补偿装置变为刀具长度补偿方式的指令，由与 G43、G44 在同一程序段指令的轴地址 α 指定给哪个轴加上刀具长度补偿，而不用平面选择。

根据 $\left.\begin{matrix}G43\\G44\end{matrix}\right\}$ α ________ H ________；（α 为任意的一个轴）指令，可以把 α 轴移动指令的终点，移动到补偿存储器中设定值的正侧或负侧。利用该功能，根据把编程时设定的刀具长度的值和实际加工时使用的刀具的长度值的差设定在存储器中，无需变更程序便可以进行补偿。是否用刀具长度补偿 C 由参数选择。

2. 二维的刀具半径补偿

二维刀具半径补偿仅在指定的二维进给平面内进行，进给平面由 G17（X—Y 平面）、G18（Y—Z 平面）和 G19（Z—X 平面）指定，刀具半径值则通过调用相应的刀具半径补偿寄存器号码（用 H 或 D 指定）来取得。

（1）刀具半径补偿的目的

在数控铣床上进行轮廓的铣削加工时，由于刀具半径的存在，刀具中心（刀心）轨迹和工件轮廓不重合。如果数控系统不具备刀具半径自动补偿功能，则只能按刀心轨迹进行编程，即在编程时给出刀具中心运动轨迹，如图 2-2-15 所示的点画线轨迹，其计算相当复杂，尤其当刀具磨损、重磨或换新刀而使刀具直径变化时，必须重新计算刀心轨迹，修改程序，这样既繁琐，又不易保证加工精度。当数控系统具备刀具半径补偿功能时，数控编程只需按工件轮廓进行，如图 2-2-15 中的粗实线轨迹，数控系统会自动计算刀心轨迹，使刀具偏离工件轮廓一个半径值，即进行刀具半径补偿。

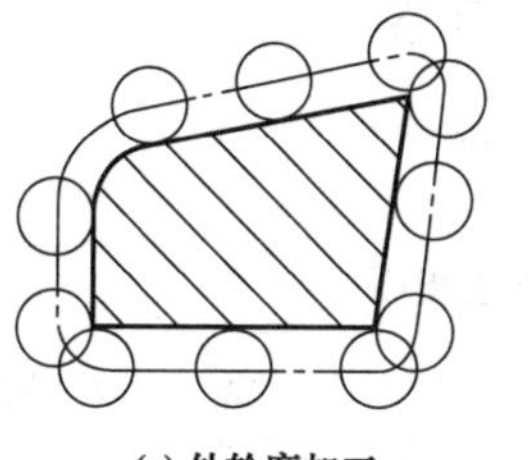

(a) 外轮廓加工

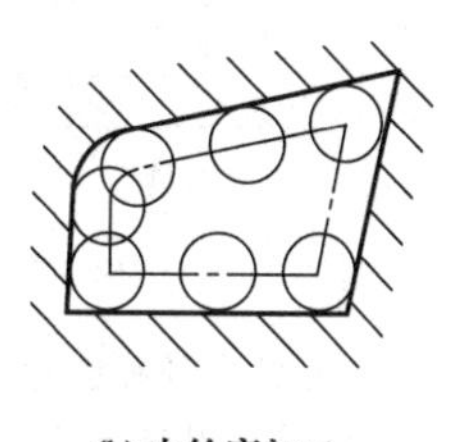

(b) 内轮廓加工

图 2-2-15 刀具半径补偿

（2）刀具半径补偿功能的应用

1）刀具因磨损、重磨、换新刀而引起刀具直径改变后，不必修改程序，只需在刀具参数设置中输入变化后刀具直径。如图 2-2-16 所示，1 为未磨损刀具，2 为磨损后刀具，两者直径不同，只需将刀具参数表中的刀具半径 r_1 改为 r_2，即可适用同一程序。

2）用同一程序、同一尺寸的刀具，利用刀具半径补偿，可进行粗精加工。如图 2-2-17 所示，刀具半径 r，精加工余量 Δ。粗加工时，输入刀具半径 $D=r+\Delta$，则加工出虚线轮廓；精加工时，用同一程序，同一刀具，但输入刀具半径 $D=r$，则加工出实线轮廓。

3）采用同一程序段，加工同一公称直径的凹、凸型面。如图 2-2-18 所示，对于同一公称直径的凹、凸型

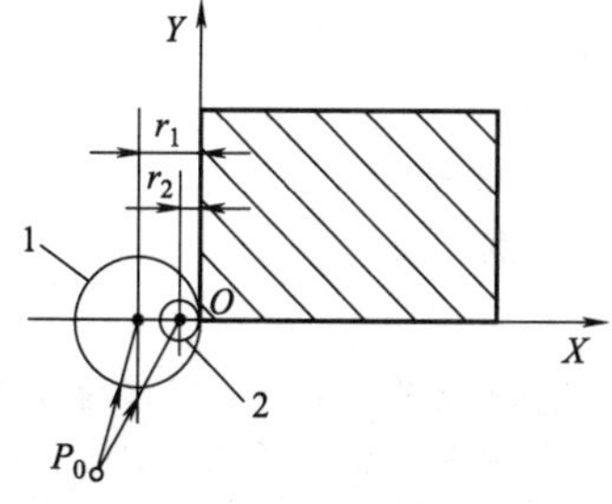

图 2-2-16 刀具直径变化，加工程序不变

1—未磨损刀具；2—磨损后刀具

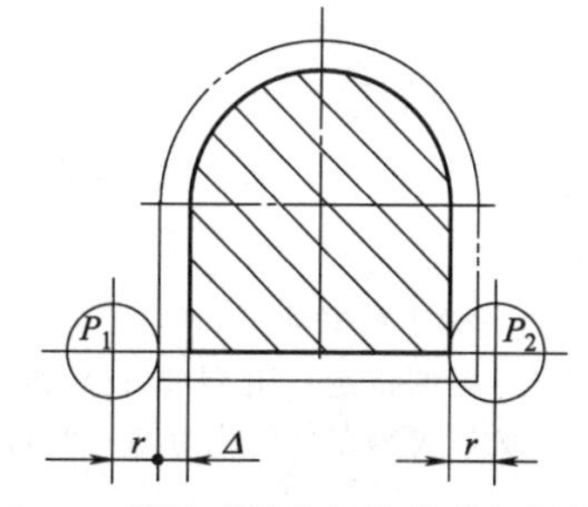

图 2-2-17 利用刀具半径补偿进行粗精加工

P_1—粗加工刀心位置；P_2—精加工刀心位置

面，内外轮廓编写成同一程序，在加工外轮廓时，将偏置值设为$+D$，刀具中心将沿轮廓的外侧切削；当加工内轮廓时，将偏置值设为$-D$，这时刀具中心将沿轮廓的内侧切削。这种编程与加工方法，在模具加工中运用较多。

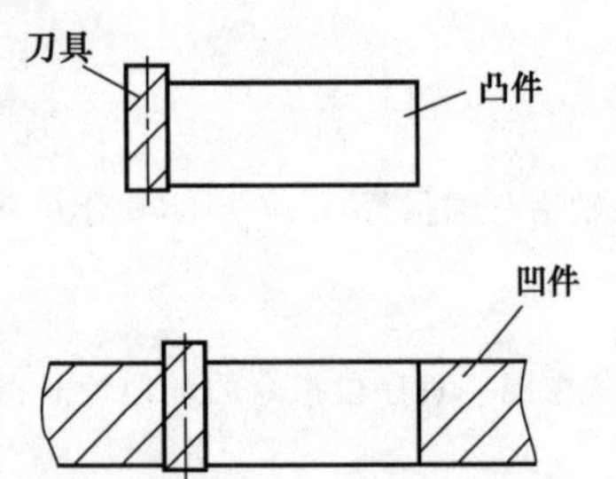

图 2-2-18　采用刀具半径补偿加工同尺寸凹、凸轮廓

在现代 CNC 系统中，有的已具备三维刀具半径补偿功能。对于四、五坐标联动数控加工，还不具备刀具半径补偿功能，必须在刀位计算时考虑刀具半径。

(3) 刀具半径补偿的方法

铣削加工刀具半径补偿分为刀具半径左补偿（Cutter Radius Compensation Left）、用 G41 定义，刀具半径右补偿（Cutter Radius Compensation Right），用 G42 定义，使用非零的 D# #代码选择正确的刀具半径补偿寄存器号。根据 ISO 标准，在补偿平面外垂直于补偿平面的那根轴的正方向，沿刀具的移动方向看，当刀具处在切削轮廓左侧时，称为刀具半径左补偿；当刀具处在切削轮廓的右侧时，称为刀具半径右补偿，如图 2-2-19 所示；当不需要进行刀具半径补偿时，则用 G40 取消刀具半径补偿。

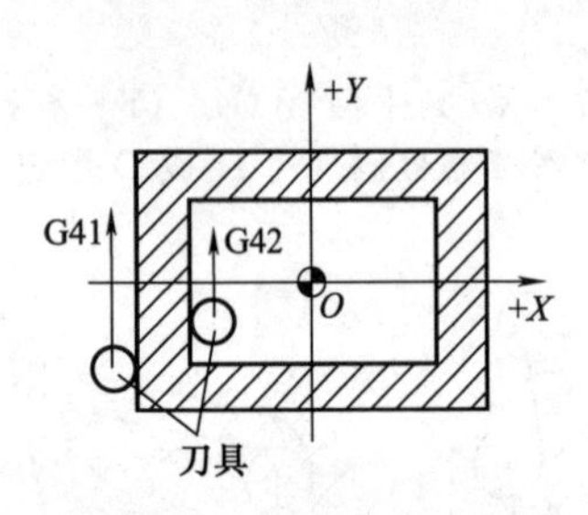

图 2-2-19　刀具半径补偿指令

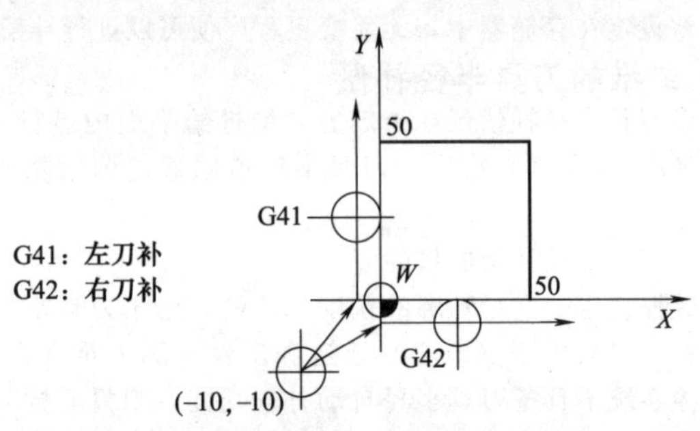

图 2-2-20　建立刀具半径补偿

1）刀具半径补偿建立　刀具由起刀点（Start Point）（位于零件轮廓及零件毛坯之外，距离加工零件轮廓切入点较近）以进给速度接近工件，刀具半径补偿方向由 G41（左补偿）或 G42（右补偿）确定，如图 2-2-20 所示。

2）刀具半径补偿取消　刀具撤离工件，回到退刀点，取消刀具半径补偿。与建立刀具半径补偿过程类似，退刀点也应位于零件轮廓之外，退出点距离加工零件轮廓较近，可与起刀点相同，也可以不相同。

3）为了防止在半径补偿建立与取消过程中刀具产生过切现象［图 2-2-21（a）中的 *OM* 和图 2-2-21（b）中的 *AM*］，刀具半径补偿建立与取消程序段的起始位置与终点位置最好与补偿方向在同一侧［图 2-2-21（a）中的 *OA* 和图 2-2-21（b）中的 *AN*］。

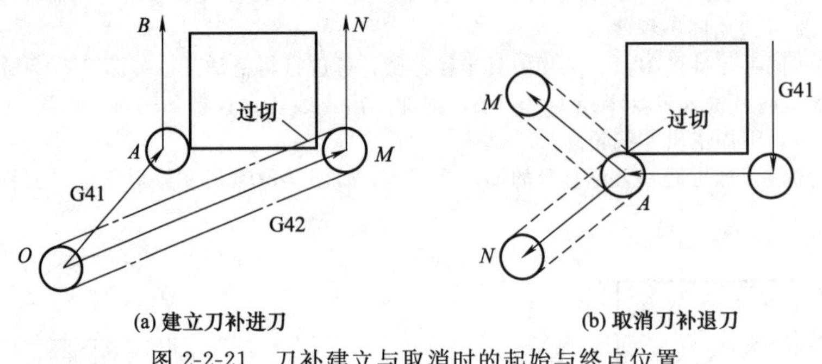

图 2-2-21　刀补建立与取消时的起始与终点位置

4）补偿的一般注意事项

① 补偿量号码的指定：用 H 或 D 代码指定补偿量的号码，如果是从开始取消补偿方式移到刀具半径补偿方式以前，H 或 D 代码在任何地方指令都可以。若进行一次指令后，只要在中途不变更补偿量，则不需要重新指定。

② 从取消补偿方式移向刀具半径补偿方式时的移动指令，必须是点位 G00 或者是直线插补。不能用圆弧

（G02，G03）插补。

③ 从刀具半径补偿方式移向取消补偿方式时的移动指令，必须是点位（G00）或者是直线插补。不能用圆弧（G02，G03）插补。

④ 刀具半径补偿左与刀具半径补偿右的切换：从左向右或者从右向左切换补偿方向时，通常要经过取消补偿方式。

⑤ 补偿量的变更：补偿量的变更通常是在取消补偿方式换刀时进行的。

⑥ 若在刀具半径补偿中进行刀具长度补偿，刀具半径的补偿量也被变更了。

⑦ 在刀具补偿模式下，一般不允许存在连续两段以上的非补偿平面内移动指令，否则刀具也会出现过切等危险动作。非补偿平面移动指令通常指：只有 G、M、S、F、T 代码的程序段（如 G90、M05 等），程序暂停程序段（如 G04 X10.0 等），G17（G18、G19）平面内的 Z（Y、X）轴移动指令等。

（4）刀具半径补偿 B（G39～G42）

1）刀具半径补偿功能。给出刀具半径值，使其对刀具进行半径值的补偿。该补偿指令用自动输入或手动数据输入的 G 功能进行。但是，补偿量——刀具半径值，预先由手动输入与 H 或 D 代码相对应的数据存储器中（由 D 代码指定与补偿量相对应的补偿存储器号码。D 代码为模态）。与该补偿有关的 G 功能见表 2-2-3。

表 2-2-3 关于 B 功能的刀具半径补偿

G 代码	组别	功　能	G 代码	组别	功　能
G39	00	拐角补偿圆弧插补	G41	07	刀具半径补偿左
G40	07	取消刀具半径补偿	G42	07	刀具半径补偿右

一旦指令 G41、G42，则变为补偿方式。若指令 G40，则变为取消方式。在刚接通电源时，变为取消方式。由于不是模态 G 代码（G39），因此刀具半径补偿方式无变化。

2）补偿量（D 代码）。补偿量由 CRT/MDI 操作面板设定，与程序中指定的 D 代码后面的数字（补偿号）相对应。与补偿号 00，即 D00 相对应的补偿量，始终意味着等于 0。可以设定与其他补偿号相对应的补偿量。

3）拐角补偿圆弧插补（G39）。用 G01、G02 或者 G03 的状态指定，根据以下指令，可以把拐角中的刀具半径作为半径补偿进行圆弧插补。

G39 X____ Y____；或 G39I____ J____；

如图 2-2-22 所示，从终点看（X，Y）的方向与（X，Y）成直角，在左侧（G41）或右侧（G42）作成新的矢量。刀具从旧矢量的始点沿圆弧移向新的矢量的始点。

（X，Y）为适应 G90 或 G91，用绝对值或增量值表示。

（I，J）始终用增量值表示。

G39 的指令在补偿方式中，仅在 G41 或 G42 已指令时才给出，圆弧顺时针或逆时针由 G41 或 G42 指令。该指令不是模态的，01 组的 G 功能不能由于该指令而遭到破坏则继续存储。

4）G39 的应用。图 2-2-23 所示零件廓形 ABC 的加工程序为：

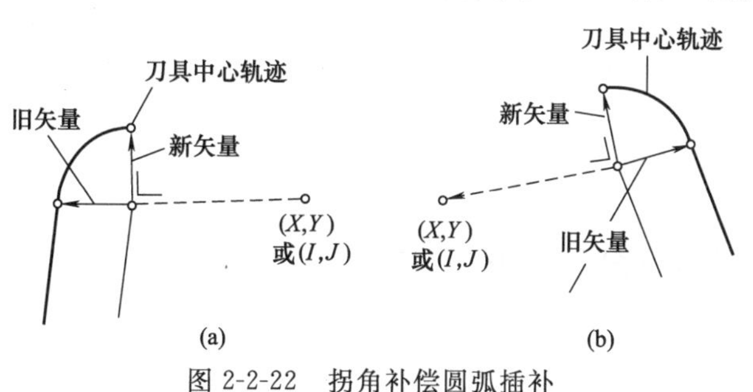

图 2-2-22 拐角补偿圆弧插补

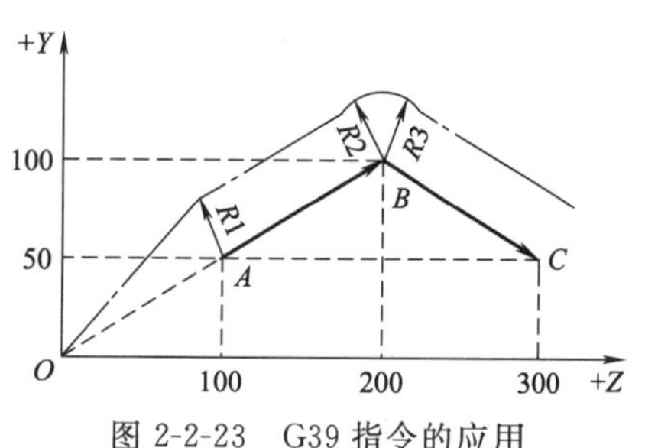

图 2-2-23 G39 指令的应用

G90 G00 G41 X100.0 Y50.0 H01　　；$O \to A$，偏移 $R1$

G01 X200.0 Y100.0 F150　　；$A \to B$，偏移 $R2$

G39 X300.0 Y50.0　　；拐角偏移 $R3$

G01 X300.0 Y50.0　　；$B \to C$

（5）刀具半径补偿 C（G40～G42）

根据参数的设定，可用 D 代码指令刀具半径补偿 C。G40、G41、G42 后边一般只能跟 G00、G01，而不能

跟 G03、G02 等。补偿方向由刀具半径补偿的 G 代码（G41，G42）和补偿量的符号决定，见表 2-2-4。

表 2-2-4　补偿量符号

补偿量符号 / G 代码	+	−	补偿量符号 / G 代码	+	−
G41	补偿左侧	补偿右侧	G42	补偿右侧	补偿左侧

3. 三维刀具半径补偿

对于多坐标数控加工，一般的 CNC 系统目前还没有刀具半径补偿功能，编程员在进行零件加工编程时必须考虑刀具半径的影响。对于同一零件，采用相同类型的刀具加工，当刀具半径不同时，必须编制不同的加工程序。但在现代先进的 CNC 系统中，有的已具备三维刀具半径补偿功能。

（1）若干基本概念

1）加工表面上切触点坐标及单位法矢量。对于三维刀具半径补偿，要求已知加工表面上刀具与加工表面的切触点坐标及单位法矢量，如图 2-2-24 所示。

2）刀具类型及刀具参数。本章所说的三维刀具半径补偿方法适用于图 2-2-25 所示三种刀具类型。图中，L 表示刀具长度，R 表示刀具半径，R_1 表示刃口半径。

3）刀具中心如图 2-2-25 所示，定义球形刀（$R=R_1$）的球心 O、环形刀（$R>R_1$）的刀刃圆环中心 O、端铣刀（$R_1=O$）的底面中心 O 为刀具中心。

（2）功能代码设置

三维刀具半径补偿建立用 G141 实现。撤销三维刀具半径补偿用 G40 或按 RESET 或按 MANUAL CLEAR CONTROL。G141 与 G41、G42、G43、G44 为同一 G 功能代码组，当一个有效时，其余四个无效。当 G141 有效时，下列功能可编程：G00，G01，G04，G40，G90，G91，F，S。

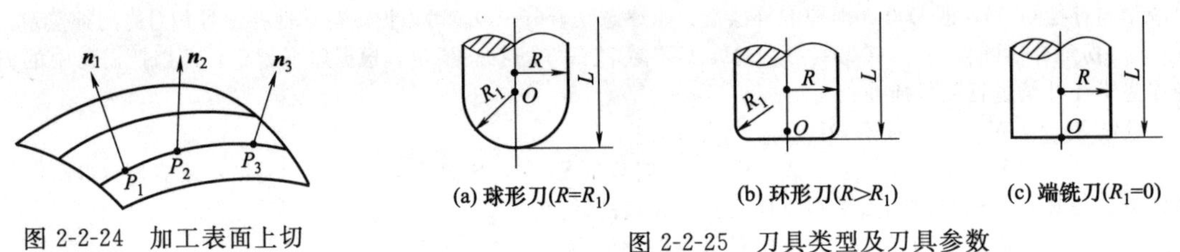

图 2-2-24　加工表面上切触点坐标及单位法矢量

图 2-2-25　刀具类型及刀具参数

（3）编程格式

程序段基本格式为：

G01 X______ Y______ Z______ I______ J______ K______

刀具参数用 G141 设置，格式如下：

G141 R______ R_1______

如果不定义 R 和 R_1，则自动将它们设置为 0。

第三节　手工编程的数值计算

一、标注尺寸换算

图样上的尺寸基准与编程所需要的尺寸基准不一致时，应将图样上的尺寸基准、尺寸换算为编程坐标系中的尺寸，再进行下一步数学处理工作。

二、加工余量的计算 数控程序员高级工内容

加工余量是指加工过程中，所切去的金属层厚度。余量有工序余量和加工总余量之分。工序余量是相邻两工序的工序尺寸之差；加工总余量是毛坯尺寸与零件图的设计尺寸之差，它等于各工序余量之和。即

$$Z_{\Sigma}=\sum_{i=1}^{n}Z_i$$

式中 Z_{Σ}——总加工余量；

Z_i——工序余量；

n——工序数量。

由于工序尺寸有公差，实际切除的余量是一个变值，因此，工序余量分为基本余量（又称公称余量）、最大工序余量和最小工序余量。

为了便于加工，工序尺寸的公差一般按“入体原则”标注，即被包容面的工序尺寸取上偏差为零；包容面的工序尺寸取下偏差为零；毛坯尺寸的公差一般采取双向对称分布。

中间工序的工序余量与工序尺寸及其公差的关系如图 2-3-1 所示。由图 2-3-1 可知，工序的基本余量、最大工序余量和最小工序余量可按下式计算。

对于被包容面

$$Z=L_a-L_b$$
$$Z_{max}=L_{amax}-L_{bmin}=Z+T_b$$
$$Z_{min}=L_{amin}-L_{bmax}=Z-T_a$$

对于包容面

$$Z=L_b-L_a$$
$$Z_{max}=L_{bmax}-L_{amin}=Z+T_b$$
$$Z_{min}=L_{bmin}-L_{amax}=Z-T_a$$

式中 Z——工序余量的基本尺寸；

Z_{max}——最大工序余量；

Z_{min}——最小工序余量；

L_a——上工序的基本尺寸；

L_b——本工序的基本尺寸；

T_a——上工序尺寸的公差；

T_b——本工序尺寸的公差。

加工余量有单边余量和双边余量之分。平面的加工余量则指单边余量，它等于实际切削的金属层厚度。上述表面的加工余量为非对称的单边加工余量。对于内圆和外圆等回转体表面，在数控机床加工过程中，加工余量有时指双边余量，即以直径方向计算，实际切削的金属层厚度为加工余量的一半，如图 2-3-2 所示。加工余量和加工尺寸分布见图 2-3-3。

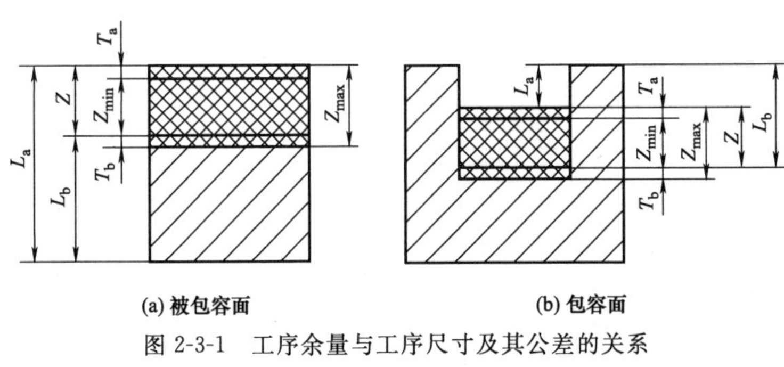

图 2-3-1 工序余量与工序尺寸及其公差的关系

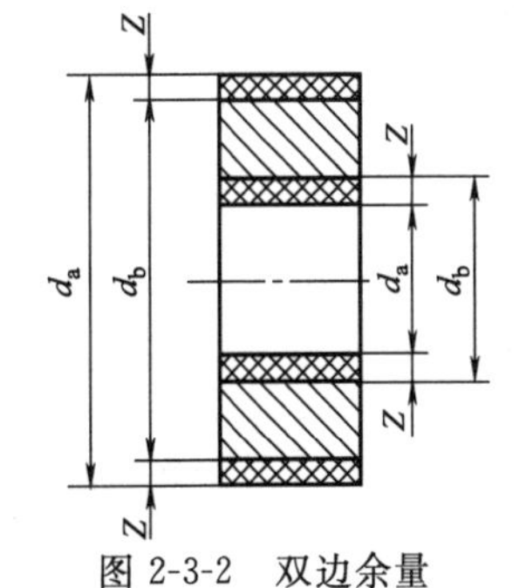

图 2-3-2 双边余量

对于外圆表面 $2Z=d_a-d_b$

对于内圆表面 $2Z=d_b-d_a$

式中 $2Z$——直径上的加工余量；

d_a——上工序的基本尺寸；

d_b——本工序的基本尺寸。

三、尺寸链解算 数控程序员技师内容

在数控加工中，除了需要准确地得到其编程尺寸外，还需要掌握控制某些重要尺寸的允许变动量，这就需要通过尺寸链解算才能得到，故尺寸链解算是数学处理中的一个重要内容。

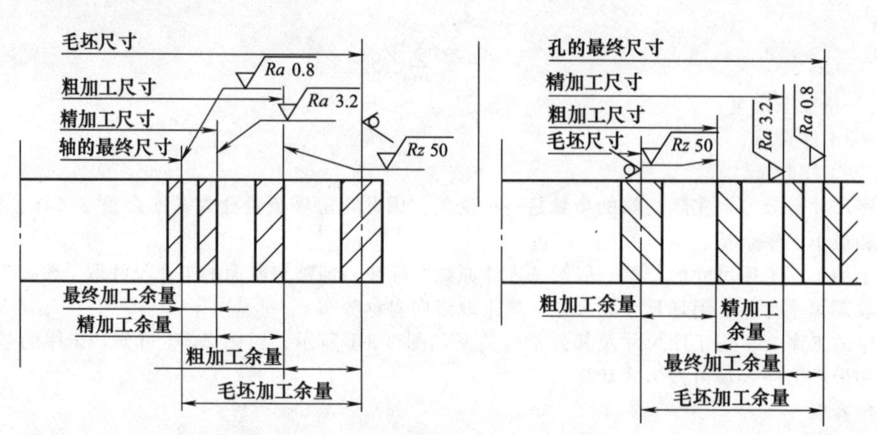

图 2-3-3　加工余量和加工尺寸分布

1. 基准重合时工序尺寸及其公差的确定

零件上的设计尺寸一般要经过几道机械加工工序的加工才能得到，每道工序所应保证的尺寸叫工序尺寸，与其相应的公差即工序尺寸的公差。工序尺寸及其公差的确定，不仅取决于设计尺寸、加工余量及各工序所能达到的经济精度，而且还与定位基准、工序基准、测量基准、编程坐标系原点的确定及基准的转换有关。所以，计算工序尺寸及公差时，应根据不同的情况，采用不同的方法。

当工序基准、测量基准、定位基准或编程原点与设计基准重合时，工序尺寸及其公差直接由各工序的加工余量和所能达到的精度确定。其计算方法是由最后一道工序开始向前推算，具体步骤如下。

1）确定毛坯总余量和工序余量。

2）确定工序公差。最终工序尺寸公差等于零件图上设计尺寸公差，其余工序尺寸公差按经济精度确定。

3）计算工序基本尺寸。从零件图上的设计尺寸开始向前推算，直至毛坯尺寸。最终工序基本尺寸等于零件图上的基本尺寸，其余工序基本尺寸等于后道工序基本尺寸加上或减去后道工序余量。

4）标注工序尺寸公差。最后一道工序的公差按零件图上设计尺寸标注，中间工序尺寸公差按“入体原则”标注，毛坯尺寸公差按双向标注。

2. 基准不重合时工序尺寸及其公差的计算

当工序基准、测量基准、定位基准或编程原点与设计基准不重合时，工序尺寸及其公差的确定，需要借助于工艺尺寸链的基本知识和计算方法，通过解工艺尺寸链才能获得。工艺尺寸链的计算，关键是正确地确定封闭环，否则计算结果是错的。封闭环的确定取决于加工方法和测量方法。

工艺尺寸链的计算方法有两种：极大极小法和概率法。生产中一般多采用极大极小法，其基本计算见表2-3-1。

表 2-3-1　工艺尺寸链基本计算公式

序号	名　称	计算公式	公式说明
1	封闭环的基本尺寸	$A_\Sigma=\sum_{i=1}^{m}A_i-\sum_{j=m+1}^{n-1}A_j$	
2	封闭环的最大极限尺寸 $A_{\Sigma\max}$	$A_{\Sigma\max}=\sum_{i=1}^{m}A_{i\max}-\sum_{j=m+1}^{n-1}A_{j\min}$	
3	封闭环的最小极限尺寸 $A_{\Sigma\min}$	$A_{\Sigma\min}=\sum_{i=1}^{m}A_{i\min}-\sum_{j=m+1}^{n-1}A_{j\max}$	
4	封闭环的平均尺寸 $A_{\Sigma M}$	$A_{\Sigma M}=\sum_{i=1}^{m}A_{iM}-\sum_{j=m+1}^{n-1}A_{jM}$	m—增环的环数；n—包括封闭环在内的总环数
5	封闭环的上偏差 ESA_Σ	$ESA_\Sigma=\sum_{i=1}^{m}ESA_i-\sum_{j=m+1}^{n-1}EIA_j$	
6	封闭环的下偏差 EIA_Σ	$EIA_\Sigma=\sum_{i=1}^{m}EIA_i-\sum_{i=m+1}^{n-1}ESA_j$	
7	封闭环的公差 TA_Σ	$TA_\Sigma=\sum_{i=1}^{n-1}TA_i$	

零件在设计时，从保证使用性能角度考虑，尺寸多采用局部分散标注，而在数控编程中，所有点、线、面的尺寸和位置都是以编程原点为基准的。当编程原点与设计基准不重合时，为方便编程，必须将分散标注的设计尺寸换算成以编程原点为基准的工序尺寸。

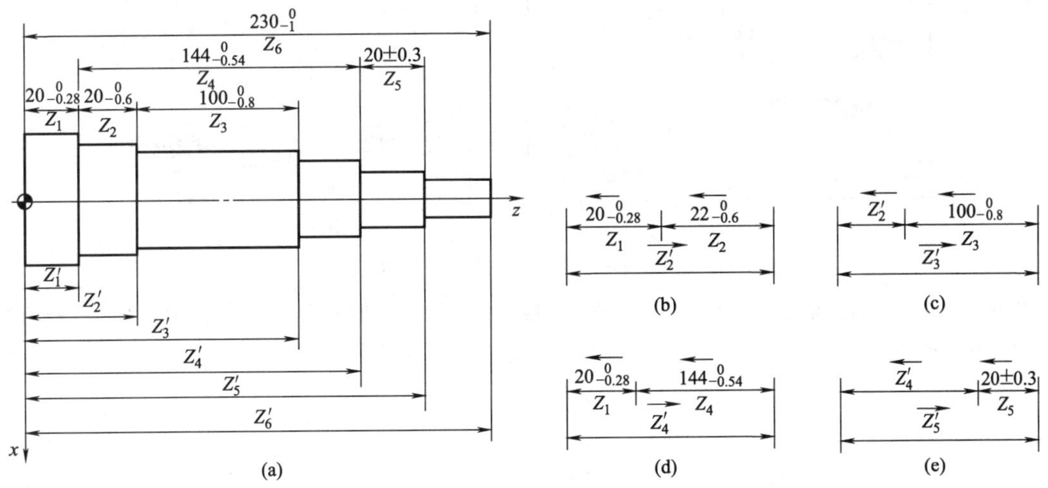

图 2-3-4 编程原点与设计基准不重合时的工序尺寸换算

图 2-3-4（a）为一根阶梯轴简图。图上部的轴向尺寸 Z_1、Z_2、…、Z_6 为设计尺寸。编程原点在左端面与中心线的交点上，与尺寸 Z_2、Z_3、Z_4 及 Z_5 的设计基准不重合，编程时须按工序尺寸 Z_1'、Z_2'、…、Z_6'编程。其中工序尺寸 Z_1'和 Z_6'就是设计尺寸 Z_1 和 Z_6，即 $Z_1'=Z_1=20_{-0.028}^{0}$mm；$Z_6'=Z_6=230_{-1}^{0}$mm 为直接获得尺寸。其余工序尺寸 Z_2'、Z_3'、Z_4'和 Z_5'可分别利用图 2-3-4（b）～（e）所示的工艺尺寸链计算。尺寸链中 Z_2、Z_3、Z_4 和 Z_5 为间接获得尺寸，是封闭环，其余尺寸为组成环。尺寸链的计算过程如下。

（1）计算 Z_2'的工序尺寸及其公差

$Z_2=Z_2'-20$；即 $Z_2'=42$mm

$0=ESZ_2'-(-0.28)$；即 $ESZ_2'=-0.28$mm

$-0.6=EIZ_2'-0$；即 $EIZ_2'=-0.6$mm

因此，得 Z_2'的工序尺寸及其公差

$$Z_2'=42_{-0.6}^{-0.28}\text{mm}$$

（2）计算 Z_3'的工序尺寸及其公差

$100=Z_3'-Z_2'=Z_3'-42$；即 $Z_3'=142$mm

$0=ESZ_3'-EIZ_2'=ESZ_3'-(-0.6)$；即 $ESZ_3'=-0.6$mm

$-0.8=EIZ_3'-ESZ_2'=EIZ_3'-(-0.28)$；即 $EIZ_3'=-1.08$mm

因此，得 Z_3'的工序尺寸及其公差：

$$Z_3'=142_{-1.08}^{-0.6}\text{mm}$$

（3）计算 Z_4'的工序尺寸及其公差

$144=Z_4'-20$；即 $Z_4'=164$mm

$0=ESZ_4'-(-0.28)$；即 $ESZ_4'=-0.28$mm

$-0.54=EIZ_4'-0$；即 $EIZ_4'=-0.54$mm

因此，得 Z_4'的工序尺寸及其公差

$$Z_4'=164_{-0.54}^{-0.28}\text{mm}$$

（4）计算 Z_5'的工序尺寸及其公差

$20=Z_5'-Z_4'=Z_5'-164$；即 $Z_5'=184$mm

$0.3=ESZ_5'-EIZ_4'=ESZ_5'-(-0.54)$；即 $ESZ_5'=-0.24$mm

$-0.3=EIZ_5'-ESZ_4'=EIZ_5'-(-0.28)$；即 $EIZ_5'=-0.58$mm

因此，得 Z_5'的工序尺寸及其公差

$$Z_5'=184_{-0.58}^{-0.24}\text{mm}$$

3. 关于角度尺寸链的计算 数控程序员技师与数控铣工/加工中心操作工技师内容

角度尺寸链是由若干个彼此不平行尺寸所组成的尺寸链，如图 2-3-5 所示。

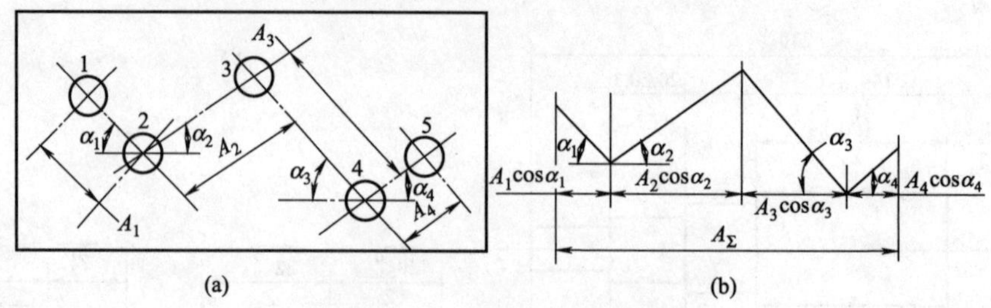

图 2-3-5 角度尺寸链的计算

角度尺寸链的解法，是将与封闭环不平行的尺寸按封闭环的方向进行投影，使之成为直线尺寸链的形式。其基本计算公式为

$$A_{\Sigma\max}=\sum_{i=1}^{m}\overrightarrow{A}_{i\max}\cos\alpha_i-\sum_{i=m+1}^{n-1}\overleftarrow{A}_{i\min}\cos\alpha_i$$

$$A_{\Sigma\min}=\sum_{i=1}^{m}\overrightarrow{A}_{i\min}\cos\alpha_i-\sum_{i=m+1}^{n-1}\overleftarrow{A}_{i\max}\cos\alpha_i$$

式中 α_i——被投影的某一组成环与封闭环的夹角；

$\overrightarrow{A}_{i\max}$——某一增环的最大极限尺寸；

$\overrightarrow{A}_{i\min}$——某一增环的最小极限尺寸；

$\overleftarrow{A}_{i\max}$——某一减环的最大极限尺寸；

$\overleftarrow{A}_{i\min}$——某一减环的最小极限尺寸。

如图 2-3-5（a）所示的零件，镗削加工五个孔，其孔的中心不分布在同一直线上，且中心连线互相不平行。在立式镗床上连续镗削孔 1～孔 5。$A_1=20^{+0.5}_{0}$，$A_2=60\pm0.25$，$A_3=80\pm0.25$，$A_4=20^{+0.5}_{0}$，$\alpha_1=\alpha_2=45°\pm30'$，$\alpha_3=40°\pm30'$，$\alpha_4=50°\pm30'$。

由尺寸链图 2-3-5（b）知道，A_Σ 为封闭环，其余都为增环。则

$$A_{\Sigma\max}=20.5\times\cos44°30'+60.25\times\cos44°30'+80.25\times\cos39°30'+20.5\times\cos49°30'=132.83$$

$$A_{\Sigma\min}=0\times\cos45°30'+59.75\times\cos45°30'+79.75\times\cos40'30'+20\times\cos50°30'=129.25$$

则孔 1～孔 5 的中心距的变化范围是 129.25～132.83mm。

四、坐标值计算

一个零件的轮廓往往是由许多不同的几何元素组成，如直线、圆弧、二次曲线以及其他公式曲线等。构成零件轮廓的这些不同几何元素的交点或切点称为基点，如图 2-3-6 中的 A、B、C、D、E 和 F 等点都是该零件轮廓上的基点。显然，相邻基点间只能是一个几何元素。

当采用不具备非圆曲线插补功能的数控机床加工非圆曲线轮廓的零件时，在加工程序的编制工作中，常常需要用直线或圆弧去近似代替非圆曲线，称为拟合处理。拟合线段的交点或切点就称为节点。如图 2-3-7 中的 P_1、P_2、P_3、P_4、P_5 等点为直线拟合非圆曲线时的节点。

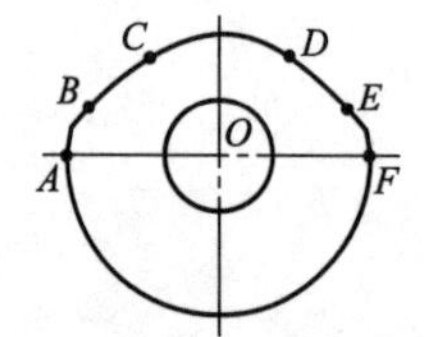

图 2-3-6 零件轮廓中的基点

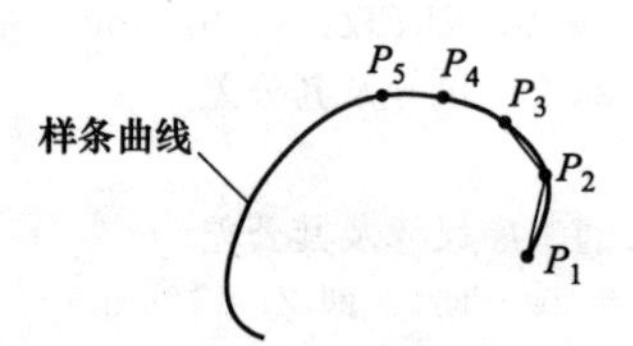

图 2-3-7 零件轮廓中的节点

编制加工程序时，需要进行的坐标值计算工作有：基点的直接计算、节点的拟合计算及刀具中心轨迹的计算等。现代数控机床由于具有刀具半径补偿功能，往往不需要对刀具中心轨迹进行计算。

1. 基点计算方法 数控程序员、数控车工、数控铣工、加工中心操作工、高级工内容

根据直接填写加工程序段时的要求，该内容主要有：每条运动轨迹（线段）的起点或终点在选定坐标系中的各坐标值和圆弧运动轨迹的圆心坐标值。

基点直接计算的方法比较简单，一般根据零件图样所给已知条件人工完成。常用的基点计算方法有解析法、三角函数计算法、计算机绘图求解法等。

（1）解析法

由于基点计算主要内容为直线和圆弧的端点、交点、切点的计算。解析法求解直线与圆弧的交点或切点如表 2-3-2 所示。

表 2-3-2 求直线与圆弧的交点或切点

类型	类型图与已知条件	联立方程与推导计算公式	说明
（一）直线与圆相交	已知：$k,b;(x_0,y_0),R$。求(x_C,y_C)	方程：$\begin{cases}(x-x_0)^2+(y-y_0)^2=R^2\\ y=kx+b\end{cases}$ 公式：$A=1+k^2$ $B=2[k(b-y_0)-x_0]$ $C=x_0^2+(b-y_0)^2-R^2$ $x_C=\dfrac{-B\pm\sqrt{B^2-4AC}}{2A}$ $y_C=kx_C+b$	公式也可用于求解直线与圆相切时的切点坐标。当直线与圆相切时，取$B^2-4AC=0$，此时$x_C=-B/(2A)$，其余计算公式不变
（二）两圆相交	已知：$(x_1,y_1),R_1;(x_2,y_2),R_2$。求$(x_C,y_C)$	方程：$\begin{cases}(x-x_1)^2+(y-y_1)^2=R_1^2\\ (x-x_2)^2+(y-y_2)^2=R_2^2\end{cases}$ 公式：$\Delta x=x_2-x_1,\Delta y=y_2-y_1$ $D=\dfrac{(x_2^2+y_2^2-R_2^2)-(x_1^2+y_1^2-R_1^2)}{2}$ $A=1+\left(\dfrac{\Delta x}{\Delta y}\right)^2$ $B=2\left[\left(y_1-\dfrac{D}{\Delta y}\right)\dfrac{\Delta x}{\Delta y}-x_1\right]$ $C=\left(y_1-\dfrac{D}{\Delta y}\right)^2+x_1^2-R_1^2$ $x_C=\dfrac{-B\pm\sqrt{B^2-4AC}}{2A}$ $y_C=\dfrac{D-\Delta x x_C}{\Delta y}$	当两圆相切时，$B^2-4AC=0$，因此上式也可用于求两圆相切的切点 公式中求解x_C时，较大值取“+”，较小值取“−”

（2）三角函数计算法

三角函数计算法简称三角计算法。在手工编程工作中，是进行数值计算时应重点掌握的方法之一。三角函数法求解直线和圆弧的交点与切点如表 2-3-3 所示。

表 2-3-3 三角函数法求解直线和圆弧的交点与切点的四种类型

类型	类型图与已知条件	推导后的计算公式	说明
（一）直线与圆相切	已知：$(x_1,y_1);(x_2,y_2),R$。求(x_C,y_C)	$\Delta x=x_2-x_1,\Delta y=y_2-y_1$ $\alpha_1=\arctan(\Delta y/\Delta x)$ $\alpha_2=\arcsin\dfrac{R}{\sqrt{\Delta x^2+\Delta y^2}}$ $\beta=\lvert\alpha_1+\alpha_2\rvert$ $x_C=x_2\pm R\lvert\sin\beta\rvert$ $y_C=y_2\pm R\lvert\cos\beta\rvert$	公式中的角度是有向角。由于过已知点与圆的切线有两条，具体选哪条切线由α_2前面“±”号的选取，沿基准线的逆时针方向为“+”

续表

类型	类型图与已知条件	推导后的计算公式	说明
(二)直线与圆相交	Y, L, R, 基准线, (x_C,y_C), α_1, (x_1,y_1), (x_2,y_2), α_2, O, X 已知：(x_1,y_1)，α_1；(x_2,y_2)，R。求(x_C,y_C)	$\Delta x=x_2-x_1,\Delta y=y_2-y_1$ $x_2=\arcsin\left\|\dfrac{\Delta x\sin\alpha_1-\Delta y\cos\alpha_1}{R}\right\|$ $\beta=\|\alpha_1+\alpha_2\|$ $x_C=x_2\pm R\|\cos\beta\|$ $y_C=y_2\pm R\|\sin\beta\|$	公式中的角度是有向角，α_1取角度绝对值不大于90°范围内的那个角。直线相对于X逆时针方向为"+"，反之为"−"
(三)两圆相交	Y, R_2, 基准线, (x_C,y_C), α_2, (x_2,y_2), R_1, α_1, (x_1,y_1), O, X 已知：(x_1,y_1)，R_1；(x_2,y_2)，R_2。求(x_C,y_C)	$\Delta x=x_2-x_1,\Delta y=y_2-y_1$ $d=\sqrt{\Delta x^2+\Delta y^2}$ $\alpha_1=\arctan(\Delta y/\Delta x)$ $\alpha_2=\arccos\dfrac{R_1^2+d^2-R_2^2}{2R_1 d}$ $\beta=\|\alpha_1+\alpha_2\|$ $x_C=x_1\pm R_1\cos\|\beta\|$ $y_C=y_1\pm R_1\sin\|\beta\|$	两圆相切时，α_2等于0，计算较为方便，两圆相交的另一交点坐标根据公式中的"±"选取，注意X和Y值相互间的搭配关系
(四)直线与两圆相切	Y, (x_{C2},y_{C2}), L, 基准线, R_2, α_2, (x_2,y_2), C_1, R_1, α_1, (x_1,y_1), O, X 已知：(x_1,y_1)，R_1；(x_2,y_2)，R_2。求(x_C,y_C)	$\Delta x=x_2-x_1,\Delta y=y_2-y_1$ $\alpha_1=\arctan(\Delta y/\Delta x)$ $\alpha_2=\arcsin\dfrac{R_大\pm R_小}{\sqrt{\Delta x^2+\Delta y^2}}$ $\beta=\|\alpha_1+\alpha_2\|$ $x_{C1}=x_1\pm R_1\sin\beta$ $y_{C1}=y_1\pm R_1\|\cos\beta\|$ 同理，$x_{C2}=x_2\pm R_2\sin\beta$ $y_{C2}=y_2\pm R_2\|\cos\beta\|$	求α_2角度值时，内公切线用"+"，外公切线用"−"。$R_大$表示大圆半径，$R_小$表示小圆半径

例 2-3-1 车削如图 2-3-8 所示的手柄，计算出编程所需数值。

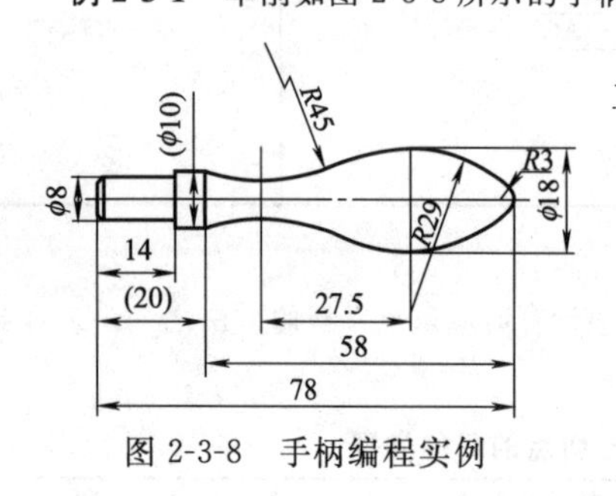

图 2-3-8 手柄编程实例

此零件由半径为 R3、R29、R45 三个圆弧光滑连接而成。对圆弧工件编程时，必须求出以下三个点的坐标值：

1）圆弧的起始点坐标值；

2）圆弧的结束点（目标点）坐标值；

3）圆弧中心点的坐标值。

计算方法如下。

取编程零点为 W_1（见图 2-3-9）。

在 ΔO_1EO_2 中，已知：

$$O_2E=29-9=20\ (\text{mm})$$

$$O_1O_2=29-3=26\ (\text{mm})$$

$$O_1E=\sqrt{(O_1O_2)^2-(O_2E)^2}=\sqrt{26^2-20^2}=16.613\ (\text{mm})$$

1）先求出 A 点坐标值及 O_1 的 I、K 值，其中 I 代表圆心 O_1 的 X 坐标（直径编程），K 代表圆心 O_1 的 Z 坐标（直径编程）。

因$\triangle ADO_1\backsim\triangle O_2EO_1$，则有：

$$\frac{AD}{O_2E}=\frac{O_1A}{O_1O_2}$$

$$AD=O_2E\times\frac{O_1A}{O_1O_2}=20\times\frac{3}{26}=2.308\ (\text{mm})$$

$$\frac{O_1D}{O_1E}=\frac{O_1A}{O_1O_2}$$

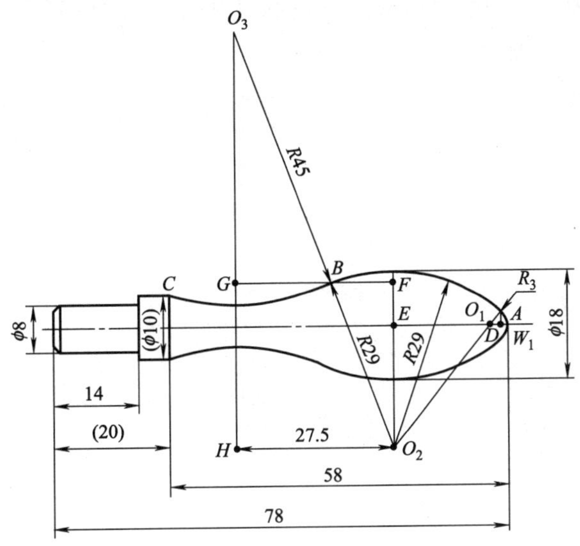

图 2-3-9 计算圆弧中心的方法

$$O_1D=O_1E\times\frac{O_1A}{O_1O_2}=16.613\times\frac{3}{26}=1.917\ (\text{mm})$$

得 A 的坐标值

$$X_A=2\times2.308=4.616\ (\text{mm})(\text{直径编程})$$

$$DW_1=O_1W_1-O_1D=3-1.917=1.083\ (\text{mm})$$

则 $Z_A=-1.08\text{mm}$

求圆心 O_1 相对于圆弧起点 W_1 的增量坐标，有：

$$I_{O_1}=0\text{mm}$$

$$K_{O_1}=-3\text{mm}$$

得

$$\begin{cases}X_A=4.616\text{mm}\\Z_A=-1.08\text{mm}\\I_{O_1}=0\text{mm}\\K_{O_1}=-3\text{mm}\end{cases}$$

2）求 B 点坐标值及 O_2 点的 I、K 值

因

$$\triangle O_2HO_3\backsim\triangle BGO_3$$

$$\frac{BG}{O_2H}=\frac{O_3B}{O_3O_2}$$

$$BG=O_2H\times\frac{O_3B}{O_3O_2}=27.5\times\frac{45}{45+29}=16.723\ (\text{mm})$$

$$BF=O_2H-BG=27.5-16.723=10.777\ (\text{mm})$$

$$W_1O_1+O_1E+BF=3+16.613+10.777=30.39\ (\text{mm})$$

则

$$Z_B=-30.39\text{mm}$$

在$\triangle O_2FB$中

$$O_2F=\sqrt{(O_2B)^2-(BF)^2}=\sqrt{29^2-(10.777)^2}$$

$$=26.923\ (\text{mm})$$

$$EF=O_2F-O_2E=26.923-20=6.923\ (\text{mm})$$

因是直径编程，有

$$X_B=2\times6.923=13.846\text{mm}$$

$$Z_B=-30.39\text{mm}$$

求圆心 O_2 相对于 A 点的增量坐标，得 I_{O_2}、K_{O_2}：

$$I_{O_2}=-(AD+O_2E)=-(2.308+20)=-22.308\ (\text{mm})$$

$$K_{O_2}=-(O_1D+O_1E)=-(1.917+16.613)=-18.53\ (\text{mm})$$

得出

$$\begin{cases}X_B=13.846\text{mm}\\Z_B=-30.39\text{mm}\\I_{O_2}=-22.308\text{mm}\\K_{O_2}=-18.53\text{mm}\end{cases}$$

3）求 C 点的坐标值及 O_3 点 I_{O_3}、K_{O_3} 值

从图 2-3-9 可知

$$X_C=10.000\text{mm}$$

$$Z_C=-(78-20)=-58.00\ (\text{mm})$$

$$GO_3=\sqrt{O_3B^2-GB^2}=\sqrt{45^2-16.723^2}=41.777\ (\text{mm})$$

O_3 点相对于 B 点坐标的增量

$$I_{O_3}=41.777\text{mm}$$

$$K_{O_3}=-16.72\text{mm}$$

得出

$$\begin{cases}X_C=10.000\text{mm}\\Z_C=-58.00\text{mm}\\I_{O_3}=41.777\text{mm}\\K_{O_3}=-16.72\text{mm}\end{cases}$$

例 2-3-2 计算用四心法加工 $a=150$mm、$b=100$mm 时的近似椭圆所用数值。

（1）数值计算的基础

用四心法加工椭圆工件时，一般选椭圆的中心为工件零点（如图 2-3-10 所示）。

用四心法加工椭圆工件时，数值计算的基础就是用四心法作近似椭圆的画法（如图 2-3-11 所示）。

1）作相互垂直平分的线段 AB 与 CD 交于 O，其中 $AB=2a=300$mm 为长轴，$CD=2b=200$mm 为短轴。

2）连接 AC，取 $CG=AO-OC=50$mm。

3）作 AG 的垂直平分线分别交 AG、AO、OD 的延长线于 E、O_1、O_3。

4）作 O_1、O_3 的对称点 O_2、O_4。

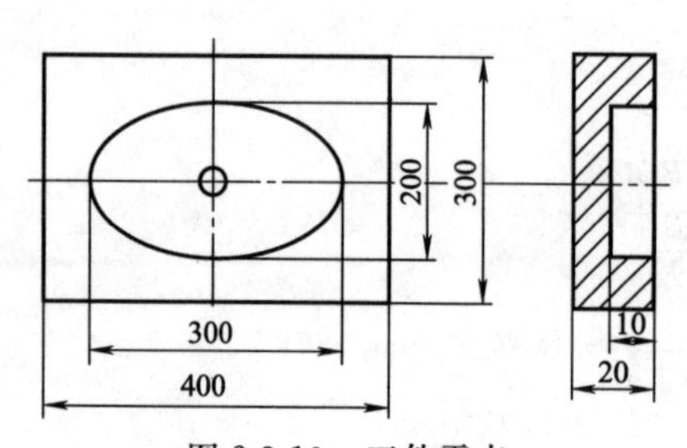

图 2-3-10 工件零点

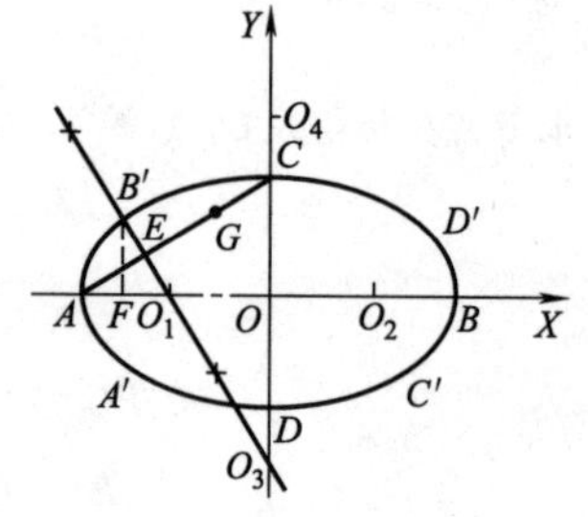

图 2-3-11 椭圆的近似作法

5）分别以 O_1、O_2、O_3、O_4 为圆心，O_1A、O_2B、O_3C、O_4D 为半径作圆，分别相切于 B'、A'、D'、C'，即得一近似椭圆。

（2）数值计算

用四心法加工椭圆工件时，数值计算就是求 B'、A'、D'、C'以及 O_1、O_2、O_3、O_4 的坐标，由用四心法作椭圆的画法可知：B'与A'、D'、C'是对称的，O_1、O_3 与 O_2、O_4 也是对称的，因此只要求出 B'、O_1、O_3 点的坐标，其他点的坐标也迎刃而解了。

$$AO=150\quad OC=100$$

$$AC=\sqrt{150^2+100^2}=180.2776$$

由用四心法作椭圆的画法可知：

$$GC=AO-OC=50$$

$$AE=(AC-GC)/2=65.1388$$
$$\triangle B'FO_1\cong\triangle AEO_1$$
$$B'F=AE=65.1388$$
$$AO_1=B'O_1$$

又：$\triangle B'FO_1\backsim\triangle AOC$

$$B'F=B'O_1=O_1F$$
$$B'O_1=78.2871$$
$$O_1F=43.4258$$
$$R_1=AO_1=B'O_1=78.2871$$
$$OO_1=AO-O_1A=71.7129$$
$$OF=O_1F+O_1O=115.1549$$

O_1 点坐标为（-71.7129，0）

B'点坐标为（-115.1549，65.1388）

$$\triangle B'FO_1\backsim\triangle O_3OO_1$$
$$\frac{B'F}{OO_3}=\frac{O_1F}{O_1O}$$
$$OO_3=107.5695$$
$$R_3=O_3C=207.5695$$

O_3 点的坐标为（0，-107.5695）。当然，这些点的坐标亦可以用解析法求得，即：

由 $\lambda=\frac{AE}{EC}=\frac{AE}{EG+GC}=0.5655$ 与定比分点定理可得

E 点坐标为（-95.816，36.1226）

又：直线 AC 的斜率为 $K_{AC}=100/150=0.6667$

且 $B'O_3\perp AC$

直线 $B'O_3$ 的方程为：$y-36.1226=-1.5(x+95.816)$ 即

$$1.5x+y+107.6014=0$$

O_1、O_3 点的坐标为（-71.7129，0），（0，-107.5695）

圆 O_1、O_3 的方程为：

$$(x+71.7129)^2+y^2=78.2871^2$$
$$x^2+(y+107.5695)^2=207.5695^2$$

B'点的坐标为（-115.1549，65.1388）

由 O_1、O_3、B'点的坐标就可以很容易地求出 O_2、O_4、A'、C'、D'点的坐标了。

2. CAD 绘图分析法

（1）CAD 绘图分析基点与节点坐标

采用 CAD 绘图来分析基点与节点坐标时，首先应学会一种 CAD 软件的使用方法，然后用该软件绘制出零件二维零件图并标出相应尺寸（通常是基点与工件坐标系原点间的尺寸），最后根据坐标系的方向及所标注的尺寸确定基点的坐标。

采用这种方法分析基点坐标时，要注意以下几方面的问题：

1）绘图要细致认真，不能出错；

2）图形绘制时应严格按 1∶1 的比例进行；

3）尺寸标注的精度单位要设置正确，通常为小数点后三位；

4）标注尺寸时找点要精确，不能捕捉到无关的点上去。

（2）CAD 绘图分析法特点

采用 CAD 绘图分析法可以避免了大量复杂的人工计算，操作方便，基点分析精度高，出错概率少。因此，建议尽可能采用这种方法来分析基点与节点坐标。这种方法的不利之处是对技术工人又提出了新的学习要求，同时还增加了设备的投入。

3. 节点的拟合计算

数控程序员、数控车工、数控铣工、加工中心高级工内容

节点拟合计算的难度及工作量都较大，故宜通过计算机完成；有时，也可由人工计算完成，但对编程者的

数学处理能力要求较高。拟合结束后，还必须通过相应的计算，对每条拟合段的拟合误差进行分析。

(1) 拟合原理

非圆曲线，有解析曲线与像列表曲线那样的非解析曲线，对于手工编程来说，一般解决的是解析曲线的加工，为此，主要对解析曲线的加工原理进行分析。解析曲线的数学表达式的形式可以是以 $y=f(x)$ 的直角坐标的形式给出，也可以是以 $\rho=\rho(\theta)$ 的极坐标形式给出，还可以参数方程的形式给出。通过坐标变换，后面两种形式的数学表达式，可以转换为直角坐标表达式。这类零件以及数控车床上加工的各种以非圆曲线为母线的回转体零件为主。其编程方法如下。

即首先应决定是采用直线段逼近非圆曲线，还是采用圆弧段逼近非圆曲线。采用直线段逼近非圆曲线，各直线段间连接处存在尖角，由于在尖角处，刀具不能连续地对零件进行切削，零件表面会出现硬点或切痕，使加工表面质量变差。采用圆弧段逼近的方式，可以大大减少程序段的数目，采用这种形式又分为两种情况，一种为相邻两圆弧段间彼此相交；另一种则采用彼此相切的圆弧段来逼近非圆曲线。后一种方法由于相邻圆弧彼此相切，一阶导数连续，工件表面整体光滑，从而有利于加工表面质量的提高。但无论哪种情况都应使 $\delta\leqslant\delta'$（允许误差）。由于在实际的手工编程中主要采用直线逼近法。直线段逼近非圆曲线，目前常用的有等间距法、等步长法和等误差法等。

1) 等间距法

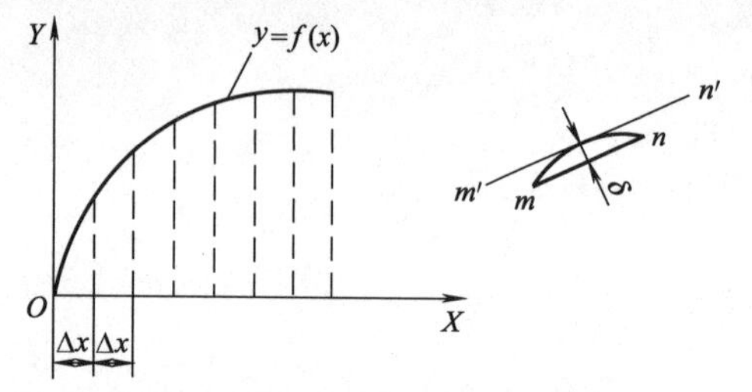

图 2-3-12 等间距法直线段逼近

① 基本原理 等间距法就是将某一坐标轴划分成相等的间距。如图 2-3-12 所示，沿 X 轴方向取 Δx 为等间距长，根据已知曲线的方程 $y=f(x)$，可由 x_i 求得 y_i，$y_{i+1}=f(x_i+\Delta x)$。如此求得的一系列点就是节点。

由于要求曲线 $y=f(x)$ 与相邻两节点连线间的法向距离小于允许的程序编制误差 δ'，Δx 值不能任意设定。若设置的大了，就不能满足这个要求，一般先取 $\Delta x=0.1$ 进行试算。实际处理时，并非任意相邻两点间的误差都要验算，对于曲线曲率半径变化较小处，只需验算两节点间距离最长处的误差，而对曲线曲率半径变化较大处，应验算曲率半径较小处的误差，通常由轮廓图形直接观察确定校验的位置。

② 误差校验方法 设需校验 mn 曲线段。

m 点：(x_m, y_m)

n 点：(x_n, y_n) 已求出，则 m、n 两点的直线方程为

$$\frac{x-x_n}{y-y_n}=\frac{x_m-x_n}{y_m-y_n}$$

令 $A=y_m-y_n$，$B=x_n-x_m$，$C=X_n y_m-X_m y_n$

则 $Ax+By=C$ 即为过 mn 两点的直线方程，距 mn 直线为 δ 的等距线 $m'n'$ 的直线方程可表示如下：

$$Ax+By=C\pm\delta\sqrt{A^2+B^2}$$

式中，当所求直线 $m'n'$ 在 mn 上边时，取"+"号，在 mn 下边时取"−"号。δ 为 $m'n'$ 与 mn 两直线间的距离。

求解联立方程

$$\begin{cases}Ax+By=C\pm\delta\sqrt{A^2+B^2}\\ y=f(x)\end{cases}$$

得 δ。要求 $\delta\leqslant\delta'$，一般 δ 允许取零件公差的 1/10～1/5。

2) 等步距法 等步距法就是使每个程序段的线段长度相等。如图 2-3-13 所示，由于零件轮廓曲线 $y=f(X)$ 的曲率各处不等，因此首先应求出该曲线的最小曲率半径 $R_{\min}$，由 $R_{\min}$ 及步距确定 $\delta_{允}$。

3) 等插补误差法 该方法是使各插补段的误差相等（如图 2-3-14 所示），都小于实际误差，一般为实际误差的 1/3～1/2，而插补段长度不等，可大大减少插补段数，这一点比等插补段法优越。它可以用最少的插补段数目完成对曲线的插补工作。

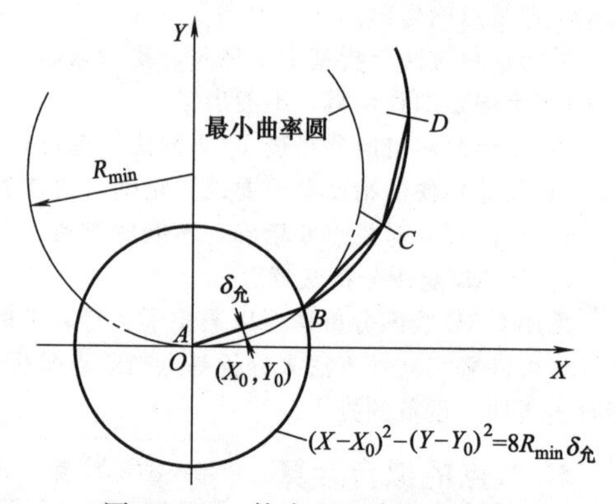

图 2-3-13 等步距法直线段逼近

(2) 轮廓倒角

对于轮廓的倒角加工，一般应先加工出其基本轮廓，然后在其轮廓上进行宏程序的加工。从俯视图中观察刀具中心的轨迹就好像把轮廓不断地等距偏移，如图 2-3-15 所示。编写轮廓倒角变量程序的关键在于找出刀具中心线（点）到已加工侧轮廓之间的法向距离，具体参见表 2-3-4。

在倒圆弧时，把＃1（角度）作为主变量，＃4、＃5 作为从变量；如果把＃4 作为主变量，同样也可以推导出＃5 的计算式。

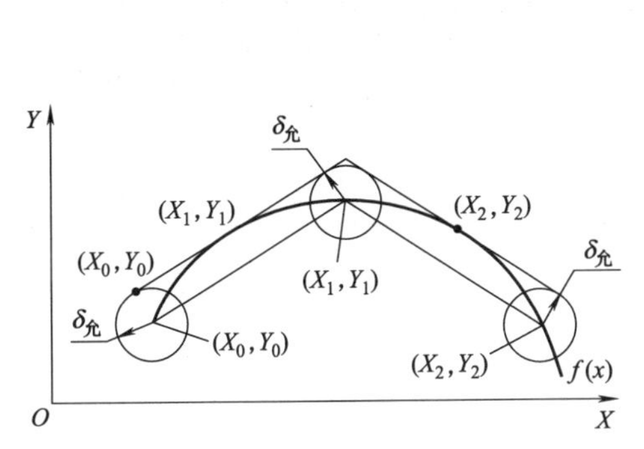

图 2-3-14　等插补误差法节点的计算

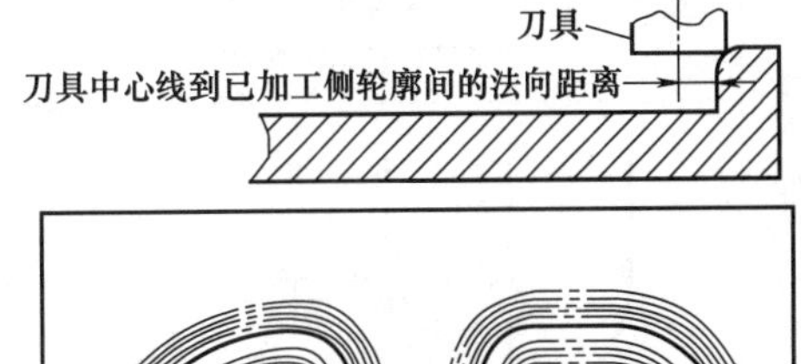

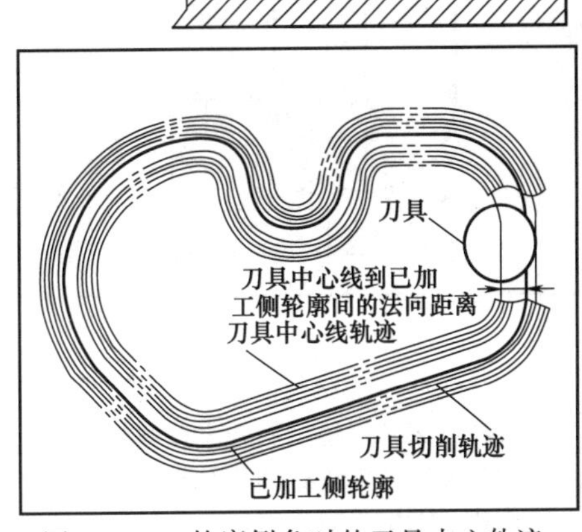

图 2-3-15　轮廓倒角时的刀具中心轨迹

表 2-3-4　轮廓倒圆角、倒角的变量及计算

图形		变量及计算
倒凸圆弧	刀具中心线、#3、#4、#1、#2、#5、已切轮廓线	＃1——角度变量；＃2——倒圆角半径；＃3——刀具半径 ＃4＝＃2＊[1－COS[＃1]]　刀具切削刀尖到上表面的距离 ＃5＝＃3－＃2＊[1－SIN[＃1]]　刀具中心线到已加工侧轮廓的法向距离
	#5、#1、#4、#3、#2、球铣刀刀位点、已切轮廓线	＃1——角度变量；＃2——倒圆角半径；＃3——刀具半径 ＃4＝[＃2＋＃3]＊[1－COS[＃1]]　球铣刀刀位点到上表面的距离 ＃5＝[＃2＋＃3]＊SIN[＃1]－＃2　球铣刀刀位点到已加工侧轮廓的法向距离
倒凹圆弧	#3、#1、#4、#5、#2、已切轮廓线	＃1——角度变量；＃2——倒圆角半径；＃3——刀具半径 ＃4＝＃2＊SIN[＃1]　刀具切削刀尖到上表面的距离 ＃5＝＃3－＃2＊COS[＃1]　刀具中心线到已加工侧轮廓的法向距离
	#3＜#2、#5、#1、#4、#3、#2、已切轮廓线	＃1——角度变量；＃2——倒圆角半径；＃3——刀具半径(必须小于圆角半径) ＃4＝＃2＊SIN[＃1]＋＃3＊[1－SIN[＃1]]　球铣刀刀位点到上表面的距离 ＃5＝[＃2－＃3]＊COS[＃1]球铣刀刀位点到已加工侧轮廓的法向距离(在使用刀具半径补偿时，该变量应设为“－”)

续表

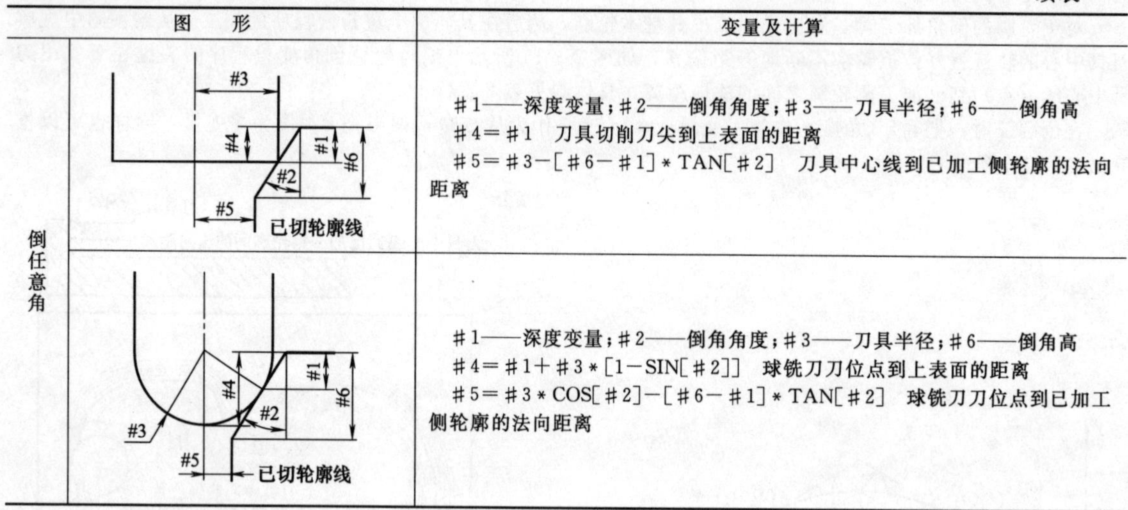

	图　形	变量及计算
倒任意角	（图）	＃1——深度变量；＃2——倒角角度；＃3——刀具半径；＃6——倒角高 ＃4＝＃1　刀具切削刀尖到上表面的距离 ＃5＝＃3－［＃6－＃1］＊TAN［＃2］　刀具中心线到已加工侧轮廓的法向距离
	（图）	＃1——深度变量；＃2——倒角角度；＃3——刀具半径；＃6——倒角高 ＃4＝＃1＋＃3＊［1－SIN［＃2］］　球铣刀刀位点到上表面的距离 ＃5＝＃3＊COS［＃2］－［＃6－＃1］＊TAN［＃2］　球铣刀刀位点到已加工侧轮廓的法向距离

思考与练习

1. 数控机床常用的控制介质有哪些？
2. 数控编程的方法有哪几种？
3. 简述手工编程的步骤。
4. 在数控机床上坐标轴正、负方向是怎样确定的？
5. 画出数控车床、数控铣床（卧式与立式）、牛头刨床等机床的坐标系。
6. 返回机床参考点有哪几种方式？
7. 写出确定工件坐标的相关指令。
8. 什么是模态？
9. 写出 FANUC 系统加工中心常用的换刀程序。
10. 数控加工程序由哪几部分组成？程序段格式分为哪几种？
11. 什么是主程序？什么是子程序？
12. 刀具尺寸补偿有哪几种？
13. 写出 FANUC 系统与长度补偿有关的指令。
14. 刀具半径补偿有哪些用处？
15. 刀具半径补偿有哪几种？写出 FANUC 系统与刀具半径补偿有关的指令。
16. 数控计算的内容有哪些？方法有哪几种？
17. 对非圆曲线的数值处理有哪几种？

数控车床与车削中心的编程

本章为数控车工与数控程序员的内容

第一节 概　　述

一、FANUC 数控系统介绍

FANUC 公司生产的 CNC 产品主要有 FS3、FS6、FS0、FS10/11/12、FS15、FS16、FS18、FS21/210 等系列。目前我国用户主要使用的有 FS0、FS15、FS16、FS18、FS21/210 等系列。

1. FS0 系列

FS 0 系列是一种面板装配式的 CNC 系统。它有许多规格，例如从系统类型上来说有 FS 0-T、FS 0-TT、FS 0-M、FS 0-ME、FS 0-G（GC、GS）、FS 0-F、FS 0-P 等型号。T 型 CNC 系统用于单刀架单主轴的数控车床，TT 型 CNC 系统用于单主轴双刀架或双主轴双刀架的数控车床，M 型 CNC 系统用于数控铣床或加工中心，G 型 CNC 系统用于数控磨床（GC 用于内、外圆磨床，GS 用于平面磨床），P 型用于冲床，F 型是对话型数控 CNC 系统。从系统性能上来说有以下种类。

1）高可靠性的 Power Mate 0 系列。用于控制 2 轴的小型车床，取代步进电机的伺服系统；可配画面清晰、操作方便、中文显示的 CRT/MDI，也可配性能/价格比高的 DPL/MDI。

2）普及型 CNC 0-D 系列。有 T 型、M 型、GC 型、GS 型与 P 型。

3）全功能型的 0-C 系列。有 T 型、M 型、GC 型、GS 型与 TT 型。

4）高性能/价格比的 0i 系列。整体软件功能包，高速、高精度加工，并具有网络功能。其中 0i-MB/MA 用于加工中心和铣床，4 轴四联动；0i-TB/TA 用于车床，4 轴二联动，0i-mate MA 用于铣床，3 轴三联动；0i-mate TA 用于车床，2 轴二联动。

2. FS10/11/12 系列

FS10/11/12 系列多种品种，可用于各种机床，它的规格型号有：M 型、T 型、TT 型、F 型。

3. FS15 系列

FS15 系列是 FANUC 公司开发的较新的 32 位 CNC 系统，被称为人工智能 CNC 系统。该系统是按功能模块结构构成的，可以根据不同的需要组合成最小至最大系统，控制轴数从 2 根到 15 根，同时还有 PMC 的轴控制功能，可配备有 7、9、11 和 13 个槽的控制单元母板，在控制单元上插入各种印刷电路板，采用了通信专用微处理器和 RS422 接口，并有远程缓冲功能。在硬件方面采用了模块式多主总线结构，为多微处理控制系统，主 CPU 为 68020，同时还有一个子 CPU，所以该系统适用于大型机床、复合机床的多轴控制和多系统控制。

4. FS16/ FS18 系列

FS16 系列是在 FS15 之后开发的产品，其性能介于 FS15 和 FS0 之间，在显示方面，FS16 系列采用了彩色液晶显示等新技术。

5. FS21/ FS210 系列

FS21/ FS210 系列是 FANUC 公司最新推出的系统，该系统有 FS21MA/MB、FS21TA/TB、FS210MA/MB 和 FS210TA/TB 等型号。本系列的数控系统适用于中小型数控机床。

二、FANUC-0i 系统功能介绍

FANUC-0i 系统为目前我国数控机床上采用较多的数控系统，在数控车床与车削中心上的应用具有一定的代表性。

1. 准备功能指令

在数控车床与车削中心上常用准备功能指令如表 3-1-1 所示。

表 3-1-1　FANUC 0i 准备功能一览表

G代码			组	功能
A	B	C		
▲G00	▲G00	▲G00	01	定位(快速)
G01	G01	G01		直线插补(切削进给)
G02	G02	G02		顺时针圆弧插补
G03	G03	G03		逆时针圆弧插补

续表

G代码			组	功能
A	B	C		
G04	G04	G04	00	暂停
G07.1 (G107)	G07.1 (G107)	G07.1 (G107)		圆柱插补
▲G10	▲G10	▲G10		可编程数据输入
G11	G11	G11		可编程数据输入方式取消
G12.1 (G112)	G12.1 (G112)	G12.1 (G112)	21	极坐标插补方式
▲G13.1 (G113)	▲G13.1 (G113)	▲G13.1 (G113)		极坐标插补方式取消
G17	G17	G17	16	X_pY_p 平面选择
▲G18	▲G18	▲G18		Z_pX_p 平面选择
G19	G19	G19		Y_pZ_p 平面选择
G20	G20	G70	06	寸制输入
G21	G21	G71		米制输入
▲G22	▲G22	▲G22	09	存储行程检查接通
G23	G23	G23		存储行程检查断开
▲G25	▲G25	▲G25	08	主轴速度波动检测断开
G26	G26	G26		主轴速度波动检测接通
G27	G27	G27	00	返回参考点检查
G28	G28	G28		返回参考位置
G30	G30	G30		返回第2、第3和第4参考点
G31	G31	G31		跳转功能
G32	G33	G33	01	螺纹切削
G34	G34	G34		变螺距螺纹切削
G36	G36	G36	00	自动刀具补偿X
G37	G37	G37		自动刀具补偿Z
▲G40	▲G40	▲G40	07	刀尖半径补偿取消
G41	G41	G41		刀尖半径补偿左
G42	G42	G42		刀尖半径补偿右
G50	G92	G92	00	坐标系设定或最大主轴速度设定
G50.3	G92.1	G92.1		工件坐标系预置
▲G50.2 (G250)	▲G50.2 (G250)	▲G50.2 (G250)	20	多边形车削取消
G51.2 (G251)	G51.2 (G251)	G51.2 (G251)		多边形车削
G52	G52	G52	00	局部坐标系设定
G53	G53	G53		机床坐标系设定
▲G54	▲G54	▲G54	14	选择工件坐标系1
G55	G55	G55		选择工件坐标系2
G56	G56	G56		选择工件坐标系3
G57	G57	G57		选择工件坐标系4
G58	G58	G58		选择工件坐标系5
G59	G59	G59		选择工件坐标系6
G65	G65	G65	00	宏程序调用
G66	G66	G66	12	宏程序模态调用
▲G67	▲G67	▲G67		宏程序模态调用取消
G70	G70	G72	00	精加工循环
G71	G71	G73		粗车外圆
G72	G72	G74		粗车端面
G73	G73	G75		多重车削循环
G74	G74	G76		排屑钻端面孔
G75	G75	G77		外径,内径钻孔
G76	G76	G78		多头螺纹循环
▲G80	▲G80	▲G80	10	固定钻孔循环取消
G83	G83	G83		钻孔循环
G84	G84	G84		攻螺纹循环
G85	G85	G85		正面镗循环
G87	G87	G87		侧钻循环
G88	G88	G88		侧攻螺纹循环
G89	G89	G89		侧镗循环
G90	G77	G20	01	外径,内径车削循环
G92	G78	G21		螺纹切削循环
G94	G79	G24		端面车削循环

续表

G代码			组	功能
A	B	C		
G96	G96	G96	02	恒表面切削速度控制
▲G97	▲G97	▲G97		恒表面切削速度控制取消
G98	G94	G94	05	每分进给
▲G99	▲G95	▲G95		每转进给
	▲G90	▲G90	03	绝对值编程
	G91	G91		增量值编程
	G98	G98	11	返回到起始平面
	G99	G99		返回到R平面

关于FANUC 0i系统准备功能的说明如下：

1）G代码有A、B和C三种系列。

2）当电源接通或复位时，CNC进入清零状态，此时的开机默认代码在表中以符号“▲”表示。但此时，原来的G21或G20保持有效。

3）除了G10和G11以外的00组G代码都是非模态G代码。

4）当指定了没有在列表中的G代码，显示P/S010报警。

5）不同组的G代码在同一程序段中可以指令多个。如果在同一程序段中指令了多个同组的G代码，仅执行最后指定的G代码。

6）如果在固定循环中指令了01组的G代码，则固定循环取消，该功能与指令G80相同。

7）G代码按组号显示。

2. 辅助功能指令

辅助功能代码以代码“M”表示。FANUC-0i系统的辅助功能代码如表3-1-2所示。

表3-1-2 FANUC-0i数控系统的辅助功能——M代码及其功能

M代码	用于数控车床的功能	附注
M00	程序停止	非模态
M01	程序选择停止	非模态
M02	程序结束	非模态
M03	主轴顺时针旋转	模态
M04	主轴逆时针旋转	模态
M05	主轴停止	模态
M08	切削液打开	模态
M09	切削液关闭	模态
M10	接料器前进	模态
M11	接料器退回	模态
M13	1号压缩空气吹管打开	模态
M14	2号压缩空气吹管打开	模态
M15	压缩空气吹管关闭	模态
M17	两轴变换	模态
M18	三轴变换	模态
M19	主轴定向	模态
M20	自动上料器工作	模态
M30	程序结束并返回	非模态
M31	旁路互锁	非模态
M38	右中心架夹紧	模态
M39	右中心架松开	模态
M50	棒料送料器夹紧并送进	模态
M51	棒料送料器松开并退回	模态
M52	自动门打开	模态
M53	自动门关闭	模态
M58	左中心架夹紧	模态
M59	左中心架松开	模态
M68	液压卡盘夹紧	模态
M69	液压卡盘松开	模态
M74	错误检测功能打开	模态
M75	错误检测功能关闭	模态
M78	尾架套筒送进	模态
M79	尾架套筒退回	模态
M80	机内对刀器送进	模态
M81	机内对刀器退回	模态
M88	主轴低压夹紧	模态
M89	主轴高压夹紧	模态
M90	主轴松开	模态
M98	子程序调用	模态
M99	子程序调用返回	模态

三、FANUC系统数控编程规则

1. 小数点编程

数控编程时，数字单位以公制为例分为两种：一种是以毫米为单位，另一种是以脉冲当量即机床的最小输入单位为单位。现在大多数机床常用的脉冲当量为0.001mm。

对于数字的输入，有些系统可省略小数点，有些系统则可以通过系统参数来设定是否可以省略小数点，而大部分系统小数点则不可省略。对于不可省略小数点编程的系统，当使用小数点进行编程时，数字以毫米：mm（寸制为英寸：inch；角度为度：°）为输入单位，而当不用小数点编程时，则以机床的最小输入单位作为输入单位。在应用小数点编程时数控后边可以写“.0”，如X50.0；也可以直接写“.”，如X50.。

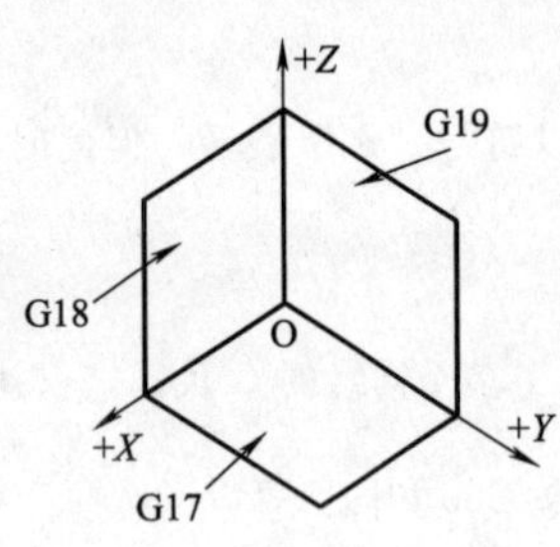

图3-1-1　平面选择指令

2. 米、寸制编程G21/G20

坐标功能字是使用米制还是寸制，多数系统用准备功能字来选择，FANUC系统采用G21/G20来进行米、寸制的切换，其中G21表示米制，而G20则表示寸制。

3. 平面选择指令G17/G18/G19

当机床坐标系及工件坐标系确定后，对应地就确定了三个坐标平面，即*XY*平面、*ZX*平面和*YZ*平面（见图3-1-1）。可分别用G代码G17（*XY*平面）、G18（*ZX*平面）和G19（*YZ*平面）表示这三个平面。

4. 绝对坐标与增量坐标

在FANUC车床系统及部分国产系统中，一般情况下直接以地址符X、Z组成的坐标功能字表示绝对坐标，而用地址符U、W组成的坐标功能字表示增量坐标；有些情况也用准备功能G90/G91表示绝对值编程/增量值编程。绝对值编程时坐标地址符后的数值表示工件原点至该点间的矢量值，增量值编程时坐标地址符后的数值表示轮廓上前一点到该点的矢量值。

5. 直径编程和半径编程

在数控车床中，有两种方法表示*X*坐标值，即直径编程和半径编程。

（1）直径编程

数控程序中*X*轴的坐标值即为零件图上的直径值。例如在图3-1-2（a）中，*A*点和*B*点的坐标分别为*A*（30.0，80.0），*B*（40.0，60.0）。

（2）半径编程

数控程序中*X*轴的坐标值为零件图上的半径值。例如在图3-1-2（b）中，*A*点和*B*点的坐标分别为*A*（15.0，80.0），*B*（20.0，60.0）

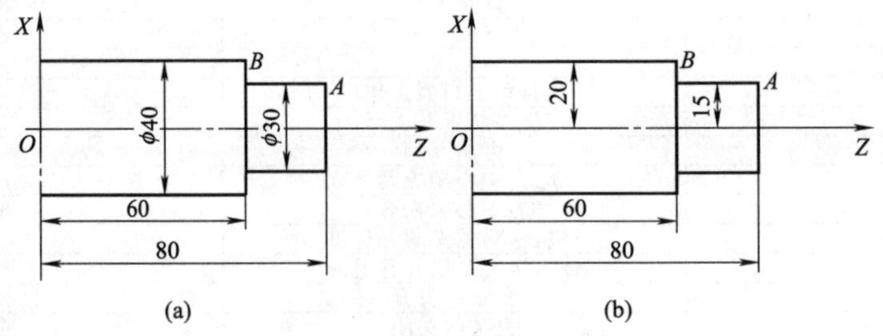

图3-1-2　直径编程与半径编程

四、常用G指令介绍

数控程序员高级工、数控车工中级工内容

1. 快速点定位（G00）

（1）书写格式

G00 X/U ______ Z/W ______

（2）说明

1）X/U ______ Z/W ______为目标点坐标。

2）G00指令一般作为空行程。

3）G00可以单坐标运动，也可以两坐标运动，两坐标运动时刀具先1∶1两坐标联动，然后单坐标运动，如图 3-1-3（a）所示。

4）G00 指令后不需给定进给速度，进给速度由参数设定。

5）G00 的实际速度受机床面板上的倍率开关控制。

2. 直线插补（G01）

（1）书写格式

G01 X/U ______ Z/W ______ C/R ______ F ______；

（2）说明

1）X/U ______ Z/W ______为目标点坐标。

2）G01 指令一般作为加工行程。

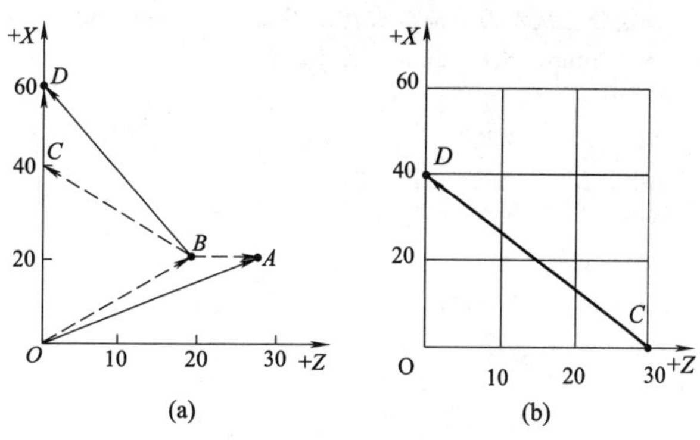

图 3-1-3　G00/G01 指令

3）G01 可以单坐标运动，也可以两坐标联动，如图 3-1-3（b）所示。

（3）倒棱/倒圆编程

使用倒棱功能可以简化倒棱程序。

1）45°倒棱格式为：

G01　Z（W）*bc* ± *i*；［*Z*→*X*，图 3-1-4（a）］

G01　X（U）*bc* ± *k*；［*X*→*Z*，图 3-1-4（b）］

b 点的移动可用绝对或增量指令，进给路线为 *A*→*D*→*C*。

2）1/4 圆角倒圆格式为：

G01　Z（W）*b*R ± *r*；［*Z*→*X*，图 3-1-4（c）］

G01　X（U）*b*R ± *r*；［*X*→*Z*，图 3-1-4（d）］

b 点的移动可用绝对或增量指令，进给路线为 *A*→*D*→*C*。

值得注意的是有的 FANUC 系统（如 FANUC-TB），在倒棱与倒圆时，都要求输入正值，并在前面写上一“,”，其进给方向由数控系统确定。

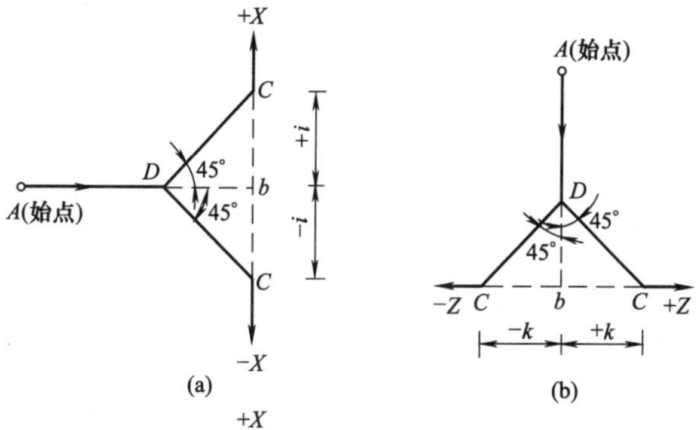

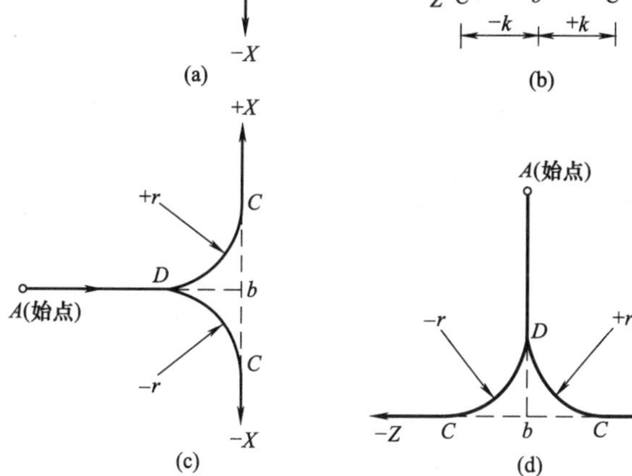

图 3-1-4　倒棱与倒圆

（4）车锐

由 G01 派生了一个指令 G09，其格式与 G01 完全相同，使用 G09 可使直线按直线时形成一个锐角（见图 3-1-5），而用 G01 时形成一个小圆角。

例 3-1-1　已知毛坯为 ϕ30mm 的棒料，3 号刀为外圆刀，试车削成如图 3-1-6 所示的正锥。

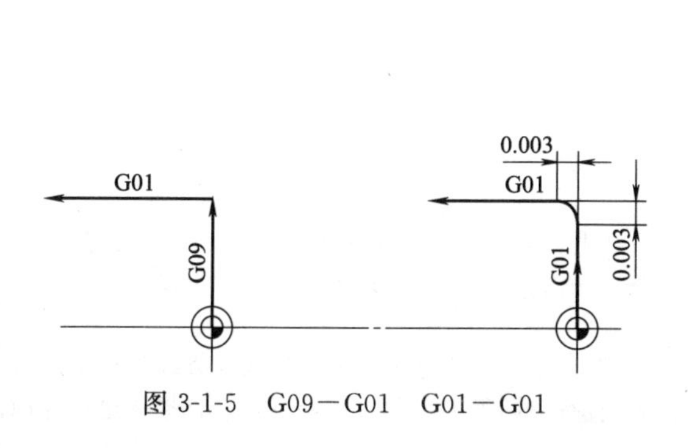

图 3-1-5　G09－G01　G01－G01

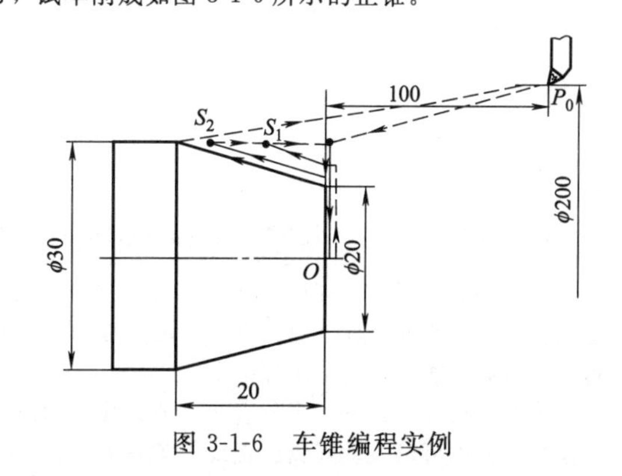

图 3-1-6　车锥编程实例

确定分三次走刀，前两次背吃刀量 $a_p=2$mm，最后一次背吃刀量 $a_p=1$mm。按第一种车锥路线进行加工，终刀 $S_1=8$mm，$S_2=16$mm。具体程序如下：

```
O0010;
N01  G50  X200.0  Z100.0;
N02  M03  S800  T0303;
N03  G00  X32.0  Z0;
N04  G01  X-0.1  F0.3;
N05       Z2.0;
N06  G00  X26.0;
N07  G01  Z0  F0.4;
N08       X30.0  Z-8.0;
N09  G00  Z0;
N10  G01  X22.0  F0.4;
N11       X30.0  Z-16.0;
N12  G00  Z0;
N13  G01  X20.0  F0.4;
N14       X30.0  Z-20.0;
N15  G00  X200.0  Z100.0  T0300  M05;
N16  M30;
```

（5）角度编程

使用角度编程，往往是直线段的目的点缺少一个坐标值，但图样上标有角度，可用三角函数计算出所缺的这一坐标值。为减少编程员的计算工作，则可用 A（角度地址）间接地定义该直线的目的点，所缺坐标值由数控装置来计算。角度地址 A 可用正值也可用负值。如图 3-1-7（a）所示，图中 S 为直线程序段起点，从起点向右作一条水平方向的辅助线，从这条辅助线逆时针旋转所展示的角取正值，从这条辅助线顺时针旋转所展示的角取负值。角度的分、秒值都化做以度为单位的十进制小数。

如图 3-1-7（b）的工件，进给方向从右向左，编程如下：

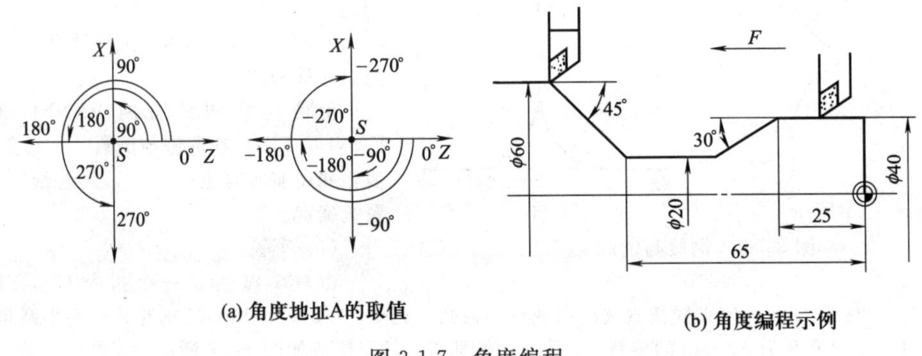

(a) 角度地址A的取值

(b) 角度编程示例

图 3-1-7　角度编程

```
G01  Z-25.0  F0.2;
G01  X20.0  A210.0  F0.1;
G01  Z-65.0  F0.2;
G01  X60.0  A135.0;
```

（6）蓝图编程 数控车工技师与数控程序员高级工内容

1）蓝图编程定义　所谓蓝图编程是根据工件的图形，直接利用轮廓图形进行对话式编程的一种方法。蓝图编程时，直线的交点可通过坐标值或角度输入，并根据需要可进行多点连接。这种编程方式可以提高程序的可靠性与编程效率，简化编程指令。

在蓝图编程方式下，多条直线（或圆弧）的连接编程，可以通过一个程序段完成，直线与直线的连接既可以是尖角，也可以通过圆弧、直线倒角等方式进行平滑过渡。直线、圆弧的倒角尺寸，也是以直接指定尺寸的方法进行定义，由 CNC 自动完成过渡点的计算。终点位置的坐标可用绝对或相对位置值来编程。

2）基本轮廓的定义　基本轮廓的定义如表 3-1-3 所示。

表 3-1-3　基本轮廓的定义

要素	编程格式	图形
指令一条直线 （即角度编程）	G01 X2 ______(Z2 ______),A ______;	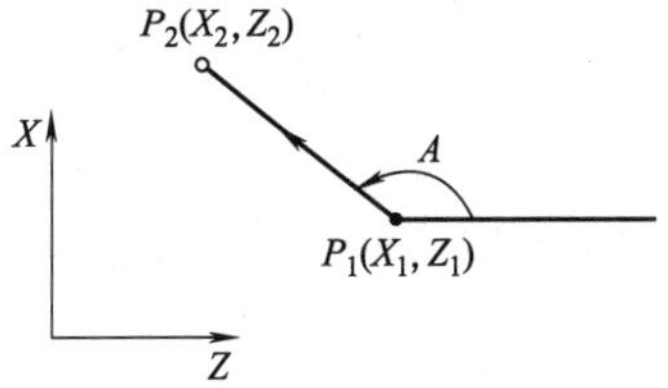 $P_2(X_2,Z_2)$, A, $P_1(X_1,Z_1)$, X, Z
指令两条直线	G01,A1 ______; X3 ______ Z3 ______,A2 ______;	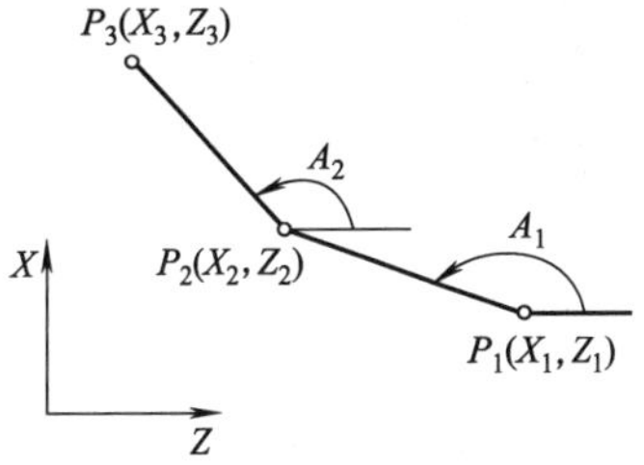 $P_3(X_3,Z_3)$, A_2, A_1, $P_2(X_2,Z_2)$, $P_1(X_1,Z_1)$, X, Z
指令两条直线和 过渡圆弧	G01 X2 ______ Z2 ______,R1 ______; X3 ______ Z3 ______; 或 G01,A1 ______,R1 ______; X3 ______ Z3 ______,A2 ______;	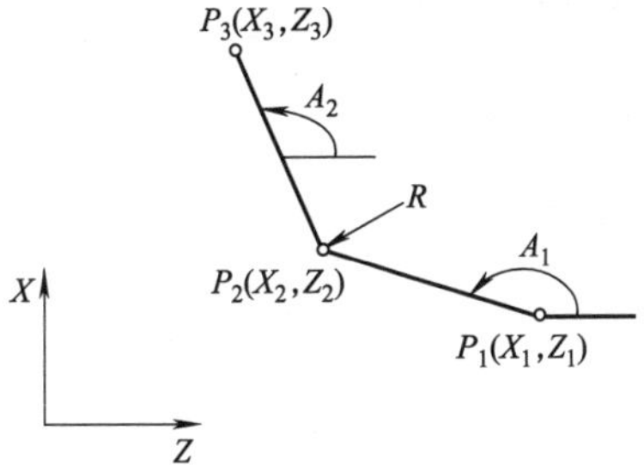 $P_3(X_3,Z_3)$, A_2, R, A_1, $P_2(X_2,Z_2)$, $P_1(X_1,Z_1)$, X, Z
指令两条直线和倒角	G01 X2 ______ Z2 ______,C1 ______; X3 ______ Z3 ______; 或 G01,A1 ______,C1 ______; X3 ______ Z3 ______,A2 ______;	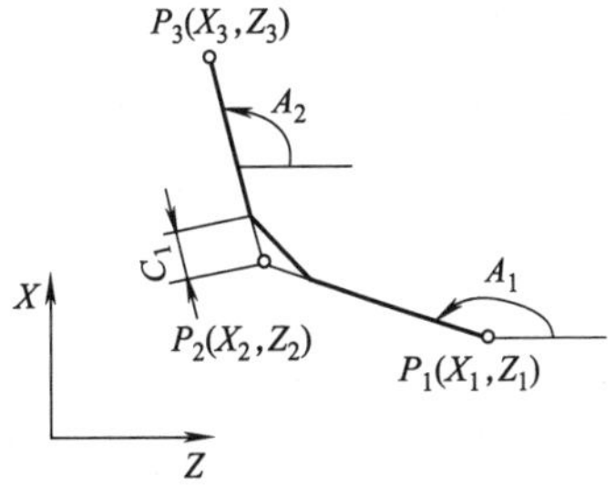 $P_3(X_3,Z_3)$, A_2, C_1, A_1, $P_2(X_2,Z_2)$, $P_1(X_1,Z_1)$, X, Z
指令三条直线和 两个过渡圆弧	G01 X2 ______ Z2 ______,R1 ______; X3 ______ Z3 ______,R2 ______; X4 ______ Z4 ______; 或 C01,A1 ______,R1 ______; X3 ______ Z3 ______,A2 ______,R2 ______; X4 ______ Z4 ______;	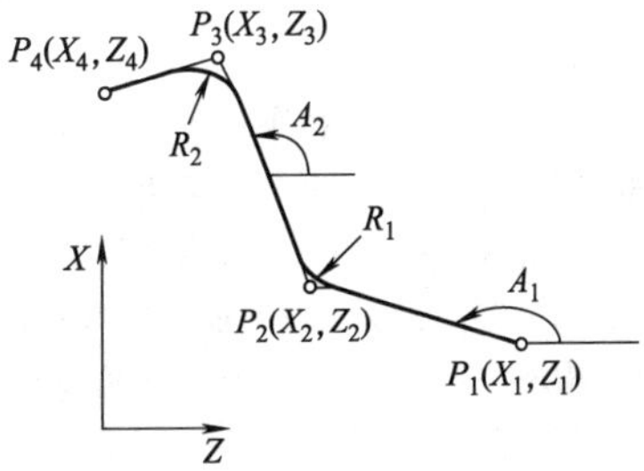 $P_4(X_4,Z_4)$, $P_3(X_3,Z_3)$, R_2, A_2, R_1, A_1, $P_2(X_2,Z_2)$, $P_1(X_1,Z_1)$, X, Z

续表

要素	编程格式	图形
指令三条直线和两个倒角	G01 X2 ____ Z2 ____ ,C1 ____ ; X3 ____ Z3 ____ ,C2 ____ ; X4 ____ Z4 ____ ; 或 G01,A1 ____ ,C1 ____ ; X3 ____ Z3 ____ ,A2 ____ ,C2 ____ ; X4 ____ Z4 ____	C_2 $P_4(X_4,Z_4)$ $P_3(X_3,Z_3)$ A_2 C_1 A_1 X $P_2(X_2,Z_2)$ $P_1(X_1,Z_1)$ Z
指令三条直线和一个过渡圆弧及一个倒角	G01 X2 ____ Z2 ____ ,R1 ____ ; X3 ____ Z3 ____ ,C2 ____ ; X4 ____ Z4 ____ ; 或 C01,A1 ____ ,R1 ____ ; X3 ____ Z3 ____ ,A2 ____ ,C2 ____ ; X4 ____ Z4 ____ ;	C_2 $P_3(X_3,Z_3)$ A_2 R_1 X A_1 $P_2(X_2,Z_2)$ $P_1(X_1,Z_1)$ Z
指令三条直线和一个倒角及一个过渡圆弧	G01 X2 ____ Z2 ____ ,C1 ____ ; X3 ____ Z3 ____ ,R2 ____ ; X4 ____ Z4 ____ ; 或 G01,A1 ____ ,C1 ____ ; X3 ____ Z3 ____ ,A2 ____ ,R2 ____ ; X4 ____ Z4 ____ ;	$P_4(X_4,Z_4)$ $P_3(X_3,Z_3)$ R_2 A_2 C_1 A_1 X $P_2(X_2,Z_2)$ $P_1(X_1,Z_1)$ Z

3）注意事项

① 在不用 A 或 C 作坐标轴名时，直线的倾角 A、倒角 C 和圆角 R 前面可以不用逗号（,）。若用 A 或 C 作轴名时，则 A、C、R 之前必须用逗号（,）分隔。

② 00 组的 G 代码（G04 除外）及 01 组中的 G02、G03、G90、G92、G94 的 G 代码不能在图样尺寸直接编程的程序段中指令，也不能在定义图形的直接指定图样尺寸的程序段间指令。

③ 程序中交点计算的角度差应大于±1°，因为在这个计算得到的移动距离太大。

④ 在计算交点时，如果两条直线的角度差在±1°以内，则报警。

⑤ 如果两条直线的角度差在±1°以内，则倒角或圆角被忽略。

⑥ 角度指令必须在尺寸指令（绝对值编程）之后指令。

例 3-1-2 已知该工件已经过粗车，要求编一个精车程序，3 号刀为精车刀，如图 3-1-8 所示。具体程序如下：

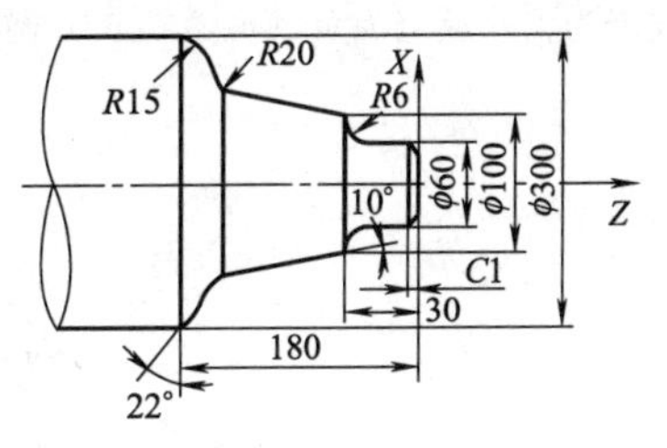

图 3-1-8 零件图

```
O0003;
N0010 G50 X600.0 Z100.0;
N0020 M03 S1500 T0303;
N0030 G01 X0   Z0   F0.3;
N0040      X60.0 , A90.0 , C1.0   F0.3;
N0050      Z−30.0, A180.0 , R6.0;
N0060      X100.0, A90.0;
N0070      A170.0, R20.0;
N0080      X300.0   Z−180.0 , A112.0 , R15.0;
N0090      Z−230.0 , A180.0;
N0100 G28 U0 W0 T0300 M05;
N0110 M30;
```

3. 程序延时

在数控车削加工过程中，可以按加工的需要用 G04 指令，在数控程序中设置暂停延时时间，指令格式如下：

G04 X ______；G04 U ______；G04 P ______；

上述三种格式中，X ______、U ______和 P ______为指定延时时间间隔，用 X ______、U ______可用整数或小数点指定延时时间，用 P ______时只能用整数指定延时时间。采用整数指定延时时间单位为 ms，采用小数点指定时单位为 s。

（1）程序延时的应用

1）钻孔加工到达孔底部时，设置延时时间，以保证孔底的钻孔质量。

2）钻孔加工中途退刀后设置延时，以保证孔中铁屑充分排出。

3）镗孔加工到达孔底部时，设置延时时间，以保证孔底的镗孔质量。

4）车削加工在加工要求较高的零件轮廓终点设置延时，以保证该段轮廓的车削质量。如车槽、铣平面等场合，以提高表面质量。

5）其他情况下设置延时，如自动棒料送料器送料时延时，以保证送料到位。

（2）注意事项

延时指令 G04 和刀具补偿指令 G41/G42 不能在同一段程序中指定。

4. 圆弧插补指令

数控车床上的圆弧插补指令 G02、G03 是圆弧运动指令。它是用来指令刀具在给定平面内以 F 进给速度，作圆弧插补运动（圆弧切削）的指令。G02、G03 是模态指令。

（1）指令格式

$\left\{\begin{matrix} G02 \\ G03 \end{matrix}\right\}$ X（U）______ Z（W）______ $\left\{\begin{matrix} I\_\_\_\ K\_\_\_ \\ R\_\_\_ \end{matrix}\right\}$ F ______；

（2）顺时针与逆时针的判别

在使用 G02 或 G03 指令之前需要判别刀具在加工零件时，是沿什么路径在作圆弧插补运动的，是按顺时针，还是按逆时针方向路线在前进的。其判别方法见图 3-1-9。对于 *X*－*Z* 平面，先由 *X*、*Z* 轴判断 *Y* 轴（虽然大多数数控车床无 *Y* 轴），然后逆着 *Y* 轴的正方向看，顺时针圆弧加工用 G02，逆时针圆弧用 G03。

（3）终点坐标的确定

用 X、Z 或 U、W 指定圆弧的终点，是表示用绝对值或用增量值表示圆弧的终点，当用绝对值编程时，X、Z 后续数字为圆弧终点在工件坐标系中的坐标值。当采用增量值编程时，U、W 后续数字为终点相对于起点的增量值（见图 3-1-10 圆弧终点坐标）。

（4）圆弧中心坐标的确定

圆弧中心坐标是用地址 I、K 表示，为圆弧起点到圆弧中心矢量值在 *X*、*Z* 方向的投影值。I 为圆弧起点到圆弧中心在 *X* 方向的距离（用半径表示）。K 为圆弧起点（现在点）至圆弧中心在 *Z* 方向上的距离。I、K 是增量值，并带“＋、－”号。I、K 方向是从圆弧起点指向圆心，其正负取决于该方向与坐标轴方向之同异，相同者为正，反之为负（见图 3-1-10 圆弧起点与矢量方向）。

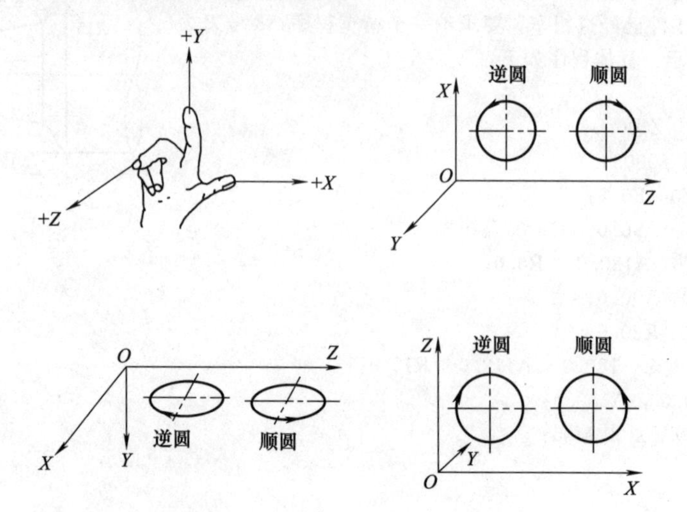

图 3-1-9　顺时针与逆时针的判别

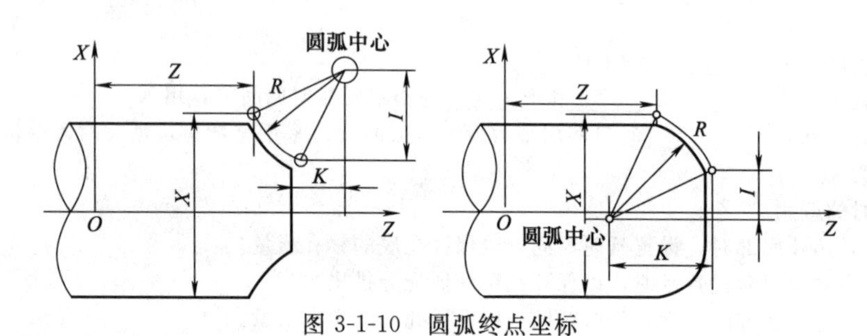

图 3-1-10　圆弧终点坐标

（5）圆弧半径的确定

圆弧半径 R 有正值与负值之分。当圆弧圆心角小于或等于 180°（如图 3-1-11 中圆弧 1）时，程序中的 R 用正值表示。当圆弧圆心角大于 180°并小于 360°（如图 3-1-11 中圆弧 2）时，R 用负值表示。通常情况下，数控车床上所加工的圆弧的圆心角小于 180°。

例 3-1-3　利用子程序完成图 3-1-12 所示零件的程序编制。

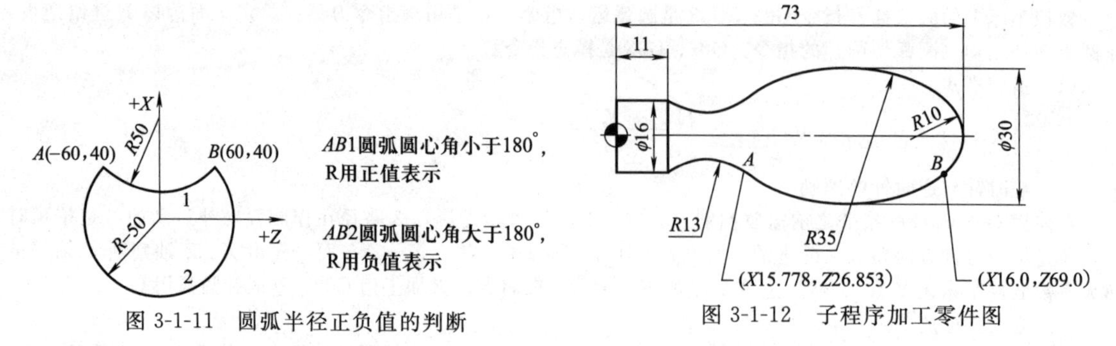

图 3-1-11　圆弧半径正负值的判断　　图 3-1-12　子程序加工零件图

程序：

O0022；

G40 G97 G54　G99 M03 S700 T0101 ；T0101 为 90°偏刀

G00 X30. 0 Z78. 0；　　　注意刀具与工件勿发生干涉

M98 P101235；

G00 X150. 0 Z200. 0；

G28 U0 W0 T0100 M05；

M30；
子程序：
O1235；
G00 U−3.0；
G01 W−5.0 F0.15；
G03 U16.0 W−4.0 R10.0；
G03 U−0.222 W−42.147 R35.0；
G02 U0.222 W−15.853 R13.0；
G01 W−11.0；
U20.0；
W78.0；
U−36.0；
M99；

5. 等螺距螺纹的切削

G32 X（U）______ Z（W）______ F______ Q______；

螺纹导程用 F 直接指令。对锥螺纹（图 3-1-13），其斜角 α 在 45°以下时，螺纹导程以 Z 轴方向的值指令；45°以上至 90°时，以 X 轴方向的值指令。Q 为螺纹起始角。该值为不带小数点的非模态值，其单位为 0.001°。

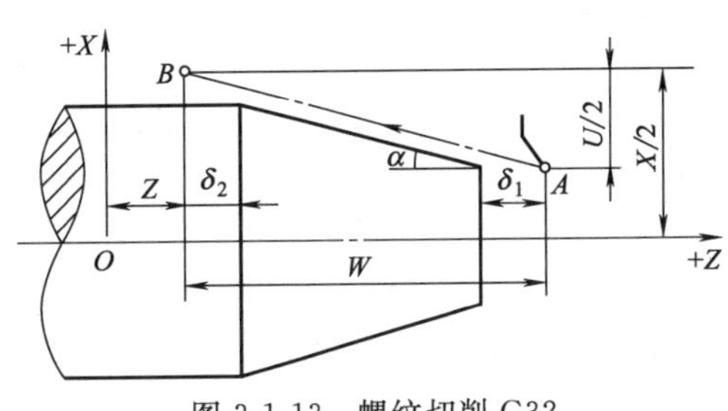

图 3-1-13　螺纹切削 G32

圆柱螺纹切削时，X（U）指令省略。格式为：

G32　Z（W）______ F______ Q______

端面螺纹切削时，Z（W）指令省略。格式为：

G32　X（U）______ F______ Q______；

当螺纹收尾处没有退刀槽时，可按 45°退刀收尾（见图 3-1-14）。

例 3-1-4　加工如图 3-1-15 所示 M45×1.5 圆柱螺纹，螺纹外径已加工完成，起刀点定在 X100.0，Z100.0 位置，利用单一螺纹指令（G32），编写加工程序。

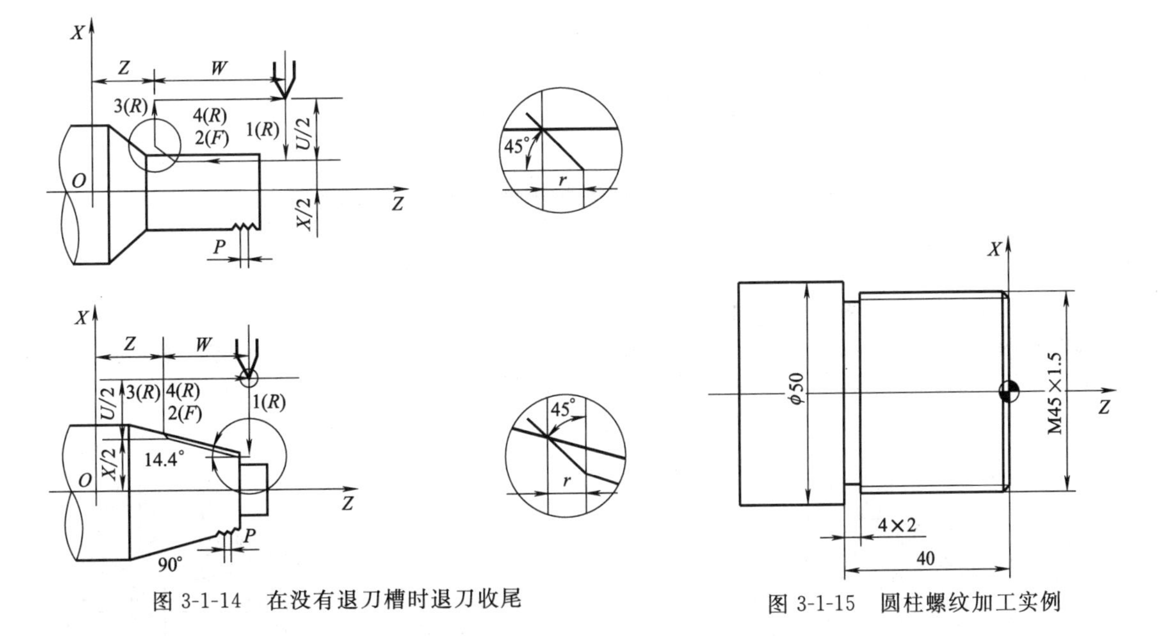

图 3-1-14　在没有退刀槽时退刀收尾

图 3-1-15　圆柱螺纹加工实例

程序	说明
G50 X100.0 Z100.0；	设定工件坐标系
G97 S300；	设定主轴转速 300r/min

T0101 M03 ;	选择 1 号刀 1 号刀补，主轴正转
G00 X44.2 Z5.0;	快速到达第一进刀点
G32 Z－22.0 F1.5;	螺纹切削 1 次
G00 X46.0 ;	提刀
Z5.0;	定位
X43.5;	快速到达第二进刀点
G32 Z－22.0;	螺纹切削 2 次
G00 X46.0 ;	提刀
Z5.0;	定位
X43.1;	快速到达第三进刀点
G32 Z－22.0;	螺纹切削 3 次
G00 X46.0 ;	提刀
Z5.0;	定位
X43.05;	快速到达第四进刀点
G32 Z－22.0;	螺纹切削 4 次
G00 X46.0 ;	提刀
Z5.0;	定位
X43.05;	快速到达第五进刀点
G32 Z－22.0;	螺纹切削 5 次（无进给光整）
G00 X46.0 ;	提刀
X100.0 Z100.0;	刀具快速返回起刀点
T0100 M05;	取消刀具补偿，主轴停转
M30;	程序结束

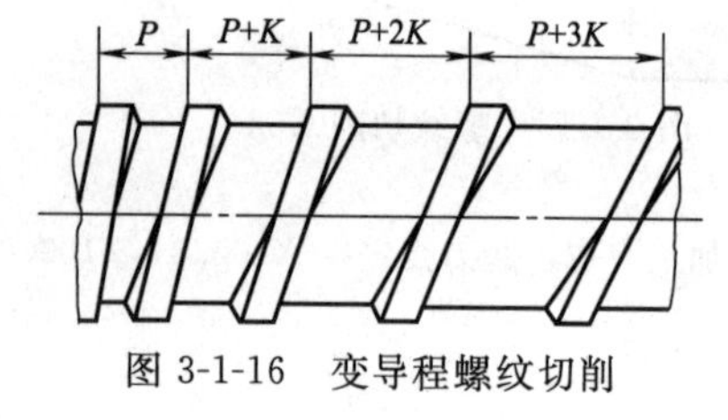

图 3-1-16　变导程螺纹切削

6. 变导程螺纹切削（G34）

G34 X（U）______ Z（W）______ F______ K______；

X、Z、F 与 G32 指令相同（图 3-1-16）；K 为螺纹每导程的增（或减）量。K 值范围：米制±0.0001～100.00mm/r，寸制±0.000001～1.000000in/r。

第二节　固定循环

一、单一固定循环切削（G90、G94）

数控程序员高级工、数控车工中级工内容

1. 外圆切削循环（G90）

（1）切削圆柱面的格式

G90 X（U）______ Z（W）______ F______；

如图 3-2-1 所示，刀具从循环起点开始按矩形循环，最后又回到循环起点。图中虚线表示按 R 快速移动，实线表示按 F 指定的工件进给速度移动。X、Z 为圆柱面切削终点坐标值；U、W 为圆柱面切削终点相对循环起点的坐标分量。

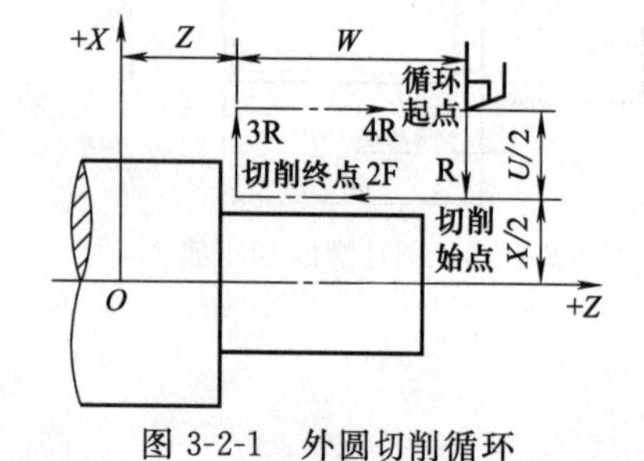

图 3-2-1　外圆切削循环

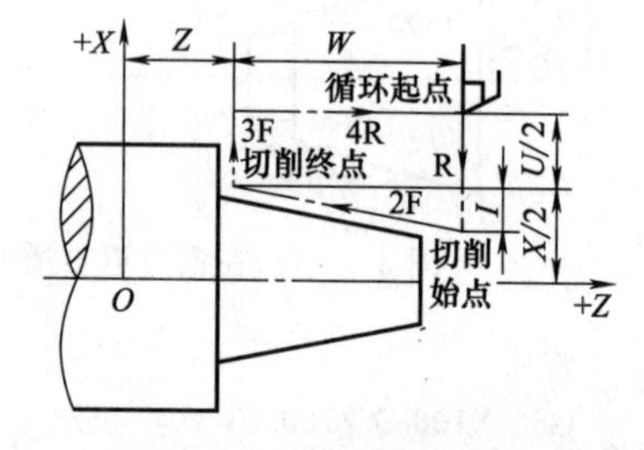

图 3-2-2　锥面切削循环

(2) 切削锥面的格式

G90 X (U) ____ Z (W) ____ I (或 R) F ____;

如图 3-2-2 所示，R/I（现代数控机床上常用 R）代表被加工锥面的大小端直径差的 1/2，即表示单边量锥度差值。对外径车削，锥度左大右小 R 值为负，反之为正。对内孔车削，锥度左小右大 R 值为正，反之为负。U、W、R 关系见图 3-2-3。

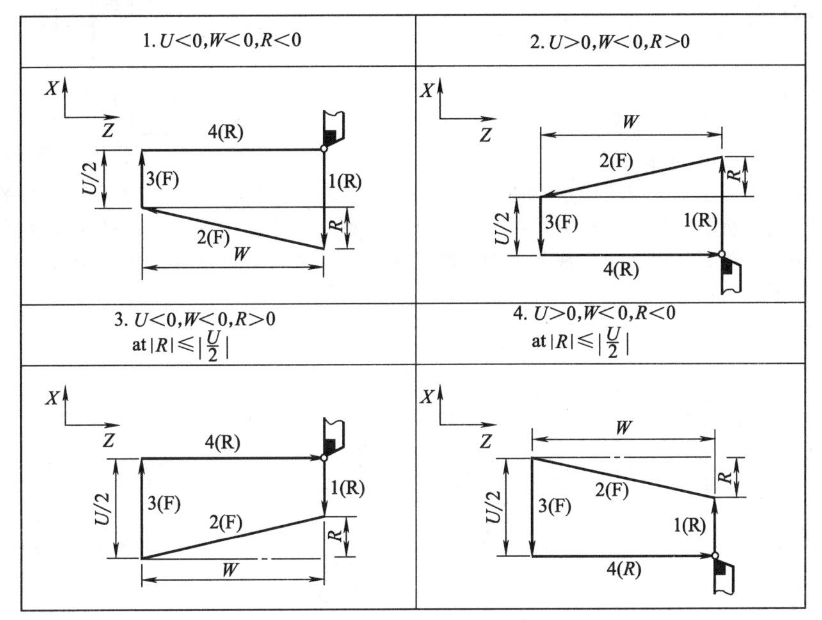

图 3-2-3 G90 指令代码与加工形状之间的关系

(R)—快速进刀，(F)—按程序中 F 指令速度切削，后面各图中符号含义相同。

例 3-2-1 加工图 3-2-4 所示的零件。

```
O4004;
N10 G54 T0101;
N20 G0 X32. Z0. 5 S500 M3;           刀具定位
N30 G90 X26. Z－25. R－2. 5 F0. 15;  粗加工
N40 X22. ;
N50 X20. 5;                          留精加工余量双边 0.5mm
N60 G0 Z0 S800 M3;
N70 G90 X20. Z－25. R－2. 5 F0. 1;
N80 G28 X100. Z100;
N90 M5;
N100 M2;
```

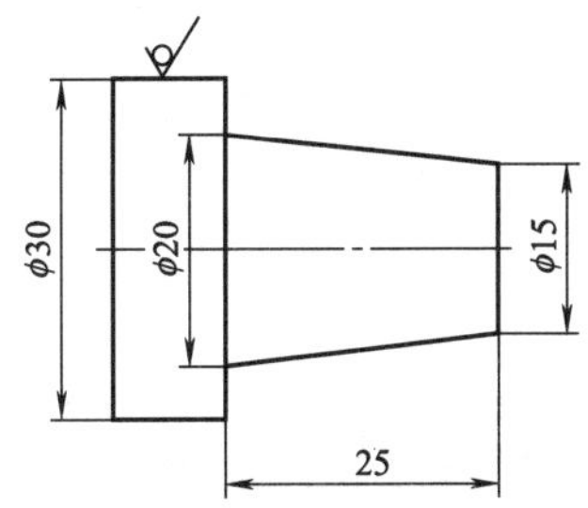

图 3-2-4 G90 外锥度加工示例

2. 端面切削循环（G94）

(1) 切削端平面的格式

G94 X (U) ____ Z (W) ____ F ____;

如图 3-2-5 所示，X、Z 为端平面切削终点坐标值，U、W 为端面切削终点相对循环起点的坐标分量。

(2) 切削锥面的格式

G94 X (U) ____ Z (W) ____ K (或 R) ____ F ____;

如图 3-2-6 所示，K（或 R）为端面切削始点至终点位移在 Z 轴方向的坐标增量。

本指令主要用于加工长径比较小的盘类工件，它的车削特点是利用刀具的端面切削刃作为主切削刃。G94 区别于 G90，它是先沿 Z 方向快速走刀，再车削工件，退刀光整，再快速退刀回起点。按刀具进给方向，第一刀为 G00 方式动作快速进刀；第二刀切削工件；第三刀 Z 退刀切削工件外圆；第四刀 G00 方式快速退刀回起点（如图 3-2-5 与图 3-2-6 所示）。

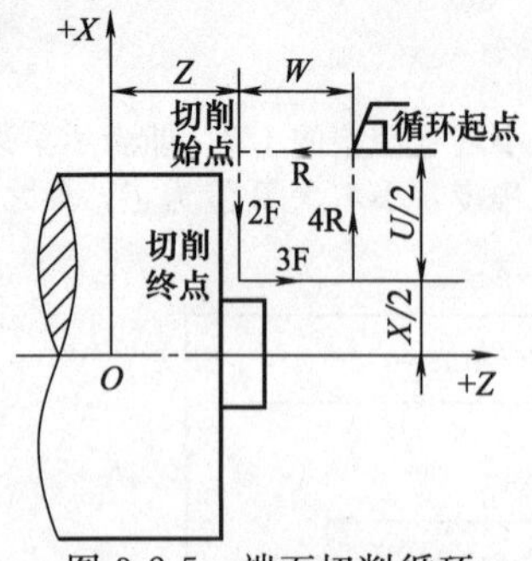

图 3-2-5　端面切削循环

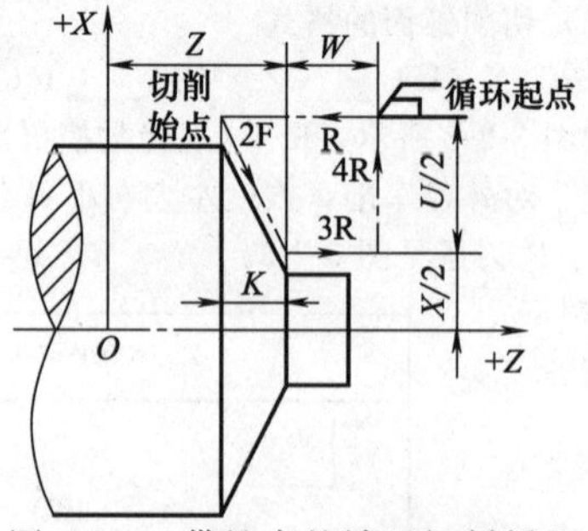

图 3-2-6　带锥度的端面切削循环

G94 和 G90 加工锥度轴意义有所区别，G94 是在工件的端面上形成斜面，而 G90 是在工件的外圆上形成锥度。指令中 R/K（现代数控机床上常用 R）表示为圆台的高度。圆台左大右小，R 为负值；否则圆台直径左小右大，则 R 为正值，一般只在内孔中出现此结构，但用镗刀 X 向进刀车削并不妥当，如图 3-2-7 所示。图 3-2-8 所示的加工程序如下。

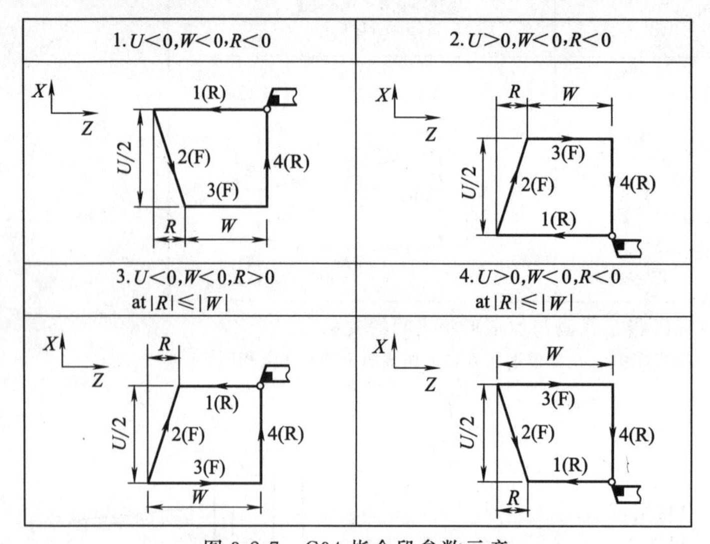

图 3-2-7　G94 指令段参数示意

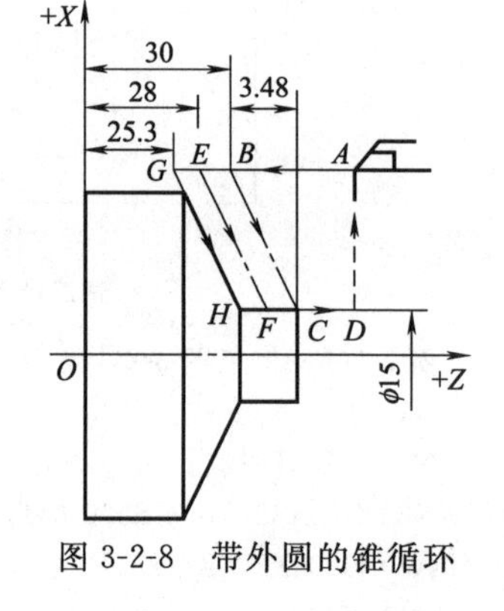

图 3-2-8　带外圆的锥循环

G94 X15.0 Z33.48 R－3.48 F30.0；　　$A \to B \to C \to D \to A$

Z31.48；　　$A \to E \to F \to D \to A$

Z28.78；　　$A \to G \to H \to D \to A$

3. 螺纹切削单次循环（G92）

该指令可切削锥螺纹和圆柱螺纹（图 3-2-9）。刀具从循环起点开始按梯形循环，最后又回到循环起点。图中虚线表示按 R 快速移动，实线表示按 F 指令的工件进给速度移动；X、Z 为螺纹终点坐标值，U、W 为螺纹终点相对循环起点的坐标分量，R 为锥螺纹始点与终点的半径差。加工圆柱螺纹时，R 为零，可省略。其格式为：

G92　X（U）______　Z（W）______　R______　F______；

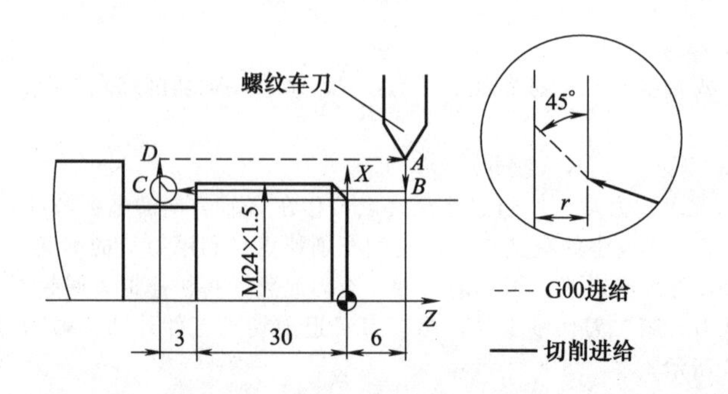

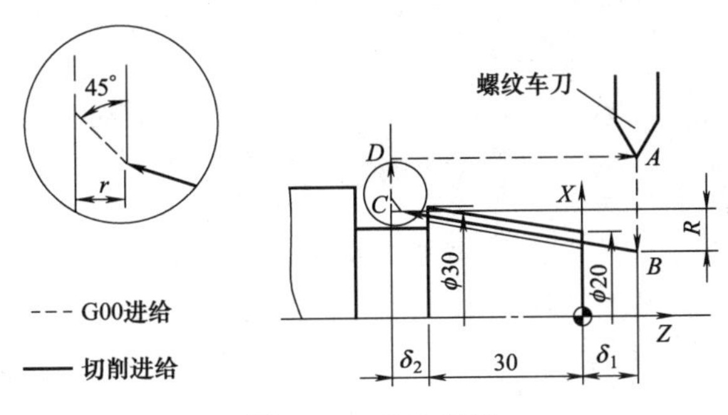

图 3-2-9 G92 循环

例 3-2-2 加工图 3-2-10 所示工件，毛坯为 ϕ42mm×56mm，试编写其数控车加工程序并进行加工。

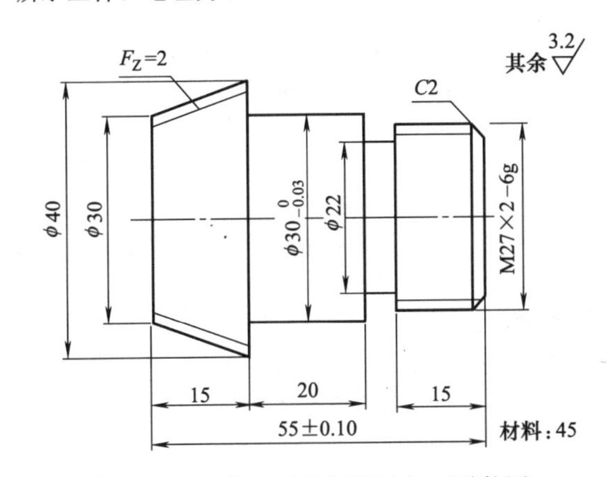

图 3-2-10 普通三角形螺纹加工零件图

编制加工程序

刀具——1 号：93°外圆车刀；2 号：切槽刀；3 号：螺纹车刀。

加工程序	程序说明
O0010；	工件左端加工程序
N10 G99 G40 G21；	程序初始化
N20 G28 U0 W0；	回参考点
N30 T0101；	换 1 号刀，取 1 号刀具长度补偿
N40 M03 S500 M08；	主轴正转，切削液开
N50 G00 X44.0 Z2.0；	定位至循环起点
N60 G71 U1.0 R0.3；	粗车循环
N70 G71 P80 Q140 U0.5 W0 F100；	
N80 G01 X22.8 F50 S1200；	“ns” 程序段只能沿 X 方向进刀，确定精加工转速为 1200r/min，进给速度为 50mm/min
N90 Z0.0；	
N100 X26.8 Z−2.0；	
N110 Z−20.0；	
N120 X30.0；	
N130 Z−40.0；	
N140 X44.0；	精加工轨迹描述
N150 G28 U0 W0；	
N160 T0202；	

```
N170  G00 X29.0 Z-18.0;
N180  G75 R0.5;
      G75 X22.0 Z-20.0 P1 500 Q2 000;
N190  F50;                          精车循环
N200  G28 U0 W0;
N210  T0303;                        换刀后刀具定位
N220  G00 X29.0 Z2.0;
N230  G92 X25.8 Z-17.0 F2.0;
N240      X25.1;
N250      X24.7;                    加工右端圆柱内螺纹
N260      X24.5;
N270      X24.4;
N280  G28 U0 W0;
N290  M05 M09;                      程序结束部分
N300  M30;

      O0010;                        工件右端加工程序
N80   ……                            程序开始部分及轮廓加工
N90   G00 X32.0 Z2.0;               刀具定位至循环起点
N100  G92 X39.8 Z-16.5 F2.0 R6.0;
N110      X39.1 R6.0;
N120      X38.7 R6.0;               加工圆锥螺纹
N130      X38.5 R6.0;
N140      X38.4 R6.0;
N150  ……                            程序结束部分
```

二、复合循环

1. 精车固定循环（G70）

格式：G70 P（*ns*）Q（*nf*）

说明：G70 指令用于在 G71、G72、G73 指令粗车工件后来进行精车循环。在 G70 状态下，在指定的精车描述程序段中的 F、S、T 有效。若不指定，则维持粗车前指定的 F、S、T 状态。G70 到 G73 中 *ns* 到 *nf* 间的程序段不能调用子程序。当 G70 循环结束时，刀具返回到起点并读下一个程序段。

关于 G70 的详细应用请参见 G71、G72 和 G73 部分。

2. 外径粗车循环（G71）

（1）概述

G71 指令称之为外径粗车固定循环，它适用毛坯料粗车外径和粗车内径。在 G71 指令后描述零件的精加工轮廓，CNC 系统根据加工程序所描述的轮廓形状和 G71 指令内的各个参数自动生成加工路径，将粗加工待切除余料一次性切削完成。

（2）格式

G71 U（Δd）R（e）

G71 P（*ns*）Q（*nf*）U（Δu）W（Δw）F____ S____ T____

式中 Δd——循环每次的背吃刀量（半径值、正值）；

e——每次切削退刀量；

ns——精加工描述程序的开始循环程序段的行号；

nf——精加工描述程序的结束循环程序段的行号；

Δu——X 向精车预留量；

Δw——Z 向精车预留量。

(3) G71 指令段内部参数的意义

CNC 装置首先根据用户编写的精加工轮廓，在预留出 X 和 Z 向精加工余量 Δu 和 Δw 后计算出粗加工实际轮廓的各个坐标值。刀具按层切法将余量去除（刀具向 X 向进刀 d；切削外圆后按 e 值 45°退刀；循环切削直至粗加工余量被切除）。此时工件斜面和圆弧部分形成阶台状表面，然后再按精加工轮廓光整表面最终形成在工件 X 向留有 Δu 大小的余量、Z 向留有 Δw 大小余量的轴。粗加工结束后可使用 G70 指令将精加工完成，如图 3-2-11 所示。

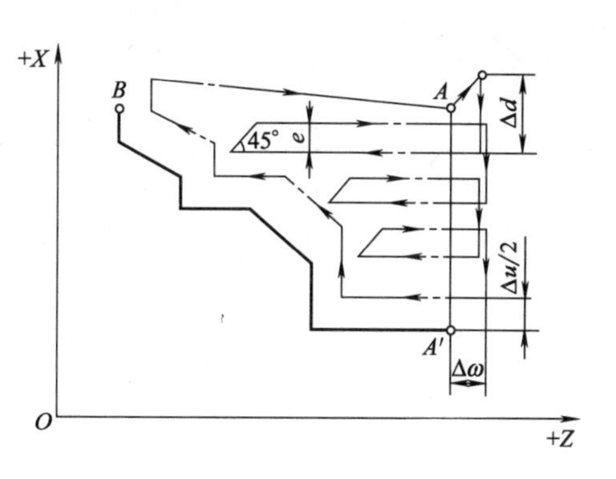

图 3-2-11　G71 指令内部参数示意

(4) 其他说明

1) 当 Δd 和 Δu 两者都由地址 U 指定时，其意义由地址 P 和 Q 决定。

2) 粗加工循环由带有地址 P 和 Q 的 G71 指令实现。在 A 点和 B 点间的运动指令中指定的 F、S 和 T 功能对粗加工循环无效，对精加工有效；在 G71 程序段或前面程序段中指定的 F、S 和 T 功能对粗加工有效。

3) 当用恒表面切削速度控制时，在 A 点和 B 点间的运动指令中指定的 G96 或 G97 无效，而在 G71 程序段或以前的程序段中指定的 G96 或 G97 有效。

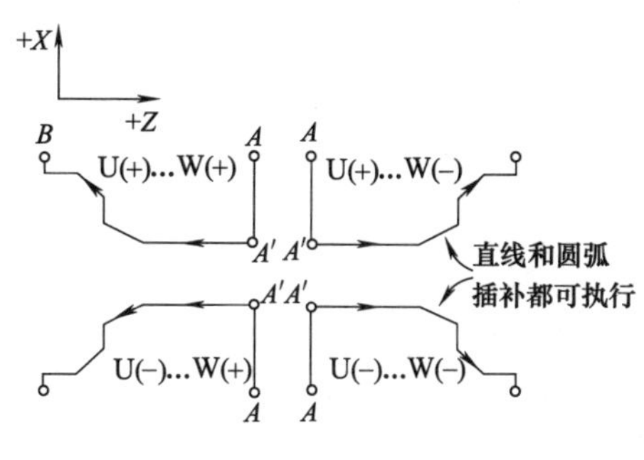

图 3-2-12　G71 指令中 Δu、Δw 符号的确定

4) X 向和 Z 向精加工余量 Δu、Δw 的符号如图 3-2-12 所示。

5) 有别于 0 系统其他版本，新的 0i/0iMATE 系统 G71 指令可用来加工有内凹结构的工件。

6) G71 可用于加工内孔，Δu、Δw 符号见图 3-2-12。

7) 第一刀走刀必须有 X 方向走刀动作。

8) 循环起点的选择应在接近工件处以缩短刀具行程和避免空走刀。

例 3-2-3　在图 3-2-13 中，试按图示尺寸编写粗车循环加工程序。

编程如下：

```
O1;
N10  G54  T0101;
N20  G40  G97  S240  M03;
N30  G00  G42  X120.0  Z10.0  M08;
N40  G96  S120;
N45  G50 S2000;
N50  G71  U2.0  R0.1;
N60  G71  P70  Q130  U2.0  W2.0  F0.3;
N70  G00  X40.0;                       (ns)
N80  G01  Z-30.0  F0.15  S150;
N90  X60.0  Z-60.0;
N100  Z-80.0;
N110  X100.0  Z-90.0;
N120  Z-110.0;
N130  X120.0  Z-130.0;
N140  G00  X125.0  G40;           (nf)
N150  X200.0  Z140.0  T0100  M05;
```

N160　M02；

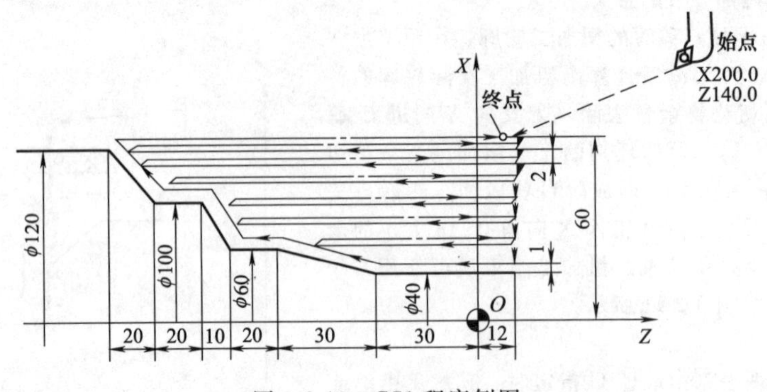

图 3-2-13　G71 程序例图

3. 端面粗车循环（G72）

（1）概述

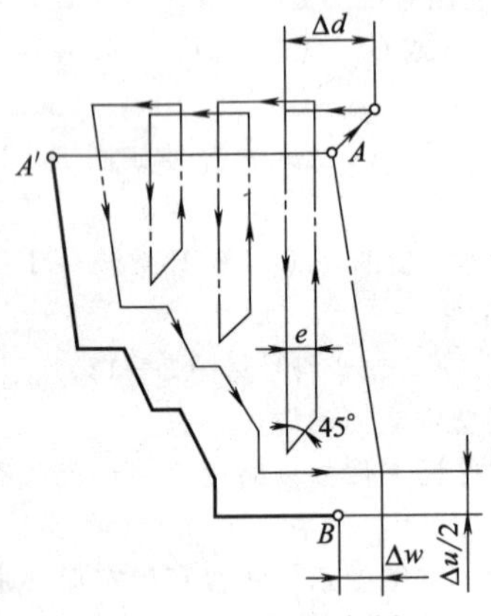

图 3-2-14　端面粗车循环

端面粗车循环指令的含义与 G71 类似，不同之处是刀具平行于 X 轴方向切削，如图 3-2-14 所示。它是从外径方向往轴心方向切削端面的粗车循环，该循环方式适于对长径比较小的盘类工件端面方向粗车。和 G94 一样，对 93°外圆车刀，其端面切削刃为主切削刃。

（2）格式

G72 W（*d*）R（*e*）

G72 P（*ns*）Q（*nf*）U（Δ*u*）W（Δ*w*）F____ S____ T____

式中　*d*——循环每次的切削深度（正值）；

e——每次切削退刀量；

ns——精加工描述程序的开始循环程序段的行号；

nf——精加工描述程序的结束循环程序段的行号；

Δ*u*——*X* 向精车预留量；

Δ*w*——*Z* 向精车预留量。

（3）说明

在 *A*′和 *B* 之间的刀具轨迹沿 *X* 和 *Z* 方向都必须单调变化。沿 *A A*′切削是 G00 方式还是 G01 方式，由 *A* 和 *A*′之间的指令决定。*X*、*Z* 向精车预留量 *u*、*w* 的符号取决于顺序号“*ns*”与“*nf*”间程序段所描述的轮廓形状。见图 3-2-15。

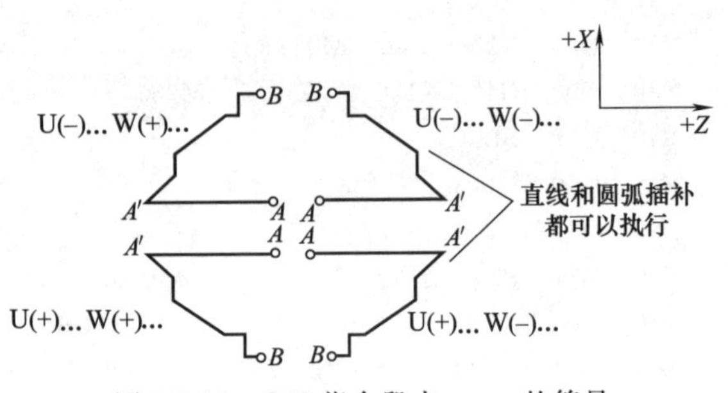

图 3-2-15　G72 指令段内 *u*、*w* 的符号

例 3-2-4　在图 3-2-16 中，试按图示尺寸编写粗车循环加工程序。

```
O10；
N10　G54　T0101；
N20　G40　G97　S220　M03；
N30　G00　G41　X176.0　Z2.0　M08；
N40　G96　S120；
N45　G50　S2000；
N50　G72　U3.0　R0.1；
N60　G72　P70　Q120　U2.0　W0.5　F0.3；
N70　G00　X160.0　Z60.0；　　　　（ns）
N80　G01　X120.0　Z70.0　F0.15　S150；
```

```
N90  Z80.0;
N100  X80.0  Z90.0;
N110  Z110.0;
N120  X36.0  Z132.0;                (nf)
N130  G00  G40  X200.0  Z200.0  T0100  M05;
N140  M02;
```

4. 成形（仿形）加工复合循环（G73）

（1）概述

成形加工复合循环也称为固定形状粗车循环，它适用于加工铸、锻件毛坯零件。某些轴类零件为节约材料，提高工件的力学性能，往往采用锻造等方法使零件毛坯尺寸接近工件的成品尺寸，其形状已经基本成形，只是外径、长度较成品大一些。此类零件的加工适合采用 G73 方式。当然 G73 方式也可用于加工普通未切除余料的棒料毛坯。

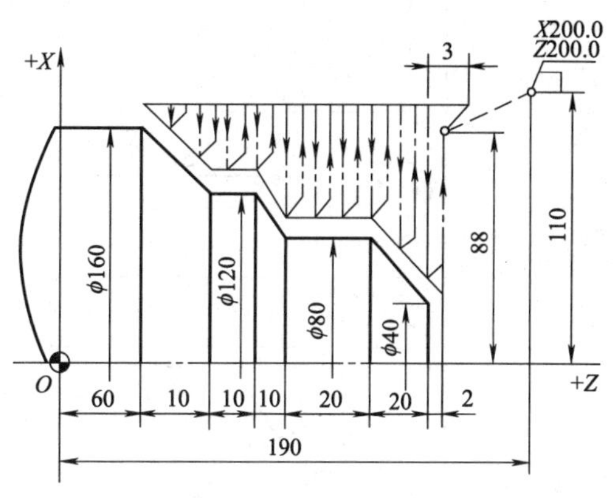

图 3-2-16　G72 程序例图

（2）格式

G73 U（Δi） W（Δk） R（Δd）

G73 P（ns） Q（nf） U（Δu） W（Δw） F ____ S ____ T ____

式中　Δi——X 方向毛坯切除余量（半径值、正值）；

Δk——Z 方向毛坯切除余量（正值）；

Δd——粗切循环的次数；

ns——精加工描述程序的开始循环程序段的行号；

nf——精加工描述程序的结束循环程序段的行号；

Δu——X 向精车余量；

Δw——Z 向精车余量。

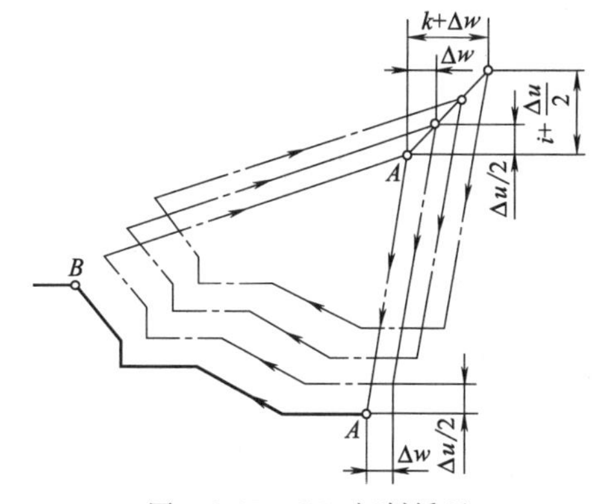

图 3-2-17　G73 切削循环

（3）其他说明

1）当值 Δi 和 Δk，或者 Δu 和 Δw 分别由地址 U 和 W 规定时，它们的意义由 G73 程序段中的地址 P 和 Q 决定。当 P 和 Q 没有指定在同一个程序段中时，U 和 W 分别表示 Δi 和 Δk；当 P 和 Q 指定在同一个程序段中时，U、W 分别表示 Δu 和 Δw。

2）有 P 和 Q 的 G73 指令执行循环加工时，不同的进刀方式（共有 4 种），Δu，Δw 和 Δk、Δi 的符号不同（见图 3-2-17、图 3-2-18），应予以注意。加工循环结束时，刀具返回到 A 点。

例 3-2-5　编写加工图 3-2-19 所示工件的程序

```
O1101;
N10  G54  T0101;
N20  G97  G40  S200  M03;
N30  G00  G42  X140.0  Z40.0  M08;
N40  G96  S120;
N45  G50 S3000;
N50  G73  U9.5  W9.5  R3.0;
N60  G73 P70 Q130 U1.0 W0.5 F0.3;
N70  G00  X20.0  Z0;                (ns)
N80  G01  Z-20.0  F0.15  S150;
N90  X40.0  Z-30.0;
N100  Z-50.0;
N110  G02  X80.0  Z-70.0  R20.0;
```

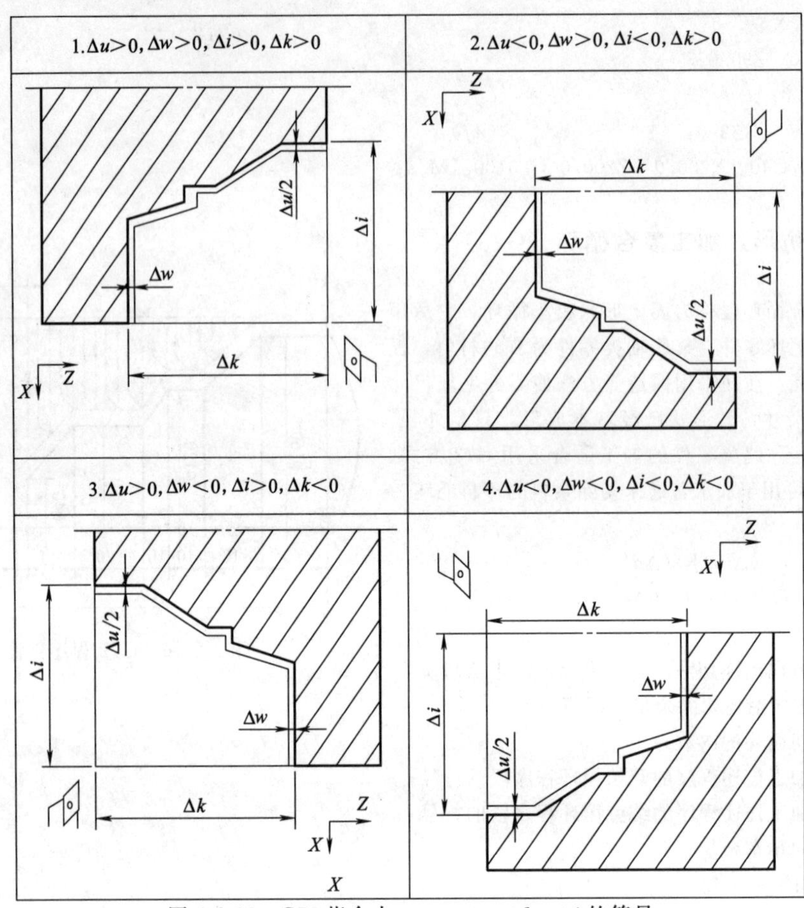

图 3-2-18　G73 指令中 Δu、Δw、Δk、Δi 的符号

```
N120  G01  X100.0  Z-80.0;
N130  X105.0;                       (nf)
N140  G00  X200.0  Z200.0  G40  T0100  M05;
N150  M02;
```

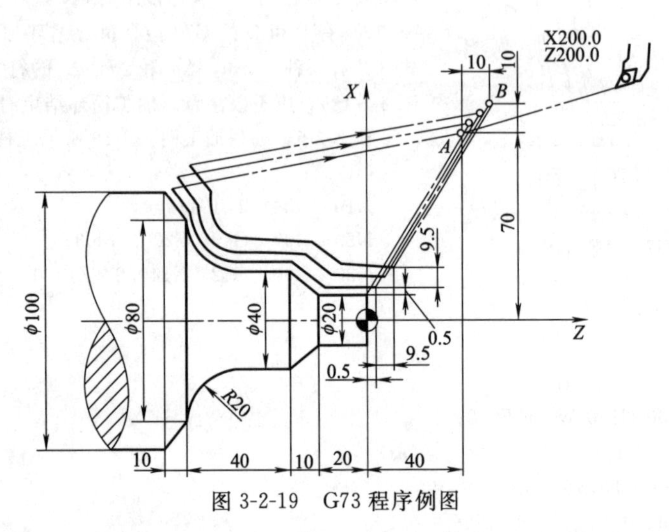

图 3-2-19　G73 程序例图

G73 同样可以切削没有预加工的毛坯棒料。如图 3-2-19 所示工件，假如将程序中的 N30～N50 行进行调整，如下所述，即可采用不同的渐进方式将工件加工成形（见图 3-2-20～图 3-2-22）。由于 G73 在每次循环中

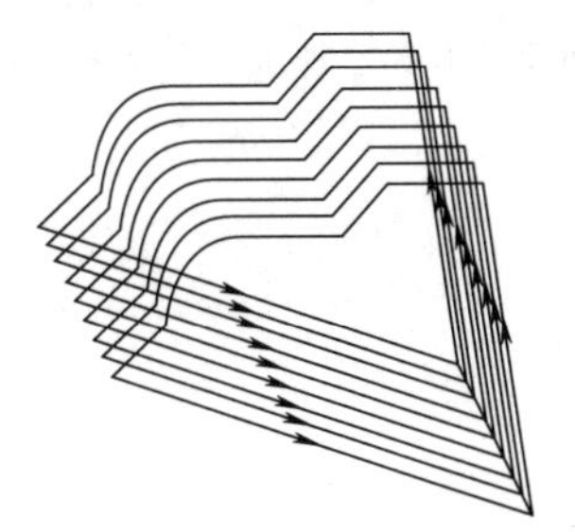

图 3-2-20　G73 指令 X、Z 向双向进刀

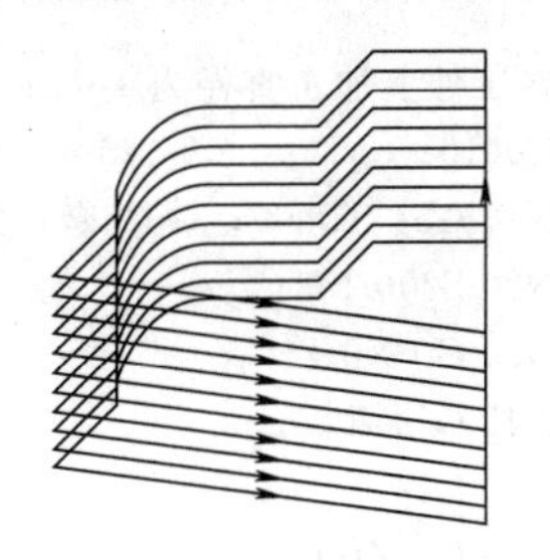

图 3-2-21　G73 指令 X 向进刀

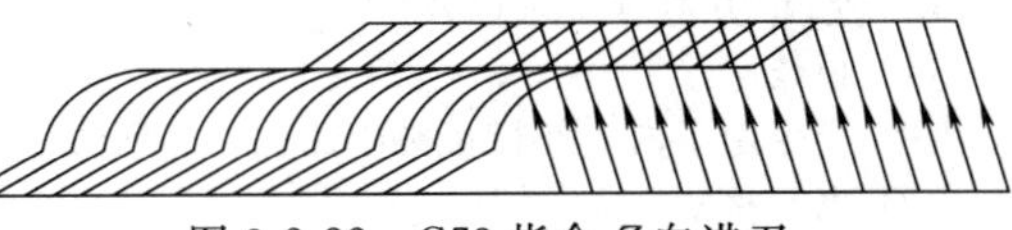

图 3-2-22　G73 指令 Z 向进刀

的进给路线是确定的，需将循环起刀点与工件间保持一段距离。

5. 镗孔复合循环与深孔钻循环（G74）

（1）概述

该指令可实现端面深孔和镗孔加工，Z 向切进一定的深度，再反向退刀一定的距离，实现断屑。指定 X 轴地址和 X 轴向移动量，就能实现镗孔加工；若不指定 X 轴地址和 X 轴向移动量，则为端面深孔钻加工。

（2）格式书写

1）镗孔循环：

G74 R（e）

G74 X（u） Z（w） P（Δi） Q（Δk） R（Δd） F

式中　e——每次啄式退刀量；

u——X 向终点坐标值；

w——Z 向终点坐标值；

Δi——X 向每次的移动量；

Δk——Z 向每次的切入量；

Δd——切削到终点时的 X 轴退刀量（可以缺省）。

2）对啄式钻孔循环（深孔钻循环）：

G74 R（e）

G74 Z（w） Q（Δk） F

式中　e——每次啄式退刀量；

w——Z 向终点坐标值（孔深）；

Δk——Z 向每次的切入量（啄钻深度）。

G74 的动作及参数见图 3-2-23。

3）端面槽加工与孔加工指令一样。

例 3-2-6　加工图 3-2-24 所示的孔。

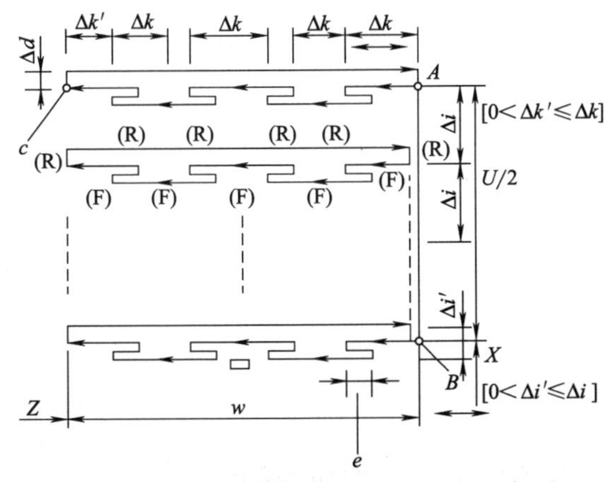

图 3-2-23　深孔钻与镗孔循环参数示意

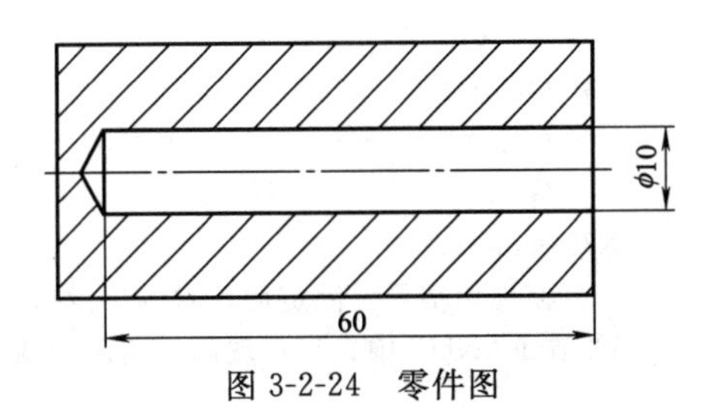

图 3-2-24　零件图

在工件上加工直径为10mm的孔，孔的有效深度为60mm。工件端面及中心孔已加工，程序如下：

```
O0010;
N10 G54 T0505;(φ10 麻花钻)
N20 S200 M3;
N30 G0 X0 Z3.;
N40 G74 R1.;
N50 G74 Z-64. Q8000 F0.1;
N60 G0 Z100.;
N70 X100. M5;
N80 M30;
```

6. 径向切槽循环（G75）

(1) 概述

G75指令用于内、外径切槽或钻孔，其用法与G74指令大致相同（见图3-2-25）。

(2) 书写格式

G75 R（e）

G75 X（u）Z（w）P（Δi）Q（Δk）R（Δd）F____

式中　e——分层切削每次退刀量；

u——X向终点坐标值；

w——Z向终点坐标值；

Δi——X向每次的切入量；

Δk——Z向每次的移动量；

Δd——切削到终点时的退刀量（可以缺省）。

例3-2-7　加工图3-2-26所示的零件。

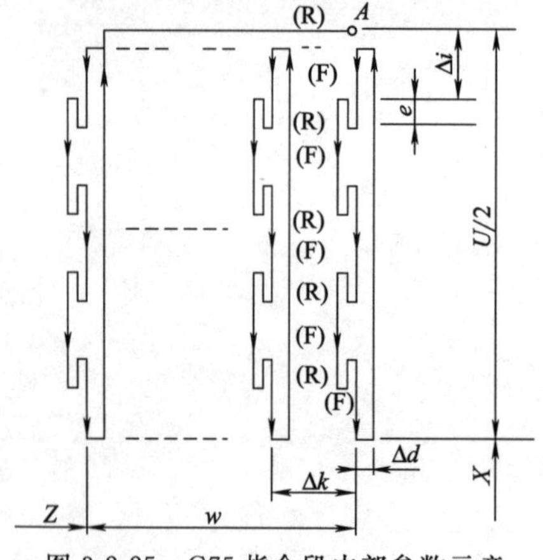

图3-2-25　G75指令段内部参数示意

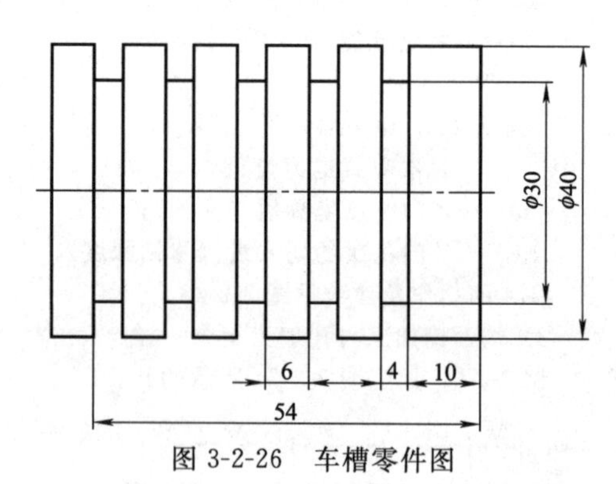

图3-2-26　车槽零件图

程序如下：

```
O0011;
N10 G54 T0202;(切槽刀，刃口宽4)
N20 S300 M3;
N30 G0 X42. Z-10.;
N40 G75 R1.;
N50 G75 X30. Z-50. P3000 Q10000 F0.1;
N60 G0 X100. Z100. M5;
N70 M30;
```

(3) 使用切槽复合固定循环时的注意事项

1) 在FANUC中，当出现以下情况而执行切槽复合固定循环指令时，将会出现程序报警。

① X（U）或 Z（W）指定，而 Δi 或 Δk 值未指定或指定为 0；② Δk 值大于 Z 轴的移动量（W）或 Δk 值设定为负值；③ Δi 值大于 U/2 或 Δi 值设定为负值；④退刀量大于进刀量，即 e 值大于每次切深量 Δi 或 Δk。

2）由于 Δi 和 Δk 为无符号值，所以，刀具切深完成后的偏移方向由系统根据刀具起刀点及切槽终点的坐标自动判断。

3）切槽过程中，刀具或工件受较大的单方向切削力，容易在切削过程中产生振动，因此，切槽加工中进给速度 F 的取值应略小（特别是在端面切槽时），通常取 50～100mm/min。

7. 螺纹切削多次循环 G76

数控程序员与数控车工、高级工内容

（1）指令格式

用 G76 时一段指令就可以完成螺纹切削循环加工程序。

编程格式　G76　P（m）（r）（α）　Q（Δd_{min}）　R（d）；

G76　X（U）　Z（W）　R（i）　P（k）　Q（Δd）　F（f）；

式中　m——精加工最终重复次数（1～99）；

r——倒角量，该值大小可设置在 0.01Ps～9.9Ps 之间，系数应为 0.1 的整数倍，用 00～99 之间的两位整数表示，Ps 为导程；

α——刀尖角度，可以选择 80°，60°，55°，30°，29°、0°六种，其角度数值用 2 位数指定；m、r、α 可用地址一次指定，如 $m=2$，$r=1.2P$，$\alpha=60°$时可写成：P02 12 60；

Δd_{min}——最小切入量；

d——精加工余量；

X（U），Z（W）——终点坐标；

i——螺纹部分半径差（$i=0$ 时为圆柱螺纹）；

k——螺牙的高度（用半径值指令 X 轴方向的距离）；

Δd——第一次的切入量（用半径值指定）；

f——螺纹的导程（与 G32 螺纹切削时相同）。

螺纹切削方式如图 3-2-27 所示。

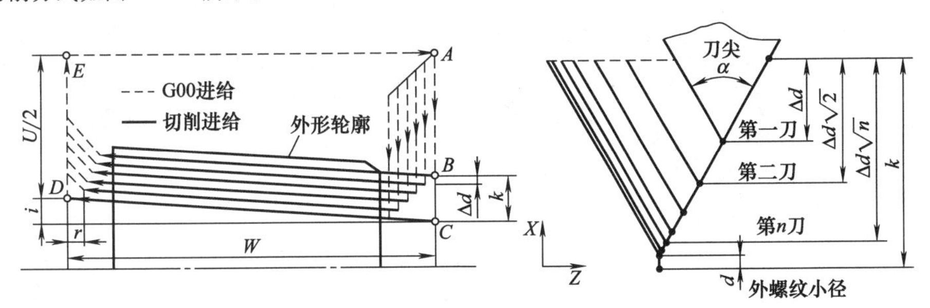

图 3-2-27　螺纹切削多次循环与进刀法

（2）使用螺纹复合循环指令时的注意事项

1）G76 可以在 MDI 方式下使用。

2）在执行 G76 循环时，如按下循环暂停键，则刀具在螺纹切削后的程序段暂停。

3）G76 指令为非模态指令，所以必须每次指定。

4）在执行 G76 时，如要进行手动操作，刀具应返回到循环操作停止的位置。如果没有返回到循环停止位置就重新启动循环操作，手动操作的位移将叠加在该条程序段停止时的位置上，刀具轨迹就多移动了一个手动操作的位移量。

例 3-2-8　加工图 3-2-28 所示工件，毛坯为 ϕ50mm×82mm 的 45 钢，试编写其数控车加工程序并进行加工。

（1）加工梯形螺纹时 Z 向刀具偏置值的计算

在梯形螺纹的实际加工中，由于刀尖宽度并不等于槽底宽，在经过一次 G76 切削循环后，仍无法正确控制螺纹中径等各项尺寸。为此，可经刀具 Z 向偏置后，再次进行 G76 循环加工，即可解决以上问题。为了提高加工效率，最好只进行一次偏置加工，故必须精确计算 Z 向的偏置量，Z 向偏置量的计算方法如图 3-2-29 所示，其计算过程如下。

设 $M_{实测}-M_{理论}=2AO_1=\delta$，则 $AO_1=\delta/2$；

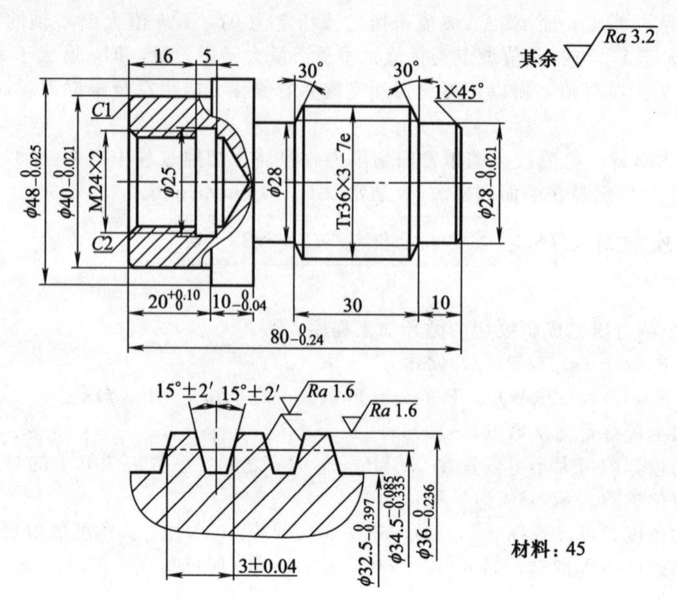

图 3-2-28　梯形螺纹加工零件图

在图 3-2-29（b）中，O_1O_2CE 为平行四边形，则$\triangle AO_1O_2 \cong \triangle BCE$，$AO_2=EB$；$\triangle CEF$ 为等腰三角形，则 $EF=2EB=2AO_2$。

$$AO_2=AO_1\times\tan(\angle AO_1O_2)=\tan15°\times\delta/2$$

$$Z\text{向偏置量 } EF=2AO_2=\delta\times\tan15°=0.268\delta$$

实际加工时，在一次循环结束后，用三针测量实测 M 值，计算出刀具 Z 向偏置量，然后在刀长补偿或磨耗存储器中设置 Z 向刀偏量，再次用 G76 循环加工就能一次性精确控制中径等螺纹参数值。

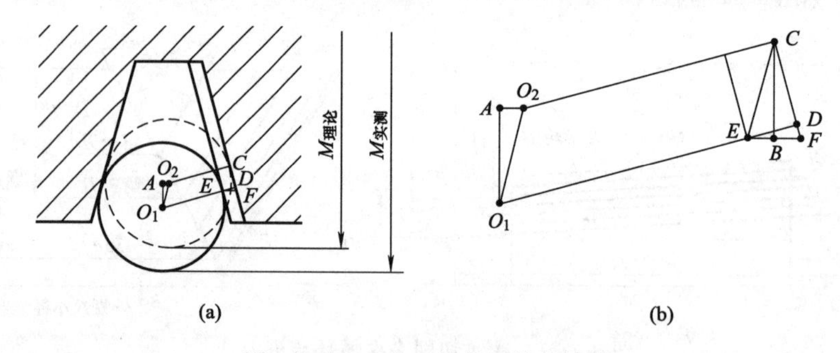

图 3-2-29　Z 向刀具偏置量的计算

（2）程序编制

刀 具——1 号刀具，外圆槽刀；2 号刀具，端面槽刀。

FANUC 0i 系统程序	程序说明
O0060；	加工内螺纹程序
N40　……	程序开始部分
N50　G00 X21.0 Z2.0；	快速定位至循环起点
N60　G92 X23.0 Z−18.0 F2.0；	
N70　X23.6；	G92 指令加工内螺纹，分五层切削，考虑了内螺纹的公差
N80　X24.0；	
N90　X24.1；	

程序	说明
N100 X24.18;	
N110 G28 U0 W0;	程序结束部分
N120 M30;	
N10 O0080;	加工梯形螺纹程序，宜采用单独的程序段，以便于修改 Z 向刀具偏置后重新进行加工
N20 G98 G40 G21;	程序初始化
N30 T0404;	换螺纹车刀
N40 G00 X37.0 Z−4.0;	快速点定位至循环起点
N50 G76 P020530 Q50 R0.08;	复合固定循环加工梯形螺纹
N60 G76 X32.3 Z−43.5 P1 750 Q500 F3.0;	
N70 G00 X150.0 Z30.0;	退刀时注意顶尖的位置
N80 M30;	程序结束

第三节 用户宏程序

数控车工与数控程序员高级工内容

一、用户宏程序简介

将一群命令所构成的功能，像子程序一样登录在内存中，再把这些功能用一个命令作为代表，执行时只需写出这个代表命令，就可以执行其功能。

在这里，所登录的一群命令叫做用户宏主体（或用户宏程序），简称为用户宏（Custom Macro）指令，这个代表命令称为用户宏命令，也称作宏调用命令。

使用用户宏时的主要方便之处在于可以用变量代替具体数值，因而在加工同一类的零件时，只需将实际的值赋予变量即可，而不需要对每一个零件都编一个程序。

宏程序与普通程序相比较，普通程序的程序字为常量，一个程序只能描述一个几何形状，所以缺乏灵活性和适用性。而在用户宏程序的本体中，可以使用变量进行编程，还可以用宏指令对这些变量进行赋值、运算等处理。

按变量号码可将变量分为局部（Local）变量、公共（Common）变量、系统（System）变量，其用途和性质都是不同的。

1. 空变量#0

该变量总是空的，不能赋值给该变量。

2. 局部变量#1～#33

所谓局部变量就是在用户宏中局部使用的变量。换句话说，在某一时刻调出的用户宏中所使用的局部变量#i和另一时刻调用的用户宏（也不论与前一个用户宏相同还是不同）中所使用的#i是不同的。因此，在多重调用时，当用户宏A调用用户宏B的情况下，也不会将A中的变量破坏。

例如，用G代码（如G65时）调用宏时，局部变量级会随着调用多重度的增加而增加。即存在如图3-3-1的所示关系。

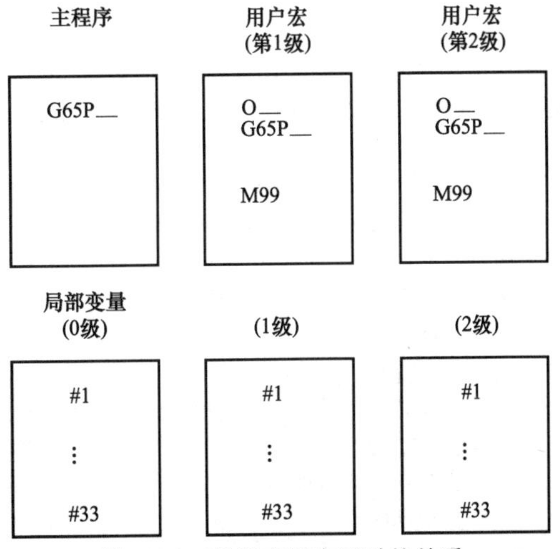

图3-3-1 局部变量应用时的关系

上述关系说明了以下几点：

1）主程序中具有#1～#33的局部变量（0级）。

2）用G65调用宏（第1级）时，主程序的局部变量（0级）被保存起来。再重新为用户宏（第1级）准备了另一套局部变量#1～#33（第1级），可以再向它赋值。

3）下一用户宏（第2级）被调用时，其上一级的局部变量（第1级）被保存，再准备出新的局部变量＃1～＃33（第2级），如此类推。

4）当用M99从各用户宏回到前一程序时，所保存的局部变量（第0、1、2级），以被保存的状态出现。

3. 公共变量

公共变量是在主程序以及调用的子程序中通用的变量。前面编写的程序中，用到了保持型变量＃500～＃999与操作型变量＃100～＃199，操作型（非保持型）变量断电后就被清零，保持型变量断电后仍被保存。它们都是公共变量。因此，在某个用户宏中运算得到的公共变量的结果＃*i*，可以用到别的用户宏中。

4. 系统变量

系统变量是根据用途而被固定的变量。主要有以下几种（表3-3-1）。

表3-3-1　系统变量

变量号码	用　途	变量号码	用　途
＃1000～＃1035	接口信号DI	＃3007	镜像
＃1100～＃1135	接口信号DO	＃4001～＃4018	G代码
＃2000～＃2999	刀具补偿量	＃4107～＃4120	D,E,F,H,M,S,T等
＃3000～＃3006	P/S报警,信息	＃5001～＃5006	各轴程序段终点位置
＃3001,＃3002	时钟	＃5021～＃5026	各轴现时位置
＃3003,＃3004	单步,连续控制	＃5221～＃5315	工件偏置量

二、B类型的宏程序

用户宏程序分为A、B两类。通常情况下老式的数控机床（如：FANUC 0T系统）采用A类宏程序，而现代的数控机床（如：FANUC 0i系统）则采用B类宏程序。它是以一些指令来表示。主要有以下指令。

1. 控制指令

由以下控制指令可以控制用户宏程序主体的程序流程。

（1）条件转移

1）IF［＜条件式＞］GOTO *n*（*n*=顺序号）

＜条件式＞成立时，从顺序号为*n*的程序段以下执行；＜条件式＞不成立时，执行下一个程序段。＜条件式＞种类见表3-3-2。

表3-3-2　＜条件式＞种类

变量	符号	变量	意义	变量	符号	变量	意义
＃*j*	EQ	＃*k*	＝	＃*j*	LT	＃*k*	＜
＃*j*	NE	＃*k*	≠	＃*j*	GE	＃*k*	⩾
＃*j*	GT	＃*k*	＞	＃*j*	LE	＃*k*	⩽

2）WHILE［＜条件式＞］　DO *m*（*m*=标记号）

⋮

END *m*

＜条件式＞成立时从DO *m*的程序段到END *m*的程序段重复执行；＜条件式＞如果不成立，则从END *m*的下一个程序段执行。DO后的号和END后的号是指定程序执行范围的标号，标号为1，2，3。若用1，2，3以外的值会产生P/S报警No.126。

3）IF［＜条件式＞］THEN

如果条件满足，执行预先决定的宏程序语句。只执行一个宏程序语句。

如：若＃1和＃2的值相同，0赋给＃3。可用语句

IF［＃1 EQ ＃2］THEN ＃3=0

（2）无条件转移（GOTO *n*）

2. 运算指令

在变量之间、变量与常量之间，可以进行各种运算。常用的运算符如表3-3-3所示。

3. 引数赋值

引数赋值有以下两种形式。

（1）引数赋值Ⅰ

除去G、L、N、O、P地址符以外都可作为引数赋值的地址符，大部分无顺序要求，但对I、J、K则必须

按字母顺序排列，对没使用的地址可省略。引数赋值Ⅰ所指定的地址和用户宏主体内所使用变量号码的对应关系见表 3-3-4。

表 3-3-3 常用的运算符

运算符	定义	举例	运算符	定义	举例
=	定义	#i= #j	TAN	正切	#i=TAN[#j]
+	加法	#i= #j+ #k	ATAN	反正切	#i=ATAN[#j]
—	减法	#i= #j— #k	SQRT	平方根	#i=SPART[#j]
*	乘法	#i= #j * #k	ABS	绝对值	#i=ABS[#j]
/	除法	#i= #j/ #k	ROUND	舍入	#i=ROUND[#j]
SIN	正弦	#i=SIN[#j]	FIX	上取整	#i=FIX[#j]
ASIN	反正弦	#i=ASIN[#j]	FUP	下取整	#i=FUP[#j]
COS	余弦	#i=COS[#j]	LN	自然对数	#i=LN[#j]
ACOS	反余弦	#i=ACOS[#j]	EXP	指数函数	#i=EXP[#j]
OR	或运算	#i= #j OR #k	BIN	十-二进制转换	#i=BIN[#j]
XOR	异或运算	#i= #j XOR #k	BCD	二-十进制转换	#i=BCD[#j]
AND	与运算	#i= #j AND #k			

表 3-3-4 引数赋值Ⅰ的地址和变量号码的对应关系

引数赋值Ⅰ的地址	宏主体中的变量	引数赋值Ⅰ的地址	宏主体中的变量
A	#1	Q	#17
B	#2	R	#18
C	#3	S	#19
D	#7	T	#20
E	#8	U	#21
F	#9	V	#22
H	#11	W	#23
I	#4	X	#24
J	#5	Y	#25
K	#6	Z	#26
M	#13		

（2）引数赋值Ⅱ

I、J、K 作为一组引数，最多可指定 10 组。引数赋值Ⅱ的地址和宏主体中使用变量号码的对应关系见表 3-3-5。

表 3-3-5 引数赋值Ⅱ的地址和变量号码的对应关系

引数赋值Ⅱ的地址	宏主体中的变量	引数赋值Ⅱ的地址	宏主体中的变量
A	#1	……	……
B	#2	……	……
C	#3	……	……
I_1	#4	……	……
J_1	#5	……	……
K_1	#6	……	……
I_2	#7	I_{10}	#31
J_2	#8	J_{10}	#32
K_2	#9	K_{10}	#33

注：表中的下标只表示顺序，并不写在实际命令中。

（3）引数赋值Ⅰ、Ⅱ的混用

在 G65 程序段的引数中，可以同时用表 3-3-4 及表 3-3-5 中的两组引数赋值。但当对同一个变量Ⅰ、Ⅱ两组的引数都赋值时，只是后一引数赋值有效。如图 3-3-2 所示。

```
G65  A1.0  B2.0  I-3.0  I4.0  D5.0  P1000;
〈变量〉
#1：1.0
#2：2.0
#3：
#4：-3.0
#5：
#6：
#7：4.0
#7：5.0
```

图 3-3-2　引数赋值Ⅰ、Ⅱ的混用

在图 3-3-2 中对变量＃7，由Ⅰ4.0 及 D5.0 这两个引数赋值时，只有后边的 D5.0 才是有效的。

4. 用户宏程序的调用

（1）单纯调用

通常宏主体是由下列形式进行一次性调用，也称为单纯调用。格式如下：

G65 P（程序号）＜引数赋值＞

G65 是宏调用代码，P 之后为宏程序主体的程序号码。（引数赋值）是由地址符及数值构成，由它给宏主体中所使用的变量赋予实际数值。

（2）模态调用

其调用形式为：

G66 P（程序号码）L（循环次数）＜引数赋值＞；

在这一调用状态下，当程序段中有移动指令时，则先执行完这一移动指令后，再调用宏，所以，又称为移动调用指令。

取消用户宏用　G67。

（3）G 代码调用

调用格式：G××（引数赋值）；

为了实现这一方法，需要按下列顺序用表 3-3-6 中的参数进行设定。

1）将所使用宏主体程序号变为 O9010～O9019 中的任一个；

2）将与程序号对应的参数设置为 G 代码的数值；

3）将调用指令的形式换为 G（参数设定值）（引数赋值）。

例如将宏主体 O9110 用 G112 调用。

1）将程序号码由 O9110 变为 O9012；

2）在与 O9012 对应的参数号码（第 7052 号）上的值设定为 112；

3）就可以用下述指令方式调用宏主体：

G112　I____ R____ Z____ F____；

表 3-3-6　宏主体号码与参数号

宏主体号码	参　数　号	宏主体号码	参　数　号
O9010	7050	O9015	7055
O9011	7051	O9016	7056
O9012	7052	O9017	7057
O9013	7053	O9018	7058
O9014	7054	O9019	7059

5. 非圆曲线零件的加工

（1）原材料为锻、铸件零件的加工

对于FANUG系统来说，宏程序一般不能编写在G71、G72循环之中，只能编写在G73循环之中，但有的系统（如华中系统）宏程序可以应用在所有循环之中

加工图 3-3-3 所示零件，毛坯为 ϕ50mm×85mm 的 45 钢，左端 ϕ16 孔已钻好，加工该零件时，先加工外轮廓，再夹在 ϕ30mm 的外圆上加工左端的内孔和内螺纹。

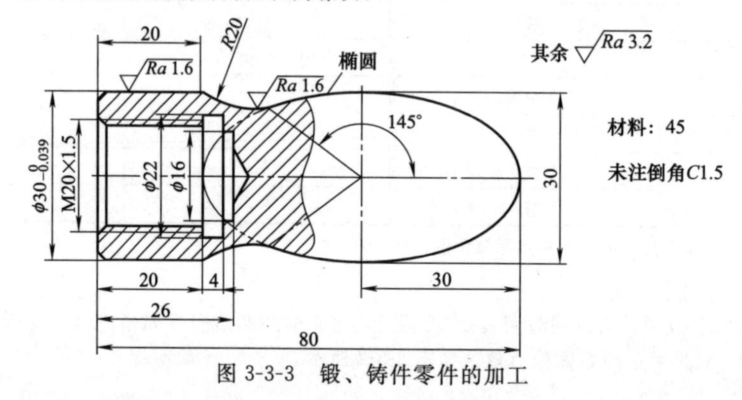

图 3-3-3　锻、铸件零件的加工

注意：图样中145°为标注角度，并不是编程角度，其转换方法如下。

$\theta_1=\arctan\left[\frac{a}{b}\tan\alpha\right]$

$\theta_2=\arctan\left[\frac{a}{b}\tan\beta\right]$

θ_1：编程角度起始角。

θ_2：编程角度终止角。

α：标注角度起始角。

β：标注角度终止角。

就本例来说，$\theta_1=\arctan\left[\frac{a}{b}\tan\alpha\right]=\arctan\left[\frac{30}{15}\tan0\right]=0$

$\theta_2=\arctan\left[\frac{a}{b}\tan\alpha\right]=\arctan\left[\frac{30}{15}\tan145^\circ\right]=126^\circ$

其加工程序如下：

```
O0222;
G98 G97 G40 G21;
M03 S800;
T0101;                                        (换菱形刀片，外圆车刀)
G00 X35.0 Z5.0;
G73 U15.0 R15.0;
G73 P10 Q50 U0.3 W0.0 F100.0;
N10 G01 G42 X0.0 F80 S1000;
Z0.0;
#101=0.0;                                     (角度初始值)
N20    #102=30.0*COS[#101];                   (Z坐标初始值)
#103=15.0*SIN[#101];                          (X坐标初始值)
G01 X[#103*2.0] Z[#102-30.0] F100.0;
#101=#101+1.0;                     (角度增量为1°)
IF[#101LE126] GOTO20;          注意判断角与标注角145°不是同一个角
G02 X30.0 Z-60.0 R20.0;
G01 Z-80.0;
N50 G40 G01 X35.0;
G70 P10 Q50;
G00 X100.0 Z100.0;
M05;
M30;
O2222;
G98 G97 G40 G21;
M03 S800;
T0202;                                        (换内孔车刀)
G00 X15.0 Z5.0;
G90 X17.0 Z-24.0 F100.0;
X18.5;
G00 X100.0 Z100.0;
M05;
M00;
G98 G97 G40 G21;
M03 S400;
T0404;                                        (换内切槽刀)
G00 X17.0;
```

```
Z－23.0；
G75 R0.5；
G75 X22.0 Z－24.0 P1000 Q1000 F50.0；
G00 Z100.0；
X100.0；
M05；
M00；
G98 G97 G40 G21；
M03 S600；
T0303；                                                  （换内螺纹车刀）
G00 X17.0 Z5.0；
G76 P010160 Q50 R0.05；
G76 X20.0 Z－21.0 P975 Q400 F1.5；
G00 X100.0 Z100.0；
M05；
M30；
```

（2）原材料为棒料非圆曲面组成零件的加工

如图 3-3-4 所示：毛坯直径为 ϕ50mm，总长为 102mm，材料为 45 钢棒料。该零件难点在抛物线的编程上。用公共变量＃101 作为 *X* 轴变量；＃100 作为 Z 轴变量；加工抛物面时，抛物线方程原点与工件零点重合。粗加工刀具路径如图 3-3-5 所示。此方法避免了 G73 指令产生的“空切”现象，提高了生产效率，有一定的特色（加工左端的程序省略）。

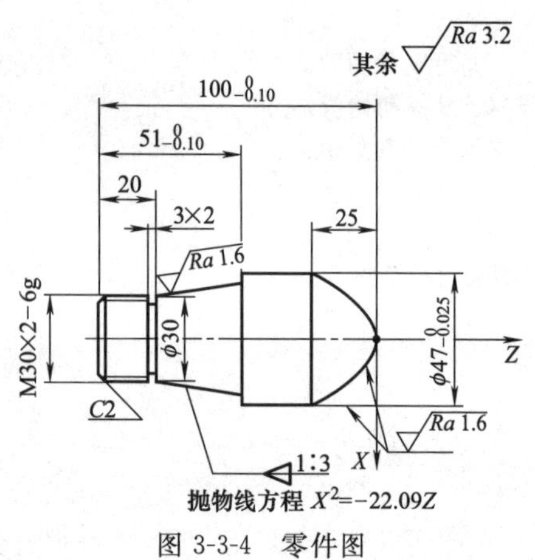

图 3-3-4　零件图

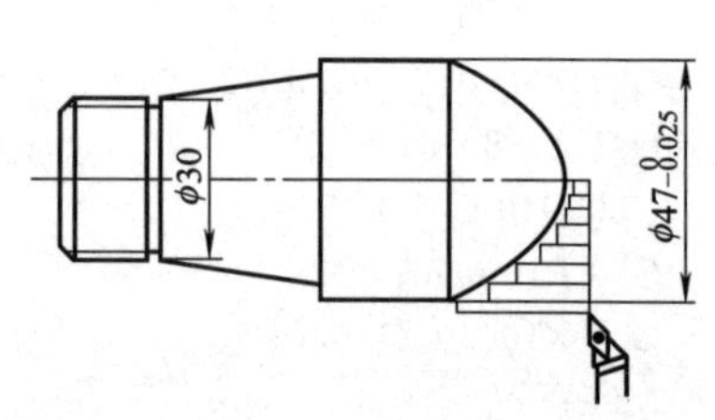

图 3-3-5　粗加工抛物面部分刀具路径

右端程序如下：

```
O1000；
G54 G21 ；
T0101；
M03S800；
G96 S120；        （以 120m/min 的恒线速度切削）
G50 S1000；        （限制主轴最高转速为 1000r/min）
G99 G00X55 Z0 M08；        （快速定位进给量单位为 mm/r）
G01X0 Z0 F0.1；        （以 0.1mm/r 的速度车端面）
G00 Z5；
G00 X50 Z5；        （设定循环起点）
N20；        （此部分为粗加工抛物线部分程序）
＃101＝23.5；        （＃101 为 X 轴变量，置初始值 23.5）
＃102＝1.5；        （＃102 为 X 方向的步距值变量，设为 1.5）
```

```
#103=0;
WHILE [#101GT#103] DO1;    (如果#101中的值大于#103中的值，则程序在WHILE和END1之间循环执行，否则执行END1之后的语句)
#101=#101-#102;(X方向减去一个步距)
IF [#101LT#103] THEN#101=#103;(当X轴变量在循环的最后一次小于0时，将X变量置0)
#104= [#101*#101/22.09];    (计算Z变量)
G01 Z2 F1;    (Z方向进给退回加工起点)
G42 X [2*#101] F0.12;    (X方向进给)
G01 Z [-#104+0.5];(Z方向进给，留0.5精加工余量)
G40 U1;    (沿X方向退刀1，取消刀补)
END1;
G00 X100 Z100 T0100;
N30;    (此部分为精加工抛物面部分程序)
T0202;
G96 S120;
G50 S1200;
G00 X0 Z1;    (精加工抛物面的起刀点)
#106=0;    (#106为X坐标值变量，置初值为0)
#107=0.1;    (#107为X方向的步距值变量，设为0.1)
#108=23.5;    (抛物线的最大开口值)
WHILE [#106LE#108] DO2;    (如果#106中的值大于#108中的值，则程序在WHILE和END2之间循环执行，否则执行END2之后的语句)
#105= [#106*#106/22.09];    (计算Z变量)
G01 G42 X [2*#106] Z [-#105] F0.1;    (直线插补进给，加刀尖圆弧半径补偿)
#106=#106+#107;(X方向坐标值增加一个步距)
END2;
G01 G40 X52 F1;    (取消刀补)
G00 X100 Z100 T0200;
M05 M09;
M30;
```

三、异型螺纹的加工 数控车工与数控程序员技师内容

1. 异型螺纹编程思路

随着机械结构功能要求的不断提高，对一些零件的结构也提出了更高的要求。螺纹的牙型衍生出了圆弧、抛物线或双曲线等规则曲线，由这些曲线组合而成的不规则形状，称这样的螺纹为异型螺纹。异型螺纹是一种非标准的螺纹，即其螺纹尺寸参数与标准螺纹不完全一致。

数控车床一般只提供平面直线和圆弧插补功能，对于异型螺纹的两个面，根据牙型角和螺距，得出方程 $X=f(Z)$，将平面轮廓分割成若干小段，编程时，通过建立加工轮廓的基点和节点的数学模型，利用CNC强大的数据计算和处理功能，即时计算出加工节点的坐标数据，进行控制加工。

2. 圆柱弧形螺纹的编程

(1) 常规编程方法

用圆头车刀精车如图3-3-6所示的圆柱弧形螺纹。槽的剖面半径为10mm，刀片半径为3mm。若采用一般编程方法用31次进刀加工。其程序如下。

```
O003;
N10 G54 T0101 S300 M03;
N11 G00 X200  Z57 M08;    (到第1刀起点)
N12 G92 X100 Z-118 F25;    (切第1刀)
N13 G00    Z56.962;    (到第2刀起点)
N14 G92 X98.537 Z-118;    (切第2刀)
```

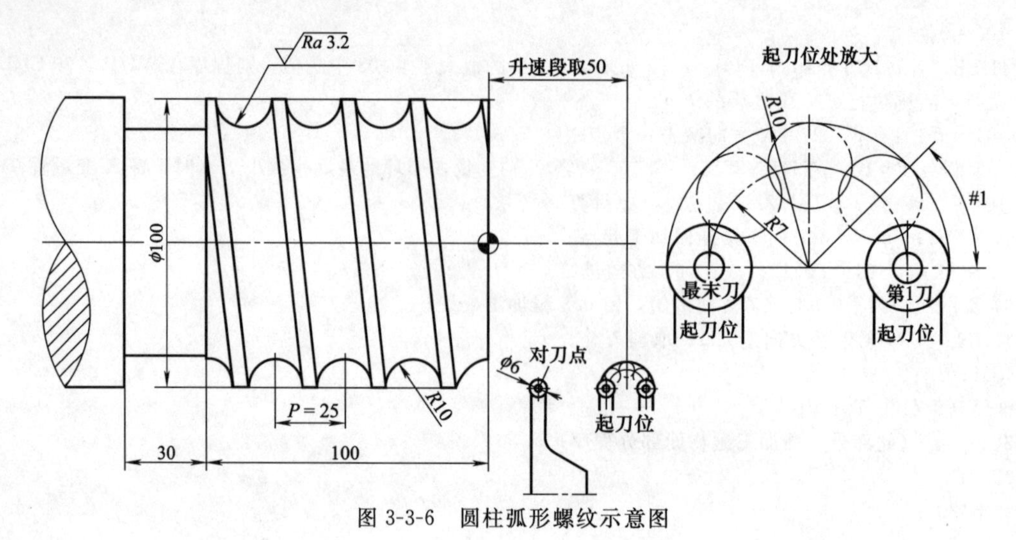

图 3-3-6　圆柱弧形螺纹示意图

……

N69　G00　　Z43.038；　　　(到第 30 刀起点)

N70　G92 X98.537 Z－118；　　　(切第 30 刀)

N71　G00　　Z43；　　　(到第 31 刀起点)

N72　G92 X100　　Z－118；　　　(切第 31 刀)

N73　G00 X300　　Z200 M09；

N74　　M05；

N75　M30；

这个程序共有 66 段，其中切螺旋槽就用了 62 段。用这个程序试切，如果发现螺旋槽的表面粗糙度未达到要求，则需进一步细化进刀车出程序，其程序段的数量将呈倍地增加。

(2) 变量编程 (宏程序)

O004；

N1　＃1＝0；　　　(第 1 刀从 0°开始)

N2　G54　T0101 S300 M03；

N3　G00 X200 Z [50＋7＊ COS [＃1]] M08；(到达该刀的起刀点)

N4　G92 X [100－14＊SIN [＃1]]　　F25；　　　(切一刀)

N5　＃1＝ [＃1] ＋6；　　　(把刚才的角度加 6°)

N6　IF [＃1 LE 180]　　GOTO3；　　　(如果角度小于等于 180°就转回 N3 段)

N7　G00　X300 Z200 M09；

N8　M05；

N9　M30；

这个程序中，角度取绝对值。由于分 31 次进刀 (30 个间隔) 车削半圆形螺旋槽，相邻两刀间的夹角为 6°，所以 N5 段中“把刚才的角度加 6°”。

应用这个程序若粗糙度不符合要求，可以减少第五步的步距角即可。这个程序只用于余量很小时的精车。如需粗车 (当毛坯是圆柱料时)，还应编一个相应的宏程序。即便是精车，如果余量不是很小，所车的角度就应大于 180°，特别是开始进刀时。也就是说，第一刀要从负角度开始，否则第一刀加工时会切得过多。

3. 复合弧形螺纹的编程

(1) 圆弧复合弧形螺纹的加工

图 3-3-7 中的弧形程序在圆弧面上，所用的刀具与上边的例子一样，也是刀片半径为 3mm。其程序如下：

G54 T0101 G40　G97　M3　S300；

G0　X120　Z12 M8；

＃1 ＝ 360；　　(截面圆弧判断条件，角度单位)

WHILE [＃1 GE 180]　　DO1；　　(截面圆弧判断条件)

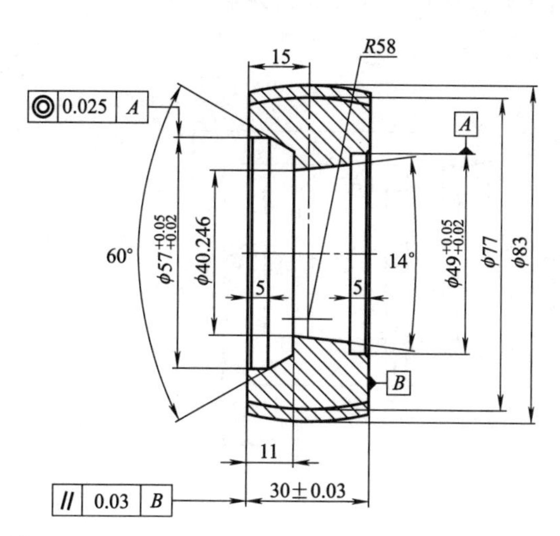

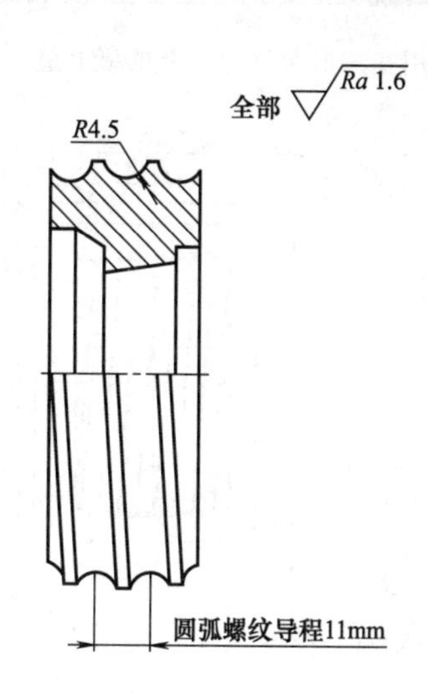

技术要求：
1.不得用砂布等修饰表面
2.未注公差：长度尺寸±0.1
外径尺寸 $^{0}_{-0.1}$
内径尺寸 $^{+0.1}_{0}$
3.未注倒角C0.5

图 3-3-7 圆弧复合弧形螺纹的加工

＃2 ＝ 1.5 ＊ SIN［＃1］；　　（计算截面圆弧 X 向坐标）
＃3 ＝ 1.5 ＊ COS［＃1］；　　（计算截面圆弧 Z 向坐标）
＃4＝15；　　　　（包络圆起始坐标 Z 值）
WHILE［＃4 GE －15］　DO2；　（螺旋线包络面判断条件）
＃5 ＝ SQRT［59.5＊59.5－＃4＊＃4］；　　（计算包络圆 X 向坐标）
G32　X［2＊［＃5－16.5＋＃2］］　Z［＃4－15＋＃3］　F11；　（计算工件坐标系中的 X、Z 值，并插补）
＃4＝［＃4］－1；（包络圆变量）
END2；
G32　Z－38　F11；
＃1＝［＃1］－5；　（截面圆弧角度变化量）
G0　X120；（退刀）
Z12；　（退刀）
END1 ；
G0　G40　X200　Z12；
M30；

（2）椭圆复合弧形螺纹的加工

1）加工思路　图 3-3-8 中，零件的左端椭圆轮廓上一段螺旋槽，由于螺旋槽轮廓是椭圆的一部分，用简单的螺纹切削指令不能实现。可将整个螺旋槽平均分解成 24 等份（可以分解成更多的等份，等份数越多误差越小），在每一个等份中，螺旋槽可以近似地看成一个锥螺纹，整个异型螺纹即由多个锥螺纹组合而成，就可以用宏指令来实现目标，流程图如图 3-3-9 所示。

2）工艺分析　装夹方式和加工内容见表 3-3-7。

3）偏心部分的加工　偏心回转体类零件就是零件的外圆和外圆或外圆与内孔的轴线相互平行而不重合，偏离一个距离的零件，两条平行轴线之间的距离叫偏心距。外圆与外圆偏心的零件称为偏心轴或偏心盘；外圆与内孔偏心的零件称为偏心套。

在机械传动中，回转运动与往复直线运动之间的相互转换，一般都是利用偏心零件来实现的。如偏心轴带动的油泵，内燃机中的曲轴等。在实际生产中对于加工精度要求不高且偏心距在 10mm 以下的偏心工件，都是通过用在三爪卡盘的一卡爪垫上垫片的方法来加工偏心工件，如图 3-3-10 所示。

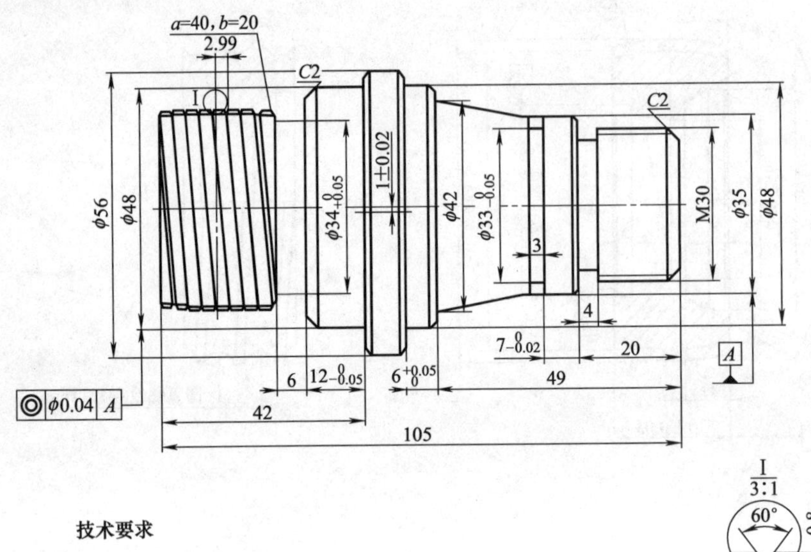

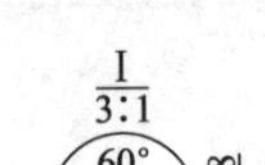

技术要求

1. 锐角倒钝C0.3，未注倒角C1；
2. 未注公差尺寸按GB 1804－M；
3. 不准用砂布、锉刀等修饰加工面。

图 3-3-8　零件图

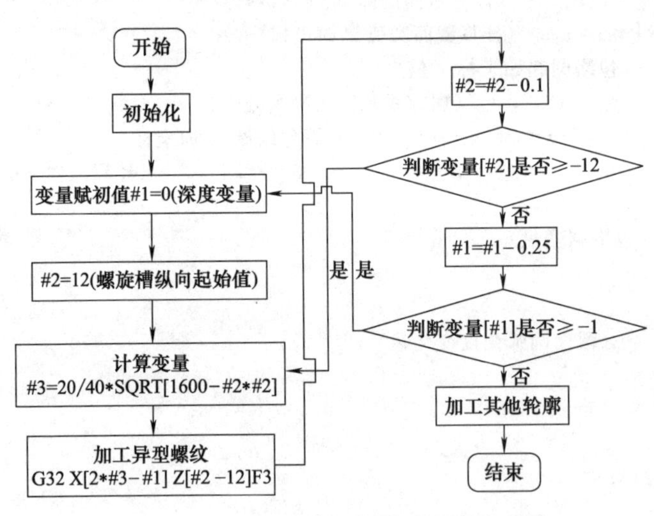

图 3-3-9　椭圆复合弧形螺纹宏程序流程图

表 3-3-7　加工工艺流程

工序	操作项目图示	操作内容及注意事项
1	φ60	按图示装夹工件 1)平端面 2)车削外轮廓 3)车削外径向槽 4)车削异型螺纹

续表

工序	操作项目图示	操作内容及注意事项
2		按图示装夹工件,采用一夹一顶 1)平端面,保证总长,钻中心孔 2)车削外轮廓 3)车削外径向槽 4)车削外螺纹
3		按图示装夹工件 车削偏心外轮廓

① 垫片厚度的选择　工件的偏心距较小时，采用在三爪卡盘的一个卡爪垫上垫片的方法使工件产生偏心，垫片的厚度 x 与偏心距 e 间的关系可用下式表示。

$$x=1.5e\times(1-e/2D)$$

式中　e——偏心工件的偏心距，mm；

D——夹持部位的工件直径，mm 。

当 D 相对于 e 较大时上式可简化为

$$x\approx1.5e\pm k$$

$$k\approx1.5\Delta e$$

式中　k——偏心距修正值，正负按实测结果确定；

Δe——试切后实测偏心距误差，实测偏心距误差，实测结果比要求的大取负号，反之取正号。

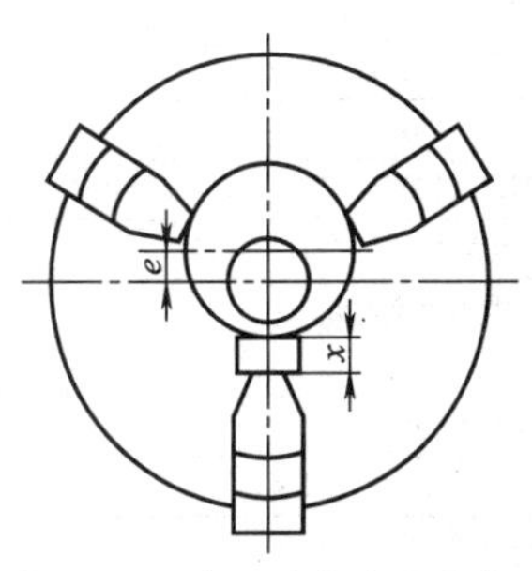

图 3-3-10　在三爪自定心卡盘上车偏心工件

图 3-3-10 中所示工件的偏心距 $e=1.0$mm，先暂不考虑修正值，初步计算垫片厚度：$x=1.5e=1.5\times1=1.5$mm。试切后根据实测的偏心距再计算偏心距修正值。

② 偏心工件的车削步骤

a. 车削偏心工件中不是偏心的轮廓。

b. 根据外圆 D 和偏心距计算预垫片厚度。

c. 将试车后的工件，缓慢转动、用百分表在工件上测量其径向跳动量，跳动量的一半就是偏心距，也可试车偏心，注意在试车偏心时，只要车削能在工件上测出偏心距误差即可。

d. 修正垫片厚度，直至合格。

③ 加工偏心工件时容易产生的问题及应注意的事项

a. 开始装夹或修正 X 后重新装夹时，均应用百分表校正工件外圆，使外圆侧母线与车床主轴线平行，保证偏心轴两轴线的平行度。

b. 垫片的材料应有一定的硬度，以防装夹时发生变形。垫片与圆弧接触的一面应做成圆弧形，其圆弧的大小应等于或小于卡爪的圆弧。

c. 当外圆精度要求较高时，为防止压坏外圆，其他两卡爪也应垫一薄垫片，但应考虑对偏心距 e 的影响。如果使用软卡爪，则不应考虑对偏心距 e 的影响。

d. 由于工件偏心，车削前车刀不能靠近工件，以防工件碰坏车刀，切削速度也不宜过高。

e. 为防止硬质合金刀头破裂，车刀要有一定的刃倾角，切深量大时进给量要小。

f. 由于车削偏心工件可能一开始为断续切削，选用的刀具要合适。

g. 测量后如不能满足工件质量要求，需修正垫片厚度后重新加工，重新安装工件时，应注意其他垫片的夹持位置。

偏心的加工是一个测量、加工不断交替的过程。对于用三爪卡盘无法满足加工要求的偏心工件，可利用四爪卡盘或利用两顶尖来加工或别的方法加工。

4）程序编制　选择完成后工件的左右端面回转中心作为编程原点，其加工程序见表 3-3-8。

表 3-3-8　参考程序

FANUC 0i 系统程序	程 序 说 明
O0001;	程序名
T0101;	换外圆刀
M03 S800;	到达目测检查点
G0 X62 Z2 M8;	
G73 U12 W0 R10;	粗车循环
G73 P10 Q20 U0.3 W0 F0.2;	
N10 G0 X38.16;	加工轮廓描述
G1 Z0 F0.1;	
#1=12;	
N11 #2=20/40*SQRT[1600-#1*#1];	
#1=#1-0.1;	
IF [#1 GE -12] GOTO11;	
G1 X38.16 Z-24;	
Z-30;	
X48 C2;	
Z-42;	
N20 X62;	
G0 X150 Z150;	退回安全距离
M5 M9 M0;	程序暂停,测量
T0101;	设定精车转速
M3 S2000;	
G0 X62 Z2 M8;	到达目测检查点
G70 P10 Q20;	精车循环
G0 X150 Z150;	退回安全距离
M5 M9 M0;	程序暂停
T0202;	换外槽刀(刀宽 3mm)
M3 S800;	
G0 X50 Z2 M8;	到达目测检查点
Z-27;	
G1 X34 F0.1;	加工外槽
X50;	
Z-30;	
G1 X34;	
X50;	
G0 X150 Z150;	退回安全距离
M5 M9 M0;	程序暂停
T0303;	换外螺纹刀
M3 S800;	
G0 X41 Z6;	到达目测检查点
#1=0;	加工异形螺纹
N30 G32 X[37.08-2*#1] Z3 F3;	
#2=12;	
N40 #3=20/40*SQRT[1600-#2*#2];	
G32 X[2*#3-#1] Z[#2-12] F3;	
#2=#2-3;	
IF [#2 GE-13] GOTO40;	
G0 X41;	
Z6;	
#1=#1+0.25;	
IF [#1 LE1] GOTO30;	

续表

FANUC 0i 系统程序	程 序 说 明
G0 X150 Z150；	退回安全距离
M5 M30；	程序结束
O0002；	程序名
T0101；	换外圆刀
M3 S800；	
G0 X62 Z2 M8；	到达目测检查点
G71 U1 R0.3；	粗车循环
G71 P10 Q20 U0.3 W0 F0.2；	
N10 G0 X24.8；	加工轮廓描述
G1 Z0 F0.1；	
X29.8 Z−2；	
Z−20；	
X35 C1；	
Z−30；	
X42 Z−49；	
X48 C1；	
Z−55；	
N20 X62；	
G0 X150 Z150；	退回安全距离
M5 M9 M0；	程序暂停，测量
T0101；	设定精车转速
M3 S2000；	
G0 X60 Z2 M8	到达目测检查点
G70P10Q20；	精车循环
G0 X150 Z150；	退回安全距离
M5 M9 M0；	程序暂停
T0202；	换外槽刀
M3 S800；	到达目测检查点
G0 X36 Z2；	
Z−20；	
G1 X26 F0.1；	加工外槽
X36；	
Z−19；	
X26；	
Z−20；	
X36；	
G0 X150 Z150；	退回安全距离
M5 M0 M9；	程序暂停
T0202；	换外槽刀
M3 S800；	
G0 X36 Z−30 M8；	到达目测检查点
G1 X31；	加工外槽
X36；	
G0 X150 Z150；	退回安全距离
M5 M9 M0；	程序暂停
T0303；	换螺纹刀
M3 S800；	到达目测检查点
G0 X32 Z2 M8；	

续表

FANUC 0i 系统程序	程序说明
G92 X29.2 Z-18 F1.5；	加工外螺纹
X28.3；	
X28.15	
X28.05；	
G0 X150 Z150；	退回安全距离
M5 M30；	程序结束
O0002；	程序名(车偏心外圆)
T0101；	换外圆刀
M3 S800；	到达目测检查点
G0 X65 Z2；	
G71 U1 R0.2；	粗车循环
G71 P10 Q20 U0.3 W0 F0.3；	
N10 G0 X56；	加工轮廓描述
G1 Z0 F0.1；	
X58 Z-1；	
Z-7；	
X56 Z-8；	
N20 X65；	
G0 X150 Z150；	退回安全距离
M5 M0 M9；	程序暂停
T0101；	设定精车转速
M3 S2000；	
G0 X65 Z2 M8；	到达目测检查点
G70P10Q20F0.1；	精车循环
G0 X150Z150；	退回安全距离
M5 M30；	程序暂停

4. 锯齿形螺纹

锯齿形螺纹承载牙侧的牙侧角（在螺纹牙型上，牙侧与螺纹轴线的垂线间的夹角）为 3°，非承载牙侧的牙侧角为 30°（如图 3-3-11 所示）。锯齿形螺纹综合了矩形螺纹效率高和梯形螺纹牙根强度高的特点；其外螺纹的牙根有相当大的圆角，以减小应力集中；螺旋副的大径处无间隙，便于对中。锯齿形螺纹广泛应用于单向受力的传动机构。现以编制图 3-3-12 所示零件锯齿形螺纹部分的数控车削加工程序为例来介绍之。

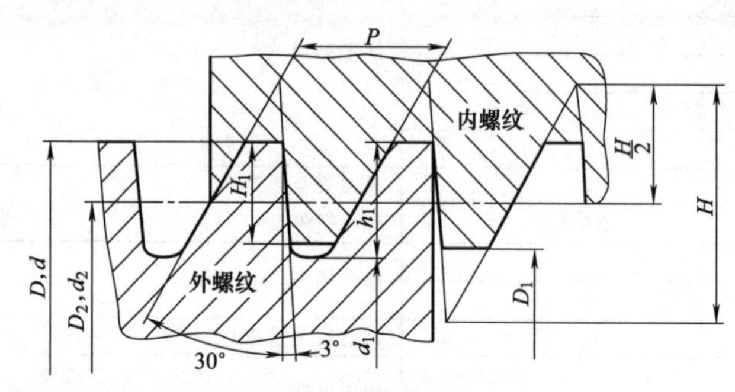

图 3-3-11　锯齿形螺纹

D—内螺纹大径（公称直径）；d—外螺纹大径（公称直径）；D_1—内螺纹小径；d_1—外螺纹小径；D_2—内螺纹中径；d_2—外螺纹中径；P—螺距；H—原始三角形高度；H_1—内螺纹牙高；h_1—外螺纹牙高

在锯齿形螺纹加工程序编制中，首先应确定螺纹加工刀具起点，图 3-3-13 为螺纹加工起点轨迹示意图，但按图 3-3-13 所示加工必然导致切削用量过大，导致刀具损坏，因此应采用分层切削法进行粗加工。如图 3-3-

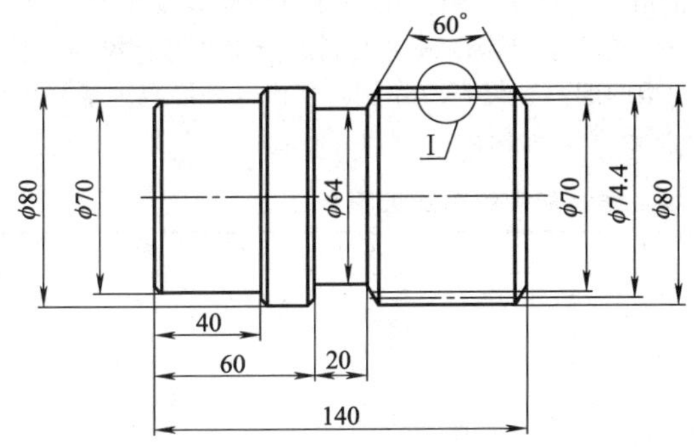

图 3-3-12 锯齿形螺纹零件

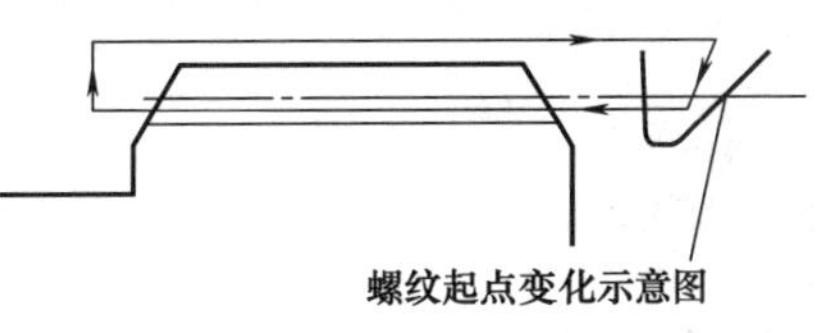

图 3-3-13 螺纹加工起点轨迹示意图

14 所示，每刀径向切深 0.1mm 按右侧 45°坡度赶刀加工，坡壁留余量 0.1mm，每层切深 1.2mm。切深至 1.2mm 第一层后，按每刀轴向赶刀 0.1mm 赶刀加工，赶刀至左侧 3°牙型前停止赶刀，留余量 0.1mm。编程中分切深、分层计算，每刀位置分别作判别式与终点比较。不满足条件继续赶刀加工，直至粗加工结束，牙底留余量 0.2mm。如图 3-3-15 所示，采用赶刀法进行精加工，依照螺纹牙型，将牙型分成三段路径进行拟合，以牙右侧 45°斜坡，牙底直线，牙左侧 3°斜面，按照每段的判别式分别赶刀拟合加工成形。

注意：每加工一条路径都应对终点作判别，防止因步长增量不能被加工深度（长度）整除而造成判别式计算“丢步”，从而影响加工精度。加工过程耗时较长，可以适当改变粗加工步长，而精加工步长因受加工表面粗糙度要求影响不易作太大改动。

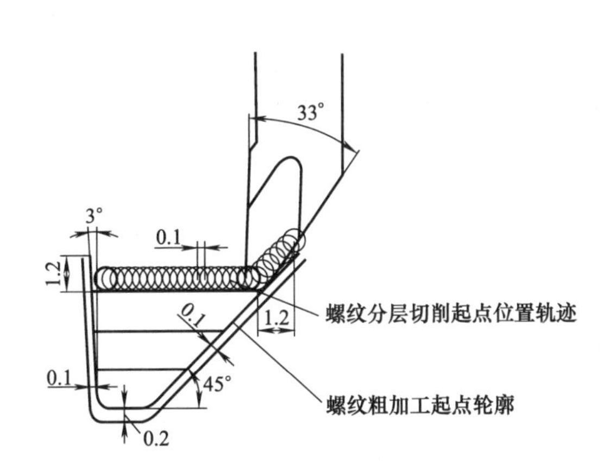

图 3-3-14 采用分层切削法进行粗加工

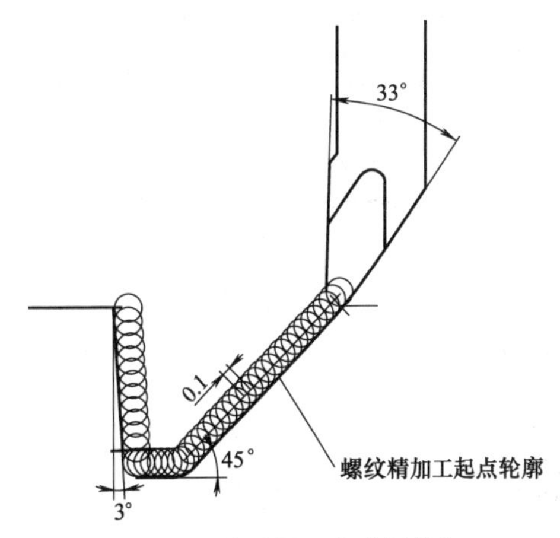

图 3-3-15 采用赶刀法进行精加工

(1) 刀具选择

拟合加工大导程螺纹选用刀具应按照牙型角大小选择不发生干涉的标准刀具较为合适。标准刀具的刀具角度易于成形。因拟合加工不受牙型角精度限制，因此刀具角度精度等级可以适当放宽以降低制造成本。采用自制刀具加工大螺距螺纹时，为保证零件加工精度，应采用不带刀补的编程方法编制宏程序，采用试切法进行加工，并在加工过程中进行检测，修正因刀具刃磨造成的刀具角度及刀尖半径误差造成的误差。对于购买的刀具，其价格也相对低廉，在加工过程中须采用带刀补的宏程序，如螺纹精度较高，可采用两把以上刀具，粗、精分开加工，加工中依然要采用试切法加工，通过改变精加工刀尖圆弧半径来修正加工误差。材料上可以选取硬质合金刀具、涂层刀具等适合于高速加工的刀具材料，从而提高加工效率。加工中牙型双面均需保证牙型角精度，所以刀尖方位号选取为“0 (9)”号。

(2) 宏程序编制

在编制宏程序过程中应注意以下几方面：粗加工中注意终点判别，防止因程序错误造成废品零件；每完成一次循环进行一次起点修正，防止因机床多次往复运动造成的移动误差累积；首件程序的第一层加工起点定义

于零件毛坯之外，观察宏程序加工变化以防止错误的产生。精加工中注意按照螺纹牙型进行单一方向赶刀加工，既可以避免变化刀补方向，又可以使切削层被顺序切除以减少毛刺的产生；每一段加工位置的终点确定，防止产生终点过切、欠切或重复切削。螺纹牙型的起点和终点应作切入切出处理以减少螺纹牙顶毛刺。锯齿形螺纹粗加工程序如表 3-3-9 所列，精加工程序如表 3-3-10 所列。

表 3-3-9　锯齿形螺纹粗加工程序

程　序	注　释
O001	
M03S300	
T0101	
M08	
＃1＝1.2	加工层深度
＃3＝45	螺纹右侧牙型角 45°
＃4＝3	螺纹左侧牙型角 3°
G00 X90 Z35	
G00 G42 X85 Z20	刀具圆弧半径右补偿
G00X85 Z20	
WHILE[＃1LE4.8]DO1	判别式＃1LE4.8 判别粗加工深度
＃10＝＃10－1.2	定义分层切削每层起点
WHILE[＃10LT＃1]DO2	判别式＃10LT＃1 判别粗加工直进刀深度
G01 Z[20－[＃10＊TAN[＃3]]－0.1]	确定螺纹起点
G92 X[80－＃10＊2]Z－70 F10	加工螺纹
＃10＝＃10＋0.12	
END2	
＃21＝＃1＊TAN[＃4]	
＃22＝＃1＊TAN[＃3]	
＃23＝7－＃22－＃21	
＃20＝0	
WHILE[＃20LE＃23]DO3	＃20LE＃23 判别层加工赶刀终点位置
G01 Z[[20－＃1－＃20]＋0.1]	确定螺纹起点
G92X[80－＃10＊2]Z－70 F10	加工螺纹
＃20＝＃20＋0.1	
G00 X85 Z35	
G42G00X83 Z30	
END3	层切结束
G00 X85 Z20	
＃1＝＃1＋1.2	
END1	
G00 G40 X95 Z35	
G00 X100 Z100	
M05	
M30	

表 3-3-10　锯齿形螺纹精加工程序

程　序	注　释
O003	
M03 S300	
T0101	
M08	
＃1＝45	
＃2＝3	
＃3＝0	

续表

程　序	注　释
G00 G42 X95 Z35	
G00 X85 Z20	
#10=0	
WHILE[#10LE5]DO1	精加工右侧牙型
G00 X83[80-#10*2]	
G00 Z[20-#10]	
G32 X[80-#10*2]Z-65 F10	
G00 X85	
G00 Z30	
#10=#10+0.1	
END1	
G00 X70 Z15	
G32 X70 Z-65 F10	
G00 X85	
G00 Z30	精加工螺纹牙底
#20=0	
#21=5*TAN[#2]	
#22=5*TAN[#1]	
#23=7-#21-#22	
WHELE[#20LE#23]DO2	
G00 X83[80-#10*2+0.2]	
G00 Z[20-5-#20]	
G32 X[80-#10*2+0.2]Z-65 F10	
G00 X85	
G00 Z20	
#20=#20+0.1	
END2	加工左侧牙型根部残余
G00 X70 Z13.26	
G32 X70 Z-65 F10	
G00 X85	
G00 Z20	
#30=0	精加工左侧牙型
WHELE[#30LE[5]]DO3	
#31=#30*TAN[3]	
#32-70+2*#30	
#33=13.26-#31	
G00 Z#33	
G00 X#32	
G32 X#32 Z-65 F10	
G00 X85	
G00 Z30	
#30=#30+0.1	
END3	
G00 X80 Z13	
G32 X80 Z-65 F10	
G00 X85	
G00 Z20	
G40 G00 X150 Z200	
M05	
M30	

5. 梯形螺纹的加工

(1) 加工工艺

数控车加工螺纹有三种指令：G32、G92、G76。其中 G32、G92 的进刀方式为“直进法”，G76 的进刀方式为“斜进法”。

“直进法”加工梯形螺纹时，螺纹车刀的三刃都参加切削，排屑困难，车刀所受的切削力大，散热条件差，因此车刀容易磨损。当进刀量过大时，还可能产生“扎刀”，甚至于折断刀具。“斜进法”加工梯形螺纹时，螺纹车刀仍然有两个刃参加切削，对于大螺距的 T 形螺纹车削，也不是理想的加工方法。为此可选用“分层切削法（见图 3-3-16)”。“分层切削法”是先把螺纹 X 向分成若干层，每层 Z 向再进行若干次粗切削，再进行左、右精车切削。每层刀具只需沿左右牙型线切削，背吃刀量小，从而使排屑比较顺利，刀具的受力和受热情况得到改善，使切削工作平稳，不易扎刀或产生折断。

(2) 程序编制

以梯形螺纹 Tr36×6 为例来进行宏程序编程。

1) 宏程序编程流程　宏程序编程流程如图 3-3-17 所示。

2) 梯形螺纹 Tr36×6 的参数计算

螺纹大径：＃1＝36；螺距：＃2＝6；螺纹中径：＃3＝＃1－＃2/2；牙顶间隙：＃4＝0.5；螺纹小径：＃5＝＃1－＃2－2＊＃4；螺纹刀刀尖宽：＃6＝1；牙底槽宽：＃7＝0.366＊＃2－2＊TAN[15]＊＃4。

如图 3-3-18 所示，以梯形螺纹车刀的中心点（C 点）作为刀位点进行 Z 轴对刀。X 轴以螺纹大径外圆对刀。

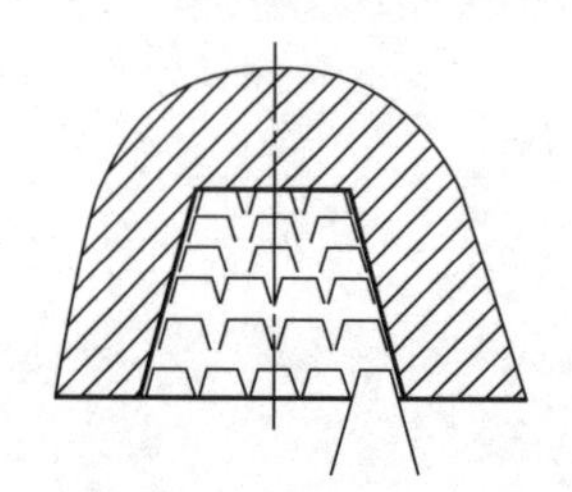

图 3-3-16　分层切削法

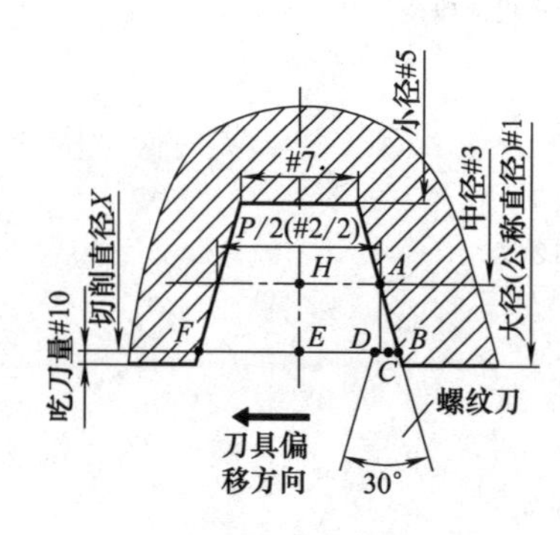

图 3-3-18　参数赋值

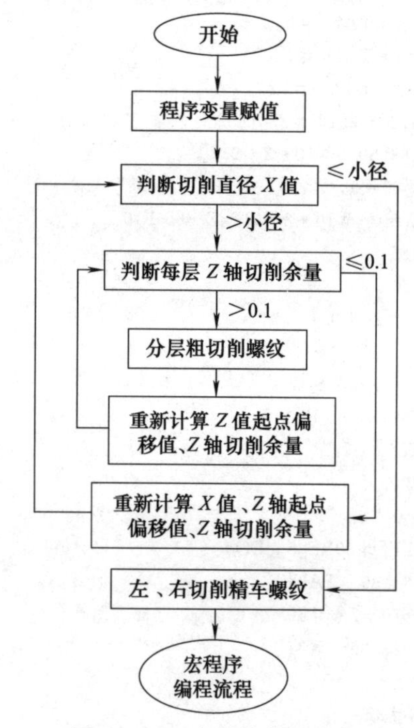

图 3-3-17　宏程序编程流程

起刀点 Z 轴偏移量（CE）的计算公式为：

$$CE=BE-BC=(AH+\tan15°\times HE)-BC=(P/4+\tan15°\times HE)-BC$$

即起刀点 Z 轴偏移量（螺纹右侧留 0.1mm 的精加工量）参数变量为

＃8＝＃2/4＋TAN[15]*[＃1－＃3]/2－＃6/2－0.1

每层 Z 轴的切削余量（DF）的计算公式为

$$DF=BF-BD=2(AH+\tan15°\times HE)-BD$$

即每层 Z 轴的切削余量（螺纹左侧留 0.1mm 的精加工量）参数变量为

＃9＝＃2/2＋TAN[15]*[＃1－＃3]－＃6－0.1

3) 外螺纹 Tr36×6 程序

O8888；

```
M03S200;
G00X100250;
T0101;
G00X40  Z10;
#1=36; (螺纹大径及公称直径)
#2=6; (螺距)
#3=#1-#2/2; (螺纹中径)
#4=0.5; (牙顶间隙)
#5=#1-#2-2*#4; (螺纹小径)
#6=1; (T形螺纹刀刀尖宽)
#7=0.366*#2-2*TAN[15]*#4; (牙底槽宽)
#8=#2/4+TAN[15]*[#1-#3]/2-#6/2-0.1; (起刀点Z轴偏移量,右侧留0.1mm)
#9=#2/2+TAN[15]*[#1-#3]-#6-0.1; (每层Z轴的切削余量,左侧留0.1mm)
#10=0.5;(X轴的背吃刀量)
N1 IF[#1LE#5]GOTO 4; (判断切削直径,如果X值≤小径,则执行N4程序段)
N2 IF[#9LE0.1]GOTO 3; (判断每层Z轴切削余量,如果余量≤0.1mm,则执行N3程序段)
G00Z[10+#8]; (Z轴起刀点)
G92 X#1 Z-42 F#2; (切削螺纹)
#8=#8-0.3; (重新计算Z轴起刀点偏移量,递减0.3mm)
#9=#9-0.3; (重新计算每层Z轴切削余量,递减0.3mm)
GOTO2; (无条件执行N2程序段)
N3#1=#1-#10;(重新计算切削直径X值)
#8=#2/4+TAN[15]*[#1-#3]/2-#6/2-0.1; (重新计算Z轴起刀点偏移量)
#9=#2/2+TAN[15]*[#1-#3]-#6-0.1; (重新计算每层Z轴切削余量)
IF[#1GE33]THEN#10=0.5; (判断切削直径,对X轴背吃刀量重新赋值)
IF[#1LE33]THEN#10=0.2;
GOTO1 ; (无条件执行N1程序段)
N4 G00  Z10S120; (精车转速重新赋值)
G92X#5Z-42F#2; (在螺纹槽中心切削)
G00 Z[10+#7/2-#6/2]; (精车螺纹槽右侧面车刀起刀点)
G92X#5Z-42F#2; (精车螺纹槽右侧面)
G00Z[10-#7/2+#6/2]; (精车螺纹槽左侧面车刀起刀点)
G92X#5Z-42F#2; (精车螺纹槽左侧面)
G00X1002100;
M30;
```

4)内螺纹 Tr36×6 程序

```
O9999;
M03S200;
G00X100Z50;
T0101;
G00X28210;
#1=30; (螺纹小径)
#2=6; (螺距)
#3=#1+#2/2; (螺纹中径)
#4=0.5; (牙顶间隙)
#5=#1+#2+2*#4; (螺纹大径)
#6=1; (T形螺纹刀刀尖宽)
#7=0.366*#2-2*TAN[15]*#4; (牙底槽宽)
#8=#2/4+TAN[15]*[#3-#1]/2-#6/2-0.1; (起刀点Z轴偏移量,右边留0.1mm)
#9=#2/2+TAN[15]*[#3-#1]-#6-0.1; (每层Z轴的切削余量,左边留0.1mm)
```

```
#10=0.5;(X轴的背吃刀量)
N1 IF[#1GE#5]GOTO4; (判断切削直径,如果X值≥大径,则执行N4程序段)
N2 IF[#9LE0.1]GOTO3; (判断每层Z轴切削余量,如果余量≤0.1mm,则执行N3程序段)
G00Z[10+#8]; (Z轴起刀点)
G92X#1Z-42F#2; (切削螺纹)
#8=#8-0.3; (重新计算Z轴起刀点偏移量,递减0.3mm)
#9=#9-0.3; (重新计算每层Z轴切削余量,递减0.3mm)
GOTO2; (无条件执行N2程序段)
N3  #1=#1+#10; (重新计算切削直径X值)
#8=#2/4+TAN[15]*[#3-#1]/2-#6/2-0.1; (重新计算Z轴起刀点偏移量)
#9=#2/2+TAN[15]*[#3-#1]-#6-0.1; (重新计算每层Z轴切削余量)
IF[#1LE33.5]THEN#10=0.5; (判断切削直径,对X轴背吃刀量重新赋值)
IF[#1GT33.5]THEN#10=0.2;
GOTO1; (无条件执行N1程序段)
N4G00 Z10 S120; (精车转速重新赋值)
G92X#5Z-42F#2; (在螺纹槽中心切削)
G00Z[10+#7/2-#6/2]; (精车螺纹槽右侧面车刀起刀点)
G92X#5Z-42F#2; (精车螺纹槽右侧面)
G00Z[10-#7/2+#6/2]; (精车螺纹槽左侧面车刀起刀点)
G92X#5Z-42F#2; (精车螺纹槽左侧面)
G00X100Z100;
M30;
```

四、特殊槽的加工 数控程序员高级工与数控车工技师内容

图3-3-19是美国某公司的海洋钻井用零件，材质是35CrMo，这种零件的种类是很多的，尽管这些槽的剖

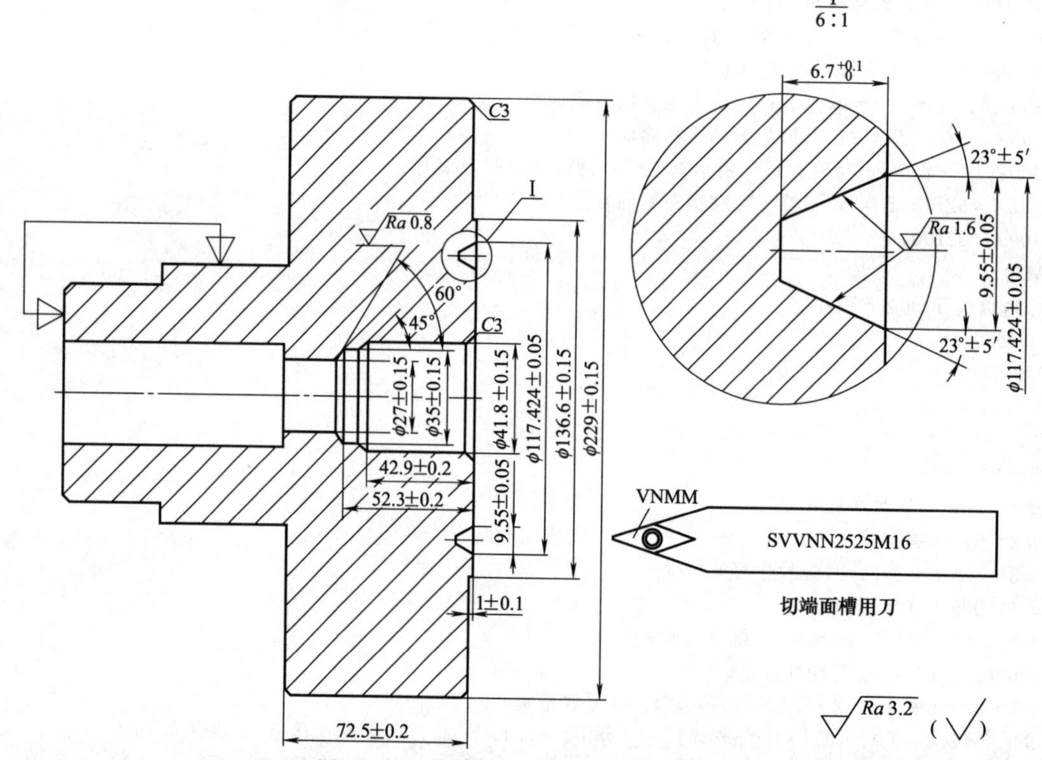

图3-3-19 海洋钻井用零件及其一端尺寸

面尺寸不一样，槽（中心）所在的直径也不一样，但其中不少零件的端面都有形状相似的对称梯形槽。但夹角都是 46°（有公差）。这种端面槽嵌进软钢材质 O 形圈后在两件连接中可起到密封作用。图 3-3-19 是零件的车端面槽工序的有关尺寸图。因此，可以应用通用宏程序来加工。

1. 子程序

(1) 赋值

加工本类零件的通用宏程序赋值如图 3-3-20 所示。

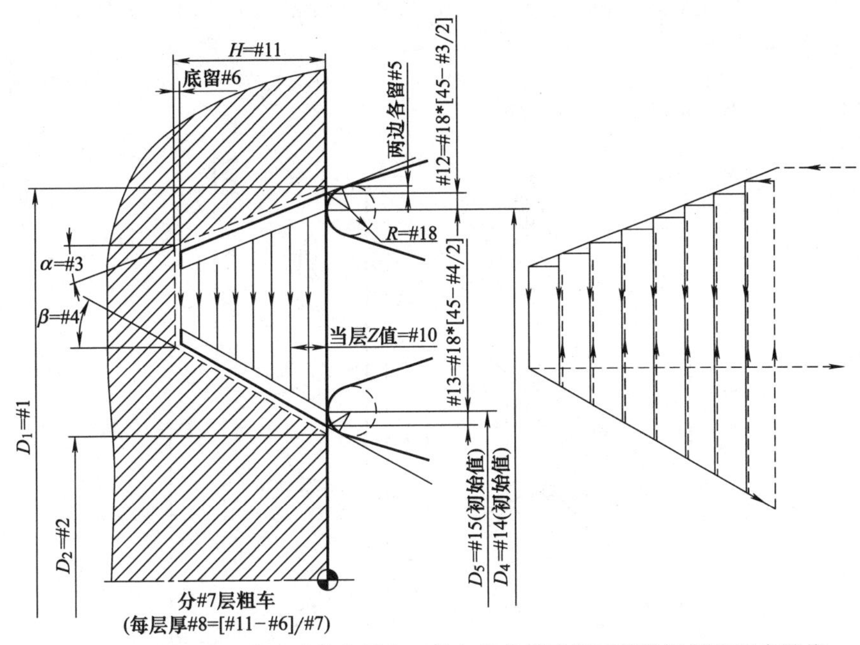

图 3-3-20 装 35°刀片的对称外圆车刀单向粗车梯形端面槽的通用宏程序赋值

(2) 宏程序

```
O111;
N01      #8=[#11-#6]/#7;
N02      #10=0;
N03      #12=#18*TAN[45-#3/2];
N04      #13=#18*TAN[45-#4/2];
N05      #14=#1-2*#5-2*#12;
N06      #15=#2+2*#5+2*#13;
N07 G00 X#14   Z10.0;
N08            Z1.0;
N09 G01        Z#10     F#9;
N10      #16=#14;
N11      #17=#15;
N12      #18=#10;
N13   #14=#14-2*#8*TAN[#3];
N14   #15=#15+2*#8*TAN[#4];
N15      #10=#10-#8;
N16   X#14   Z#10 F[#9/2];
N17   X#15           F#9;
N18   X#17   Z#18;
N19 G00   X#14;
N20 G01       Z#10   F[2*#9];
N21 IF[#10GT-[#11-#6]]GOTO10;
```

N22 G00　　　Z10.0；
N23 M99；

2. 主程序

（1）主程序的编写

O112；
N1G90 G54 T0101S800M03；
N2G65P111 A117.424 B98.324 C23 I23.0 J0.3 H6.75 K0.15 D8 R0.8 F0.15；
N3G00 X145 Z150 M05；
N4M30；

（2）加工本零件时子程序的赋值（图 3-3-21）

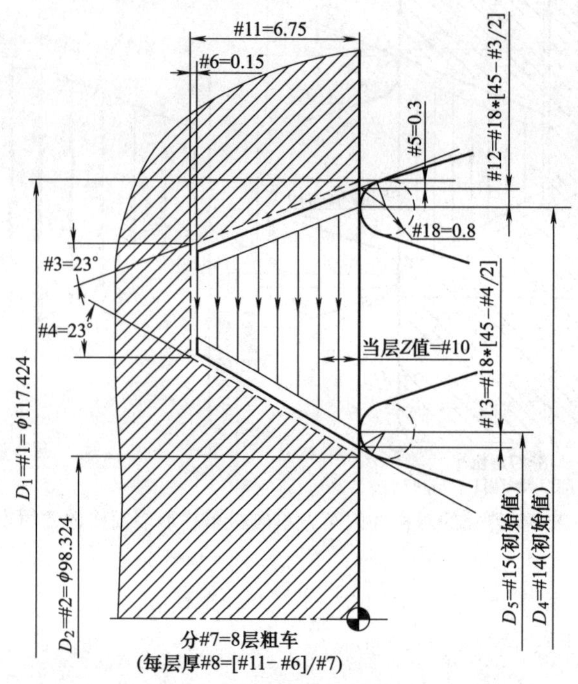

图 3-3-21　O112 程序调用子程序的赋值图

五、通用宏程序的编制 数控程序员高级工与数控车工技师内容

编制一个车削加工如图 3-3-22 所示带有双曲线过渡类零件的通用程序，假设工件最终加工大外圆外径为 ϕX_2，小外圆外径为 ϕX_1，过渡双曲线方程为 $\frac{X^2}{a^2}-\frac{Y^2}{b^2}=1$，双曲线实半轴长为 a，虚半轴长为 b；编制此类零件的通用宏程序。

工艺分析：车削图 3-3-22 所示双曲线过渡的回转零件时，一般先把工件坐标原点偏置到双曲线对称中心上，然后采用等步距法，即在 Z 向分段，以 0.2～0.5mm 为一个步距，并把 Z 作为自变量，X 作为 Z 的函数。为了适应不同的双曲线（即不同的实、虚轴）、不同的起始点和不同的步距，可以编制一个只用变量不用具体数据的宏程序，然后在主程序中调用该宏程序的用户宏指令段内为上述变量赋值。这样，对于不同的双曲线、不同的起始点和不同的步距，不必更改程序，而只要修改主程序中用户宏指令段内的赋值数据就可以了。

（1）数学分析

1）双曲线的一般方程：$\frac{X^2}{a^2}-\frac{Y^2}{b^2}=1$

2）在第一、四象限内可转换为：$X=a\sqrt{1+\frac{Z^2}{b^2}}$

3）在第二、三象限内可转换为：$X=-a\sqrt{1+\frac{Z^2}{b^2}}$

4）用变量来表达上式为：

＃21＝＃1＊SQRT[1＋[＃19＊＃19]/[＃2＊＃2]或 ＃21＝－1＊SQRT[1＋[＃19＊＃19]/[＃2＊＃2]

（2）流程图

根据上述工艺分析，可画出图 3-3-22 所示宏程序的结构流程框图，如图 3-3-23 所示。

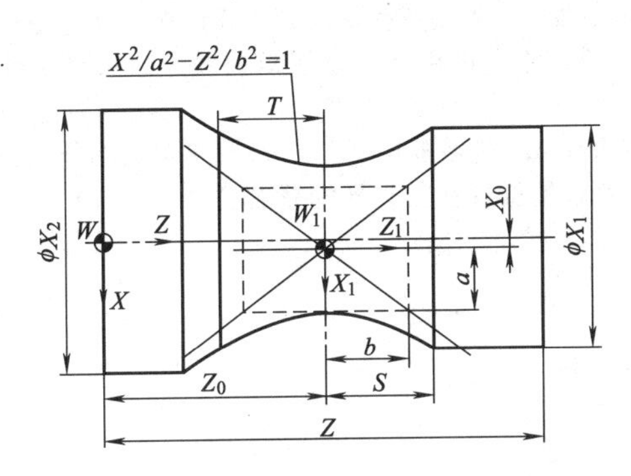

图 3-3-22　双曲线过渡类零件示意图

开始
给常量赋值
工件坐标零点偏置到双曲线对称中心
给自变量 Z 赋初始值
指令机床移动 X、Z 坐标
Z 向递变均值递减
双曲线上任一点 X 坐标值计算
S≥T？
Y
N
取消局部工件坐标系编置
结束

图 3-3-23　双曲线宏程序结构流程框图

（3）变量定义（表 3-3-11）

表 3-3-11　双曲线类零件通用宏程序的变量定义

变量	定义	说　　明	变量	定义	说　　明
＃1	a	双曲线实半轴长	＃20	T	双曲线终点离开对称中心的 Z 向距离值
＃2	b	双曲线虚半轴长	＃21	U	双曲线起点的 X 向半径坐标值($U=X_1/2$)
＃6	K	Z 向递变均值(步距)	＃24	X_0	双曲线对称中心的工件坐标横向绝对坐标值
＃9	F	切削速度	＃26	Z_0	双曲线对称中心的工件坐标纵向绝对坐标值
＃19	S	双曲线起点离开对称中心的 Z 向距离值			

（4）主程序如下：

```
O××××;主程序名
N010 G18 G99 G97 G54 G40;工艺加工状态设置
N050 T0202;调用精加工车削双曲线轮廓的刀具
N055 M03 S1000;切换精加工转速
N060 G65 P32  X__Z__A__B__S__T__U__K__F__;调用车削双曲线类零件的用户宏程序
N085 M05;主轴停止
N090 M30;程序结束并返回程序开头
```

用户宏子程序：

```
O32;子程序名
N010  G52 X＃24 Z＃26;以双曲线对称中心设定局部工件坐标系
N015  G01 X＃21 Z＃19 F＃9;沿着双曲线作直线插补
N020  ＃19＝＃19－＃6;Z 向步距均值叠减
N025  ＃21＝＃1＊SQRT[1＋[＃19＊＃19]/[＃2＊＃2];双曲线上任一点 X 坐标值计算
N030  IF[＃19GE＃20]GOTO15;如果＃19 大于或等于＃20,则跳转到 N015 程序段
```

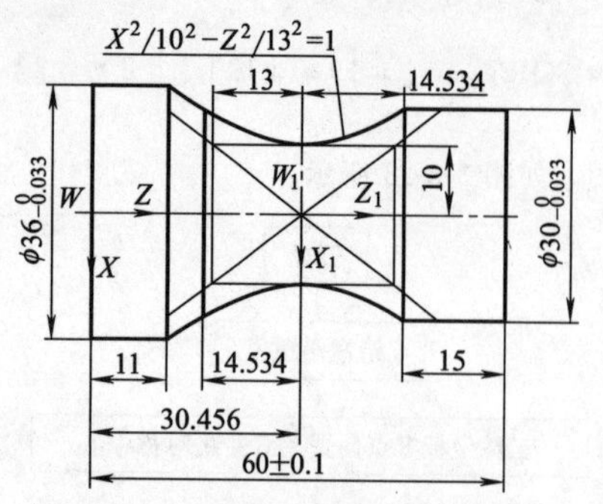

图 3-3-24 双曲线过渡类零件实例

N035 G52 X0 Z0；取消局部工件坐标系偏置

N040 M99；子程序返回

（5）编程实例

在数控车床上加工如图 3-3-24 所示一双曲线过渡类零件，工件最终加工大外圆外径为 ϕ36mm，小外圆外径为 ϕ30mm，过渡双曲线方程为 $\frac{X^2}{10^2}-\frac{Z^2}{13^2}=1$，双曲线实半轴长为 10，虚半轴长为 13。使用变量（或参数）编制此类零件的宏程序。

1）工艺设计建立如图 3-3-24 所示编程坐标系，机床坐标系偏置值设置在 G54 寄存器中。先用数控系统的外圆粗加工复合循环进行粗车零件各级外圆，然后再粗加工过渡双曲线，最后对工件精加工。

2）切削用量 1 号刀为外圆粗车刀，粗加工时主轴转速 600r/min，进给速度 0.35mm/r；2 号刀为外圆精车刀，精加工时，主轴转速 850r/min，进给速度 0.2mm/r；车刀起始位置在工件坐标系右侧（50，57）处，精加工余量为 0.5mm。

3）加工参考程序

O××××；主程序名

N10 G54 G18 G21 G99；程序运行初始状态设置

N15 M03 S600 T0101；主轴正转 600r/min，调用粗车刀

N20 G00 X50.0 Z100.0 M07；刀具起刀点，打开切削液

N25 M98 P1；调用轮廓粗加工固定循环子程序

N30 G00 X50.0 Z100.0；刀具退回到起刀点

N35 G65 P32 X0 Z30.456 U15.0 A10.0 B13.0 S14.543 T−14.543 K0.5 F0.35；调用车削双曲线类零件宏程序进行粗加工

N40 G00 X50.0 Z100.0；刀具退回到起刀点

N45 M03 S850 T0202；主轴正转 850r/min，调用精车刀

N50 G00 X30.0 Z62.0；刀具快速移动到精加工准备点

N55 G01 Z45 FD.2；精车削 ϕ30 外圆

N60 G65 P32 X0 Z30.456 U15.0 A10.0 B13.0 S14.543 T−14.543 K0.2 F0.2；调用车削双曲线类零件宏程序进行精加工

N65 C01 X18.0 Z11.0；精车削斜面

N70 Z−1.0；精车削 ϕ36mm 外圆

N75 G00 X45.0 M09；刀具退离零件，切削液停止

N80 G00 X80 Z100 M05；刀具退到换刀点，主轴停止

N85 M30；程序结束并返回程序开头

子程序：

O1；轮廓粗加工循环子程序（略）

…

M99；子程序结束并返回主程序

第四节 数控车削中心编程 数控程序员与数控车工技师内容

一、基本指令介绍

1. 平面选择（G17、G18、G19）

用 G 代码为圆弧插补、刀具半径补偿和钻削加工选择平面。G 代码与选择的平面是：G17 为 X_PY_P 平面；G18 为 Z_PX_P 平面；G19 为 Y_PZ_P 平面，如图 3-1-1 所示。

X_P、Y_P、Z_P 是由 G17、G18 或 G19 所在程序段中的轴地址决定的。在 G17、G18 或 G19 程序段中如果省

略轴地址时，就认为省略的是基本轴的轴地址。在没有指令 G17、G18 或 G19 的程序段，平面保持不变。通电时，选择 G18($Z_P X_P$) 平面。运动指令与平面选择无关。

蓝图编程、倒棱、倒圆 R，车削固定循环和车削宏指令只用于 ZX 平面，在其他平面指定则报警。

2. C_s 轮廓控制有效（C 轴有效）

由于刀盘上的动力刀具是通过刀架上的端面键实现动力传递的，为了保证两者间可靠的啮合，在 C 轴状态下，选择了某一动力刀具并按下选刀启动键后，刀盘抬起顺时针方向换刀，与此同时动力刀具主轴以 35r/min 转速旋转，在选刀结束刀盘落下压紧约 2s 后，动力主轴停止旋转，这样就保证了动力刀座与动力轴的可靠啮合。C 轴控制的 M 代码见表 3-4-1。

表 3-4-1 C 轴控制的 M 代码

M 代码	功　能	M 代码	功　能
M75	C_s 轮廓控制有效(C 轴有效)	M05	动力主轴停止
M76	C_s 轮廓控制无效(C 轴无效)	M65	C 轴夹紧(一般在钻孔固定循环指令中使用)
M03	动力主轴逆时针旋转启动	M66	C 轴松开
M04	动力主轴顺时针旋转启动	M67	C 轴阻尼(一般在铣削加工中使用)

3. 第二辅助功能（B 功能）

主轴分度是由地址 B 及其后的 8 位数指令的。B 代码和分度角的对应关系随机床而异。详见机床制造商发布的说明书。

说明如下。

(1) 指令范围

0～99999999。

(2) 指令方法

1) 可以用小数点输入

指令　输出值

B10.　　10000

B10　　10

2) 当不用小数点输入时，使用参数 DPI（3401 号参数的第 0 位）可以改变 B 的输出比例系数（1000 或 1)。

指令　　输出值

B1　　1000　　当 DPI＝1 时

B1　　1　　当 DPI＝0 时

3) 在寸制输入且不用小数点时，使用参数 AUX（3405 号参数的第 0 位）可以在 DPI＝I 的条件下改变 B 的输出比例系数（1000 或者 10000)。

指令　　输出值

当 AUX＝1　B1　　10000

当 AUX＝0　B1　　1000

使用此功能时，B 地址不能用于指定轴的运动。

二、车削中心上的孔加工固定循环

钻孔固定循环适用于回转类零件端面上的孔中心不与零件轴线重合的孔或外表面上的孔的加工。钻孔固定循环的一般过程如图 3-4-1 所示，其中在孔底的动作和退回参考点 R 点的移动速度根据具体的钻孔形式而不同。参考点 R 点的位置稍高于被加工零件的平面，是保证钻孔过程的安全可靠而设置的。根据加工需要，可以在零件端面上或侧面上进行钻孔加工。在使用钻孔固定循环时需注意下列事项。

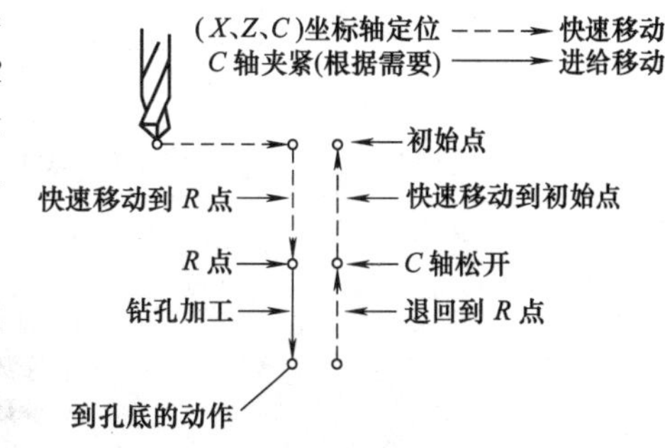

图 3-4-1　钻孔固定循环一般过程

1) 钻削径向孔或中心不在工件回转轴线上的轴向孔时，数控车床必须带有动力刀具，即为车削中心，且动力头分别有轴向的和径向的。但如果只钻削中心与工件回转轴线重合的轴向孔时，则可采用车床主轴旋转的方法来进行。采用动力头时需用 M 代码将车床主轴的旋转运动转换到动力头主轴的运动，钻孔完毕后再用M代码将动力头主轴的运动转换到车床主轴的运动。

2）根据零件情况和每种指令的要求设置好有关参数。在端面上进行钻孔时，孔位置用 *C* 轴和 *X* 轴定位，*Z* 轴为钻孔方向轴；在侧面上钻孔时，孔位置用 *C* 轴和 *Z* 轴定位，*X* 轴为钻孔方向轴。

3）需采用 *C* 轴夹紧/松开功能时，需在机床参数 No. 204 中设置 *C* 轴夹紧/松开 *M* 代码。钻孔循环过程中，刀具快速移动到初始点时 *C* 轴自动夹紧，钻孔循环结束后退回到 *R* 点时 *C* 轴自动松开。

4）钻孔固定循环G代码是模态指令，直到被取消前一直有效。钻孔模式中的数据一旦指定即被保留，直到修改或取消。进行钻孔循环时，只需改变孔的坐标位置数据即可重复钻孔。

5）在采用动力头钻孔时，工件不转动，因而钻孔时必须以 mm/min 表示钻孔进给速度。

6）钻孔循环可用专用G代码G80或用G00、G01、G02、G03取消。

此固定循环符合JISB 6314标准，如表3-4-2所示。

表3-4-2　固定循环

G代码	钻孔轴	孔加工操作(－向)	孔底位置操作	回退操作(＋向)	应用
G80	—	—	—	—	取消
G83	*Z* 轴	切削进给/断续	暂停	快速移动	正钻循环
G84	*Z* 轴	切削进给	暂停→主轴反转	切削进给	正攻螺纹循环
G85	*Z* 轴	切削进给	—	切削进给	正镗循环
G87	*X* 轴	切削进给/断续	暂停	快速移动	侧钻循环
G88	*X* 轴	切削进给	暂停→主轴反转	切削进给	侧攻螺纹循环
G89	*X* 轴	切削进给	暂停	切削进给	侧镗循环

1. 端面/侧面钻孔循环（G83/G87）

（1）高速啄式钻孔固定循环

高速啄式钻孔固定循环的工作过程如图3-4-2所示。由于每次退刀时不退到 *R* 平面，因而节省了大量的空行程时间，使钻孔速度大为提高，这种钻孔方式适合于高速钻深孔，是用深孔钻循环还是用高速深孔钻循环取决于5101号参数的第2位RTR的设定。如果不指定每次钻孔的切深，就为普通钻孔循环。

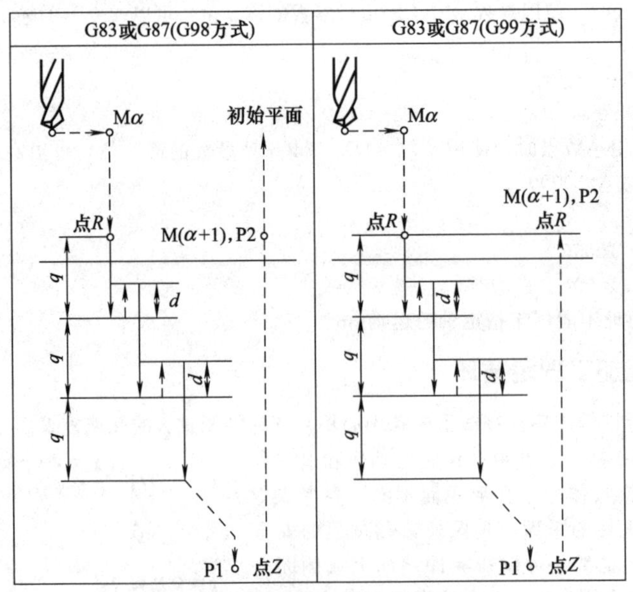

Mα：*C* 轴夹紧的M代码

M(α+1)：*C* 轴松开的M代码

P1：程序中指定的暂停

P2：参数5111号中设定的暂停

d：参数5114号中设定的回退距离

图3-4-2　高速啄式钻孔固定循环

高速啄式钻孔固定循环的指令格式如下：

G83 X(U)____ C(H)____ Z(W)____ R____ Q____ P____ F____ M____ K____；　　/＊端面钻孔

G87 Z(W)____ C(H)____ X(U)____ R____ Q____ P____ F____ M____ K____；　　/＊侧面钻孔

指令中各参数意义如下：

X(U)____ C(H)____或 Z(W)____ C(H)____：孔位置坐标。

Z(W)____或 X(U)____：孔底部坐标，以相对坐标 W 或 U 表示时，为 *R* 点到孔底的距离。

R：初始点到 *R* 点的距离，有正负号。

Q：每次钻孔深度。

P：刀具在孔底停留的延迟时间。

F：钻孔进给速度，以 mm/min 表示。

K：钻孔重复次数（根据需要指定），缺省 *K*=1。

M：*C* 轴夹紧 M 代码（根据需要）。

（2）啄式钻孔固定循环

啄式钻孔固定循环的工作过程如图 3-4-3 所示。由于每次退刀时都退到 *R* 点，因而空行程时间较长，使钻孔速度比高速啄式钻孔慢，但排屑更充分，更适合于钻深孔（参数 5112 号 2 位=1）。

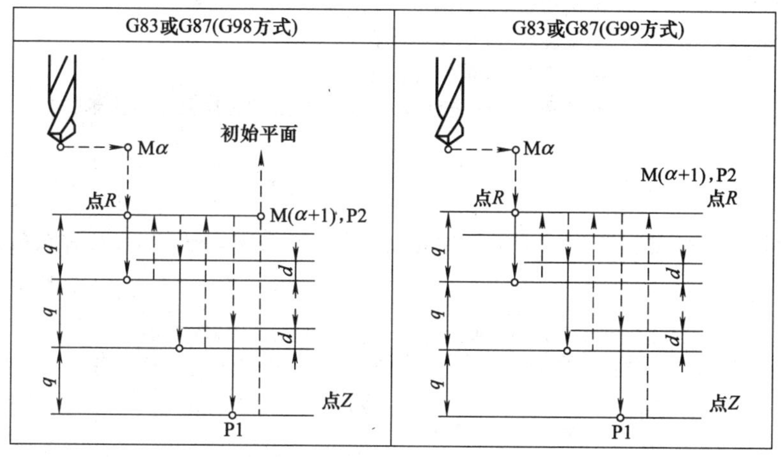

图 3-4-3　啄式钻孔固定循环

轴向孔的钻削编程实例：如图 3-4-4 所示的零件在周向有 4 个孔，孔间夹角均为 90°，可采用 G83 指令来钻削，每次钻孔时保持其余参数不变，只改变 *C* 轴旋转角度，则已指定的钻孔指令可重复执行，数控程序如下：

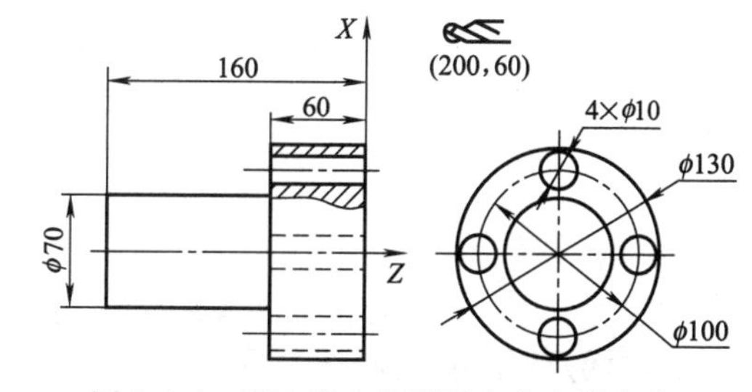

图 3-4-4　G83 指令钻削周向分布轴向孔

……

N40 G94 M75；　　/＊采用 mm/min 进给率，主切削运动转换到动力头

N42 M03S2000；

N44 G00 Z30.0；　　/＊快速走到钻孔初始平面，该平面距离零件端面 30mm

N46 G83 X100.0 C0.0 Z－65.0 R10.0 Q5000 F5.0 M65；/＊定位并钻第一个孔，*R* 平面距离初始平面为 10mm，每次钻削深度为 5.0mm，钻孔进给速度为 5mm/min，车床主轴夹紧代码为 M65

N48 C90.0 M65；　　/＊主轴旋转 90°钻第二个孔

N50 C180.0 M65；　　/＊主轴旋转 90°钻第三个孔

N52 C270.0 M65；　　/＊主轴旋转 90°钻第四个孔

N54 G80 M05；　　/＊钻孔完毕，取消钻孔循环

N56 G95 M76；　　/＊转换到 mm/r 进给方式，主切削运动转换到车床主轴

N57 G30 U0 W0；

N58 M30；

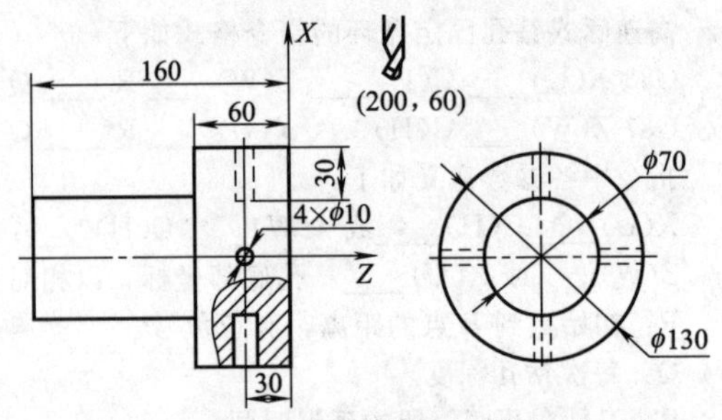

图 3-4-5　G87 指令钻削圆周分布径向孔

径向孔钻削编程实例：如图 3-4-5 所示的轴类零件在圆柱外表面上有 4 个孔，孔间夹角均为 90°，可采用 G87 指令来钻削，每次钻孔时保持其余参数不变，只改变 C 轴旋转角度，则已指定的钻孔指令可重复执行，数控程序如下：

……

N40 G94 M75；　　　　/＊采用 mm/min 进给速度，主切削运动转换到动力头

N42 M03S2000；

N44 G00 X170.0；　　　/＊快速走到钻孔初始平面，该平面距离零件外圆柱表面 20mm

N46 G87 Z－30.0 C0.0 X70.0 R150.0 Q5000 F5.0 M65；/＊定位并钻第一个孔，R 平面距离初始平面为 10mm，钻孔进给速度为 5mm/min，车床主轴夹紧代码为 M65

N48 C90.0 M65；　　　/＊主轴旋转 90°钻第二个孔

N50 C180.0 M65；　　/＊主轴旋转 90°钻第三个孔

N52 C270.0 M65；　　/＊主轴旋转 90°钻第四个孔

N54 G80 M05；　　　　/＊钻孔完毕，取消钻孔循环

N56 G95 M76；　　　　/＊转换到 mm/r 进给方式，主切削运动转换到车床主轴

N57 G30 U0 W0；

N58 M30；

(3) 钻孔固定循环

钻孔固定循环的工作过程如图 3-4-6 所示，钻孔过程中没有回退动作，因而这种钻孔方式只适合于钻浅孔。

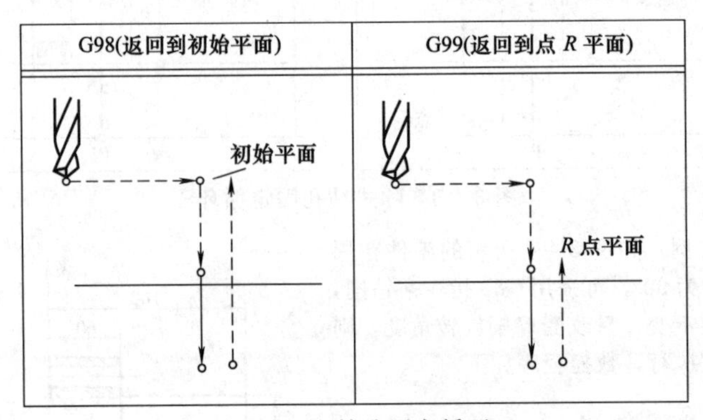

图 3-4-6　钻孔固定循环

钻孔固定循环的指令格式和指令参数中除没有 Q（每次钻削深度）外，其余与高速啄式钻孔固定循环相同。

2. 端面/侧面镗孔循环（G85/G89）

镗孔固定循环的工作过程如图 3-4-7 所示。镗孔固定循环的指令格式如下：

G85 X(U)____ C(H)____ Z(W)____ R____ P____ F____ M____ K____ ；　　/＊端面镗孔

G89 Z(W)____ C(H)____ X(U)____ R____ P____ F____ M____ K____；　　/＊侧面镗孔

指令中各参数意义如下：

X(U)____ C(H)____或 Z(W)____ C(H)____：孔位置坐标。

Z(W)____或 X(U)____：孔底部坐标，以增量坐标 W 或 U 表示时，为 R 点到孔底的距离。

R：初始点到 R 点的距离，带正负号。

P：刀具在孔底停留的延迟时间。

F：钻孔进给速度，以 mm/min 表示。

K：钻孔重复次数（根据需要指定）。

M：C 轴夹紧 M 代码（根据需要）。

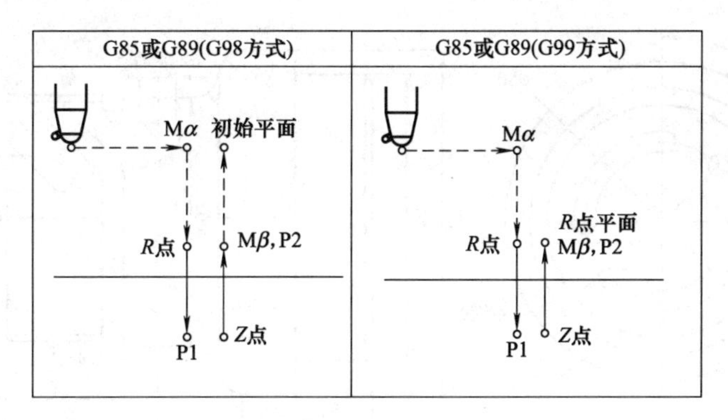

图 3-4-7 镗孔固定循环

3. 端面/侧面攻螺纹循环

攻螺纹固定循环的工作过程如图 3-4-8 所示。攻螺纹固定循环的指令格式如下：

G84 X(U)____ C(H)____ Z(W)____ R ____ P ____ F ____ M ____ K ____；　/* 端面攻螺纹

G88 Z(W)____ C(H)____ X(U)____ R ____ P ____ F ____ M ____ K ____；　/* 侧面攻螺纹

指令中各参数意义如下：

X(U)、C(H)或 Z(W)、C(H)：孔位置坐标。

Z(W)或 X(U)：孔底部坐标，以增量坐标 W 或 U 表示时，为 *R* 点到孔底的距离。

R：初始点到 *R* 点的距离，带正负号。

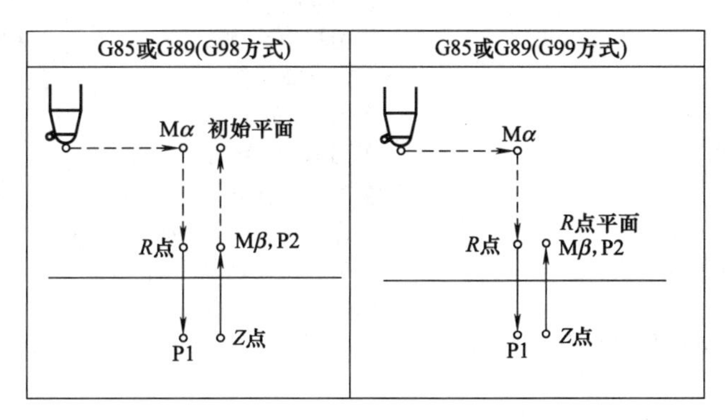

图 3-4-8 攻螺纹固定循环

P：刀具在孔底停留的延迟时间。

F：攻螺纹进给速度，以 mm/min 表示（F—转数乘以导程）。

K：攻螺纹重复次数（根据需要指定）。

M：*C* 轴夹紧 M 代码（根据需要）。

与其他钻孔固定循环不同的是，攻螺纹固定循环在刀具到达孔底后，动力头必须反转按 F 设定值运动才能使丝锥退回。在该种工作方式下，进给速度倍率调整无效，在刀具返回动作完成以前，即使按暂停键也不能使动作停止下来。

例 3-4-1 加工图 3-4-9 所示零件，外圆精加工余量 *X* 向 0.05mm，*Z* 向 0.01mm，切槽刀刃宽 4mm，螺纹加工用 G92 指令，*X* 向铣刀直径为 ϕ8mm，*Z* 向铣刀直径为 ϕ6mm，工件程序原点如图 3-4-9 所示（毛坯上 ϕ70mm 的外圆已粗车至尺寸，不需加工）。

程序编制

O0001；	
M41；	主轴高速挡
G50 S1500；	主轴最高转速为 1500r/min
N1；	工序(一)外圆粗切削
G00 G40 G97 G99 S600 T0202 M04 F0.15；	主轴转速 500r/min 走刀量 0.15mm/r 刀具号 T02

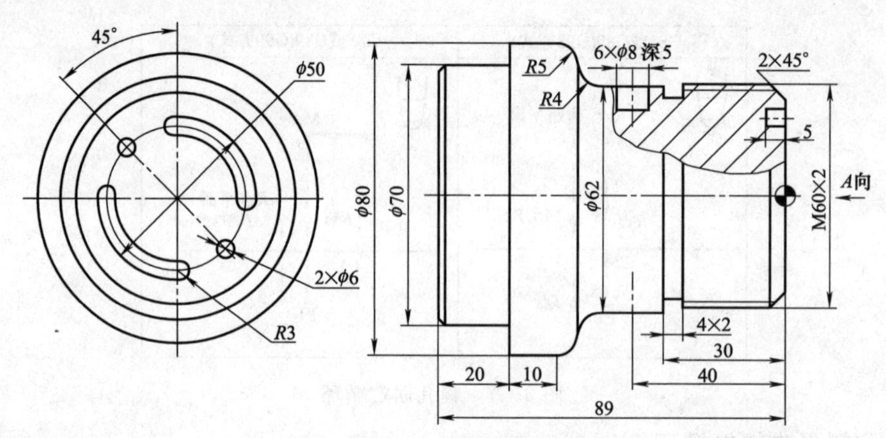

图 3-4-9 零件图

```
   X84.00 Z2.0;                          粗车循环点
   G71 U2.0 R0.5;                        外圆粗车指令,每次切削深度 2.0mm 退刀 0.5mm
   G71 P10 Q11 U0.5 W1.0;                X 向精加工余量 0.5mm,Z 向精加工余量 1.0mm
   N10 G00 G42 X0;                       工件起始序号 N10,刀具快速到 X0 点,并进行刀具右补偿
   G01 Z0;                               进刀至 Z0 点
   X60.0 C2.0;                           切端面,切削倒角 C2
   Z-30;                                 切削 φ60 外圆
   X62.0;                                切削端面至 φ62
   Z-50.0;                               车削 φ62 外圆
   G02 70.0 Z-54.0 R4.0;                 车削 R4 的倒角
   G03 X80.0 Z-59.0 R5.0;                车削 R5 的倒角
   Z-69.0;                               车削 φ80 外圆
   N11 G01 G40 X82.0;                    工件结束号 N11,刀具到 X82.0 点,并取消刀具右补偿
   G28 U0 W0 T0200 M05;                  刀具自动返回参考点
N2;                                      工序(二)外圆精车
   G00 S800 T0404 M04 F0.08 X84.0 Z2.0
   G70 P10 Q11
   G28 U0 W0 T0400 M05
N3;                                      工序(三)切槽
   G97 G99 M04 S200 T0606 F0.05;
   G00 X64.0 Z-30.0;                     切槽刀快速至 X64.0 Z-30.0 准备切槽
   G01 X56.0;                            切槽至槽底尺寸
   G04 X2.0;                             暂停 2s
   G01 X62.0 F0.2;                       以 0.2 的速度退刀至 X62.0 处
   G0 X100.0;                            快速退刀至 X100.0 处
   G28 U0 W0 T0600 M05;                  刀具自动返回机械原点
N4;                                      工序(四) 切削螺纹
   G00 G97 G99 M04 S400 T0707;
       X62.0 Z5.0;                       刀具定位至螺纹循环点
   G92 X59.2 Z-28.0 F2.0;                螺距为 2.0mm
       X58.5;
       X57.9;
   X57.5;
   X57.4;
   G0 X100.0;
```

```
  G28 U0 W0 T0700 M05;
N5;                                        工序(五) 径向孔
  M54;                                     主轴(C轴)离合器合上
  G28 H-30                                 C轴反向转动30°,有利于C轴回零点
  G50 C0;                                  设定C轴坐标系
  G00 G97 G98 M04 S1000 T1111 M04 F10;     设定转速1000r/min,进给量10mm/min
  G00 X64.0 Z-40.0;                        铣刀定位
  M98 P1000 L6;                            调用子程序O1000 6次,铣φ8mm孔
  G00 X100.0
  G28 U0 W0 C0 T1100 M05
N6;                                        工序(六) 铣削端面槽及孔
  G50 C0;                                  设定C轴坐标系
  G00 G97 G98 T0909 M04 S1000 T0909;
  X44.0 Z1.0;                              铣刀定位
  M98 P1001 L2;                            调用子程序O1001 2次,铣断面圆弧槽
  G0 H-45.0;                               铣刀定位准备铣削φ6mm孔
  G01 Z-5.0 F5;                            铣φ6mm孔
  Z1.0 F20;
  G00 H180;                                铣刀定位准备铣削φ6mm孔
  G01 Z-5.0 F5;                            铣φ6mm孔
  Z1.0 F20;
  G00 X100.0;
  G28 U0 W0 C0 T0900 M05;
  M55;                                     主轴(C轴)离合器断开
  M30;
  子程序
  O1000;
  G01 X52.0 F5;
  G04 U1.0;
  X64.0 F20;
  G00 H60.0;
  M99;
  01001;
  G00 Z-5.0 F5;
  G01 H09 F20;
  Z2.0 F20.0;
  H90.0;
  M99;
```

4. 刚性模式的固定循环

(1) 概要

攻螺纹循环 (G84)、攻螺纹循环 (G88) 有固定模式及刚性模式。固定模式为配合攻螺纹轴的动作，使用M03 (主轴正转)、M04 (主轴逆转)、M05 (主轴停止) 等辅助功能使主轴改变旋转方向或停止，而进行攻螺纹，为以前所介绍的方法。

刚性模式用于主轴上装有光电编码器的机床，其主轴旋转运动与攻螺纹进给运动严格匹配，当主轴旋转一周时，丝锥进给一个导程，因此，不需像固定模式攻螺纹那样使用浮动丝锥夹头，可进行高速、高精度攻螺纹。

(2) 指令格式

G84 X(U)____ C(H)____ Z(W)____ R____ P____ F____ M____ K____;　　/* 端面攻螺纹

G88 Z(W)____ C(H)____ X(U)____ R____ P____ F____ M____ K____;　　/* 侧面攻螺纹

刚性模式的指令有：在刚性循环指令前先写入 M29 S ____的方法、在同一程序段写入 M29S ____的方法、不写入 M29 S ____也能进行刚性攻螺纹等三种方法。第三种方法在 G84（或 G88）前，或同一程序段写入 S ____。三种指示格式如下：

1）M29 在 G84（或 G88）前指令的方法。

M29 S ____；

G84 X(U)____ C(H)____ Z(W)____ R____ P____ F____ M____ K____；　/＊端面攻螺纹

或 G88 Z(W)____ C(H)____ X(U)____ R____ P____ F____ M____ K____；　/＊侧面攻螺纹

……

G80；

2）M29 和 G84（或 G88）在同一程序段指令的方法。

G84 X(U)____ C(H)____ Z(W)____ R____ P____ F____ M____ K____ M29S ____；　/＊端面攻螺纹

或 G88 Z(W)____ C(H)____ X(U)____ R____ P____ F____ M____ K____ M29S ____；　/＊侧面攻螺纹

……

G80；

3）以 G84（或 G88）刚性攻螺纹 G 代码的方法。

设定参数 G84（No. 5200＃O）为 1

G84 X(U)____ C(H)____ Z(W)____ R____ Q____ P____ F____ M____ K____；　/＊端面攻螺纹

或 G88 Z(W)____ C(H)____ X(U)____ R____ Q____ P____ F____ M____ K____；　/＊侧面攻螺纹

……

G80；

这些指令使主轴停止，刚性模式 DI 信号 ON（用 PMC），接着指令的攻螺纹循环成为刚性模式。

M29 称为刚性攻螺纹的准备辅助机能。它也可用参数（No. 5210）设定为其他 M 码。但本书为了方便起见用 M29。

刚性模式解除指令为 G80。但遇到其他固定循环 G 代码或 01 组的 G 代码，即非攻螺纹循环的指令，则刚性模式解除。刚性模式 DI 信号随此刚性模式解除指令而 OFF（用 PMC）。

用刚性模式解除指令结束刚性攻螺纹时，主轴停止。也可用复位（复位按钮、外部复位）解除刚性模式。但注意复位不能解除固定循环模式。

（3）说明

1）使用进给速度（mm/min）时，其导程为进给速度除以主轴转速；使用进给量（mm/r）时，进给量即为导程。

2）S 指令必须在主轴最高转速参数 TPSML（No. 5241）、TPSMM（No. 5242）、TPSMX（No. 5243）设定值以下。若超过此值，则在 G84 或 G88 的程序段产生 P/S 报警（No. 200）。

3）F 指令必须在切削进给速度上限值［以参数 FEDMX（No. 1422）设定］以下。若超过上限值，则产生 P/S 报警（No. 011）。

4）不可在 M29 和 G84、G88 间写入坐标轴移动指令。否则会出现 P/S 报警（No. 203、No. 204）。

（4）端面螺纹循环（G84）/侧面螺纹循环（G88）

动作示意图如图 3-4-10 所示。刚性模式的 G84 指令，在 X/Z、C 轴定位后，以快速进给移动到 R 点。再由 R 点到 Z/X 点攻螺纹。攻螺纹完后暂停，主轴停止。停止后主轴再反转，退刀到 R 点，主轴停止，再以快速进给退到起始点。

攻螺纹轴、主轴分配进给中，速度调整视为 100％。主轴转速调整也视为 100％。但拔出动作（动作 5）可用参数 DOV(No. 5200＃4)、参数 RGOVR(No. 5211) 设定最高达 200％的速度调整。

（5）深孔刚性攻螺纹循环

刚性攻深螺纹孔会粘住切屑或增加切削阻力，丝锥易折断。为此，使用此指令从 R 点到 Z 点分几次切削。深孔攻螺纹循环指令为固定攻螺纹指令的格式，加上每次切入量 Q ____。深孔攻螺纹循环有高速深孔攻螺纹循环和深孔攻螺纹循环，可由参数 PCP(No. 5200＃5) 选择。

1）高速深孔攻螺纹循环设定参数 PCP(No. 5200＃5)＝0 时，动作如图 3-4-11 所示。①为程序指定的切入速度。以参数（No. 5261～5264）指定的时间常数切削。②当参数 130V（No. 5200＃4）＝0 时，和①相同。参数 DOV(No. 5200＃4) ＝1 时，调整率参数有效。

2）深孔攻螺纹循环设定参数 PCP(No. 5200＃5)＝1 时，动作如图 3-4-12 所示。

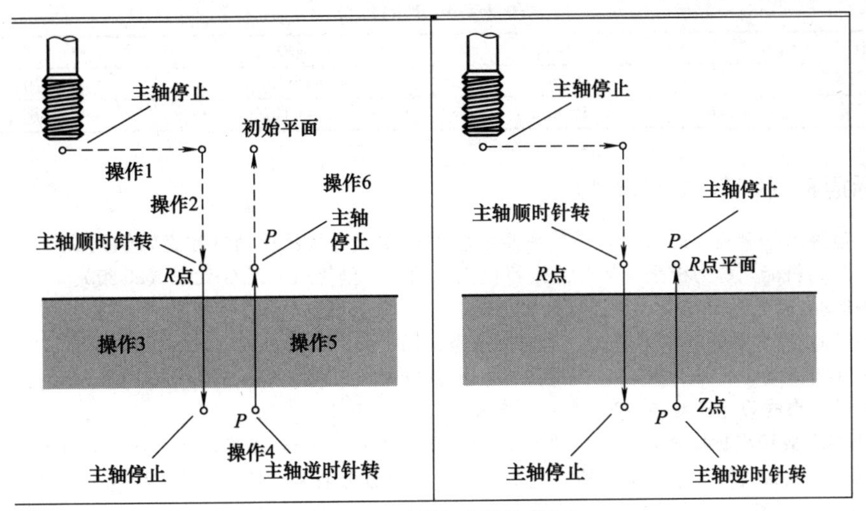

图 3-4-10 刚性攻螺纹循环

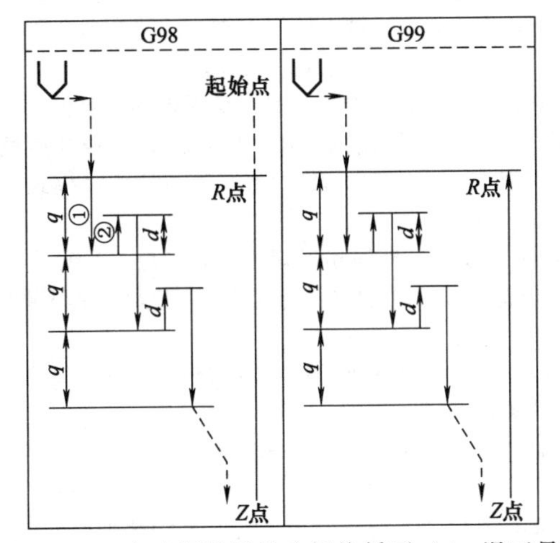

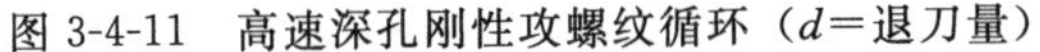

图 3-4-11 高速深孔刚性攻螺纹循环（d=退刀量）

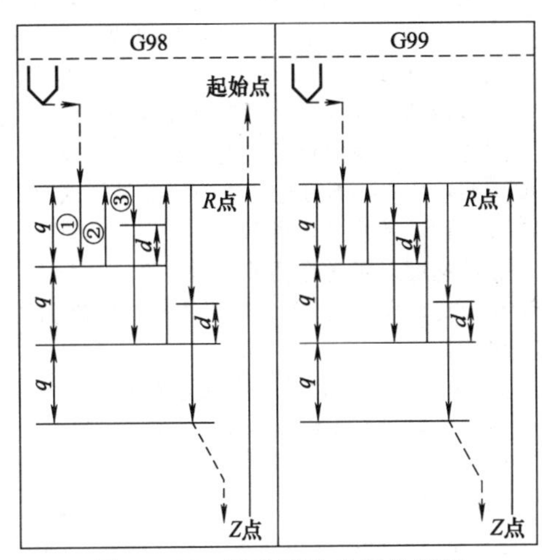

图 3-4-12 深孔刚性攻螺纹循环

① 为程序指定的切入速度。以参数（No. 5261～5264）指定的时间常数切削。②参数 DOV（No. 5200＃4）＝0 时，和①相同。参数 DOV(No. 5200＃4)＝1 时，调整率参数（No. 5211）有效，以时间常数参数（No. 5271～5274）切削。③参数 DDV(No. 5200＃4)＝0 时，和①相同。参数 DOV(No. 5200＃4）＝1 时，调整率参数（No. 5211）有效，以参数（No. 5261～5264）指定的时间常数切削。

刚性攻螺纹循环中，除了深孔攻螺纹循环③的动作结束时外，在所有的动作结束前，要检查加减速是否结束。

3）指令格式：

M29 S____；

G84 X(U)____ C(H)____ Z(W)____ R____ Q____ P____ F____ M____ K____；　　/＊端面攻螺纹

或 G88 Z(W)____ C(H)____ X(U)____ R____ Q____ P____ F____ M____ K____；　　/＊侧面攻螺纹

……

G80；

说明：

① 深孔攻螺纹循环的切削开始距离、高速深孔攻螺纹循环的退刀量 d，可在参数（No. 5213）设定。

② 深孔攻螺纹循环随攻螺纹循环中的 Q 指令而有效，但若指令 Q0，则不进行深孔攻螺纹循环。

(6) 刚性攻螺纹中的进给

F 的单位见表 3-4-3。

表 3-4-3　F 的单位

项目	米制输入	寸制输入	附注
G94	1mm/min	0.01in/min	可用小数点
G95	0.01mm/r	0.0001in/r	可用小数点

三、极坐标插补（G12.1、G13.1）

将在直角坐标系编制程序的指令，转换成直线轴的移动（刀具的移动）和旋转轴的旋转（工件的旋转），而进行轮廓控制的机能，称为极坐标插补。进行极坐标插补，可使用下列 G 代码（25 组）。

G12.1/G112：极坐标插补模式（进行极坐标插补）。

G13.1/G113：极坐标插补取消模式（不进行极坐标插补）。

这些 G 代码单独在一个程序段内。当电源 ON 及复位时，取消极坐标插补（G13.1）。进行极坐标插补的直线轴和旋转轴，事先设定于参数（No.5460、5461）。

以 G12.1 指令成极坐标模式，以特定坐标系的原点（未指令 G52 特定坐标系时，以工件坐标系的原点）为坐标系的原点，以直线轴为平面第 1 轴，直交于直线轴的假想轴为平面第 2 轴，构成平面（以下称为极坐标插补平面）。极坐标插补在此平面上进行。

极坐标插补模式的程序指令，以极坐标插补平面的直角坐标值指令，平面第 2 轴（假想轴）的指令的轴地址，使用旋转轴（参数 No.5461）的轴地址。但指令单位非度，而是和平面第 1 轴（以直线轴的轴地址指令），以相同单位（mm 或 inch）指令。但是直径指定或半径指定，则和平面第 1 轴无关，和旋转轴相同。

极坐标插补模式中，可用直线插补（G01）及圆弧插补（G02、G03）指令，也可用绝对值和增量值。

对程序指令也可使用刀具半径补偿，对刀具半径补偿后的路径进行极坐标插补。但在刀具半径补偿模式（G41、G42）中，不可进行极坐标插补模式（G12.1、G13.1）的切换。G12.1 及 G13.1 必须以 G40 模式（刀具半径补偿取消模式）指令。

进给速度以极坐标插补平面（直交坐标系）的切线速度（工件和刀具的相对速度）F 指令（F 的单位为 mm/min 或 in/min）。指令 G12.1 时，假想轴的坐标值为 0，即指令 G12.1 的位置的角度 0，开始极坐标插补。

说明：

1）指令 G12.1 以前，必须先设定特定坐标系（或工件坐标系），使旋转轴的中心成为坐标原点。又 G12.1 模式中，不可进行坐标系变更（G50、G52、G53，相对坐标的重设 G54～G59）。

2）G12.1 指令前的平面（由 G17、G18、G19 选择的平面）一旦取消，而遇 G13.1（极坐标插补取消）指令时复活。又复位时，极坐标插补模式也取消，成为 G17、G18、G19 所选平面。

3）在极坐标插补平面进行圆弧插补（G02、G03）时，圆心的指令方法（使用 I、J、K 中哪两个），由平面第 1 轴（直线轴）为基本坐标系的那一轴（参数 No.1022）而决定。也可用 R 指令圆弧半径。

4）G12.1 中可指令的 G 码为 C01、G65、G66、G67、G02、G03、G04、G98、G95、G40、G41、G42。

5）G12.1 模式中，平面其他轴的移动指令和极坐标无关。

6）刀具半径补偿方式下，不能启动或取消极坐标插补方式，必须在刀尖圆弧半径补偿取消方式指令或取消极坐标插补方式。

7）G12.1 模式中的现在位置显示都显示实际坐标值，但“剩余移动量”的显示，以在极坐标插补平面（直交坐标）的程序段的剩余移动量显示。

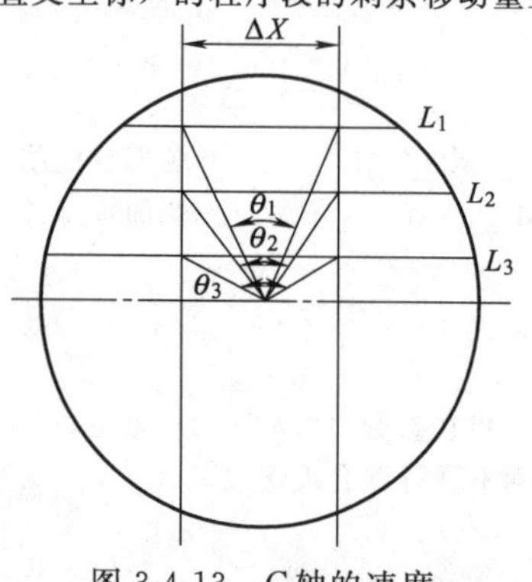

图 3-4-13　C 轴的速度

8）对 G12.1 模式中的程序段，不可进行程序再开始。

9）极坐标插补是将直角坐标系制作程序的形状，变换成旋转轴（C 轴）和直线轴（X 轴）的移动，越近工件中心，即 C 轴的成分越大。如图 3-4-13 所示，考虑直线 L_1、L_2、L_3，直角坐标系的进给 F，使某单位时间的移动量为 ΔX，若 $L_1 \rightarrow L_2 \rightarrow L_3$ 接近中心，C 轴的移动量 $\theta_1 \rightarrow \theta_2 \rightarrow \theta_3$ 越来越大，单位时间 C 轴的移动量变大。意味着在工件中心附近，C 轴的速度成分越大。

由直角坐标系变换成 C 轴和 X 轴的结果，C 轴速度成分若超过 C 轴的最大切削进给速度，（参数 No.1422）则可能出现报警。因此，必须将地址 F 指令的进给速度变小，或程序勿近工件中心（刀具半径补偿时，刀具中心勿近工件中心），使 C 轴速度成分不超过 C 轴最大切削进给速度。

L：刀具中心距工件中心最近时，刀具中心和工件中心的距离。

R：C 轴的最大切削进给速度［(°)/min］，在极坐标插补时，F 指令速度可由下式得到，在此范围内执行指令。下式为理论式，实际上有计算误差，必须在比理论值小的范围才较安全。

$$F<\frac{LR\pi}{180}(\text{mm/min})$$

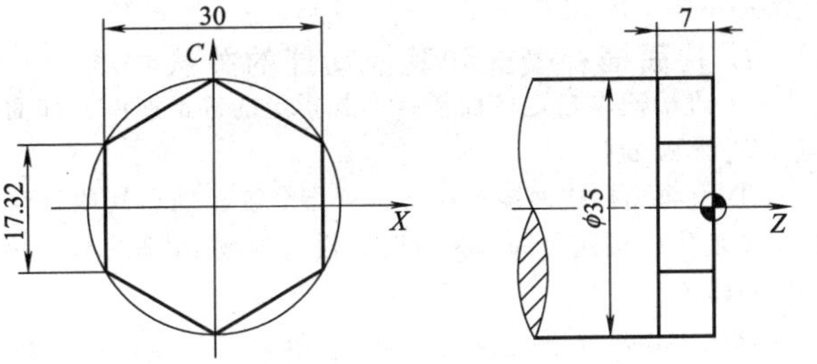

图 3-4-14 六方轴

例 3-4-2 加工图 3-4-14 所示的六方轴。

```
O0011;
G98 G40 G21 G97;
T0606;
G00 X38.0 Z5.0 M75;          快速定位并把主切削动力转换到动力头
    S1500 M03;
    C0.0;
    G17 G112;                极坐标插补有效
    G01 G42 X30.0 Z2.5 F100;
    Z-7.0 F90;
    C8.66;
    X0.0 C17.32;
    X-30.0 C8.66;
    C-8.66;
    X0.0 C-17.32;
    X30.0 C-8.66;
    C0.0;
    Z5.0 F500;
    G40 U50.0;
    G113;                    取消极坐标插补
G00 X120.0 Z50.0;
M05;
G95 M76;                     主切削动力转换到车床主轴
G30 U0 W0;
M30;
```

四、柱面坐标编程［G07.1（G107）］

柱面插补模式是将以角度指定的旋转轴移动量，先变换成内部的圆周上的直线轴距离和其他轴间进行直线插补、圆弧插补。插补后再逆变换成旋转轴的移动量。

柱面插补功能可在柱面侧面展开的形状下编制程序，因此，柱面凸轮的沟槽加工程序很容易编制。

G7.1　IPr；旋转轴名称柱面半径（1）

G7.1　IP0；旋转轴名称 0（2）

IP 为回转轴地址；r 为回转半径。

以（1）的指令进入柱面插补模式，指令柱面插补的旋转轴名称。以（2）的指令解除柱面插补模式。如：

```
O0001;
N1 G28 X0 Z0 C0;
……;
N6 G7.1 C125.0;      进行柱面插补的旋转轴为C轴，柱面半径为125mm
……;
N9 G7.1 C0;          柱面插补模式解除
```

……

1. 柱面插补模式和其他功能的关系

1）进给速度指定柱面插补模式指定的进给速度为柱面展开面上的速度。

2）圆弧插补（G02、G03）

① 平面选择柱面插补模式必须指令旋转轴和其他直线轴间进行柱面插补的平面选择（G17、G18、G19）。如：Z轴和C轴进行圆弧插补时，设定参数1022的C轴为第5轴（X轴的平行轴），此时圆弧插补指令成为：

G18 Z____ C____；

G02（G03）Z____ C____ R____；

参数1022的C轴为第6轴，此时圆弧插补指令成为：

G19 C____ Z____；

G02（G03）Z____ C____ R____；

② 半径指定柱面插补模式不可用地址I、J、K指定圆心，必须以地址R指令圆弧半径。半径不用角度，而用mm（米制时）或inch（寸制时）。

3）刀具半径补偿柱面插补模式中进行刀具半径补偿，必须和圆弧插补一样进行平面选择。刀具半径补偿必须在柱面插补补偿模式中使用或取消。在刀具半径补偿状态，设定柱面插补模式，无法正确补偿。

4）定位柱面插补模式中不可进行快速定位（含G28、G53、G73、G74、G76、G81～G89等有快速进给的循环）。快速定位时，必须解除柱面插补模式。

5）坐标系设定柱面插补模式中，不可使用工件坐标系（G50、G54～G59）及特定坐标系（G52）。

2. 说明

1）G7.1必须在单独程序段中。

2）柱面插补模式中，不可再设定柱面插补模式。再设定时，须先将原设定解除。

3）柱面插补可设定的旋转轴只有一个。因此，G7.1不可指令两个以上的旋转轴。

4）快速定位模式（G00）中，不可指令柱面插补。

5）柱面插补模式中，不可指定钻孔用固定循环（G73、G74、G76、G81～G89）。

6）分度功能使用中，不可使用柱面插补指令。

7）柱面插补模式中不能进行复位。

例3-4-3 加工图3-4-15所示的零件，刀具T0101为ϕ8mm的铣刀。

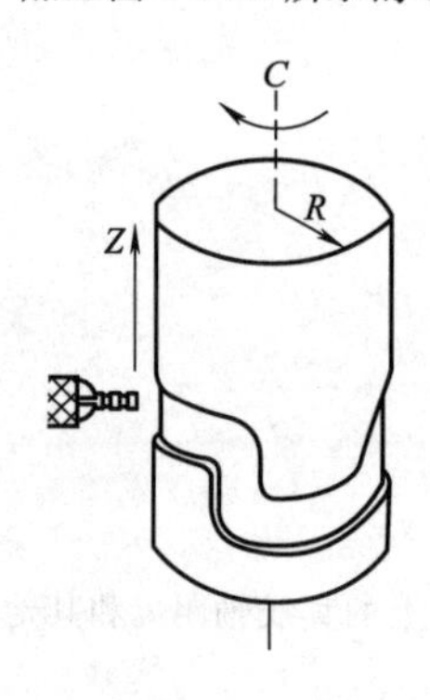

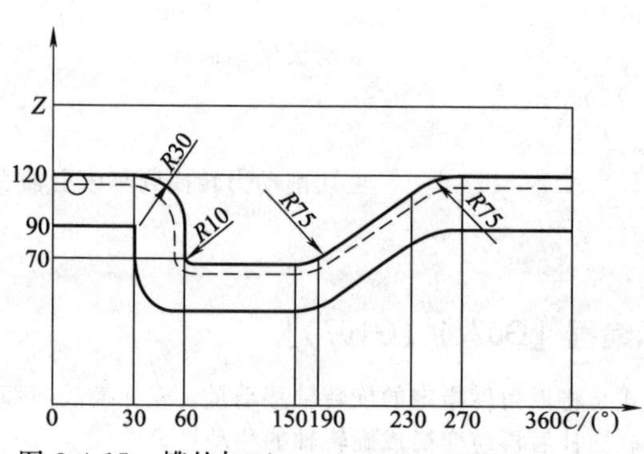

图3-4-15 槽的加工

程序编写如下：

```
O0001;
N01 G00  Z100.0 C0 T0101;
N02 G01 G18 W0 H0;
N03 G07.1 C57.299;
N04 G01 G42 Z120.0 D01 F250;
N05      C30.0;
N06 G02 Z90.0 C60.0 R30.0;
N07 G01 Z70.0;
N08 G03 Z60.0 C70.0 R10.0;
```

```
N09 G01 C150.0；
N10 G03 Z70.0 C190.0 R75.0；
N11 G01 Z110.0 C230.0；
N12 G02 Z120.0 C270.0 R75.0；
N13 C01 C360.0；
N14 G40 Z100.0；
N15 G07.1 C0；
N16 M30；
```

五、同步驱动

所谓同步驱动，指主轴和动力刀具之间有固定的传动比，例如用万向轴即可实现同步驱动。如图 3-4-16 所示。

通过改变工件与刀具或刀头数量回转比，就能加工出方形或六边形的工件。与使用极坐标的 C 轴和 X 轴加工多边形相比较，可以减少加工时间。然而，加工出的形状并非精确的多边形。通常，同步驱动用于加工方头/或六边形的螺钉或螺母。

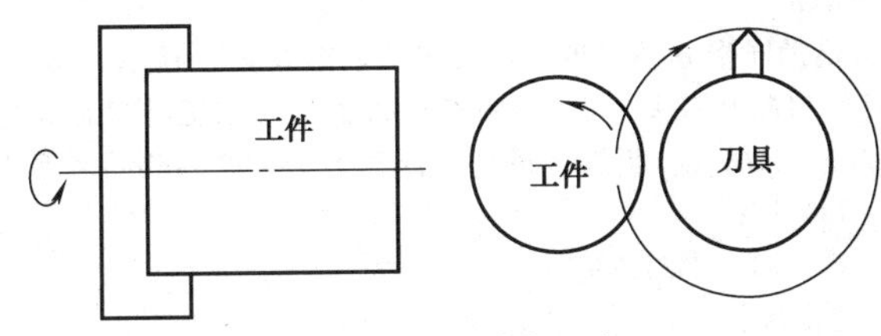

图 3-4-16　同步驱动

指令格式

G51.2（G251）P＿Q＿；

P，Q：主轴和 Y 轴的旋转比率

定义范围：对 P 和 Q 为 1～9。

Q 为正值时，Y 轴正向旋转。

Q 为负值时，Y 轴反向旋转。

说明：

对于同步驱动，由 CNC 控制的轴控制刀具旋转。在以下的叙述中，该旋转轴称作 Y 轴。Y 轴由 G51.2 指令控制使得安装于主轴上的工件和刀具的旋转速度（由 S 指令）按指定的比率运行。（例如）工件（主轴）对 Y 轴的旋转比率为 1∶2，并且 Y 轴正向旋转。

G51.2P1Q2；

由 G51.2 指定同时启动时，开始检测安装在主轴上的位置编码器送来的一转信号。检测到一转信号后，根据指定的回转比（P∶Q）控制 Y 轴的回转。即控制 Y 轴的旋转以使主轴和 Y 轴的回转为 P∶Q 的关系。这种关系一直保持，直到执行了同步驱动取消指令（G50.2 或复位操作）。Y 轴的旋转方向取决于代码 Q，而不受位置编码的旋转方向的影响。

主轴和 Y 轴的同步由下述指令取消：

G50.2(G250)；

当指定 G50.2 时，主轴和 Y 轴的同步被取消，Y 轴停止。在下述情况下，该同步也被取消：

① 切断电源；

② 急停；

③ 伺服报警；

④ 复位（外部复位信号 ERS，复位/倒带信号 RRW 和 MDI 上的 RESET 键）；

⑤ 发生 No.217～221 P/S 报警。

以 1∶1 可以用螺纹铣刀切削螺纹，只要其螺距与工件的螺距相符，即可切削不同直径的螺纹，一般径向切入即可切出与刀宽一致的一段螺纹。若工件长度大于刀宽，可以将铣刀轴向移动，但移动量应当为螺距的倍数。如图 3-4-17 所示工件材料为黄铜，螺纹铣刀直径 ϕ90mm，传动比为 1∶1，切削速度为 200 m/min，进给量 0.02mm/r。

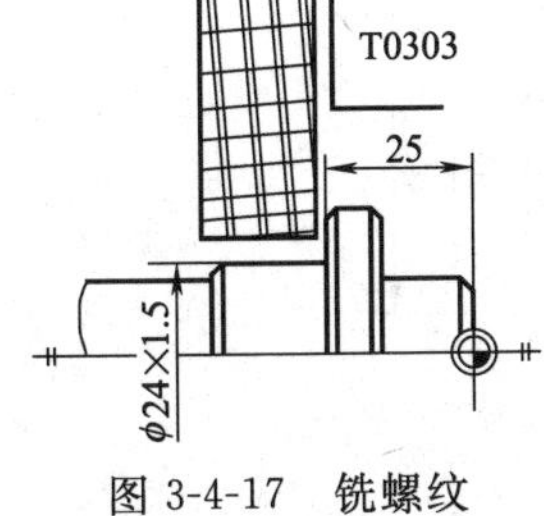

图 3-4-17　铣螺纹

主轴转数用以下公式计算

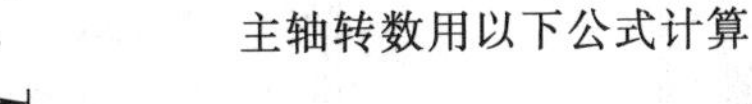

$$S=\frac{V\times 1000}{\pi(d_1+d_2 i)}\quad \text{r/min}$$

式中　V——切削速度，m/min；

d_1——件直径；

d_2——螺纹铣刀直径；

i——速比。

经计算 S=570r/min。编程如下：

```
O0013;
G98 G40 G21 G97;
T0505;
G00 X38.0 Z5.0 M75;
    S570 M03;
G51.2P1Q1;
G00 Z-25.5
G00 X24.5 M08
G01 X22.16 F0.02(X22.16 螺纹底径)
G04 X0.5;
G01 X24.5 F0.5
G50.2;
M76 M09;
M30;
```

借助同步驱动切多边形的例子如图 3-4-18 所示。多边形的边数为速比与刀盘上刀头数的乘积，当使用 1∶2 时，刀盘上刀头为 3，则可车出六边形。如工件材料为青铜，刀具直径 φ90mm，工件外径 φ31.2mm，切削速度为 300m/min。仍按上述公式计算 S 为 450r/min。编程如下：

```
O0014;
G98 G40 G21 G97;
T0505;
G00 X38.0 Z5.0 M75;
    S570 M03;
G51.2P1Q2;
G00 Z-17.5;
G00 X27 M08;
G01 Z-31;
G50.2;
G76 M09;
G00 X34;
……
```

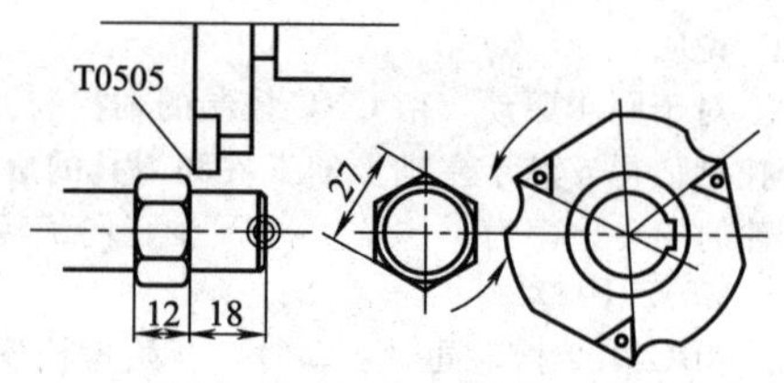

图 3-4-18　车六边形实例

例 3-4-4 .加工图 3-4-19 所示的零件，材料为 45 钢，毛坯为尺寸 φ70mm×100mm 的棒料（车削中心的型号 EX308，数控系统为 FANUC 21i）。

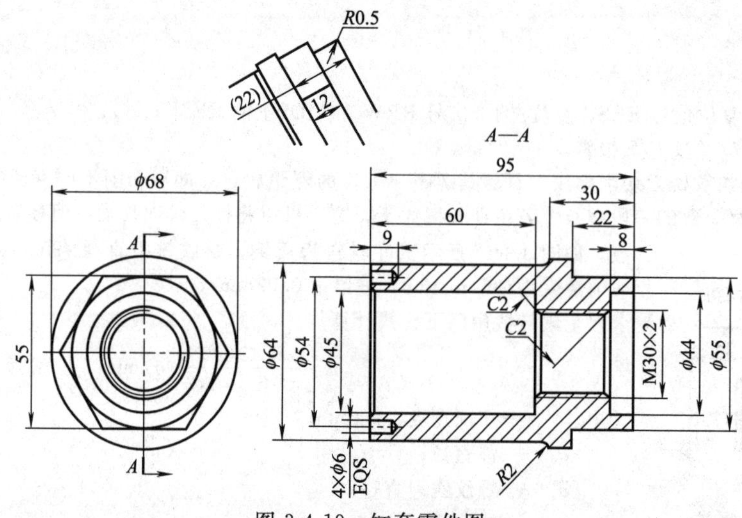

图 3-4-19　缸套零件图

（1）工艺编制

加工工艺卡见表 3-4-4。

表 3-4-4　加工工艺卡

工步号	工序内容	工件装夹方式	刀具选择	主轴转速 n/(r/min)	进给量 f /(mm/r)	切削深度 a_p/mm
左端加工工艺						
1	车左端面	三爪自定心卡盘	90°右偏刀  T0505	1600	0.2	
2	粗、精车左端 ϕ64mm 外圆		90°右偏刀  T0505	1000/1600	0.2/0.08	4/0.5
3	用动力头钻 ϕ6mm 孔		 ϕ6mm钻头T0101	2000	0.08	Z 向深 9
	用动力头打中心孔		中心钻,钻头 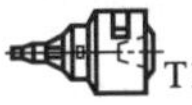 T1010	1500	0.2	Z 向深 6
4	ϕ25mm 钻头钻通孔		 T0909	250	0.1	Z 向深 100
	镗 ϕ45mm 内孔		 T0808镗刀	1200	0.2	5
右端加工工艺						
5	调头 车右端面，保证总长	用铜皮包住已加工外圆	90°右偏刀  T0101	1600	0.2	
	粗、精车 左端 ϕ55mm 外圆		90°右偏刀  T0505	1000/1600	0.2/0.08	4/0.5
6	ϕ20mm 立铣刀铣六边形		 ϕ20立铣刀T1111	2000	0.1	Z 向深 22
7	镗内孔		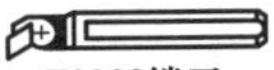 T0808镗刀	1500	0.14	2
8	倒右端 R0.5 圆角		90°右偏刀  T0505	1000/1600	0.2/0.08	4/0.5
9	车 M30×2 内螺纹		 T0303内螺纹刀	800	2	

(2) 程序编制

```
O0001;(工件左侧加工程序 0001 号)
G54
G50  S3000;                          最高限速 3000r/min
N1;                                  使用外圆刀粗车毛坯
M75;                                 车床模式
T0505;
G00 X200.0  Z100.0;
G97 S1000 M3 M8;
G00 X75. Z0;                         车端面
G01 G99 X-1.0 F0.2;
G00 W1.0 ;
    X64.5;                           粗车外圆
G01 Z-63.0;
    U4.0;
    W-5.0;
    U2.0;
G00  Z1.0;
G96 M3 S1600;                        精车外圆
G01 X64.0;
G01 Z0;
G01 Z-63.0 F0.08;
G02 X68.0 W-2.0 R2.0;
G01 W-3.0;
    U2.0;
G00 X200.0 M9;
    Z100.0 T0500;
M5;                                  主轴停转
M1;
N2(DRILL4-D6);                       进入铣床模式加工端面孔
M76;
G28 H0;
T0101;
G00 X200.0 Z100.0 M8;
G97S2000 M3;
G 00 G99 X54. Z10.0;
G83 Z-9.0 C45.0  R5.0 F0.08;         加工端面 4×φ6(Z 方向动力头刀具)的孔
H90.0;                               主轴转 90°(增量值)
H90.0;
H90.0;
G80;                                 取消端面钻孔指令
G00 X200.0 Z100.0 T0100  M9
M5;
M75;回到车床模式
M01;
N3(DRILL D=25);                      使用直径 φ25 的钻头钻通孔
T0909
G00 X200.0 Z105.0  M8;
M75;
```

```
M3 S800;
G00 X0 ;
M98 P0030 L5;
G00 X200.0 Z100.0  T0900 M9;
M5;
M1;
N4;                                  镗φ45内孔
T0808;
M3 S1200;
G00 X30.0  Z5.0 M8;
G01 Z-60.0  F0.2;
    U-0.5;
G00 Z1.0;
    X35.0;
G01 Z-60.0  F0.2;
    U-0.5;
G00 Z1.0;
    X40;
G01 Z-60.0F0.2;
    U-0.5;
G00 Z1.0;
    X44.0;
G01 Z-60.0F0.2;
    U-0.5;
G00 Z1.0;
    X45.0;
M3 S2000;
G01 Z-60.0 F0.12;
    X34.0;
G01 X28 Z-62.0;
    U-0.5;
G00 Z100.0  M9;
    X200.0 T0800;
M5;
M30;
O0002(右端加工程序);                  调头装夹,为避免接刀痕将加工到Z-32
G55;
G50 S3500;
N1(0D);粗车毛坯
M75;
T0505;
G00 X200.0  Z150.0
G97 S1000 M3 M8;
G00 X75.0 Z0;车端面
G01 G99 X-20.0 F0.2;                 粗车φ55外圆
G00 W1.0;
    X 68.0;
G01 Z-32.0;
    U3.0;
```

```
G00 Z2.0;
G90 X64.0 Z-22.0;
    X60.0;
    X56.0;
M3 S1600;                          精车 φ55 外圆
G01 X55.0;
G01 Z-22.0;
G01 U2.0;
G00 X200.0Z150.0  T0500 M9;
M5;
M1;
N2(MILL);                          使用 Z 方向动力头加工端面六边形
T1111;                             φ20 铣刀
G28 H0;
C00 X200.0 Z150.0;
G97 S800 M3 M8;
G40 G00 X85.0 C0;
C00 Z-15.0;                        Z 方向进刀
G12.1                              使用极坐标方式
G01 G42 X63.508 C0 F0.1.;          建立刀补
        X31.754 C27.5;             加工六边形,X 方向直径表示,C 方向半径表示
        X-31.754;
        X-63.508 C0;
        X-31.754 C-27.5;
        X31.754;
        X63.508 C0;
G01 Z-20.0;                        Z 方向进刀至 Z-20,加工六边形
    X31.754 C27.5;
    X-31.754;
    X-63.508 C0;
    X-31.754 C-27.5;
    X31.754;
    X63.508 C0;
G01 Z-22.0;                        Z 方向再进刀至 Z-22,加工六边形
    X31.754 C27.5;
    X-31.754;
    X-63.508 C0;
    X-31.754 C-27.5;
    X31.754;
    X 63.508 C0;
G40 G01X85.0;                      取消刀补
G13.1;                             取消极坐标方式
G00 G99 X200.0 M9;
    Z150.0T1100;
M5;
M75;                               车床模式
M1;
N3;                                镗内孔
T0808;
```

```
G00 X200.0Z150.0M75;
G97 S1500 M3 M8;
G00 X23.0Z2.0;
G71 U1.0 R0.5;
G71 P10 Q20 U0 W0 F0.14;
N10 G00 X44.0;
    G01 Z-8.0;
    X31.4;                        倒角
    W-2.0  U-4.0;                 螺纹大径φ27.4
N20 Z-36.0;
G00 X200.0 Z150.0 T0800M9;
M5;
M1;
    N4(DAOJIAO);                  倒φ55端面圆角
    T0505;
    G00 X200.0 Z150 .0 M75;
    G97 S1500 M3;
    G00 X54.0 Z1.0;
    G01 Z0 F0.14;
    G03 X55.0 W-0.5 R0.5 F0.12;
    G01 U5.0;
    G00 X200.0 Z150.0 T0500;
    M5;
    M1;
    N5;加工内螺纹
    T0303;
    M3 S800;
    G00 X26.0 Z5.0;
    G92 X28.Z-36.F2;
        X28.5;
        X29.0 ;
        X29.5;
        X29.8;
        X29.9;
        X30.0;
G00 Z100.0;
    X200.0 T0300;
  M5;
  M30;
O0030;
G00 W-100.0;
G01 W-25.0;
G04 X1.0;
G00 W105.0;
M99;
```

六、多轴车削

一个多轴车床通常有一个主轴和两个独立的转动刀架，有的还有副主轴，副主轴可以独立加工，也可以双主轴加工。图 3-4-20 为多主轴数控车床的一种布局，图 3-4-21 是在应用刀尖圆弧半径补偿时不同刀架上车刀的形状和位置。

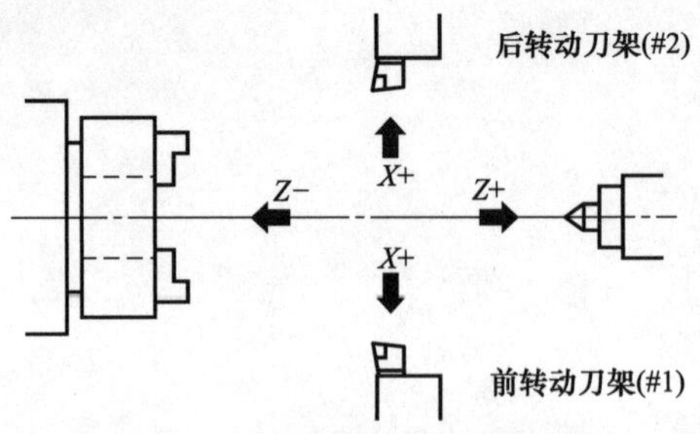

图 3-4-20　多轴数控车床的一种布局

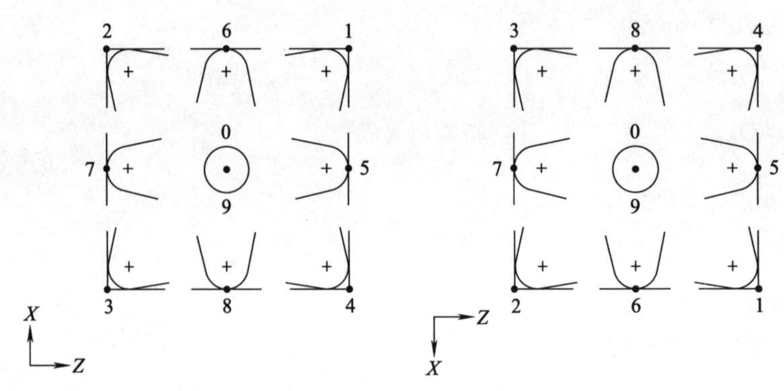

图 3-4-21　不同刀架上车刀的形状和位置

1. 双刀架加工

使用双刀架工作必须对每一个刀架编制一个程序，S1 表示第一个刀架的程序，S2 表示第二个刀架的程序。可以使用同步功能来控制程序的暂停和启动运行。同步函数可以是 3 位数字的 M 代码（M100～M999）。同步功能总是出现在正在运行的程序中，其原则是“对方动，自身停；对方停，启对方”。例如 S1 正在运行，出现同步功能则数控装置判断 S2 的状态，若 S2 正在运行则使 S1 暂停，若 S2 正在暂停，则启动 S2 运行，如图 3-4-22 所示。有的机床同步函数用“!”来表示，如图 3-4-23 所示。

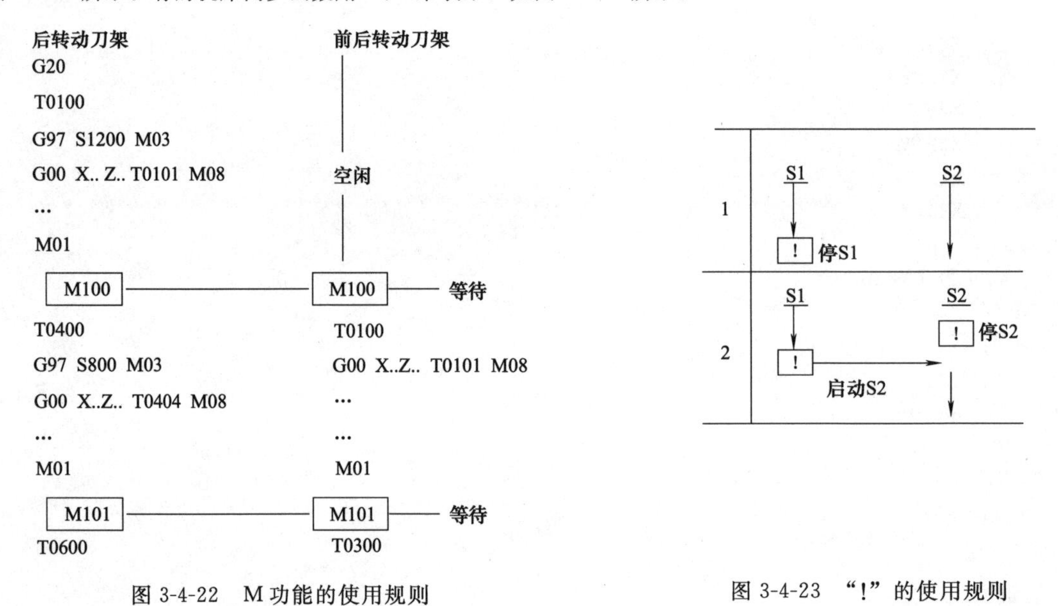

图 3-4-22　M 功能的使用规则　　　图 3-4-23　“!”的使用规则

2. 副主轴加工

数控车床可以设有一个副主轴，如有的数控车床副主轴设在 S1 刀架的第 7 号刀位上。在工件尚未切断之前，副主轴的中心与主轴中心对准，再使副主轴上的弹簧夹头套住工件并夹紧，工件和副主轴一起旋转，用

S2 刀架上的切断刀将工件切断，工件即转移到副主轴上。此时即可使用 S2 上的刀具或主轴箱端面上的刀架 S3 上的刀具进行背面加工。副主轴的转数仍用 B06 编程，M23 表示顺时针旋转，M24 表示逆时针旋转，M25 表示伺服电动机停转。使用 M62 能使副主轴制动，M63 取消 M62。

副主轴加工还要解决编程原点的设置，*Z* 方向编程原点由刀架相关点转移而来，*X* 值需冠以负号加以区别。这时使用 M32 来表示由刀架相关点出发计算编程原点，用 M33 取消 M32。图 3-4-24 工件编程如下。

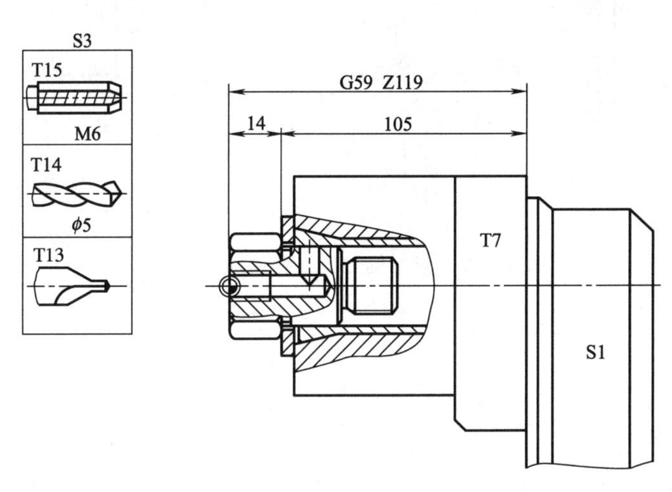

图 3-4-24　副主轴加工实例

……

M32
G59 X－222 Z119
T0707　　　　　　　（副主轴转入工作位）
T1313 M23 B061000　　（钻中心孔）
G94 M54 M08　　　　（M54 背面加工用冷却液，与 M08 合用）
G00 X0
G00 Z1
G01 Z－4 F100
G00Z50
T1414 B062500　　　（钻底孔）
G00 X0
G00 Z1
G01 Z－23 F100
G00 Z50
T1515 B060200　　　（攻螺纹孔）
G00 X0
G00 Z5
G01 Z－12 F270 M23
G01 Z5 F300 M24
G04 X1
G27 M25 M55 M09　　（M55 取消 M54）
T1700　　　　　　　（S3 转到初始位）
G95 M33　　　　　　（M33 取消 M32）
G59 X0 Z……　　　　（恢复主轴上工件的编程原点）

3. 双主轴加工

图 3-4-25 是副主轴和主轴同步传动，用 S2 进行背面加工的实例。工件原点从机床原点转移过来，即在 G59 X0 Z155 处。其加工程序如表 3-4-5 所示。

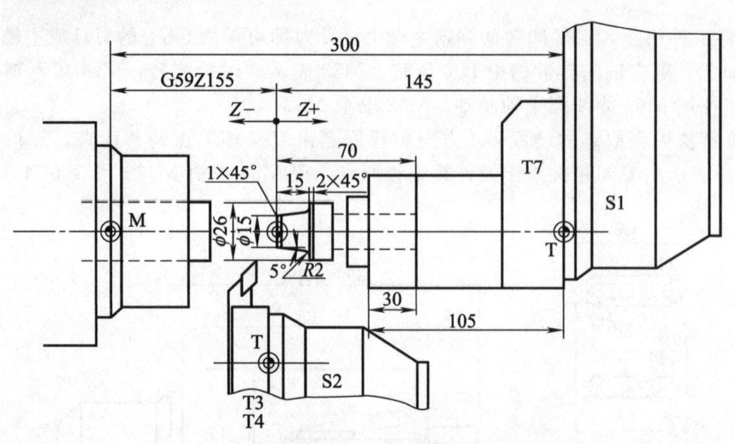

图 3-4-25　双主轴加工（背面加工用 S2）

表 3-4-5　加工程序

程序				说　明
S1		S2		双刀架
	……		……	
N7	G97 S200 T0707 M04		!	副主轴　S2 停
	M37			
	G00　Z2			
	G00 X0			
	G01 Z−30 F1			
	M66			副主轴夹紧
	!		N10 G97 S1500 T1010 M04	启 S2　切断
	!		G00 Z−70.2	停 S1
			G00 X27 M08	
			G01 X−0.5 F0.08	
	G53 X0 Z300		!	启 S1,T 点执行 M 点快速移动
	!		G01 X−1	停 S1
			G01 W0.5 F0.5	
			G26 M09	
			G59 X0 Z155	
	!	N3	G96 V180 T0303 M04	粗车
			G00 Z0	
			G00 X27 M08	
			G01 X−1 F0.2	
			G00 X26 Z−2	
			G71 P50 Q60 I0.5 K0.1 D2.5 F0.2	
			G26 M09	
		N4	G96 V256 T0404 M04	精车
		N50	G46	
			G00 X9 Z−1 M08	
			G01 X15 D2 F0.1 E0.05	
			G01 Z15 A5 R2 F0.15	
			G01 X27 D2.5	
			G01 W3	
		N60	G40	
			G24 M09	
			!	启 S1
	G26 M39		G26	
	!		!	
	M30		M30	

思考与练习

1. 轴类零件加工的固定循环有哪几种？各有什么特点？
2. 变量有哪几种？
3. B类型的用户宏程序与A类型的有什么不同？
4. B类型的用户宏程序有哪几种调用方式？
5. 在加工多面体零件时，同驱控制与极坐标插补有什么不同？
6. 编写题图 1～题图 13 所示的程序。

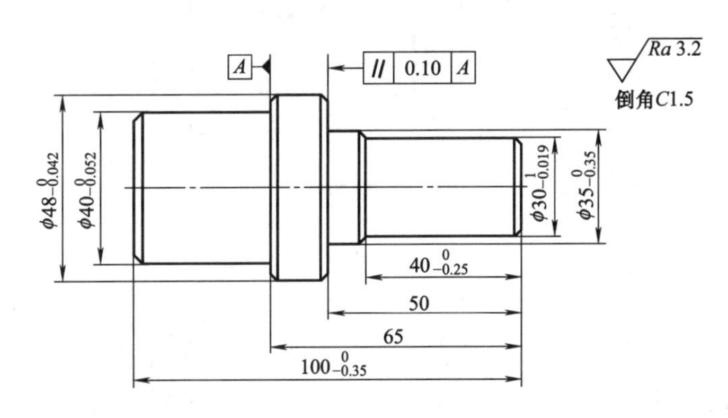

题图 1 轴类零件

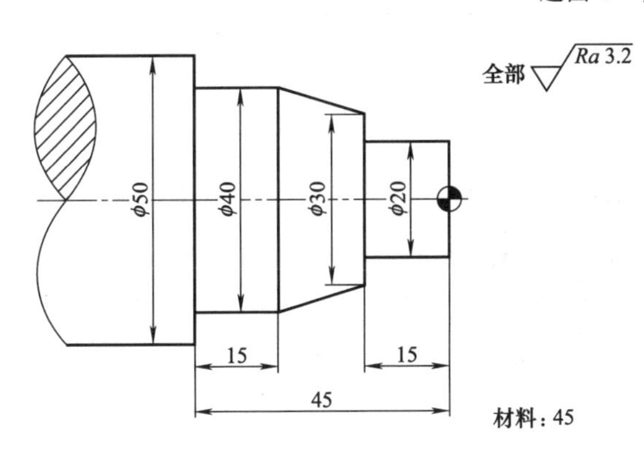

题图 2 圆锥面的加工

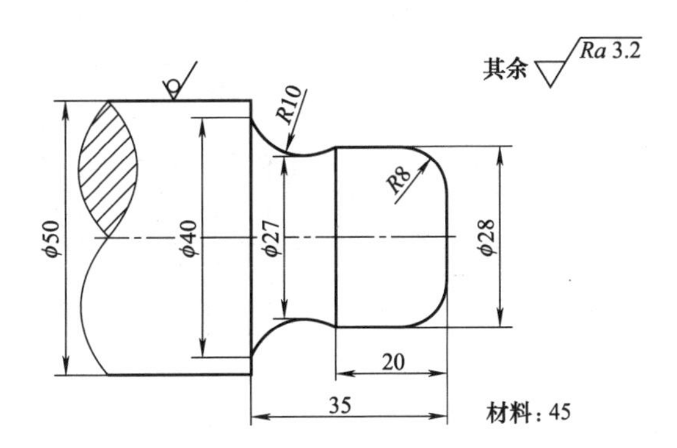

题图 3 圆弧面的加工

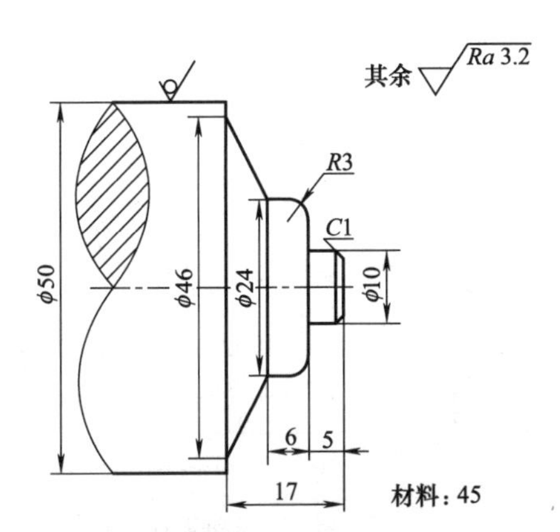

题图 4 特形面的加工

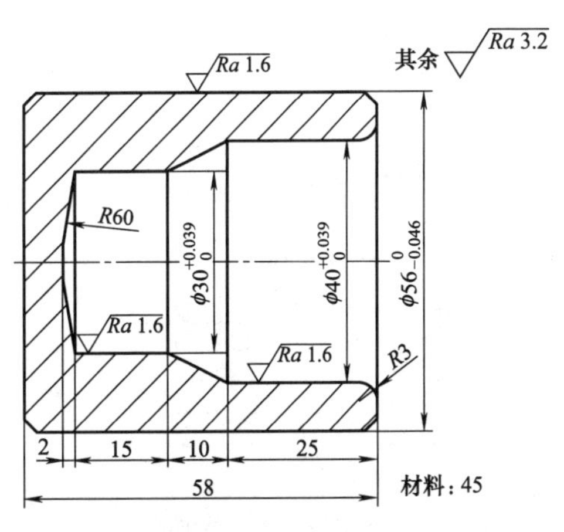

题图 5 孔的加工

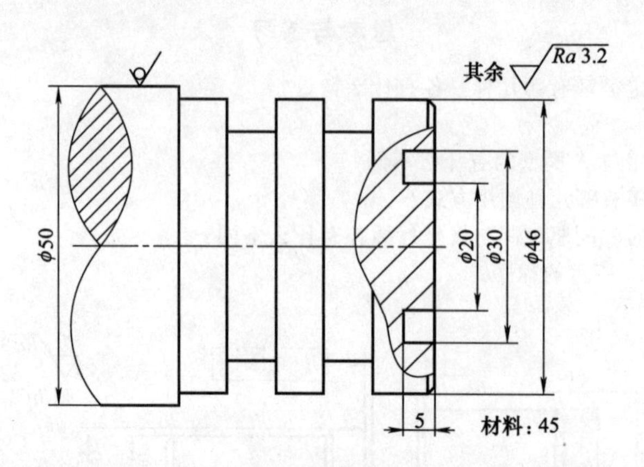

题图 6　槽的加工

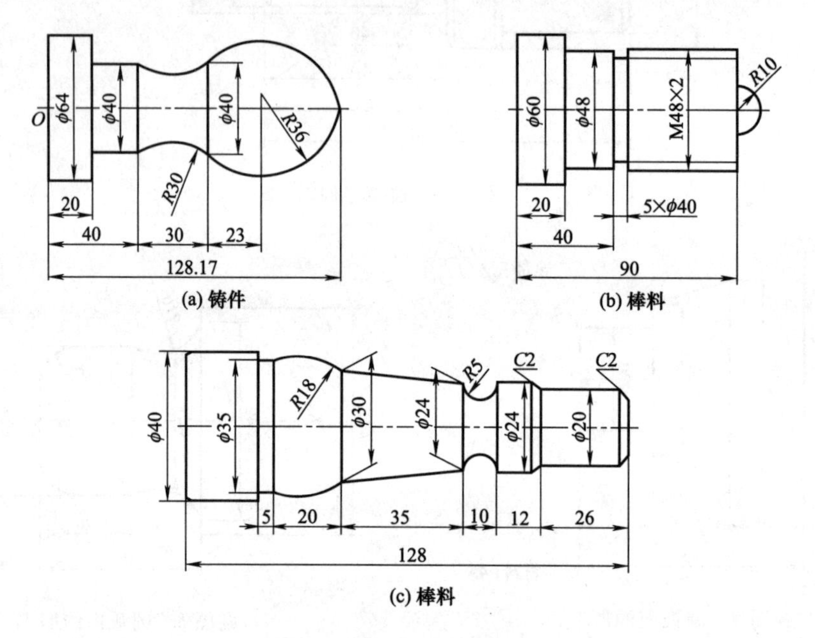

题图 7　复杂零件编程图样

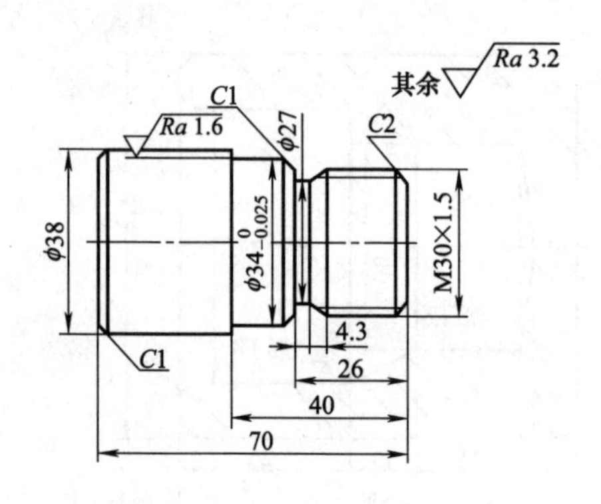

题图 8　螺纹工件

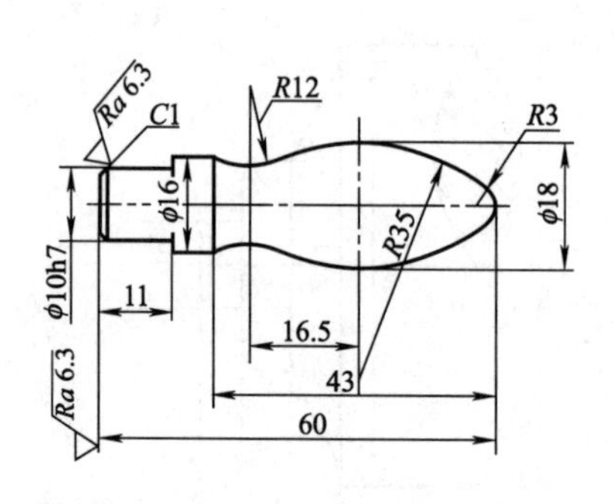

题图 9　椭圆手柄

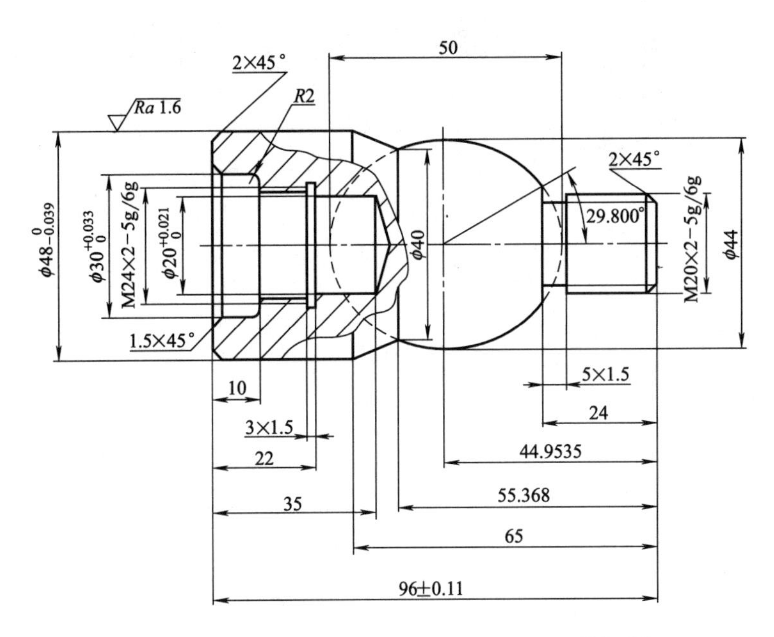

题图 10　椭圆零件的加工

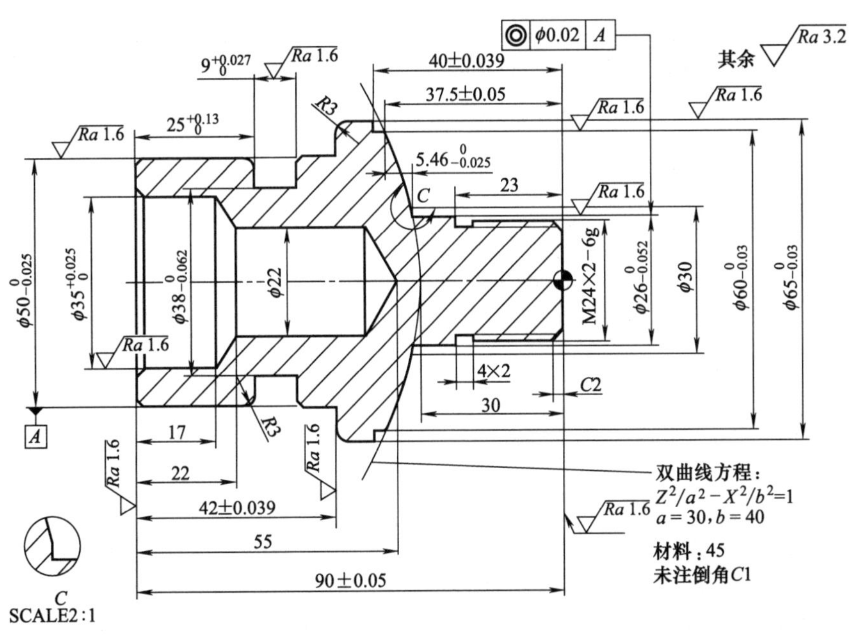

题图 11　双曲线的加工

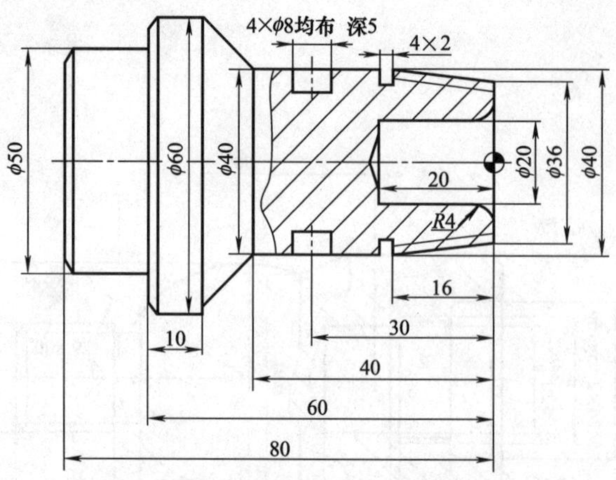

题图 12　周向孔的加工

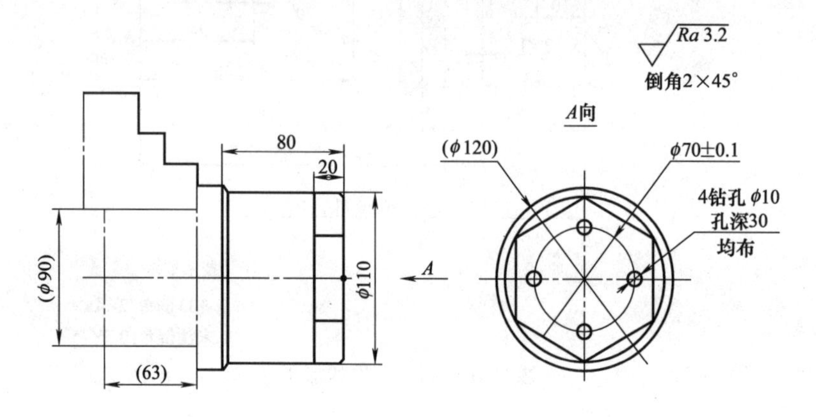

材料：45

毛坯状况：件料，各部余量0.5mm。

加工工艺：

1. 以零件63尺寸右肩格面定位，三爪夹持φ90外圆(找正)，车光右端面、外圆及肩格面。
2. 精铣六方至尺寸。
3. 钻中心孔(四处)。
4. 钻φ10孔四处，控制尺寸φ70±0.1。

题图 13　车铣件的加工

第四章 数控铣床与铣削中心的编程

数控程序员与加工中心操作工/数控铣工内容

FANUC 数控铣床与铣削中心的有些功能与 FANUC 数控车床与车削中心的类似，比如米/寸制的转换、柱面坐标编程（G107）等，本章就不再介绍了。

第一节 基本指令简介

一、FANUC 系统数控铣床/铣削中心的功能指令

1. FANUC 系统数控铣床/加工中心的准备功能（表 4-1-1）

表 4-1-1 FANUC 数控系统的准备功能

G代码	组别	说明	附注
◢ G00	01	快速定位	模态
◢ G01		直线插补	模态
G02		顺时针圆弧插补	模态
G03		逆时针圆弧插补	模态
G04	00	暂停	非模态
G05.1		AI 先行控制	非模态
G08		先行控制	非模态
G09		准确停止	非模态
G10		数据设置	模态
G11		数据设置取消	模态
◢ G15	17	极坐标指令取消	模态
G16		极坐标指令	模态
◢ G17	02	*XY* 平面选择(缺省状态)	模态
◢ G18		*ZX* 平面选择	模态
◢ G19		*YZ* 平面选择	模态
G20	06	寸制(in)	模态
G21		米制(mm)	模态
◢ G22	04	行程检查功能打开	模态
G23		行程检查功能关闭	模态
G27	00	参考点返回检查	非模态
G28		参考点返回	非模态
G30		第 2、3、4 参考点返回	非模态
G31		跳步功能	非模态
G33	01	螺纹切削	模态
G37	00	自动刀具测量	非模态
G39		拐角偏置圆弧插补	非模态
◢ G40	07	刀具半径补偿取消	模态
G41		刀具半径左补偿	模态
G42		刀具半径右补偿	模态
G43	08	刀具长度正补偿	模态
G44		刀具长度负补偿	模态
G45	00	刀具偏置增加	非模态
G46		刀具偏置减小	非模态

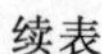
续表

G代码	组别	说明	附注
G47	00	2倍刀具偏置增加	非模态
G48		2倍刀具偏置减小	非模态
◢ G49	08	刀具长度补偿取消	模态
◢ G50	11	比例缩放取消	模态
G51		比例缩放有效	模态
◢ G50.1	22	可编程镜像取消	模态
G51.1		可编程镜像有效	模态
G52	00	局部坐标系设置	非模态
G53		机床坐标系设置	非模态
◢ G54	14	第一工件坐标系设置	模态
G54.1		选择附加工件坐标系	模态
G55		第二工件坐标系设置	模态
G56		第三工件坐标秦设置	模态
G57		第四工件坐标系设置	模态
G58		第五工件坐标系设置	模态
G59		第六工件坐标系设置	模态
G60	00/01	单方向定位	非模态
G61	15	准确停止方式	模态
G62		自动拐角倍率	模态
G63		攻螺纹方式	模态
◢ G64		切削方式	模态
G65	00	宏程序调用	非模态
G66	12	宏程序模态调用	模态
◢ G67		宏程序模态调用取消	模态
G73	09	高速深孔排屑钻	模态
G74		左旋攻螺纹循环	模态
G76		精镗循环	模态
◢ G80		钻孔固定循环取消	模态
G81		钻孔循环	模态
G82		钻孔循环	模态
G83		深孔排屑钻	模态
G84		右旋攻螺纹循环	模态
G85		镗孔循环	模态
G86		镗孔循环	模态
G87		背镗循环	模态
G88		镗孔循环	模态
G89		镗孔循环	模态
◢ G90	03	绝对坐标编程	模态
◢ G91		增量坐标编程	模态
G92	00	工件坐标原点设置或限制最高主轴转速	非模态
G92.1		工件坐标系预置	非模态
◢ G94	05	每分进给	模态
G95		每转进给	模态
G96		恒表面速度控制	模态
◢ G97	13	恒表面速度取消	模态

续表

G 代码	组别	说明	附注
◢G98	10	固定循环中，返回到初始点	模态
G99		固定循环中，返回到 R 点	模态

注：1. 如果设定参数（No. 3402 的第六位 CLR），使用电源接通或复位时 CNC 进入清除状态，此时 G 代码的状态如下：

1）当机床电源打开或按复位键时，标有“◢”符号的 G 代码被激活，即缺省状态。

2）由于电源打开或复位，使系统被初始化，已指定的 G20 或 G21 代码保持有效。

3）用参数 No. 3402＃7（G23）设置电源接通时是 G22 还是 G23。另外将 CNC 复位为清除状态时，已指定的 G22 或 G23 代码保持有效。

4）设定参数 No. 3402＃0（G01）可以选择 G01 还是 G00。

5）设定参数 No. 3402＃3（G91）可以选择 G90 还是 G91。

6）设定参数 No. 3402＃1（G18）和＃2（G19）可以选择 G17、G18 或 G19。

2. 当指令了 G 代码中未列出的 G 代码或指令了一个未选择功能的 G 代码时，输出 P/S 报警 No. 010。

3. 不同组的 G 代码可以在同一程序段中指定：如果在同一程序段中指定同组 G 代码，最后指定的 G 代码有效。

4. 如果在固定循环中指令了 01 组的 G 代码，则固定循环被取消，与 G80 相同。但 01 组的 G 代码不受固定循环的影响。

5. 根据参数 No. 5431＃0（MDL）的设定，G60 的组别可以转换（当 MDL＝0 时，G60 为 00 组 G 代码；当 MDL＝1 时为 01 的 G 代码。）

2. FANUC 系统数控铣床/加工中心的辅助功能（表 4-1-2）

表 4-1-2　FANUC 数控系统的辅助功能——M 代码及其功能

M 代码	用于数控铣床的功能	附注
M00	程序停止	非模态
M01	程序选择停止	非模态
M02	程序结束	非模态
M03	主轴顺时针旋转	模态
M04	主轴逆时针旋转	模态
M05	主轴停止	模态
M06	换刀	非模态
M08	切削液打开	模态
M09	切削液关闭	模态
M19	主轴准停	模态
M30	程序结束并返回	非模态
M31	旁路互锁	非模态
M52	自动门打开	模态
M53	自动门关闭	模态
M74	错误检测功能打开	模态
M75	错误检测功能关闭	模态
M98	子程序调用	模态
M99	子程序调用返回	模态

二、常用指令简介

数控程序员高级工、加工中心操作工/数控铣工中级工内容

1. 绝对值/增量值编程 G90/G91

（1）绝对值编程 G90

格式：G90

说明：程序中绝对坐标功能字后面的坐标是以工件坐标原点作为基准的，表示刀具终点的绝对坐标。

（2）增量值编程 G91

格式：G91

说明：程序中增量坐标功能字后面的坐标是以刀具起点坐标作为基准的，表示刀具终点坐标相对刀具起点坐标的增量。

2. 快速点定位 G00

格式：G00 X___ Y___ Z___；

3. 直线插补 G01

格式：G01 X ___ Y ___ Z ___ F ___；

例 4-1-1 编写加工如图 4-1-1 所示零件，刀具 T01 为 ϕ8mm 的键槽铣刀，长度补偿号为 H01，半径补偿号为 D01，每次 Z 轴吃刀为 2.5mm。

```
O0100;
N0010 G54 G90 G17 G21 G49 T01;
N0020 M06;
N0030 M03 S800;
N0040 G90 G00 X-4.5 Y-10.0 M08;
N0050 G43 G01 Z0 H01;
N0060 M98 P110 L4;
N0070 G49 G90 G00 Z300.0 M05;
N0090 X0 Y0 M09;
N0100 M30;
O110;
N0010 G91 G01 Z-2.5 F80;
N0020 M98 P120 L4;
N0030 G00 X-76.0 M99;
O120;
N0010 G91 G00 X19.0;
N0020 G41 G01 X4.5 D01 F80;
N0030 Y75.0;
N0050 X-9.0;
N0060 Y-75.0;
N0070 G40 G01 X4.5 M99;
```

图 4-1-1 方槽加工

4. 圆弧插补（G02、G03）

对于加工中心来说，编制圆弧加工程序与在数控铣床上类似，也要先选择平面，如图 4-1-2 所示。程序的编制程序段有两种书写方式，一种是圆心法，另一种是半径法。

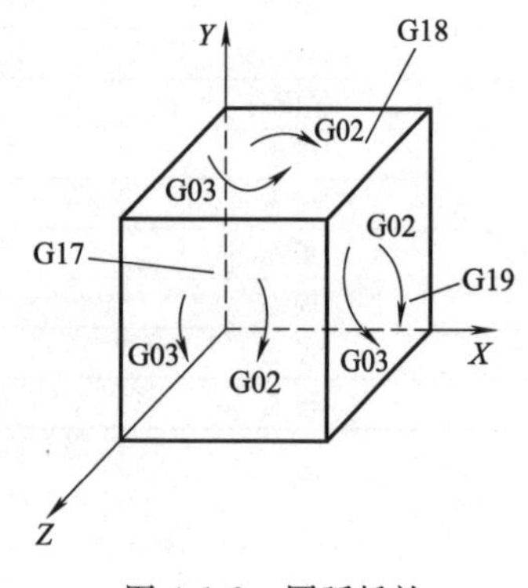

图 4-1-2 圆弧插补

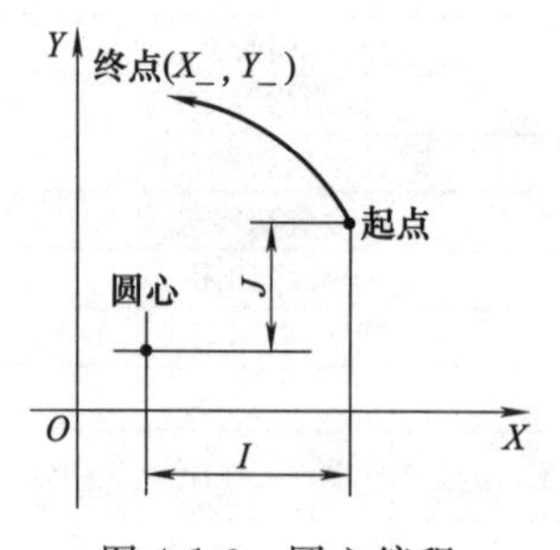

图 4-1-3 圆心编程

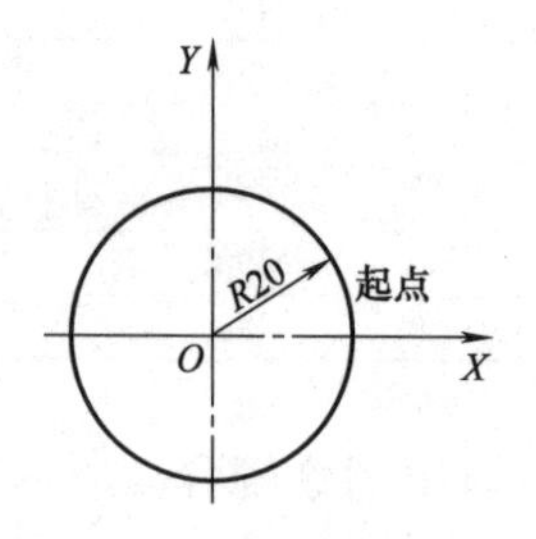

图 4-1-4 整圆程序的编写

(1) 书写格式

XY 平面圆弧

G17 G02/G03 X ______ Y ______ {R ______ / I ______ J ______} F ______；

ZX 平面圆弧

G18 G02/G03 X ______ Z ______ {R ______ / I ______ K ______} F ______；

YZ 平面圆弧

G19　G02/G03　Y ______ Z ______ $\begin{Bmatrix} R\_\_\_\_\_\_ \\ J\_\_\_\_\_\_ K\_\_\_\_\_\_ \end{Bmatrix}$ F ______；

（2）圆心编程

用圆心编程的情况如图 4-1-3 所示。*X*、*Y*、*Z* 为圆弧终点坐标，*I*、*J*、*K* 为圆心坐标，是圆心相对于圆弧起点的增量值。

（3）半径编程

用 R 指定圆弧插补时，圆心可能有两个位置，这两个位置由 R 后面值的符号区分，圆弧所含弧度不大于 л 时，R 为正值；大于 л 时，R 为负值。

（4）整圆编程

在编写整圆程序时，仅用 I、J、K 指定中心即可。若采用半径编程则机床不运动，若写入的半径 R 为 0 时，机床报警（N023）。如图 4-1-4 所示，整圆程序的编写如下。

1）绝对值编程

G02 I－20.0；

2）增量值编程

G91　G02　I－20.0；

在圆弧插补时，I0、J0、K0 可省略。

5. 任意角度倒棱角 C/倒圆弧 R

直线插补（G01）及圆弧插补（G02、G03）程序段最后附加 C 则自动插入倒棱。附加 R 则自动插入倒圆。上述指令只在平面选择（G17、G18、G19）指定的平面有效。

C 后的数值为假设未倒角时，指令由假想交点到倒角开始点、终止点的距离，如图 4-1-5 所示。在倒棱/倒角过程中有的情况在倒角/倒棱前加“,”；有的情况下不加。

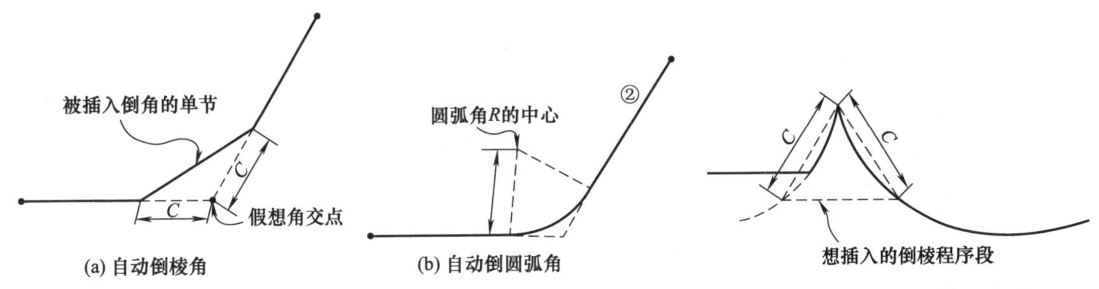

图 4-1-5　倒棱/倒圆弧　　　　图 4-1-6　出现报警的情况

倒棱 C 及倒圆 R 程序段之后的程序段，须是直线插补（G01）或圆弧插补（G02、G03）的移动指令。若为其他指令，则出现 P/S 报警，警示号 52。倒棱 C 及倒圆 R 可在 2 个以上的程序段中连续使用。在应用任意角度倒棱角 C/倒圆弧 R 时应注意如下几点。

1）倒棱 C 及倒圆 R 只能在同一插补平面能插入。

2）插入倒棱 C 及倒圆 R 若超过原来的直线插补范围，则出现 P/S55 报警（见图 4-1-6）。

3）变更坐标系的指令（G92、G52～G59）及回参考点（G28～G30）后，不可写入倒棱 C 及倒圆 R 指令。

4）直线与直线、直线和交点圆弧的切线以及两交点圆弧的切线间的夹角在±1°以内时，倒棱及倒圆的程序段都当做移动量为 0。

例 4-1-2　如图 4-1-7 所示，刀具：T01 为 ϕ16mm 的铣刀，刀具长度补偿号为 H01，刀具半径补偿号为 D01。

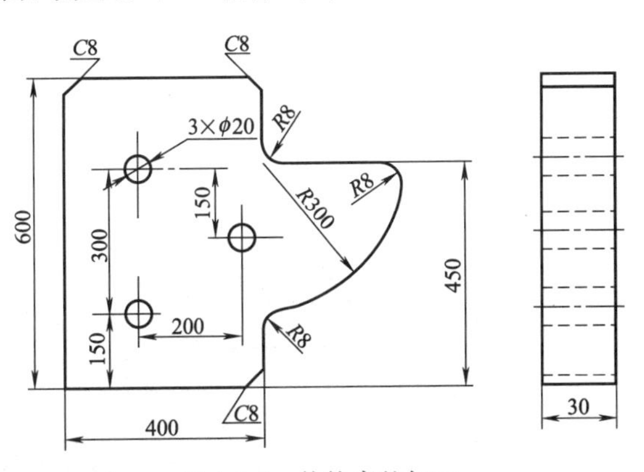

图 4-1-7　外轮廓的加工

程序如下：

O0010；

N0010　G54　G90　G21　G17　G49　T01；

N0020　M06；

```
N0030  M03  S800;
N0040  G43  G00  Z30.0  H01;
N0050  X-30.0  Y-30.0;
N0060  G42  G01  X-30.0  Y0  D01  F110.0  M08;
N0070  Z-33.0;
N0080  X400.0,C8.0;
N0090  Y150.0,R8.0;
N0100  G03  X700.0  Y450.0  R300.0,R8.0;
N0110  G01  X400.0,R8.0;
N0120  Y600.0,C8.0;
N0130  X0  C-8.0;
N0140  Y-30.0  M09;
N0150  G40  G01  X-30.0  Y-30.0;
N0160  G49  Z300.0;
N0170  G28  X-30.0  Y-50.0  M05;
N0180  M30;
```

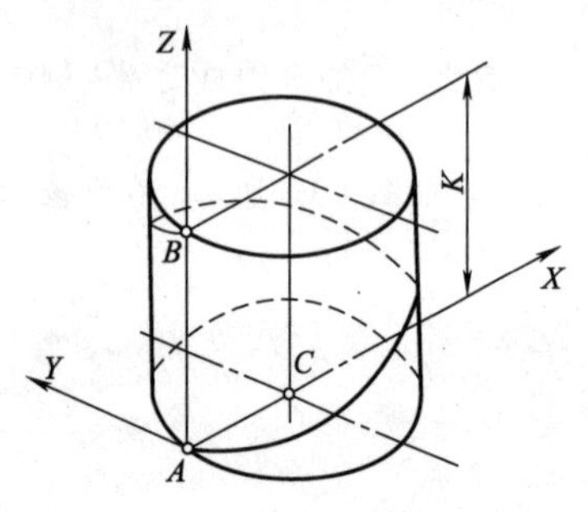

图 4-1-8　螺旋线插补

A—起点；*B*—终点；

C—圆心；*K*—导程

6. 螺旋线加工

螺旋线插补指令与圆弧插补指令相同，即 G02 和 G03 分别表示顺时针、逆时针螺旋线插补，顺、逆时针的定义与圆弧插补相同。在进行圆弧插补时，垂直于插补平面的坐标同步运动，构成螺旋线插补运动，如图 4-1-8 所示。

格式：

与 X_pY_p 平面圆弧同时移动

$$G17\begin{Bmatrix}G02\\G03\end{Bmatrix}\ X_p\_\_\ Y_p\_\_\ \begin{Bmatrix}I\_\_\ J\_\_\\R\_\_\end{Bmatrix}\alpha\_\_\ (\beta\_\_)\ F\_\_;$$

与 Z_pX_p 平面圆弧同时移动

$$G18\begin{Bmatrix}G02\\G03\end{Bmatrix}\ X_p\_\_\ Z_p\_\_\ \begin{Bmatrix}I\_\_\ K\_\_\\R\_\_\end{Bmatrix}\alpha\_\_\ (\beta\_\_)\ F\_\_;$$

与 Y_pZ_p 平面圆弧同时移动

$$G19\begin{Bmatrix}G02\\G03\end{Bmatrix}\ Y_p\_\_\ Z_p\_\_\ \begin{Bmatrix}J\_\_\ K\_\_\\R\_\_\end{Bmatrix}\alpha\_\_\ (\beta\_\_)\ F\_\_;$$

α、β：非圆弧插补的任意一个轴。

最多能指定两个其他轴。

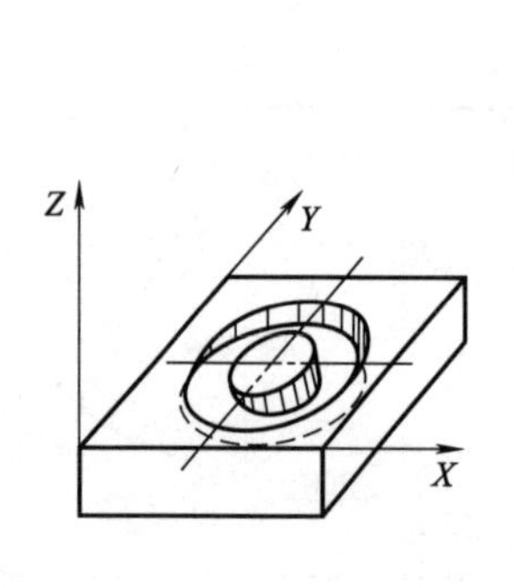

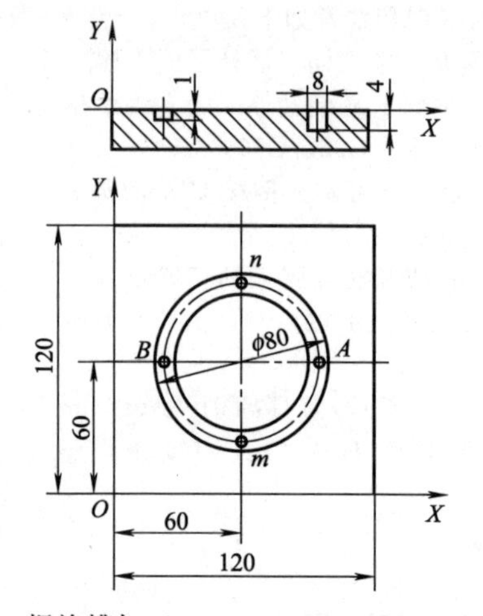

图 4-1-9　螺旋槽加工

例 4-1-3 图 4-1-9 所示螺旋槽由两个螺旋面组成，前半圆 AmB 为左旋螺旋面，后半圆 AnB 为右旋螺旋面。螺旋槽最深处为 A 点，最浅处为 B 点。要求用 ϕ8mm 的立铣刀加工该螺旋槽，编制数控加工程序。刀具半径补偿号为 D01，长度补偿号为 H01。

```
O0050;
N0010 G54 G90 G21 G17 T01;
N0020 M06 ;
N0030 G00 G43 Z50.0 H01;
N0040 G00 X24.0 Y60.0;
N0050 G00 Z2.0;
N0060 M03 S1500;
N0070 G01 Z-1.0 F50.0 M08;
N0080 G03 X96.0 Y60.0 Z-4.0 I36.0 J0;
N0090 G03 X24.0 Y60.0 Z-1.0 I-36.0 J0;
N0100 G01 Z1.5 M09;
N0110 G49 G00 Z150.0 M05;
N0120 X0 Y0;
N0130 M30;
```

例 4-1-4 选择安装单齿 A 型刀片的机夹单刃螺纹铣刀铣削图 4-1-10 所示夹具定位件中 M22×2－6g 外螺纹。

(1) 说明

由于单齿螺纹铣刀结构上的特殊性，不可以执行不完整 1/2 或 1/4 圆周的螺旋插补，为了安全起见，同时也为了确保螺纹深度为 Z－25，通过计算可知：25/2＝12.25，即铣削螺距 2mm 长 25mm 螺纹需在 Z 向走 12 圈多，考虑螺纹铣削时，不管是左旋螺纹还是右旋螺纹，每次都在初始面以上一定高度开始加工，同时为保证螺纹延伸到退刀槽，假定走 13 圈，则 13×2mm＝26mm，刀具在工件表面 0.5mm 处开始进行螺旋线插补，由于螺纹的特点（上下径向尺寸不变），这样即可确保经过 13 个循环后正好能加工出长 25mm 的外螺纹。螺纹小径 d＝22－(1～1.0825)P＝20～19.835mm；螺纹单边加工余量＝0.5413P＝0.541 3×2mm＝1.082mm，分三次加工，1.082mm 的加工余量依次分配为 1.082×(3/6)mm＝0.541mm、1.082×(2/6)mm＝0.360mm、1.082×(1/6)mm＝0.180mm。

选择以色列瓦格斯（VARGUS）的 TMS 机夹单齿螺纹铣刀作为螺纹铣削刀具（螺纹铣刀柄：TMSC10-2

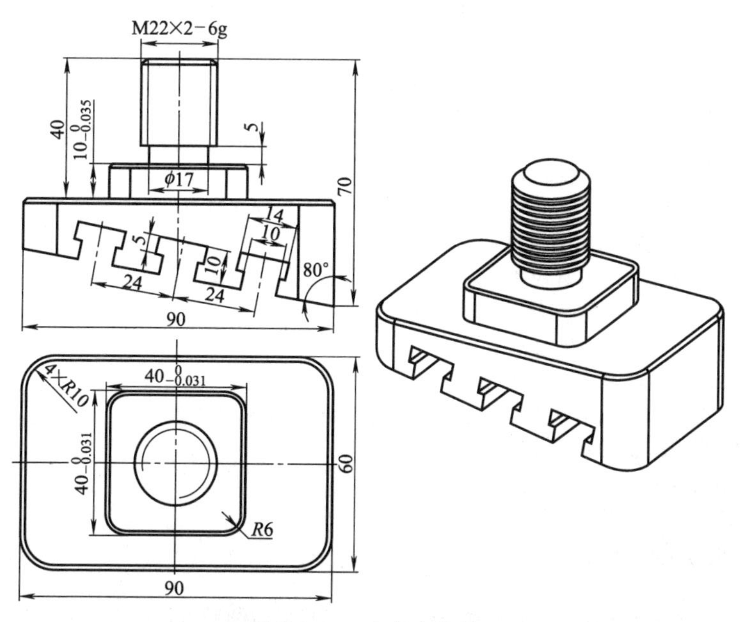

图 4-1-10 夹具定位件

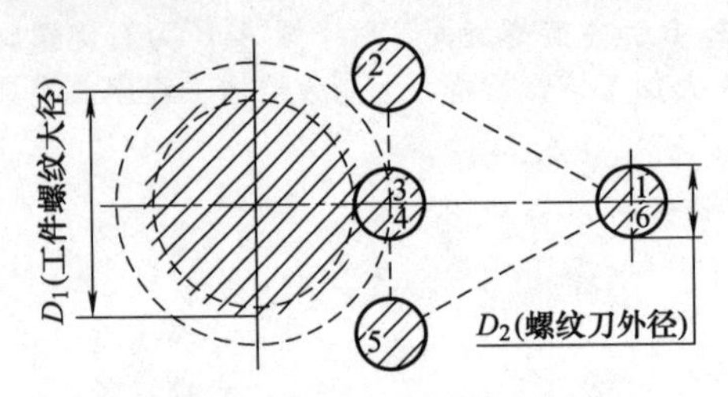

图 4-1-11 机夹单刃螺纹铣刀及单齿A型刀片铣削外螺纹

和螺纹铣刀片：2EL2.0ISO)，则机夹螺纹铣刀切削直径 D_2＝12.5mm。铣削方式为顺铣，切削过程如图 4-1-11 所示。

(2) 数值计算

切入法起点横坐标＝螺纹外圆半径＋刀具半径＝(22＋12.5)/2＝17.25；

切入法起点纵坐标＝螺纹外圆半径＋刀具半径＝(22＋12.5)/2＝17.25；

切入时的 Z 轴位移＝(螺距/周长)×起点纵坐标＝[2/(2×3.14×11)]×17.25＝0.507；

切入法终点横坐标＝螺纹外圆半径＋刀具半径＝(22＋12.5)/2＝17.25；

切入法终点纵坐标＝－(螺纹外圆半径＋刀具半径)＝－(22＋12.5)/2＝－17.25；

取切削速度 V＝120m/min，每齿进给量 f＝0.075mm，铣刀齿数 Z＝1；

主轴转速 $S=1000V/(D_2\pi)=[1000\times120/(12.5\times3.14)]$r/min＝3057r/min

铣刀切削刃处进给速度 $F=f_zZS=0.075\times1\times3057$mm/min＝229mm/min

切线切入时的切削进给速度＝$F\times30\%=229\times30\%$mm/min＝69mm/min.

```
O7341；程序名
N010 G17 G90 G94 G21 C40 G49 G80 G69 G15 G53 T01；系统初始化
N015 M06；取消局部坐标系
N025 M03 S3057；主轴正转
N030 G54 C00 G43 H01 Z50.0；建立刀具长度补偿，并快速移到初始平面
N035 X60 Y0 M08；刀具快速移到工件右侧，打开切削液
N040＃1＝3；分层加工次数
    ＃5＝1.082；螺纹单边加工余量
    ＃6＝17.25；螺纹外圆半径与螺纹刀具半径之和
N045 WHILE [＃1GE1] DO1；如果＃1≥1，循环 1 继续执行下面程序
N050＃2＝＃5＊ [＃1]/6；螺纹单边分层切削余量
N055＃6＝＃6－＃2；螺纹刀具切削回转中心圆半径
N060 C00 Z1.07；刀具快速移动到起始点上方
N065 G00 X＃6 Y＃6；将刀具中心快速移动到切线的延长线上
N070 ＃3＝1；螺纹圈数初始值
N075 G91 G01 X0 Y [－＃6] Z－0.507  F69；切线切入到螺纹切削起点
N080 WHILE [＃3LE 13] DO2；如果＃3≤13，循环 2 继续下面程序
N085 G91 G02 X0 Y0 I [－＃6] J0 Z－2.0 F229；G02 顺时针螺旋铣削一圈螺纹
N090 ＃3＝＃3＋1；螺纹圈数加 1
N095 END2；螺纹铣削一圈循环 2 结束，返回循环起始程序段 N80
N100 G91 C01 X0 Y－＃6 Z－0.507；延长线切出
N105 G90 G00 Z10.0；刀具快速上升到工件表面上方 10mm 处
N110 X60 Y0；刀具快速退回到螺纹加工起始点
N115 ＃1＝＃1－1；分层次数减 1
N120 END1；分层铣削螺纹循环 1 结束，返回循环 1 起始程序段 N45
N125 C00  Z150.0 M09；刀具快速提刀至安全高度，关闭切削液
N130  G49 M05；取消刀具长度补偿，主轴停止
N135 G28Z155.0；
N140  M30；程序结束并返回程序起始段
```

7. 等导程螺纹切削 (G33)

(1) 指令

G33 指令可以加工等导程螺纹。见如下指令格式，以 F 代码后续数值，指定等导程螺纹的导程。

G33 IP ___ F ___；

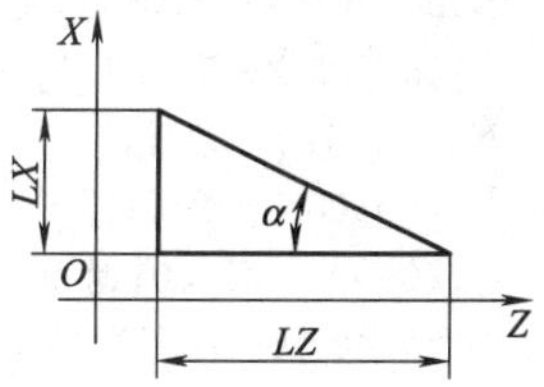

IP：终点坐标。

F：长轴方向的导程，其决定方法如图 4-1-12 所示。

如果 $\alpha \leqslant 45°$，导程是 LZ；

如果 $\alpha > 45°$，导程是 LX；

螺纹切削开始和结束部分，一般由于伺服的迟滞等原因，会造成导程误差，因此，要适当考虑切入、切出量。

图 4-1-12　长度方向导程示意

（2）G33 等导程螺纹镗削加工注意事项

1）主轴启动后，应有延时时间，保证主轴达到额定转速。

2）在进行螺纹切削时，从粗加工到精加工，都是沿同一轨迹多次重复切削的。要求从粗加工到精加工时主轴转速恒定。

3）G33 指令对主轴转速有以下限制：

$$1 \leqslant n \leqslant V_{fmax}/P$$

式中　n——主轴转速，r/min；

V_{fmax}——最大进给速度，mm/min；

P——螺纹导程，mm。

4）退刀时，如果是手磨的螺纹刀具，由于刀具不能刃磨对称，不能采用反转退刀，必须采用主轴定向，刀具径向移动，然后退刀。

5）刀杆的制造必须精确，尤其是刀槽位置必须保持一致。如不一致，不能采用多刀杆加工，否则就会造成乱扣。

6）即使是很细的扣，车螺纹时也不能一刀完成，否则会造成掉牙，表面粗糙度值高，至少应分两刀。

7）加工效率低，只适用于单件小批、特殊螺距螺纹和没有相应刀具的情况。

例 4-1-5　使用可调式镗刀，配合 G33 指令编制如图 4-1-13 所示零件上的 M60×1.5 的内螺纹加工程序。

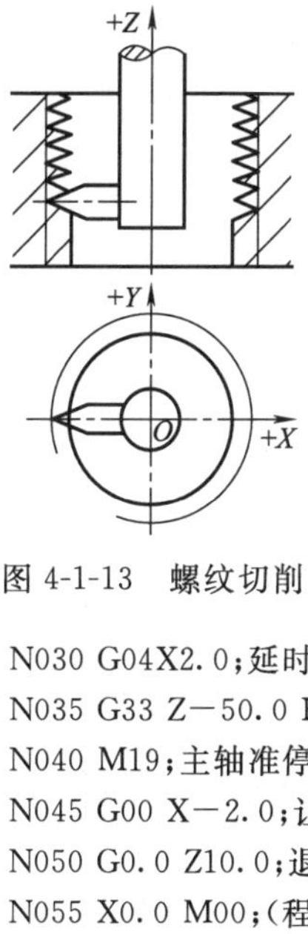

图 4-1-13　螺纹切削

（1）数值计算

M60×1.5 的内螺纹工作高度为 0.974mm，螺纹刀尖半径大约为 0.22mm，内螺纹小径为 58.626mm；而第一次切入是用刀片尖切削，因此切削力都集中在刀尖上，为防止刀尖的损伤或崩刃，最大的切深量不能超过刀尖半径 r 的 1.5～2 倍（最大为 0.4～0.5mm），故分四刀镗削螺纹，依次单边切深为 0.4mm、0.3mm、0.2mm、0.08mm。

（2）程序编制

```
O1555;程序名
N010 G90 G80 G17 G40 G49 G54;系统状态初始化设置
N015 G00 X0 Y0;刀具快速移到螺纹孔中心上方
N020 M03 S400;主轴正转,转速 400r/min
N025 G43 Z10.0 H01 M8;建立刀具长度补偿,刀具快速下降到零件上表面10mm 处,打开切削液
N030 G04X2.0;延时,使主轴达到额定转速(400r/min)
N035 G33 Z-50.0 F1.5;第一次粗镗削螺纹,单边切深 0.4mm
N040 M19;主轴准停
N045 G00 X-2.0;让刀
N050 G0.0 Z10.0;退刀
N055 X0.0 M00;(程序停止;调整刀具)
N060 M03S400;主轴正转,转速 400r/min
N065 G04 X2.0;延时,使主轴达到额定转速
N070 G33 Z-50.0 F1.5;第二次粗镗削螺纹,单边切深 0.3mm
N075 M19;主轴准停
N080 G00 X-2.0;让刀
N085 G00 Z10.0;退刀
N090 X0.0 M00;(程序停止;调整刀具)
N095 M03S400;主轴正转,转速 400r/min
```

N100 G04 X2.0;延时,使主轴达到额定转速
N105 G33 Z−50. F1.5;第三次粗镗削螺纹,单边切深 0.2mm
N110 M19;主轴准停
N115 G00 X−2.0;让刀
N120 G0.0 Z10.0;退刀
N125 X0 M00;(程序停止;调整刀具)
N130 M03S400;主轴正转,转速 400r/min
N135 G04 X2.0;延时,使主轴达到额定转速
N140 G33 Z−50.0 F1.5;第四次粗镗削螺纹,单边切深 0.08mm
N145 M19;主轴准停
N150 G00 X−2.0 M09;让刀,关闭切削液
N155 G49 Z100.0 M05;取消刀具长度补偿,主轴停止
N160 G91 G28 Z0.0;切换为增量方式,Z 向自动返回参考点
N165 M30;程序结束,返回程序起始段

三、极坐标编程

三、四为数控程序员高级工与数控铣工/加工中心操作工高级工内容

1. 极坐标指令

G16：极坐标系生效指令。

G15：极坐标系取消指令。

当使用极坐标指令后，坐标值以极坐标方式指定，即以极坐标半径和极坐标角度来确定点的位置。

(1) 极坐标半径

当使用 G17、G18、G19 选择好加工平面后，用所选平面的第一轴地址来指定。

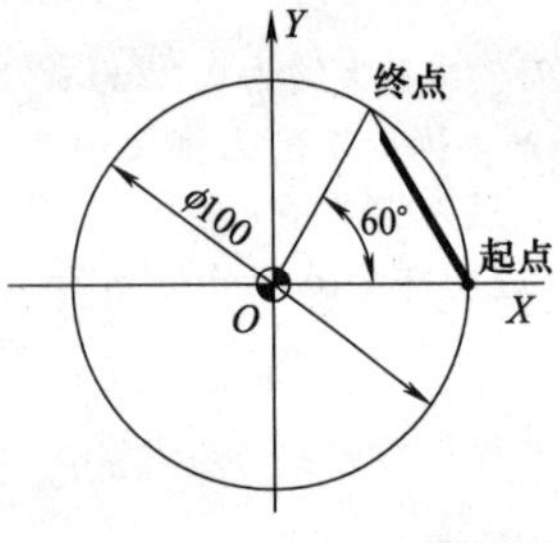

(2) 极坐标角度

用所选平面的第二坐标地址来指定极坐标角度，极坐标的零度方向为第一坐标轴的正方向，逆时针方向为角度方向的正向（如图 4-1-14 所示）。

图 4-1-14　极坐标参数示意

2. 极坐标系原点

极坐标原点指定方式有两种：一种是以工件坐标系的零点作为极坐标原点；另一种是以刀具当前的位置作为极坐标系原点。

当以工件坐标系零点作为极坐标系原点时，用绝对值编程方式来指定。如程序“G90G17G16;”，极坐标半径值是指终点坐标到编程原点的距离；角度值是指终点坐标与编程原点的连线与 X 轴的夹角。如图 4-1-15 所示。

当以刀具当前位置作为极坐标系原点时，用增量值编程方式来指定。如程序“G91G17G16;”，极坐标半径值是指终点到刀具当前位置的距离；角度值是指前一坐标原点与当前极坐标系原点的连线与当前轨迹的夹角。如图 4-1-16 所示，在 A 点处进行 G91 方式极坐标编程，则 A 点为当前极坐标系的原点，而前一坐标系的原点为编程原点（O 点），则半径为当前编程原点到轨迹终点的距离（图中 AB 线段的长度）；角度为前一坐标原点与当前极坐标系原点的连线与当前轨迹的夹角（图中 OA 与 AB 的夹角）。BC 段编程时，B 点为当前极坐标系原点，角度与半径的确定与 AB 段类似。

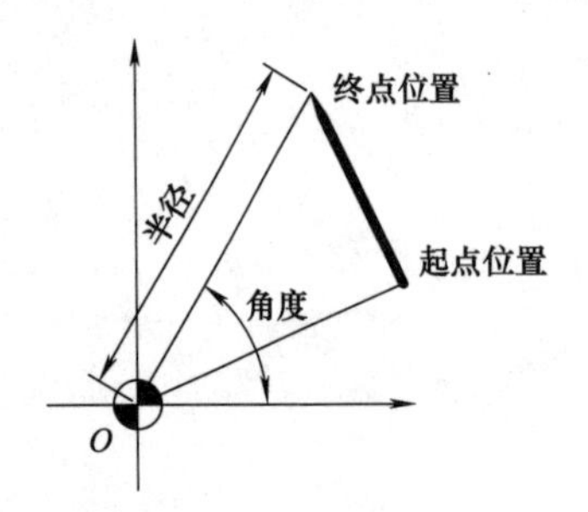

图 4-1-15　G90 指定原点

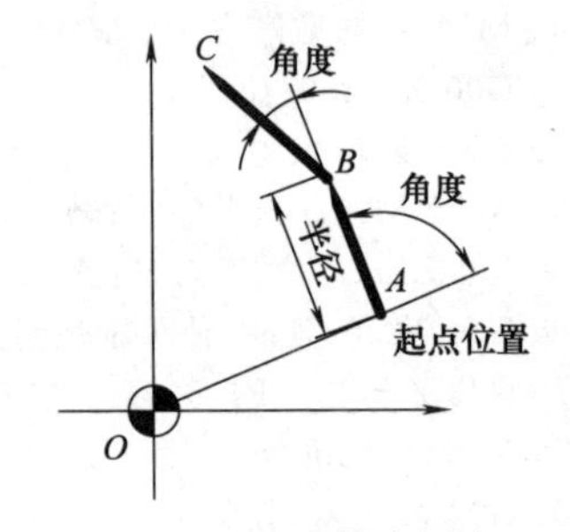

图 4-1-16　G91 指定原点

3. 极坐标的应用

采用极坐标编程，可以大大减少编程时的计算工作量，因此在编程中得到广泛应用。通常情况下，圆周分

布的孔类零件（如法兰类零件）以及图样尺寸以半径与角度形式标示的零件（如正多边形外形铣），采用极坐标编程较为合适。

四、坐标变换

1. 坐标旋转

对于某些围绕中心旋转得到的特殊的轮廓加工，如果根据旋转后的实际加工轨迹进行编程，就可能使坐标计算的工作量大大增加。而通过图形旋转功能，可以大大简化编程的工作量。

(1) 指令格式

G17 G68 X ___ Y ___ R ___；

G69；

其中 G68 表示图形旋转生效，而指令 G69 表示图形旋转取消。

格式中的 X、Y 值用于指定图形旋转的中心，R 用于表示图形旋转的角度，该角度一般取 0°～360°的正值，旋转角度的零度方向为第一坐标轴的正方向，逆时针方向为角度方向的正向。不足 1°的角度以小数点表示，如 10°54′用 10.9°表示。

如：G68 X15.0 Y20.0 R30.0；表示图形以坐标点（15，20）作为旋转中心，逆时针旋转 30°。

(2) 坐标系旋转编程说明

1) 在坐标系旋转取消指令（G69）以后的第一个移动指令必须用绝对值指定。如果采用增量值指令，则不执行正确的移动。

2) CNC 数据处理的顺序是从程序镜像到比例缩放到坐标系旋转到刀具半径补偿 C 方式。所以在指定这些指令时，应按顺序指定，取消时，按相反顺序。如果坐标系旋转指令前有比例缩放指令，则在比例缩放过程中不缩放旋转角度。

3) 在坐标系旋转方式中，与返回参考点指令（G27，G28，G29，G30 ）和改变坐标系指令（G54～G59，G92）不能指定。如果要指定其中的某一个，则必须在取消坐标系旋转指令后指定。

2. 比例缩放

在数控编程中，有时在对应坐标轴上的值是按固定的比例系数进行放大或缩小的，这时，为了编程方便，可采用比例缩放指令来进行编程。

(1) 指令格式

1) 格式一 G51 I ___ J ___ K ___ P ___；

如：G51 I0 J10.0 P2000；

格式中的 I、J、K 值作用有两个：第一，选择要进行比例缩放的轴，其中 I 表示 *X* 轴，J 表示 *Y* 轴，K 表示 *Z* 轴，以上例子表示在 *X*、*Y* 轴上进行比例缩放，而在 *Z* 轴上不进行比例缩放；第二，指定比例缩放的中心，“I0 J10.0”表示缩放中心在坐标（0，10.0）处，如果省略了 I、J、K 则 G51 指定时刀具的当前位置作为缩放中心。P 为进行缩放的比例系数，不能用小数点来指定该值，“P2000”表示缩放比例为 2 倍。

2) 格式二 G51 X ___ Y ___ Z ___ P ___；

如：G51 X10.0 Y20.0 P1500；

格式中的 X、Y、Z 值与格式一中的 I、J、K 值作用相同，不过是由于系统不同，书写格式不同罢了。

3) 格式三 G51 X ___ Y ___ Z ___ I ___ J ___ K ___；

如：G51 X0 Y0 Z0 I1.5 J2.0 K1.0；

该格式用于较为先进的数控系统（如 FANUC 0i 系统），表示各坐标轴允许以不同比例进行缩放。上例表示在以坐标点（0，0，0）为中心进行比例缩放，在 *X* 轴方向的缩放倍数为 1.5 倍，在 *Y* 轴方向上的缩放倍数为 2 倍，在 *Z* 轴方向则保持原比例不变。I、J、K 数值的取值直接以小数点的形式来指定缩放比例，如 J2.0 表示在 *Y* 轴方向上的缩放比例为 2.0 倍。

(2) 取消缩放格式

G50；

(3) 比例缩放编程说明

1) 比例缩放中的刀补问题

在编写比例缩放程序过程中，要特别注意建立刀补程序段的位置，一般情况下，刀补程序段写在缩放程序段内。如下程序所示：

G51 X ___ Y ___ Z ___ P ___；

G41 G01 ...... D01 F100；

在执行该程序段过程中，机床能正确运行，而如果执行如下程序则会产生机床报警。

G41 G01...... D01 F100；

G51 X ___ Y ___ Z ___ P ___；

比例缩放对于刀具半径补偿值、刀具长度补偿值及刀具偏置值无效。

2）比例缩放中的圆弧插补

在比例缩放中进行圆弧插补，如果进行等比例缩放，则圆弧半径也相应缩放相同的比例；如果指定不同的缩放比例，则有的系统刀具不会加工出相应的椭圆轨迹，仍将进行圆弧的插补，圆弧的半径根据 I、J 中的较大值进行缩放。

3）比例缩放中的注意事项

① 比例缩放的简化形式。如将比例缩放程序“G51 X ___ Y ___ Z ___ P ___；”或者“G51 X ___ Y ___ Z ___ I ___ J ___ K ___；”简写成“G51;”，则缩放比例由机床系统自带参数决定，具体值可查阅机床有关参数表；而缩放中心则指刀具中心当前所处的位置。

② 比例缩放对固定循环中 Q 值与 d 值无效。在比例缩放过程中，有时不希望进行 Z 轴方向的比例缩放，这时可以修改系统参数，从而禁止在 Z 轴方向上进行比例缩放。

③ 比例缩放对刀具偏置值和刀具补偿值无效。

④ 在缩放状态下，不能指令返回参考点的 G 代码（G27～G30），也不能指令坐标系的 G 代码（G52～G59，G92）。若一定要指令这些 G 代码，应在取消缩放功能后指定。

例 4-1-6 用缩放功能指令对零件图 4-1-17 上的不同尺寸、不同位置的相似椭圆进行程序简化设计。

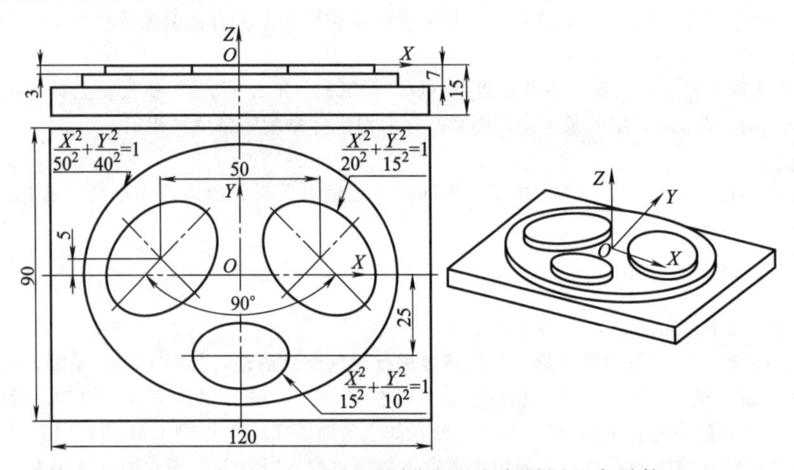

图 4-1-17 不同尺寸、不同位置的相似椭圆凸台零件

1）工艺分析：由图 4-1-17 可知，此零件图由四个椭圆轮廓曲面构成，在一个大的椭圆曲面台阶上有三个小椭圆凸台，其中两个斜椭圆凸台大小相同，左右对称分布。这里，以工件中心表面建立工件坐标系，将大椭圆轮廓曲面作为子程序编写，然后，通过坐标变换指令，编写主程序。

2）程序编制：

主程序；

```
O4311;主程序名
N0010 M06 T01;调用 1 号刀(φ10mm 立铣刀)
N0012 G17 G90 G94 G21 G40 G49 G80 G69 G15 G53;系统参数初始化
N0018 M03 S780;主轴正转,转速 780r/min
N0020 G54 G43 G00 Z150.0 H01;建立刀具长度补偿,起刀高度为 150mm
N0025 X70.0 Y0;快速移动到下刀点
N0028 Z10;刀具快速下降到工件上方 5mm 处
N0030 ＃101＝7.0;将大椭圆切削高度赋值给全局变量＃101
N0035 G65 P0151;调用椭圆铣削子程序,铣削大椭圆
N0040 ＃101＝3.0;将小椭圆切削高度赋值给全局变量＃101
```

N0045 G51 X25.0 Y5.0 Z0 I0.4 J0.375 K1.0;以坐标点(25,5,0)为缩放点,根据各轴缩放比例系数缩放各对应轴尺寸

N0050 G68 X25.0 Y5.0 R－45.0;以坐标点(25,5,0)为旋转中心,坐标轴顺时针旋转45°

N0055 G65 P0151;调用椭圆铣削子程序,铣削右侧斜椭圆

N0060 G50;取消缩放功能

N0065 G51 X－25.0 Y5.0 Z0 10.4 J0.375 K1.0;以坐标点(－25,5,0)为缩放点,根据各轴缩放比例系数缩放各对应轴尺寸

N0070 G68 X－25.0 Y5.0 R45.0;以坐标点(－25,5,0)为旋转中心,坐标轴逆时针旋转45°

N0075 G65 P0151;调用椭圆铣削子程序,铣削左侧斜椭圆

N0080 G69;取消坐标旋转

N0085 G50;取消缩放功能

N0090 G51 X0 Y－25.0 Z0 I0.3 J0.25 K1.0;以坐标点(0,－25,0)为缩放点,根据各轴缩放比例系数缩放各对应轴尺寸

N0095 G65 P0151;调用椭圆铣削子程序,铣削下方小椭圆

N0100 G50;取消缩放功能

N0105 G49 G00 Z150.0 M05;取消刀具长度补偿,刀具退到起刀初始高度,主轴停止旋转

N0110 G91 G28 Z0;刀具 *Z* 向自动返回机床零点

N0115 M30;程序结束,返回程序开头

子程序;

O0151;椭圆铣削子程序名

N10 G00 X65.0 Y0;刀具快速移动到下刀点

N15 G01 Z[－#101] F100.0 M08;刀具以100r/min速度下降到椭圆切削高度,打开切削液

N20 G42 G01 X50.0 Y－5.0 F150.0 D01;建立右刀补,直线插补到椭圆切点的延长线

N25 #1=0;椭圆初始角度

N30 WHILE[#1LE360]DO1;如果#1大于360°,则程序跳转至N45程序段

N35 C01 X[50.0*COS[#1]]Y[40.0*SIN[#1]]F150;在椭圆轮廓上直线插补

N38 #1=#1+2;角度均值递增

N40 END1;循环1结束,返回循环起始程序段N30

N45 Y5.0;直线插补,延长线退刀

N50 G40 X65.0 Y0;取消刀补,退到起刀点

N55 G00 Z10;刀具快速抬起到工件上方10mm处

N60 M99;子程序结束,返回主程序

3. 可编程镜像

使用编程的镜像指令可实现沿某一坐标轴或某一坐标点的对称加工。在一些老的数控系统中通常采用M指令来实现镜像加工，在FANUC 0i系统中则采用G51或G51.1来实现镜像加工。

(1) 指令格式

1) 格式一

G17 G51.1 X___ Y___;

G50.1 X___ Y___;

格式中的X、Y值用于指定对称轴或对称点。当G51.1指令后仅有一个坐标字时，该镜像是以某一坐标轴为镜像轴。如下指令所示：

G51.1 X10.0;

该指令表示以某一轴线为对称轴，该轴线与 *Y* 轴相平行，且与 *X* 轴在 *X*=10.0处相交。

当G51.1指令后有两个坐标字时，表示该镜像是以某一点作为对称点进行镜像。如下指令表示其对称点为（10，10）这一点。

G51.1 X10.0 Y10.0;

G50.1 X___ Y___; 表示取消镜像

2) 格式二

G17 G51 X___ Y___ I___ J___;

G50；

使用此种格式时，指令中的I、J值一定是负值，如果其值为正值，则该指令变成了缩放指令。另外，如果I、J值虽是负值但不等于−1，则执行该指令时，既进行镜像又进行缩放。“G50；”表示取消镜像。

(2) 镜像编程的说明

1) 在指定平面内执行镜像指令时，如果程序中有圆弧指令，则圆弧的旋转方向在必要时做相反处理，即G02变成G03，相应地，G03变成G02。

2) 在指定平面内执行镜像指令时，如果程序中有刀具半径补偿指令，则刀具半径补偿的偏置方向在必要时做相反处理，即G41变成G42，相应地，G42变成G41。

3) 在指定平面内执行镜像指令时，如果程序中有坐标系旋转指令，则坐标系旋转方向在必要时做相反处理。即顺时针变成逆时针，相应地，逆时针变成顺时针。

4) CNC数据处理的顺序是从程序镜像到比例缩放到坐标系旋转。所以在指定这些指令时，应按顺序指定，取消时，按相反顺序。在旋转方式或比例缩放方式不能指定镜像指令G50.1或G51.1指令。但在镜像指令中可以指定比例缩放指令或坐标系旋转指令。

5) 在可编程镜像方式中，与返回参考点指令（G27，G28，G29，G30）和改变坐标系指令（G54～G59，G92）不能指定。如果要指定其中的某一个，则必须在取消可编程镜像后指定。

6) 在使用镜像功能时，由于数控镗铣床的 Z 轴一般安装有刀具，所以，Z 轴一般都不进行镜像加工。

例 4-1-7 如图4-1-18所示，零件图上有两相同形状和尺寸的斜椭圆弧凸台。利用旋转指令和镜像功能编制椭圆凸台程序。其他程序较为简单，可自行编制。

1) 工艺分析：由图4-1-18可知，此零件图右上角和右下角各有相同形状和尺寸的斜椭圆弧小凸台，将编程坐标系的编程零点设置在零件中心的上表面，为了简化编程，可以将椭圆小凸台编写为子程序，然后通过旋转指令和镜像指令来简化编程。又因为两椭圆小凸台处在编程坐标系的第一、第四象限，且位置是倾斜的，即椭圆的长、短轴与编程坐标轴不平行，而在进行椭圆轮廓编程时，是以椭圆的长、短轴为坐标轴，椭圆的中心为工件坐标原点，通过椭圆方程用直线逼近法设计程序加工的。因此，在编写椭圆子程序时，要建立以椭圆长、短轴为坐标轴，椭圆中心为工件坐标原点的子坐标系来编程；根据上述说明，先镜像再旋转的编程顺序，在通过调用子程序加工好第一象限的椭圆弧凸台后，通过镜像功能加工第四象限的椭圆弧凸台。

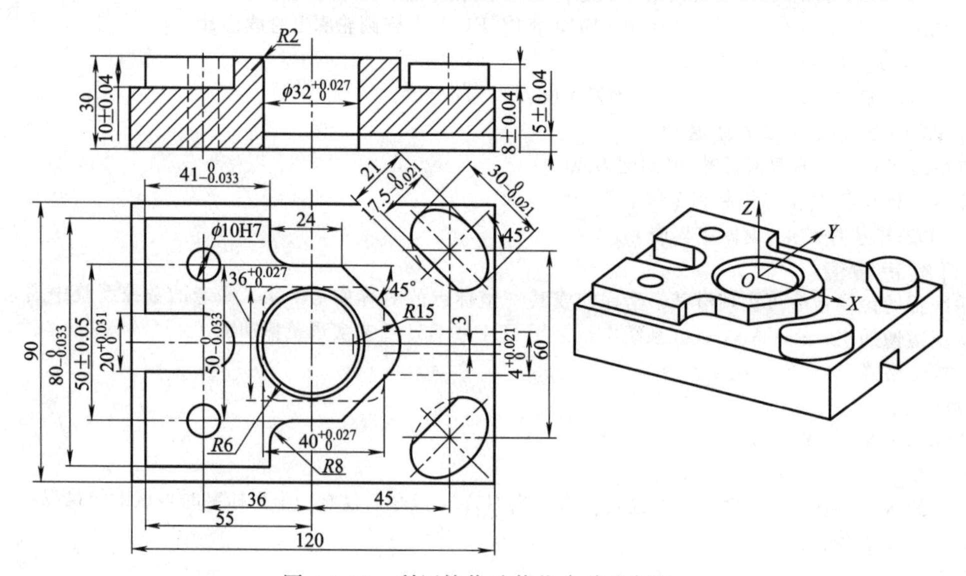

图 4-1-18 利用镜像功能指令编程例题

2) 程序编制

主程序：

O4201；主程序名

N0010 M06 T01；调用1号刀（ϕ16mm立铣刀）

N0012 G17 G90 G94 G21 G40 G49 G80 G69 G15 G53；系统参数初始化

N0018 M03 S780；主轴正转，转速780r/min

N0020 G54 G43 G00 Z100.0H01；建立刀具长度补偿，起刀高度为100mm
N0022 X80.0Y0；快速移动到下刀点
N0025 C01 Z−8.0 F1000 M08；刀具快速移动到工件坐标零点，打开切削液
N0030 G65 P0421；调用椭圆加工子程序，加工第一象限椭圆小凸台
N0035 G51.1 Y0；建立X轴镜像
N0040 G65 P0421；调用椭圆加工子程序，加工第四象限椭圆小凸台
N0045 G50.1 Y0；取消镜像指令
N0050 G43 G00 Z100 .0M09；取消刀具长度补偿，关闭切削液，退到起刀高度
N0055 X0 Y70.0 M05；刀具退至工件后面，主轴停止
N0060 M30；主程序结束，并返回程序开头

子程序：

O0421；椭圆子程序名
N10 G68 X45 Y30 R45；以椭圆中心为旋转点，将坐标轴旋转45°，建立新的坐标系
N15 #1=0；椭圆起始角度
#2=45；椭圆凸台中心在编程坐标系中的横向坐标值
#3=30；椭圆凸台中心在编程坐标系中的纵向坐标值
#4=15；椭圆长半轴值
#5=10.5；椭圆短半轴值
#6=5；均值递增的角步距
N20 G42 G01 X [#2+#4] Y [#3−#5] F120 D01；建立刀补，刀具移动到椭圆轴点的延长线上
N22 G01 Y [#3]
N25 WHILE [#1LE360] DO1；如果#1大于360°，则程序跳转到N55程序段
N30 #7=#2+#4*COS [#1]；椭圆上任意一点上的横向坐标值
N35 #8=#3+#5*SIN [#1]；椭圆上任意一点上的纵向坐标值
N40 G01 X#7 Y#8；直线插补到椭圆上任意一点
N45 #1=#1+#6；角步距均值递增
N50 END1；循环1结束，返回循环体起始程序段N25
N55 G91 G01 Y [#5+1] F500；增量方式延长线切出
N60 G90 Z15.0
N70 G00 X [#2−17.5]；直线插补
N75 G01 Y [#3−8.75]
N80 G01 Z−8.0
N85 G01 X [#2+15.0]
N70 G40 G01 X [#2+20.0] Y [#3−15.0] F500；取消刀补
N75 G69；取消旋转
N80 X80 Y0 F500；刀具退到对称轴上
N85 M99；子程序结束并返回主程序

说明：编写子程序时如下两点要特别注意。

① 刀具的下刀点要选择恰当，最好选择在两相同形状的对称轴上；

② 要注意切削加工时不要与其他轮廓形状干涉。这样在主程序中，利用镜像指令和子程序调用指令时，刀具就不要再提上和提下了。

例 4-1-8 加工图4-1-19所示的轮廓。对于该零件的粗加工可以参照前面介绍的内容进行。这里只介绍本零件的精加工方法。

(1) 加工步骤

1) 选用10mm立铣刀依次精加工八边形凸台、两个半腰圆凸台、两个L形凹槽。

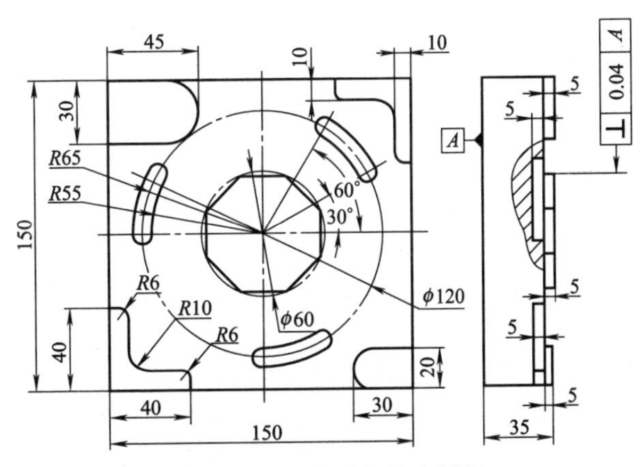

图4-1-19 坐标变换综合课题

2）选用 8mm 立铣刀依次精加工三个圆弧形凹槽。

（2）程序编制

系统	FANUC-0i	程序号	O001(主) O011、O012、O013、O014(子)
刀具	1 号刀具 $\phi10$ 铣刀，2 刀具 $\phi8$ 键槽铣刀	工件材料	45 钢

O001 号程序(主程序)

程序段号	程序内容	程序说明
N10	G90 G94 G40 G21 G17 G54；	程序开始部分
N20	G91 G28 Z0.0；	
N30	T01 M06；	
N40	G00 X－35.0Y－35.0；	
N50	G43 Z50.0 H01；	
N60	M03 S800；	
N70	M08；	
N80	G01 Z－5.0 F150；	
N90	M98 P11；	调用 11 号子程序加工八边形凸台
N100	G00 Z50.0；	
N110	G00 X75.0 Y－90.0；	刀具定位至下一个切削起点位置
N120	G00 Z－5.0；	
N130	M98 P12；	调用 12 号子程序加工第四象限腰圆凸台
N140	G00 X－75.0 Y90.0；	刀具定位至下一个切削起点位置
N150	G00 Z－5.0；	
N160	G51 X75.0 Y－75.0 P1500；	比例缩放 1.5 倍
N170	G68 X0.0 Y0.0 R180.0；	坐标旋转 180°
N180	M98 P12；	调用 12 号子程序加工第二象限腰圆凸台
N190	G69；	坐标旋转取消
N200	G50；	比例缩放取消
N210	G00 Z50.0；	
N220	G00 X－80.0 Y－80.0；	刀具定位至下一个切削起点位置
N230	G00 Z－5.0；	
N240	M98 P13；	调用 13 号子程序加工第三象限 L 形凹槽
N250	G00 Z50.0；	刀具定位至下一个切削起点位置
N260	G00 X80.0 Y80.0；	
N270	G51.1 X0.0 Y0.0；	关于原点镜像
N280	M98 P13；	调用 13 号子程序加工第一象限 L 形凹槽
N290	G00 Z50.0；	
N300	M05；	
N310	M09；	
N320	G91 G28 Z0.0；	
N330	T02 M06；	换刀并定位到下一个切削位置
N340	G00 X51.96 Y30.0；	
N345	G43 Z50.0 H02；	
N350	G00 Z2.0；	
N360	G01 Z－5.0 F50.0；	
N370	M98 P14；	调用 14 号子程序加工第一象限圆弧凹槽
N380	G00 Z50.0；	
N390	G00 X－51.96 Y30.0；	刀具定位至下一个切削起点位置

```
N400    G00 Z2.0;
N410    G01 Z-5.0 F50.0;
N420    G68 X0.0 Y0.0 R120.0;                 工件坐标系旋转 120°
N430    M98 P14;                              调用 14 号子程序加工第二象限圆弧凹槽
N440    G69;                                  坐标旋转取消
N450    G00 Z50.0;                            刀具定位至下一个切削起点位置
N460    G00 X0.0 Y60.0;
N470    G00 Z2.0;
N480    G01 Z-5.0 F50.0;
N490    G68 X0.0 Y0.0 R240.0;                 工件坐标系旋转 240°
N500    M98 P14;                              调用 14 号子程序加工第四象限圆弧凹槽
N510    G69;                                  坐标旋转取消
N520    G00 Z50.0;
N530    M05;
N540    M09;
N550    G91 G28 Z0.0;                         程序结束部分
N560    G91 G28 Y0.0;
N570    M30;
O11 号子程序  正八边形加工程序
  N10   G90 G17 G16;                          设定以工件坐标原点为极点的极坐标
  N20   G41 G01 X30.0 Y247.5 D01 F100;        极坐标中的刀具半径左补偿
  N30   G91 G01 Y-45.0;                       角度增量方式表示
  N40   Y-45.0;
  N50   Y-45.0;
  N60   Y-45.0;
  N70   Y-45.0;                               八边形主体程序
  N80   Y-45.0;
  N90   Y-45.0;
  N100  Y-45.0;
  N110  G90 G40 X40.0 Y270.0;                 刀具半径补偿取消
  N120  G15;                                  极坐标取消
  N130  G00 Z50.0;                            返回主程序
  N140  M99;
O12 号子程序  加工小腰圆凸台
  N10   G41 G01 X75.0 Y-75.0 D01;
  N20   G01 X55.0;
  N30   G02 X55.0 Y-55.0 R10.0;
  N40   G01 X75.0;                            加工小腰圆凸台子程序主体部分
  N50   Y-75.0;
  N60   G40 G01 X75.0 Y-90.0;
  N70   G00 Z50.0;
  N80   M99;
O13 号子程序  加工 L 形凹槽
  N10   G41 G01 X-35.0 Y-75.0 D01;
  N20   G01 Y-71.0;                           加工 L 形凹槽子程序主体部分
  N30   G03 X-41.0 Y-65.0 R6.0;
```

```
N40    G01 X-55.0;
N50    G02 X-65.0 Y-55.0 R10.0;
N60    G01 Y-41.0;
N70    G03 X-71.0 Y-35.0 R6.0;
N80    G01 X-75.0;
N90    G40 G01 X-75.0 Y-90.0;
N100   G00 Z50.0;
N110   M99;
```

O14 号子程序　加工圆弧凹槽

```
N10    G90 G17 G16;                 设定以工件坐标原点为极点的极坐标
N20    G41 G01 X65.0 Y30.0 D02;     极坐标中的刀具半径左补偿
N30    G03 X65.0 Y60.0 R65.0;
N40    G03 X55.0 Y60.0 R5.0;
N50    G02 X55.0 Y30.0 R55.0;       加工圆弧凹槽子程序主体部分
N60    G03 X65.0 Y30.0 R5.0;
N70    G40 G01 X51.96 Y30.0;
N80    G15;                         取消极坐标
N90    G00 Z50.0;                   程序结束
N100   M99;
```

第二节　固定循环与特殊功能

一、固定循环

数控程序员高级工、数控铣工/加工中心操作工中级工内容

1. 孔的固定循环功能概述

（1）孔加工指令

加工孔的固定循环指令如表 4-2-1 所示。

表 4-2-1　孔加工指令

G 代码	孔加工行程(−Z)	孔底动作	返回行程(+Z)	用　途
G73	间歇进给	快速进给	—	高速深孔往复排屑钻
G74	切削进给	主轴正转	切削进给	攻左螺纹
G76	切削进给	主轴定向刀具移位	快速进给	精镗
G80	—	—	—	取消指令
G81	切削进给	—	快速进给	钻孔
G82	切削进给	暂停	快速进给	钻孔
G83	间歇进给	—	快速进给	深孔排屑钻
G84	切削进给	主轴反转	切削进给	攻右螺纹
G85	切削进给	—	切削进给	镗削
G86	切削进给	主轴停转	切削进给	镗削
G87	切削进给	刀具移位主轴启动	快速进给	背镗
G88	切削进给	暂停、主轴停转	手动操作后快速返回	镗削
G89	切削进给	暂停	切削进给	镗削

（2）固定循环的动作组成

固定循环的动作组成如图 4-2-1 所示，固定循环一般由六个动作组成，动作说明见表 4-2-2。

表 4-2-2 固定循环动作说明

动　作	说　明	备　注
①	X、Y 坐标快速定位	在图 4-2-1 中③段的进给率由 F 决定，⑤段的进给率按固定循环规定决定 在固定循环中，刀具偏置 G45～G48 无效。刀具长度补偿 G43、G44、G49 有效，它们在动作②中执行
②	快进到 R 点	
③	孔加工	
④	孔底动作	
⑤	返回到 R 点	
⑥	返回到初始点	

(3) 固定循环的代码组成

组成一个固定循环，要用到以下三组 G 代码：

1）数据格式代码 G90/G91；

2）返回点代码 G98（返回初始点）/G99（返回 R 点）；

3）孔加工方式代码 G73～G89。

在使用固定循环编程时一定要在前面程序段中指定 M03（或 M04），使主轴启动。

固定循环指令组的书写格式见表 4-2-3。

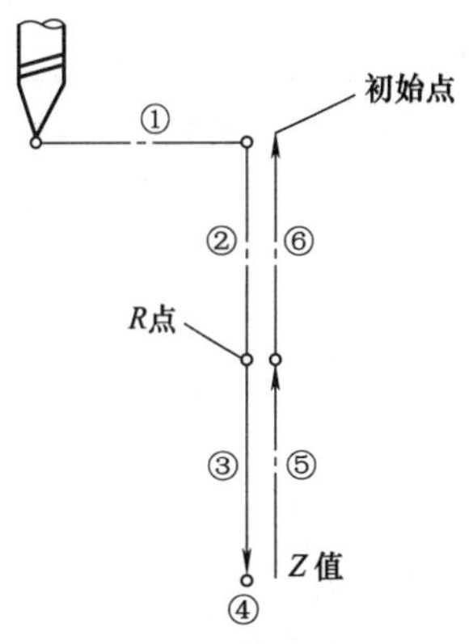

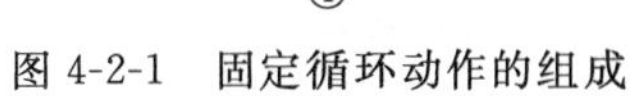
图 4-2-1 固定循环动作的组成

2. 固定循环

(1) 固定循环指令简介

以上对固定循环总体作了介绍，现分别介绍每条指令。

1）高速深孔往复排屑钻

书写格式：G73 X ___ Y ___ Z ___ R ___ Q ___ F ___；

动作示意如图 4-2-2 所示。退刀量 d 是用参数（No. 5114）设定。设定一个小的退刀量，使在钻深孔时间歇进给便于排屑，退刀是以快速进给速度执行。

表 4-2-3 固定循环指令组的书写格式

书写格式	G×× X ___ Y ___ Z ___ R ___ Q ___ P ___ F ___ K ___；	
	G90	G91
G××	G73～G89	
X、Y	孔在 X、Y 平面的坐标位置，相对于编程坐标系统的坐标原点	孔在 X、Y 平面的坐标位置，相对于前一点的增量值
Z	孔底坐标值，是孔底的 Z 坐标值	孔底相对于 R 点的增量值
R	R 点的 Z 坐标值	R 点相对于起始点的增量值
Q	在 G73、G83 中用来指定每次进给的深度；在 G76、G87 中指定刀具的让刀量	
P	指定暂停的时间，最小单位为 1ms	
F	进给速度	
K	指定固定循环的重复次数，如果不指定 K，则只进行一次循环。K 值等于 0 时，机床不动作	
说明	G73～G89 是模态指令，因此，多孔加工时该指令只需指定一次，以后的程序段只给孔的位置即可	
	固定循环中的参数(Z、R、Q、P、F)是模态的，所以当变更固定循环时，可用的参数可以继续使用，不需重设。但中间如果隔有 G80 或 01 组 G 指令，则参数均被取消，但是，01 组的 G 指令，不受固定循环的影响	

图中---→表示快速进给，→表示切削进给。

2）攻左旋螺纹

书写格式：G74 X ___ Y ___ Z ___ R F ___ P ___；

动作示意如图 4-2-3 所示。执行攻左旋螺纹在孔底位置主轴正转退刀。

3）精镗

书写格式：G76 X ___ Y ___ Z ___ R ___ Q ___ P ___ F ___；

动作示意见图 4-2-4。主轴在孔底位置准停，刀具让刀快速退回。

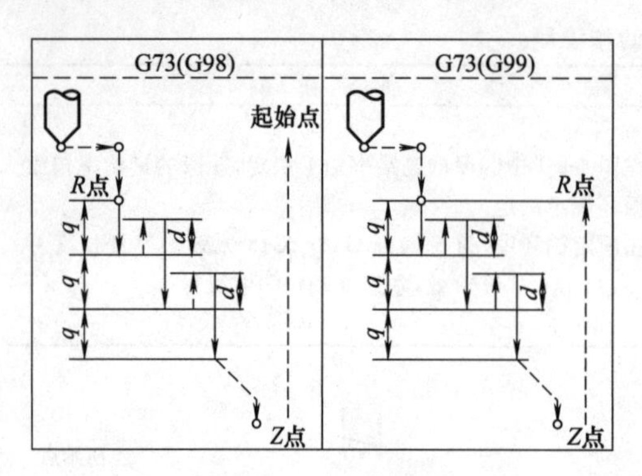

图 4-2-2　G73 循环

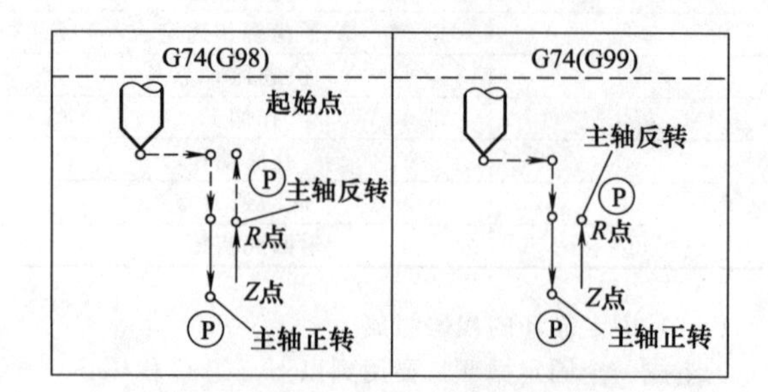

图 4-2-3　G74 循环

注：在 G74 指定攻左旋螺纹时，进给率调整无效。即使用进给暂停，在返回动作结束之前循环不会停止。

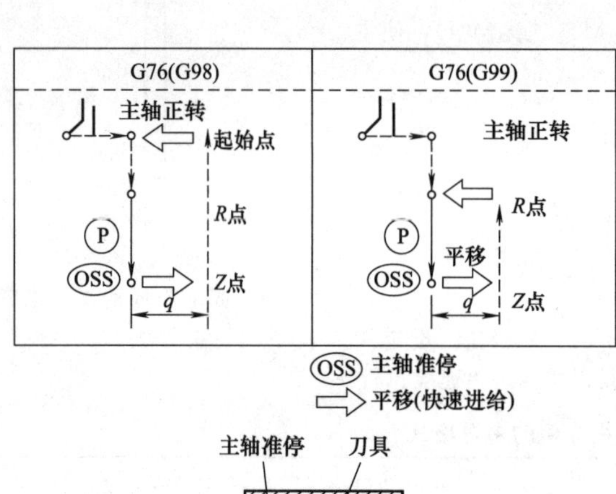

图 4-2-4　G76 循环

说明：平移量用 Q 指定。Q 值是正值。如果指定负值则负号无效。平移方向可用参数 RD1（No. 5101 ＃ 4）、RD2（No. 5101 ＃ 5）设定。G17（*XY* 平面）：＋*X*、－*X*、＋*Y*、－*Y*；G18（*ZX* 平面）；＋*Z*、－*Z*、＋*X*、－*X*；G19（*YZ* 平面）：＋*Y*、－*Y*、＋*Z*、－*Z*。

4）钻孔（G81）

书写格式：G81　X ____ Y ____ Z ____ R ____ F ____；

动作示意见图 4-2-5。G81 指令 *X*、*Y* 轴定位，快速进给到 *R* 点。接着 *R* 点到 *Z* 点进行孔加工。孔加工完，则刀具退到 *R* 点，快速进给返回到起始点。

5）钻孔（G82）

书写格式：G82 X ____ Y ____ Z ____ R ____ P ____ F ____；

动作示意见图 4-2-6。与 G81 相同，只是刀具在孔底位置执行暂停及光切后退回，以改善孔底的粗糙度和精度。

6）深孔排屑（G83）

书写格式：G83　X ____ Y ____ Z ____ Q ____ R ____ F ____；

动作示意见图 4-2-7。以上指令指定钻深孔循环。*q* 是每次切削量，用增量值指定。在第二次及以后切入执行时，在切入到 *d*mm（或 inch）的位置，快速进给转换成切削进给。指定的 *q* 值是正值。如果指令负值，则负号无效。*d* 值用参数（No. 5115）设定。

7）攻右旋螺纹

书写格式：G84　X ____ Y ____ Z ____ R ____ F ____ P ____；

动作示意见图 4-2-8。在孔底位置主轴反转退刀。在 G84 指定的攻螺纹循环中，进给率调整无效，即使使用进给暂停，在返回动作结束之前不会停止。

8）镗削（G85）

书写格式：G85　X ____ Y ____ Z ____ R ____ F ____；

与 G81 类似，但返回行程中，从 *Z*→*R* 段为切削进给，如图 4-2-9 所示。

9）镗削（G88）

书写格式：G88　X ____ Y ____ Z ____ R ____ P ____ F ____；

动作示意见图 4-2-10。G88 指令 *X*、*Y* 轴定位后，以快速进给移动到 *R* 点。接着由 *R* 点进行钻孔加工。钻孔加工完，则暂停后停止主轴，以手动由 *Z* 点向 *R* 点退出刀具。由 *R* 点向起始点，主轴正转快速进给返回。

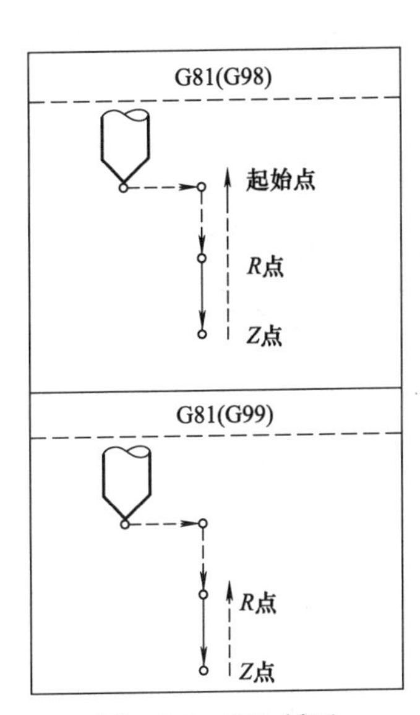

图 4-2-5　G81 循环

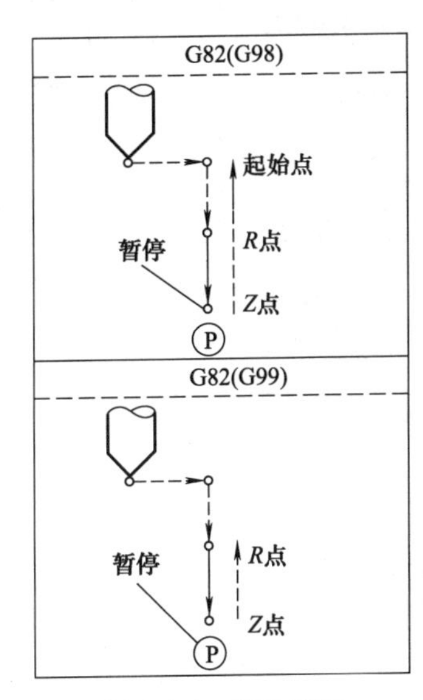

图 4-2-6　G82 循环

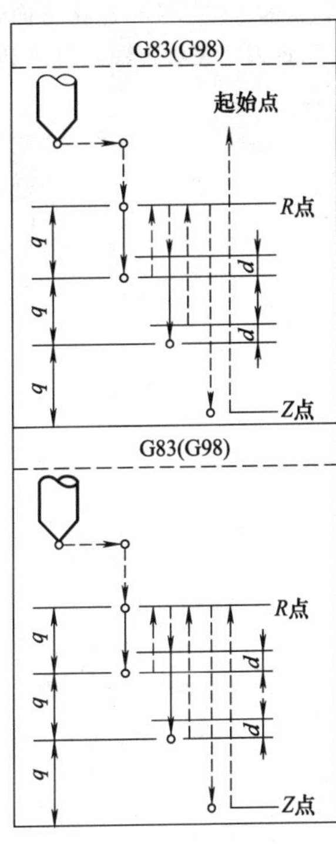

图 4-2-7　G83 循环

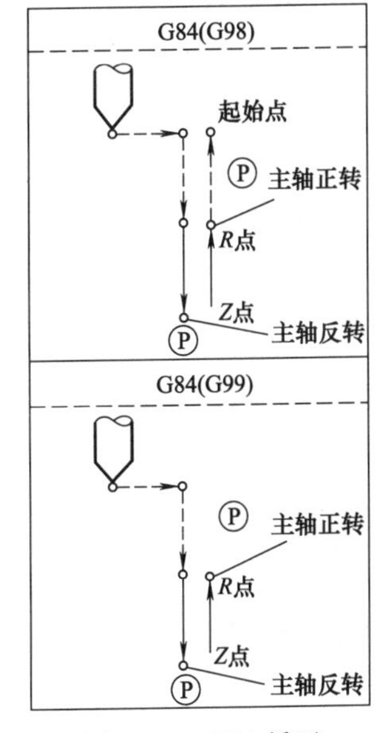

图 4-2-8　G84 循环

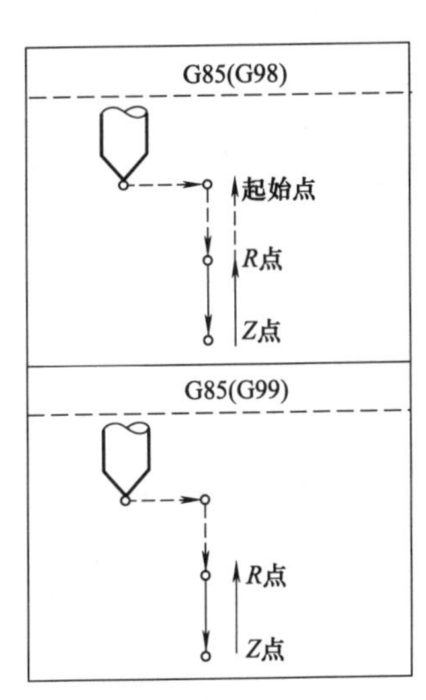

图 4-2-9　G85 循环

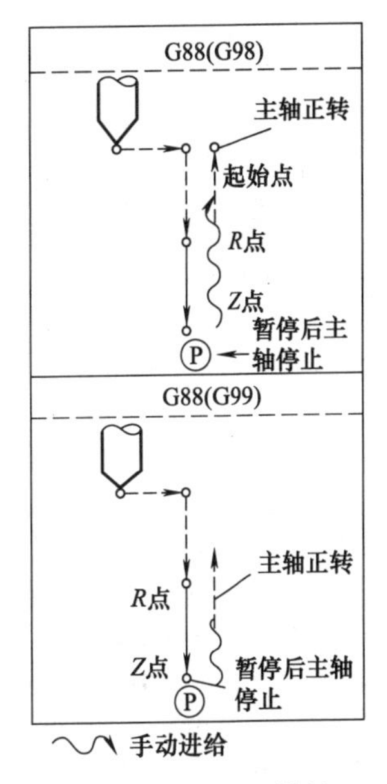

图 4-2-10　G88 循环

10）镗削（G86）

书写格式：G86　X ____ Y ____ Z ____ R ____ F ____；

G86 与 G81 类似，但进给到孔底后，主轴停转，返回到 *R* 点（G99 方式）或初始点（G98）后主轴再重新启动。动作示意见图 4-2-11。

11）反镗（G87）

书写格式：G87　X ____ Y ____ Z ____ R ____ Q ____ F ____；

动作示意见图 4-2-12。刀具沿 *X* 及 *Y* 轴定位后，主轴准停。主轴让刀以快速进给率在孔底位置定位（*R*

点），主轴正转。沿 Z 轴的方向到 Z 点进行加工。在这个位置，主轴再度准停，刀具退出。刀具返回到起始点后，只进刀。主轴正转，刀具执行下一个程序段。该让刀量及方向与 G76 相同（方向设定和 G76 及 G87 相同）。

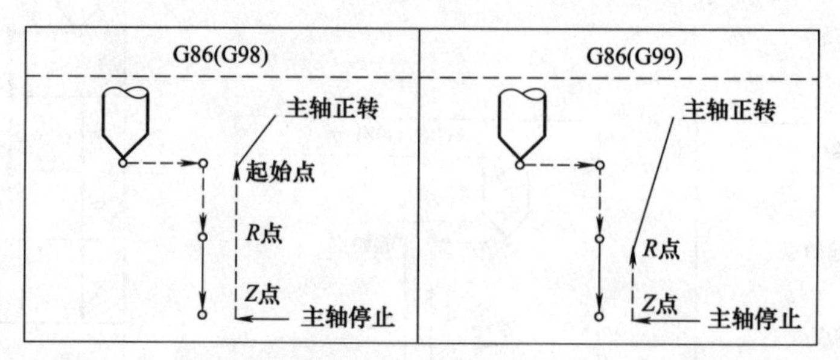

图 4-2-11　G86 循环

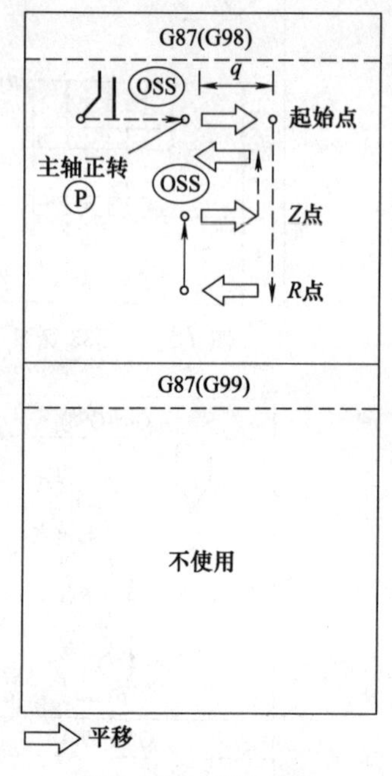

图 4-2-12　G87 循环

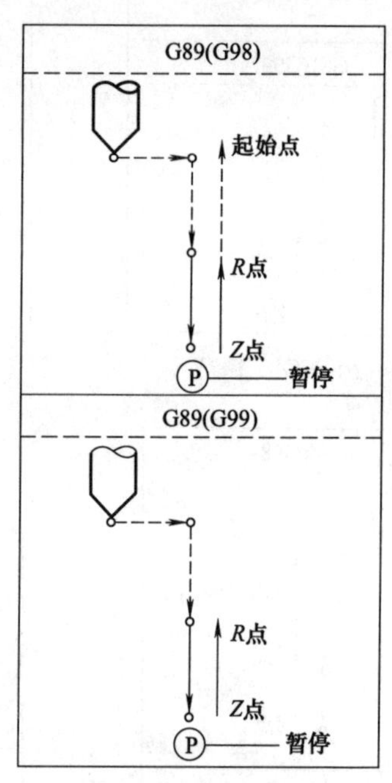

图 4-2-13　G89 循环

12）镗削（G89）

书写格式：G89　X ____ Y ____ Z ____ R ____ P ____ F ____；

G89 与 G85 类似，从 Z→R 为切削进给，但在孔底时有暂停动作。动作示意见图 4-2-13。

（2）孔的固定循环取消（G80）

取消固定循环（G73、G74、G76、G81～G89），以后执行其他指令。R 点、Z 点也取消（即增量指令 R=0、Z=0），其他孔加工信息也全部取消。

（3）使用孔的固定循环信息注意事项

1）在固定循环指定前，必须用辅助功能（M 代码）使主轴旋转。

2）如果程序段包含 X、Y、Z、R 等信息，固定循环钻孔。如果程序段不包含 X、Y、Z、R 等信息，不执行钻孔。但是当指定 G04X，不钻孔。

3）在钻孔的程序段，指定钻孔信息 Q、P。即在 X、Y、Z、R 等信息的程序段中指定它。如果在不执行钻孔的程序段中指定这些信息，不保存为模态信息。

4）当主轴旋转控制使用在固定循环（G74、G84、G86）时，孔位置（X、Y）间距很短时或起始点位置到 R 点位置很短，在进行孔加工时，主轴可能没有达到正常转速。在这个时候，必须在每个钻孔动作间插入一个暂停指令（G04）使时间延长。此时，不用 K 指定重复次数，如图 4-2-14 所示。

5）固定循环也可用 G00 至 G03（01 组 G 代码）取消。如果在同一程序段指定 G 为 G00 至 G03 时，执行取消。（# 表示 0 至 3，××表示固定循环码）

G#G×× X ____ Y ____ Z ____ R ____ Q ____ F ____ P ____ K ____；（执行固定循环）

G××G# X ____ Y ____ Z ____ R ____ Q ____ F ____ P ____ K ____；（X、Y、Z 按 G# 移动，R、P、Q 被忽视，F 被记忆）

6）固定循环指令和辅助功能在同一程序段中，在定位前执行 M 功能。进给次数指定（K）时，只在初次送出 M 码，以后不送出。

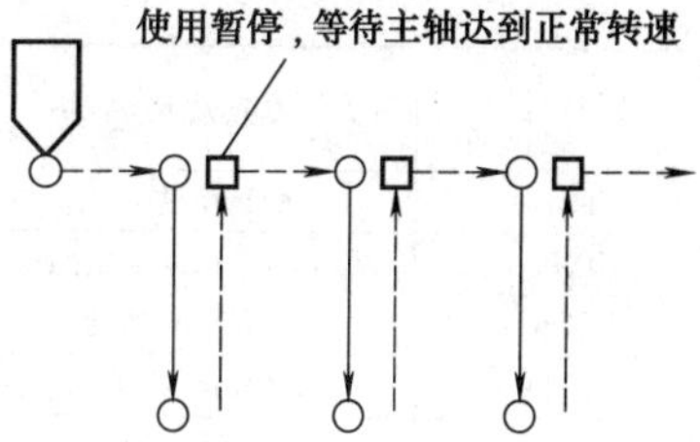

使用暂停，等待主轴达到正常转速

图 4-2-14　G04 在孔的固定循环中的应用

7）在固定循环模式中刀具半径补偿无效。

8）在固定循环模式指定刀具长度补偿（G43、G44、G49）时，当刀具位于 R 点时（动作 2）生效。

9）操作注意事项

① 单步进给。在单步进给模式执行固定循环时，在图 4-2-1 的动作①、②、⑥结束时停止。所以钻 1 个孔必须启动 3 次。在动作①及②结束时，进给暂停灯会亮。在动作⑥结束后有重复次数时，进给暂停，如果没有重复次数，进给停止。

② 进给暂停。在固定循环 G74、G84 的动作③至⑤之间使用进给暂时，进给暂停灯立刻会亮，继续运行到动作⑥后停止。如果在动作⑥时再度使用进给暂停，会立刻停止。

③ 进给率调整。在固定循环 G74、G84 的动作中，进给率调整假设为 100%。

（4）固定循环中重复次数的使用方法

在固定循环指令最后，用 K 地址指定重复次数。在增量方式（G91）时，如果有孔距相同的若干相同孔，采用重复次数来编程是很方便的。在编程时要采用 G91、G99 方式。例如：当指令为 G91 G81 X50.0 Z－20.0 R－10.0 K6 F200 时，其运动轨迹如图 4-2-15 所示。如果是在绝对值方式中，则不能钻出六个孔，仅仅在第一孔处往复钻六次，结果是一个孔。

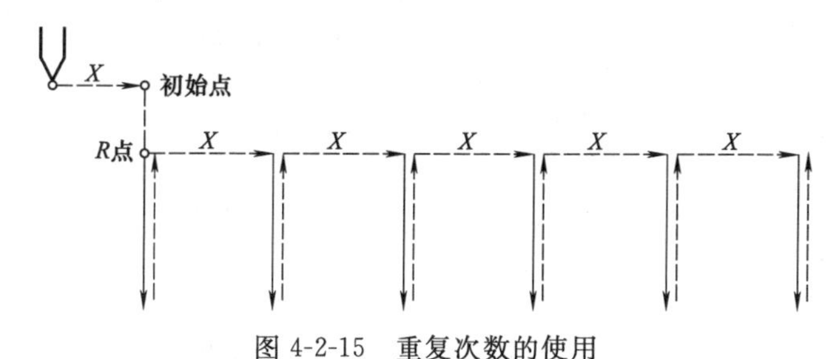

图 4-2-15　重复次数的使用

例 4-2-1　使用 FANUC 孔加工固定循环，选择合适的加工参数及刀具完成如图 4-2-16 所示零件中 4×M18 及 ϕ40 孔的加工。

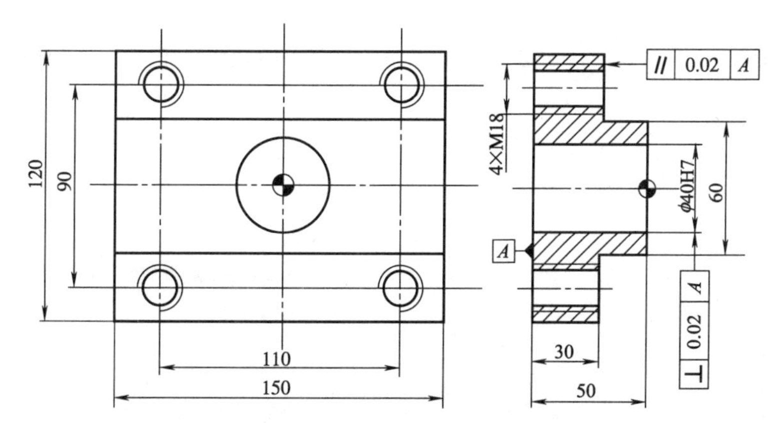

图 4-2-16　孔系加工零件图

（1）刀具选择（见表 4-2-4）

表 4-2-4　刀具卡

刀具号	刀具规格名称	主轴转速/(r/min)	进给量/(mm/min)	备注
T01	ϕ6mm 中心钻	1500	80	
T02	ϕ16.2mm 麻花钻	600	80	
T03	M18 的丝锥	200		
T04	ϕ38mm 扩孔钻	400	80	
T05	镗孔刀	400	50	

(2) 程序编制

O001 号程序

程序段号	程序内容	程序说明
N10	G90 G94 G40 G71 G17 G54;	程序初始化
N20	G91G28 Z0.0;	刀具 Z 向回参考点
N30	T01 M06;	换 1 号刀
N40	G00 X－55.0 Y45.0;	刀具快速定位
N50	G43 Z50.0 H01;	采用刀具长度正补偿并进刀
N60	M03 S1500;	主轴正转
N70	M08;	冷却液开
N80	G98 G81 X－55.0 Y45.0 Z －25.0 R －15.0 F80;	用 G81 固定循环中心钻对四个小孔定位
N90	X55.0 Y45.0;	
N100	X55.0 Y－45.0;	
N110	X－55.0 Y45.0;	
N120	G80;	固定循环取消
N130	G81 X0.0 Y0.0 Z－5.0 R5.0;	ϕ40 孔定位
N140	G80;	固定循环取消
N150	M05;	
N160	M09;	
N170	G91 G28 Z0.0;	
N180	T02 M06;	
N190	G00 X－55.0 Y45.0;	换 2 号刀并将刀具移动到需钻孔的位置
N200	G43 Z50.0 H02;	
N210	M03 S600;	
N220	M08;	
N230	G98 G83 X － 55.0 Y45.0 Z － 55.0 R － 15.0 Q3.0;	采用 G83 固定循环,用 ϕ16.2 的钻头加工四个螺纹底孔
N240	X55.0 Y45.0;	
N250	X55.0 Y－45.0;	
N260	X－55.0 Y45.0;	
N270	G80;	固定循环取消
N280	G83 X0.0 Y0.0 Z－55.0 R5.0 Q3.0;	用 ϕ16.2 的钻头加预钻 ϕ40 孔
N290	G80;	固定循环取消
N300	M05;	
N310	M09;	
N320	G91 G28 Z0.0;	
N330	T03 M06;	
N340	G00 X－55.0 Y45.0;	换 M18 丝锥并定位至第一个要攻螺纹的位置

```
N350    G43 Z50.0 H03;
N360    M03 S200;
N370    M08;
N380    G98 G84 X−55.0 Y45.0 Z −55.0 R−10.0 F400;
N390    X55.0 Y45.0;                               用M18丝锥攻螺纹
N400          Y−45.0;
N410    X−55.0;
N420    G80;                                       取消固定循环
N430    M05;                                       换ϕ38的钻头并将刀具移动到指定位置
N440    M09;
N450    G91 G28 Z0.0;
N460    T04 M06;
N470    G00 X0.0 Y0.0;
N480    G43 Z50.0 H04;
N490    M03 S400;
N500    M08;
N510    G98 G81 X0.0 Y0.0 Z −55.0 R 5.0 F80;       用G81固定循环扩孔
N520    G80;                                       固定循环取消
N530    M05;
N540    M09;
N550    G91G28Z0.0;
N560    T05 M06;                                   换ϕ40的镗刀并将刀具移动到指定位置
N570    G00 X0.0 Y0.0;
N580    G43 Z50.0 H04;
N590    M03 S400;
N600    M08;
N610    G98 G85 X0.0 Y0.0 Z −55.0 R10.0 F50;       用G85固定循环镗孔
N620    G80;                                       固定循环取消
N630    M05;
N640    M09;
N650    G91 G28 Z0.0;                              程序结束部分
N660    G91 G28 Y0.0;
N670    M05;
N680    M30;
```

3. 刚性模式的固定循环

(1) 概要

攻右螺纹循环（G84）、攻左螺纹循环（G74）有固定模式及刚性模式。

固定模式为配合攻螺纹轴的动作，使用M03（主轴正转）、M04（主轴逆转）、M05（主轴停止）等辅助功能使主轴改变旋转方向或停止，而进行攻螺纹。

刚性模式用于主轴上装有光电编码器的机床，其主轴旋转运动与攻螺纹进给运动严格匹配，当主轴旋转一周时，丝锥进给一个导程，因此，不需像固定模式攻螺纹那样使用浮动丝锥夹头，可进行高速、高精度攻螺纹。

1）指令格式

G74/G84 X____ Y____ Z____ R____ P____ F____ ____ K____;

说明：

G74：攻左旋螺纹。

G84：攻右旋螺纹。

X、Y：攻螺纹位置。

Z：攻螺纹底部的位置。

R：*R* 点的位置。

P：攻螺纹底部的暂停时间。

F：切削进给速度。

K：重复次数。

刚性模式的指令有在刚性循环指令前先写入 M29 S____的方法、在同一程序段写入 M29S____的方法、不写入 M29 S____也能进行刚性攻螺纹三种方法。第三种方法在 G84（或 G74）前，或同一程序段写入 S____。

三种方法格式如下：

① M29 在 G84（或 G74）前指令的方法。

M29 S______；

G74/G84 X____ Y____ Z____ R____ P____ F____ K____；

……

G80

② M29 和 G84（或 G74）在同一程序段指令的方法。

G74/G84 X____ Y____ Z____ R____ P____ F____ K____ M29S____；

……

G80；

③ 以 G84（或 G74）刚性攻螺纹 G 代码的方法。

设定参数 G84（No. 5200＃0）为 1

G74/G84 X____ Y____ Z____ R____ P____ F____ K____；

……

G80；

这些指令使主轴停止，刚性模式 DI 信号 ON（用 PMC），接着指令的攻螺纹循环成为刚性模式。

M29 称为刚性攻螺纹的准备辅助机能。它也可用参数（No. 5210）设定为其他 M 码。但本书为了方便起见用 M29。

刚性模式解除指令为 G80。但遇到其他固定循环 G 代码或 01 组的 G 代码，即非攻螺纹循环的指令，则刚性模式解除。刚性模式 DI 信号随此刚性模式解除指令而 OFF（用 PMC）。

用刚性模式解除指令结束刚性攻螺纹时，主轴停止。也可用复位（复位按钮、外部复位）解除刚性模式。但注意复位不能解除固定循环模式。

2）说明

① 使用进给速度（mm/min）时，其导程为进给速度除以主轴转速；使用进给量（mm/r）时，进给量即为导程。

② S 指令必须在主轴最高转速参数 TPSML（No. 5241）、TPSMM（No. 5242）、TPSMX（No. 5243）设定值以下。若超过此值，则在 G84 或 G74 的程序段产生 P/S 报警（No. 200）。

③ F 指令必须在切削进给速度上限值［以参数 FEDMX（No. 1422）设定］以下。若超过上限值，则产生 P/S 报警（No. 011）。

④ 不可在 M29 和 G84、G74 间写入坐标轴移动指令。否则会出现 P/S 报警（No. 203、No. 204）。

（2）攻右旋螺纹循环（G84）/ 攻左旋螺纹循环（G74）

动作示意如图 4-2-17 所示。刚性模式的 G84/G74 指令，在 *X*、*Y* 轴定位后，以快速进给移动到 *R* 点。再由 *R* 点到 *Z* 点攻螺纹。攻螺纹完后暂停，主轴停止。停止后主轴再反转，退刀到 *R* 点，主轴停止，再以快速进给退到起始点。

攻螺纹轴、主轴分配进给中，速度调整视为 100％。主轴转速调整也视为 100％。但拔出动作（动作 5）可用参数 DOV（No. 5200＃4）、参数 RGOVR（No. 5211）设定最高达 200％的速度调整。刚性攻螺纹中的进给 F 的单位见表 4-2-5。

表 4-2-5　F 的单位

项目	米制输入	寸制输入	附注
G94	1 mm/min	0. 01in/min	可用小数点
G95	0. 01mm/r	0. 0001in/r	可用小数点

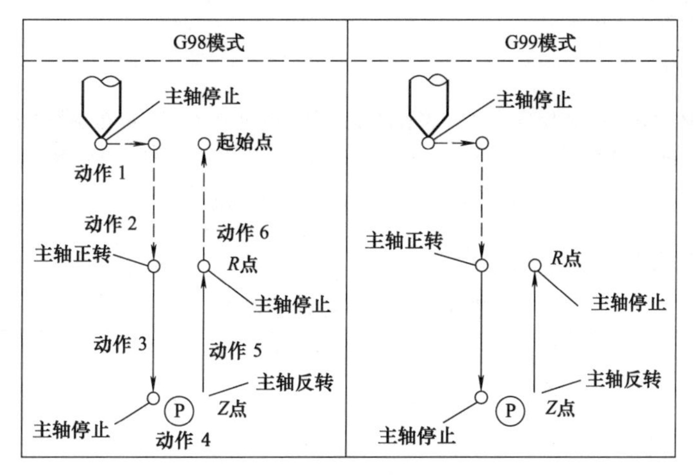

图 4-2-17 刚性攻螺纹循环

（3）深孔刚性攻螺纹循环

刚性攻深螺纹孔会粘住切屑或增加切削阻力，丝锥易折断。为此，使用此指令从 *R* 点到 *Z* 点分几次切削。深孔攻螺纹循环指令为固定攻螺纹指令的格式，加上每次切入量 Q____。

深孔攻螺纹循环有高速深孔攻螺纹循环和深孔攻螺纹循环，可由参数 PCP（No. 5200＃5）选择。

1）高速深孔攻螺纹循环设定参数 PCP（No. 5200＃5）＝0 时，动作如图 4-2-18 所示。①为程序指定的切入速度。以参数（No. 5261～5264）指定的时间常数切削。②当参数 DOV（No. 5200＃4）＝0 时，和①相同。参数 DOV（No. 5200＃4）＝1 时，调整率参数有效。

2）深孔攻螺纹循环设定参数 PCP（No. 5200＃5）＝1 时，动作如图 4-2-19 所示。

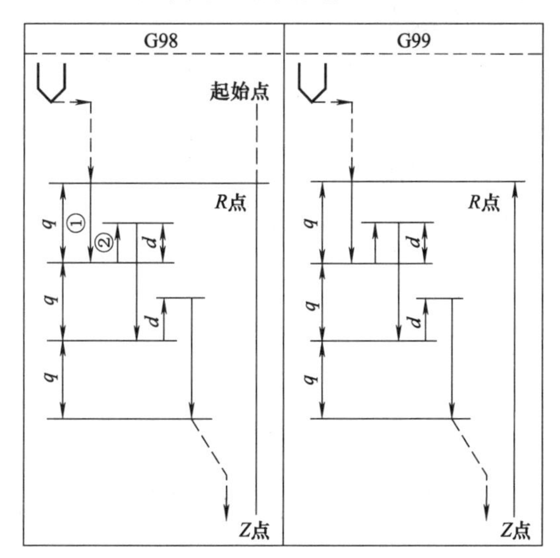

图 4-2-18 高速深孔刚性攻螺纹循环（*d*＝退刀量）

图 4-2-19 深孔刚性攻螺纹循环

① 为程序指定的切入速度。以参数（No. 5261～5264）指定的时间常数切削。②参数DOV（No. 5200＃4）＝0 时，和①相同。参数 DOV（No. 5200＃4）＝1 时，调整率参数（No. 5211）有效，以时间常数参数（No. 5271～5274）切削。③参数 DOV（No. 5200＃4）＝0 时，和①相同。参数 DOV（No. 5200＃4）＝1 时，调整率参数（No. 5211）有效，以参数（No. 5261～5264）指定的时间常数切削。

刚性攻螺纹循环中，除了深孔攻螺纹循环③的动作结束时外，在所有的动作结束前，要检查加减速是否结束。

3）指令格式

M29 S_______；

G74/G84 X____ Y____ Z____ R____ P____ F____ K____；

……

G80

4）说明

① 深孔攻螺纹循环的切削开始距离、高速深孔攻螺纹循环的退刀量 d，可在参数（No. 5213）设定。

② 深孔攻螺纹循环随攻螺纹循环中的 Q 指令而有效，但若指令 Q0，则不进行深孔攻螺纹循环。

二、特殊加工指令

数控程序员技师，数控铣工/加工中心操作工技师内容

1. G10/G11 的应用（见表 4-2-6）

表 4-2-6　G10/G11 的应用

<table>
<tr><th>应用</th><th>说　明</th></tr>
<tr><td>改变工件坐标系</td><td>指令格式:G10L2PpIP ____;
• p=0:外部工件零点偏移值
• p=1～6:对应于工件坐标系 1～6 的工件零点偏移
• IP:对于绝对指令是每轴的工件零点偏移值;对于增量指令是要加到每轴设定的工件零点偏移上的值(其和设为新偏移);用 G10 指令各工件坐标系可分别改变
• 举例
G91 G10 L2 P1 X0. 125 Y0. 0625 Z—0. 025(暂时改变 G54 设置)
G91 G10 L2 P1 X－0. 125 Y－0. 0625 Z0. 025(恢复原来的 G54 设置)
这两个设置是在零件反转后使用的——用于第二次装夹</td></tr>
<tr><td>输入刀具寿命数据的程序</td><td>指令格式
<table>
<tr><th>数控程序</th><th>意义</th></tr>
<tr><td>O_ _ _ _;</td><td>程序号</td></tr>
<tr><td>G10L3;</td><td>设定刀具寿命数据开始</td></tr>
<tr><td>P_ _ _L_ _ _ _;</td><td>P____; 组号(1～128)
L____; 刀具寿命(1～9999)</td></tr>
<tr><td>T_ _ _ _;
T_ _ _ _;
M</td><td>(1)
(2)　T:____ 刀具号
从(1)到(2)到…到(n)中选择刀具
(n)</td></tr>
<tr><td>P_ _ _L_ _ _ _;
T_ _ _ _;
T_ _ _ _;
M</td><td>下一组数据</td></tr>
<tr><td>G11;</td><td>设定刀具寿命数据结束</td></tr>
<tr><td>M02(M30);</td><td>程序结束</td></tr>
</table></td></tr>
<tr><td>刀具注册的 T 代码</td><td>• 在刀具寿命数据的程序中同一刀号可以在任何地方任何时间出现;刀具注册的 T 代码通常由四位数值组成;当使用刀具寿命控制组数 128 选项时,可以由六位数组成。意义如下:
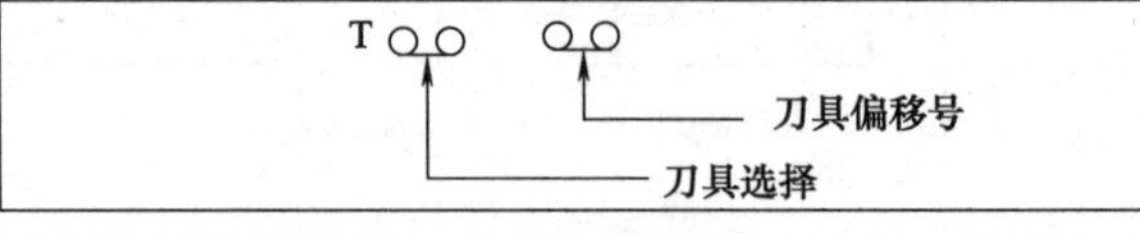

• 当使用刀具寿命管理功能时不要使用刀具位置偏置参数 LD1 和 LGN(5002 号参数的第 0 位和第 1 位)。例如:
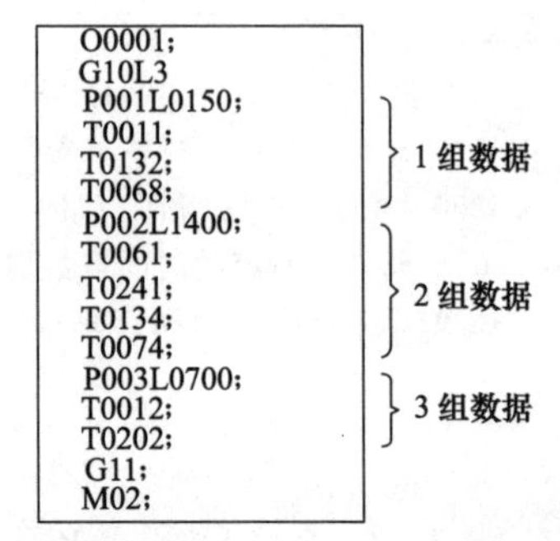
O0001;
G10L3
P001L0150;
T0011;
T0132;
T0068;　1 组数据
P002L1400;
T0061;
T0241;
T0134;
T0074;　2 组数据
P003L0700;
T0012;
T0202;　3 组数据
G11;
M02;</td></tr>
</table>

续表

<table>
<tr><th>应用</th><th>说　明</th></tr>
<tr><td>刀具注册的T代码</td><td>P中指定的组号不必连续，也不必指定所有组。当同一加工过程中同一把刀使用2个或多个刀偏号时设定如下：
<table>
<tr><th>数控程序</th><th>意义</th></tr>
<tr><td>P004L500;
T010;
T0105;
T0108;
T0206;
T0203;
T0202;
T0209;
T0304;
T0309;
P005L1200;
T0405;</td><td>(1)　(2)　(3)
从(1)到(2)到(3)使用4组中的刀每把刀用500次(或500分钟)这组刀在一个加工过程中被指定了三次，接下列次序选择偏移号：
刀具(1)：01→05→08
刀具(2)：06→03→02→09
刀具(3)：04→09</td></tr>
</table></td></tr>
<tr><td>刀具偏移值的改变（可编程数据输入）</td><td>•指令格式：G10 P____ Y____ Z____ R____ Q____；或 G10 P____ U____ V____ W____ C____ Q____；
•P：偏移号；0为工件坐标系移动值指令；1～64为刀具磨损偏移值指令，指令值是偏移号10000＋(1～64)：刀具几何偏移值指令，(1～64) 偏移号；X：X轴偏移值(绝对)；Y：Y轴偏移值(绝对)；Z：Z轴偏移值(绝对)；U：X轴偏移值(增量)；V：Y轴偏移值(增量)；W：Z轴偏移值(增量)；R：刀尖半径偏移值(绝对)；C：刀尖半径偏移值(增量)；Q：假想刀尖号
•在绝对指令中地址X____ Y____ Z____和R____中所指定的值就作为地址P所指定的偏移号对应的偏移值：在增量指令中地址U____ V____ W____和C____中指定的值就加在对应于偏移号的当前偏移值上
•地址X____ Y____ Z____ U____ V____和W____可以在同一个程序段中指定；在程序中使用这一指令允许刀具一点一点地走刀。也可以使用这一指令从连续指定这一 指令的程序一次一个地输入偏移值以取代从MDI单元一次一个地输入这些偏移值</td></tr>
<tr><td>可编程参数输入(G10)</td><td>•该功能主要用于设定螺距误差的补偿数据以应付加工条件的变化，如机件更换最大切削速度或切削时间常数的变化等
•指令格式：
G10L50 设定为参数输入方式
N-R-非轴型参数
N-P-R 轴型参数
⋮
G11 取消参数输入方式
•N____：参数号(4位数)或补偿位置号(0～1023)；螺距误差补偿基准点号＋10 000(5位数)
R____：参数设定值前零可以省略；P____：轴号1～4(轴型参数)
•参数R____设定值不用小数点；对轴类参数指定从1到4(最大4)轴的轴号(P____)控制。轴按CNC显示的顺序编号。如：控制轴指定为P2则其显示顺序为第2
•当更改了螺距误差补偿值和反向间隙补偿值后，一定要进行手动回参考点操作，否则机床将偏离正确位置
•参数输入前必须取消固定循环方式。否则执行钻孔动作
•在参数输入方式不能指定其他的NC语句
如：设定位型参数No. 3404的位2 SBP
G10L50 参数输入方式
N3404 R 00000100 SBP设定
G11 取消参数输入方式
如：修改轴型参数No. 1322，设定存储行程极限2，各轴正向的坐标值中的Z轴、第3轴和A轴、第4轴的值
G10L50 __参数输入方式
N1322 P3 R4500 修改Z轴
N1322 P4 R12000 修改A轴
G11 取消参数输入方式</td></tr>
</table>

续表

应用	说　明
输出偏移数据	• 指令格式：G10P ___ X ___ Y ___ Z ___ R ___ Q ___； • P：偏移号。 工件单：P＝0；磨损偏移量：P＝磨损偏置号。几何偏移量：P＝10000＋几何偏置号；X：X 轴上偏移值；Y：Y 轴上偏移值；Z：Z 轴上偏移值；Q：假想刀尖号；R：刀尖半径偏移值

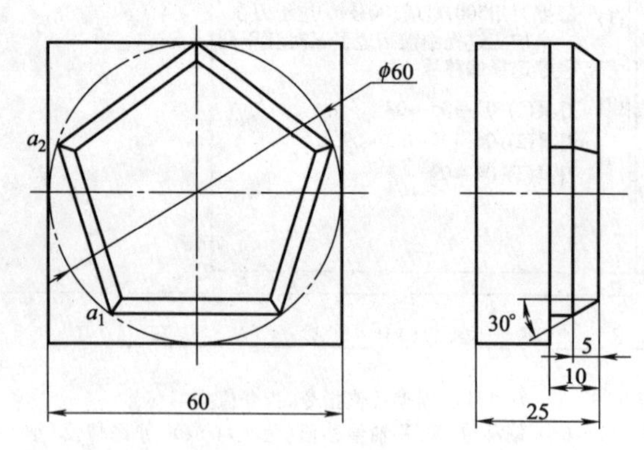

基点坐标：a_1(−17.63,−24.27)；a_2(−28.53,9.27)；

图 4-2-20　倒角编程实例

现以轮廓倒角为例来介绍 G10/G11 的应用。对于轮廓的倒角加工，一般应先加工出其基本轮廓，然后在其轮廓上进行宏程序的加工。从俯视图中观察刀具中心的轨迹就好像把轮廓不断地等距偏移，如图 2-3-15 所示。编写轮廓倒角变量程序的关键在于找出刀具中心线（点）到已加工侧轮廓之间的法向距离，具体参见表 2-3-4。

（1）倒棱角

如图 4-2-20 所示轮廓，用 φ20mm 立铣刀加工外轮廓，用 *R*6mm 的球形铣刀进行轮廓倒角加工，试编写其加工程序。

加工工件时，先采用立铣刀加工出外形轮廓，再用 *R*6mm 的球形铣刀进行倒角加工，加工过程中以球心作为刀位点，编程时以加工高度“＃101”作为自变量，刀位点（球心）到上表面的距离“＃102”和导入的刀具半径补偿参数“＃103”为应变量，通过“G10”指令导入刀具补偿参数，加工出与外轮廓等距的偏移轮廓，其加工程序如下：

```
O0063;                                      (轮廓倒角程序)
     G94 G40 G17 G21 G90 G54;               (程序初始化)
     M03 S800;                              (程序开始部分)
     G00 X－30.0 Y－30.0 M08;
       Z20.0;
     ＃101＝0.0;                            (倒角加工高度)
N100 ＃102＝ ＃101－5.0＋ 6.0＊SIN[30.0];    (球心点的 Z 坐标)
     ＃103＝6.0＊COS[30.0]－＃101＊TAN[30.0]; (刀具半径补偿参数)
     G01 Z＃102 F100;                       (先 Z 向进给再 X 向进给)
     G10 L12 P1 R＃103;                     (导入刀具半径补偿值)
     M98 P631;                              (调用轮廓加工程序)
     ＃101＝＃101＋1.0;                     (加工高度增量为 1mm)
     IF[＃101 LE 5.0] GOTO100;              (条件判断)
     G91 G28 Z0;                            (程序结束部分)
     M05 M09;
     M30;
O0631;                                      (轮廓加工程序)
     G41 G01 X－17.63 Y－24.27 D01;
             X－28.53 Y9.27;
             X0 Y30.0;
             X28.53 Y9.27;
             X17.63 Y－24.27;
             X－17.63;
     G40 G01 X－30.0 Y－30.0;
     M99;
```

（2）倒圆角

加工如图 4-2-21 所示工件。本工件的轮廓和镗孔加工没有任何难度，其加工难点在于轮廓周边的倒圆和孔口倒角。对于这种类型的曲面，如果没有专用刀具，可采用宏程序的编程方法来进行加工。加工过程中使用的刀具为 ϕ16mm 立铣刀、ϕ12mm 球形铣刀和 ϕ24mm 精镗刀。

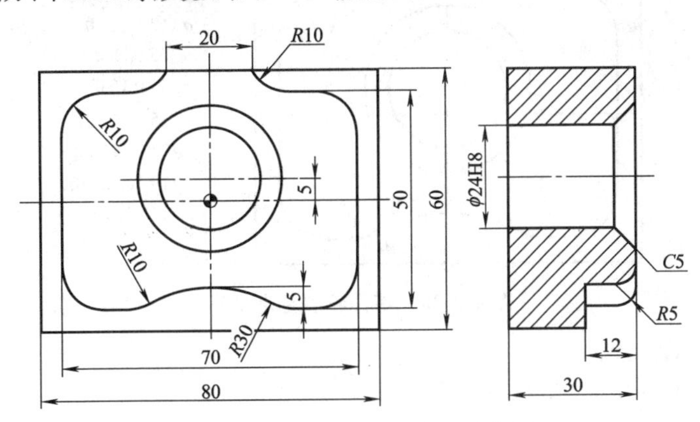

图 4-2-21　倒圆与倒角编程零件图

1）编程思路　加工本例工件的倒圆与倒角曲面时，均采用球形铣刀进行加工，其刀具轨迹如图 4-2-22 所示，刀具首先 Z 向移动至切削高度，计算出相应的刀具半径补偿参数，并通过指令“G10”导入数控系统，加工出沿轮廓等距的加工轨迹，然后再次 Z 向移动，加工另一层等距轨迹，如此循环直至加工出整个倒圆和倒角。

2）变量运算　倒圆加工时，以圆弧的包角“＃101”作为自变量，其变化范围为 0°～90°。以刀位点（球心）Z 坐标“＃102”和导入的刀具半径补偿参数“＃103”为应变量，其变量运算过程如下：

＃102＝11.0＊SIN［＃101］－5.0，刀具半径为 6mm，倒圆半径为 5mm；

＃103＝11.0＊COS［＃101］－5.0，＃103 的变化范围为－5～6mm。

倒角加工时，以加工高度“＃101”作为自变量，其变化范围为 0～5mm。以刀位点（球心）的 Z 坐标“＃102”和导入的刀具半径补偿参数“＃103”为应变量，其变量运算过程如下：

＃102＝＃101＋6.0＊SIN［45.0］－5.0，刀具半径为 6mm，倒角高度为 5mm；

＃103＝6.0＊COS［45.0］－＃101＊TAN［45.0］，倒角面与垂直方向的夹角为 45°。

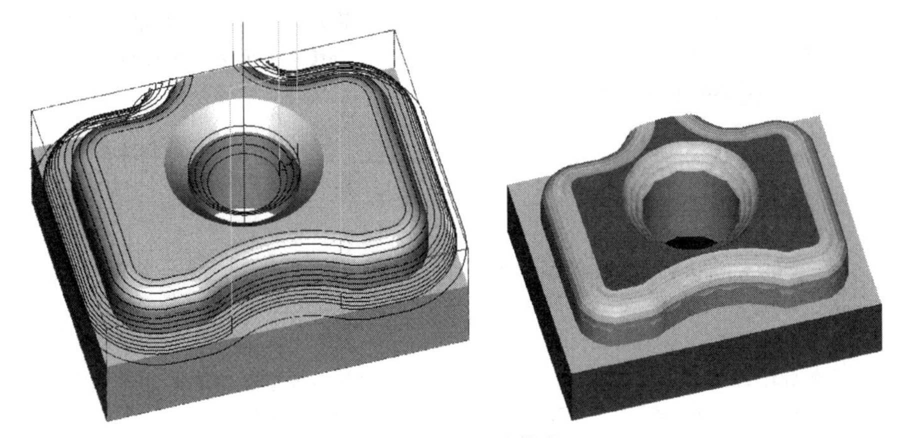

图 4-2-22　刀具轨迹

3）基点计算　选择毛坯对称中心的上表面作为工件坐标系原点，工件轮廓的基点坐标如图 4-2-23 所示。

4）加工程序（注：轮廓加工程序和镗孔加工程序略）

刀具	R6mm 球头铣刀，以球心作为刀位点	
程序	FANUC 0i 系统程序	程序说明
段号	O0060；	程序号
N10	G90 G94 G40 G21 G17 G54；	程序开始部分

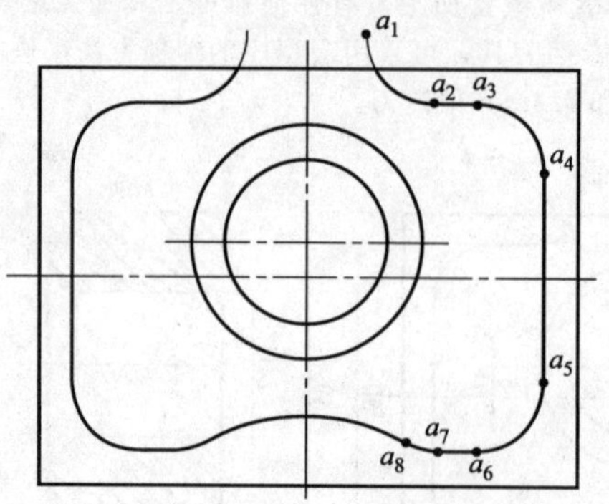

图 4-2-23　零件轮廓基点坐标

```
N20     G91 G28 Z0;
N30     G90 G00 X20.0 Y40.0;
N40     M03 S600 M08;
N50     G00 Z20.0;
N60     #101=-0.0;                          角度赋初值
N70     #102=11.0* SIN[#101] -5.0;          计算刀位点的Z坐标
N80     #103=11.0*COS[#101]-5.0;            计算刀具半径补偿参数
N90     G10 L12 P1 R#103;                   导入刀具半径补偿参数
N100    M98 P601                            调用倒角轮廓子程序
N110    #101=#101+10.0;                     角度增量为10°
N120    IF[#101 LE 90.0] GOTO70;            条件判断
N130    G91 G28 Z0;                         程序结束部分
N140    M05 M09;
N150    M30;

        O0601                               轮廓加工子程序(倒角轮廓子程序)
N10     G01 Z#102 F100;                     刀具移动至Z向坐标点
N20     G41 G01 X8.66 Y35.0 D01;            建立刀具半径补偿
N30       G03 X18.66 Y25.0 R10.0;           (注:该工件轮廓的加工程序也可作为外轮廓的加工程序)
N40       G01 X25.0;
N50       G02 X35.0 Y15.0 R10.0;
N60       G01 Y-15.0;
N70       G02 X25.0 Y-25.0 R10.0;           加工工件轮廓
N80       G01 X19.36;                       (注:该工件轮廓的加工程序也可作为外轮廓的加工程序)
N90       G02 X14.52 Y-23.75 R10.0;
N100      G03 X-14.52 R30.0;
N110      G02 X-19.36 Y-25.0 R10.0;
N120      G01 X-25.0;
N130      G02 X-35.0 Y-15.0 R10.0;
N140      G01 Y15.0;
N150      G02 X-25.0 Y25.0 R10.0;
N160      G01 X-18.66;
```

```
N170    G03 X-8.66 Y35.0 R10.0;
N180    G40 G01 Y40.0;                        取消刀具补偿
N190             X20.0;
N200    M99;                                  返回主程序

        O0061                                 孔口倒角程序
...     ......
N40     G00 X0 Y5.0;                          程序开始部分
N50     Z20.0;
N60     #101=0                                切削点的高度值
N70     #102=#101+6.0*SIN[45.0]-5.0;          刀位点的Z坐标
N80     #103=6.0*COS[45.0]-#101*TAN
        [45.0];                               计算刀具半径补偿参数
N90     G10 L12 P1 R#103;                     导入刀具半径补偿参数
N100    G01 Z#102 F100;                       刀具移动至Z向坐标点
N110    G41 G01 X12.0 D01;
N120      G03 I-12.0;                         加工一圆周轮廓
N130    G40 G01 X0;
N140    #101=#101+0.5;                        切削点的高度每次增加0.5mm
N150    IF[#102 LE 5.0] GOTO70;               条件判断
N160    G91 G28 Z0;
N170    M05 M09;                              程序结束部分
N180    M30;
```

2. 托盘的应用

常用的托盘有回转式托盘和往复式托盘两种。如图4-2-24所示，一个回转式托盘就像一个两个平分的转盘。一半是活动区域（用于加工），另一半是不活动区域（用于安装）。往复式托盘也叫做并行式托盘。如图4-2-25所示，往复式托盘设计为带有两个并行滑块（或轨道）的装置，可以支撑托盘工作台，往复式托盘自动转换装置（APC）的编程方式如下。

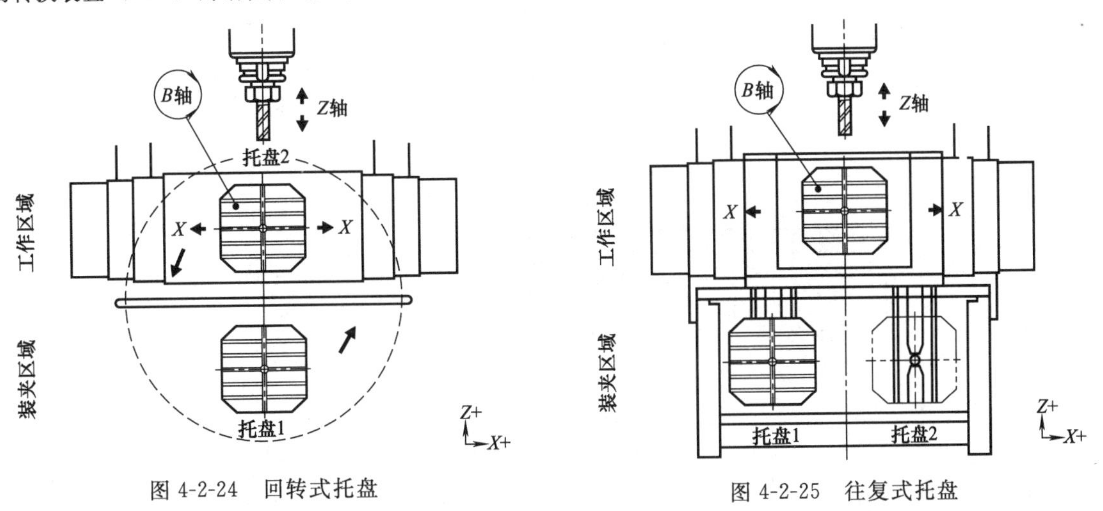

图4-2-24 回转式托盘

图4-2-25 往复式托盘

```
O003
G21(G20)              (选择单位)
G17 G40 G80(启动段)
/G91 G28 X0 Y0 Z0(XYZ各轴于初始零点)
```

```
G28 B0        (B 轴位于初始零点)
M60(APC—托盘 1 装载)
<...加工托盘 1 上的零部件...>
G91 G28 X0 Y0 Z0     (XYZ 各轴于初始零点)
G28 B0(B 轴位于初始零点)
M60(APC—卸载托盘 1)
G30 X0      (X 轴于第二个零点)
M60(APC—托盘 2 装载)
<...加工托盘 2 上的零部件...>
G30 X0   (X 轴于第二个零点)
M60(APC—卸载托盘 2)
M30(程序结束)
```

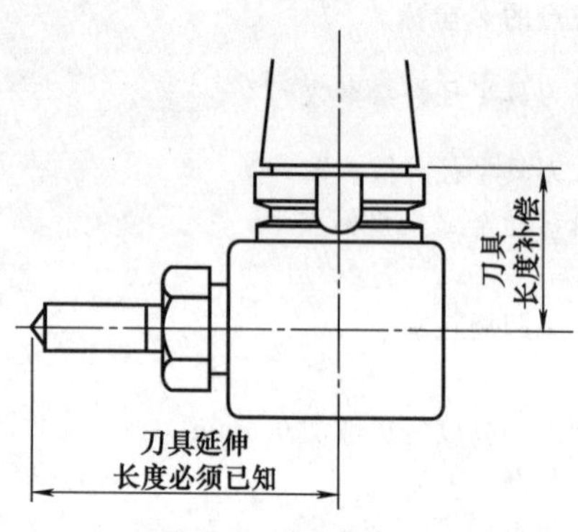

图 4-2-26　直角头

3. 动力头编程

加工中心上的动力头一般是直角头，如图 4-2-26 所示。可以安装在 CNC 立式加工中心上，以便于加工侧面；或者安装在卧式加工中心上。

例 4-2-2　加工如图 4-2-27 所示的零件。

(1) 数值计算

G17 平面内容的计算在前面已经介绍了，这里只介绍 G19 平面内的数控计算，先选中并预先设置刀具的伸出长度。刀具从主轴的中心线到刀尖之间的伸出长度应该预先获得。本例中用 150mm 作为延伸长度，通常在远离机床的位置。如图 4-2-28 所示主视图的直角头初始位置与右侧面相距 10mm，位于左边的孔的坐标在 G19*YZ* 平面为 Y9.0 Z−7.0。初始位置将编制为 X210.0。

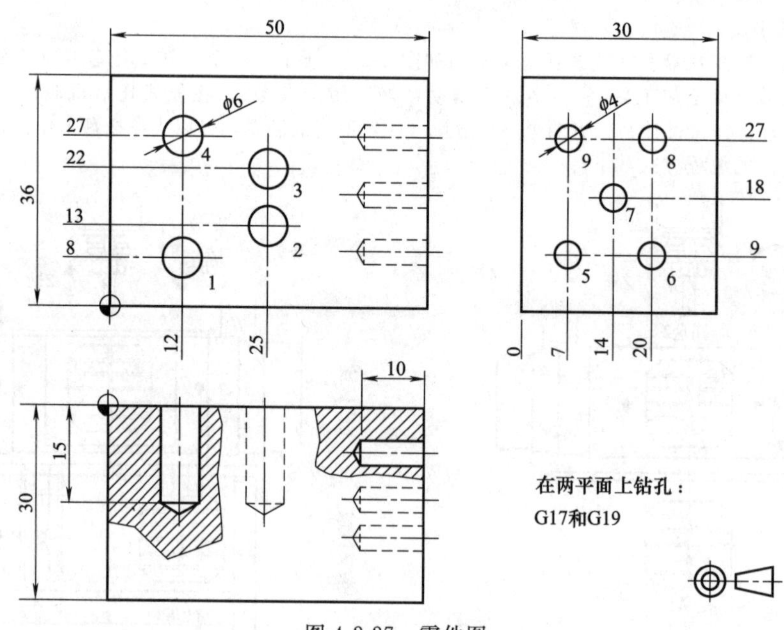

图 4-2-27　零件图

1) *R* 平面的确定　有两种方法来计算 *R* 平面的位置（图 4-2-29）：

① 从总的初始位置减去实际的初始平面间隙（10mm）和 *R* 平面间隙的距离（2mm），即 210 − 10 + 2 = 202.0mm；

② 将各部分加起来 50mm（零件）+2mm（*R* 平面间隙）+150mm（延伸长度）=202mm，编程 *R* 平面。

2) 其他数值计算　如图 4-2-30 所示，最后的位置是纵深，对于钻头，刀尖的长度必须计算在内。一个

ϕ4mm 的钻子，其刀尖的长度为 4×0.3=1.2mm。如果深度是 10mm，则钻孔的深度为 10+1.2=11.2mm。从零件总厚度 50mm 中减去 11.2mm：50−11.2=38.8mm。刀具的延伸必须加上，这样就确定了最后的深度为 38.8+150=188.8mm。

（2）程序编制

```
O0030
    N1 G21（公制单位）
    N2 G17 G40 G80 T01（用 G17 选择 XY 插补平面）
    N3 M06（T01=6mm 钻孔）
    N4 G90 G54 G00 X12.0 Y8.0 S1200 M03 T02（定位于孔）
    N5  G43 Zl0.0 H01 M08（初始水平面在顶平面下 10mm 处）
    N6 G99 G81 X12.0 Y8.0 R2.0 Z−16.8 F150.0      （钻孔 1——2mm 的间隙）
    N7 X25.0 Y13.0      （钻孔 2）
    N8 Y22.0      （钻孔 3）
    N9 X12.0 Y27.0      （钻孔 4）
    NI0 G80 Z10.0 M09（钻头回到距顶平面上 10mm 处）
    N11G28 Zl0.0 M05      （Z 轴回零）
    N12 M01（任选程序段）
    N13 T02（刀具 T02 准备——若需要）
    N14 M06（T02=4mm 钻刀）
    N15G17      （用 G17 选择 XY 平面）
    N16 G90 G54 G00 X210.0 Y9.0S1400 M03 T01      （定位于孔 5 处）
    N17 G43 Z−7.0 H02 M08      （初始平面在距右侧平面 10mm 处）
    N18 G19      （用 G19 选择 YZ 平面）
    N19 G99 G81 Y9.0 Z−7.0 R202.0 X188.8 F140.0      （钻孔 5——2mm 的间隙）
    N20 Z−20.0      （钻孔 6）
    N21 Y18.0 Z−14.0      （钻孔 7）
    N22 Y27.0 Z−20.0      （钻孔 8）
    N23 Z−7.0      （钻孔 9）
    N24 G80 Z210.0 M09
    N25 G17
    N26 G28 Z−7.0 M05
    N27 G28 X210.0 Y27.0
    N28 M30
```

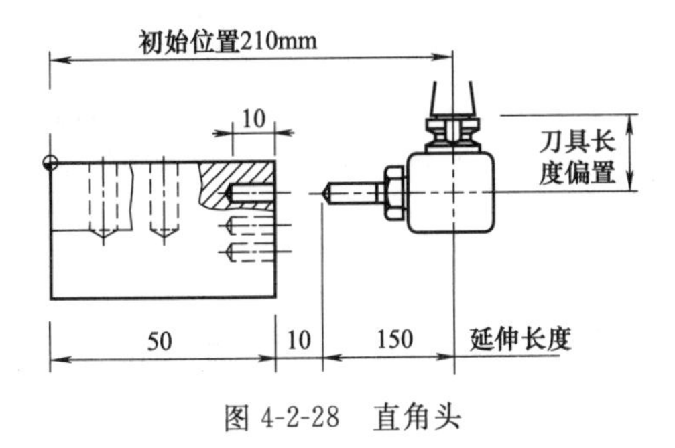

图 4-2-28 直角头

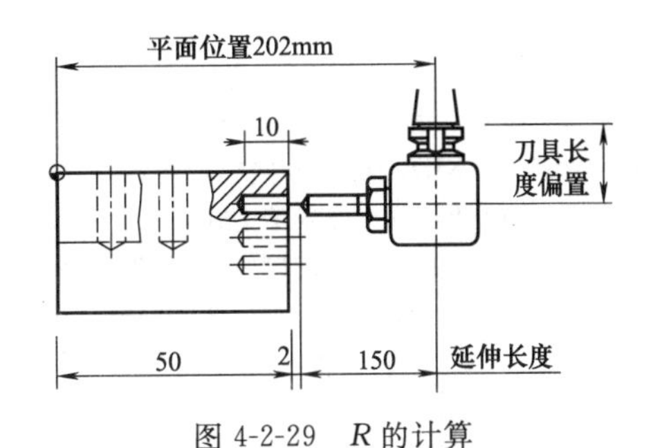

图 4-2-29 R 的计算

4. 在线测量

（1）软件安装

将 FAUNC 系统中文件名以 O97 和 O98 开头的文件全部更改成其他文件名。将安装文件 40120519、40120520、40120521、40120727 全部复制到 FAUNC 系统中。

（2）参数的设置

1）测头回退距离和检测进给率设定：测头回退距离和检测进给率需要根据机床的状况进行设定，将宏程

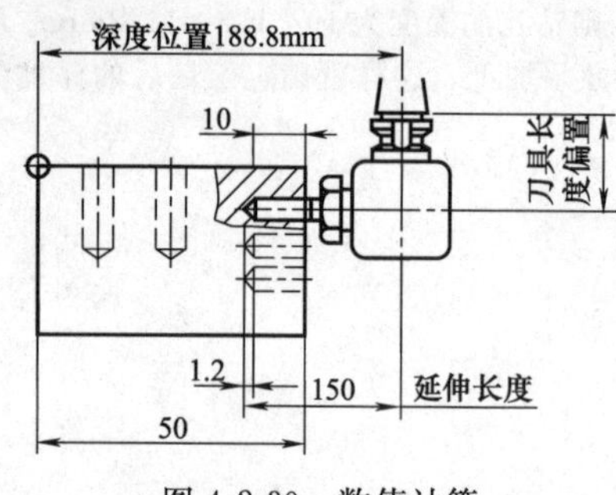

图 4-2-30 数值计算

序 O9836 打开，＃506 为回退距离、＃119 为检测进给率。＃506 默认值为 0.5，＃119 默认值为 5 000。

2）刀具偏置类型设置：宏程序 O9724 中＃120 为刀具偏置类型设置，此设置必须与 FANUC 系统中的参数设置相一致。有的工厂卧式加工中心相匹配的参数为＃120＝9。

（3）测头标定

1）标定的意义　通过对测头的标定来检测。测头的物理长度误差和探针在 x、y 轴上的偏心值及测球的矢量半径，用于在今后工件检测中的偏差补偿。

2）标定前的准备工作

① 将切削试料装夹到卧式加工中心工作台上，用面铣刀将试料表面铣平，然后再精铣一遍保证工件表面粗糙度值大于 1.6μm。

② 用一把精镗刀将切削试料中心孔镗严（孔深大于 35mm，孔径大于 50mm），使用内径表和千分尺精确测量出孔的内径。

③ 使用量块检测出切削试料表面的 z 轴工件坐标系。

④ 将测头安装到主轴上，用卡尺粗略量出测头的长度，将测量值填入 FANUC 系统刀具表中相应的刀具长度补偿位置。

图 4-2-31 标定循环

3）标定循环

标定循环的步骤如图 4-2-31 所示，程序如下：

```
%O5211
M19(进行主轴定向)
M35(测头打开)
G0G90G54X35. Y0(快速移动到试料孔中心上端以便进行测头长度标定)
G43HIZ100(激活 1 号刀偏,快速定位到离试料表面 100mm 的位置)
G65P9810230. F3000(保护运动定位到距试料表面 30mm 的位置)
G65P9801Z0Tl （测头长度的标定）
G65P9810X0Y0 （保护定位到试料中心位置）
G65P9810Z－5. （保护定位到孔内－5mm 的位置）
G65P9802D50.001(在一个 50.001mm 直径的内标定测头,以确定其 x,y 测针偏置)
G65P9804D50.001(在一个 50.001mm 直径的镗孔内标定测头,以确定测球直径,包括矢量方向)
G65P98102100. F3000(保护定位移动,回退到 100mm)
H00(取消长度偏置)
M36(测头关闭)
M30(程序结束)
%
```

4）标定后的数据检查　在标定结束后为了检查标定是否准确，要打开 FANUC 系统中的宏变量查看其中值：＃500（XRAD）为 x 向标定半径，＃501（YRAD）为 y 向标定半径，＃502（XOFF）为 x 轴测针偏心，＃503（YOFF）为 y 轴测针偏心。

卧式加工中心使用的测针球半径为 3mm，如果＃500 和＃501 的值偏差大就说明标定中有错误，需要重新核对检测值进行标定。

测头安装好后都要对测针球进行跳动检查，要求小于 0.01mm，如果＃502 和＃503 的数值偏差大就要重新进行跳动检测，然后再进行标定。

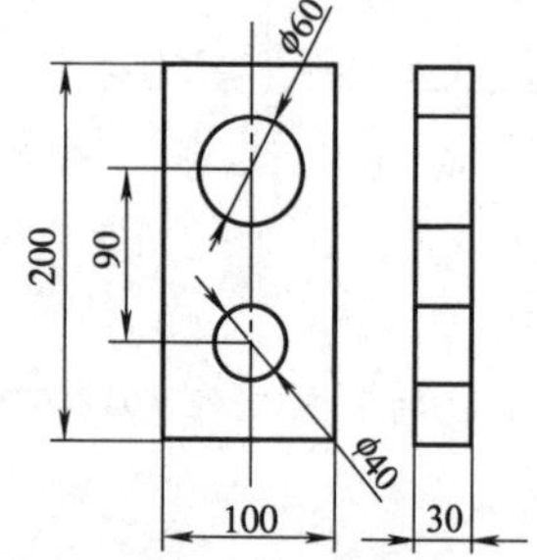

图 4-2-32 检测零件

（4）应用举例

如图 4-2-32 所示，应用工件测量系统以工件上孔为中心、工件下表面为零点建立 G54 号工件坐标系，在检测 z 轴零点时，如果检测值比原先设定的值误差大于 0.1mm，说明夹具有问题，要产生报警，检测完成后将检测的值保存到单独的文件中用于以后的质量追查。程序如下：

```
%O0010
T1 M06(将测头调入主轴)
```

```
G90  G0  G54  X100.0  Y0(快速移动到起始位置)
M19(进行主轴定向)
M35(测头打开)
G43  H1  Z100.0(激活测头长度刀偏,快速定位到距离被测夹具 100mm 的位置)
G65  P9810  Z30.0  F3000(保护定位移动到被测夹具表面 30mm 的位置)
G65  P9811  Z0  U0.1  W 1  S1[测量 z 轴零点(U 为公差上限,如果超差循环停止并报警,W 为保存数据,S 为要设定工件坐标系偏置号,1 号为 54 号工件坐标系)]
G90  G0  G54  Z100.0 (快速回退到距离被测夹具 100mm 的位置)
G90  G0  G54  X0  Y0 (快速移动到起始位置)
G65P9810  Z20.0  W1  F3000(保护定位移动被测工件孔内)
G65P9814  D60.0  S1(测量直径为 60.0mm 的内孔)
G65P9810  Z100.0(保护定位移动)
M36(测头关闭)
……
%
```

第三节 综合编程实例

数控程序员与数控铣工/加工中心操作工技师内容

一、固定斜角平面铣削

1. 专用程序的编制

单件加工如图 4-3-1 所示工件。本零件为固定斜角平面类工件，加工这类工件时，有多种方案可以选择，根据现有的加工设备与加工条件，此处选择宏程序编程与加工。由于斜角平面与底平面采用 $R1$ 圆角过渡，所以应采用刀尖圆角为 $R1$ 的圆鼻（环形）立铣刀进行编程。

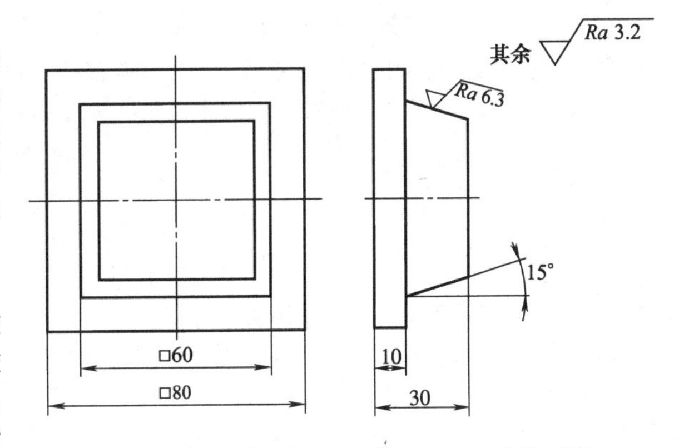

图 4-3-1　固定斜角平面零件图

（1）编程思路

加工本例的斜角平面时，由于其切刀深度较大（最大时为 20mm）。因此，其切削宽度应取较小值，所以在精加工前应进行去除余量的加工，去除余量采用 Z 轴方向的分层切削，每次 Z 向背吃刀量为 5mm，加工出 40mm×40mm 的四方凸台。

精加工采用宏程序加工，加工时从轮廓的切线方向切入切出，加工过程如图 4-3-2 所示，加工出四方轨迹后刀具抬高 0.1mm，通过变量运算计算出相应的 a 值，再次加工四方轨迹，如此循环，直到刀具抬高到四棱台顶点处退出循环。变量运算时，以高度 h 为自变量，每次增加 0.1mm，a 值为应变量，$a=20-h\tan15°$，从而求出四方体各点的坐标。

＃101：长度“a”的变量，$a=20-h\tan15°$；

＃102：Z 坐标变量，初值为－20.0；

＃103：高度“h”变量，初值为 0；

（2）加工误差

采用尖形刀具加工固定斜角平面时，其加工误差如图 4-3-3 所示，残留层高度的计算公式如下

$$\delta=h_1\tan\alpha$$

式中　δ——残留层高度，也是斜面的总加工误差；

h_1——刀具的分层切削高度，本例中 $h_1=0.1$mm；

α——固定斜角平面与垂直方向的夹角。

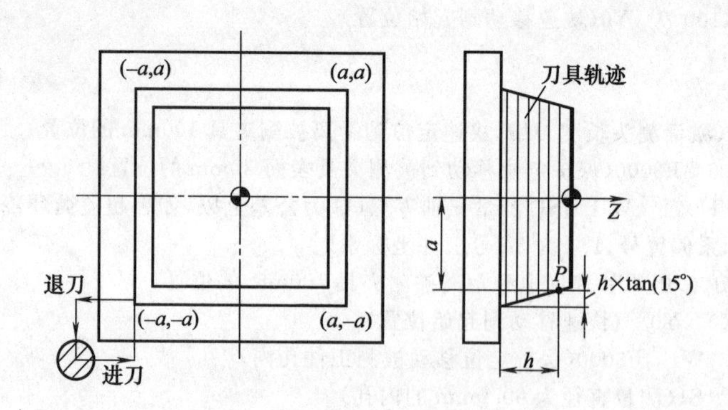

图 4-3-2 斜角平面编程思路

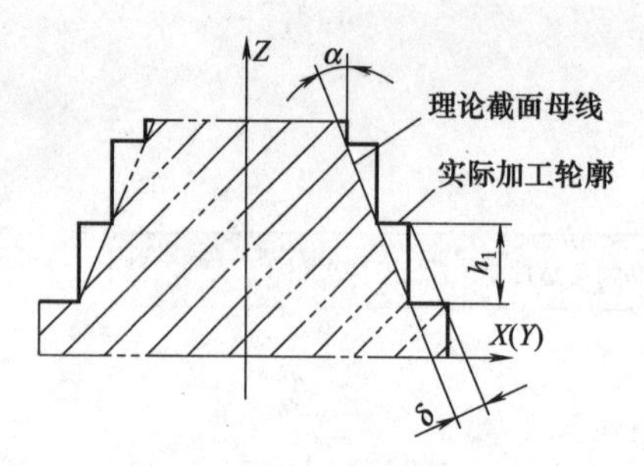

图 4-3-3 尖角刀加工斜面

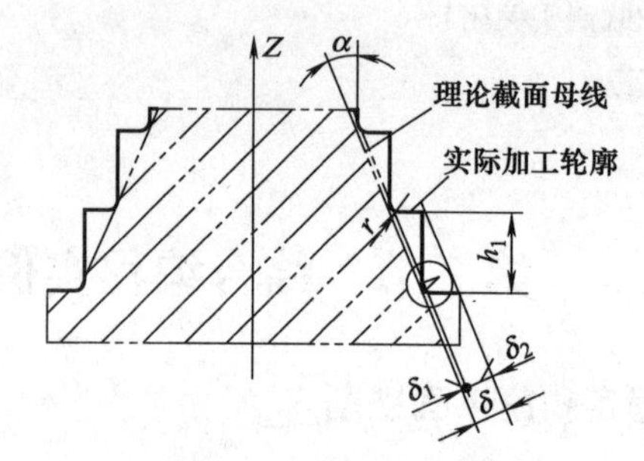

图 4-3-4 环形刀加工斜面

采用带有刀尖圆角半径的环形立铣刀加工该斜面时，其加工误差的计算如图 4-3-4 所示，总的误差仍等于 δ，但误差 δ_1 可通过修改刀具半径补偿值来消除，从而使实际误差等于 δ_2。误差值的计算公式如下

$$\delta = h_1 \tan\alpha$$

$$\delta_1 = \sqrt{2} r\cos\alpha - r$$

$$\delta_2 = \delta - \delta_1$$

$$a = \delta_1/\cos\alpha = \sqrt{2} r - r/\cos\alpha$$

式中 δ_1——加工过程中可消除的误差；

δ_2——加工过程实际消除 δ_1 后的残留高度；

a——加工过程中刀补的减少量，其目的是为了消除误差 δ_1。

(3) 程序编制

刀 具　环形立铣刀：直径为 ϕ16mm，材料为高速钢，刀尖圆角为 R1mm

程序	FANUC 0i 系统程序	程序说明
段号	O0020；	程序号
N10	G90 G94 G40 G21 G17 G54；	程序开始部分
N20	G91 G28 Z0；	
N30	G90 G00 X－50.0 Y－50.0；	
N40	M03 S600 M08；	
N50	G00 Z20.0；	
N60	G01 Z0.0 F100；	刀具下降至 Z 向起刀点
N70	M98 P21 L4；	调用子程序粗加工四方体
N80	＃102＝－20.0；	凸台 Z 坐标赋初值
N90	＃103＝0；	加工高度赋初值
N100	＃101＝30.0－＃103 * TAN[15.0]；	计算四方体 X、Y 坐标值
N110	G01 Z＃102；	刀具 Z 向移动至加工位置
N120	G41 G01 X－＃101 D01；	轮廓延长线上建立刀补

```
N130            Y#101;
N140            X#101;                       加工四方体
N150            Y-#101;
N160            X-#101;
N170      G40 G01 X-40.0 Y-40.0;             取消刀补
N180         #102=#102+0.1;                  Z坐标每次增量为0.1mm
N190         #103=#103+0.1;                  Z向高度值每次增量为0.1mm
N200      IF[#102 LE 0.0] GOTO100;           条件判断
N210      G91 G28 Z0;
N220      M05 M09;                           程序结束部分
N230      M30;

          O0021                              轮廓粗加工子程序
N10       G91 G01 Z-5.0 F100;                Z向增量移动-5mm
N20       G90 G41 X-30.0 D01;                切线方向建立刀补
N30             Y30.0;
N40             X30.0;                       加工四方体
N50             Y-30.0;
N60             X-40.0;
N70       G40 G01 X-50.0 Y-50.0;             取消刀补
N80       M99;                               返回主程序
```

2. 通用宏程序的编写

假设正四棱锥台零件锥底尺寸为$U \times V$，锥台顶部尺寸为$I \times J$，左右和前后斜面与垂直面的夹角相等，锥台高度为H。

加工此类零件曲面，采用由下而上轴向逐层上升的方法进行铣削，按锥面的轴向递减之比以不对称顺铣方式加工。在垂直轴上以Z分段，以0.1～0.5mm为一个步距，并把Z值作为自变量。由图4-3-5可知锥面的斜率为

$$K=\tan\alpha=\text{对边}/\text{邻边}=\frac{U-I}{2}\times\frac{1}{H}=\frac{V-J}{2}\times\frac{1}{H}$$

锥台圆角半径缩小率为

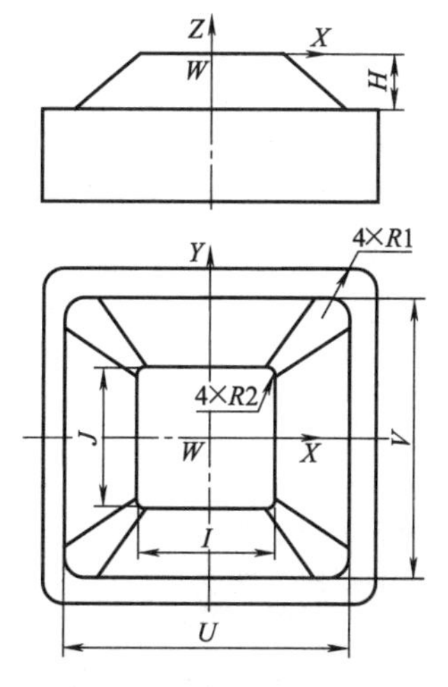

图 4-3-5 正四棱锥台类零件示意

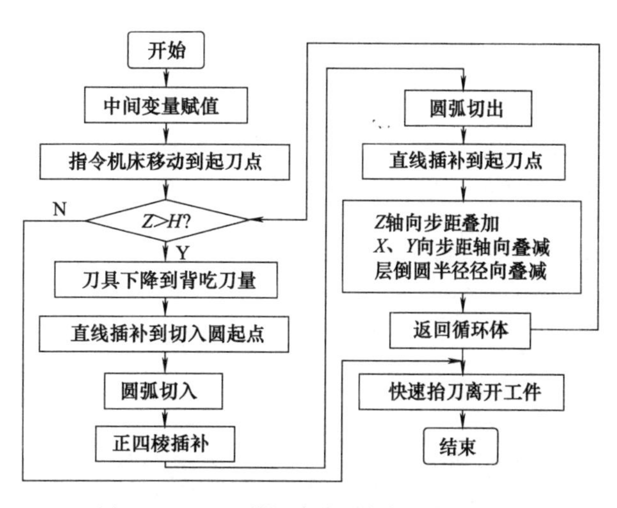

图 4-3-6 正四棱锥台类零件侧面铣削的用户宏程序结构流程框图

$$M=\frac{R_1-R_2}{H}$$

图 4-3-6 所示为该宏程序的结构流程框图。

(1) 变量和参数（见表 4-3-1）。

表 4-3-1　变量和参数

自变量	参　　数	对应的局部变量
U	正四棱锥台锥底的横向尺寸值	＃21
V	正四棱锥台锥底的纵向尺寸值	＃22
I	正四棱锥台锥顶的横向尺寸值	＃4
J	正四棱锥台锥顶的纵向尺寸值	＃5
Z	正四棱锥台顶部的工件垂向绝对坐标值	＃26
R	刀具起始切削安全高度	＃18
H	正四棱锥台的高度	＃11
K	锥面斜率	＃6
M	圆角半径缩小率	＃13
C	锥底倒圆半径	＃3
D	刀具半径	＃7
E	Z 向递增(减)均值	＃8
F	切削进给速度	＃9

(2) 子程序的编写

```
O52;                                          子程序名
N005＃30＝＃21/2;                             正四棱锥台锥底的横向尺寸值的一半赋给中间变量＃30
＃31＝＃22/2;                                 正四棱锥台锥底的纵向尺寸值的一半赋给中间变量＃31
＃32＝＃3;                                    锥底倒圆半径赋给中间变量＃32
＃33＝＃7＋5;                                 切入(切出)圆弧半径
N010 G90 G00 X[＃21＋＃33] Y0;                 指令刀具移到工件右侧下刀点
N015 Z＃18;                                   刀具快速下降到工件上方安全距离
N020 WHILE[＃11GT＃26]D01;                     如果＃11 小于＃26,则跳转至 N095 程序段
N025 G01 Z＃11 F[3＊＃9];                      刀具以工进速度移动
N030 G01  X[＃30＋＃33＋＃7]  Y－＃33 F[2＊＃9];     刀具直线插补到切入圆起点
N035 G02 X[＃30＋＃7]  Y0 R＃33 F＃9;               圆弧切线切入
N040 G01 X[＃30＋＃7]  Y[＃31＋＃7],R＃32;           正四棱直线插补
N045  X[－＃30－＃7]  Y[＃31＋＃7],R＃32;
N050 X[－＃30－＃7]  Y[－＃31－＃7],R＃32:
N055  X[＃30＋＃7]  Y[－＃31－＃7],R＃32:
N060 X[＃30＋＃7]  Y0;                              回到圆弧切入点
N065 G02 X[＃30＋＃33＋＃7]  Y＃33 R＃33 F[2＊＃9];  圆弧切线切出
N070 G01 X[＃21＋＃33]  Y0 F[3＊＃7];               返回刀具起刀点
N075＃11＝＃11＋＃8;                                步距轴向叠加＃8
N080＃30＝＃30－＃8＊＃6;                           层 X 尺寸叠减
N085＃31＝＃31－＃8＊＃6;                           层 Y 尺寸叠减
N090＃32＝＃33－＃8＊＃13;                          圆角半径尺寸叠减
N095 END 1;                                         返回循环体
N100 G00 G90 Z[＃18＋50];                           刀具快速抬起离开工件
N105 M99;                                           宏程序结束并返回主程序
```

(3) 子程序调用

G65 P52 _ U _ V _ I _ J _ Z _ R _ H _ K _ M _ C _ D _ E _ F;

(4) 编程举例

在铣床或加工中心上加工如图 4-3-7 所示正四棱锥台零件的侧面。已知正四棱锥台零件锥底尺寸为 50mm×

50mm，圆弧半径为 5mm；锥台顶部尺寸为 25mm×25mm，圆弧半径为 1mm；左右和前后斜面与垂直面的夹角相等，锥台高度为 10mm。

建立工件坐标系，正四棱锥台中心为工件坐标系 X 和 Y 轴的零点，工件表面为工件坐标系 Z 轴的零点，以 G54 设置工件坐标系。

首先用 ϕ5mm 立铣刀铣削去除正四棱锥台周围余量，然后用 ϕ16mm 立铣刀采用顺铣方式铣削正四棱锥台侧面，采用由下而上轴向逐层上升的方法进行铣削，按锥面的轴向递减之比以顺铣方式加工。

锥面斜率为 $K=1.25$ $M=0.4$。

铣削刀具为 ϕ16mm 的立铣刀时，取主轴转速为 1200r/min，铣削进给速度为 350mm/min；主轴起始位置在零件上方 50mm 处，刀具起始切削高度为 2mm，最终加工位置为 $Z-10$mm。在进行加工前，四棱柱已加工完。

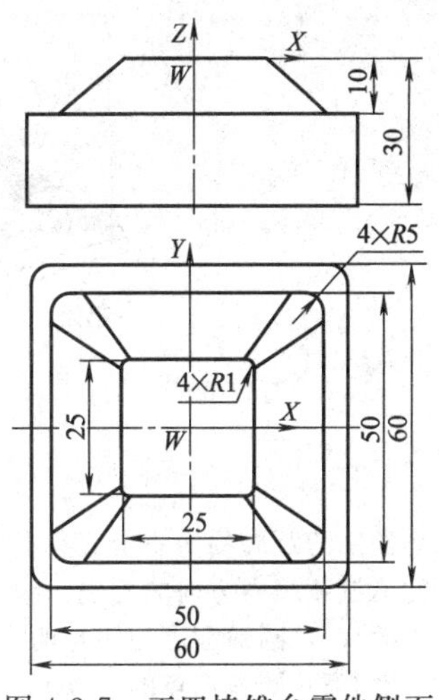

图 4-3-7　正四棱锥台零件侧面铣削编程实例示意图

主程序如下：

```
O0101                      程序名
N15 G17 G90 G21 G94 G54 G40 G49 G80 T01;工艺加工状态设置
N35 M06;                                调用 1 号刀
N40 G43 G00 Z50   H01 S1200 M03;   建立刀具长度补偿,主轴正转,转
                                        速为 1200r/min
N43 X80 Y80 M08;
N45   G65 P52   U50 V50 I25 J25 Z0   R2   H-10 K1.25   M0.4   C5.0   D8.0 E0.2   F350;
N50 G00 Z100 M09;                        刀具退到工件上表面 100mm 处,切削液关闭
N53 G40 G01 X50 Y50;
N55 G91 G49 Z100.0;                          取消刀具长度补偿
N60 G90 G00 X80 Y0 M05;              刀具退回工件坐标零点,主轴停止
N65 M30;                             程序结束并返回程序开头
```

二、曲面的加工

1. 圆弧曲面加工

加工如图 4-3-8 所示工件。本例工件的上表面为规则的圆弧曲面，加工这种类型的曲面时，既可采用宏程序编程，也可采用自动编程。此处采用宏程序编程的方法进行加工。

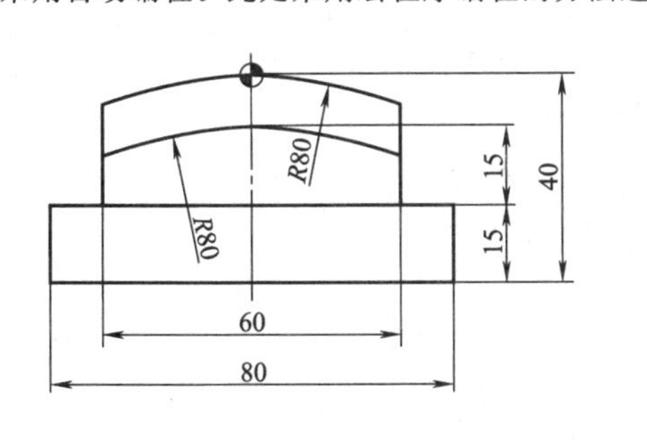

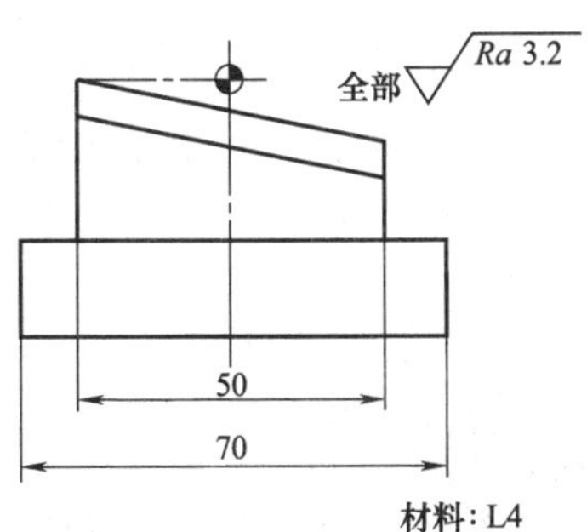

材料: L4

图 4-3-8　规则曲面编程与加工零件图

(1) 操作准备

1) 机床准备　选用的机床为 FANUC 0i 系统的 XK7650 型数控铣床。

2) 毛坯准备　选用的毛坯为 80mm×70mm×40mm 的预制坯料，材料为 45 钢。

3) 刀具准备　加工过程中使用的刀具为 R10mm 球形铣刀。

(2) 程序编制

1) 编程思路　加工本例工件的上表面曲面时，其刀具轨迹如图 4-3-9 所示，刀具首先在空间坐标系中移动至循环开始点，在 ZX 平面内加工走一条圆弧轨迹，然后刀具在 YZ 平面作间隙进给，再在 ZX 平面内沿前一圆弧的反方向走一条圆弧轨迹，如此循环直至加工出所有曲面。

本例工件编程时，以刀具的刀尖点作为刀位点。为了避免第一刀切削时的加工余量过大，刀具的起始点与

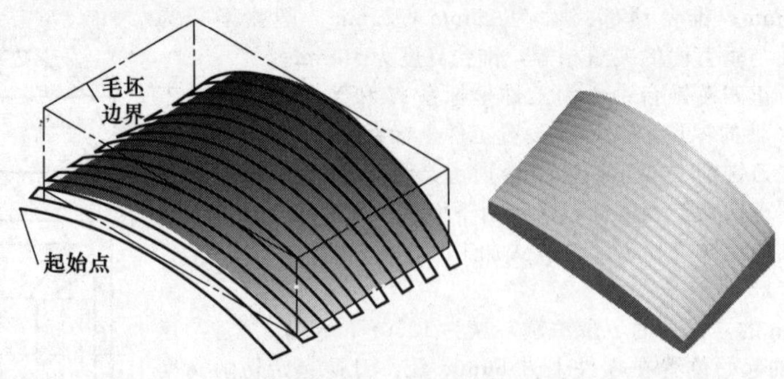

图 4-3-9　刀具轨迹

毛坯轮廓的距离约为一个刀具半径，故其起始点坐标选择为（－40.0，－35.0，－22.72）。加工圆弧时，应特别注意圆弧顺逆方向的判别。编程过程中使用以下变量进行运算。

＃101：圆弧起点与终点的 X 坐标，其大小不变，符号相反。

＃102：圆弧起点的 Y 坐标，每次增量取 1.0mm。

＃103：圆弧起点的 Z 坐标，每次增量根据 Y 坐标的增量按比例算出，增量值为 0.2mm。

2）误差分析　采用球形铣刀加工曲面时，同一行刀具轨迹所在的平面称为截平面，截平面之间的距离称为行距。行距之间残留余量高度的最大值称为残余高度，残留高度与球形铣刀的直径、行距有关，在实际加工过程中，通常根据要求的残余高度值来反推计算出行距值，再通过控制行距来控制残余高度，残余高度与行距之间的换算关系如图 4-3-10 所示，计算公式如下。

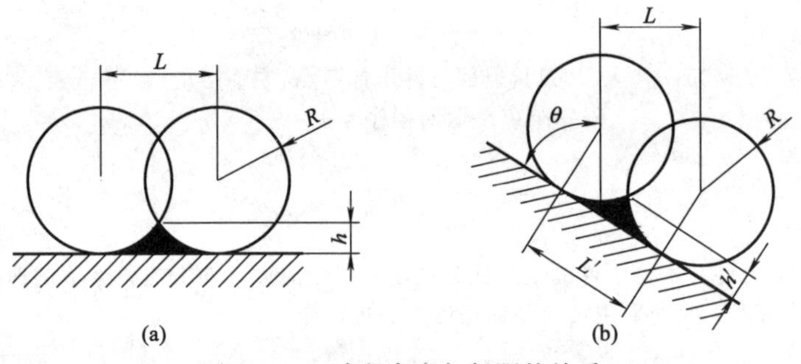

图 4-3-10　残留高度与行距的关系

如图 4-3-10（a）所示，铣削平面时残余高度的计算公式为

$$h=R-\sqrt{R^2-(L/2)^2}$$

$$L=2\sqrt{R^2-(R-h)^2}$$

式中　h——残余高度；

L——行距；

R——球形铣刀的半径。

如图 4-3-10（b）所示，铣削斜面时残余高度的计算公式为

$$L'=L/\sin\theta$$

$$h'=R-\sqrt{R^2-(L'/2)^2}=R-\sqrt{R^2-(L/2\sin\theta)^2}$$

$$L=2\sqrt{R^2-(R-h')^2}\times\sin\theta$$

式中　L'——斜面上的行距；

h'——斜面上的残余高度；

θ——斜面方向与垂直方向的夹角。

（3）残留高度计算

假设 Y 方向的行距为 1mm 时，残留高度的计算过程如下：

$$\theta=\text{ATAN}5=78.69°$$

$$L'=L/\sin\theta=1/\sin78.69=1.02$$

$$h'=R-\sqrt{R^2-(L'/2)^2}=10-\sqrt{10^2-0.51^2}=10-9.987=0.013$$

假设工件加工过程中允许的残留高度为0.03mm，则Y方向行距的计算过程如下

$$L=2\sqrt{R^2-(R-h')^2}\times\sin\theta=2\sin78.69\times\sqrt{10^2-9.97^2}=1.52\text{mm}$$

(4) 加工程序

刀 具　立铣刀:直径为ϕ16mm,材料为高速钢;球形立铣刀:半径为R10mm,材料为高速钢

程序段号	FANUC 0i系统程序	程序说明
	O0050；	立铣刀加工外轮廓
N10	G90 G94 G40 G21 G17 G54；	
N20	G91 G28 Z0；	
N30	G90 G00 X－50.0 Y－50.0；	程序开始部分
N40	M03 S600 M08；	
N50	G00 Z20.0；	
N60	G01 Z0.0 F100；	刀具下降至Z向起刀点
N70	M98 P51 L5；	调用子程序粗加工四方体
N80	G91 G28 Z0；	
N90	M05 M09；	程序结束部分
N100	M30；	
	O0055；	球形铣刀加工上表面
N10	G90 G94 G40 G21 G17 G54；	
N20	G91 G28 Z0；	
N30	G90 G00 X－50.0 Y－50.0；	程序开始部分
N40	M03 S600 M08；	
N50	G00 Z20.0；	
N60	#101＝－40.0；	圆弧X向起点坐标
N70	G01 X#101 F100	
N80	#102＝－35.0；	圆弧起点与终点的Y坐标
N90	#103＝－22.72；	圆弧起点与终点的Z坐标
N100	#101＝－#101；	圆弧X向终点坐标
N110	G01 Y#102 Z#103；	刀具移动至圆弧起始位置
N120	G18 G03 X#101 R80.0；	向＋X方向加工第一条圆弧
N130	#102＝#102＋1.0；	Y坐标值每次增加1.0mm
N140	#103＝#103＋0.2；	Z坐标按比例增加0.2mm
N150	#101＝－#101；	X坐标值与起点坐标值相反
N160	G01 Y#102 Z#103；	刀具移动至圆弧起始位置
N170	G18 G02 X #101 R80.0；	向－X方向加工第二条圆弧
N180	#102＝#102＋1.0；	Y坐标值每次增加1.0mm
N190	#103＝#103＋0.2；	Z坐标按比例增加0.2mm
N200	IF[#102 LE 25.0] GOTO100；	条件判断
N210	G91 G28 Z0；	
N220	M05 M09；	程序结束部分
N230	M30；	
	O0051	轮廓加工子程序
N10	G91 G01 Z－5.0 F100；	Z向增量移动－5mm
N20	G90 G41 X－30.0 D01；	切线方向建立刀补
N30	Y25.0；	
N40	X30.0；	
N50	Y－25.0；	加工四方体
N60	X－40.0；	
N70	G40 G01 X－50.0 Y－50.0；	取消刀补
N80	M99；	返回主程序

2. 椭球体的加工

(1) 用端铣刀粗加工椭球体

如图 4-3-11 所示，假设待加工的工件为一椭圆柱体，图中阴影部分即为使用端铣刀进行粗加工时需要去除的部分；粗加工使用端铣刀，自上而下以等高方式逐层去除余量，每层以顺铣方式走刀（顺时针方向）；在每层加工时如果被去除部分的宽度大于刀具直径，则还需由外至内多次走刀（如图 4-3-11 右图所示，在任意高度上，两条椭圆形虚线之间的部分即为在该高度上需要去除的平面区域）。

为便于描述和对比，每层加工时刀具的开始和结束位置均指定在 ZX 平面内的＋X 方向上。将椭圆球面的球心设置为 G54 原点，而且各轴线均与相应的坐标轴平行，并且假设 XY 平面上的长半轴落在 X 轴上。

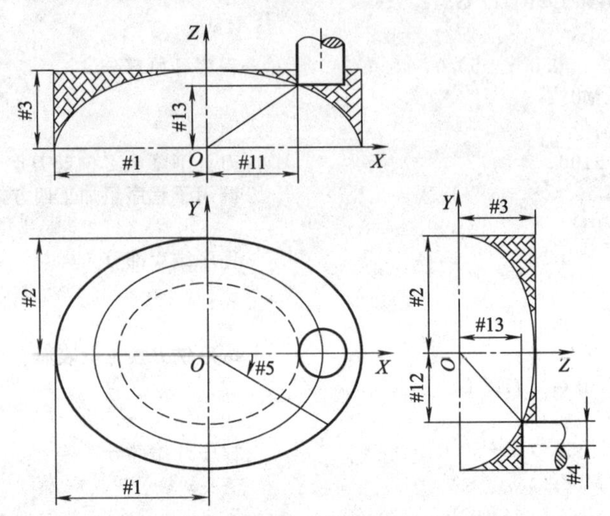

图 4-3-11 外凸椭圆球面自上而下等高体积粗加工

1）变量和参数见表 4-3-2。

表 4-3-2 变量和参数

自变量	参数	对应的局部变量
A	椭圆球面在 X 方向上的半轴长 a	＃1
B	椭圆球面在 Y 方向上的半轴长 b	＃2
C	椭圆球面在 Z 方向上的半轴长 c	＃3
I	刀具半径 radius	＃4
Q	Z 坐标每次递减量(每层切深即层间距 q)	＃17
T	水平面内加工椭圆时角度每次递增量	＃20

2）子程序

```
O8131
G00 X0 Y0 Z[＃3＋30]；              至椭圆球面中心上方安全高度
＃8＝1.6＊＃4；                     步距设为刀具直径的 80％(经验值)
＃13＝＃3－＃17；                   任意高度刀心 Z 坐标值设为自变量,赋初始值
WHILE [＃13 GE 0]DO 1；             如果＃13≥0,循环 1 继续
X[＃1＋＃4＋1] Y0；                 (每层)G00 快速移动到工件外侧(X 轴上)
Z[＃13＋1]；                        G00 下降至 Z＃13 以上 1mm 处
G01 Z＃13 F150；                    G01 下降至当前加工深度(切削到材料时)
＃6＝1－[＃13＊＃13]/[ ＃3＊＃3]；  当 Y＝0 椭球方程变为 x²/a²＋z²/c²＝1
＃11＝SQRT[＃6＊＃1＊＃1]；          刀在任意点时的椭圆长半轴
＃12＝SQRT[＃7＊＃2＊＃2]；          刀在任意点时的椭圆短半轴
＃9＝＃1－＃11；                     每层在长半轴(X)方向上被去除的工件宽度
＃10＝FIX[＃9/＃8]；                 ＃9 除以步距并上取整,重置为初始值
```

```
WHILE[#10 GE 0]DO 2;            如#10≥0(即还未走到最内圈),循环2继续
#14=#11+#10*#8+#4;              每圈需移动的长半轴(X)方向目标值(绝对值)
#15=#12+#10*#8+#4;              每圈需移动的短半轴(Y)方向目标值(绝对值)
#5=0;                           重置角度#5为初始值0
WHILE[#5 LT 360]DO 3;           如#5<360°(即未走完椭圆圈),循环3继续
#18=#14*COS[#5];                椭圆上点的X坐标值
#19=-#15*SIN[#5];               椭圆上点的Y坐标值(顺时针进给)
G01 X#18 Y#19 F1000;            以直线.G01逼近走出椭圆
#5=#5+#20;                      角度自变量#5每次以#20递增
END 3;                          循环3结束(完成一圈椭圆,此时#5≥360°)
#10=#10-1;                      自变量#10(每层走刀圈数)依次递减至0
END 2;                          循环2结束(最内一圈已走完,此时#10<0)
G00 Z[#3+1];                    G00提刀至椭圆球面最高处以上1
#13=#13-#17;                    Z坐标自变量#13每次递减#17(层间距q)
END 1;                          循环1结束(此时#13<0)
M99;                            子程序结束返回
```

3）子程序调用

G65 P8131 A __ B __ C __ I __ Q __ T __;

（2）用球形刀精加工椭球体

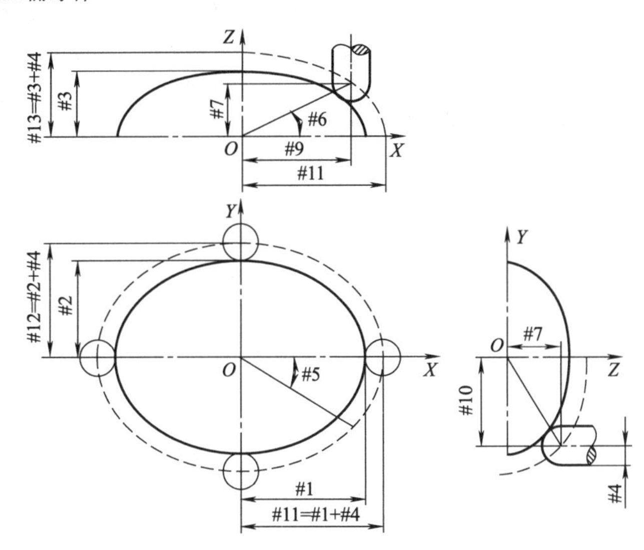

图 4-3-12　外凸椭圆球面自上而下精加工

如图 4-3-12 所示。每层加工时刀具的开始和结束位置均指定在 ZX 平面内的 $+X$ 方向上。由于是精加工，为了最大限度地提高表面加工质量，在每层刀具的开始和结束位置也采用了 1/4 圆弧切入和 1/4 圆弧切出的进、退刀方式。

1）变量和参数见表 4-3-3。

表 4-3-3　变量和参数

自变量	参数	对应的局部变量
A	椭圆球面在 X 方向上的半轴长 a	#1
B	椭圆球面在 Y 方向上的半轴长 b	#2
C	椭圆球面在 Z 方向上的半轴长 c	#3
I	刀具半径 radius	#4
Q	Z 坐标每次递减量(每层切深即层间距 q)	#17
R	水平面内加工椭圆时角度每次递增量	#18

2）子程序

```
O8123
G00 X0 Y0 Z[#3+30]              定位至椭圆球面中心上方安全高度
#11=#1+#4                       XY平面上刀心的最大椭圆运动轨迹的长半轴长
#12=#2+#4                       XY平面上刀心的最大椭圆运动轨迹的短半轴长
#13=#3+#4                       ZX及YZ平面上刀心的椭圆运动轨迹的短半轴长
#6= 0                           ZX平面上角度#6设为自变量,赋初始值为0
WHILE[#6LE 90] DO 1             如果#6≤90,循环1继续
#9=#11*COS[#6]                  任意高度水平刀心的椭圆运动轨迹长半轴
#7=#13*SIN[#6]                  ZX平面上角度#6为任意值时刀心的Z坐标值(绝对值)
#8=1-[#7*#7]/[#13*#13]
#10=SQRT[#8*#12*#12]
G00 X[#9+#4] Y#4                G00定位至进刀点
Z[-#13]                         G00移至当前Z坐标处(刀尖)
G03 X#9 YO R#4 F300             G03圆弧进刀
#5=O                            重置角度#5为初始值0
WHILE[#5LE 360]DO 2             如#5≤360(即未走完椭圆一圈360°),循环2继续
#15=#9*COS[#5]                  某高度水平面上刀具椭圆运动轨迹上任意点X坐标值
#16=-#10*SIN[#5]                某高度水平面上刀具椭圆运动轨迹上任意点Y坐标值
G01 X#15 Y#16 F1000             以直线G01逼近走出椭圆
#5=#5+#17                       角度自变量#5每次以#17递增
END 2                           循环2结束(完成1圈椭圆,此时#5>360)
G03 X[#9+#4]Y-#4 R#4            G03圆弧退刀
G00 Z[#7-#4+1]                  在当前高度G00提刀至1
Y#4                             Y方向G00移至进刀点
#6=#6+#18                       ZX平面上角度#6依次递增#18
END 1                           循环1结束(此时#6>90)
G00 Z[#3+30]                    G00提刀至椭圆球面最高处以上30mm
M99                             宏程序结束返回
```

(3)子程序调用

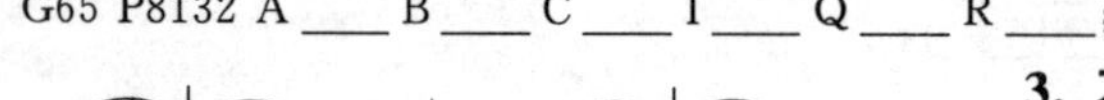
G65 P8132 A____ B____ C____ I____ Q____ R____;

3. 不垂直 *XY* 平面的圆柱面加工

(1) 轴线垂直于坐标平面的内圆柱面加工

如图 4-3-13 所示，宏程序编程原点选择在圆弧的中心（*X*、*Z* 原点），走刀方式采用 G02/G03 圆弧插补方式沿圆柱面的圆周上双向往复运动，*Y* 轴上的运动，则可以根据实际情况，选择 *Y*0→*Y*＋或 *Y*0→*Y*－单向推进，在本例中采用 *Y*0→*Y*＋推进。

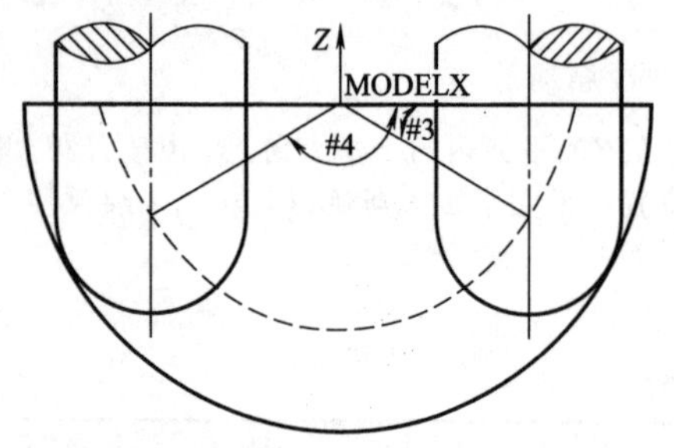

图 4-3-13　G18 平面内内凹圆柱面加工示意

1)主程序　　　　　　　　注释说明

```
O0731;
S1000M03
G54G90G00X0Y0;      程序开始,定位于G54原点
G65 P1731 X50. Y-20. Z-10. A10. B3. C30. I150. J0 H0. 5M40;调用宏程序01731
M30;程序结束
```

2）参数赋值（见表 4-3-4）

表 4-3-4 参数赋值

引数	变量	赋值
A	#1	圆柱面的圆弧半径
B	#2	球头铣刀半径
C	#3	圆柱面起始角度
I	#4	圆柱面终止角度
J	#5	Y 坐标(绝对值)设为自变量,赋初始值为 0
H	#11	Y 坐标每次递增量(绝对值),因粗、精加工工艺而异
M	#13	Y 方向上圆柱面的长度(绝对值)
X	#24	宏程序编程原点在工件坐标系 G54 中的 X 坐标
Y	#25	宏程序编程原点在工件坐标系 G54 中的 Y 坐标
Z	#26	宏程序编程原点在工件坐标系 G54 中的 Z 坐标

3) 子程序　　　　　　　　　　　　　　说明

```
O1731
G52 X#24 Y#25 Z#26;                 在圆柱面中心(X,Y,Z)处建立局部坐标系
G00 X0 Y0 Z30.;                     定位至圆柱面中心上方安全高度
#12=#1-#2;                          球头铣刀中心与圆弧中心连线的距离#12(常量)
#6=#12*COS[#3];                     起始点刀心对应的 X 坐标值
#7=#12*SIN[#3];                     起始点刀心对应的 Z 坐标值(绝对值)
#8=#12*COS[#4];                     终止点刀心对应的 X 坐标值
#9=#12*SIN[#4];                     终止点刀心对应的 Z 坐标值(绝对值)
X#6;                                定位至起始点上方
Z1.;                                G00 移动到 Z1. 处
G01 Z[-#7-#2] F1 00;                G01 进给至起始点
WHILE f#5LT#13] DO 1;               如果#5<#13,循环 1 继续
#5=#5+#11;                          Y 坐标即变量#5 递增#11
G01 Y#5 F1000;                      Y 坐标向正方向 G01 移动#11
G18 G03 X#8 Z[-#9-#2] R#12;         起始点 G03 运动至终止点(刀心轨迹)
#5=#5+#11;                          Y 坐标即变量#5 递增#11
G01 Y#5 F1000;                      Y 坐标向正方向 G01 移动#11
G18 G02 X#6 Z[-#7-#2]R#12;          终止点 G02 运动至起始点(刀心轨迹)
END 1;                              循环 1 结束
G00 Z30.;                           G00 提刀至安全高度
G52X0Y0Z0;                          恢复 G54 原点
M99;                                宏程序结束返回
```

4) 注意

① 如果#3=0，#4=90，即对应于右侧的标准 1/4 凸圆柱面。如果#3=90，#4=180，即对应于左侧的标准 1/4 凸圆柱面。如果#3=0，#4=180，即对应于标准 1/2 凸圆柱面。

② 因为采用圆周上双向往复运动，本程序更适合于精加工。

③ 在本例中采用 Y0→Y+推进，如果想采用 Y0→Y-推进，只需把宏程序中的“#5=#5+#11”改为“#5=#5-#11”即可。

④ 如果在 Y 方向上的运动有严格的长度限制，由于每次循环需在 Y 方向移动两个#11 的距离，因此最保险的方法是在确定#11 的值时，应使#13 能够被 2*#11 所整除。

(2) 轴线不垂直于坐标平面的外圆柱面加工

1) 进给方式　这里所说的轴线不垂直于坐标平面（实际上特指 ZX、YZ 平面）的圆柱面，是指该圆柱面的轴线平行于 XY 平面，且轴线与 X 或 Y 坐标轴并不是正交关系（这里假设与 X 坐标轴的夹角为 θ，$0° \leqslant \theta \leqslant 180°$）。

FANUC 系统规定：“在坐标系旋转 G 代码 G68 的程序段之前指定平面选择代码 G17、G18 或 G19，平面选择代码不能在坐标系旋转方式中指定”，由此可知，在编程时，不可能使用坐标系旋转 G68 指令，最好采用

沿平行于圆柱面的轴线的方向上走刀。

在这里较为合理的加工策略是：单向走刀，保持顺铣状态，通过调整加工参数，无论粗、精加工均能适用。

为了使宏程序的表达更加简洁明了，这里将圆柱面区分为两种情况：为了保持顺铣状态，以圆柱面最高点（即最高的母线）为界，右侧采用 $Y+\to Y0$ 单向推进，左侧采用 $Y0\to Y+$ 单向推进。

2）程序编制　如图 4-3-14 所示，为了使宏程序具有更好的适应性，宏程序编程原点选择在圆弧的中心（X、Z 原点）。

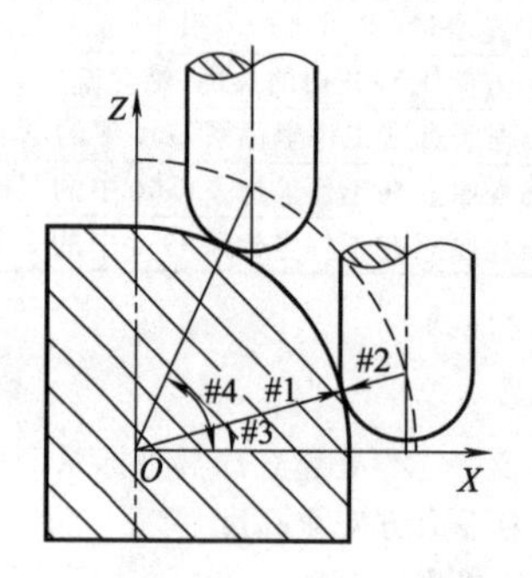

(a) 右侧 $Y+\to Y0$ 单向加工　　(b) 左侧 $Y0\to Y+$ 单向加工

图 4-3-14　外凸圆柱面加工示意图

```
① 主程序                                    注释说明
O0722;
S1000 M03;
G90G00X0Y0;        程序开始,定位于 G54 原点
G65 P1722 X50. Y－20. Z－10. A10. B3. C0 I90. J30. HI1. M40. ;调用宏程序 O1722
G00X0Y0;
G65 P1723 X50. Y－20. Z－10. A10. B3. C0 I90. J30. HI1. M40. ;调用宏程序 O1723
M30;      程序结束
```

② 参数赋值（见表 4-3-5）

表 4-3-5　参数赋值

引数	变量	赋　值
A	＃1	圆柱面的圆弧半径
B	＃2	球头铣刀半径
C	＃3	ZX 平面内角度设为自变量,赋初始值
I	＃4	圆柱面终止角度(end angle),＃4≤90°
J	＃5	圆柱面轴线与 Y 坐标轴的夹角 θ,$-90°\leqslant\theta\leqslant90°$
H	＃11	角度每次递增量(绝对值),因粗、精加工工艺而异
M	＃13	轴线方向上圆柱面的长度(绝对值)
X	＃24	宏程序编程原点在工件坐标系 G54 中的 X 坐标
Y	＃25	宏程序编程原点在工件坐标系 G54 中的 Y 坐标
Z	＃26	宏程序编程原点在工件坐标系 G54 中的 Z 坐标

```
③ 子程序                          注释说明
O1722;                           圆柱面右侧 Y＋→Y0 单向推进加工
G52 X＃24 Y＃25 Z＃6;             在圆柱面中心(X,YZ)处建立局部坐标系
G00 X0 Y0 Z[＃1＋30.];            定位至圆柱面中心上方安全高度
G68 X0 Y0 R＃5;                   局部坐标系原点为中心进行坐标系旋转角度＃5
＃12＝＃1＋＃2;                    球头铣刀中心与圆弧中心连线的距离＃12(常量)
WHILE[＃3LT＃4]DO 1;              如果＃3＜＃4,循环 1 继续
＃6＝＃12＊COS[＃3];               旋转后的局部坐标系中任意点刀心对应 X 坐标值
```

```
#7=#12*SIN[#3]-#2;          旋转后的局部坐标系中任意点刀尖对应Z坐标值
X#6 Y#13;                    定位至起始点上方
Z[#7+1.];                    Z方向快速降至当前点上方1.处
G01 Z#7 F100;                Z方向G01进给至Z坐标目标值
Y0 F1000;                    Y方向G01进给至Y0
G00 Z[#1+1.];                快速提刀到圆柱面最上方1.处
#3=#3+#11;                   自变量#3(角度)递增#11
END 1;                       循环1结束
G00 Z[#1+30.];               G00提刀至安全高度
G69;                         取消坐标系旋转
G52X0Y0Z0;                   恢复G54原点
M99;                         宏程序结束返回
子程序                                  注释说明
O1723;                       圆柱面左侧Y0→Y+单向加工
G52 X#24 Y#25 Z#6;           在圆柱面中心(X,YZ)处建立局部坐标系
G00 X0 Y0 Z[#1+30.];         定位至圆柱面中心上方安全高度
G68 X0 Y0 R#5;               局部坐标系原点为中心进行坐标系旋转角度#5
#12=#1+#2;                   球头铣刀中心与圆弧中心连线的距离#12(常量)
WHILE[#3LT#4]DO 1;           如果#3<#4,循环1继续
#6=#12*COS[#3];              旋转后的局部坐标系中任意点刀心对应X坐标值
#7=#12*SIN[#3]-#2;           旋转后的局部坐标系中任意点刀尖对应Z坐标值
X-#6 Y#13      ;             定位至起始点上方
Z[#7+1.];                    Z方向快速降至当前点上方1.处
G01 Z#7 F100;                Z方向G01进给至Z坐标目标值
Y#13 F1000;                  Y方向G01进给至Y0
G00 Z[#1+1.];                快速提刀到圆柱面最上方1.处
#3=#3+#11;                   自变量#3(角度)递增#11
END 1;                       循环1结束
G00 Z[#1+30.];               G00提刀至安全高度
G69;                         取消坐标系旋转
G52X0Y0Z0;                   恢复G54原点
M99;                         宏程序结束返回
```

④ 注意

a. 如果#3=0，#4=90，即对应于标准1/4凸圆柱面。

b. 如果是精加工，还可以把宏程序中的提刀动作“G00 Z [#1+1.]”改为“G00 Z [#7+#1]”以减少空行程，进一步提高加工效率。

三、内锥螺纹的加工

变量和参数见表4-3-6。

表4-3-6 变量和参数

自变量	参数	对应的局部变量
A	螺纹的锥度角(以单边计)	#1
B	螺纹顶面的Z坐标(非绝对值!)	#2
D	螺纹起始点(大端)直径	#7
F	进给速度	#9
Q	螺距	#17
R	单刃螺纹铣刀半径	#18
X	螺纹中心X坐标	#24
Y	螺纹中心Y坐标	#25
Z	螺纹深度(系Z坐标值,非绝对值!)	#26

1. 子程序

```
O8102
G52 X#24 Y#25;                 在螺纹中心(X,Y)处建立局部坐标系
#3=#7/2-#18;                   起始点刀心回转半径(初始值)
#4=TAN[#1];                    锥度角的正切值
#5=#17*#4;                     1个螺距(即1周螺纹)所对应的半径变化量
#6=#3+#26*#4;                  螺纹底部(小端)的半径
G00 X#3 Y0;                    G00移动到起始点上方
Z[#2+1];                       G00下降至Z#2面以上1mm处
G01 Z#2 F#9;                   G01进给至Z#2面
WHILE[#3GT#6]DO 1;             如果#3>#6,循环1继续
G91 G02X-#5 I-#3 Z-#17 F#9;    G02螺旋加工至下一层,实际轨迹即为圆锥插补
#3=#3-#5;                      刀心回转半径依次递减#5
END 1 ;                        循环1结束(此时#3≤#6)
G90G01 X0Y0;                   G01回到中心
G00 Z30;                       G00快速提刀至安全高度
G52X0 Y0;                      恢复G54原点
M99;                           宏程序结束返回
```

2. 子程序调用

G65 P8102 X _ Y _ Z _ F _ A _ B _ D _ Q _ R _;

例如：加工右旋内锥螺纹，中心位置为（50，20），螺纹大端直径为 ϕ60mm，螺距＝4mm，螺纹深度为 Z－32，单刃螺纹铣刀半径 R＝13.5mm，螺纹锥度角＝10°的程序如下。

```
O0012
G54 G90 G00 X0 Y0 Z30 T01;     程序开始，定位于G54原点安全高度
M06;
S2000 M03;
G00 G43 Z50 H01;
G65 P8102 X50 Y20 Z-32 F500 A10 B0 D60 Q4 R13.5;     调用宏程序O8102
G49 G00 Z150;
M30;                           程序结束
```

四、旋转轴应用（变距螺纹的加工）

1. 加工变螺距螺杆的工装夹具设计

如图 4-3-15 所示，该零件在四轴联动的加工中心上通过第四轴主轴与设计的专用夹具体连接，用 ϕ2.5mm 立铣刀加工出该零件。夹具体的设计在该零件加工中起到支撑和消除振动的作用。装夹示意如图 4-3-16 所示。

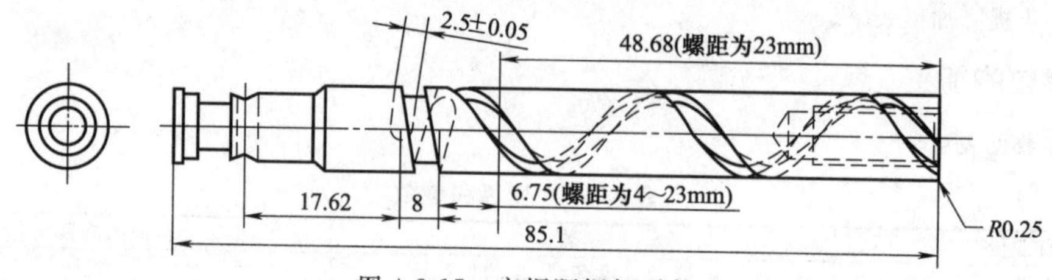

图 4-3-15 变螺距螺杆零件

2. 数学分析

1）等螺距（23mm）段数学分析。在等螺距段中，螺距不发生变化，则位移与角度之间的数学方程为：

$$L=P\theta$$

式中 L——刀具位移，mm；

P——单位转角刀具的位移，mm/(°)；

θ——旋转角度，(°)。

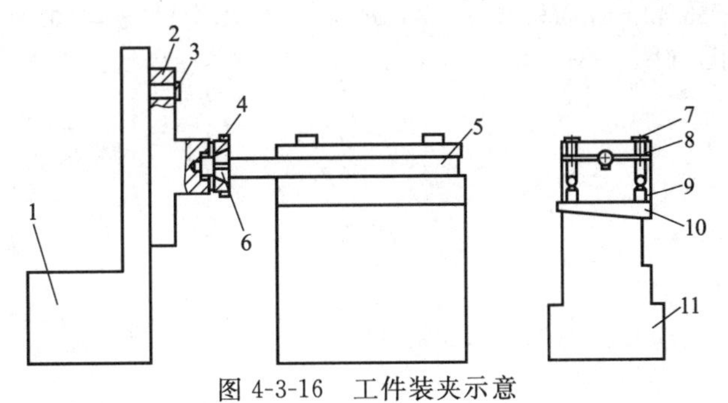

图 4-3-16　工件装夹示意

1—第四回转轴；2—夹套；3,7—连接螺钉；4—卡簧螺母；5—零件；6—卡簧；8—上盖；9—支撑板；10—斜锲块；11—底座

根据零件要求：

$L=48.68$mm；$P=23/360$mm/(°)

$\theta=L/P=48.68/23=2.1165r=761.948°$

2）变螺距段数学分析。在变螺距段中，螺距发生变化，则位移与角度之间的数学方程为

$$L=(23/360)\times\theta+\Delta P\times\frac{\theta^2}{360^2}$$

式中，ΔP 为螺距变化量。

根据零件要求：$L=6.75$mm；$P=23/360$mm/(°)；$\Delta P=-19$mm；$\theta=180°$。

3）等螺距（4mm）段数学分析。根据零件要求：$L=4$mm；$P=4/360$mm/(°)；$\theta=360°$。

4）整体数学分析

$$X_1=(23/360)\theta \quad (0°\leqslant\theta\leqslant761.948°)$$

$$X_2=48.68+(23/360)\times(\theta-761.948)-19\times\frac{(\theta-761.948)^2}{360^2}(761.948°<\theta\leqslant941.948°)$$

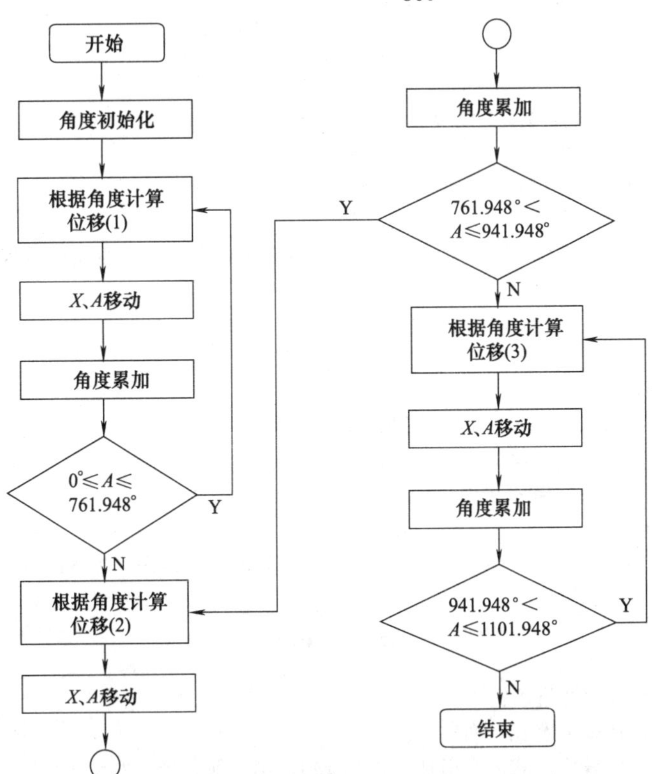

图 4-3-17　宏程序流程框图

$X_3=55.43+(4/360)\times(\theta-941.948)\qquad(941.948°<\theta\leqslant1101.948°)$

3. 宏程序流程框图（图 4-3-17）

4. 加工程序

（1）主程序

```
O1000
G40 G80 G49；
G90 G21 G17；
G54；
T01 M06；                       (φ2.5mm 立铣刀)
G90 G00 X0 Y0；
G43 Z50H01；
S3500 M03；
Z10 M8；
Z2；
G01 Z－1 F60；
M98 P1001
G01 Z2 F200；
G90 G00 X0 Y0；
M3 S1000；
G01 Z－1.1 F60；
M98 P1001；
G00 Z10 M9；
Z50 M5；
G01 G28 Z0；
G91 G28 X0 Y0
M30；
```

（2）子程序

```
O1001
#101＝0；  [角度初始化,角度单位为(°)]
N10 #24＝[23/360]*#101；   (根据 X1 计算 X)
G01 X#24A#101 F60；   (插补进给)
#101＝#101＋0.5；   (角度转角每步增量 0.5)
IF[#101 LE 761.948] GOTO 10；(判断角度,在螺距为 23mm 的恒螺距段转到 N10)
N20 #24＝48.68＋[23/360]*[#101－761.948]－[19/360/360]*
[#101－761.948]*[#101－761.948]；         (X2 计算 X)
G01 X#24 A#101 F60；   (插补进给)
#101＝#101＋0.5；
IF[#101 LE 941.948]GOTO 20；(判断角度,在变螺距段转到 N20)
N30 #24＝55.43＋[4/360]*[#101－941.948]；
G01 X#24 A#101 F60 ；(插补进给)
#101＝#101＋0.5；
IF[#101 LE 1101.948]GOTO 30;(判断角度,在螺距为 4mm 的恒螺距段转到 N30)
M99；
```

思考与练习

1. 孔的加工动作由哪几部分组成？
2. 什么叫初始平面？什么叫 R 点平面？
3. 固定循环中，G98 与 G99 方式的作用是什么？分别适用在何种场合？
4. 试写出 G73 与 G83 的指令格式，并说明两者的不同之处。

5. 坐标变换编程有什么用处？
6. 数控铣床上螺纹加工（G33）与攻螺纹（G74、G84）的应用场合有什么不同？
7. 编写题图 1 所示零件的程序。

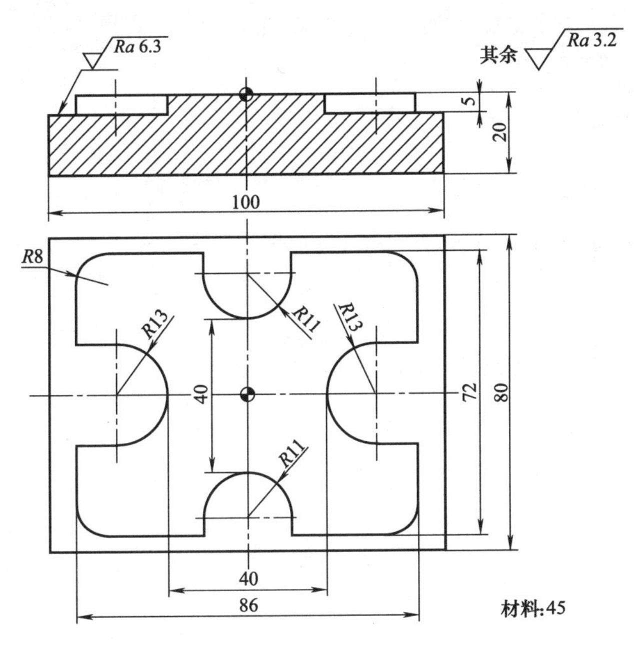

题图 1　零件图

8. 编写题图 2 所示零件的加工程序。

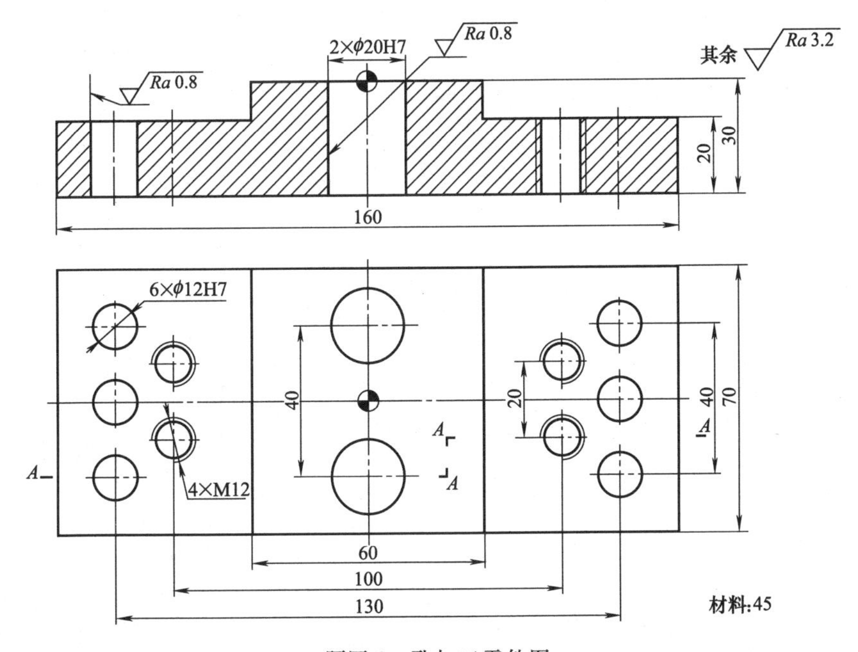

题图 2　孔加工零件图

9. 加工题图 3 所示工件，毛坯尺寸 70mm×40mm×20mm，试编写其数控铣加工程序。刀具为 ϕ9mm。
10. 编写题图 4 所示零件的加工程序。
11. 编写题图 5 所示零件的程序。

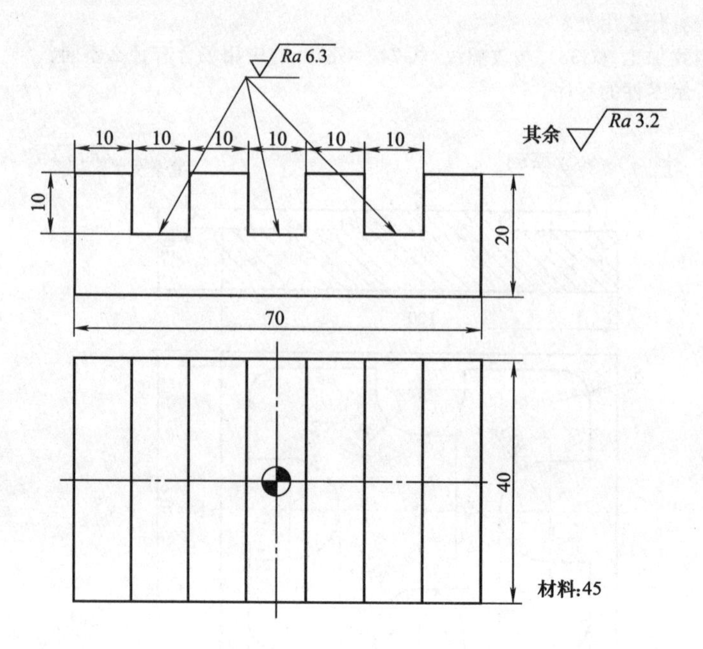

题图 3　槽类加工零件图

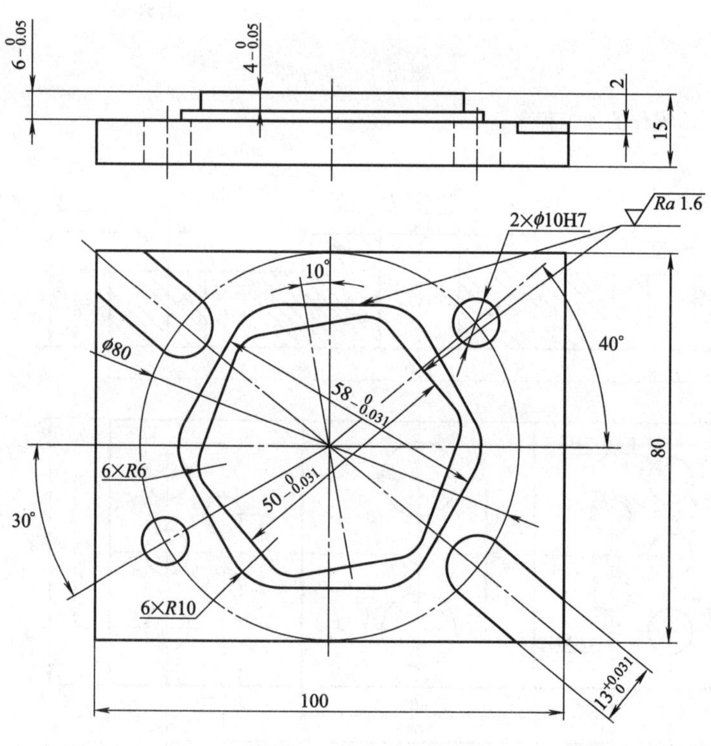

题图 4　轮廓零件图

12. 编写题图 6 所示圆锥加工程序。

13. 如题图 7 所示工件，上表面为 $SR45$ 的圆球表面，采用 $R10$mm 的球形铣刀进行精加工，试根据编程提示，编写其精加工宏程序。

14. 如题图 8 所示工件，采用 $R5$mm 的球形铣刀进行倒圆精加工，试根据编程提示，完成主程序的填空并编写轮廓加工子程序。

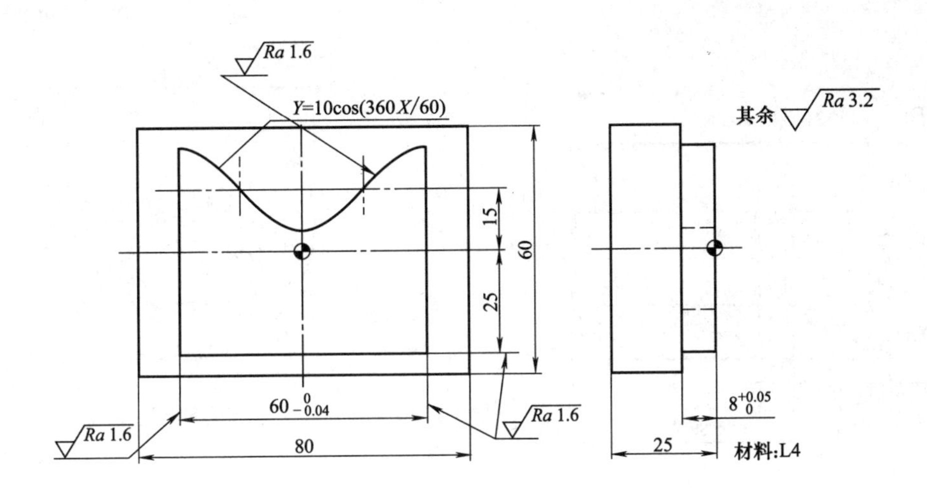

题图 5　非圆曲线零件图

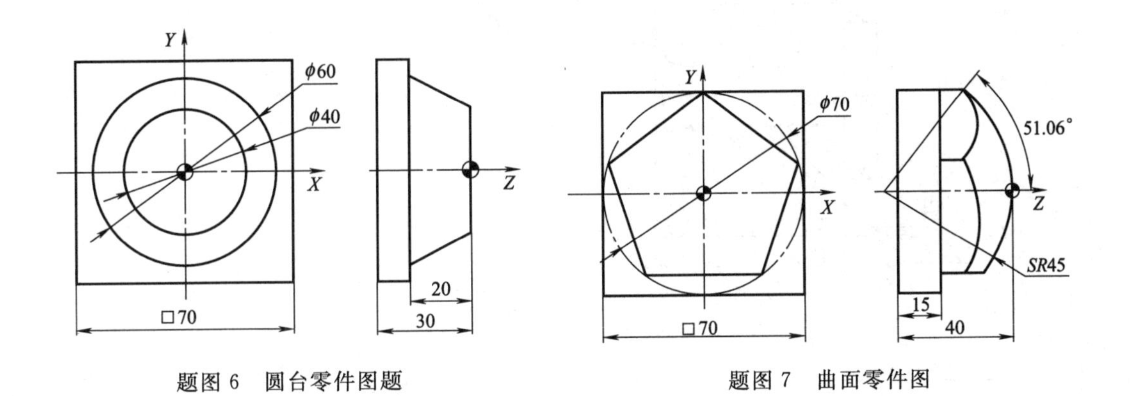

题图 6　圆台零件图题

题图 7　曲面零件图

题图 8　倒圆角加工实例

15. 在 FANUC 系统的加工中心上加工题图 9 所示零件

16. 加工题图 10 所示的型腔，毛坯为 140mm×100mm×15mm 的 45 钢。

17. 编写题图 11 所示零件加工程序。

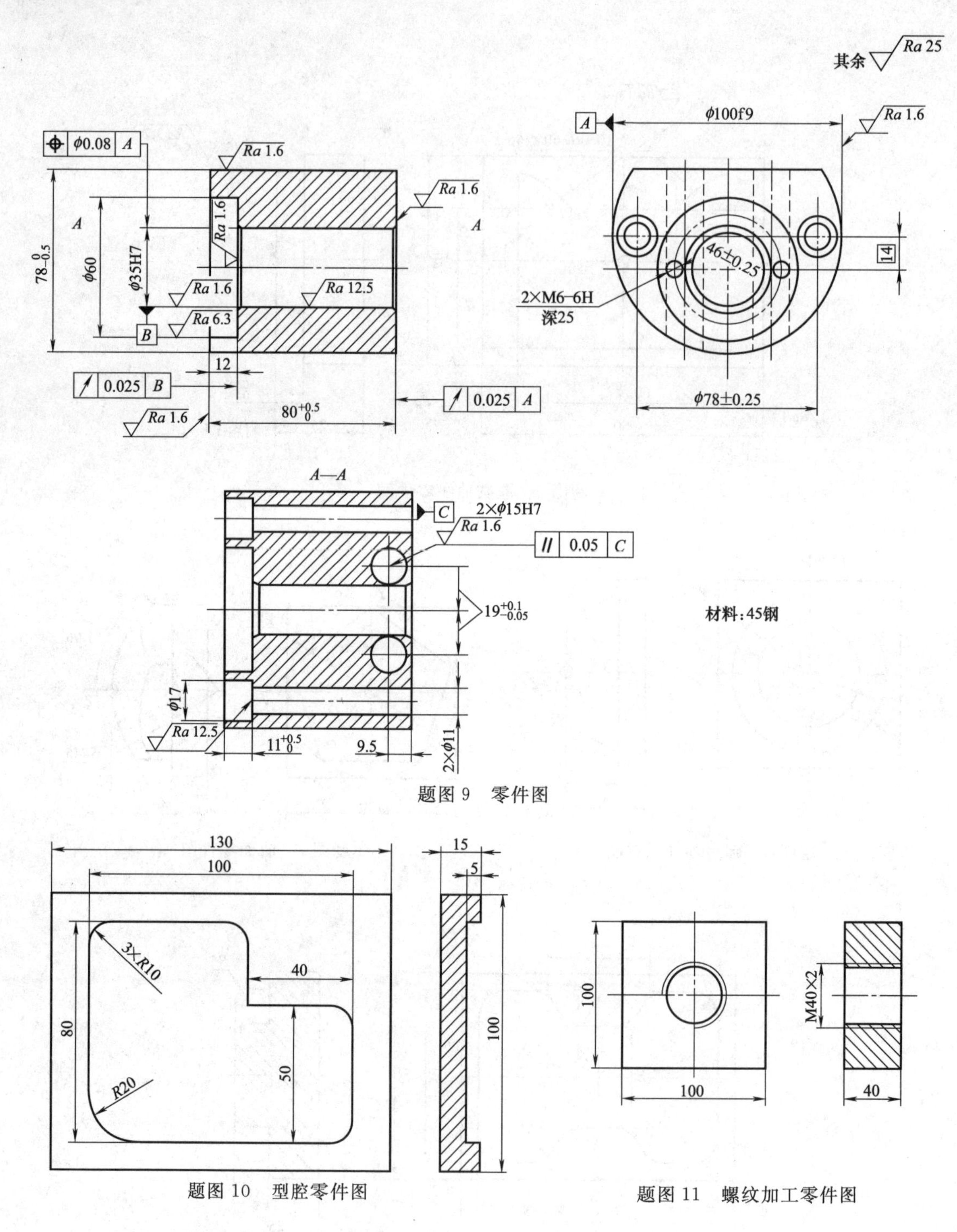

题图 9 零件图

题图 10 型腔零件图

题图 11 螺纹加工零件图

第五章 其他常用数控机床的编程

第一节 数控磨床的编程 数控程序员高级工内容

一、数控磨床的分类

数控磨床是精加工机床，它所涉及的面非常之广，因此数控磨床的种类繁多，结构也各不相同。根据工件的运动情况，可以把数控磨床分为两类。

1. 工件旋转类磨床

常见的外圆磨床、内圆磨床及专用的螺纹磨床、刀具磨床、齿轮磨床等都属于这一类。这一类磨床的共同点是在加工中，工件作动力旋转。FANUC 系统中采用 0G 类型的系统，其 G 代码见表 5-1-1。其坐标系见图 5-1-1，主轴功能、刀具功能、F 功能与数控车床类似，这里就不介绍了。

2. 工件不旋转磨床

最常见的是平面磨床。这一类磨床在加工中以砂轮作动力旋转。FANUC 系统中采用 0GS 类型的系统。其 G 代码见表 5-1-2，其坐标系见图 5-1-1，主轴功能、刀具功能、F 功能与数控铣床类似，这里就不介绍了。两类机床的辅助功能都是由机床生产厂家所确定的，常见的功能如表 5-1-3 所示。

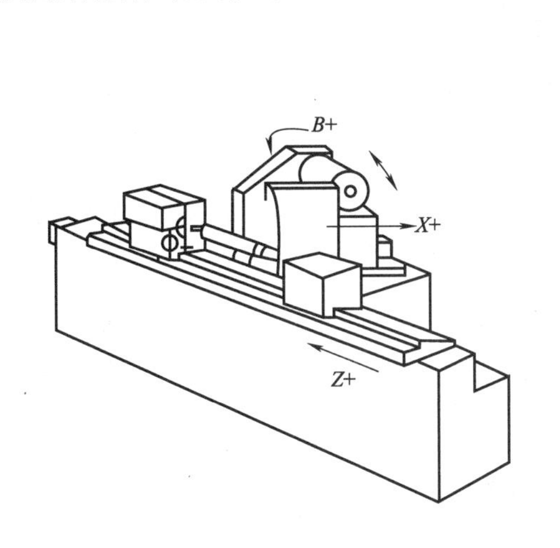

(a) 工件旋转类磨床

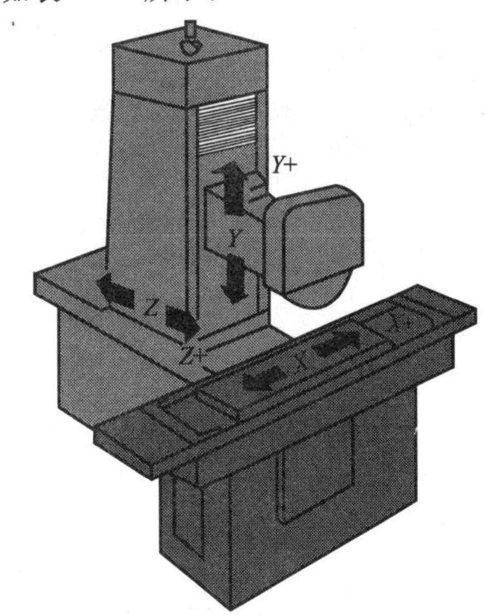

(b) 工件不旋转磨床

图 5-1-1 磨床机床坐标系

表 5-1-1 0G 准备功能

标准 G 代码 A	特殊 G 代码 ⅠB	特殊 G 代码 ⅡG	组号	功 能	标准 G 代码 A	特殊 G 代码 ⅠB	特殊 G 代码 ⅡG	组号	功 能
▲G00	▲G00	▲G00	01	定位(快速进给)	▲G18	▲G18	▲G18		ZX 平面选择
▲G01	▲ G01	▲G01		线性插补(切削进给)	G19	G19	G19		YZ 平面选择
G02	G02	G02		圆弧插补 CW(顺时针)	G20	G20	G70	06	英制输入
G03	G03	G03		圆弧插补 CCW(逆时针)	G21	G21	G71		米制输入
G04	G04	G04	00	暂停,准停	▲G22	▲G22	▲G22	09	存储行程校验功能开
G10	G10	G10		数据设定	G23	G23	G23		存储行程校验功能关
G17	G17	G17	16	XY 平面选择					

续表

标准G代码A	特殊G代码ⅠB	特殊G代码ⅡG	组号	功　能	标准G代码A	特殊G代码ⅠB	特殊G代码ⅡG	组号	功　能
▲G25	▲G25	▲G25	08	主轴速度变换检测关	G58	G58	G58	14	选择工件坐标系5
G26	G26	G26		主轴速度变换检测开	G59	G59	G59		选择工件坐标系6
G27	G27	G27	00	返回参考点校验	G65	G65	G65	00	宏程序非模态调用
G28	G28	G28		返回到参考点	G66	G66	G66	12	宏程序模态调用
G30	G30	G30		返回到第2参考点	▲G67	▲G67	▲G67		宏程序模态调用取消
G31	G31	G31		跳跃功能	G71	G71	G73	00	纵磨循环
G32	G33	G33	01	螺纹切削	G72	G72	G74		带量仪纵磨循环
G34	G34	G34		变螺距螺纹切削	G73	G73	G75		摆动磨削循环
G36	G36	G36	00	*X*轴自动刀具补偿	G74	G74	G76		带量仪摆动磨削循环
G37	G37	G37		*Z*轴自动刀具补偿	G90	G77	G20	01	外圆/内孔切削循环A
▲G40	▲G40	▲G40	07	取消刀尖半径补偿	G92	G78	G21		螺纹切削循环
G41	G41	G41		刀尖半径补偿左侧	G94	G79	G24		端面切削循环B
G42	G42	G42		刀尖半径补偿右侧	G96	G96	G96	02	恒表面速度控制有效
G50	G92	G92	00	坐标系设定，主轴最高速度设定	▲G97	▲G97	▲G97		恒表面速度控制取消
					▲G98	▲G94	▲G94	05	每分钟进给
G52	G52	G52		局部坐标系设定	▲G99	▲G95	▲G95		每转进给
G53	G55	G53		机床坐标系设定	—	G90	G90	03	绝对值指令
G54	G54	G54	14	选择工件坐标系1	—	G91	G91		增量值指令
G55	G55	G55		选择工件坐标系2	G107			00	圆柱插补
G56	G56	G56		选择工件坐标系3	G112			21	极坐标插补
G57	G57	G57		选择工件坐标系4	▲G113				极坐标插补取消

注：1. 当提供（任选）恒表面速度控制时，可设定轴最大速度（G50）。

2. 带有▲标记的G代码为初始状态G代码。当电源接通和复位时，显示这个G代码。G20、G21为断电前的状态；G00和G01，G22和G23，G98和G99可以用参数设置，但复位时，G22和G23保持不变。

3. 除了G10、G11外。00组G代码是一次性G代码。

4. 如果使用了表中未列出的G代码或者指令了未选择的G代码时，则报警（№010）。

5. 不同组的G代码可在同一程序段中指定。如果在同一程序段中指令了两个以上同组G代码时，则后面指令的G代码有效。

6. G代码按组显示。

从表5-1-1可以看出，标准G代码A与特殊G代码B和C的最大区别在于，标准G代码A设有绝对/增量指令G代码，标准G代码A中是用主要坐标轴*X*、*Z*表示绝对值指令，而用第二组运动轴*U*、*W*表示增量值指令，这就决定了标准G代码A只适用于单一砂轮架的机床，如果有第2个、第3个砂轮架时，坐标轴指令便不够用了。

表5-1-2　0GS准备功能

G代码	组号	功　能	G代码	组号	功　能
▲G00	01	定位(快速进给)	G19	02	选择*YZ*平面
▲G01		直线插补(切削进给)	G20	06	英制输入
G02		圆弧/螺旋线插补(顺时针)	G21		米制输入
G03		圆弧/螺旋线插补(逆时针)	▲G22	04	存储行程校验功能开
G04	00	暂停，准停	G23		存储行程校验功能关
G05		高速循环加工	G27	00	返回参考点校验
G09		准停	G28		返回到参考点
G10		数据设定	G29		从参考点返回
G11		数据设定状态取消	G30		返回第2参考点
▲G15	17	极坐标指令取消	G31		跳跃功能
G16		极坐标指令有效	G33	01	螺纹加工
▲G17	02	选择*XY*平面	G37	00	刀具长度自动测量
G18		选择*ZX*平面	G39		拐角偏置圆弧插补

续表

G代码	组号	功　能	G代码	组号	功　能
▲G40	07	取消刀具半径补偿	G74	09	左旋攻螺纹循环
G41		左侧刀具半径补偿	G75	01	切入磨削循环
G42		右侧刀具半径补偿	G76	09	精镗循环
G43	08	刀具长度正向补偿	G77	01	带量仪切入磨削循环
G44		刀具长度反向补偿	G78		连续进给平面磨削循环
G45	00	刀具偏置加	G79		断续进给平面磨削循环
G46		刀具偏置减	▲G80	09	取消固定循环
G47		刀具偏置2倍加	G81		钻孔循环
G48		刀具偏置2倍减	G82		锪孔循环
▲G49	08	取消刀具长度补偿	G83		深孔钻循环
G50	11	比例缩入功能取消	G84	09	右旋攻螺纹循环
G51		比例缩入功能有效	G85		镗削循环
G52	00	设定局部坐标系	G86		镗削循环
G53		指定机床坐标系	G87		反镗循环
▲G54	14	选择工件坐标系1	G88		镗削循环
G55		选择工件坐标系2	G89		镗削循环
G56		选择工件坐标系3	▲G90	03	绝对值编程
G57		选择工件坐标系4	G91		增量值编程
G58		选择工件坐标系5	G92	00	绝对坐标系设定
G59		选择工件坐标系6	G93	05	时间倒数进给
G60	00	单向定位	▲G94		每分进给
G61	15	准停状态	G95		每转进给
G62		自动拐角倍率修调	G96	13	恒定表面速度控制
G63		攻螺纹状态	▲G97		取消恒定表面速度控制
▲G64		切削状态	▲G98	10	返回初始平面
G65	00	宏程序指令,宏程序调用	G99		返回R点平面
G66	12	宏程序模态调用	▲G150	18	法向控制取消
▲G67		宏程序模态调用取消	G151		法向控制、左
G68	16	坐标旋转	G152		法向控制、右
▲G69		坐标旋转取消	▲G160	19	向内进给控制取消
G73	09	高速深孔钻循环	G161		向内进给控制有效

注：1. 带有▲记号的G代码为初始状态G代码。当电源接通和复位时，显示这个G代码。G20、G21为断电前的状态；G00和G01，G90和G91可以用参数设置。

2. 00组G代码是一次性G代码。

3. 如果使用了表中未列出的G代码或者指令了未选择的G代码时，则报警（№010）。

4. 在同一程序段中可以指令几个不同组的G代码，如果在同一程序段中指令了两个以上同组G代码时，后面的G代码有效。

5. 在固定循环中，如果指令了01组G代码，固定循环被取消，变成G80状态，但是，01组的G代码不受固定循环的G代码影响。

6. G代码各组分别显示。

表5-1-3　辅助功能指令

G代码	功　能
M00	程序暂停
M01	计划停止
M02/M30	程序结束
M03/M04	主轴正/反转(顺时针方向为正转,逆时针方向为反转)
M05	主轴停止
M06	换刀
M07/M08	2号/1号切削液开
M09	关闭切削液
M13	主轴正转、切削液开
M14	主轴反轴、切削液开
M60	更换工件

二、平面磨床的编程

数控平面磨床的编程较为简单，通常采用系统固定循环 G75、G77、G78、G79 进行编程。其中 G75 及 G77 普遍用来加工较小的平面，而 G78 及 G79 则用来加工较大的平面。

1. 切入磨削循环（G75）及带量仪的切入磨削循环（G77）

(1) 指令格式

G75/G77 I_____ J_____ K_____ X/Z_____ R_____ F_____ P_____ L_____；

I：首次切深，方向由正负号决定。

J：第二次切深，方向由正负号决定。

K：总切削深度。

X（Z）：磨削范围，方向由正负号决定。

R：I和J的进给速度。

F：X（Z）的进给速度。

P：暂停时间。

L：砂轮磨损补偿号。

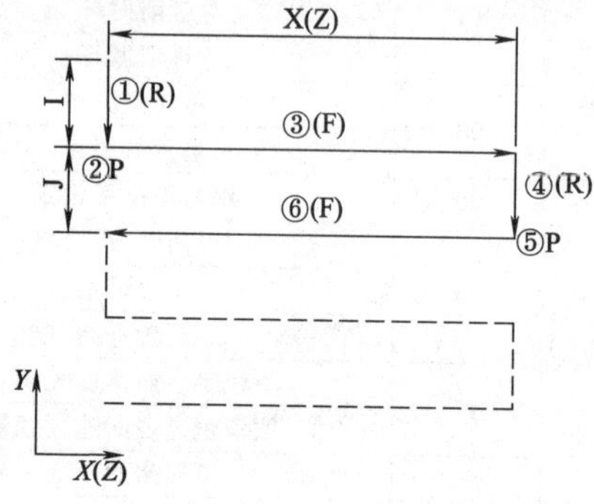

图 5-1-2 磨削的步骤

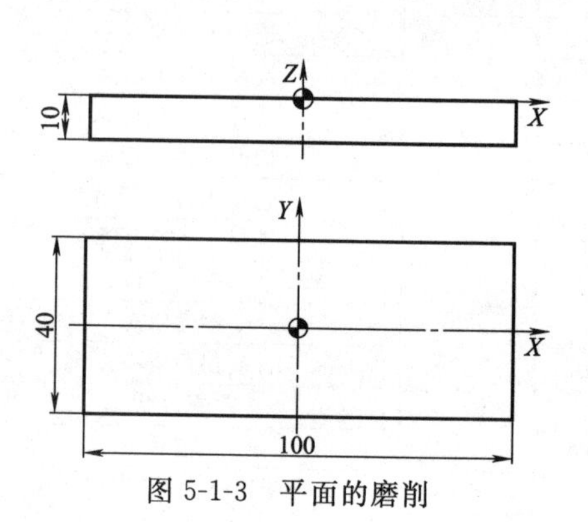

图 5-1-3 平面的磨削

(2) G75 及 G77 的运行方式（如图 5-1-2 所示）

① 切入：以 I 规定的量在 Y 方向用 R 规定的速度进行切入磨削。

② 暂停：时间由 P 规定。

③ 磨削：X（Z）磨削。

④ 切入：以 J 规定的量在 Y 方向用 R 规定的速度进行切入磨削。

⑤ 暂停：时间由 P 规定。

⑥ 磨削：X（Z）磨削。

这六个步骤顺序重复执行，直至达到切削总量。

例 5-1-1 编写磨削图 5-1-3 所示平面的程序

```
O0001;
G54 G90 M03 S4000;
G00 Z2.0;
X-60.0 Y-15.0;
G01 Z0.0 F20;
G75 I-0.1 J-0.1 K-0.5 X120.0 R20 F2000 P500 L01;
G01  Y0.0;
G75 I-0.1 J-0.1 K-0.5 X120.0 R20 F2000 P500 L01;
Y15.0;
G00 G90 Z10.0;
M05;
M30;
```

2. 连续进给平面磨削循环（G78）

(1)指令格式:G78I __ J __ K __ X __ F __ P __ L

以上格式中的各代码与 G75 和 G77 的意义相同。

(2) G78 的运行方式（如图 5-1-4 所示）

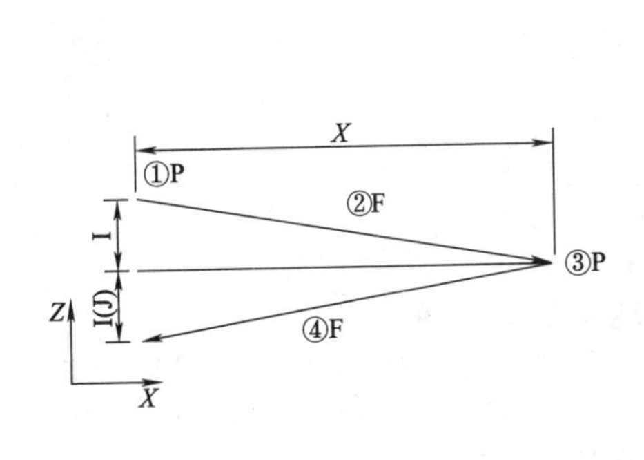

图 5-1-4 连续进给平面磨削循环

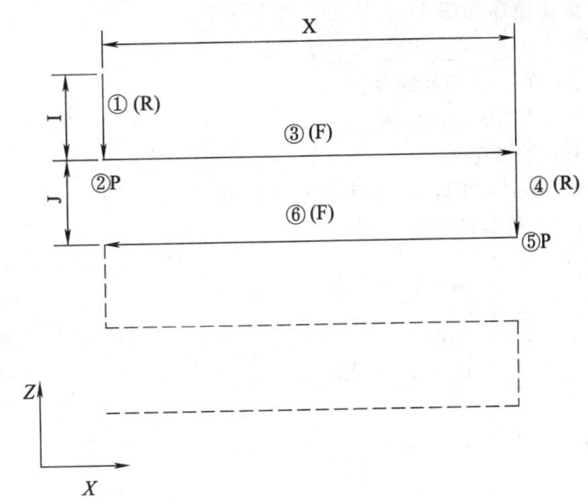

图 5-1-5 间断进给平面磨削循环

① 暂停。②磨削。③暂停。④磨削。

重复以上 4 步，直至到达 K 规定的磨削总量。

3. 间断进给平面磨削循环（G79）

(1) 指令格式

G79 I __ J __ K __ X __ F __ P __ L __

以上格式中的各代码与 G75 和 G77 的意义相同。

(2) G79 的运行方式（如图 5-1-5 所示）

① 切入：以 I 规定的量在 *Y* 方向用 *R* 规定的速度进行切入磨削。

② 暂停：时间由 P 规定。

③ 磨削：X（Z）磨削。

④ 切入：以 J 规定的量在 *Y* 方向用 R 规定的速度进行切入磨削。

⑤ 暂停：时间由 P 规定。

⑥ 磨削：X（Z）磨削。

G79 与 G75、G77 相同，这六个步骤顺序重复执行，直至达到切削总量。

注：G75、G77、G78、G79 指令格式中的 X、I、J、K 指令均是增量指令。

例 5-1-2 应用 G78、G79 编写图 5-1-3 所示工件的程序。

```
O0001;
G50 X0.0 Y0.0 Z10.0;
M03 S4000;
G00 Z2.0;
X-60.0 Y-15.0;
G01 Z0.0 F20;
G79 I-0.1 J-0.1 K-0.5 X120.0 F20 P500 L01;
G01  Y0.0;
G79 I-0.1 J-0.1 K-0.5 X120.0 F20 P500 L01;
Y15.0;
G00 G90 Z10.0;
M05;
M30;
```

如果采用以上编程，进给速度为F所设定的值，此时加工路径有所不同。

三、外圆磨床的编程

1. 纵磨循环（G71）

纵磨循环如图5-1-6所示，指令如下：

G71 A_B_W_U_I_K_H_；

A：第一次切削深度。

B：第二次切削深度。

W：磨削范围。

U：暂停时间，最大指令时间9999.99s。

I：A和B的进给速度。

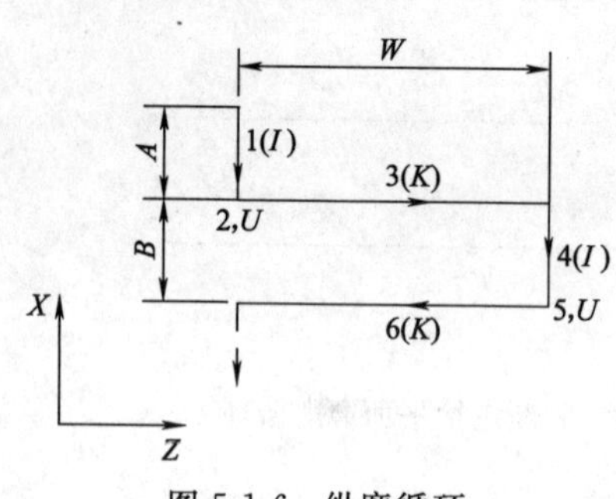

图5-1-6　纵磨循环

K：W的进给速度。

以上数据为模态值。

H：重复次数，设置范围：1～9999次。

A、B和W指令全都是增量值，在单程序段时，用一次循环启动完成1，2，3，4，5和6的运行。当A=B=0时，为无火花磨削。

2. 带量仪的纵磨循环（G72）

带量仪纵磨循环，其动作与671相同，指令如下：

G72 P_A_B_W_U_I_K_H_；

P：量仪号（1～4）。

如果选择了多级跳段功能，可以规定量仪号。量仪号的规定方法与多级跳段相同。如果不选择多级跳段功能，则普通跳段信号有效。其他指令与G71相同。

在跳段信号输入时的运动：

1）在W运动时：在W移动结束后，返回到循环开始时的Z坐标，如图5-1-7所示。

当在去程中接到跳段信号，如图5-1-7（a）所示，在执行完W运动后，B段进给不再执行，返回到Z轴的起始点位置结束。当在返程中接到跳段信号，如图5-1-7（b）所示，返回到Z轴起始点位置结束。

2）在A和B运动时切削立即结束并返回到循环开始时的Z坐标，如图5-1-8所示。

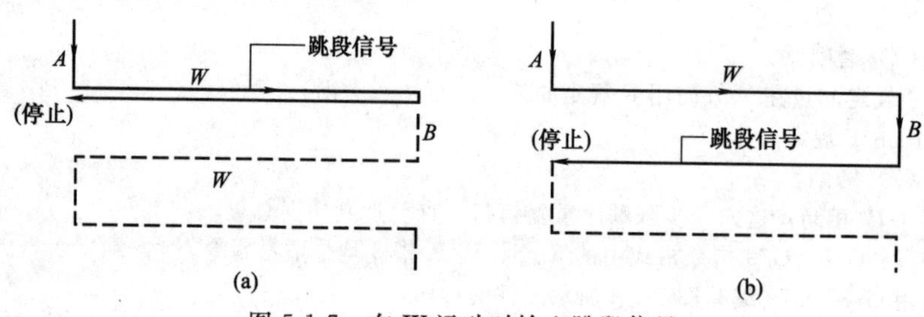

图5-1-7　在W运动时输入跳段信号

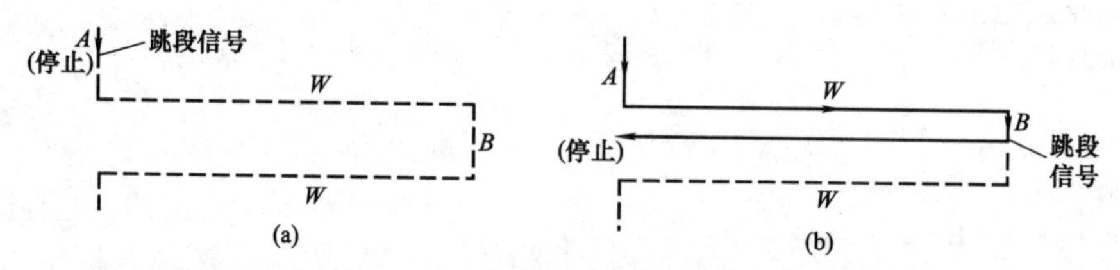

图5-1-8　在A和B运动时输入跳段信号

当在A段运动时接到跳段信号，如图5-1-8（a）所示，则立即终止运动。当在B段运动时接到跳段信号，如图5-1-8（b）所示，则立即停止B段运动，返回到Z轴起始点位置结束。

3）在暂停期间在暂停期间跳段信号有效，则立即结束暂停，并返回到循环开始时的Z坐标，如图5-1-9所示。

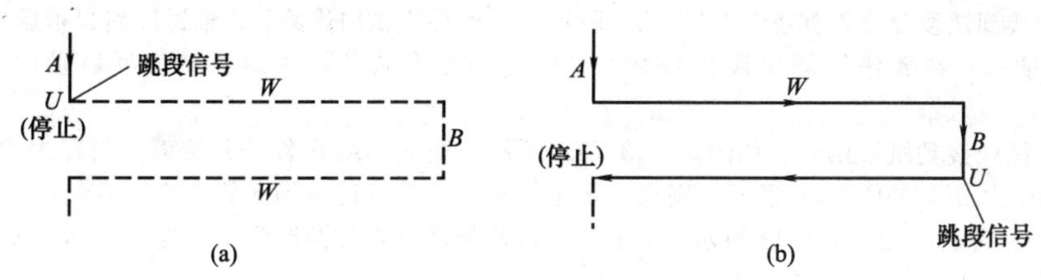

图 5-1-9 在暂停期间输入跳段信号

当在 A 段终点的暂停期间接到跳段信号，如图 5-1-9（a）所示，则立即终止暂停并结束。当在 B 段终点的暂停期间接到跳段信号，如图 5-1-9（b）所示，则立即终止暂停，返回到 Z 轴起始点位置结束。

3. 摆动磨削循环（G73）

摆动磨削循环如图 5-1-10 所示，指令如下：

G73 A＿（B＿）W＿U＿K＿H＿；

A：切削深度；

B：切削深度，B 指令仅在规定的程序段中有效，它不作为模态信息保存，可以不指令，与 G71 和 G72 中的 B 不同。

W：磨削范围。

U：暂停时间。

K：进给速度。

H：重复次数，设置范围为 1～9999 次。

A，B 和 W 指令都是增量值。

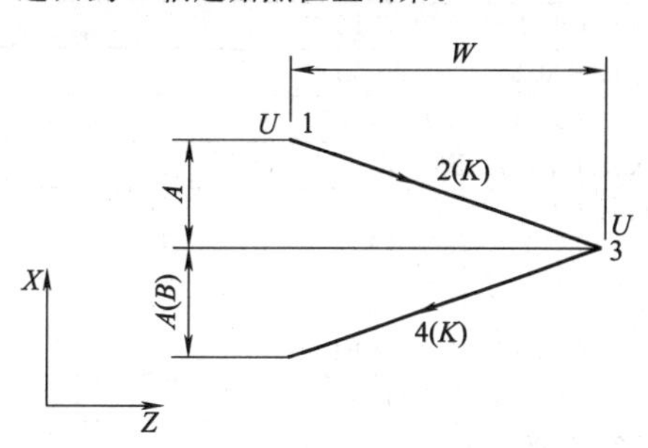

图 5-1-10 摆动磨削循环

在单程序段的情况下，用一次循环启动完成 1，2，3 和 4 的运行。除 B 以外，A，W，U 和 K 均为模态值。

4. 带量仪的摆动磨削循环（G74）

带量仪的摆动磨削循环，其动作与 G73 相同，指令如下：

G74 P＿A＿（B＿）W＿U＿K＿H＿；

P：量仪号（1～4）。

如果选择了多级跳段功能，可以规定量仪号。量仪号的规定方法与多级跳段相同。如果不选择多级跳段功能，则普通跳段信号有效。

其他指令与 G73 相同。

在跳段信号输入时的运动：

1）在 W 运动时：在 W 移动结束后，返回到循环启动时的 Z 坐标，如图 5-1-11 所示。

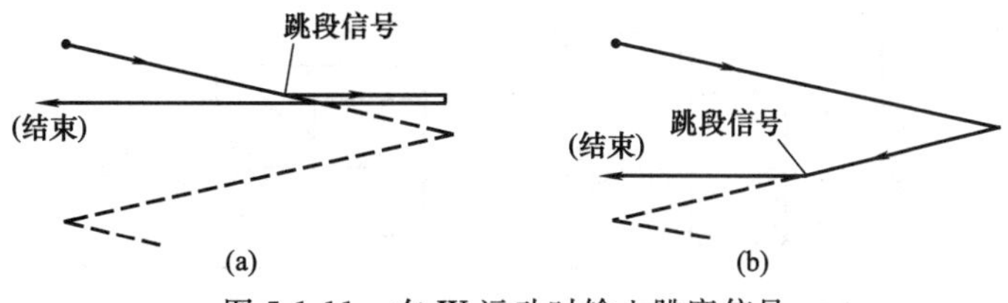

图 5-1-11 在 W 运动时输入跳磨信号

当在去程中接到跳段信号，如图 5-1-11（a）所示，立即终止横向进给，但 Z 轴运动到指令位置后，返回到 Z 轴起始点的位置结束。

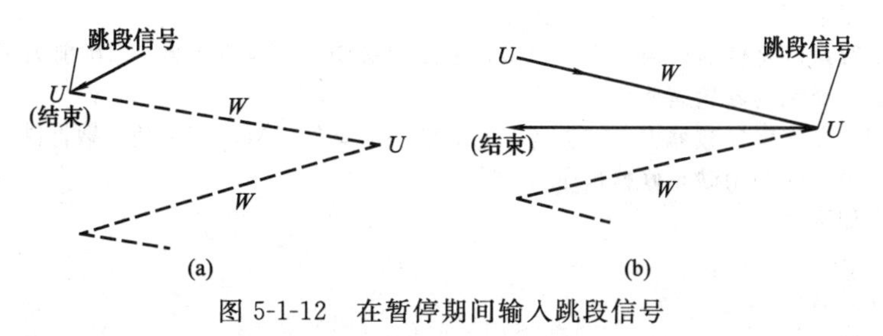

图 5-1-12 在暂停期间输入跳段信号

当在返程中接到跳段信号，如图 5-1-11（b）所示，立即终止横向进给，Z 轴返回到起始点位置结束。

2）在暂停期间：在暂停期间跳段信号有效，则立即结束暂停，并返回到循环启动时的 Z 坐标，如图 5-1-12所示。

当在循环开始处接到跳段信号，如图 5-1-12（a）所示，则立即终止暂停并结束。当在去程终点的暂停期间接到跳段信号，如图 5-1-12（b）所示，则立即终止暂停，并返回到 Z 轴起始点位置结束。

例 5-1-3 有一零件，如图 5-1-13 所示，端面与外圆均需磨削，外圆磨削余量为 0.3mm，端面为 0.08mm。部分磨削程序见表 5-1-4。

（1）加工程序

表 5-1-4 图 5-1-13 零件参考程序

G01 G98 X20.6 Z0.2 F100；	
G99 X20.35 Z0.1 F0.1；	
X20.02 Z0.05 F0.05；	斜向进刀
X20.0 Z0.0 F0.002；	
G04 U4；	
G00 X30.0 Z1.0；	
以上程序为斜向进刀。若改用下面的程序进行加工可使根部 R 最小。程序如下	
G01 G98 X20.6 Z0.2 F100；	
G99 X20.35 Z0.1 F0.1；	
X20.02 F0.008；	横向进刀
G04 U2.0；	
U10.0；	
Z0.05 F0.003；	纵向进刀
Z0.0 F0.0015；	
X20.0 F0.002；	
G04 U4.0；	
G00 X30.0 Z1.0；	

以上程序为横向进刀磨外圆，纵向进刀磨端面。

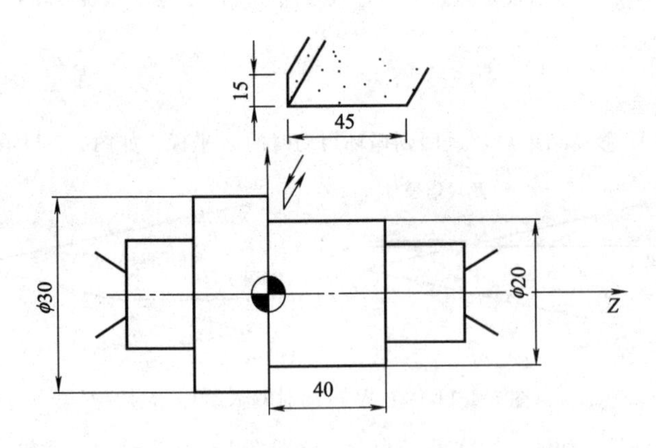

图 5-1-13 磨削加工图

（2）砂轮修整程序编写

砂轮在磨削一定数量的零件后，由于磨耗，砂轮表面形状变化，砂轮变钝，切削能力下降，需要对砂轮进行修整修出形状正确，锋利的砂轮表面。

根据经验和实测，在修整计数器中设一数值，每磨削一个零件，M98 指令使计数器减 1，当计数器的值变为 0 时，若再启动程序，便调用砂轮修整程序。

砂轮修整子程序如下：

O1001；

G00 W－50.0 T0001；

```
G01 G98 U－10.0 F300;
G41 W10.0 F150;
    U－1.957 W15.656 F30;
G02 U－4.995 W2.344 R2.5 F50;
G01 U－1.16;
G04 P100;
    U1.2 W0.6 F70;
    W－0.5;
    U－0.2;
G41 W0.3;
    W22.6 F120;
    U－2.0 W1.0;
    U－23.0;
G40 W5.0 F300;
G00 U43.112;
    W－5.0 T0;
M01;
M99;
```

该程序的运动指令为砂轮运动，金刚笔不动，执行程序后，砂轮被修成要求形状，如图 5-1-14 所示。

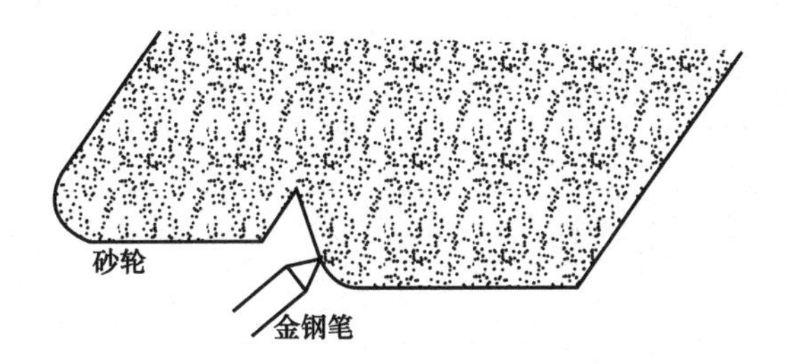

图 5-1-14　修砂轮示意图

砂轮修整编程时要特别注意圆弧指令方向的判断。编程时 G02、G03 与正常工件加工相反，刀具半径补偿 G41、G42 也反过来使用。在程序中不能进行相反方向的运动，即禁止往复运动。

第二节　数控冲床编程

一、编程坐标

图 5-2-1 是转塔数控冲床的编程坐标示意图，当回转头 1 上的冲压工作点相对于板材 2 右移时（实际是工作台左移）为＋X 方向，相对于板材 2 前移（实际是工作台后移）时为＋Y 方向。一般选板材 2 的左下角为坐标原点。因此，冲压开始前须用 G28 进行自动回参考点，使坐标原点 O 与工作点重合。

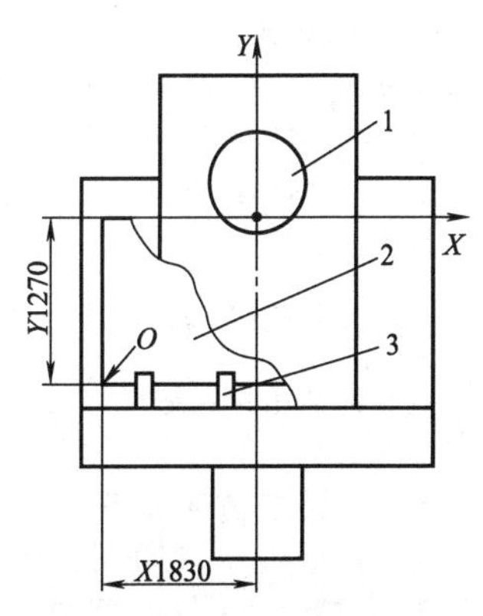

图 5-2-1　编程坐标示意
1—回转头；2—板材；3—夹钳

二、数控冲床的编程指令

1. 准备功能（G 功能）

准备功能用地址 G 后接数值表示，规定其所在程序段指令的意义。OP 的准备功能 G 代码如表 5-2-1 所示。表中有 A 系统和 B 系统，可以通过参数设置来选择，一般机床出厂时已经设定不需要用户重新设定。本书中用 G 代码系统 A 说明。

表 5-2-1　G 功能代码

A系统	B系统	组号	意　义	A系统	B系统	组号	意　义
G00★	G00★	01	定位(快速进给)	G61	G61	15	准停方式
G01★	G01★		直线插补(切削进给)	G62	G62		拐角倍率自动修调
G02	G02		圆弧插补(CW)	G64★	G64★		连续切削方式
G03	G03		圆弧插补(CCW)	G65	G65	00	用户宏程序简单调用
G04	G04	00	暂停	G66	G96	12	用户宏程序模态调用
G09	G09		准停检验	G67★	G97★		用户宏程序模态调用取消
G10	G10		偏置量和参数设定输入	G68	G68	00	圆弧步冲
G20	G20	06	英寸输入	G69	G69		直线步冲
G21	G21		毫米输入	G70	G70		仅定位而不执行冲压
G22★	G22★	04	存储选种极限功能开	G72	G72		基准点指令
G23	G23		存储选种极限功能关	G73	G75		*X* 方向开始多件加工指令
G26	G26	00	圆周孔	G74	G76		*Y* 方向开始多件加工指令
G28	G50		自动返回参考点	G75	G27		自动再定位
G32	G32		自动设定安全区	G76	G28		直线孔
G33	G33		跳跃功能	G77	G29		圆弧孔
G38	G38		弯曲补偿 *X* 方向	G78	G36		网络孔Ⅰ
G39	G39		弯曲补偿 *Y* 方向	G79	G37		网络孔Ⅱ
G40★	G40★	07	刀具半径补偿取消	G84	G84	16	坐标旋转有效
G41	G41		左侧刀具半径补偿取消	G85★	G85★		坐标旋转取消
G42	G42		右侧刀具半径补偿取消	G86	G66	00	方模直线步冲
G50★	G34★	11	比例缩放功能取消	G87	G67		方模矩形孔步冲
G51	G35		比例缩放功能有效	G88	G68		圆弧步冲
G52	G93	00	设定局部坐标系	G89	G69		直线步冲
G54	G54	14	选择工件坐标系 1	G90★	G90★	03	绝对值编程
G55	G55		选择工件坐标系 2	G91★	G91★		增量值编程
G56	G56		选择工件坐标系 3	G92	G92	00	绝对坐标系设定
G57	G57		选择工件坐标系 4	G98	G98		多件加工坐标系
G58	G58		选择工件坐标系 5				
G59	G59		选择工件坐标系 6				

注：1. 标记的 G 代码是通电或复位的初始代码。

2. 00 组 G 是一次性 G 代码。

3. 如果使用了表中未列出的 G 代码或者指令了未选择的 G 代码时，则报警（No. 010）。

4. 在同一程序段中可以指令几个不同组的 G 代码，如果在同一程序中指令了两个以上组 G 代码时，后面的 G 代码有效。

5. 每组 G 代码被显示。

6. 程序号（O）和顺序号（N）除外，在程序段的开始指令 G 代码有效。

2. M 功能

M08 和 M09：冲压方式和冲压方式取消。

M10 和 M11：工件夹紧和工件松开。

M12 和 M13：步冲方式有效和步冲方式取消。

以上为数控冲床常用的 M 代码，其他的 M 代码功能可参照本书其他章节。

三、常用指令介绍（以 B 系统为例介绍）

这里的常用指令是指与前面数控车、数控铣不同的常用指令，与数控车、数控铣类似的指令就不再介绍了。

1. G70 定位不冲压

在要求移动工件但不进行冲压的时候，可在 *X*、*Y* 坐标值前写入 G70。

2. G27 夹爪自动移位

要扩大加工范围时，写入 G27 和 *X* 方向的移动量。移动量是指夹爪的初始位置和移动后位置的间距。例如，G27X－500.0 执行后将使机床发生的动作如图 5-2-2 所示。

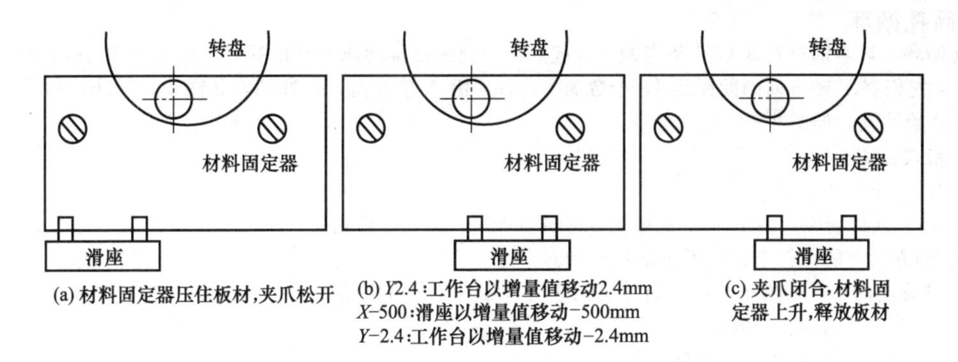

图 5-2-2　G27 夹爪自动移位

3. 绝对值编程和增量值编程

G90 为绝对值编程，G91 为增量值编程。用绝对值编程模式进行编程，则程序段的数据用所在编程坐标系的绝对值写入；而采用增量值编程模式，点的数据为上一点的坐标增量值。

4. 斜线孔路径循环

以当前位置或 G72 指定的点开始，沿着与 X 轴成 J 角的直线冲制 K 个间距为 I 的孔。

指令格式：G28 I __ J __ K __ T×××

I：间距，如果为负值，则冲压沿中心对称的方向（此中心为图形基准点）进行。

J：角度，逆时针方向为正，顺时针方向为负。

K：冲孔个数，图形的基准点不包括在内，如图 5-2-3 所示孔的冲压加工指令为：

G72 G90 X300.0Y200.0；　　G72 定义图形基准点（300，200）

G28 125.0 J30.0 K5 T203；从基准点开始，采用 203 号冲模（ϕ10mm 的圆形冲头）沿着与 X 轴成 30°角的直线冲制 5 个间距为 25mm 的孔

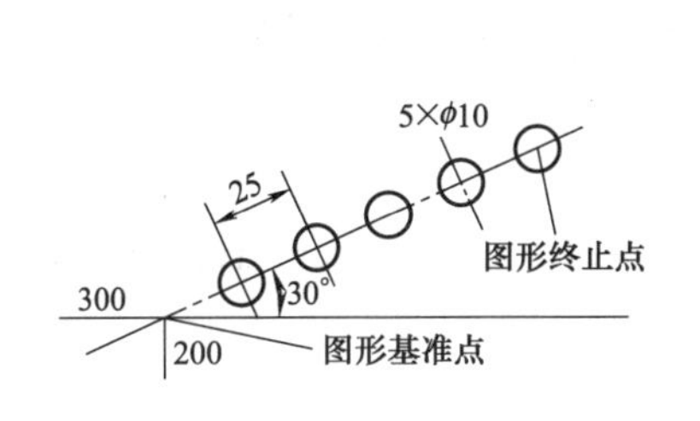

图 5-2-3　线孔路径循环

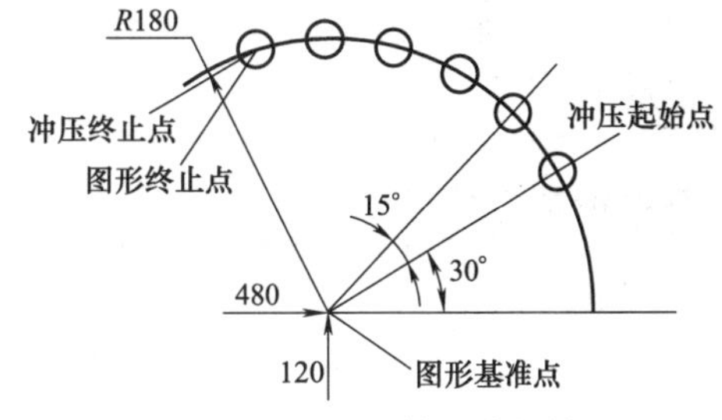

图 5-2-4　圆弧上等距孔的循环

如果要在图形基准点（300，200）上冲孔时，则省去 G72，并将 T203 移到上一条程序，即：

G90 X300.0Y200.0T203；在当前位置（300，200）采用 203 号冲模冲孔

G28 125.0J30.0K5；从当前位置（300，200）开始，沿着与 X 轴成 30°角的直线再冲制 5 个间距为 25°的孔，共 6 个孔。如果将 125.0 改为 I－25.0，则冲孔沿 180°对称的反方向进行

5. 圆弧上等距孔的循环

以当前位置或 G72 指定的点为圆心，在半径为 I 的圆弧上，以与 X 轴成角度 J 的点为冲压起始点，冲制 K 个角度间距为 P 的孔。

指令格式：G29 I __ J __ P __ K __ T×××

I：圆弧半径，为正数。

J：冲压起始点的角度，逆时针方向为正，顺时针方向为负。

P：角度间距，为正值时按逆时针方向进行，为负值时按顺时针方向进行。

K：冲孔个数。

如图 5-2-4 所示孔的冲压加工指令为：

G72 G90 X480.0Y120.0；

G29 I180.0J30.0P15.0K6 T203；

6. 网孔循环

网孔循环，以当前位置或 G72 指定的点为起点，冲制一批排列成网状的孔。它们在 *X* 轴方向的间距为 I，个数为 P，它们在 *Y* 轴方向的间距为 J，个数为 K；G36 沿 *X* 轴方向开始冲孔，如图 5-2-5（b）所示；G37 沿 *Y* 轴方向开始冲孔，如图 5-2-5（c）所示。

指令格式：G36 I__P__J__K__T×××

或 G37I__P__J__K__T×××

I：*X* 轴方向的间距，为正时沿 *X* 轴正方向进行冲压，为负时则相反。

P：*X* 轴方向上的冲孔个数，不包括基准点。

J：*Y* 轴方向的间距，为正时沿 *Y* 轴正方向进行冲压，为负时则相反。

K：*Y* 轴方向上的冲孔个数，不包括基准点。

如图 5-2-5（b）所示的加工指令为：

G72 G90 X350.0Y410.0；

G36 I50.0 P3 J－20.0K5 T203；

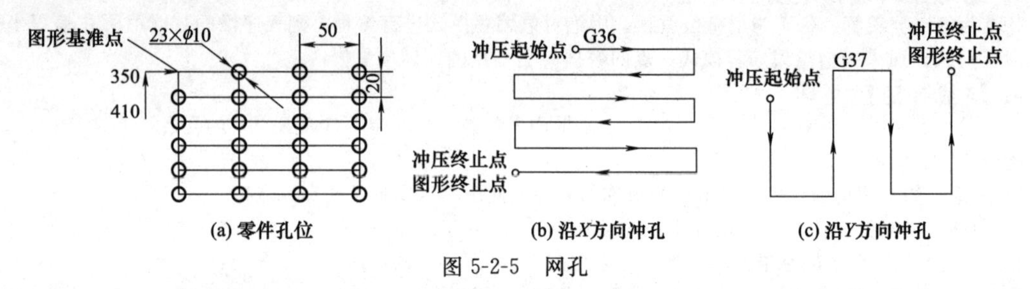

(a) 零件孔位　(b) 沿*X*方向冲孔　(c) 沿*Y*方向冲孔

图 5-2-5　网孔

如图 5-2-5（c）所示的加工指令为：

G72 G90 X350.0Y410.0；

G37 150.0P3 J－20.0K5 T203；

如果要在图形基准点（350，410）冲孔时，则省去 G72，并将 T203 移至上面一条程序，即：

G90 X350.0Y410.0T203；

G36 150.0P3 J－20.0K5；

7. 长方形槽的冲制

以当前位置或 G72 指定的点为起点，沿着与 *X* 轴成角度 J 的直线的左侧，采用 P×Q 的方形冲模在长度 I 上进行步进冲孔。

指令格式：G66 I__J__P__Q__T×××

I：步冲长度。

J：角度，逆时针方向为正，顺时针方向为负。

P：冲模长度（直线方向的长度）。

Q：冲模宽度（与直线成 90°方向的宽度）。

P 和 Q 的符号必须相同。P＝Q 时可省略 Q。

如图 5-2-6 所示长方形槽的冲压加工指令为：

G72 G90 X350.0Y210.0；

G66 1120.0J45.0P30.0Q20.0T210；

8. 圆弧形槽的冲制

以当前位置或 G72 指定的点为起点，在以 I 为半径的圆弧上，从与 *X* 轴成角度 J 的点开始，到角度 J＋K 为止，采用直径为 P 的圆形冲模，角度间距为 Q 步进冲切圆弧形槽，槽的宽度等于冲模的直径。

指令格式：G68I__J__K__P__Q__。各参数含义见图 5-2-7。

I：圆弧半径 *R*，取正值。

J：最初冲压点 *X* 轴所成角度，逆时针为正，顺时针为负。

K：圆弧形槽的圆心角，正值沿逆时针方向冲切，负值沿顺时针方向冲切。

P：冲模直径，取正值沿圆弧外侧冲切，取负值沿圆弧内侧冲切。为 0，则冲模中心落在指定的半径为 I 的圆弧上进行冲切。见图 5-2-7（b）。

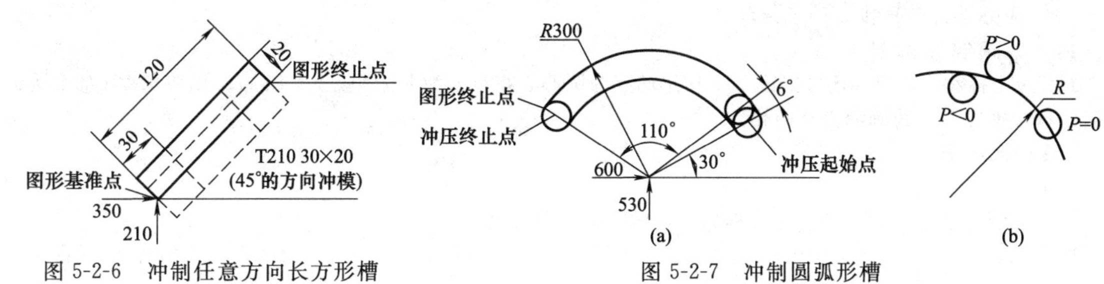

图 5-2-6　冲制任意方向长方形槽

图 5-2-7　冲制圆弧形槽

Q：步冲间距，取正值。

用 G68 冲切大型圆孔时，中间会残留一块材料，这时为了易于取出残留材料，取 J（最初冲压点与 X 轴所成的角度）为 90°或 45°，并且在下一条程序前加入 M00 或 M01，以便取出残留材料。图 5-2-7 所示圆弧形槽的冲压加工指令为：

G72 G90 X600.0Y530.0；

G68 I300.0J30.0K116.0P80.0Q6.0T237；

9. 长直圆槽的冲制

以当前位置或 G72 指定的点为起点，沿着与 X 轴成角度 J 的直线，在长度 I 上用直径为 P 的圆形冲模，并以间距为 Q 进行步进冲切，槽的宽度等于冲模的直径。

指令格式：G69 I __ J __ P __ Q __ T×××

I：在进行步进冲切的直线上，从冲压起始点到冲压终止点的长度。

J：起始冲压点与 X 轴的角度，逆时针方向为正，顺时针方向为负。

P：冲模直径的名义值，不表示冲模直径实际数值的大小，为正时冲模落在沿直线前进方向的左侧；为负时冲模落在沿直线前进方向的右侧；若 P 为 0，则冲压起始点与图形基准点一致。

Q：步冲间距，为正。

如图 5-2-8 所示长直圆槽的冲压加工指令为：

G72 G90 X300.0 Y120.0；

G69 I180.0J30.0P25.0Q6.0T316；

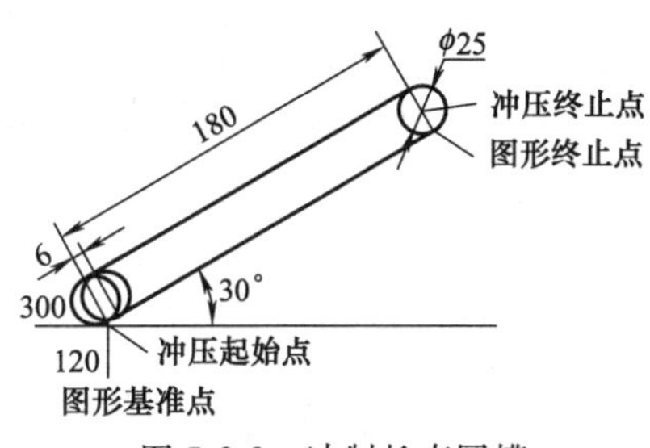

图 5-2-8　冲制长直圆槽

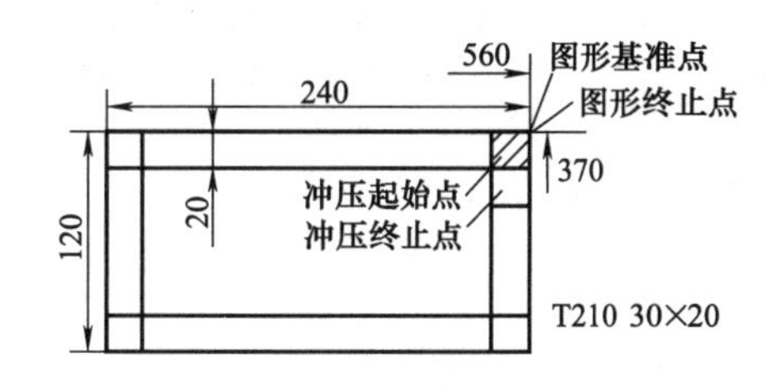

图 5-2-9　冲制大方槽

10. 大方槽的冲制

以当前位置或 G72 指定的点为起点，用 P×Q 的方形冲模步进冲切大型长方形孔。该长方形孔在平行于 X 轴方向上的长度为 I，在平行于 Y 轴方向上的长度为 J。

指令格式：G67 I __ J __ P __ Q __ T×××

I：X 轴方向的步冲长度，为正时冲压沿 X 轴正向进行，为负时冲压沿 X 轴负向进行。

J：Y 轴方向的步冲长度，为正时冲压沿 Y 轴正向进行，为负时冲压沿 Y 轴负向进行。

P：X 方向的冲模长度，为正。

Q：Y 方向的冲模宽度，为正。

P＝Q 时可省略 Q。最好不用长方形冲模，而用方形冲模。

如图 5-2-9 所示大方槽的冲压加工指令为：

G72 G90 X560.0 Y370.0；

G67 I－240.0 J－120.0 P30.0 Q20.0 T210；

使用 G67 时，因为最终会产生废料，所以在程序的末尾要加入 M00 或 M01。图形基准点原则上取右上

角。I 和 J 应分别大于 P 和 Q 的 3 倍以上。

11. 圆周等距冲孔

圆周极坐标编程，以当前位置或 G72 指定的点为圆心，在半径为 I 的圆弧上，以与 X 轴成角度 J 的点为冲压起始点，冲制 K 个将圆周等分的孔。

指令格式：G26 I＿J＿K＿T×××

I：圆弧半径，为正数。

J：冲压起始点的角度，逆时针方向为正，顺时针方向为负。

K：冲孔个数。

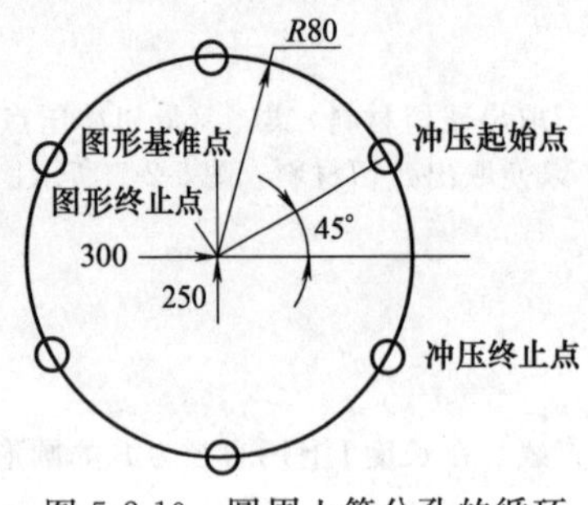

图 5-2-10　圆周上等分孔的循环

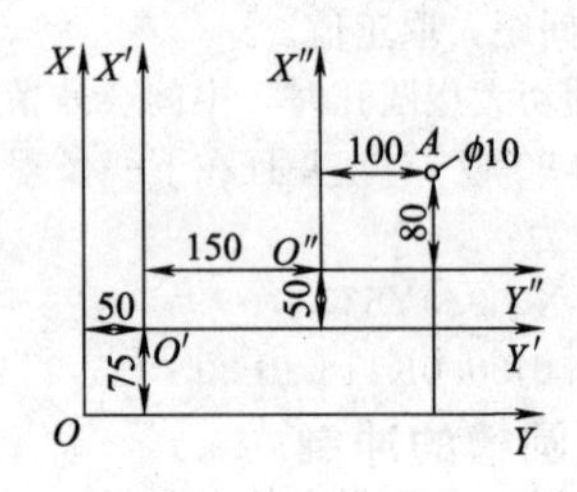

图 5-2-11　零点偏置

如图 5-2-10 所示孔的冲压加工指令为：

G72 G90 X300.0 Y250.0；

G26 I80.0 J45.0 K6 T203；

如果要在图形基准点（300，250）冲孔时，则省去 G72，并将 T203 移至上面一条程序。该图形的终止点和起始点是一致的。

12. 零点偏置

指令格式：G93 X＿Y＿

其中 X＿Y＿为偏置量：如图 5-2-11 所示。

G90 G93 X50.0Y75.0；将零点从 O 偏置到 O'（50，75）

G90 G93 X200.0Y125.0；将零点从点 O 偏置到 O''（200，125）

G91 G93 X150.0Y50.0；增量零点偏置，将零点从 O' 偏置到 O''（150，50），上面两条为绝对零点偏置

在图 5-2-11 中，要求在点 A 冲孔的几种编程方法如下：

1）G90 X300.0Y225.0T203；

2）G90 G93 X50.0 Y75.0；

X250.0Y130.0 T203；

3）G90 G93 X200.0 Y125.0；

X100.0Y80.0T203；

由偏置零点回到原坐标系零点的方法为：

G90 G93 X0 Y0；

G93 仅仅用于设定坐标系，既不定位也不冲压。G93 的指令一般用于没有展开图零件的程序编制、多工件冲压或需留出夹持余量的场合。在 G93 出现的同一条指令中，不可以出现除 G90、G91 以外的其他指令，如不可以用 T、M 等指令。

13. 宏程序

指令格式：

U#：宏程序定义开始。

V#：宏程序定义结束。

W#：宏程序调用。

在要记忆的多条程序的最前面，写入字母 U 及后继的数码（1～99），再在这些程序的最后写入字母 V 及相同的数码，这样，U 和 V 之间的程序就在加工的同时被定义为宏程序了。

在要调用的时候，就写入字母 W 及后继的数码（与 U、V 后继的数码相同），这样，前面定义的宏程序被

调用。

例如：

U1

G90 X100.0Y350.0T203；

A1 G28 I20.0J30.0K9；

X75.0；

B1；

G91 X200.0Y－100.0T306；

X－18.0；

V1；

G90 G93 X500.0Y0；

W1；

14. 图形记忆A＃和图形调用B＃指令及其应用

对于用G26、G28、G29、G36、G37、G66、G67、G68、G69指令冲切的现象，在相同图形反复出现的时候，可以在图形指令前加A和一位后续编号，即可进行图形的记忆。必要时，使用B和一位后续数字编号（前面用A记忆时使用的编号），即可无数次地进行调用。注意编号只能取1～5。

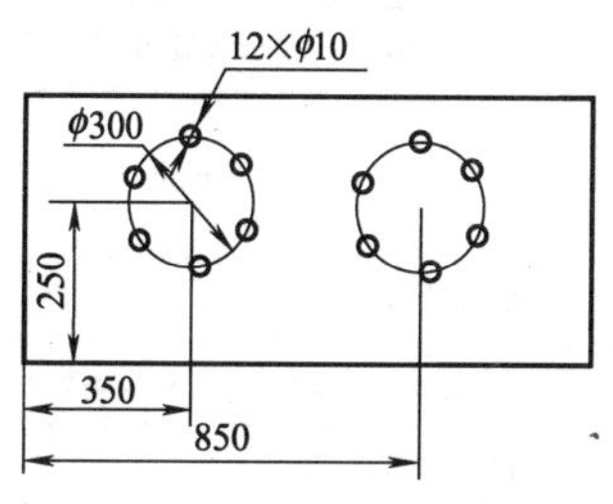

图5-2-12 图形记忆与调用编程

如图5-2-12所示孔系的冲压加工指令为：

G72 G90 X350.0Y250.0； /＊定义图形基准点

A1 G26 I150.0J0 K6 T203；/＊图形记忆

G72 X850.0； /＊图形基准点偏移

B1； /＊图形调用编程

A＃、B＃只能使用于图形，不可以用于坐标值的记忆和调用。

A＃一定要在图形指令前写入，B＃一定要单独一行。

如果对于不同的图形使用了同一个编号，则前面用的相同编号所记忆的图形就被抹去。

例5-2-1 底板类零件的加工（图5-2-13）

（1）模具（刀具）的选用

在数控冲床加工中，模具的选用相当于车床、铣床刀具的选用。在选取刀具时应从加工的内容着重进行考虑，表5-2-2是底板加工中选用的模具。

（2）程序编制

程序见表5-2-3。

表5-2-2 加工选用的模具

使用模具	形状及规格
T02	ϕ5mm
T04	ϕ30mm
T08	◇20mm×20mm,45°
T17	□50mm×50mm,
T01	□5mm×45mm,分度工位

表5-2-3 参考程序

G92 X1270.0 Y1000.0；	设定工件坐标
G98 X50.0 Y100.0	
G72 X300.0 Y350.0；	
G26 I110.0 J45.0 K4 T02；	加工4×ϕ5mm孔
G90 G00 X475.0 Y300.65 T04；	加工2×ϕ30mm孔
G91 X75.0 Y－50.5；	
G72 X300.0 Y350.0；	
G68 I200.0 J90.0 K360.0 P－30.0 Q5.0；	加工ϕ200mm孔

续表

M00；	取落料
G72 X750.0 Y190.0；	
G87 I—300.0 J—160.0 P50.0 T17；	加工300mm×160mm方孔
M00；	取落料
G72 X200.0 Y0；	
G86 I70.0 J45.0 P—20.0 T08；	加工底边斜角
G72 X250.0 Y50.0；	
G86 I70.71 J—45.0 P—20.0；	
G72 X0 Y0；	
G86 I517.6 J75.0 P45.0 Q5.0 C75.0 T01；	剪裁零件
G72 X134.0 Y500.0；	
G86 I366.0 J0 P45.0 Q5.0 C0；	
G72 X500.0 Y500.0；	
G86 I423.0 J—45.0 P45.0 Q5.0 C—45.0；	
G72 X800.0 Y200.0；	
G86 I200.0 J—90.0 P45.0 Q5.0 C—90.0；	
G72 X800.0 Y0；	
G86 I500.0 J180.0 P45.0 Q5.0 C180.0；	
G72 X200.0 Y0；	
G86 I200.0 J180.0 P45.0 Q5.0 C180.0；	
G28 M30；	结束程序

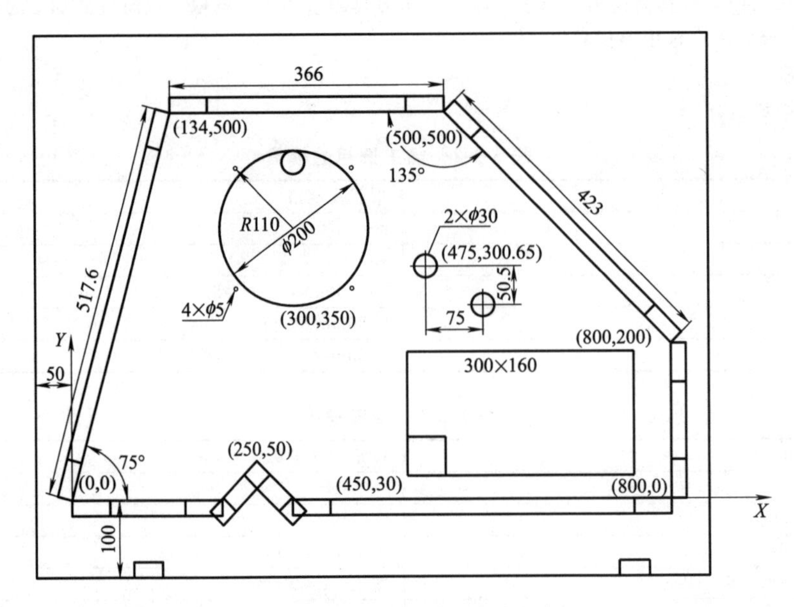

图 5-2-13 底板加工图

程序中用了二次停机取落料，为提高生产率，可改用打碎加工。

思考与练习

1. 编写加工题图 1 的冲制程序。
2. 编写磨床加工题图 2～题图 3 所示零件的加工程序

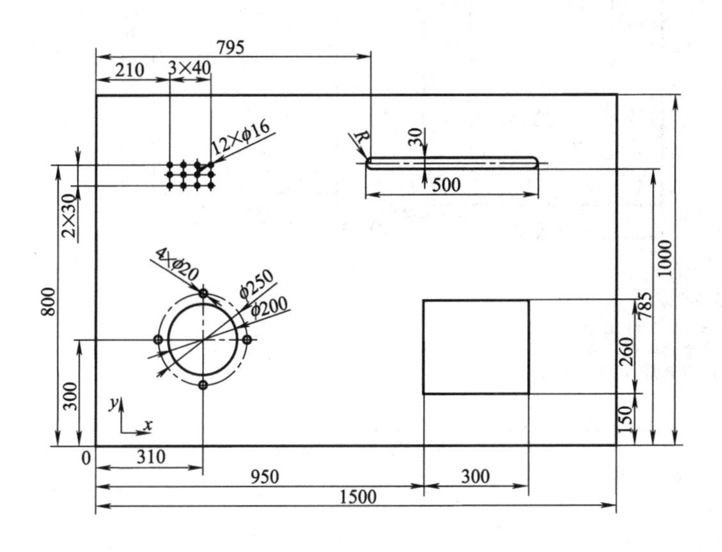

题图 1　冲压工件

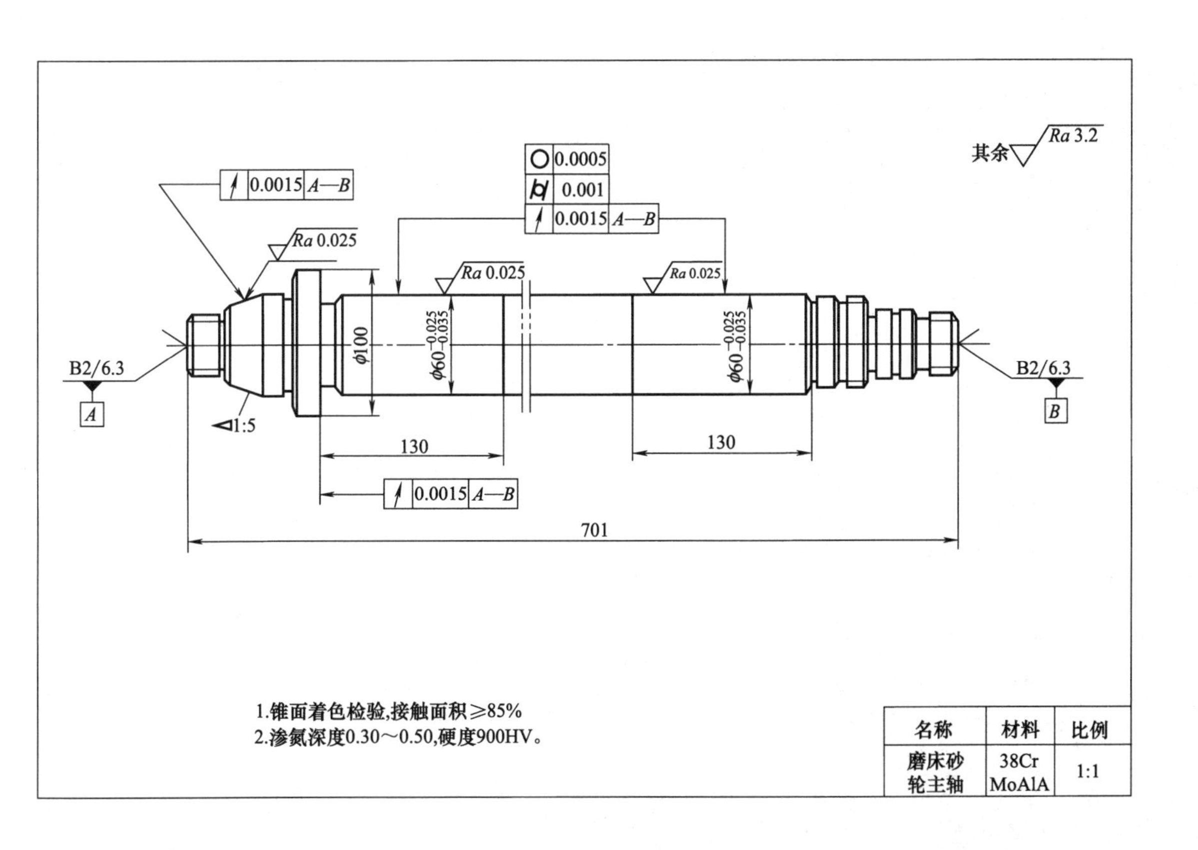

名称	材料	比例
磨床砂轮主轴	38CrMoAlA	1:1

题图 2　外圆磨削

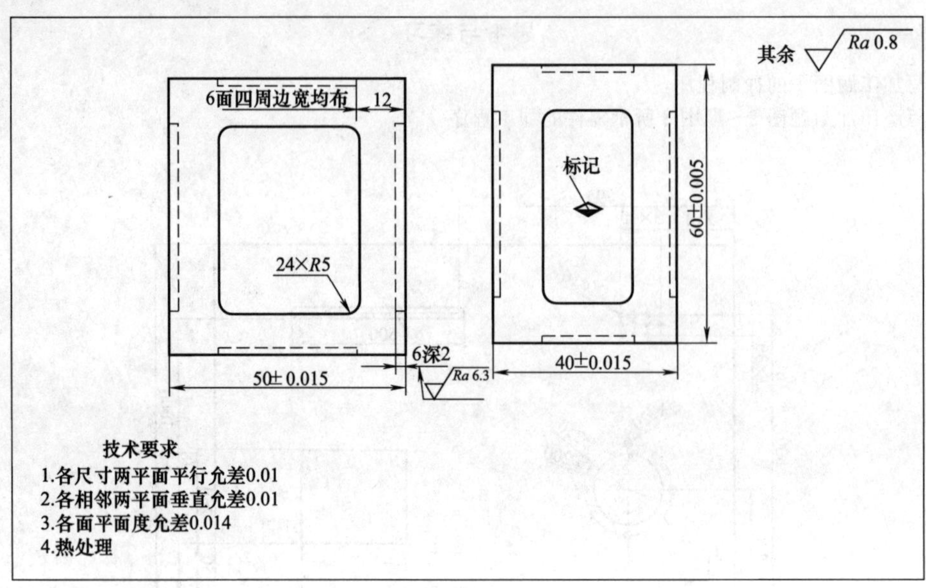
其余 Ra 0.8
6面四周边宽均布
12
24×R5
6深2
Ra 6.3
50± 0.015
标记
60±0.005
40±0.015
技术要求
1.各尺寸两平面平行允差0.01
2.各相邻两平面垂直允差0.01
3.各面平面度允差0.014
4.热处理

题图 3　平面磨削

第六章 电加工机床编程

数控程序员与电切削工内容

第一节　数控线切割机的编程

数控线切割编程方法分手工编程和自动编程。数控线切割加工的程序有 3B、4B 代码格式和符合国标标准的 ISO 代码格式。使用较多的是 3B 代码格式，慢走丝多采用 4B 代码格式，目前有不少系统采用 ISO 代码格式。

一、3B 代码编程

数控程序员高级工与电切削工初级工内容

3B 代码格式是数控电火花线切割机床上最常用的程序格式，在该程序格式中无间隙补偿，但可通过机床的数控装置或一些自动编程软件自动实现间隙补偿。

1. 3B 代码编程格式

3B 代码编程的格式为　B X　B Y　B J　GZ

其中　B：分隔符，它的作用是将 X、Y、J 数据区分隔开来；

X、Y：表示增量坐标值，一律用 μm 作单位；

J：表示加工线段的计数长度；

G：表示加工线段计数方向；

Z：表示加工指令。

MJ：停机符，表示程序结束（加工完毕）。

2. 程序编写方法

（1）坐标系与坐标值 X、Y 的确定

规定：面对机床操作台，工作台平面为坐标系平面，左右方向为 X 轴，且右方向为正，即 $+X$；前后方向为 Y 轴，前方为正，即 $+Y$。编程时，采用相对坐标系，即坐标系的原点随程序段的不同而变化。加工直线时，以该直线的起点为坐标系的原点，X、Y 取该直线终点的坐标值；加工圆弧时，以该圆弧的圆心为坐标系的原点，X、Y 取该圆弧起点的坐标值，不写坐标值的正负号。

（2）计数方向 G 的确定

不管是加工直线还是圆弧，计数方向均按终点的位置来确定。加工直线时，计数方向取终点靠近的轴，当加工与坐标轴成 45°角的线段时，计数方向可任取一轴即可，记作：GX 或 GY，如图 6-1-1（a）所示；加工圆弧时，计数方向取终点靠近轴的另一轴，当加工圆弧的终点与坐标轴成 45°角时，计数方向可任取一轴即可，记作：GX 或 GY，如图 6-1-1（b）所示。

（3）计数长度 J 的确定

确定计数长度以计数方向为基础。计数长度是指被加工的直线或圆弧在计数方向坐标轴上投影的绝对值总和，其单位为 μm。

例如：在图 6-1-2 中，加工直线 OA 时计数方向为 X 轴，计数长度为 OB，数值等于 A 点的 X 坐标值；在图 6-1-3 中，加工半径为 400μm 的圆弧 MN 时，计数方向为 X 轴，计数长度为 $400\mu m \times 3 = 1200\mu m$，即 MN 中三段 90°圆弧在 X 轴上投影的绝对值总和。

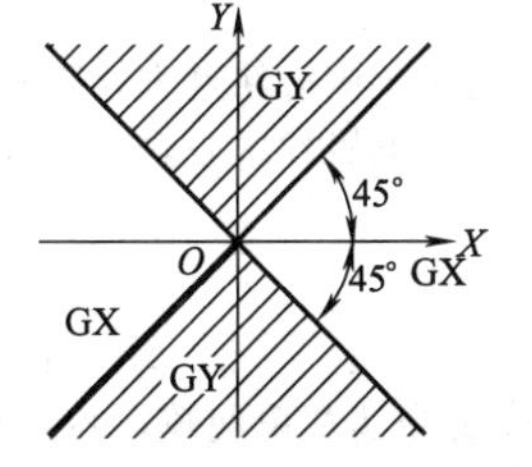

(a) 加工直线时计数方向的确定

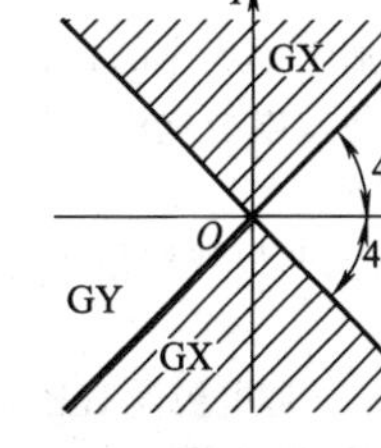

(b) 加工圆弧计数方向的确定

图 6-1-1　计数方向的确定

（4）加工指令 Z 的确定

加工直线时有四种加工指令：L1、L2、L3、L4。如图 6-1-4（a）所示，当直线在第Ⅰ象限（含 X 轴不含 Y 轴）时，加工指令记作 L1；当处于第Ⅱ象限（含 Y 轴不含 X 轴）时，记作 L2；L3、L4 依此类推。

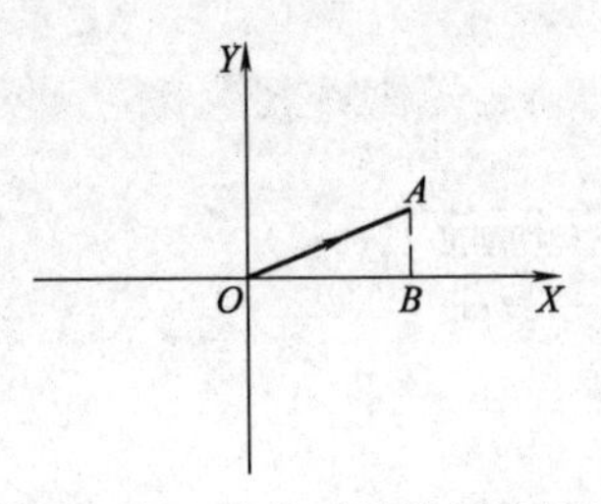

图 6-1-2　加工直线时计数长度的确定

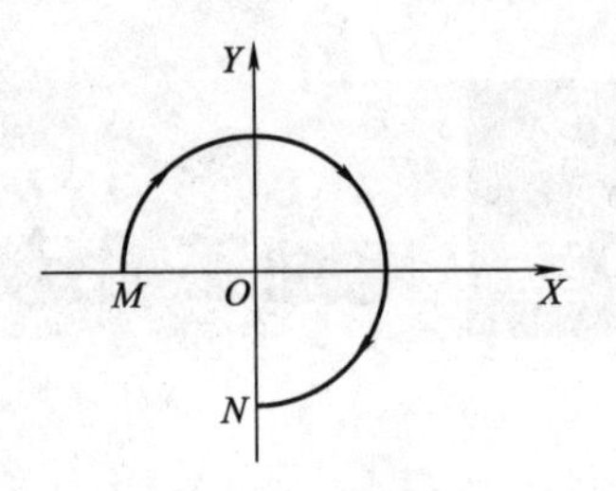

图 6-1-3　加工圆弧时计数长度的确定

加工顺时针圆弧时有四种加工指令：SR1、SR2、SR3、SR4。如图 6-1-4（b）所示，当圆弧的起点在第Ⅰ象限时，加工指令记作 SR1；当起点在第Ⅱ象限时，记作 SR2；SR3、SR4 依此类推。

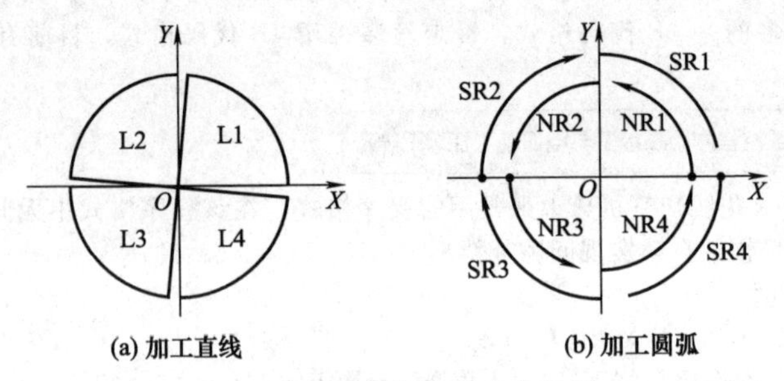

图 6-1-4　加工指令的确定范围

加工逆时针圆弧时有四种加工指令：NR1、NR2、NR3、NR4。如图 6-1-4（b）所示，当圆弧的起点在第Ⅰ象限（含 X 轴不含 Y 轴）时，加工指令记作 NR1，当起点在第Ⅱ象限（含 Y 轴不含 X 轴）时，记作 NR2；NR3、NR4 依此类推。

3. 有关补偿问题

在实际加工中，电火花线切割数控机床是通过控制电极丝的中心轨迹来加工的，而电极丝的中心轨迹不能与零件的实际轮廓线重合（如图 6-1-5 所示）。在进行线切割加工手工编程时，要加工出符合图样要求的零件，需要考虑因电极丝直径及放电间隙导致的补偿量。

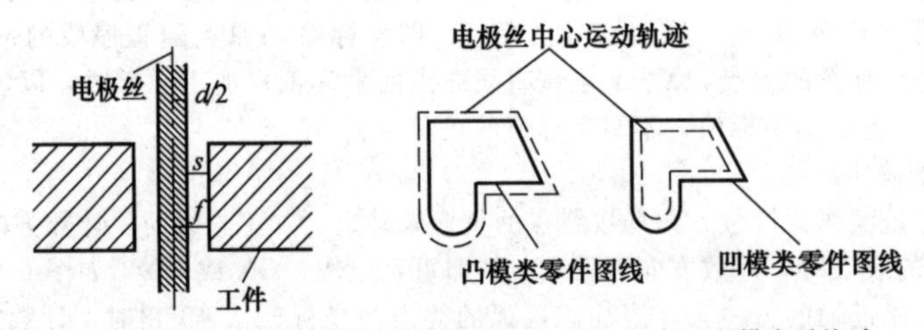

图 6-1-5　电极丝切割运动轨迹与图纸的关系

由于加工中程序的执行是以电极丝中心轨迹来计算的，要加工出，必须计算出电极丝中心轨迹的交点和切点坐标，并按电极丝中心轨迹编程。电极丝中心轨迹与零件轮廓相距一个 ΔR 值，ΔR 值称为间隙补偿值，计算公式如下。

① 切割凹模或样板零件时：

$$\Delta R=|r+g|$$

式中，r 是电极丝直径半径；g 单边放电间隙，约为 0.01mm。

② 切割凸模时：

$$\Delta R=|r+g-\Delta|$$

式中，Δ 是模具配合单边间隙。

③ 切割镶板时：

$$\Delta R=|r+g+\Delta+\Delta g|$$

式中，Δg 是镶板凸模的单边过盈量。

④ 切割卸料板时：

$$\Delta R = |r + g - \Delta s|$$

式中，Δs 是卸料板与凹模相比的单边扩大量。

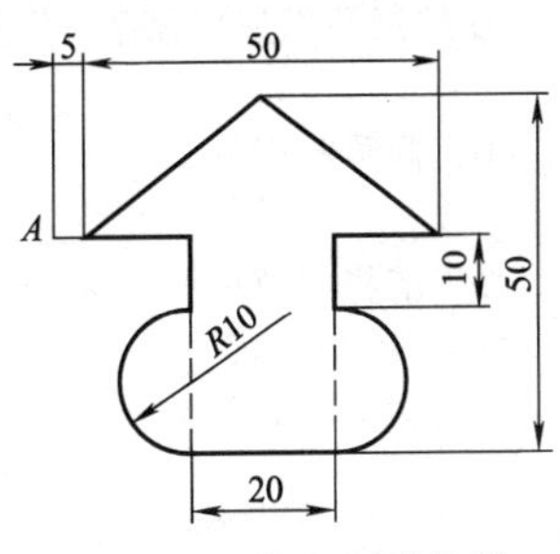

图 6-1-6 编程图形轮廓

例 6-1-1 按 3B 格式编写如图 6-1-6 所示的图形轮廓的线切割加工程序。

① 确定加工路线：起始点为 A，加工路线按顺时针方向进行。

② 分别计算各段曲线的坐标值。

③ 按"3B"格式编写程序单，程序如下。

```
B5000     B0        B5000     GX    L1
B25000    B20000    B25000    GX    L1
B25000    B20000    B25000    GX    L4
B15000    B0        B15000    GX    L3
B0        B10000    B 10000   GY    L4
B0        B10000    B20000    GX    SR1
B20000    B0        B20000    GX    L3
B0        B10000    B20000    GX    SR3
B0        B10000    B 10000   GY    L2
B15000    B0        B15000    GX    L 3
B5000     B0        B5000     GX    L3
M J                 ；结束语句
```

二、4B 代码编程 数控程序员高级工与电切削工中级工内容

1. 4B 代码编程格式

4B 代码的编程格式为：B X　B Y　BJ　B R　G（D 或 DD）Z

其中　B：分隔符，它的作用是将 X、Y、J 数据区分隔开来；

X、Y：表示增量（相对）坐标值，一律用 μm 作单位；

J：表示加工线段的计数长度；

R：圆弧半径或公切圆半径；

G：表示加工线段计数方向；

D 或 DD：曲线形式，D 为凸圆弧，DD 为凹圆弧；

Z：表示加工指令即加工方向。

MJ：停机符，表示程序结束（加工完毕）。

2. 4B 代码编程特点

4B 程序格式是有间隙补偿的程序，与 3B 格式相比，4B 格式增加了 R 和 D（或 DD）两项功能。编程时应注意以下几方面：

① 因 4B 格式不能处理尖角的自动间隙补偿，若加工图形出现尖角时，应取圆弧半径只大于间隙补偿量的圆弧过渡。

② 加工外表面时，当调整补偿间隙后使圆弧半径增大的称为凸圆弧，用 D 表示；当调整补偿间隙后使圆弧半径减少的称为凹圆弧，用 DD 表示。加工内表面时，D 和 DD 表示与加工外表面相反。由此用 4B 代码编写加工相互配合的凸、凹模程序时，只要适当改变引入、引出程序段（加工凸、凹模的起始点对称）和补偿间隙，其他程序段是相同的。

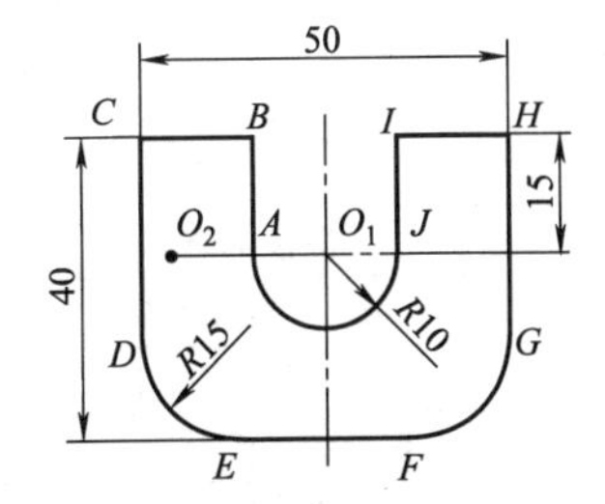

图 6-1-7 凸模的平均尺寸

③ 间隙补偿程序的引入、引出程序段。利用间隙补偿功能，可以用特殊的编程方式来编制不加过渡圆弧的引入、引出程序段。若图形的第一道加工程序加工的是斜线，引入程序段指定的引入线段必须与该斜线垂直；若是圆弧，引入程序段指定的引入线段应沿圆弧的法向进行（见图 6-1-7 的引入线段 O_1A）。

例 6-1-2 图 6-1-7 所示为凸模设计图，图中的所有尺寸都为名义尺寸，现要求凹模按凸模配作，保证双边配合间隙 $Z=0.04$mm，试编制凸模和凹模的电火花线切割加工程序（电极丝为 $\phi 0.12$mm 的钼丝，单边放电间隙为 0.01mm）。

① 编制凸模加工程序。建立坐标系并计算出尺寸后，选取穿丝孔为 O_1 点，加工顺序为

$$O_1 \rightarrow A \rightarrow B \rightarrow C \rightarrow D \rightarrow E \rightarrow F \rightarrow H \rightarrow I \rightarrow J \rightarrow O_1$$

确定间隙补偿量

$$\Delta R=(0.12/2+0.01)=0.07\text{mm}$$

加工前将间隙补偿量输入数控装置。图形上 B、C、H、I 各点处需加过渡圆弧，其半径应大于间隙补偿量（取 $r=0.10$mm）。

凸模加工程序单见表 6-1-1。

表 6-1-1　凸模加工程序单（4B 程序格式）

序号	B	X	B	Y	B	J	B	R	G	D(DD)	Z	备注
1	B		B		B	10000	B		GX		L3	引入程序段
2	B		B		B	14900	B		GY		L2	
3	B	100	B		B	100	B	100	GX	D	NR1	过渡圆弧
4	B		B		B	14800	B		GX		L3	
5	B		B	100	B	100	B	100	GY	D	NR2	过渡圆弧
6	B		B		B	24900	B		GY		L4	
7	B	15000	B		B	15000	B	15000	GX	D	NR3	
8	B		B		B	20000	B		GX		L1	
9	B		B	15000	B	15000	B	15000	GY	D	NR4	
10	B		B		B	24900	B		GY		L2	
11	B	100	B		B	100	B	100	GX	D	NR1	过渡圆弧
12	B		B		B	14800	B		GX		L3	
13	B		B	100	B	100	B	100	GY	D	NR2	过渡圆弧
14	B		B		B	14900	B		GY		L4	
15	B	10000	B		B	20000	B	10000	GY	DD	SR4	
16			B		B	10000	B		GX		L1	引出程序段

② 编制凹模加工程序。因 4B 程序格式有间隙补偿，所以凹模加工程序只需修改引入、引出程序段（引入点选在 O_2 点），其他程序段与凸模加工程序相同。

加工凹模时的间隙补偿量为：

$$\Delta R=(0.12/1+0.01-0.04/2)=0.05\text{mm}$$

三、国际标准 ISO 代码编程 数控程序员与电切削工高级工内容

1. 准备功能与辅助功能

电火花线切割数控机床常用的准备功能与辅助功能见表 6-1-2。

表 6-1-2　电火花线切割数控机床常用的 ISO 代码

代码	功能	代码	功能	代码	功能
G00	快速定位	G40	取消间隙补偿	G82	半程移动
G01	直线插补	G41	左边间隙补偿	G84	微弱放电找正
G02	顺时针圆弧插补	G42	右边间隙补偿	G90	绝对尺寸
G03	逆时针圆弧插补	G50	消除锥度	G91	增量尺寸
G05	X 轴镜像	G51	锥度左偏	G92	定起点
G06	Y 轴镜像	G52	锥度右偏	M00	程序暂停
G07	X、Y 轴交换	G54	加工坐标系 1	M02	程序结束
G08	X 轴镜像，Y 轴镜像	G55	加工坐标系 2	M05	解除接触感知
G09	X 轴镜像，X、Y 轴交换	G56	加工坐标系 3	M96	调用子程序开始
G10	Y 轴镜像，X、Y 轴交换	G57	加工坐标系 4	M97	调用子程序结束
G11	X 轴镜像，Y 轴镜像，X、Y 轴交换	G58	加工坐标系 5	W	下导轮到工作台面高度
G12	消除镜像	G59	加工坐标系 6	H	工件厚度
		G80	接触感知	S	工作台面到上导轮高度

2. T功能

表 6-1-3 为数控线切割机床常用的 T 功能。

表 6-1-3　常用 T 代码及功能说明

T代码	功能	T代码	功能
T80	电极丝送进	T86	加工介质喷淋
T81	电极丝停止送进	T87	加工介质停止喷淋
T82	加工介质排液	T90	切断电极丝
T83	保持加工介质	T91	电极丝穿丝
T84	液压泵打开	T96	向加工槽送液
T85	液压泵关闭	T97	停止向加工槽送液

3. 常用指令简介

常用指令有的与前面介绍的切削机床类似，只不过切削机床是刀具在切削，线切割机床是电极丝在运动而已，这里只介绍与切削机床不同的指令。

（1）直线插补指令 G01

该指令可使机床在各个坐标平面内加工任意斜率的直线轮廓和用直线段逼近的曲线轮廓。

其程序段格式为：G01 ____X ____Y

目前，可加工锥度的电火花线切割数控机床具有 X、Y 坐标轴及 U、V 附加轴工作台，其程序段格式为：

G01 ____X ____Y ____U ____V

（2）镜像和交换（G05、G06、G07、G08、G09、G10、G11、G12）

对于加工一些对称性好的工件，利用原来的程序加上上述指令，很容易产生一个与之对应的新程序，如图 6-1-8 所示。

G05（Y 镜像）　　函数关系式：$X=-X$

G06（X 镜像）　　函数关系式：$Y=-Y$

G07（X、Y 交换）　　函数关系式：$X=Y$ $Y=X$

G08（X、Y 镜像）　　函数关系式：$X=-X$ $Y=-Y$ 即：G08＝G05＋G06

G09（Y 镜像，X、Y 交换）即：G09＝G05＋G07

G10（X 镜像，X、Y 交换）　即：G10＝G06＋G07

G11（X 镜像，Y 镜像，X、Y 交换）　即：G11＝G05＋G06＋G07

G12（取消镜像）　每个程序镜像结束后都要加上该指令。

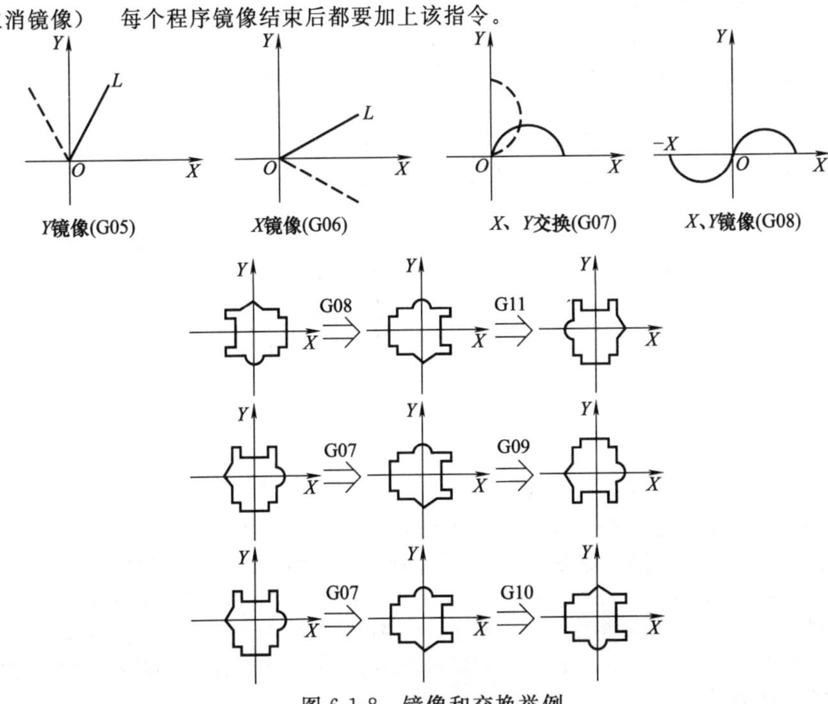

图 6-1-8　镜像和交换举例

例 6-1-3 要在一个毛坯上加工如图 6-1-9 所示两个相同的凸模，可以利用镜像加工编程指令进行编程。程序如下（图 6-1-10）。

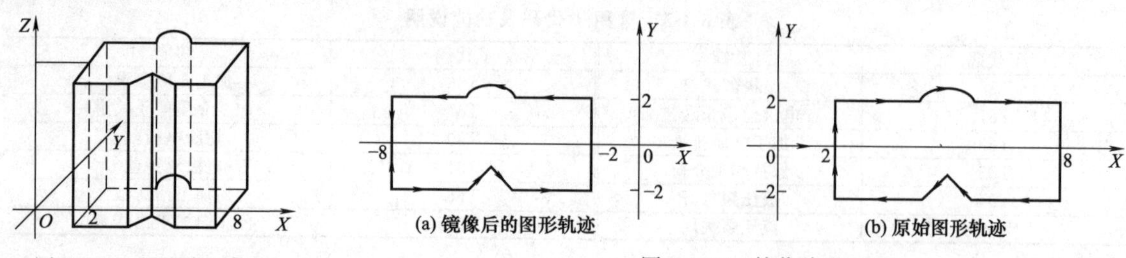

图 6-1-9 源程序立体图　　　　图 6-1-10 镜像编程

```
G05;
G92 X0 Y0;
G01 X2000 Y0;
G01 X2000 Y2000;
G01 X4000 Y2000;
G02 X6000 Y2000 I1000 J0;
G01 X8000 Y2000;
G01 X8000 Y-2000;
G01 X6000 Y-2000;
G01 X5000 Y-1000;
G01 X4000 Y-2000;
G01 X2000 Y-2000;
G01 X2000 Y0;
G01 X0 Y0;
G12;
M02 ;
```

（3）丝半径补偿（G40、G41、G42）

G41 为左偏补偿指令，其程序段格式为：　G41　D____

G42 为右偏补偿指令，其程序段格式为：　G42　D____

程序段中的 D 表示间隙补偿量，而不是补偿号，其计算方法与前面的方法相同。

左偏、右偏是沿加工方向看，电极丝在加工图形左边为左偏；电极丝在加工图形右边为右偏，如图 6-1-11 所示。采用丝半径补偿切割时，进刀线和退刀线不能与程序的第一条边或最后一条边重合或平行。切多边形时，进刀线应该选择 45°方向或垂直进刀，如果选择平行或重合或极小角度进刀，则容易出错。

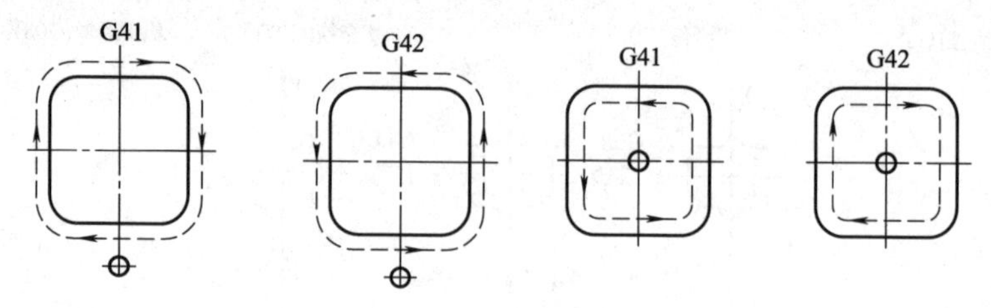

图 6-1-11 丝半径补偿

（4）锥度加工（G50、G51、G52）

1）指令　线切割加工带锥度的零件一般采用锥度加工指令，G51 为锥度左偏加工指令，G52 为锥度右偏加工指令，G50 为取消锥度加工指令。这是一组模态加工指令，缺省状态为 G50。按顺时针方向进行切割加工时，采用 G51（锥度左偏）指令加工出来的零件为上大下小，如图 6-1-12（a）所示；采用 G52（锥度右偏）指令加工出来的工件为上小下大，如图 6-1-12（b）所示。按逆时针方向进行切割加工时，采用 G51（锥度左偏）指令加工出来的工件为上小下大，如图 6-1-12（c）所示；采用 G52（锥度右偏）指令加工出来的工件为上大下小，如图 6-1-12（d）所示。

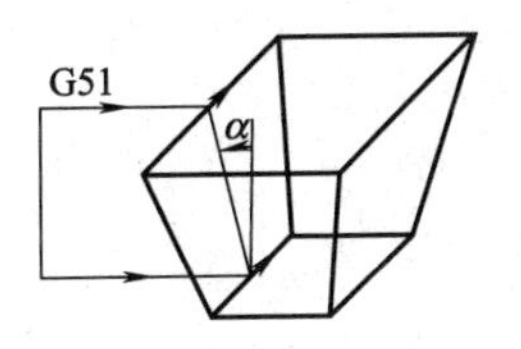

(a) 顺时针方向加工:G51

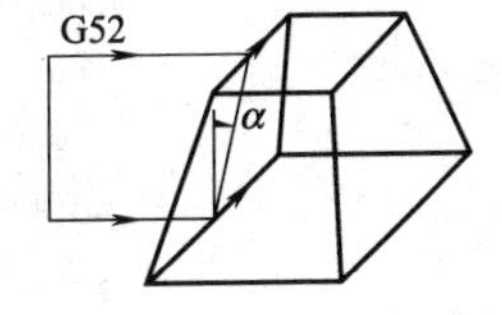

(b) 顺时针方向加工:G52

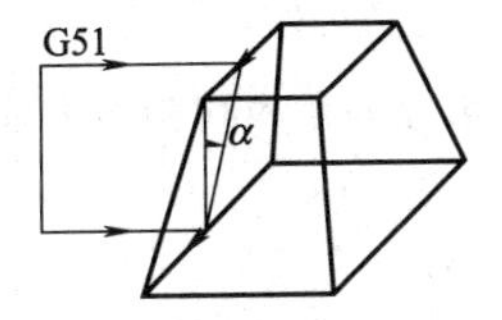

(c) 逆时针方向加工:G51

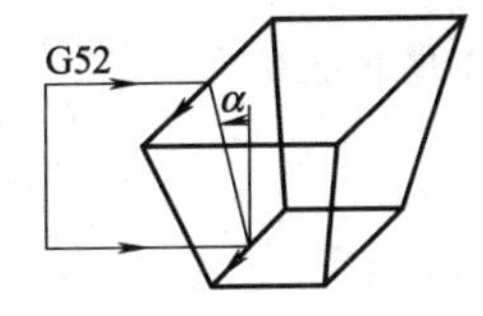

(d) 逆时针方向加工:G52

图 6-1-12　锥度加工指令的意义

格式：

G52 A ____；

G50；

2）锥度加工的条件　进行锥度线切割加工，首先必须输入下列参数：

上导轮中心到工作台面的距离 S；

工作台面到下导轮中心的距离 W；

工件厚度 H，如图 6-1-13 所示。

3）注意

① 锥度加工的建立和退出。锥度加工的建立和退出过程如图 6-1-14 所示，建立锥度加工（G51 或 G52）和退出锥度加工（G50）程序段必须是 G01 直线插补程序段，分别在进刀线和退刀线中完成。

② 锥度加工的建立是从建立锥度加工直线插补程序段的起始点开始偏摆电极丝，到该程序段的终点时电极丝偏摆到指定的锥度值，如图 6-1-14（a）所示。图中的程序面为待加工工件的下表面，与工作台面重合。

锥度加工的退出是从退出锥度加工直线插补程序段的起始点开始偏摆电极丝，到该程序段的终点时电极丝摆回 0°值（垂直状态），如图 6-1-14（b）所示。

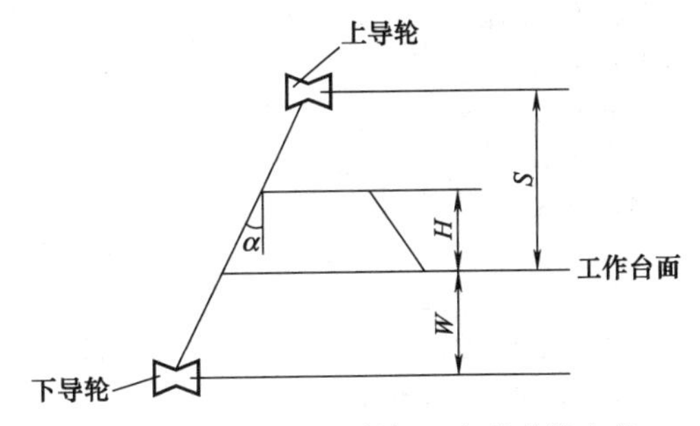

图 6-1-13　锥度线切割加工中的参数定义

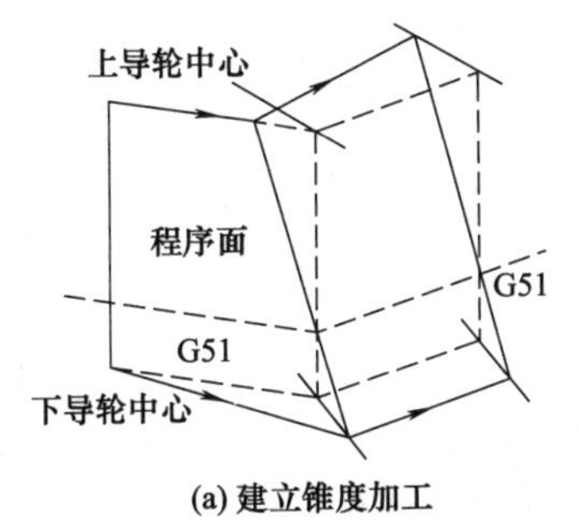

(a) 建立锥度加工

上导轮中心
程序面
G50
G51
下导轮中心

(b) 退出锥度加工

图 6-1-14　锥度加工的建立和退出

锥度加工与上导轮中心到工作台面的距离 S、工件厚度 H、工作台面到下导轮中心的距离 W 有关。进行锥度加工编程之前，要求给出 W、H、S 值，如图 6-1-15 所示。对于方锥，由于棱角是一个复合角，如果复合角大于 6°时，将不能加工。

格式：

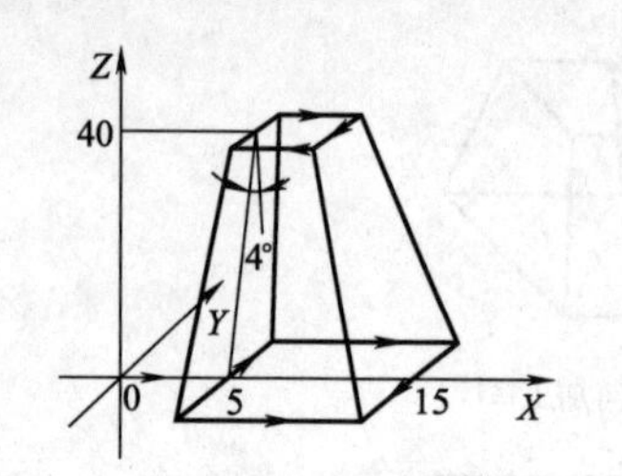

图 6-1-15 线切割加工带锥度的正方形

G92 X0 Y0；
W60000；
H40000；
S100000；
G52 A4；
……
G50 ；
M02；

例 6-1-4 采用丝半径补偿线切割加工带锥度的复杂工件，如图6-1-16所示。其程序为：

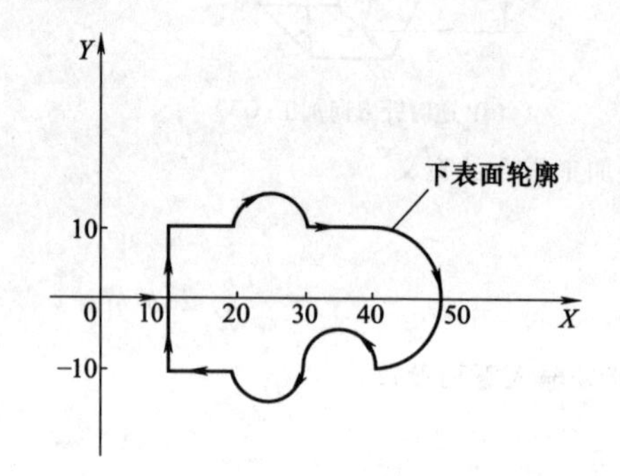

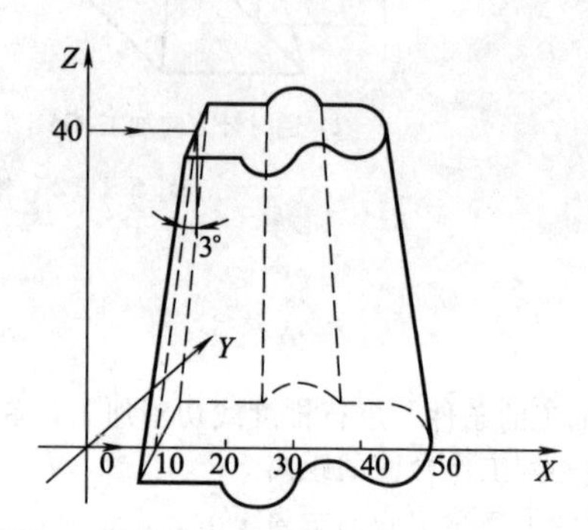

图 6-1-16 采用丝半径补偿线切割加工带锥度的复杂工件

G92 X0 Y0；
W60000；
H40000；
S100000；
G52 A3；
G41 D100；
G01 X10000 Y0；
G01 X10000 Y10000；
G01 X20000 Y10000；
G02 X30000 Y10000 I5000 J0；
G01 X40000 Y10000；
G02 X40000 Y－10000 I0 J－10000；
G03 X30000 Y－10000 I－5000 J0；
G02 X20000 Y－10000 I－5000 J0；
G01 X10000 Y－10000；
G01 X10000 Y0；
G50；
G40 ；
G01 X0 Y0；
M02 ；

(5) 工件坐标系（G54、G55、G56、G57、G58、G59、G92）

G92 为定起点坐标指令。G92 指令中的坐标值为加工程序的起点的坐标值，其程序段格式为：G92 X ___ Y ___

在采用 G92 设定起始点坐标之前，可以用 G54 到 G59 选择坐标系，如图 6-1-17 所示。

G92 X0 Y0；
G54；

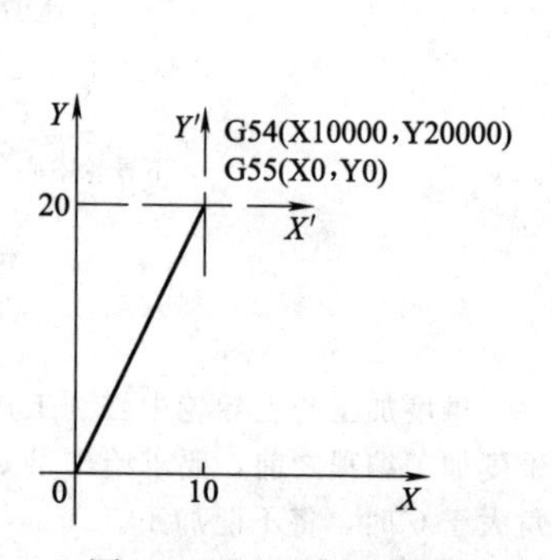

图 6-1-17 工件坐标系

G00 X10000 Y20000；

G55；

G92 X0 Y0；

如果不选择工件坐标系，则当前坐标系被自动设定为本程序的工件坐标系。

(6) 接触感知（G80）

利用接触感知 G80 指令，可以使电极丝从当前位置，沿某个坐标轴运动，接触工件，然后停止。该指令只在“手动”加工方式时有效。

(7) 半程移动（G82）

利用半程移动 G82 指令，使电极丝沿指定坐标轴移动指令路径一半的距离。该指令只在“手动”加工方式时有效。

(8) 校正电极丝（G84）

校正电极丝 G84 指令的功能是通过微弱放电，校正电极丝，使之与工作台垂直。在进行加工之前，一般要先进行校正。此功能有效后，开丝筒、高频钼丝接近导电体会产生微弱放电。该指令只在“手动”加工方式时有效。

(9) 程序暂停（M00）

执行 M00 以后，程序停止，机床信息将被保存，按“回车”键继续执行下面的程序。

(10) 程序结束（M02）

主程序结束，加工完毕，返回菜单。

(11) 接触感知解除（M05）

解除接触感知 G80。

(12) 子程序调用（M96）

调用子程序。

格式：M96 SUB1.

调用子程序 SUB1，后面要求加圆点。

(13) 子程序结束（M97）

子程序结束。

例 6-1-5 图 6-1-18 中的凹模锥度加工指令的程序段格式为“G51 A0.5”。加工前还需输入工件及工作台面参数指令 W、H、S。

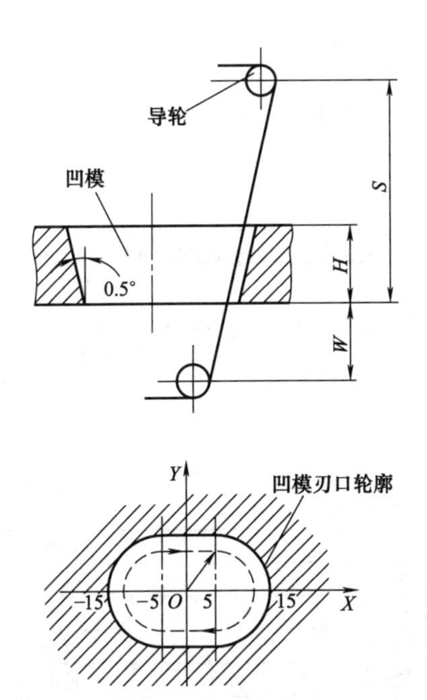

图 6-1-18 凸模锥度加工

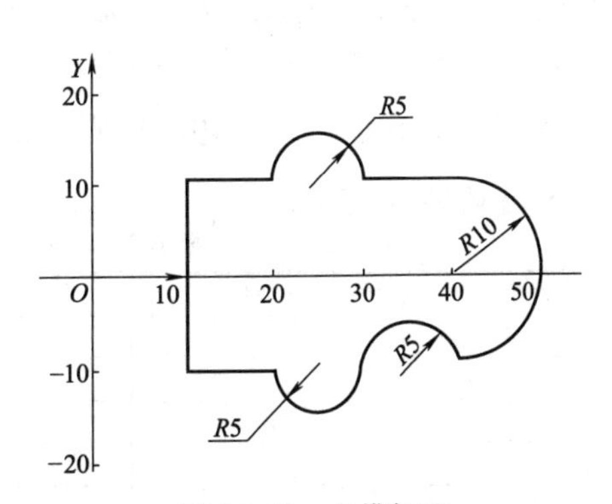

图 6-1-19 凸模加工

用绝对坐标和相对坐标两种方式编写如图 6-1-19 所示的凸模加工程序，切入长度为 10mm，间隙补偿量 $\Delta R=0.1$mm。

```
G92  X0  Y0                           起始点（0，0）
G91                                   增量坐标
G41  D100                             左侧补偿，ΔR=0.1mm
G01  X10000                           线，切入长度 10mm
Y10000                                线，Y 正向走 10mm
X10000                                线，X 正向走 10mm
G02  X10000  Y0  I5000  J0            顺圆，终点对起点（10，0），圆心对起点坐标为（5，0）
G01  X10000  Y0                       线，X 正向走 10mm
G02  X0  Y-20000  I0  J-10000         顺圆，终点对起点（0，-20），圆心对起点（0，-10）
C03  X-10000 Y0  I-5000  J0           逆圆，终点对起点（-10，0），圆心对起点（-5，0）
G02  X-10000 Y0  I-5000  J0           顺圆，终点对起点（-10，0），圆心对起点（-5，0）
G01  X-l0000  Y0                      线，X 负向走 10mm
Y10000                                线，Y 正向走 10mm
G40                                   消除补偿
G01  X-10000                          线，X 负向走 10mm，回起始点
M02                                   结束
```

例 6-1-6 编写加工图 6-1-20 所示天方地圆零件程序。

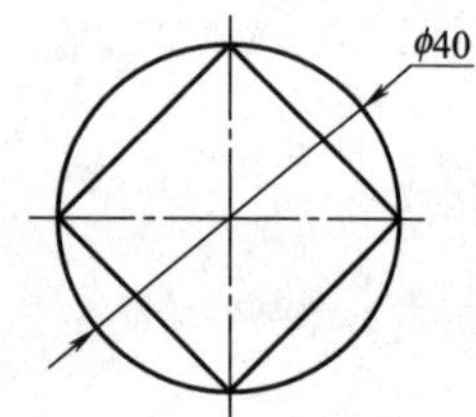

图 6-1-20 天方地圆零件

```
O0620;
T84 T86 G90 G54;                      (冷却液开，钼丝电机启动)
G92 X-25.0 Y0;
H001=0.10;                            (设定补偿距离为 0.10mm)
G61;                                  (上下异形开)
G41 G01 X-20.0 Y0 H001:               G41G01 X-20.0 Y0 H001;
G02 X0 Y20.0 I20.0 J0:                X0 Y20.0;
X20.0 Y0 I0 J-20.0:                   X20.0 Y0;
X0 Y-20.0 I-20.0 J0:                  X0 Y-20.0;
X-20.0 Y0 I0 J20.0:                   X-20.0 Y0;
G40 G01 X-25.0 Y0:                    G40G01 X-25.0 Y0;
G60;                                  (上下异形关)
T85 T87;                              (冷却液关，钼丝电机关)
M02                                   (程序结束)
```

第二节 数控电火花成型机床的编程

数控程序员与电切削工高级工内容

数控电火花成型加工的编程有些是与前面介绍的数控车床、数控铣床类似的，这些指令就不再介绍了，这里只介绍数控电火花成型机床所特有的或与前面所介绍不同的编程指令与方法。

一、数控电火花成型机床的功能代码（指令）

1. 准备功能（表 6-2-1）

表 6-2-1 国际标准 ISO 准备功能一览表

G 代码	类别	功 能	属性
* G00	A	快速移动定位指令	模态
G01		直线插补	模态
G02		顺时针圆弧插补	模态
G03		逆时针圆弧插补	模态
G04		暂停指令	非模态

续表

G代码	类别	功　能	属性
G05	B	X镜像	模态
G06		Y镜像	模态
G07		Z镜像	模态
G08		X−Y交换	模态
* G09		取消镜像和X−Y交换	模态
G11	C	打开跳转(SKIP　ON)	模态
* G12		关闭跳转(SKIP　OFF)	模态
G15		返回C轴起始点	非模态
G17	D	XOY平面选择	模态
G18		XOZ平面选择	模态
G19		YOZ平面选择	模态
G20	H	英制	模态
G21		公制	模态
* G22	E	软极限开关ON	模态
G23		软极限开关OFF	模态
G26	F	图形旋转ON(打开)	模态
* G27		图形旋转OFF(关闭)	模态
G28	G	尖角圆弧过渡	模态
G29		尖角直线过渡	模态
G30	H	指定抬刀方式(指定轴向)	模态
G31		指定抬刀方式(反向进行)	模态
* G40	I	取消电极补偿	模态
G41		电极左补偿	模态
G42		电极右补偿	模态
G45		比例缩放	模态
G54	J	选择工件坐标系0	模态
G55		选择工件坐标系1	模态
G56		选择工件坐标系2	模态
G57		选择工件坐标系3	模态
G58		选择工件坐标系4	模态
G59		选择工件坐标系5	模态
G80	K	移动轴直到接触感知	模态
G81		移动到机床的极限	模态
G82		移动到原点与现在位置的一半处	模态
* G90	L	绝对坐标系	模态
G90		增量坐标系	模态
G92		指定坐标原点	非模态

注：带有*记号的G代码，为初始设置功能代码。在下列情况中，要回到初始设置状态：①刚打开电源开关时；②执行中遇到程序结束指令M02时；③在程序执行期间按了急停［OFF］键时；④在执行期间，出现了错误，按下了［ACK］键后。

2. M代码及常用符号（表6-2-2）

表6-2-2　ISO标准电火花成形加工常用M代码及符号

代码	功能	代码	功能
M00	暂停指令	J	圆心Y坐标
M02	程序结束	K	圆心Z坐标
M05	忽略接触感知	X	X轴指定
M08	R轴旋转功能打开	Y	Y轴指定
M09	R轴旋转功能关闭	Z	Z轴指定
M98	子程序调用	U	C轴指定
M99	子程序结束	L x	子程序重复执行次数
P××××	指定调用子程序号	N××××	程序号
S	R轴转速	C×××	加工条件号
I	圆心X坐标	H×××	补偿码

3. T功能指令

T代码与机床操作面板上的手动开关相对应。在程序中使用这些代码，可以不必人工操作面板上的手动开关。表6-2-3所示为日本沙迪克公司生产的某数控电火花机床常用T代码。

表6-2-3　常用T代码

代码	功　能	代码	功　能
T01～T24	指定要调用的电极号	T86	加工介质喷淋
T82	加工介质排液	T87	加工介质停止喷淋
T83	保持加工介质	T96	向加工槽送液
T84	液压泵打开	T97	停止向加工槽送液
T85	液压泵关闭		

二、常用G指令简介

1. 镜像指令G05、G06、G07、G08、G09

G05为*X*轴镜像；G06为*Y*轴镜像；G07为*Z*轴镜像；G08为*X*、*Y*轴交换指令，即交换*X*轴和*Y*轴；G09为取消图形镜像。

说明：①执行一个轴的镜像指令后，圆弧插补的方向将改变，即G02变为G03，G03变为G02，如果同时有两轴的镜像，则方向不变；

② 执行轴交换指令，圆弧插补的方向将改变；

③ 两轴同时镜像，与代码的先后次序无关，即"G05、G06"与"G06、G05"的结果相同；

④ 使用这组代码时，程序中的轴坐标值不能省略，即使是程序中的X0、Y0也不能省略。

2. 跳段开关指令G11、G12

G11为"跳段ON"，跳过段首有"/"符号的程序段；G12为"跳段OFF"，忽略段首的"/"符号，照常执行该程序段。

3. 返回*C*轴零点指令G15

执行G15代码后，*C*轴返回到零点，这时G54～G59坐标中的U值将会为零。

4. 图形旋转指令G26、G27

图形旋转是指编程轨迹绕G54坐标系原点旋转一定的角度。G26为旋转打开，G27为旋转取消。其旋转角度由两种方式给出：

1）由*RX*、*RY*给出，见图6-2-1（a），即通过给出*RX*、*RY*来决定旋转角度，这时$\theta=\arctan(RX/RY)$。例如G26　RX1. RY1. 表示图形旋转45°。

2）由*RA*直接给出旋转角度，单位为"°"，见图6-2-1（b）。例如G26　RA60. 表示图形旋转60°。

3）取消图形旋转要用G27代码。

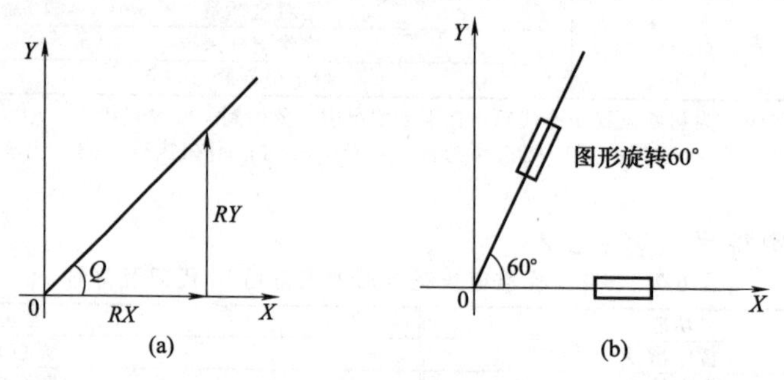

图6-2-1　图形旋转方式

注意：图形旋转功能只能在G54坐标系下，并且平面为G17时有效，否则出错。

5. 尖角过渡指令G28、G29

G28为尖角圆弧过渡，在尖角处加一个过渡圆，缺省为G28。G29为尖角直线过渡，在尖角处加工过渡直线，以避免尖角损伤。圆弧过渡和直线过渡如图6-2-2所示（虚线为刀具中心轨迹）。当补偿值为0时，尖角过渡无效。

6. 抬刀控制指令 G30、G31

G30 为抬刀方式按用户指定的轴向进行，如“G30 Z+”，即抬刀方向为 Z 轴正向。G31 为指定按加工路径的反方向抬刀。

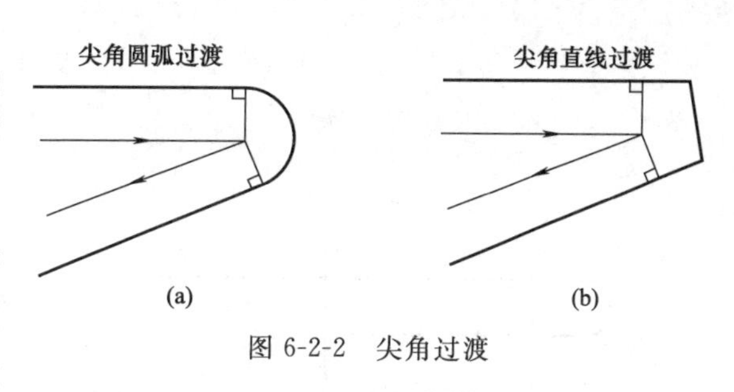

图 6-2-2　尖角过渡

7. 电极半径补偿指令 G40、G41、G42

电极补偿功能是电极中心轨迹在编程轨迹上进行一个偏移。G41 为电极半径左补偿，G42 为电极半径右补偿，如图 6-2-3 所示。它是在电极运行轨迹的前进方向上向左或右偏移一定量，偏移量由“H * * *”确定，如“G41 H * * *”。

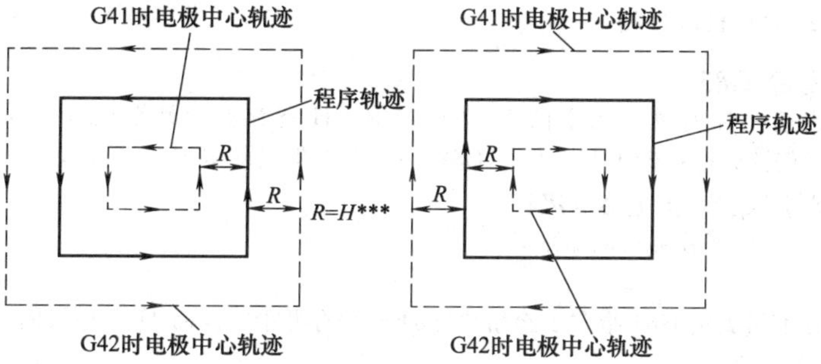

图 6-2-3　电极左、右补偿

1）补偿值（D、H）。补偿值可以通过三位十进制的补偿值代号来进行指定，每一个补偿号对应一个具体的补偿值，它存在于 Offset 文件中，一开机自动调入机器中，补偿代号从 H000～H999 共 1000 种，范围 0.001mm～99999.999mm，用户可以通过：H * * * = ______格式为某一补偿号赋与一个定值。

2）补偿撤消时的情形。补偿撤消用 G40 代码控制，当补偿值为零时系统会像撤消补偿一样处理，即从电极当前点直接运动到下一点，但补偿模式并没有被取消。

3）改变补偿方向。当在补偿方式上改变补偿方向时，由 G41 变成 G42，或者 G42 变成 G41，电极由第一段补偿终点插补轨迹直接走到下一段的补偿终点。

4）补偿模式下的 G92 代码。在补偿模式下，如果程序中遇到了 G92 代码，那么补偿会暂时取消，在下段时像补偿起始建立段一样再把补偿值加上。

5）关于过切。当加工轨迹很小，而电极半径很大时就会出现过切。当发生过切时，程序执行将被中断。

8. 感知指令 G80

执行该代码可以命令指定轴沿给定方向前进，直到和工件接触为止。方向用“+”、“－”号表示（“+”、“－”号均不能省略）。如“G80 Z－；”使电极沿 Z 轴负方向以感知速度前进，接触到工件后，回退一小段距离，再接触工件，再回退，上述动作重复数次后停止，确认已找到了接触感知点，并显示“接触感知”。

接触感知可由三个参数设定：

1）感知速度　即电极接近工件的速度，从 0～255，数值越大，速度越慢。

2）回退长度　即电极与工件脱离接触的距离，一般为 250μm。

3）感知次数　即重复次数，从 0～127，一般为 4 次。

9. 回极限位置指令 G81

该指令使指定的轴回到极限位置停止。如“G81 Y－；”使机床 Y 轴快速移动到负极限后减速，有一定过冲，然后回退一段距离，再以低速到达极限位置停止，如图 6-2-4 所示。

10. 回到当前位置与零点的一半指令 G82

执行该指令，电极移动到工作台当前位置与零点一半处。例如：

```
N001　G92　G54　X0　Y0；
N002　G00　X100　Y100；
N003　G82　X；
```

运动过程如图 6-2-5 所示。

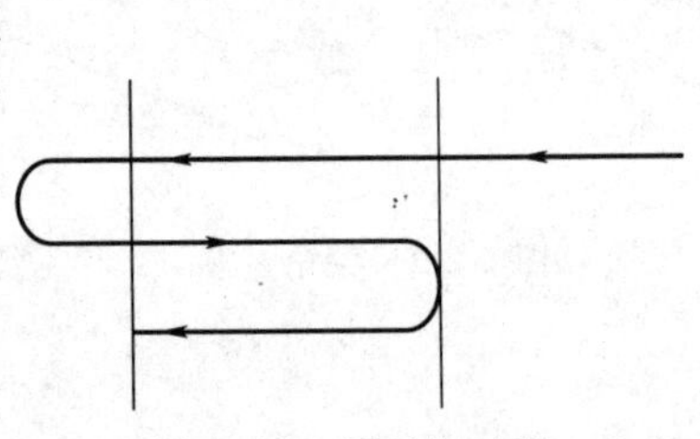

图 6-2-4　回极限过程

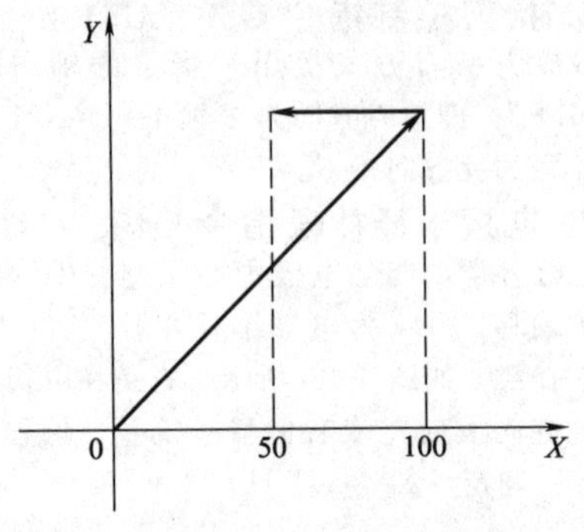

图 6-2-5　运动过程

11. 读坐标值指令 G83

G83 把指定轴的当前坐标值读到指定的 H 寄存器中，H 寄存器地址范围为 000～890。例如“G83　X102；”把当前 X 坐标值读到寄存器 H102 中；“G83　Z503；”把当前 Z 坐标值读到寄存器 H503 中。

12. 定义寄存器起始地址指令 G84

G84 为 G85 定义一个 H 寄存器的起始地址。

13. G85

该指令把当前坐标值读到由 G84 指定了起始地址的 H 寄存器中，同时 H 寄存器地址加 1。例如：

G90　G92　X0　Y0　Z0；	
G84　X100；	X 坐标值放入 H100 开始的地址
G84　Y200；	Y 坐标值放入 H200 开始的地址
G84　Z300；	Z 坐标值放入 H300 开始的地址
M98　D0010　L5；	
M02；	
N0010；	子程序执行完成后，每次 H 寄存器内的值如下：
G91；	第一次　H100＝0　H200＝0　H300＝0
G85　X；	第二次　H101＝10.0　H201＝23.0　H301＝－5.0
G85　Y；	第三次　H102＝20.0　H202＝46.0　H302＝－10.0
G85　Z；	第四次　H103＝30.0　H203＝69.0　H303＝－15.0
G00　X10.0；	第五次　H104＝40.0　H204＝92.0　H304＝－20.0
G00　Y23.0；	
G00　Z－5.0；	
M99	

14. 定时加工指令 G86

G86 为定时加工。地址为 X 或 T，地址为 X 时，本段加工到指定的时间后结束（不管加工深度是否达到设定值）；地址为 T 时，在加工到设定深度后，启动定时加工，再持续加工指定的时间，但加工深度不会超过设定值。G86 仅对其后的第一个加工代码有效。时分秒各 2 位，共 6 位数，不足补 0。

格式为：G86×（地址）××（时）　××（分）　××（秒）

例如：G86　X001000；

G01　Z－20；

加工 10min，不管 Z 是否达到深度－20mm 均结束。

三、M 代码简介

1. 忽略接触感知指令 M05

M05 代码忽略接触感知，当电极与工件接触感知并且停在此处后，若要把电极移走，需用此代码，注意 M05 代码只在本段程序起作用。

2. M08/M09

M08 是 R 轴旋转 ON 指令，其后可跟一个旋转速度。执行此代码，能使 R 轴以指定的速度旋转。M09 代

码是 R 轴旋转 OFF 指令，使 R 轴旋转停止。

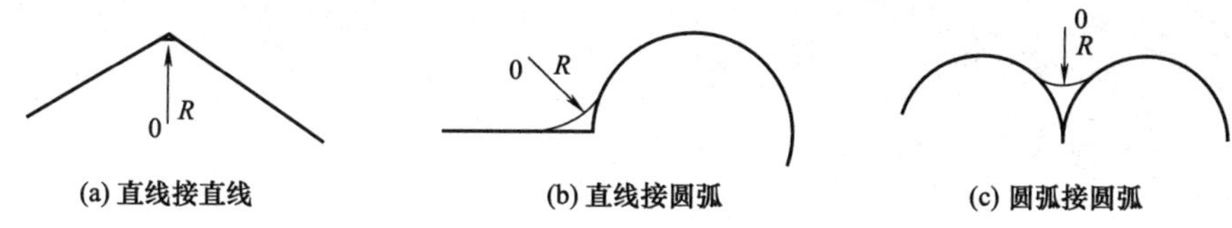

图 6-2-6 圆弧转角 R 功能图

四、R 转角功能

R 转角功能，是在两条曲线的连接处加一段过渡圆弧，圆弧的半径由 R 指定，圆弧与两条曲线均相切，如图 6-2-6 所示。程序指定 R 转角功能的格式有：

G01 X_Y_R_；

G02 X_Y_I_J_R_；

G03 X_Y_I_J_R_；

R 转角功能的几点说明：

1）R 及半径值必须和第一段曲线的运动代码在同一程序段内；

2）R 转角功能仅在有补偿的状态下（G41、G42）才有效；

3）当用 G40 取消补偿后，程序中 R 转角指定无效；

4）在 G00 代码后加 R 转角功能无效。

例 6-2-1 如图 6-2-7 所示，要加工 9 个孔，这里采用调用子程序的方式进行编程，编程时编程坐标系的位置如图 6-2-8 所示。

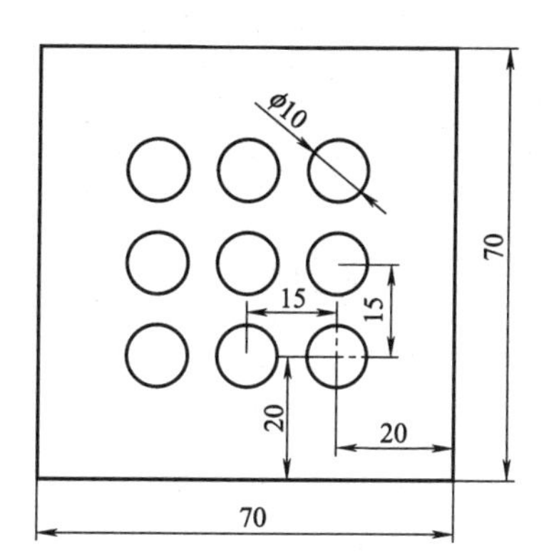

图 6-2-7 多孔工件

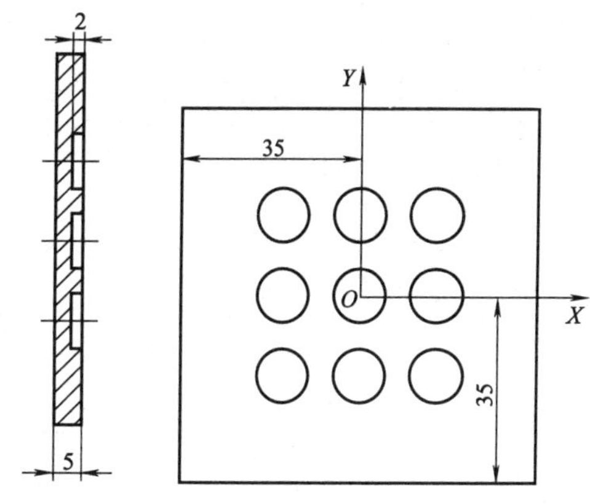

图 6-2-8 编程坐标系的位置

加工程序如下：

G54；	选择坐标系
G90；	绝对坐标编程
G17；	选择 *XOY* 平面作为加工平面
T84；	启动工作液泵
G00 Z1.0；	快速定位至安全高度，安全高度为 1
G00 X15.0 Y15.0；	快速定位至 *X*15.0，*Y*15.0
M98 P0002 L3；	调用子程序 N0002
T85；	关闭工作液泵
M02；	程序结束
N0002；	子程序 N0002
M98 P0003 L3；	调用子程序 N0003
G91；	增量坐标编程
G00 Y−15.0；	沿 *Y* 轴负方向移动 15mm

```
G90;                      绝对坐标编程
G00 X15.0;                快速定位至 X15.0
G90;                      绝对坐标编程
M99;                      子程序结束
N0003;                    子程序 N0003
M98 P0004;                调用子程序 N0004
G91;                      增量坐标编程
G00 X-15.0;               沿 X 轴负方向移动 15mm
G90;                      绝对坐标编程
M99;                      子程序结束
N004;                     子程序 N0004
G30 Z+;                   Z 轴正方向抬刀
C01 Z-1.973;              放电加工,Z 轴负方向留 0.027 的放电间隙
M05 G00 Z1.0;             结束放电,抬刀
M99;                      子程序结束
```

五、指定加工条件参数

1. 加工条件

在程序中，若要指定或更改加工条件的某种参数，需使用表 6-2-4 所示代码。

表 6-2-4　加工条件代码

更改项	所用代码	格　式	功　能
POL±	POL	POL+/POL-	选择极性
PW	PW	PW * *	设置放电脉冲时间
PG	PG	PG * *	设置不放电脉冲时间
PI	PI	PI * *	设置主电源电流峰值
VS	VS	VS * *	设置辅助电路
CC	CC	CC *	设置充放电电容
SV	SV	SV *	设置伺服基准电压
CV	CV	CV *	设置主电源供应电压
SF	SF	SF *	设置伺服速度
EX	EX	EX *	调节[OFF]脉冲宽度
JP	JP	JP *	设置抬刀时间
DC	DC	DC *	设置放电时间
OBT	OBT	OBT * * *	选择平动方式
STEP	STEP	STEP * * * *	设置平动半径

1）指定或更改的加工条件的各参数，只在本程序中有效，不会对该程序以外的加工构成影响。

2）格式一览中地址后的“*”表示一位十进制数，由几个“*”表示接几位十进制数，除地址［STEP］外，位置不够的用“0”补齐。

3）地址［STEP］后接的数据为平动量，最大可以是 9999μm，即 9.999mm。如果［STEP］后接的数全为零时，不执行平动动作。［STEP］后的平动量指定可以用运算符来表示。

4）地址［OBT］用来指定平动类型，由三位十进制数组成，组成情况如表 6-2-5 所示。

表 6-2-5　电极平动方式代码

图形 伺服平面		不平动	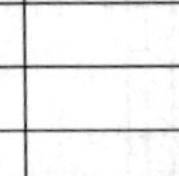	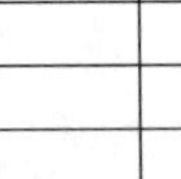	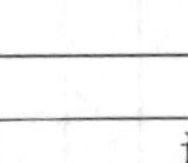	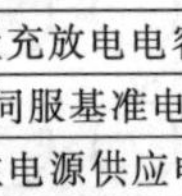	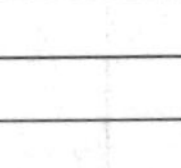
自由平动	XOY 平面	000	001	002	003	004	005
	XOZ 平面	010	011	012	013	014	015
	YOZ 平面	020	021	022	023	024	025

2. 加工参数（C代码）

在程序中，C代码用于选择加工条件，格式为“C”后跟3位十进制数，“C”和数字之间不能有别的字符，数字也不能省略，不够三位要补“0”，如C006。各参数显示在加工条件显示区中，加工中可随时更改。加工条件的范围是：C000～C999，共1000种加工条件。不同的电极、不同的工件材料其参数也不同。表6-2-6为铜打钢的标准型参数。

表6-2-6　铜打钢标准型参数

条件号(C代码)	面积/cm^2	安全间隙/mm	放电间隙/mm	加工速度/(mm^3/min)	损耗/%	粗糙度(Ra)/μm		极性	电容	高压管数	管数	脉冲间隙	脉冲宽度	模式	损耗类型	伺服基准	伺服速度	极限值	
						侧面	底面											脉冲间隙	伺服基准
121		0.045	0.040			1.1	1.2	+	0	0	2	4	8	8	0	80	8		
123		0.070	0.045			1.3	1.4	+	0	0	3	4	8	8	0	80	8		
124		0.10	0.050			1.6	1.6	+	0	0	4	6	10	8	0	80	8		
125		0.12	0.055			1.9	1.9	+	0	0	5	6	10	8	0	75	8		
126		0.14	0.060			2.0	2.6	+	0	0	6	7	11	8	0	75	10		
127		0.22	0.11	4.0		2.8	3.5	+	0	0	7	8	12	8	0	75	10		
128	1	0.28	0.165	12.0	0.40	3.7	5.8	+	0	0	8	11	15	8	0	75	10	5	52
129	2	0.38	0.22	17.0	0.25	4.4	7.4	+	0	0	9	13	17	8	0	75	12	6	52
130	3	0.46	0.24	26.0	0.25	5.8	9.8	+	0	0	10	13	18	8	0	70	12	6	50
131	4	0.61	0.31	46.0	0.25	7.0	10.2	+	0	0	11	13	18	8	0	70	12	5	48
132	6	0.72	0.36	77.0	0.25	8.2	12	+	0	0	12	14	19	8	0	65	15	5	48
133	8	1.00	0.53	126.0	0.15	12.2	15.2	+	0	0	13	14	22	8	0	65	15	5	45
134	12	1.06	0.544	166.0	0.15	13.4	16.7	+	0	0	14	14	23	8	0	58	15	7	45
135	20	1.581	0.84	261.0	0.15	15.0	18.0	+	0	0	15	16	25	8	0	58	15	8	45

例6-2-2　编写加工图6-2-9所示零件的程序，材料为硬质合金，图6-2-10为电极。材料为紫铜。

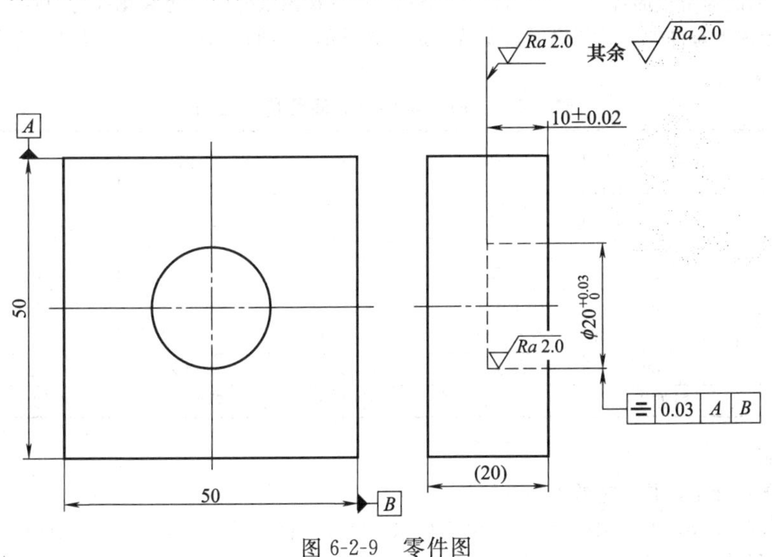

图6-2-9　零件图

（1）加工条件的选择

1）电极尺寸为19.41mm。

2）电极横截面尺寸为3.14cm^2，根据表6-2-6可选择初始加工条件C131，但采用C131时电极的最大尺寸为16.39mm（型腔尺寸减去安全间隙：20－0.61＝16.39）。现有电极大于19.39mm，则只能选下一个条件C130为初始加工条件。当选C130为初始加工条件时，电极的最大直径为20－0.46＝19.54mm。现电极尺寸为19.41mm，因此最终选择初始加工条件为C130。

3）根据图6-2-9所示型腔加工的最终表面粗糙度为Ra2.0μm，由表6-2-6选择最终加工条件C125。因此工件最终的加工条件为C130→C129→C128→C127→C126→C125。

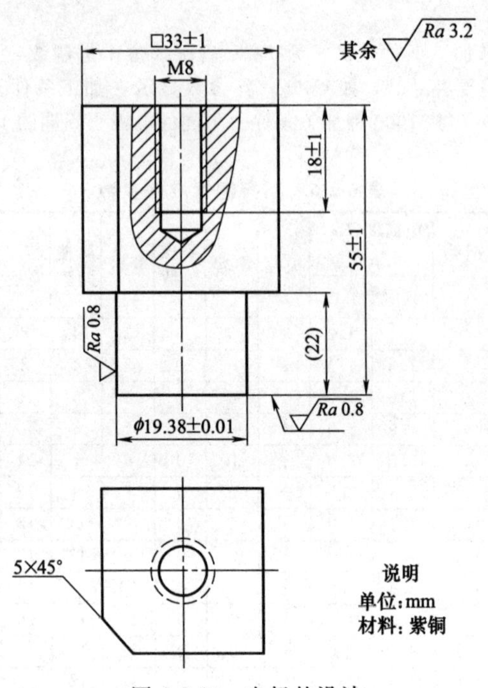

图 6-2-10 电极的设计

4）平动半径的确定：平动半径为电极尺寸收缩量的一半，即（型腔尺寸－电极尺寸）/2＝（20－19.41）/2＝0.295mm。

5）每个条件的底面留量的计算方法：最后一个加工条件按该条件的单边火花放电间隙值（δ）留底面加工余量，除最后一个加工条件外，其他底面留量按该加工条件的安全间隙值的一半（M/2）留底面加工余量，具体如表 6-2-7 所示。

表 6-2-7 加工条件与底面留量对应表 mm

项目 \ 工条件	C130	C129	C128	C127	C126	C125
底面留量	0.23	0.19	0.14	0.11	0.07	0.0275
电极在 Z 方向位置	－10＋0.23	－10＋0.19	－10＋0.14	－10＋0.11	－10＋0.07	－10＋0.0275
放电间隙	0.24	0.22	0.165	0.11	0.06	0.055
该条件加工完后孔深	－10＋0.23－0.24/2＝－9.89	－10＋0.19－0.22/2＝－9.92	－0＋0.14－0.165/2＝－9.943	－10＋0.11－0.11/2＝－9.945	－10＋0.07－0.06/2＝－9.96	－10＋0.0275－0.055/2＝－10
Z 方向加工量	9.89	0.03	0.023	-0.002	0.015	0.04
备　注	粗加工	粗加工	粗加工	粗加工	粗加工	精加工

（2）程序编制

图形为自由平动加工，其工艺数据如下。

停止位置：1.000mm，加工轴向：Z－，电极形状：圆形，材料组合：铜-钢，工艺选择：标准值，加工深度：10.000mm，尺寸差：0.590mm，粗糙度：2.0000μm，电极直径：19.410mm，平动半径：0.295mm。

加工程序如下：

```
T84;
G90;
G30  Z+;
H970=10.0000;
H980=1.0000;
G00  Z0+H980;
M98  P0130;
```

```
M98  P0129;
M98  P0128;
M98  P0127;
M98  P0126;
M98  P0125;
T85  M02;
N0130;
G00  Z+0.5;
C130  OBT001  STEP0065;
G01  Z+0.2300-H970;
M05  G00  Z0+H980;
M99;
N0129;
G00  Z+0.5;
C129  OBT001  STEP0143;
G01  Z+0.190-H970;
M05  G00  Z0+H980;
M99;
N0128;
G00  Z+0.5;
C128  OBT001  STEP0183;
G01  Z+0.140-H970;
M05  G00  Z0+H980;
M99;
N0127;
G00  Z+0.5;
C127  OBT001  STEP0207;
G01  Z+0.110-H970;
M05  G00  Z0+H980;
M99;
N0126;
G00  Z+0.5;
C126  OBT001  STEP0239;
G01  Z+0.070-H970;
M05  G00  Z0+H980;
M99;
N0125;
G00  Z+0.5;
C125  OBT001  STEP0268;
G01  Z+0.0270-H970;
M05  G00  Z0+H980;
M99;
```

思考与练习

1. 数控线切割机床的程序有哪几种格式？
2. 在 3B 程序格式中指令 Z 表示什么？怎样确定？
3. 4B 格式有什么特点？
4. 数控车床的 T 功能指令与数控电火花成型机床的 T 功能指令有什么不同？
5. 编写加工题图 1 所示零件的电火花成型加工程序。

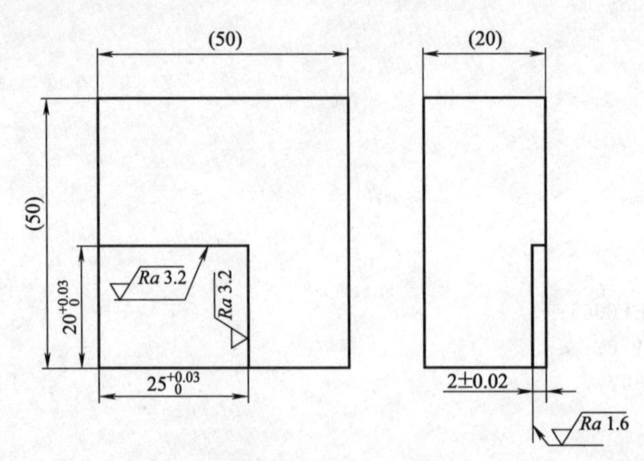

题图 1 电火花加工零件

6. 用 3B 格式编写题图 2 所示零件的线切割程序。

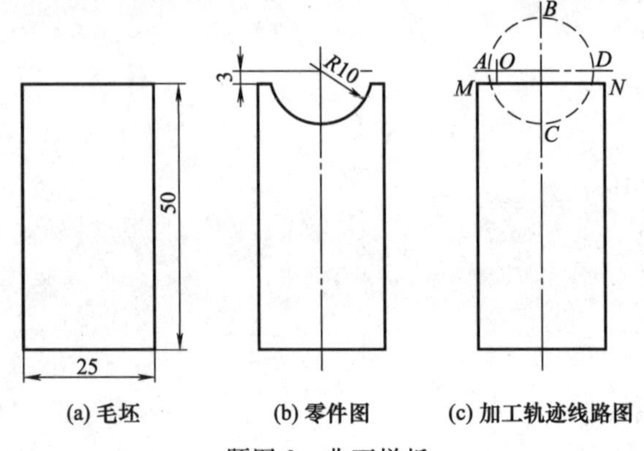

题图 2 曲面样板

7. 编写加工题图 3 所示零件的线切割程序。

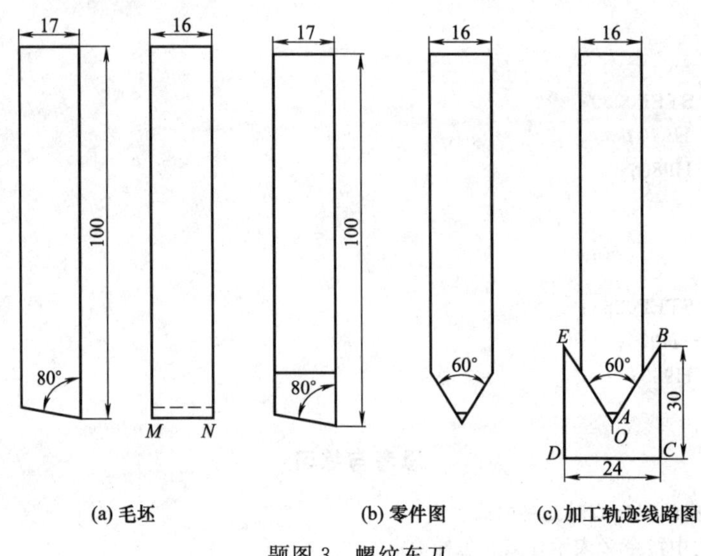

题图 3 螺纹车刀

8. 用 3B 代码编制加工题图 4 所示的线切割加工程序（不考虑电极丝直径补偿）。加工路线为 $A \to B \to C \to D \to A$（图中单位为 mm）。

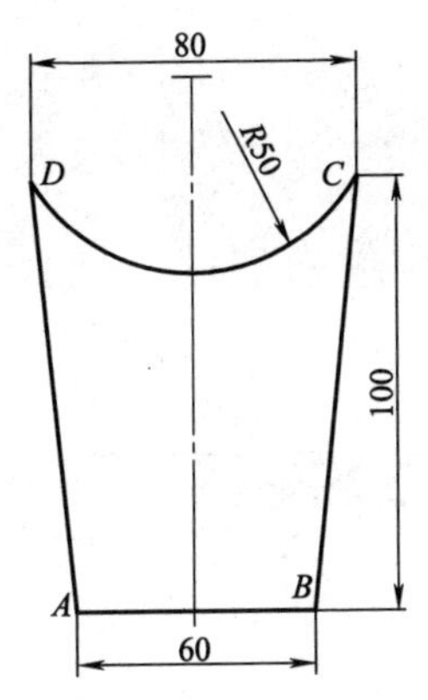

题图 4　线切割加工

9. 对刀样板是车工磨刀时测量角度的工具。用线切割机加工如题图 5 所示的对刀样板。毛坯尺寸为 50 mm×30mm×3mm，材料 45 钢。请编写其加工程序。

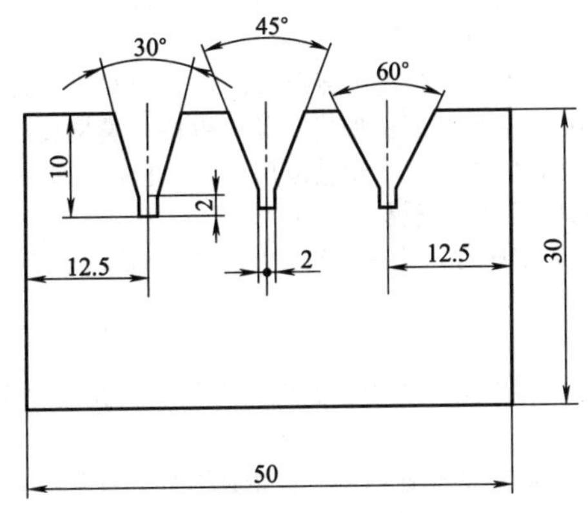

题图 5　对刀样板

第七章 自动编程

第一节 探针编程

数控铣工/加工中心操作工高级技师与数控程序员技师内容

一、基本概念

1. 跟踪（Tracing）

探针沿指定的路径移动，保持探针头始终与模型表面接触。

1）在跟踪模型时，CNC只控制*X*、*Y*或*Z*轴的移动，主平面（工作平面）必须由轴（*XY*，*XZ*，*YZ*，*YX*，*ZX*，*ZY*）形成，其他的轴必须垂直于该平面且被选择为纵向轴。

2）所用的跟踪探针必须安装在垂直轴上。

3）所使用的跟踪探针每次安装在机床上要进行标定（G26），在CNC每次通电后要进行重新定位。

4）一旦执行了功能G23，CNC将在所选择的路径上始终保持与模型表面的接触。

5）当自动进行跟踪时，必须用ISO代码或手动轴或用电子手轮定义路径。

6）要关闭前面用功能G23打开的跟踪，执行功能G25。

7）当执行某个跟踪/数字化固定循环时，不必执行功能G23、G25或定义跟踪路径，因为这些已由固定循环本身实现。

2. 拷贝（Copying）

要求机床有第二主轴或具有拷贝臂，将拷贝探针和机床刀具安装在主轴上。拷贝在跟踪中同时加工零件。所加工的零件是跟踪模型的拷贝。

拷贝时（在跟踪的同时加工）不能补偿探针的偏差。因此，建议使用机床刀具的半径等于或小于探针球的半径减去所用的偏差值。例如：当使用10mm直径的球（5mm半径）其最大偏差为1mm，应使用8mm直径（4mm半径）的刀具。

3. 数字化（Digitizing）

在跟踪的同时捕获机床坐标并发送到前面通过“O PENP”指令打开的文件中。

注意：1）为了数字化，无论零件是否被拷贝，跟踪功能G23必须激活。

2）可以用两种方式进行跟踪和数字化。

4. 手动

允许操作者用手沿模型表面移动探针。

5. 自动

探针受CNC的控制，能激活固定循环。

6. 说明

1）通过激活跟踪（G23）和数字化（G24）功能，必须定义探针跟随的路径。

2）数字化由捕获跟踪过程中机床的点坐标和将这些点的数据发送到由“OPEN P”语句在前面打开的文件中组成。

3）为了对模型进行数字化，必须执行某个跟踪/数字化固定循环（TRACE）或在激活跟踪（G23）功能和数字化（G24）功能后定义探针在模型表面跟随的路径。

4）CNC捕获的模型表面的点取决于定义功能G24的参数或在JOG模式，操作者在任何时候按动外部按钮或相应的软键。

5）在模型数字化期间，CNC只控制*X*、*Y*和*Z*轴的移动，因此，生成的程序段将只含有部分或全部三根轴*X*、*Y*和*Z*的信息。

6）此外，CNC在计算新数字化点的坐标时考虑探针的偏差。

7）CNC将自动地不考虑在搜索模型或探针离开模型表面时的点。

二、跟踪探针的标定

1. 编程格式为：G26 S

参数 S 表示沿纵向轴零件搜索的方向，如图 7-1-1 所示。其中 0：负方向；1：正方向。

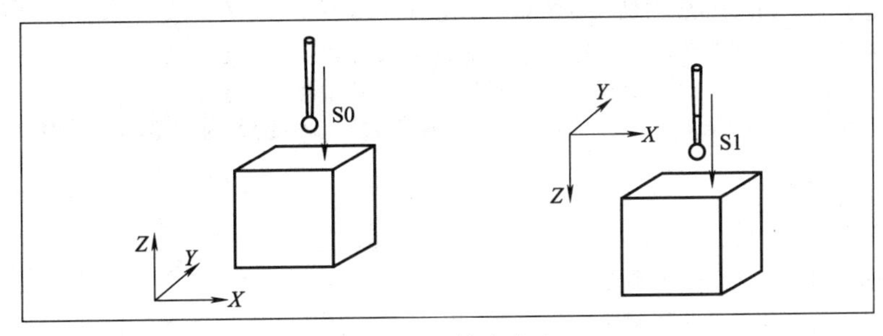

图 7-1-1　搜索方向

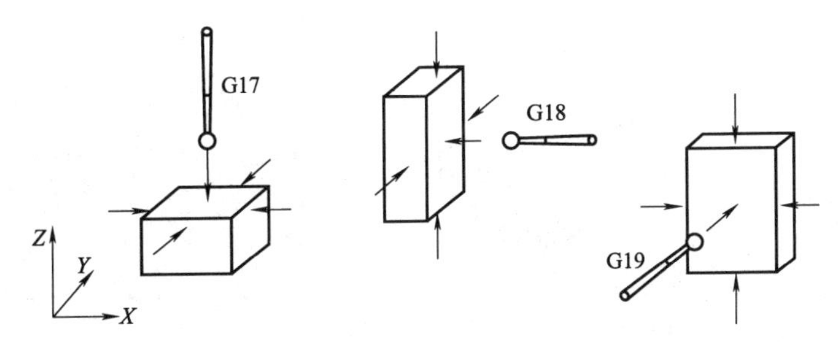

图 7-1-2　测量其他表面

2. 说明

1）一旦探针和量块的表面接触，CNC 将移动探针测量量块的其余表面，如图 7-1-2 所示。

2）在执行功能 G26 前必须选择该移动的进给率。

3）探针沿 X、Y、Z 的偏差将存储在内部，用在后面执行跟踪操作（G23）或跟踪循环（TRACE）的校正因子（TRACE）。

4）功能 G26 是非模态指令，因此，在每次标定探针时必须编写。

5）不能在定义功能 G26 的程序段中编写其他功能。

6）该功能执行内部标定循环，它允许对探针轴和机床轴之间的平行度做补偿。

3. 注意

1）建议在每次将探针安装在机床上后或者换探针后，重新定向后，每次在 CNC 上电后完成该标定。

2）为了标定跟踪探针，必须使用量块，它的侧面应磨削，“完全”平行于机床的轴。

3）CNC 将跟踪探针当刀具对待，因此，必须合理地定义与其相关的刀具偏置（探针长度和探针球的半径）。

4）一旦选择了跟踪探针的偏置，必须将它安装在纵向轴（垂直轴）上，位于量块上的中心位置。

三、G23 激活跟踪

一旦跟踪功能被激活（G23），CNC 将保持探针与模型表面接触，直到该功能被 G25 取消。在定义 G23 时，必须定义名义偏差，或施加压力保持探针与模型表面接触。

1. G23 激活手动跟踪

（1）功能

1）偏差的大小取决于操作者施加在探针上的力。

2）利用该类型的跟踪，操作者可以手动沿模型表面移动探针进行跟踪。在跟踪期间，产生偏差大小取决于操作者施加在探针上的力。因此，常将这种跟踪用于粗加工或使用数字化功能 G24，以便 CNC 生成程序补偿探针的偏差。如图 7-1-3 所示。

3）手动跟踪必须选择 JOG 模式下的 MDI 选项。

(2) 编程格式

G23 [X] [Y] [Z]

1) X、Y、Z：定义扫描模型用的轴。可以定义一根、两根或三根轴。当定义一根以上的轴时，必须按顺序 X，Y，Z 编写。

2) 如果没有定义轴，CNC 将纵向轴（垂直轴）作为探测轴。

3) 探针将手动沿定义的轴移动。其余的轴必须用 JOG 键移动，可以使用电子手轮或在 MDI 模式执行程序段。例如：如果跟踪功能用 G23Y Z 激活，探针可以沿 *Y* 和 *Z* 轴移动。要沿 *X* 轴移动它，可以使用 JOG 键，或电子手轮或在 MDI 模式执行程序段。当用手动或用电子手轮移动被设置为扫描轴的轴时，CNC 将发出相应的错误。

例 7-1-1 (图 7-1-4)

G23X/Y/Z

1) 该功能常用于粗加工或 3-D 轮廓加工。

2) 操作者可以手动在任何方向移动探针。

3) 不能用 JOG 方式或用电子手轮移动 *X*、*Y*、*Z* 轴。

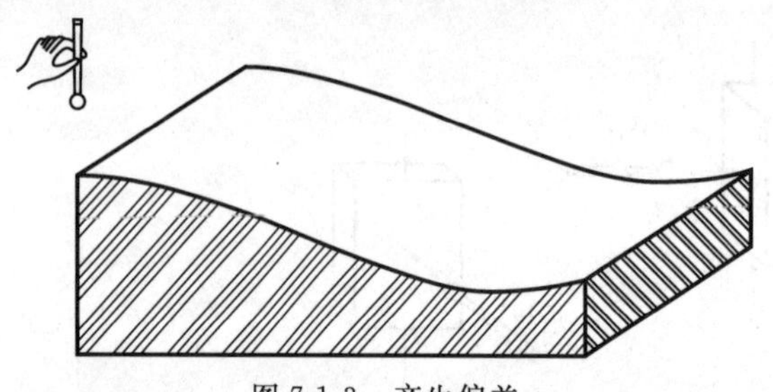

图 7-1-3 产生偏差

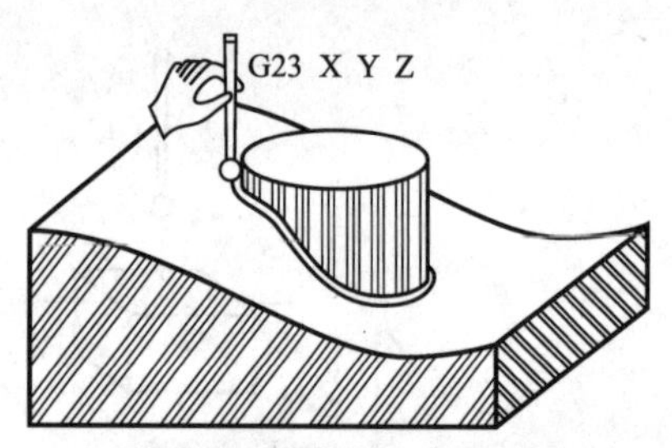

图 7-1-4 粗加工或 3-D 轮廓加工

例 7-1-2 (图 7-1-5)

G23XY/G23XZ/G23YZ

1) 利用该功能，可以完成二维轮廓或平行跟踪。

2) 操作者可以沿选择的轴移动探针。如图 7-1-5 (b) 中沿 *Y* 和 *Z* 的平行跟踪。

3) 只能用 JOG 键或电子手轮移动没有选的轴，如图 7-1-5 (b) 中的 *X* 轴。

4) 要进行平行跟踪，其他的轴必须用 JOG 键或电子手轮移动。

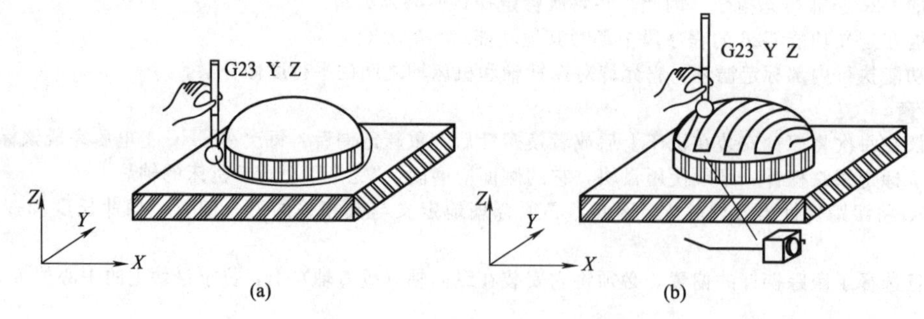

图 7-1-5 二维轮廓或平行跟踪

例 7-1-3 (图 7-1-6)

G23 X/G23 Y/G23 Z

1) 利用该功能可以获得（捕获）模型表面的特定点。

2) 操作者只能用手移动所选择的轴。

3) 其他的两根轴必须用 JOG 键或电子手轮移动。

2. G23 激活一维跟踪

(1) 功能

1) 它是最常见的跟踪类型。必须定义模型的扫描轴。一旦定义了这种类型的跟踪，必须用两根轴定义跟踪路径。如图 7-1-7 所示，这种类型的跟踪可以用零件程序，或在 MDI 选项的 JOG 和 AUTOMATIC 模式选

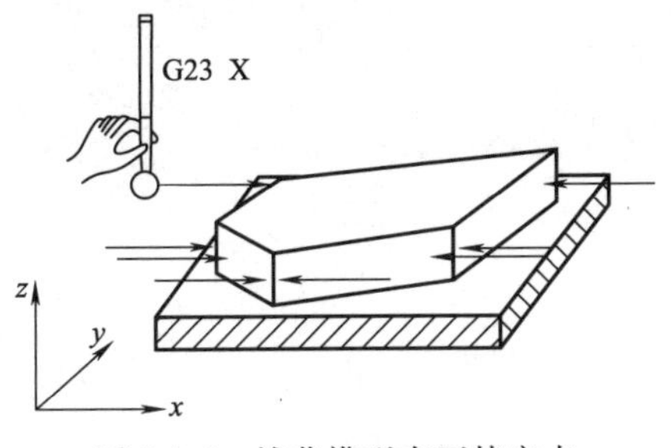

图 7-1-6　捕获模型表面特定点

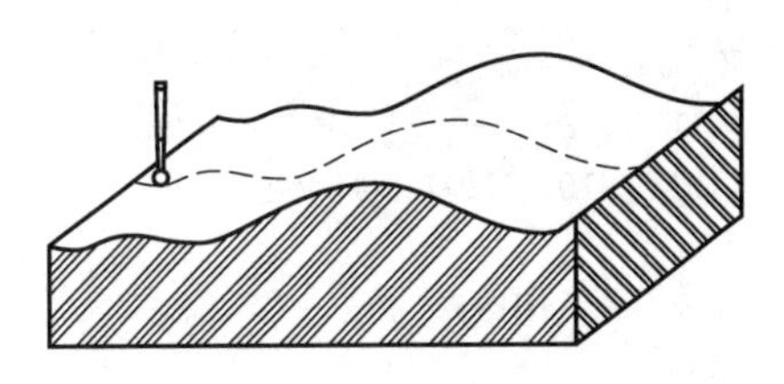

图 7-1-7　一维跟踪

择。一旦该功能被激活，CNC 将使探针接近模型直到与模型接触，并在所选择的路径中移动的所有时间保持探针与模型表面的接触。

2）跟踪路径可以用 ISO 代码编写或用 JOG 键或电子手轮移动轴定义。

3）一旦该类型的跟踪被激活，扫描轴就不能被编程或移动。否则，CNC 将发出相应的错误信息。

（2）编程格式

G23 [axis（轴）] I ____ N ____

1）[axis（轴）]：定义模型的扫描轴。可以是 *X*、*Y* 或 *Z* 轴。如果没有定义，CNC 采用纵向轴（垂直轴）作为扫描轴。

2）未被定义的轴必须用 ISO 代码编程或用 JOG 键或电子手轮移动来定义跟踪路径。

3）I ____：定义扫描轴的最大跟踪深度（图 7-1-8），它是相对于探针被定义的位置的。如果模型的一部分超出了该区域，跟踪循环将把最大深度赋予探测轴并继续执行。

4）N ____：名义偏差。表示在扫描模型的过程中保持的压力。偏差可以英制或米制给出。数值通常在 0.3mm 和 1.5mm 之间。跟踪的质量取决于所使用的偏差量，跟踪进给率和模型的几何形状。为了防止探针和模型的分离，建议使用的进给率为每分钟偏差值的 1000 倍，例如：如果偏差值为 1μm，跟踪进给率应为 1m/min。*X*、*Y* 和 *Z* 轴的应用如图 7-1-9 所示。

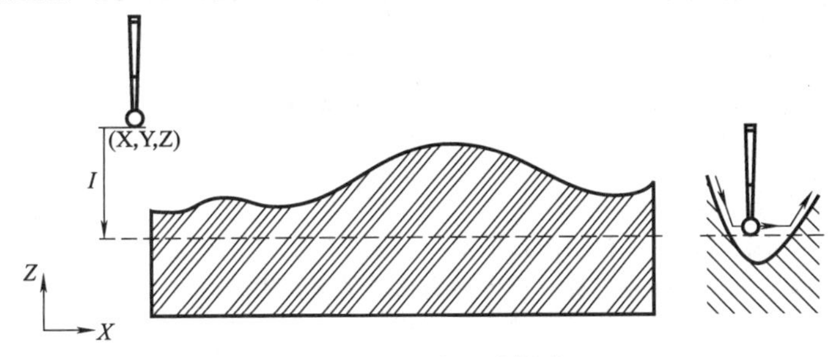

图 7-1-8　最大跟踪深度

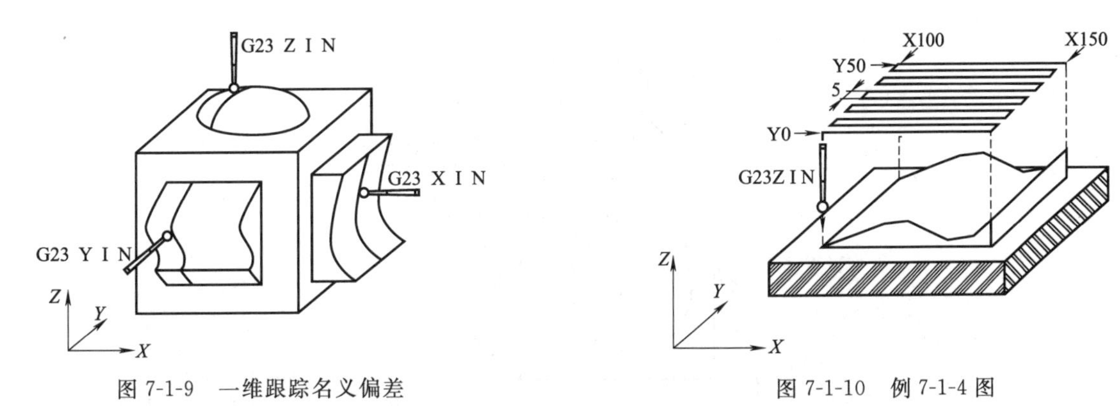

图 7-1-9　一维跟踪名义偏差

图 7-1-10　例 7-1-4 图

例 7-1-4　（图 7-1-10）：跟踪区被限定在（*X*100 *Y*0）和（*X*150 *Y*50）之间，探针在 *Z* 轴上。

G90 G01 X100 Y0 Z S0 F1000

```
G23 Z I－10N1.2   打开跟踪
N10 G91 X50       定义扫描
Y5
X－50
N20     Y5
(RPT N10，N20) N4
X50
G25     关闭跟踪
M30
```

3. G23 激活二维跟踪

(1) 功能

1) 扫描模型的轮廓。必须定义两根轴用于轮廓扫描。一旦定义了这种类型的跟踪，只能编程另外一根移动轴。如图 7-1-11 所示利用该功能可以实现模型的二维轮廓化。这种类型的跟踪可以用零件程序，或在 MDI 选项的 JOG 和 AUTOMATIC 模式选择。

2) 一旦该功能被激活，CNC 将使探针移动到 G23 定义的指定接近点 (I，J)，然后使探针移动直到与模型接触，并在所选择的路径中移动的所有时间保持探针与模型表面的接触。该类型的跟踪被激活，扫描轴就不能被编程或移动。否则，CNC 将发出相应的错误信息。

3) 轮廓路径必须用功能 G27（跟踪轮廓定义）定义，或用 JOG 键或电子手轮移动轴定义。

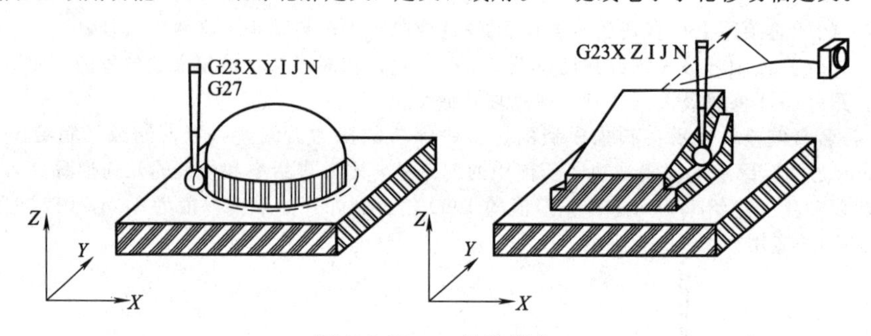

图 7-1-11　二维轮廓化

(2) 编程格式

G23 [axis（轴）1]　　[axis（轴）2] I ______ J ______ N ______

1) axis（轴）1 axis（轴）2：定义模型的扫描轴。必须按指定的顺序定义 X、Y 和 Z 轴中的两轴。

2) I ______：定义第一根轴的接近坐标。该坐标是相对于探针尖的。

3) J ______：定义第二根轴的接近坐标。该坐标是相对于探针尖的。

4) N ______：名义偏差。各种轮廓跟踪的情况如图 7-1-12 所示。

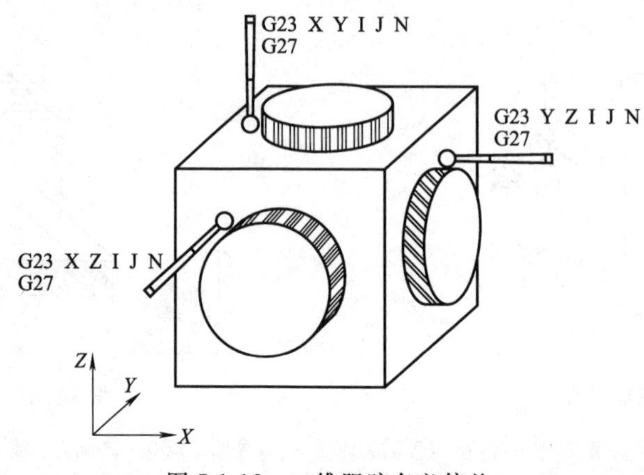

图 7-1-12　二维跟踪名义偏差

4. G23 激活三维跟踪

（1）功能

1）扫描模型的轮廓，由三根轴完成，因此，所有三根轴必须都定义。一旦选择了这种跟踪类型，不可能编写 X、Y 和 Z 轴的移动。如图 7-1-13 所示利用该功能可以实现模型的三维轮廓化。探针必须保持与表面接触。该扫描表面的最大斜度取决于扫描进给率和名义偏差。扫描进给率越大，表面必须越平坦。这种类型的跟踪可以用零件程序，或在 MDI 选项的 JOG 和 AUTOMATIC 模式选择。

2）一旦激活该功能，CNC 将使探针移动到 G23 定义的指定接近点（I，J，K），然后使探针移动直到与模型接触，并在所选择的路径中移动的所有时间保持探针与模型表面的接触。该类型的跟踪被激活，扫描轴（X，Y，Z）就不能被编程或移动。否则，CNC 将发出相应的错误信息。

3）轮廓路径必须用功能 G27（跟踪轮廓定义）定义。

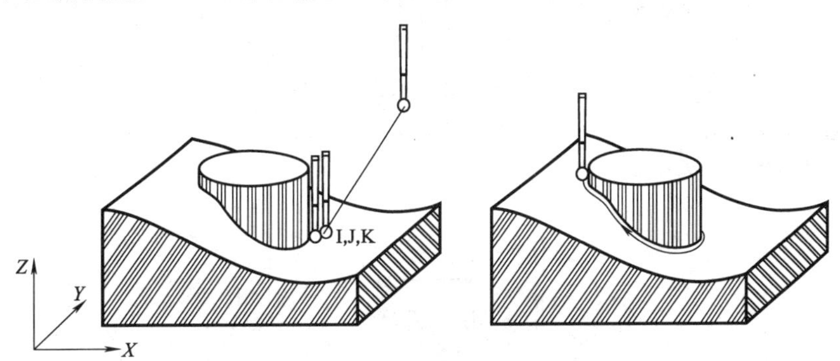

图 7-1-13　三维轮廓化

（2）编程格式

G23 X______Y______Z______I______J______K______N______M______

1）X/Y/Z______：定义模型的扫描轴。必须按该顺序（X、Y 和 Z）定义所有三根轴。

2）I______：定义 X 轴的接近坐标。该坐标是相对于探针尖的。

3）J______：定义 Y 轴的接近坐标。该坐标是相对于探针尖的。

4）K______：定义 Z 轴的接近坐标。该坐标是相对于探针尖的。

5）N______：定义形成平面的轴的名义偏差。

6）M______：纵向轴（垂直轴）的名义偏差。

5. G27 跟踪轮廓的定义

（1）功能

无论何时，激活二维或三维跟踪功能，有必要通过功能 G27 定义跟踪轮廓。跟踪探针开始绕模型按指定的方向移动并保持与模型接触。可以定义封闭轮廓（起点和终点相同）或非封闭轮廓（起点和终点不相同）。

（2）编程格式

G27 S______Q______R______J______K______

1）S______：指定扫描方向（图 7-1-14）。

0＝探针离开模型到它的右边。如果没有编写 CNC 采用 S0。

1＝探针离开模型到它的左边。

2）Q，R______：在定义开口轮廓（起点和终点不相同）时必须定义这些参数。它们定义该段的起始点表示轮廓的结束。必须相对于工件零点。Q 对应于横坐标，R 对应于纵坐标。当定义封闭轮廓（起点和终点相同）时，只编写 G27 S______。

3）J______：在定义开口轮廓（起点和终点不相同）时必须定义这些参数。即，在定义 Q 和 R 时定义。它用来设置表示轮廓结束的线段的长度。

4）K______：在定义开口（非封闭）轮廓（起点和终点不相同）时必须定义这些参数。即，在定义 Q 和 R 时定义。它用来设置表示轮廓结束的线段的方向。如图 7-1-15 所示。如果没

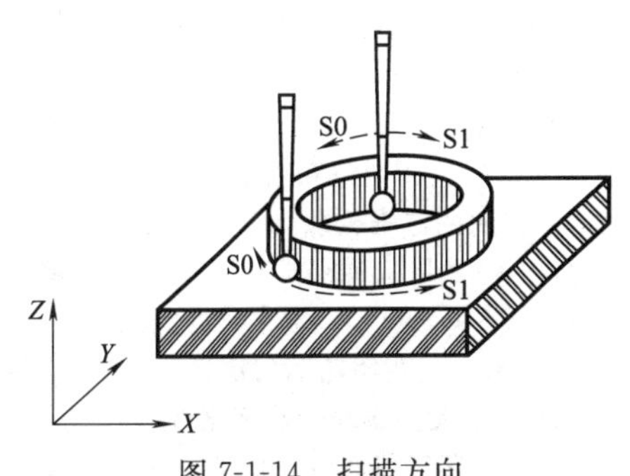

图 7-1-14　扫描方向

有编写 CNC 采用 K0。

0＝向横坐标的正向。

1＝向横坐标的负向。

2＝向纵坐标的正向。

3＝向纵坐标的负向。

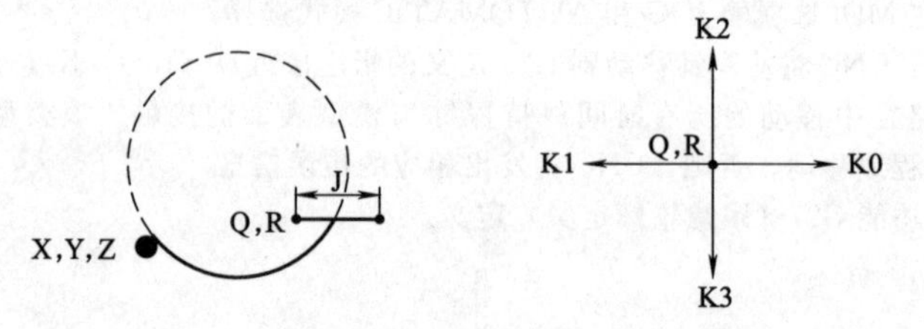

图 7-1-15　定义开口轮廓

例 7-1-5　编写加工程序。

1）封闭的二维轮廓（图 7-1-16）

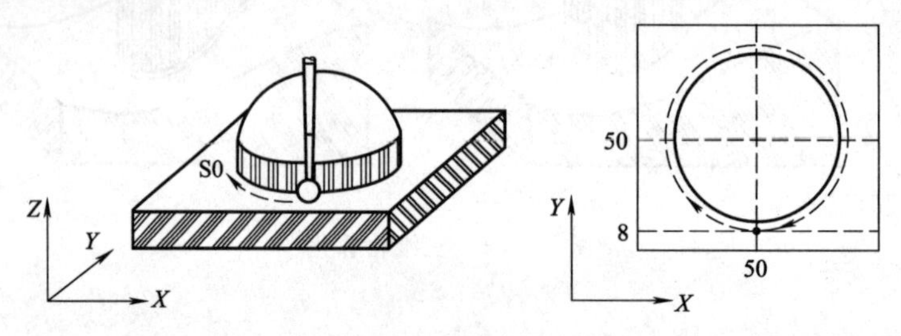

图 7-1-16　封闭二维轮廓

G23 XY I50 J8 N0.8　二维跟踪定义

G24 L8 E5 K1　　数字化定义

G27 S0　　封闭轮廓定义

G25　　关闭跟踪和数字化

2）非封闭的二维轮廓（图 7-1-17）

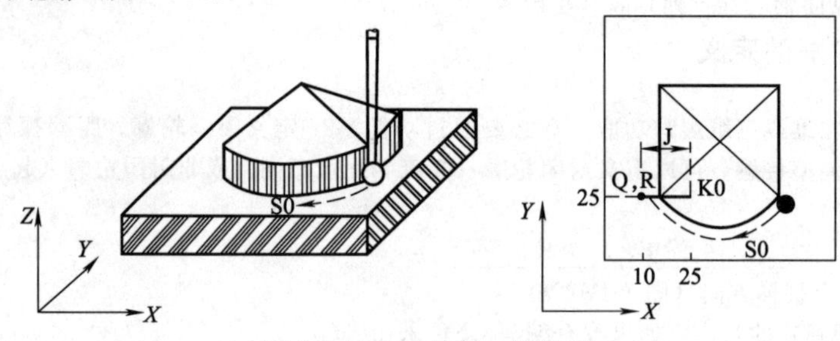

图 7-1-17　非封闭二维轮廓

G23 XY I60 J20 N0.8　二维跟踪定义

G24L8 E5 K1　　非封闭数字化定义

G27 S0 Q10 R25 J15 K0　轮廓的定义

G25　　关闭跟踪和数字化

3）封闭的三维轮廓（图 7-1-18）

G23 XYZ I8 J50 K75 N0.8　三维跟踪定义

G24 L8 E5 K1　　数字化的定义

G27 S1　　封闭轮廓的定义

G25　　关闭跟踪和数字化

4）非封闭三维轮廓（图 7-1-19）

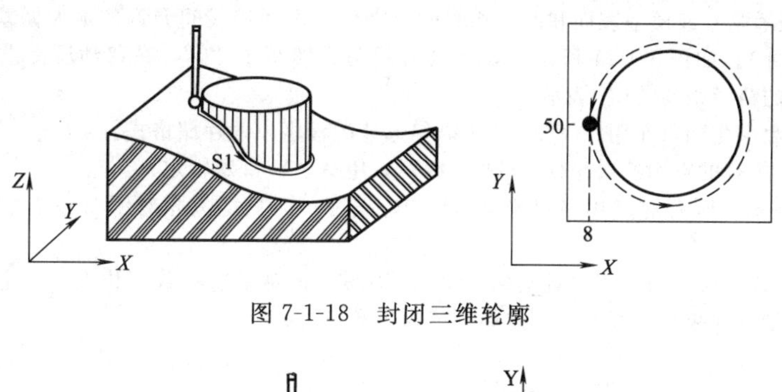

图 7-1-18 封闭三维轮廓

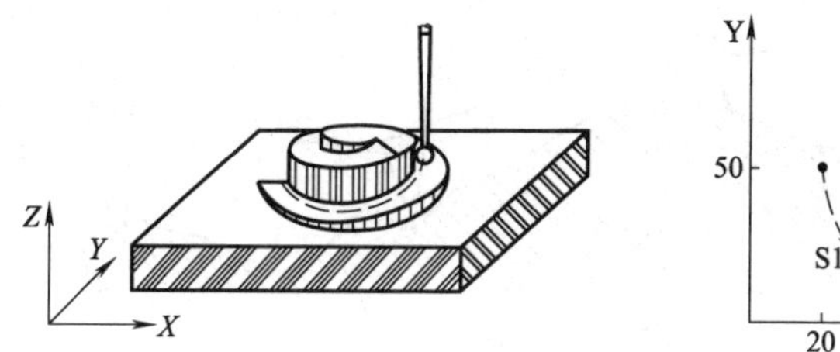

图 7-1-19 非封闭三维轮廓

G23 XYZ I20 J50 K45 N0.8 M0.5　　三维跟踪定义

G24 L8 E5 K1　　数字化的定义

G27 S1 Q80 R40 J25 K0　　非封闭轮廓定义

G25　　关闭跟踪和数字化

6. G25 关闭跟踪

1）用功能 G25，它可以编写在任何程序段。

2）通过选择新的工作平面（G17，G18，G19）。

3）当选择新的纵向轴（垂直轴）（G15）时。

4）在执行程序结束（M02，M30）后。

5）在 EMERGENCY（急停）或 RESET（复位）后。

6）当取消跟踪功能（G23）时，数字化功能（G24）如果在有效状态，也将被取消。

四、G24 激活数字化

数字化由模型跟踪时机床的坐标捕获和将数据发送到前面用“OPEN P”语句打开的文件中组成。不论所用的跟踪类型（手动，一维，二维或三维），所数字化的点显示沿 X，Y 和 Z 轴的坐标。有两种类型的数字化：连续和逐点方式。

1. 连续数字化

编程格式为：G24 L ______ E ______ K ______

1）可以和任何跟踪方式一起使用。

2）CNC 捕获的模型的点取决于赋予参数“L”和“E”的数值。如果没有编写“L”，CNC 将默认为采用逐点的数字化方式。

2. 逐点数字化

编程格式为：G24 K ______

1）只能和手动跟踪一起使用，即操作者用手沿模型表面移动探针。

2）无论何时当操作者按动“READ POINTBY POINT”软键或 PLC 在 CNC 的通用逻辑输入“POINT”提供上升沿时，CNC 生成新的点。

3. 激活数字化功能

编程格式：G24 L ______ E ______ K ______

1）L ______：表示扫描的步长或两个相邻的数字化点之间的距离。CNC 在移动后提供新的数字化点的坐标，该距离用参数“L”表示。如图 7-1-20 所示。

2）如果没有编写 CNC 将默认为采用逐点的数字化方式。

3）E ______：表示弦差或模型表面和两个相邻的数字化点之间连线间允许的最大偏差。用所选择的工作单位给出（毫米或英寸）。如图 7-1-21 所示。如果没有编写或编写了“0”，在移动后提供新点的弦差将被忽略，用空间或沿编程的路径距离“L”表示。

K ______：表示数字化的点在用“OPEN P”语句选择的程序中的存储格式。

K=0 绝对格式：所有的点用绝对坐标（G90）编写，用 *X*、*Y* 和 *Z* 轴定义。

K=1 绝对滤波格式：所有的点用绝对坐标（G90）编写；但只定义相对于前一个数字化点位置有改变的轴。

K=2 增量滤波格式：所有的点用增量坐标（G91）编写，相对于前一数字化点，只定义相对于前一个数字化点位置有改变的轴。如果没有编写，固定循环将采用数值 K0。

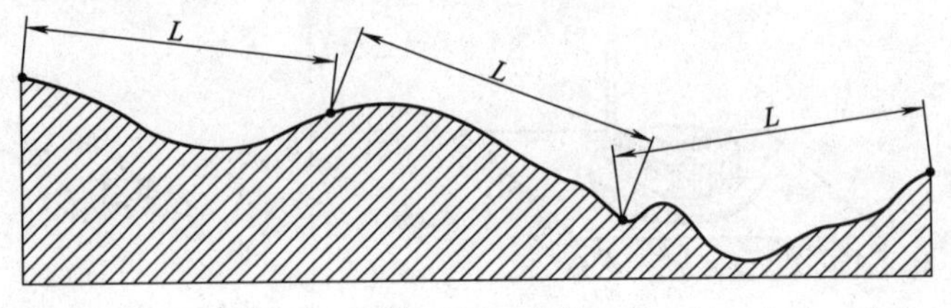

图 7-1-20　步长

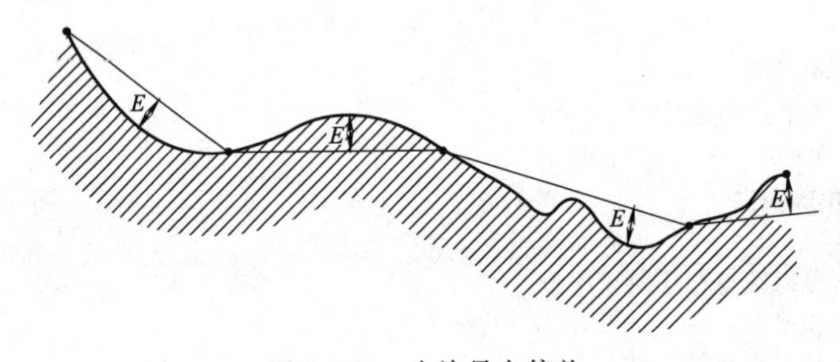

图 7-1-21　允许最大偏差

4. 说明

1）功能 G24 必须在数字化开始前定义。在激活数字化功能（G24）前，必须用“OPEN P”语句打开存储数字化点的程序。如果不把数字化点的数据存储在 CNC 程序中，而将它们存储在外设或通过 DNC 存储到 PC，必须在定义“OPEN P”语句时指定。

2）在用 DNC 通信时，如果数据传输的速度低于数据捕获的速度，跟踪操作减慢。

3）在模型数字化期间，CNC 只控制 *X*、*Y*、*Z* 轴的移动。因此，所生成的程序段只包含这些轴中的一部分或全部。

4）在探针寻找模型或离开模型表面时，不产生数字化点。

5）在计算新数字化点的坐标时，CNC 考虑探针的偏差。

编程实例

```
G17        选择 Z 轴作为纵向轴（垂直轴）
G90 G01 X65 Y0 F1000        定位
(OPEN P 12345)        程序接收数字化的数据
(WRITE G01G05 F1000)
G23 ZI－10 N1        打开跟踪
G24 L8 E5 K1        打开数字化
G1 X100 Y35        定义跟踪路径
……
G25        取消跟踪和数字化
M30
```

5. 手动数字化

1）允许操作者手动沿模型表面移动探针，手动移动可以是 1，2 或 3 轴。利用这种跟踪可以捕获模型的点，可以进行平行的跟踪路径，二维或三维轮廓，粗加工操作等。手动数字化可以逐点地数字化，也可以连续数字化。

2）连续数字化模型（不是逐点）。根据赋予的数字化参数由 CNC 控制。采用功能 G24。

3）逐点的数字化时，功能 G24 不定义参数。点的捕获通过操作者按" READ-POINT-BY-POINT" 软键或激活外部按钮实现。

6. 一维跟踪数字化

数字化与跟踪类似，这里以一维跟数字化为例介绍之。一维数字化是最常用的跟踪方式。定义功能 G23 时，必须指定使用的轴，由 CNC 控制扫描模型。跟踪探针跟随的路径由其他的两根轴建立，可用 ISO 代码编程或用 JOG 键（手动）移动该轴，也可以用电子手轮移动。该功能可以连续数字化模型。根据赋予的数字化参数由 CNC 控制。采用指令 G24。

例如图 7-1-10 所示的程序如下。

程序：

```
G90 G01 X100 Y0 Z80 F1000
(OPEN P234)        程序接收数据
(WRITE G90 G01 G05 F1000)
G23 Z I－10 N1.2              跟踪打开
G24 L8 E5 K1       数字化打开
N10 G91 X50       定义扫描路径(模式)
Y5
X－50
N20 Y5
(RPT N10,N20)   N4
X50
G25   跟踪和数字化关闭
M30
```

五、跟踪/数字化固定循环

1. 概述

(1) 跟踪/数字化循环

1）用高级语言助记符 TRACE 编写。固定循环的号由数字（1，2，3，4，5）或结果是这些数字的表达式指定。

2）有一系列的参数用于定义跟踪路径和数字化的条件。

3）对只要跟踪不进行数字化的，数字化参数必须设置为“0”。

(2) 数字化模型

数字化模型，除设置参数外，必须考虑下列各点。

1）在调用固定循环前，必须用“OPEN P”语句打开存储数字化数据的程序。

2）如果捕获的数据通过 DNC 存储在计算机或存储在外设中而不是存储在 CNC 的零件程序内存，在定义“OPEN P”语句时必须指定。

3）生成的程序段只是确定位置（G01XYZ）。因此，也可以很方便地用“WRITE”语句将加工条件包括在程序中。

4）一旦数字化过程结束，必须用“WRITE”语句编写程序的结束（M02 或 M30）。

5）跟踪循环结束，探针将定位在执行循环前的位置。

6）跟踪固定循环的执行不改变前面的“G”功能。

2. 网格模式的跟踪固定循环

(1) 编程格式

(TRACE 1，X，Y，Z，I，J，K，A，C，Q，D，N，L，E，G，H，F)

1）进给路线如图 7-1-22 所示。

2）X ______：第一个探测点沿横坐标轴的理论绝对坐标。它必须与网格的一个角重合。

3）Y ______：第一个探测点沿纵坐标轴的理论绝对坐标。它必须与网格的一个角重合。

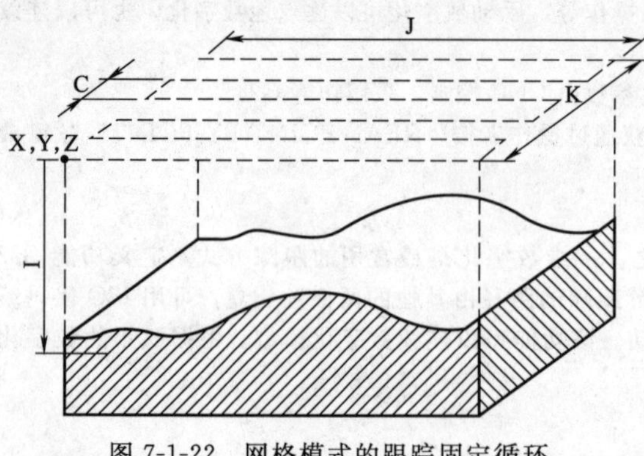

图 7-1-22 网格模式的跟踪固定循环

4) Z ______：在跟踪操作开始前探针沿探测轴（纵向轴/垂直轴）的理论位置坐标值。它用绝对坐标给出，必须从模型的最外表面离开一个安全距离。

5) I ______：定义最大跟踪深度。

6) J ______：定义网格沿横坐标轴的长度。正号表示网格位于点（X，Y）的右边。负号表示网格位于该点的左边。

7) K ______：定义网格沿纵坐标轴的长度，正号表示网格位于点（X，Y）的上边，负号表示网格位于该点的下边。

8) A ______：定义扫描路径的角度。如图7-1-23所示。它必须在0（包含）和90（不包含）之间。如果没有编写，固定循环将采用数值"A0"。

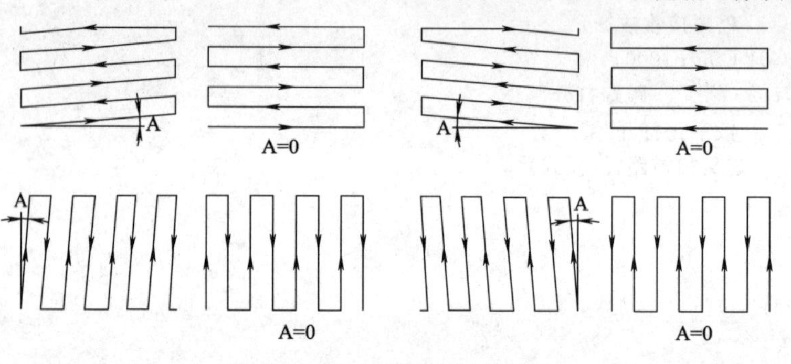

图 7-1-23 扫描路径的角度

9) C ______：定义两次跟踪进给之间的距离。如果编写时用正值，跟踪操作将沿横坐标轴完成，距离沿纵坐标轴。如果编写时用负值，跟踪操作将沿纵坐标轴完成，距离沿横坐标轴。如图 7-1-24 所示。如果编写了数值 0，CNC 将发送相应的错误。

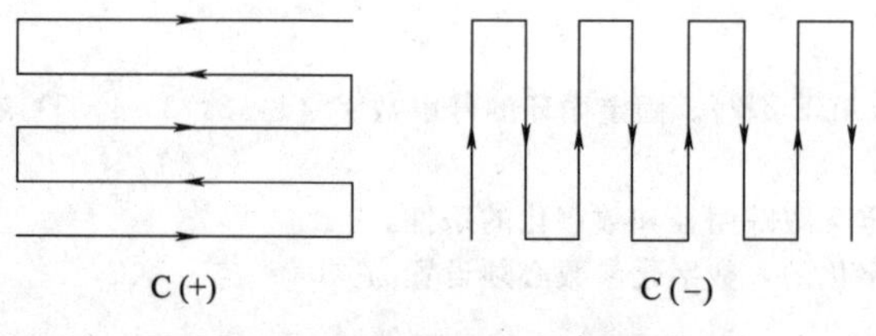

图 7-1-24 两次跟踪进给之间的距离

10) Q ______：定义增量路径的角度。如图 7-1-25 所示。它必须是 0 和 45°（两者都包括）之间的角度。如果没有编写或编写了一维跟踪（D=1），该固定循环将采用数值"Q0"。

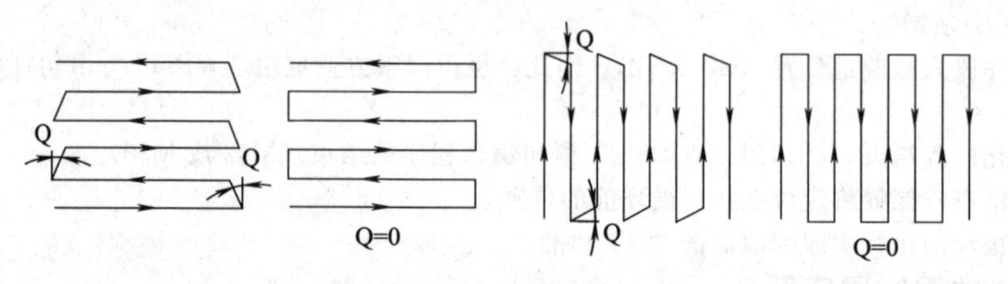

图 7-1-25 增量路径的角度

11) D ______：表示网格路径，如图 7-1-26 所示。

0=跟踪双向完成（之字型），如果没有编写，固定循环采用"D0"。

1=跟踪沿网格的一个方向完成。

12) N ______：名义偏差。

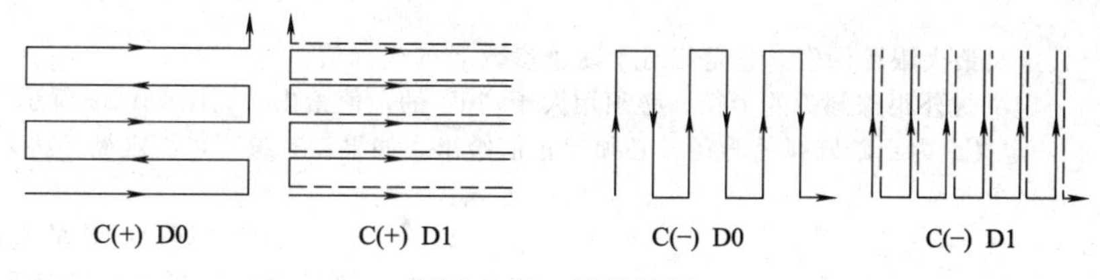

图 7-1-26　网格路径

13）L ______：该参数在对零件除跟踪外还数字化时必须定义。它表示扫描的步长或两个相邻的数字化点之间的距离。

14）E ______：该参数在对零件除跟踪外还数字化时必须定义。表示弦差或模型表面和两个相邻的数字化点之间连线间允许的最大偏差。

15）G ______：该参数在对零件除跟踪外还数字化时必须定义。表示数字化的点在用“OPEN P”语句选择的程序中的存储格式。

G=0：绝对格式。所有的点用绝对坐标（G90）编写，用 X、Y 和 Z 轴定义。

G=1：绝对滤波格式。所有的点用绝对坐标（G90）编写：但只定义相对于前一个数字化点位置有改变的轴。

G=2：增量滤波格式。所有的点用增量坐标编写，相对于前一数字化点，只定义相对于前一个数字化点位置有改变的轴。如果没有编写，固定循环将采用数值 K0。

16）H ______：定义增量路径的进给率。用 mm/min 或 inches/min 编写。如图 7-1-27 所示。如果没有编写，固定循环采用“F”的数值（扫描路径的进给率）。

17）F ______：定义扫描进给率。用 mm/min 或 inches/min 编写。如图 7-1-27 所示。

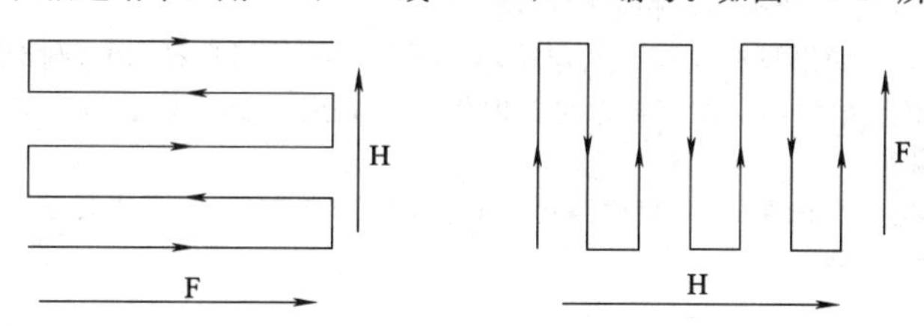

图 7-1-27　进给率

（2）基本操作

1）探针定位在由参数 X、Y 和 Z 设置的点。

2）CNC 使探针接近模型直到接触模型。

3）探针与模型表面接触，沿编写的路径跟踪。如果模型被数字化（参数“L”和“F”），它将在用“OPEN P”语句打开的程序中为每个数字化点生成一段新程序。

4）一旦固定循环结束，探针将返回到循环调用点。该运动由探针沿探测轴的移动与探针在主工作平面的移动两部分组成。

3. 圆弧模式跟踪固定循环

编程格式：（TRACE 2，X，Y，Z，I，J，K，A，B，C，D，R，N，L，E，G，H，F）

1）如图 7-1-28 所示。

2）X ______：圆弧中心沿横坐标轴的理论绝对坐标。

3）Y ______：圆弧中心沿纵坐标轴的理论绝对坐标。

4）Z ______：探针在开始跟踪操作前所定位的位置沿探测轴（纵向轴垂直轴）的理论坐标。以绝对值给出，必须离开模型的最外表面一个安

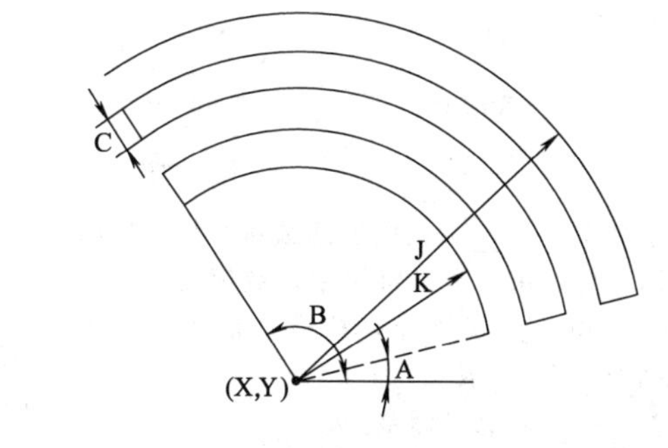

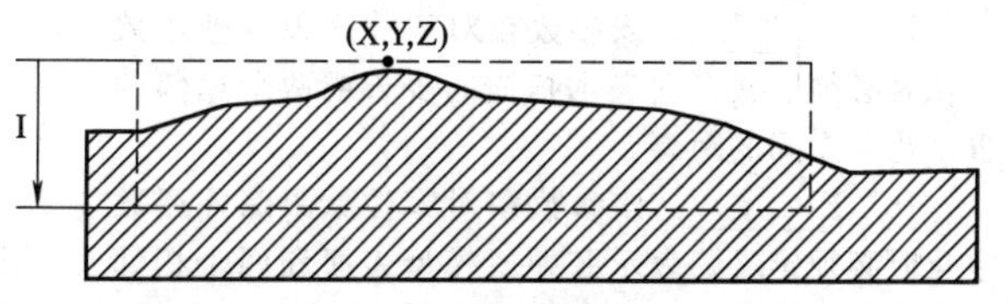

图 7-1-28　圆弧模式跟踪固定循环

全距离。

5）I ______：定义最大跟踪深度。它是相对于赋予参数 Z 的坐标值。

6）J ______：定义最外跟踪圆弧的半径。必须用大于“0”的正值给出。如图 7-1-29 所示。

7）K ______：定义最内跟踪圆弧的半径。必须用正值给出。如果没有编写，固定循环将采用 K0。如图 7-1-29 所示。

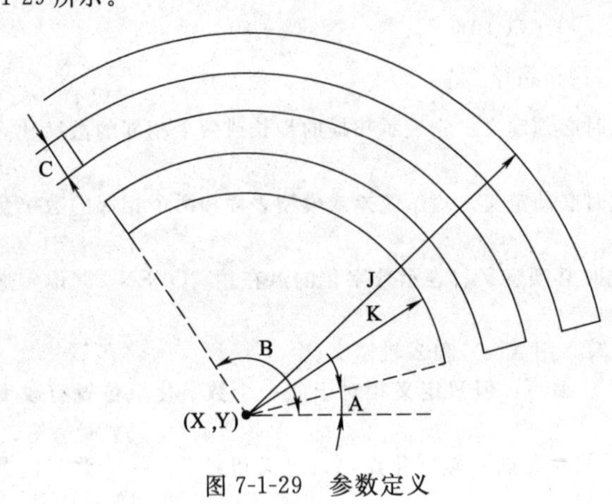

图 7-1-29　参数定义

8）A ______：定义跟踪操作的起点和横坐标轴形成的角度，如果没有编写固定循环采用数值“A0”。如图 7-1-29 所示。

9）B ______：定义圆弧的另一端点和横坐标轴形成的角度，如果没有编写固定循环采用数值“B360”。如图 7-1-29 所示。要跟踪一个整圆，A 和 B 赋予相同的数值或不赋值，因此，固定循环采用缺省的数值 A0 和 B360。

10）C ______：定义两次相邻的进给之间的距离。用毫米或英寸定义圆弧路径（R0）直线路径时用角度（R1）。必须用大于“0”的正数设置。

11）D ______：根据下列代码指定扫描完成的方式。如图 7-1-30 所示。

0＝扫描双向完成（之字型）。如果没有编写，固定循环将采用“0”。

1＝扫描单方向完成。

12）R ______：根据下面的代码指定扫描的类型。

0＝圆形路径，沿圆弧。如果没有编写，固定循环将采用“0”。当选择 R0（圆形路径）：如图 7-1-30 所示。当定义参数 A 和 B 时，必须记住第一次扫描总是逆时针方向完成。步长 C 表示二次连续的进给之间的直线距离。必须用毫米或英寸编写。

1＝直线路径，沿半径。当选择 R1（直线路径）时：如图 7-1-30 所示。步长 C 表示二次连续的走刀之间的角向距离。必须用度编写。

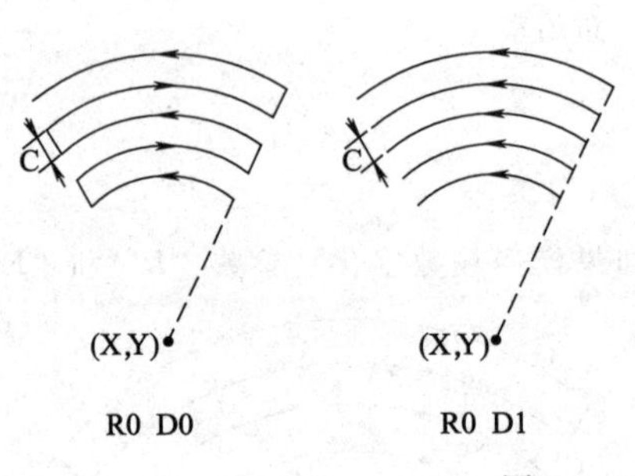

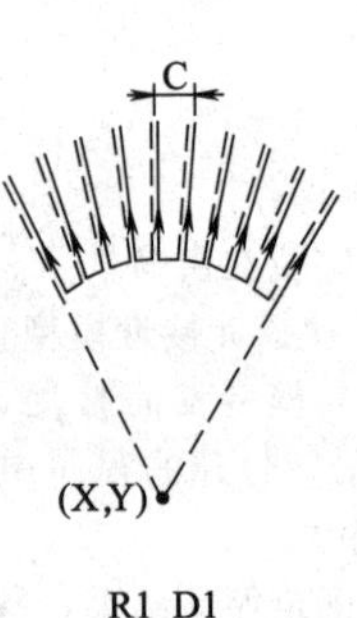

图 7-1-30　扫描方式

13）参数 K ______，最内层的圆弧半径，如图 7-1-31 所示。可以用正数也可以用负数编写。如果选择 R1 D1（单向直线路径）扫描总是从内半径（K）到外半径（J）完成。

14）N ______：名义偏差。

15）L ______：该参数在对零件除跟踪外还数字化时必须定义。它表示扫描的步长或两个相邻的数字化点之间的距离。

16）E ______：该参数在对零件除跟踪外还数字化时必须定义。表示弦差或模型表面和两个相邻的数字化点之间连线间允许的最大偏差。

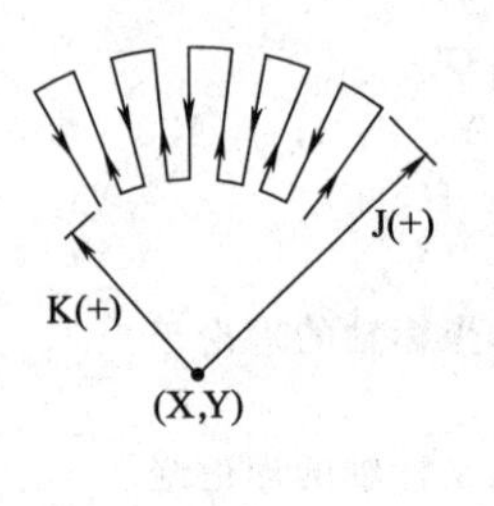

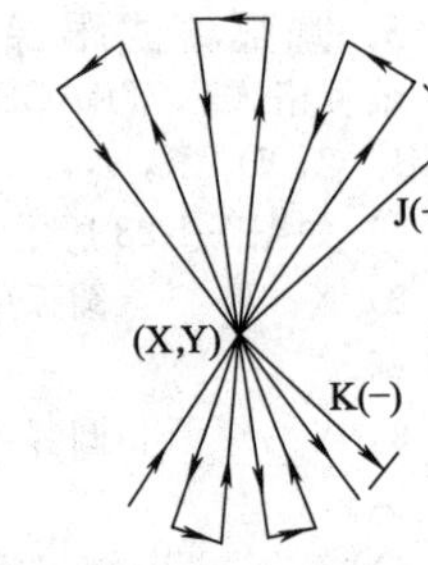

图 7-1-31　参数 K 与 J

17）G______：该参数在对零件除跟踪外还数字化时必须定义。表示数字化的点在用“OPEN P”语句选择的程序中的存储格式。G=0：绝对格式。所有的点用绝对坐标（G90）编写，用X，Y和Z轴定义。G=1：绝对滤波格式。所有的点用绝对坐标（G90）编写：但只定义相对于前一个数字化点位置有改变的轴。G=2：增量滤波格式。所有的点用增量坐标编写，相对于前一数字化点，只定义相对于前一个数字化点位置有改变的轴。如果没有编写，固定循环将采用数值G0

18）H______：定义增量路径的进给率。用mm/min或inches/min编写。如图7-1-32所示。如果没有编写，固定循环采用“F”的数值（扫描路径的进给率）。

19）F______：定义扫描进给率。用mm/min或inches/min编写。如图7-1-32所示。

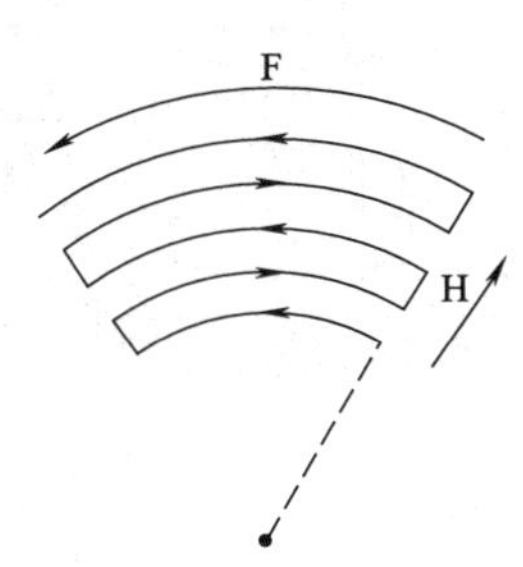

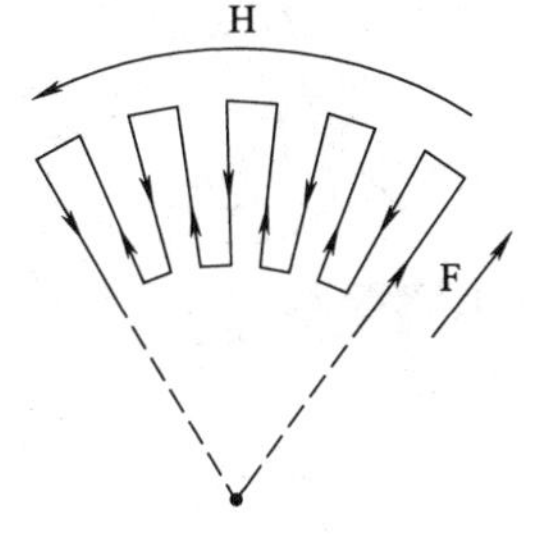

图7-1-32　进给率

4. 沿平面轮廓跟踪固定循环

编程格式：(TRACE 3，X，Y，Z，I，D，B，A，C，S，Q，R，J，K，N，L，E，G，H，F)

1）如图7-1-33所示。

2）X______：接近点沿横坐标轴的绝对理论坐标。它必须离开模型。

3）Y______：接近点沿纵坐标轴的绝对理论坐标。它必须离开模型。

4）Z______：探针在开始跟踪操作前所定位的位置沿探测轴（纵向轴/垂直轴）的理论坐标。用绝对值给出，它必须离开模型的最外表面一个安全距离。

5）I______：最后一次跟踪进给完成时，沿探测轴（纵向轴/垂直轴）的理论坐标值。

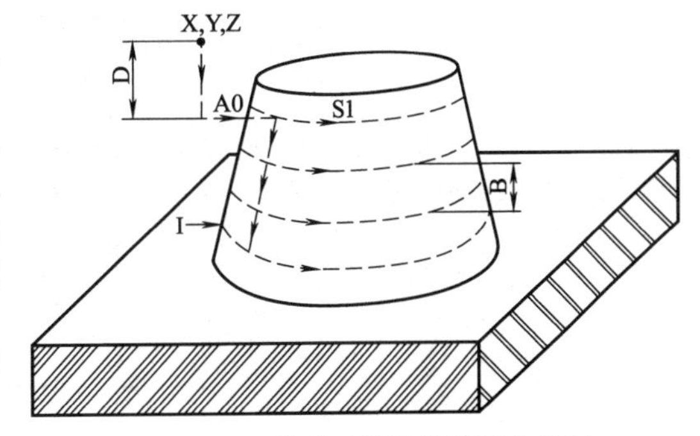

图7-1-33　沿平面轮廓跟踪固定循环

6）D______：定义沿探测轴探针的“Z”位置（上面所述）和第一次跟踪进给完成的平面之间的距离。如果没有编写，CNC将只在参数“I”指定的高度作一次跟踪进给。

7）B______：该参数在定义参数“D”时必须定义。定义沿探测轴两次连续的跟踪进给之间的距离。如果编写了数值“0”，CNC将发送相应的错误。

8）A______：表示探针在定位XYZ后，下到完成第一次跟踪进给的平面寻找模型的跟踪方向。如图7-1-34所示。0=指向横坐标轴的正向；1=指向横坐标轴的负向；2=指向纵坐标轴的正向；3=指向纵坐标轴的负向；如果没有编写，CNC采用A0。

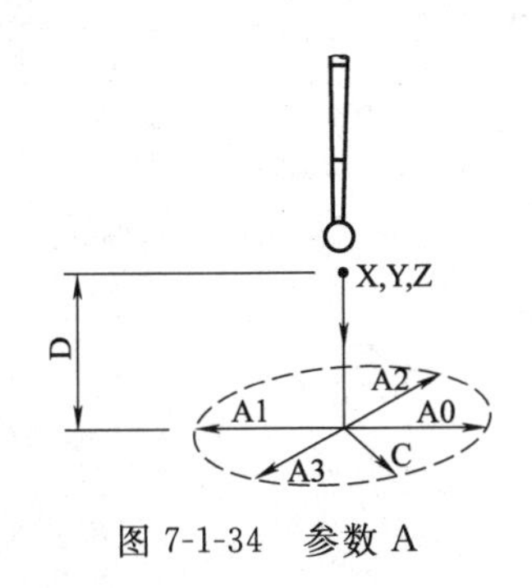

图7-1-34　参数A

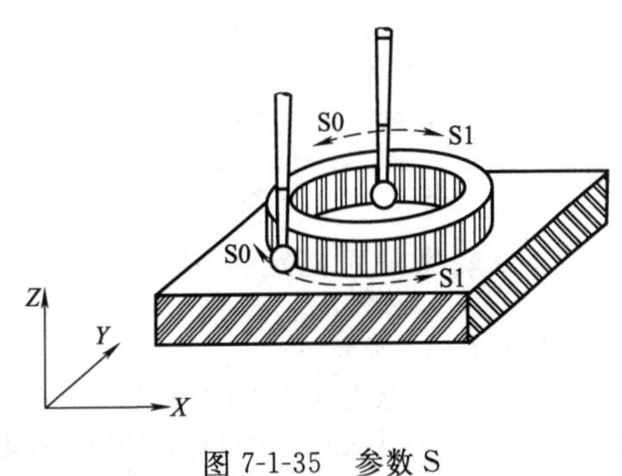

图7-1-35　参数S

9）C ______：该参数与参数 A 相关。表示探针寻找模型移动的最大距离。

10）S ______：它表示跟踪模型的方向：如图 7-1-35 所示。

0＝探针离开模型到它的右边。如果没有编写，CNC 采用数值“S0”。

1＝探针离开模型到它的左边。

11）Q，R ______：当轮廓不封闭时必须定义这些参数。定义表示轮廓结束的线段的起点。它们是相对于工件零点“Q”对应于横坐标，“R”对应于纵坐标。如图 7-1-36 所示，如果没有定义这些参数，CNC 将完成封闭轮廓的跟踪，图 7-1-36（a）所示。

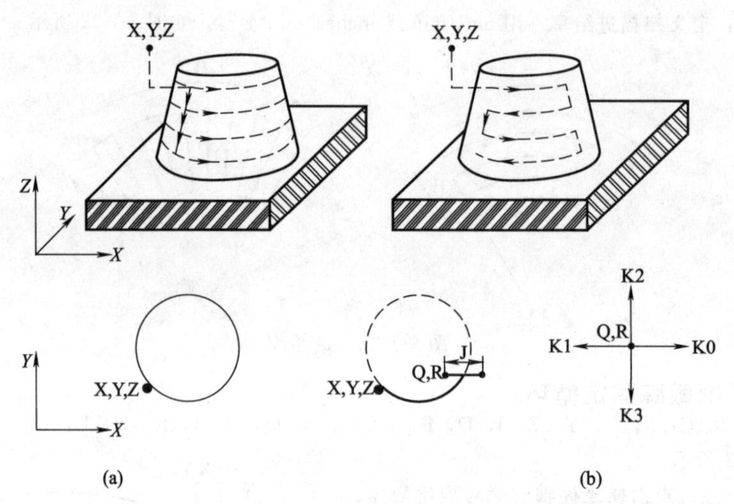

图 7-1-36　参数 Q，R

12）J ______：当轮廓不封闭时必须定义该参数。换句话说，当定义“Q”和“R”时定义。它定义表示轮廓结束的直线段的长度。如图 7-1-37 所示，如果没有编写，CNC 采用无限数值。

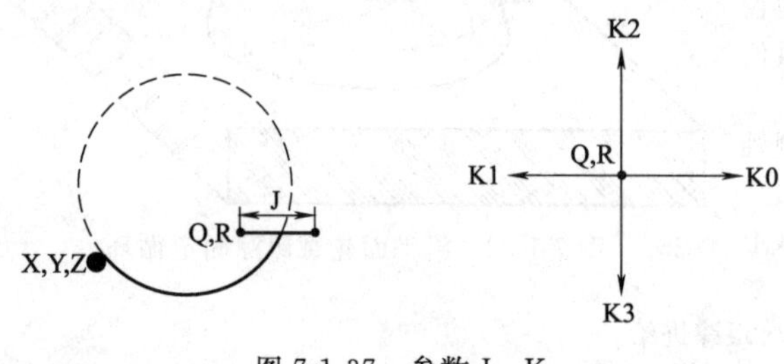

图 7-1-37　参数 J，K

13）K ______：当轮廓不封闭时必须定义该参数。换句话说，当定义“Q”和“R”时定义。它定义表示轮廓结束的直线段的方向。0＝指向横坐标轴的正方向，如果没有编写，CNC 采用 K0；1＝指向横坐标轴的负方向；2＝指向纵坐标轴的正方向；3＝指向纵坐标轴的负方向。

14）H ______：定义增量路径的进给率。用 mm/min 或 inches/min 编写。如图 7-1-38 所示。如果没有编写，固定循环采用“F”的数值（扫描路径的进给率）。

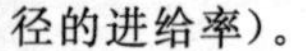

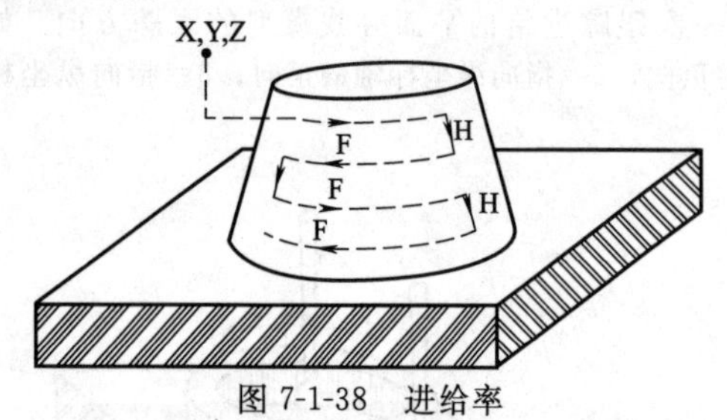

图 7-1-38　进给率

图 7-1-39　3-D 轮廓跟踪固定循环

5. 3-D 轮廓跟踪固定循环

编程格式：(TRACE 4，X，Y，Z，I，A，C，S，Q，R，J，K，M，N，L，E，G，F)

1）如图 7-1-39 所示。

2）X ______：接近点沿横坐标轴的绝对理论坐标。它必须离开模型。

3）Y ______：接近点沿纵坐标轴的绝对理论坐标。它必须离开模型。

4）Z ______：探针在开始跟踪操作前所定位的位置沿探测轴（纵向轴/垂直轴）的理论坐标。它必须离开模型并在模型上，因为寻找模型的第一次运动在工作平面完成。

5）I ______：定义最大跟踪深度。它是相对于赋予参数 Z 的坐标值。

6）A ______：表示探针在定位在 XYZ 后，下到完成第一次跟踪进给平面寻找模型的跟踪方向。如图 7-1-40所示。0＝指向横坐标轴的正向，如果没有编写，CNC 采用 A0；1＝指向横坐标轴的负向；2＝指向纵坐标轴的正向；3＝指向纵坐标轴的负向。

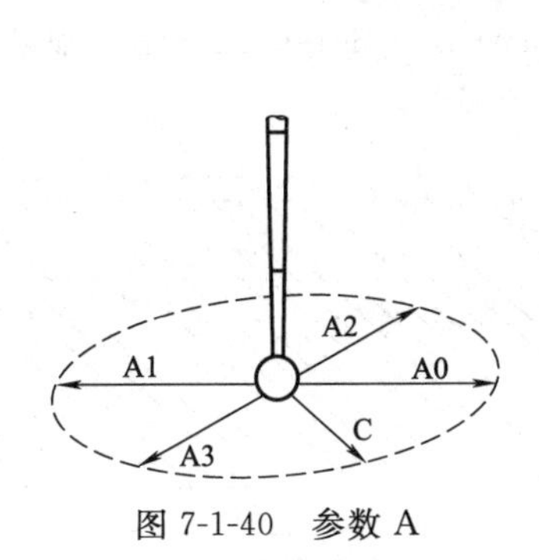

图 7-1-40　参数 A

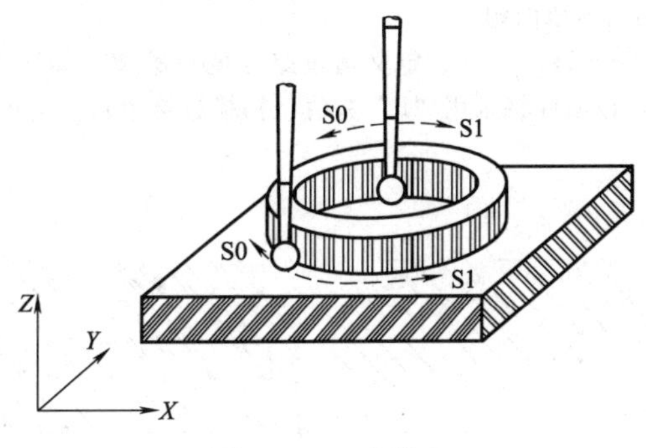

图 7-1-41　参数 S

7）C ______：该参数与参数 A 相关。它表示探针寻找模型移动的最大距离。

8）S ______：表示跟踪模型的方向，如图 7-1-41 所示。0＝探针离开模型到它的右边。如果没有编写，CNC采用数值“S0”。1＝探针离开模型到它的左边。

9）Q，R ______：当轮廓不封闭时必须定义这些参数。定义表示轮廓结束的线段的起点。它们是相对于工件零点的。“Q”对应于横坐标，“R”对应于纵坐标。如图 7-1-42 所示。

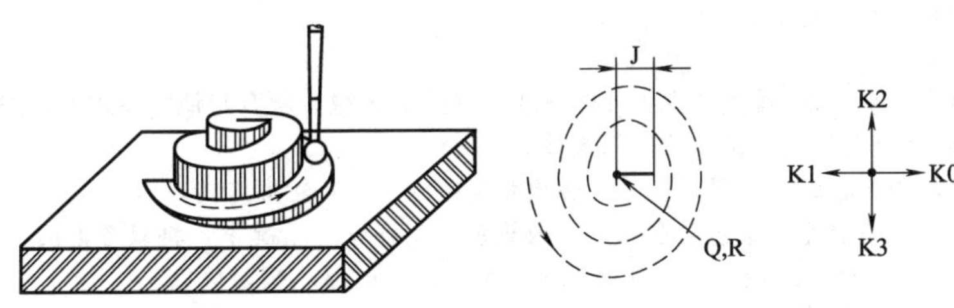

图 7-1-42　参数 Q，R

10）J ______：当轮廓不封闭时必须定义该参数。换句话说，当定义“Q”和“R”时定义。它定义表示轮廓结束的直线段的长度。如果没有编写，CNC 采用无限数值。

11）K ______：当轮廓不封闭时必须定义该参数。换句话说，当定义“Q”和“R”时定义。它定义表示轮廓结束的直线段的方向。0＝指向横坐际轴的正方向。如果没有编写，CNC 采用 K0。1＝指向横坐际轴的负方向；2＝指向纵坐标轴的正方向；3＝指向纵坐标轴的负方向

12）M ______：探针轴（纵向轴/垂直轴）的名义偏差。如果没有编写固定循环采用数值 1mm（0.03937″）。

13）N ______：形成该平面的轴的名义偏差。

6. 多边形扫描跟踪固定循环

（1）编程格式

（TRACE 5，A，Z，I，C，D，N，L，E，G，H，F，P，U）

1）如图 7-1-43 所示。利用该功能，可以用简单的几何元素（直线和圆弧）限定跟踪区域。也可以在主跟踪区内定义一些不跟踪的区域。这些内部区域相当于岛屿。

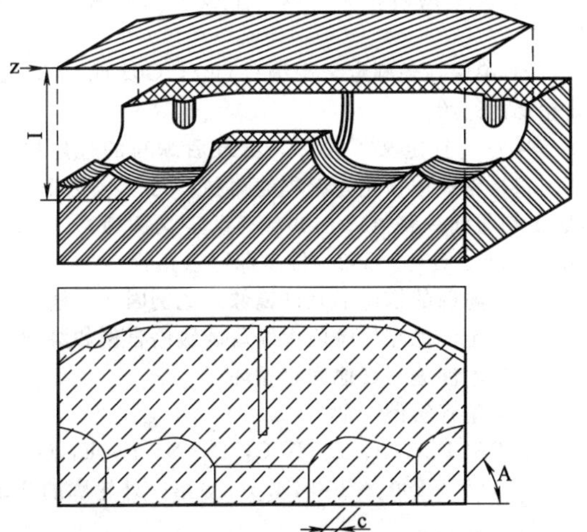

图 7-1-43　多边形扫描跟踪固定循环

2）A ______：定义扫描路径和横坐标轴之间的角度。如果省略，CNC 采用数值“A0”。

3）Z ______：探针开始跟踪前定位的位置沿探测轴（纵向轴/垂直轴）的绝对理论坐标。它必须离开模型并且离模型的最外表面一个安全距离。

4）C ______：定义两次连续的跟踪进给之间的距离。如图 7-1-43 所示。如果编写了数值“0”，CNC 将发送相应的错误。

5）D ______：用下列代码表示如何跟踪网格（图 7-1-44）；0＝双向跟踪（之字型）。若省略，CNC 采用 D0；1＝单向跟踪。

6）H ______：定义增量路径的进给率。如图 7-1-45 所示。用 mm/min 或 inches/min 给出。如果没有编写，该循环将采用“F”数值（扫描进给率）。

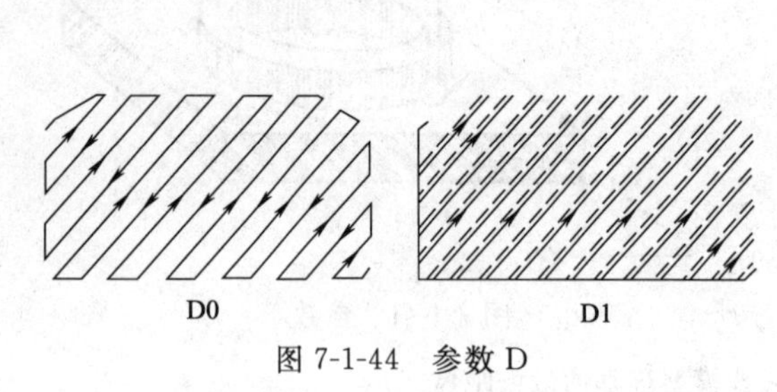

图 7-1-44　参数 D

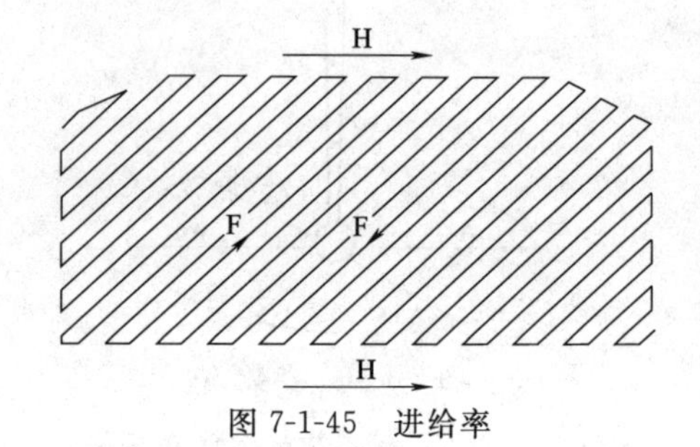

图 7-1-45　进给率

7）P（0～9999）：定义零件开始轮廓几何描述程序段的标号。

8）U（0～9999）：定义零件结束轮廓几何描述程序段的标号。所有编写的轮廓（外轮廓和岛屿）必须封闭。

（2）轮廓编程规则

1）所有编写的轮廓必须封闭。

2）轮廓不能自交。

3）编写的多边形将被 CNC 首先考虑为外轮廓或被跟踪的区域。所有其他的多边形，如果有的话，必须在该多边形内，它们表示是岛屿或不跟踪的内部区域。

4）并不要求编写内部轮廓。如果要编写，必须完全在外（主）轮廓之内。

5）不能编写一个内轮廓完全被包含在另一个内轮廓中。在这种情况下，将只考虑两个内轮廓中最外边的一个，CNC 在执行该固定循环前校验所有几何规则，并在必要时显示错误信息。

6）几何描述程序段开始的地方：必须有标号。在定义固定循环时该标号必须赋予参数“P”。

7）必须首先定义外（主）轮廓或跟踪区。不必编写表示轮廓定义结束的功能。当出现表示新轮廓开始的 G00 功能时，该轮廓结束。

8）所有的内轮廓可以一个接一个地编写，每一个内轮廓必须以 G00 功能开始（它表示一个轮廓的开始）。

9）确保在轮廓定义中编写 G01，G02 或 G03，因为 G00 是模态的，CNC 可能将下面的 G00 程序段解释为新轮廓的开始。

10）一旦定义了轮廓，给最后编写的程序段赋予标号。在定义固定循环时该标号必须赋予参数“U”。

11）轮廓被描述为编程的路径，可以包括下列功能：G01、G02。G03、G06（绝对圆弧中心坐标）、G08（圆弧切与前一路径）、G09（三点定义圆弧）、G36［自动半径过渡（可控圆角）］、G39（倒角）、G53、G70、G71、G90、G91、G93（极坐标原点预置）

12）轮廓的描述不允许镜像，比例因子，模式旋转，零点偏置等。

13）也不能在程序段中编写高级语言例如跳转、子程序调用或参数编程。

14）不能编写其他固定循环。

（3）编程实例

(TPACE 5，A，Z，I，C，D，N，L，E，G，H，F，P400，U500)

N400 X－260 Y.190 Z4.5　　第一外轮廓的开始

G01......

......

```
G00 X230 Y170        内轮廓的开始
G01......
......
G0 X-120 Y90        另一个内轮廓的开始
G2......
......
N500 X.120 Y90        几何描述结束
```

第二节 会话编程

数控铣工/加工中心操作工高级技师与数控程序员技师内容

一、刀具资料

刀具资料如表 7-2-1 所示。

表 7-2-1 刀具资料

序号	资料		序号	资料	
1	SERCH	寻找刀号	8	PCH THR/I	螺纹螺距(英制为牙数)
2	POINT AND	中心刀具(顶角)	9	FLUTEL L	刀刃长度
3	SMALL DIA	直径	10	TORSION	螺纹旋向
4	SMALL D. L	长度	11	TEETH	刀刃数
5	C. ANGLE	倒角角度	12	OVERALL L	刀具全长
6	INFF LO	导向长度(丝锥为牙数)	13	LTFE(MIN)min	刀具寿命(min)
7	DIAMETER D	刀具直径			

二、程序种类

加工程序有孔加工、铣削加工两种。如表 7-2-2 所示。

表 7-2-2 程序种类

序号	名称		序号	名称	
1	C. HOLE	中心孔	12	SUBPROG	子程序
2	HOLE	钻孔	13	PROG. STOP	程序停止
3	TAP	攻螺纹	14	COORDINATE SET	副坐标设定
4	REAMER	铰孔	15	ROLLING TAP	挤压攻螺纹
5	COBR HOLE	沉头孔	16	CBOR R. TAP	沉头挤压攻螺纹
6	COBR TAP	沉头攻螺纹	17	MOTION CALL	子程序调用
7	COBR RMR	沉头铰孔	18	FACING	面铣削
8	MILLING	铣刀加工	19	POCKET	型腔铣削
9	COOLANT	切削液	20	CONTOUR	不规则轮廓铣削
10	AXIS MOVE	指定轴移动	21	CHF MILL	不规则轮廓倒角铣削
11	SIGNALOUT	信号输出	0	JOB END	程序结束

三、孔加工

孔系加工程序可分为五个部分：选择程序名称；填入刀具资料：选择七种图形分布；填入 Z 轴关系；填入 XY POS（基准点）；P. S. R.（转速）；FEED，R（进给量）。孔加工的程序名称为表 7-2-2 中的 1～7 与 15、16。

1. 孔的种类

孔的种类见图 7-2-1。

2. 刀具资料

孔加工刀具资料见表 7-2-3。

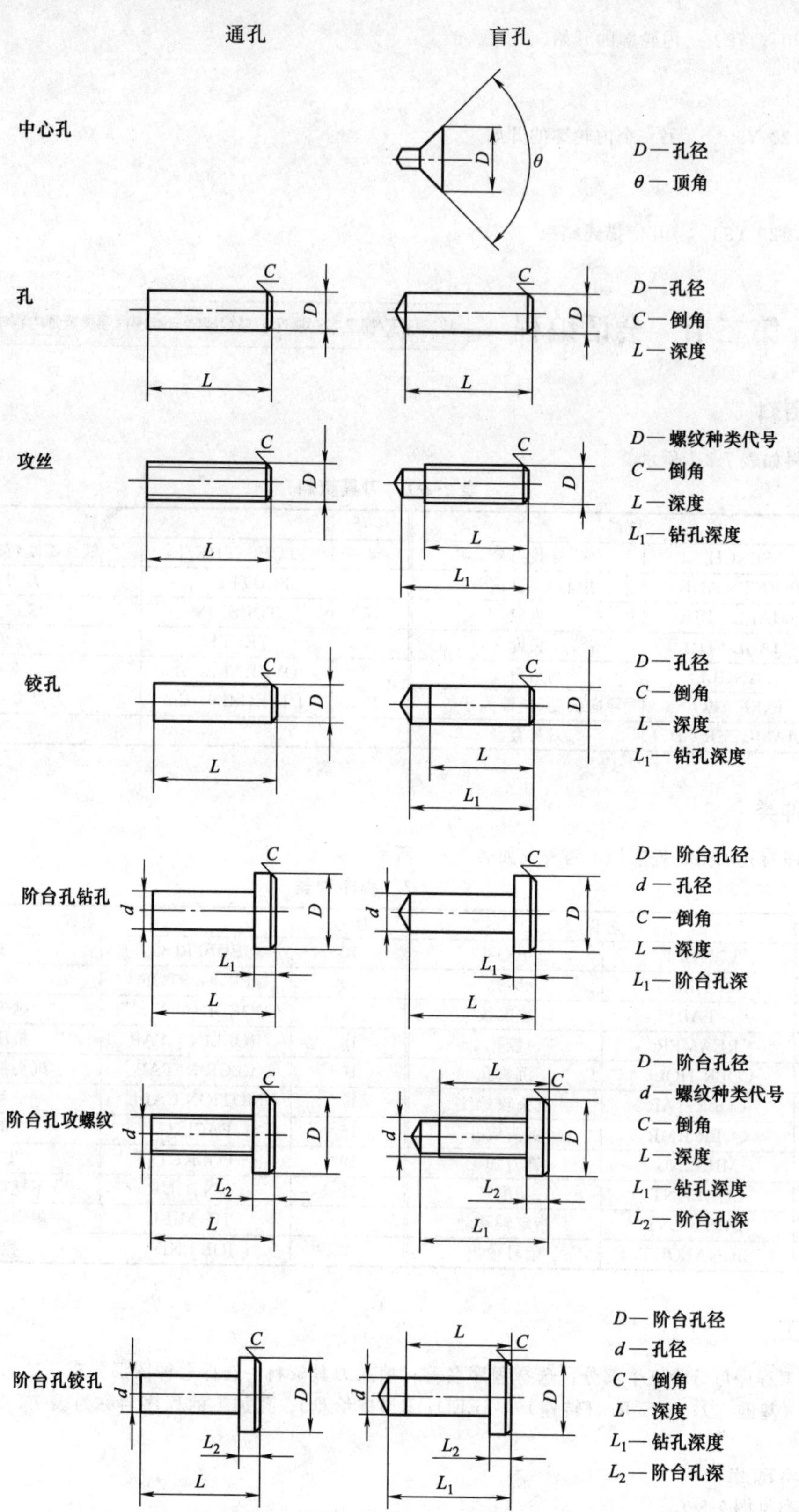
通孔
盲孔
中心孔
D—孔径
θ—顶角
孔
D—孔径
C—倒角
L—深度
攻丝
D—螺纹种类代号
C—倒角
L—深度
L1—钻孔深度
铰孔
D—孔径
C—倒角
L—深度
L1—钻孔深度
阶台孔钻孔
D—阶台孔径
d—孔径
C—倒角
L—深度
L1—阶台孔深
阶台孔攻螺纹
D—阶台孔径
d—螺纹种类代号
C—倒角
L—深度
L1—钻孔深度
L2—阶台孔深
阶台孔铰孔
D—阶台孔径
d—孔径
C—倒角
L—深度
L1—钻孔深度
L2—阶台孔深

图 7-2-1　孔加工的种类

表 7-2-3　孔加工刀具资料

刀具资料		刀具资料	
C. φ	中心钻直径	PITCH	螺距
ANGLE	顶角	DRLD	钻孔深度
HOLEφ	直径	CBORφ	沉孔直径
TORSION	旋向	CBORD	沉孔深度
THRAD	螺纹种类	CHAMER	倒角
NOMINAL DIA	螺纹直径		

注：1. 若无倒角 0。

2. 钻孔深度未超过丝锥切削长度与螺纹长度之和，数控系统将会自动加六个导程。超过则按程序深度加工。

3. 孔系种类

(1) 圆形 (CIRCLE)

1) 圆形 (CIRCLE) 孔系分布：PATRN CLRCLE，如图 7-2-2 所示。

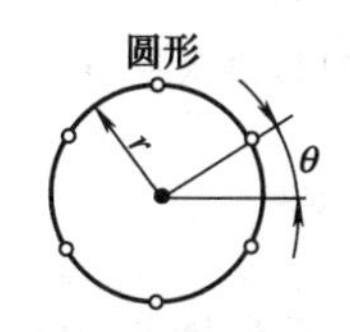

图 7-2-2　圆形孔系分布

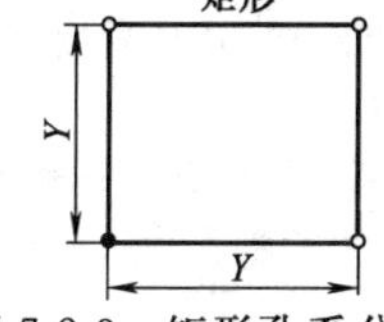

图 7-2-3　矩形孔系分布

2) 参数。N. D.：分割数 ($n=360$/分割角度)；N. M.：加工孔数；S. A.：起始角度 (θ)；RAD：半径 (r)。

(2) 矩形 (SQUARE)

1) 矩形 (SQUARE) 孔系分布：PATRN SQUARE，如图 7-2-3 所示。其中 X：X 轴轴距；Y：Y 轴轴距。

2) 进给方向：进给方向与起始点有关，如图 7-2-4 所示的各种进给方向。

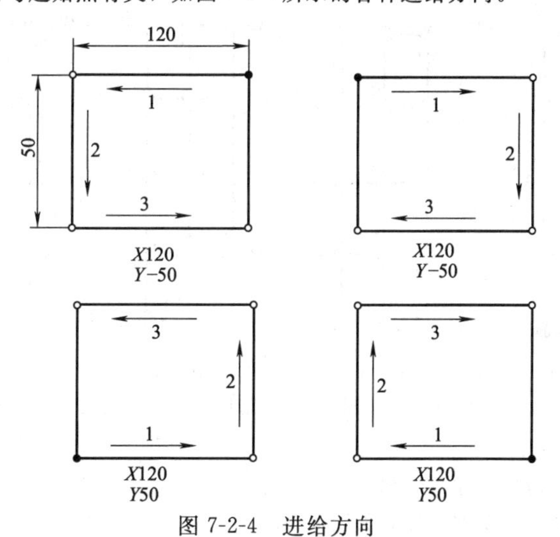

图 7-2-4　进给方向

(3) 直线孔系 (LIME)

1) 直线孔系 (LIME) 分布：PATRN LIME，如图 7-2-5 所示。

2) 参数。N. M.：加工孔数；S. A.：起始角度 (θ)；PITCH：孔距 (P)。

图 7-2-6 所示程序如下：

■PATRN LIME　　■N. M.　3

■S. A.　225　　■PITCH　15

(4) 单孔 (POINT)

单孔 (POINT) 分布：PATRN　POINT　(X Y POS)，如图 7-2-7 所示。

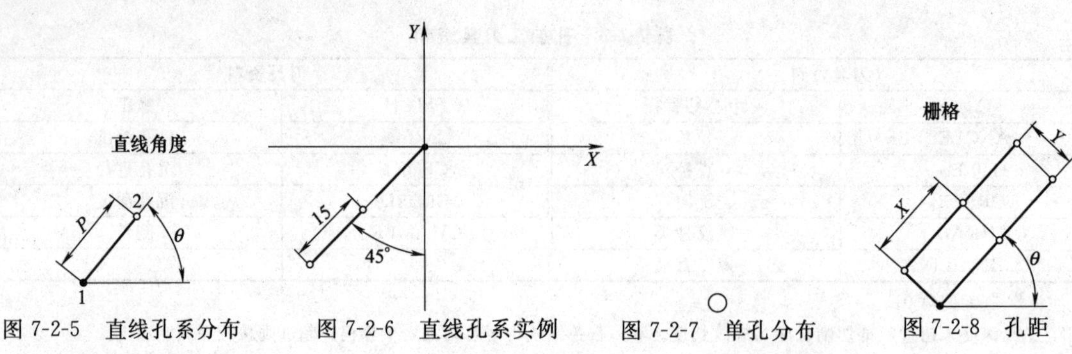

图 7-2-5　直线孔系分布　　图 7-2-6　直线孔系实例　　图 7-2-7　单孔分布　　图 7-2-8　孔距

(5) 栅格（GRTD)

1) PATRN LIME：ANGLE 角度（θ）。

2) PITCH。X：*X* 轴孔距。Y：*Y* 轴孔距。

N. M.　X：*X* 轴孔数。Y：*Y* 轴孔数。如图 7-2-8 所示。

3) ANGLE 角度（θ）的确定：ANGLE 角度（θ）与孔加工的起始点与加工方向有关。

如图 7-2-9 所示，加工起始点：1

X 轴孔距：孔 1 与孔 2 的距离　*Y* 轴孔距：孔 1 与孔 10 的距离

X 轴孔数：5　　　　　　　　*Y* 轴孔距：3

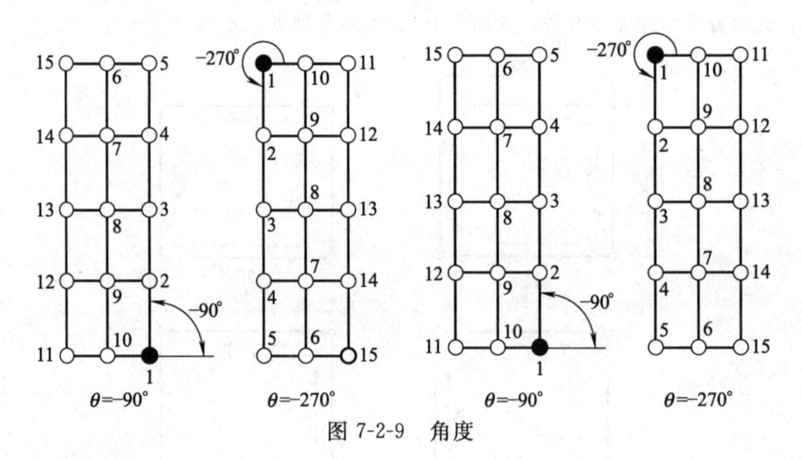

图 7-2-9　角度

(6) 直线－XY（LIME－XY)

1) PATRN LIME-XY：直线－XY；N. M.：加工孔数。

2) PITCH X：*X* 轴孔距：Y：*Y* 轴孔距；如图 7-2-10 所示。

图 7-2-11 的加工程序如下。

■PATRN LIME-XY　■N. M. 3

PITCH ■X20　■Y10

(7) 任意孔（POIMT RAMDOM)

1) PATRN POIMT RAMDOM　N. M.：加工孔数；如图 7-2-12 所示。

№.02 X　*X* 轴与第一点 *X* 轴的差　Y　*Y* 轴与第一点 *Y* 轴的差

……

№.12 X　*X* 轴与第一点 *X* 轴的差　Y　*Y* 轴与第一点 *Y* 轴的差

2）最多为 12 孔

●图 7-2-13 的程序如下。

■PATRN POIMT RAMDOM ■N. M. 3

No. 02 ■X 30 ■Y 10

No. 03 ■X 15 ■Y −20

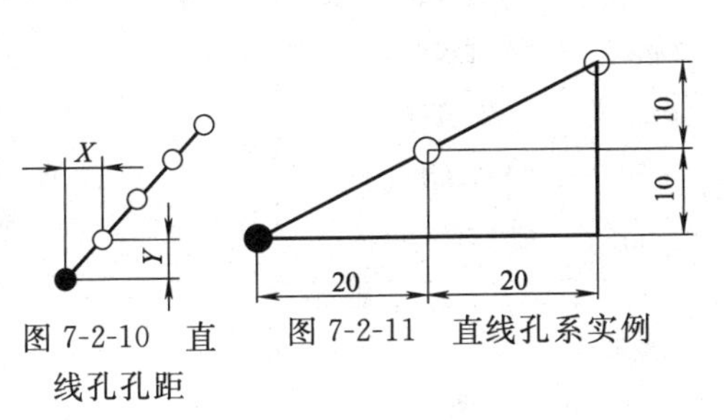

图 7-2-10 直线孔孔距　　图 7-2-11 直线孔系实例

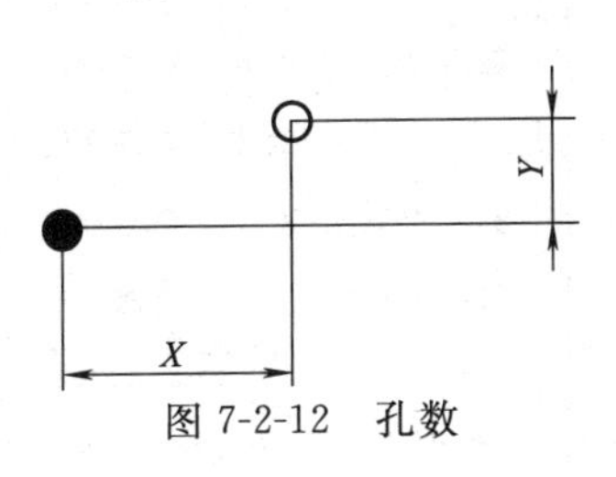

图 7-2-12 孔数

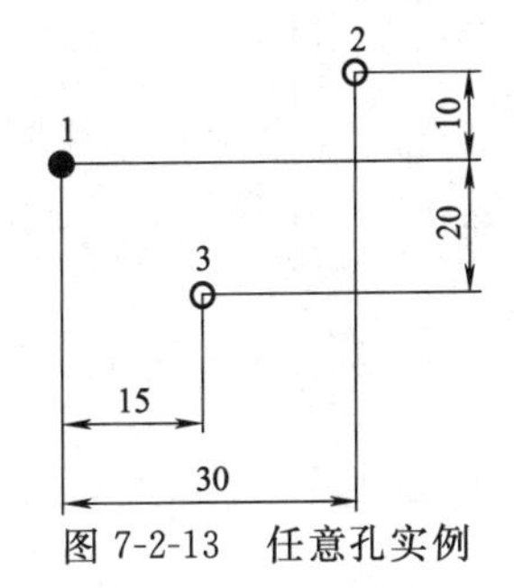

图 7-2-13 任意孔实例

4. Z 轴关系

（1）ZPOS *Z* 轴关系，如图 7-2-14 所示。

1）THROUGH：通孔

2）BLIND 盲孔

DEP 加工深度

HGT 工件高

H_t：退刀高度

（2）DEP 是实际值无负号；HT，HGT 相对于工件坐标系原点的绝对值，有正负号，通孔（THROUGH）会多钻深 2mm。

5. XY POS（基准点）

1）表示 *XY* 轴快速定位的第一孔，也就是七种图形的起始孔（图形表示圆心），以绝对值方式编程，其他孔是与起始孔的增量值。

2）P. S. R（转速）：输入百分比，内设为 100%；FEED. R.（进给率）：输入百分比，内设为 100%。

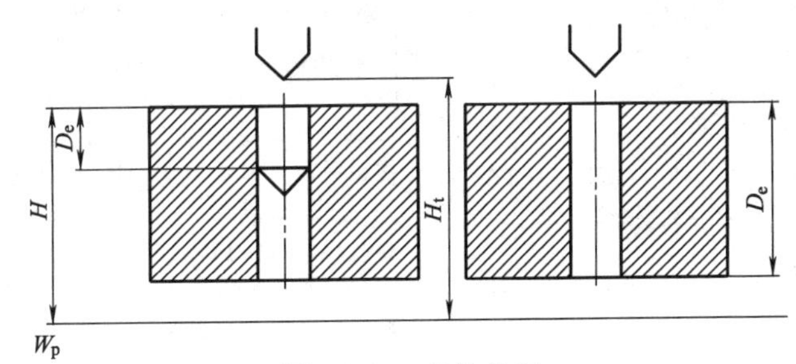

图 7-2-14 *Z* 轴关系

6. 应用过程

孔加工的应用过程见表 7-2-4。

表 7-2-4 孔加工的应用过程

序号	孔加工	应用过程
1	JOB 01 CENTER HOLE 中心钻	JOB 01 CENTER HOLE 中心孔 C.ϕ 中心孔直径 ANGLE 中心孔角度 ■PATRN CIRCLE 图形分布→圆形 N.D. 分割数 N.M. 加工数 S.A. 起始角 RAD 半径 ■ZPOS B.H. 孔底动作 DEP 加工深度 HGT 工件高度 Ht 退刀高度 ■XYPOS X X轴轴距 Y Y轴轴距 ■P.F.P.S.R. 转速 FEED R. 进给率

续表

序号	孔加工	操作过程
2	JOB 02 HOLE 钻孔	JOB 02 HOLE 钻孔 HOLEϕ 孔径 CHAMFR 倒角(无倒角填入0) ■PATRN SQUARE 图形分布→矩形 X X轴轴距 Y Y轴轴距 ■ZPOS B.H. 孔底动作 DEP 加工深度 HGT 工件高度 Ht 退刀高度 ■XYPOS X X轴轴距 Y Y轴轴距 ■P.F.P.S.R. 转速 FEED R. 进给率
3	JOB 03 TAP 攻丝	JOB 03 TAP 攻螺纹 TORSION 旋向 ■THRAD 螺纹种类，直径，螺距DRLD 钻深 CHAMFR 倒角(无倒角填入0) ■PATRNLINE 图形分布→直线 N.M. 加工数 S.A. 起始角 PITCH 孔距 ■ZPOS B.H. 孔底动作 DEP 加工深度 HGT 工件高度 Ht 退刀高度 ■XYPOS X X轴轴距 Y Y轴轴距 ■P.F.P.S.R. 转速 FEED R. 进给率 ●旋向1)R. H. RIGHT-HANDED 右牙(右旋) 2)L. H. LEFT-HANDED 左牙(左旋) ●孔底动作1. THROUGH 通孔 会自动加深 2mm 2. BLIND 盲孔 ●THRAD:螺纹种类 MC:米制粗牙 mf:米制细牙 UNC:美制统一粗牙(美制粗牙 60°牙) UNF:美制统一细牙(美制细牙 60°牙) NPS:美制一般平行管螺纹(60°牙) BSP:英制平行管螺纹(55°牙) BSW:英制(惠氏)粗牙(55°牙) BSF:英制(惠氏)细牙(55°牙) BA:英制小螺纹 NPT:美制一般推拔管牙(螺纹) SM:针车牙(螺纹)
4	JOB 04 REAMER 铰孔	JOB 04 REAMER 铰孔 HOLEϕ 铰孔孔径 DRLD 孔深 CHAMFR 倒角 ■PATRN POIN T 图形分布→单点 ■ZPOS B.H. 孔底动作 DEP 加工深度 HGT 工件高速 Ht 退刀高度 ■XYPOS X X轴轴距 Y Y轴轴距 ■P.E.P.S.R. 转速 FEED R. 进给率

续表

序号	孔加工	操作过程
5	JOB 05 COBR HOLE 沉头孔	JOB 05 COBR HOLE 沉头孔 HOLE 孔径 COBRϕ 沉头孔孔径 COBRD 沉头孔孔深 CHAMFR 倒角 ■PATRN GRID 图形分布→栅格 ANGLE 角度 PITCH 轴距 X X轴轴距 Y Y轴轴距 N.M. 加工孔数 X X轴加工孔数 Y Y轴加工孔数 ■ZPOS B.H. 孔底动作 DEP 加工深度 HGT 工件高度 Ht. 退刀高度 ■XYPOS X X轴轴距 Y Y轴轴距 ■P.F.P.S.R. 转速 FEED R. 进给率
6	JOB 06 COBR TAP 沉孔攻螺纹	JOB 06 COBR TAP 沉孔攻螺纹 TORSION 旋向 ■THRAD 螺纹种类,直径,螺距 COBRϕ 沉头孔孔径 COBRD 沉头孔深度 DRLD 孔深 CHAMFR 倒角 ■PATRN LINE-XY 图形分布→直线-XY N.M. 加工孔数 PITCH 轴距 X X轴轴距 Y Y轴轴距 ■ZPOS B.H. 孔底动作 DEP 加工深度 HGT 工件高度 Ht 退刀高度 ■XYPOS X X轴轴距 Y Y轴轴距 ■P.F.P.S.R. 转速 FEED R. 进给率
7	JOB 07 COBR REMER 沉孔铰孔	JOB 07 COBR REMER 沉孔铰孔 HOLEϕ 铰孔孔径 CBORϕ 沉头孔孔径 COBRD 沉头孔深度 DRLD 孔深 CHAMFR 倒角 ■PATRN POINT RANDOM 图形分布→任意孔 N.M. 加工孔数 NO.02 X X轴和第一点轴距 Y Y轴和第一点轴距 ■ZPOS B.H. 孔底动作 DEP 加工深度 HGT 工件高度 Ht 退刀高度 ■XYPOS X X轴轴距 Y Y轴轴距 ■P.F.P.S.R. 转速 FEED R. 进给率
8	其他	●JOB 15 ROLLING TAP 挤压攻螺纹和 JOB 03 TAP 攻螺纹相同； ●JOB 16 ROLLING TAP 沉头挤压攻螺纹和 JOB 06 CBOR TAP 挤压攻螺纹相同

四、铣削加工

1. 一般铣削加工

(1) JOB 08 MILLING 铣削加工

铣刀加工时刀具直线有正、负关系；正时为直线切削 XY POS 为起刀点；负时为圆弧切削 XY POS 为圆心点。

1) 直线切削的参数输入：刀具直径为“+”。

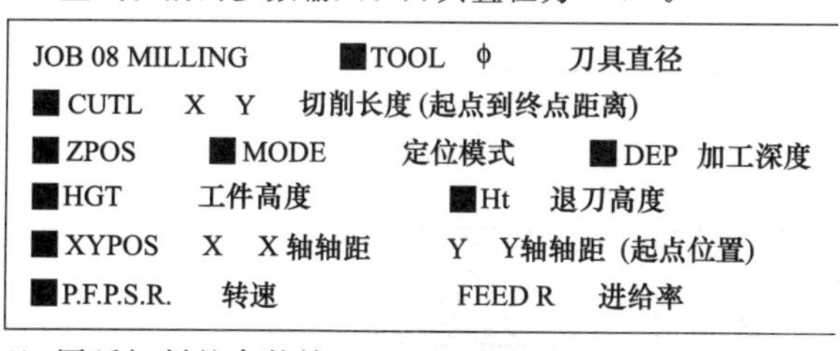
JOB 08 MILLING ■TOOL ϕ 刀具直径
■CUTL X Y 切削长度(起点到终点距离)
■ZPOS ■MODE 定位模式 ■DEP 加工深度
■HGT 工件高度 ■Ht 退刀高度
■XYPOS X X轴轴距 Y Y轴轴距 (起点位置)
■P.F.P.S.R. 转速 FEED R 进给率

2) 圆弧切削的参数输入：刀具直径为“－”。

■R START X Y 圆弧起始点(与圆心点的距离)
■R END X Y 圆弧终点(与圆心点的距离)
■DRCTN 加工方向 1.CW 顺时针加工
2.CCW 逆时针加工
HGT 工件高度 ■Ht 退刀高度
■XYPOS X X轴轴距 Y Y轴轴距 (起点位置)
■P.F.P.S.R. 转速 FEED R 进给率

（2）MODE（定位模式）

MODE（定位模式）分为 CUTTING（切削模式）、POS CHK（位置确认模式）两种。

1）CUTTING（切削模式）：两条线相交时以刀具路径进行切削（如图 7-2-15 所示）。

2）POS CHK（位置确认模式）：两条线相交时以第一条切削路径到交点完成时，再进行第二条切削（如图 7-2-16 所示）。

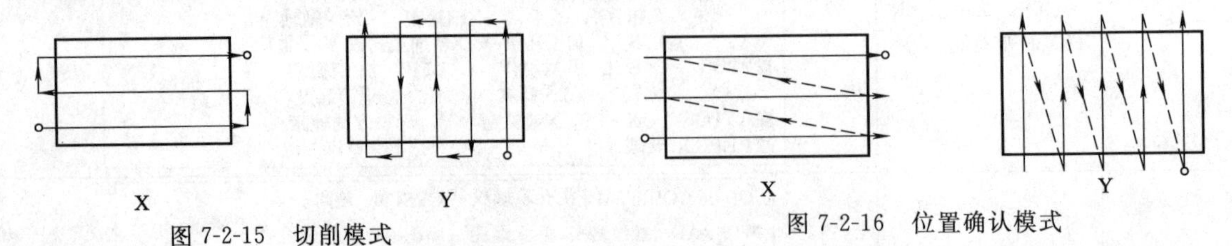

图 7-2-15　切削模式

图 7-2-16　位置确认模式

2. JOB　18　FACING　平面铣削加工

（1）参数输入

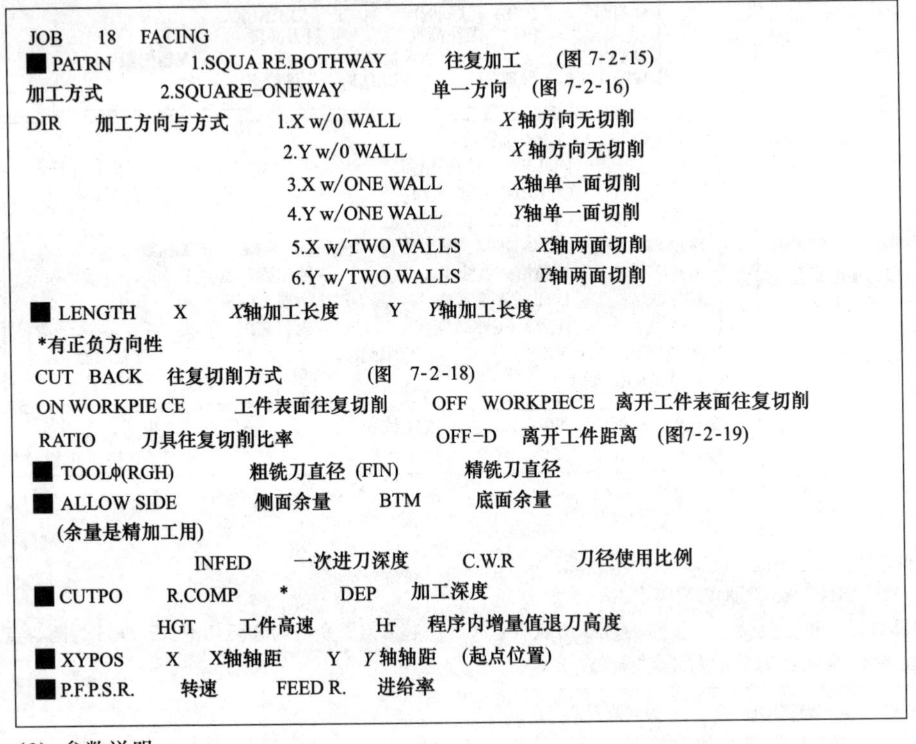

JOB　18　FACING

■ PATRN　1.SQUA RE.BOTHWAY　往复加工　(图 7-2-15)

加工方式　2.SQUARE-ONEWAY　单一方向　(图 7-2-16)

DIR　加工方向与方式　1.X w/0 WALL　*X* 轴方向无切削

2.Y w/0 WALL　*X* 轴方向无切削

3.X w/ONE WALL　*X*轴单一面切削

4.Y w/ONE WALL　*Y*轴单一面切削

5.X w/TWO WALLS　*X*轴两面切削

6.Y w/TWO WALLS　*Y*轴两面切削

■ LENGTH　X　*X*轴加工长度　Y　*Y*轴加工长度

*有正负方向性

CUT　BACK　往复切削方式　(图　7-2-18)

ON WORKPIE CE　工件表面往复切削　OFF　WORKPIECE　离开工件表面往复切削

RATIO　刀具往复切削比率　OFF-D　离开工件距离　(图7-2-19)

■ TOOLϕ(RGH)　粗铣刀直径 (FIN)　精铣刀直径

■ ALLOW SIDE　侧面余量　BTM　底面余量

(余量是精加工用)

INFED　一次进刀深度　C.W.R　刀径使用比例

■ CUTPO　R.COMP　*　DEP　加工深度

HGT　工件高速　Hr　程序内增量值退刀高度

■ XYPOS　X　X轴轴距　Y　*Y* 轴轴距　(起点位置)

■ P.F.P.S.R.　转速　FEED R.　进给率

（2）参数说明

DIR 加工方向与方式见图 7-2-17。

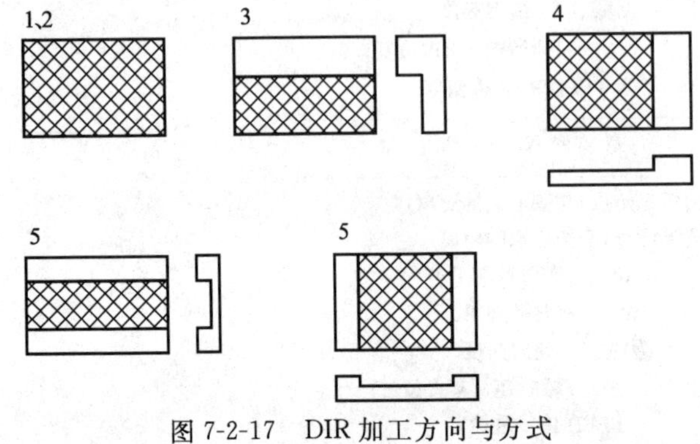

图 7-2-17　DIR 加工方向与方式

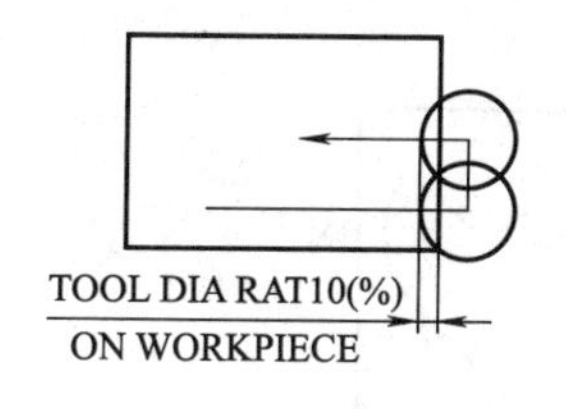

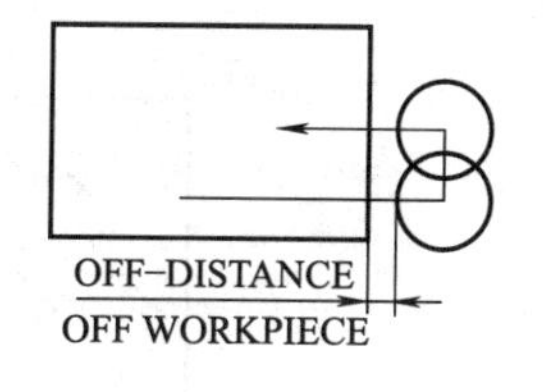

图 7-2-18　往复切削方式

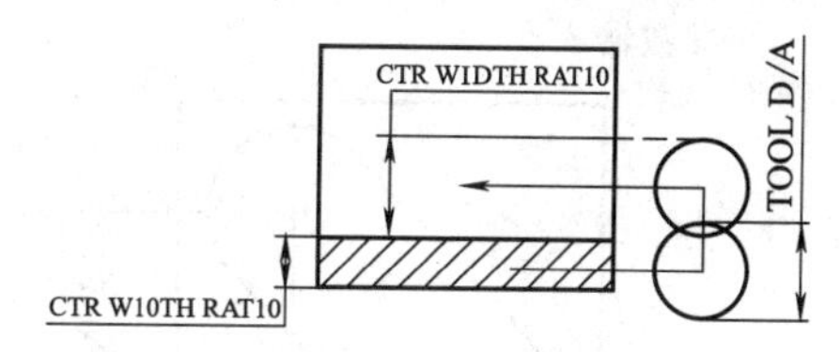

图 7-2-19　离开工件表面往复切削

3. JOB 19 POCKET　型腔铣削

（1）PATRN：类型

型腔铣削类型如表 7-2-5 所示。

表 7-2-5　型腔铣削类型

1. CIRCLE 圆形	2. SQUARE 矩形	3. TK-XY 键槽-XY	4. TK-ANGLE 键槽-角度
DRCTN　切削方向	DRCTN 切削方向	DRCTN 切削方向	DRCTN 切削方向
RAD　半径	LENGTH X Y *XY* 轴切削长度	LENGTH X Y *XY* 轴切削长度	DISTN 两中心距离
	ANGLE 角度	WDH　槽宽	ANGLE 角度
	CNR-R　交角半径		WDH 槽宽

（2）类型说明

1）圆形，见图 7-2-20。

APTRN　CIRCLE　圆形　DRCTN　1. CW

2. CCW

RAD 半径

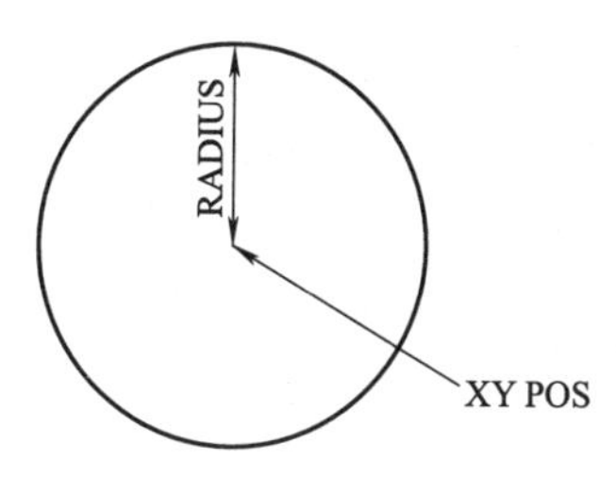

图 7-2-20　圆形

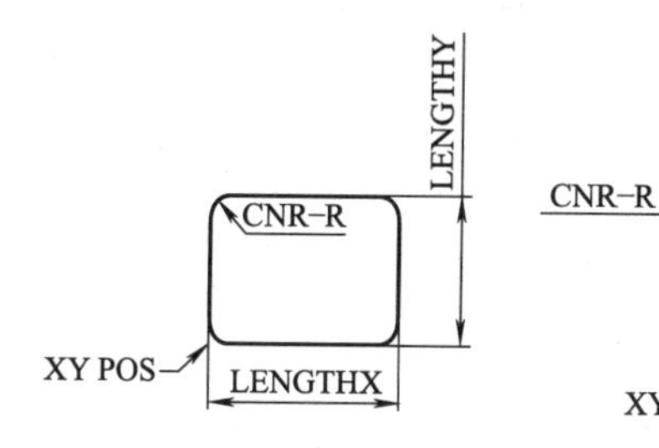

图 7-2-21　矩形

2）矩形，见图 7-2-21。

PATRN　SQUARE　矩形　DRCTN　1. CW　顺时针加工

2. CCW　逆时针加工

LENGRH　X　*X* 轴切削长度　Y　*Y* 轴切削长度

ANGLE　角度　CNR-R　交角圆弧半径

3）键槽-XY，见图 7-2-22。

PATRN TRACK-XY　键槽-XY　DRCTN　1. CW　顺时针加工

2. CCW　逆时针加工

LENGRH　X　*X* 轴切削长度　Y　*Y* 轴切削长度

WDH　槽宽

4）键槽-角度，见图 7-2-23。

① 参数说明

PATRN TRACK-ANGLE　键槽-角度　DRCTN　1. CW　顺时针加工

2. CCW　逆时针加工

DISTN　两中心距离　ANGLE　角度

WDH　槽宽

② 参数输入

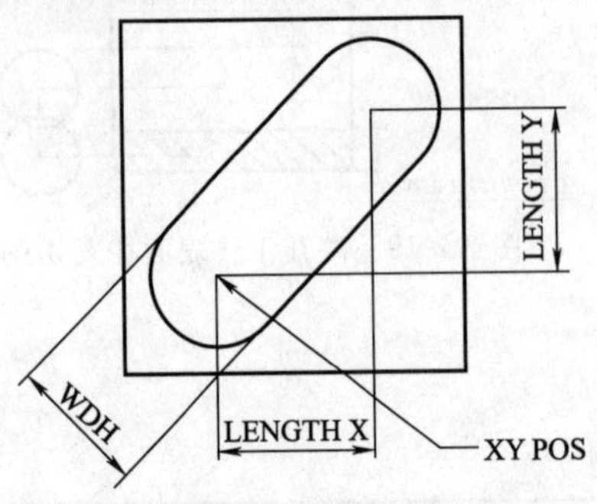

图 7-2-22 键槽-XY

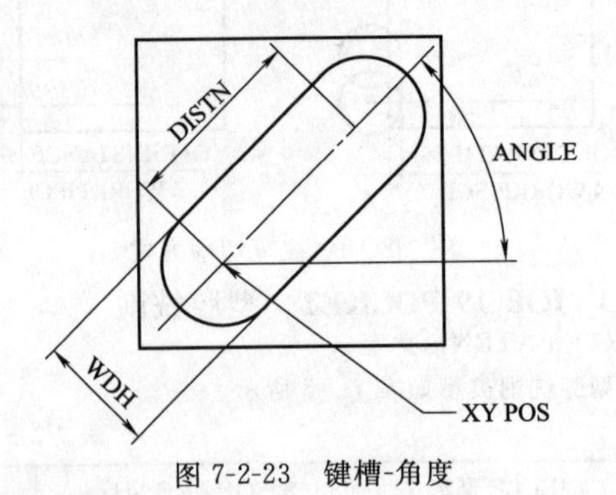

图 7-2-23 键槽-角度

■ TOOLϕ(RGH)	粗铣刀直径(FIN)		精铣刀直径
■ ALLO WSIDE	侧面余量	BTM	底面余量
(余量是精加工用)			
INFED	一次进刀深度	C.W.R	刀径使用比率
CHAMFR	倒角	SIDE	与侧面干涉距离(图 7-2-24)
■ CUTPO	R.COMP	*	DEP 加工深度
■ HGT	工件高度	Hr	程序内增量值退刀高度
■ XYPOS	X *X*轴轴距	Y *Y*轴轴距	(起始点位置)
■ P.F.P.S.R.	转速	FEED R.	进给率

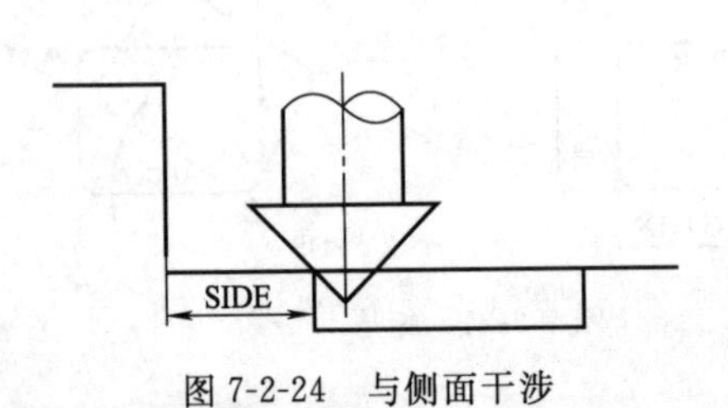

图 7-2-24 与侧面干涉

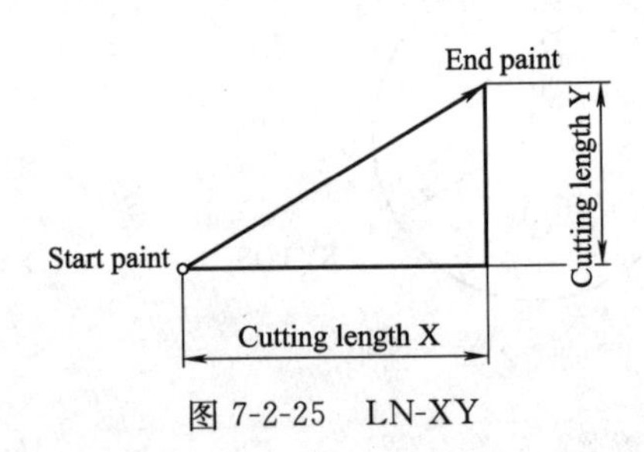

图 7-2-25 LN-XY

4. JOB 20 CONTOUR 不规则轮廓铣削

(1) 轮廓线

轮廓线 LN 有 START LINE（连续轮廓起始线）与 ONE LINE（单一轮廓线）两种。

(2) 图形分布

PATRN（图形分布）有 LN-XY（直线-XY）、LN-ANGL（直线-角度）、ARC-CW（圆弧顺时针）、ARC-CCW（圆弧-逆时针）四种。

1）PATRN 图形分布 1. LN-XY 直线-*XY*（图 7-2-25）

LENGTH X *X* 轴切削长度 Y *Y* 轴切削长度

2）PATRN 图形分布 2. LN-ANGL 直线-角度（图 7-2-26）

ANGL 角度 LEN 长度

3）PATRN 图形分布 3. ARC-CW 圆弧-顺时针（图 7-2-27）

RAD 半径 CENTER *XY* 圆心点位置

ANGLE 加工角度

4）PATRN 图形分布 4. ARC-CCW 圆弧-逆时针（图 7-2-27）

RAD 半径 CENTER *XY* 圆心点位置

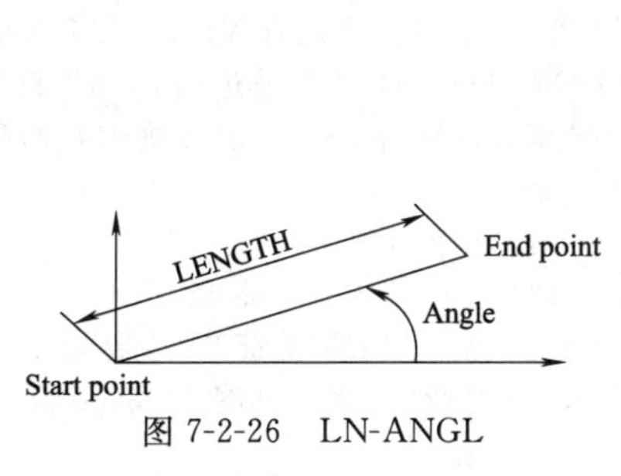

图 7-2-26 LN-ANGL

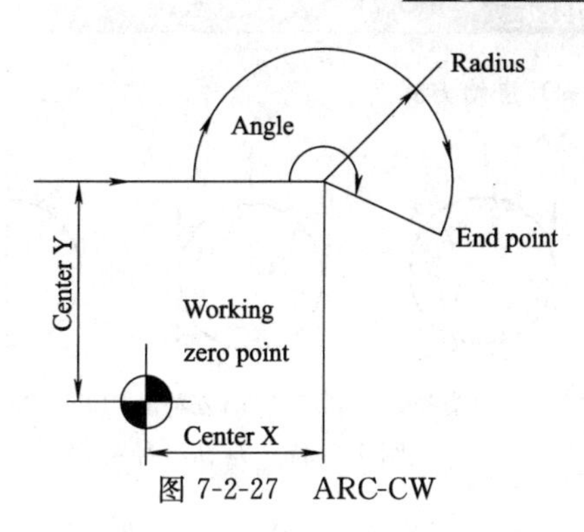

图 7-2-27 ARC-CW

ANGLE 加工角度

5）CORSS（与下轮廓交点）有 1. UP（上交点）、2. DOWE（下交点）、3. RIGHT（右交点）、4. LIFT（左交点）四种情况（图 7-2-28）。

6）CNR（交点状况）有 1. NOT SPECIFIED（两轮廓按程序路径）、2. C（BEVELING）（两轮廓加倒棱）、3. R（ROUNDING）（两轮廓加倒圆），如图 7-2-29 所示。

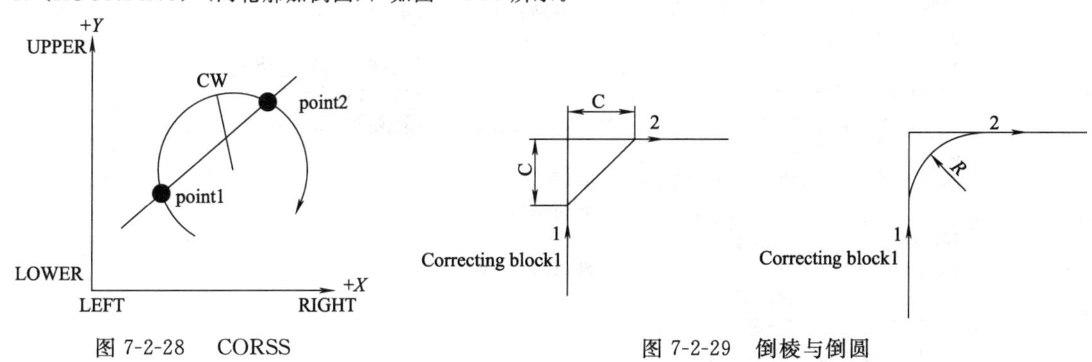

图 7-2-28 CORSS

图 7-2-29 倒棱与倒圆

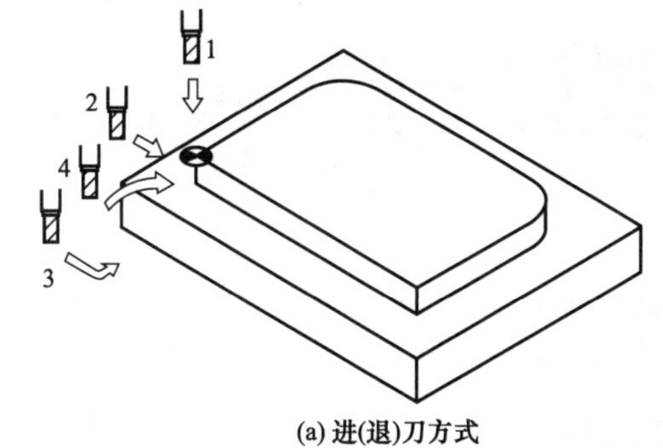

(a) 进(退)刀方式

1—垂直进(退)刀; 2—水平进(退)刀; 3—转角进(退)刀; 4—圆弧进(退)刀;

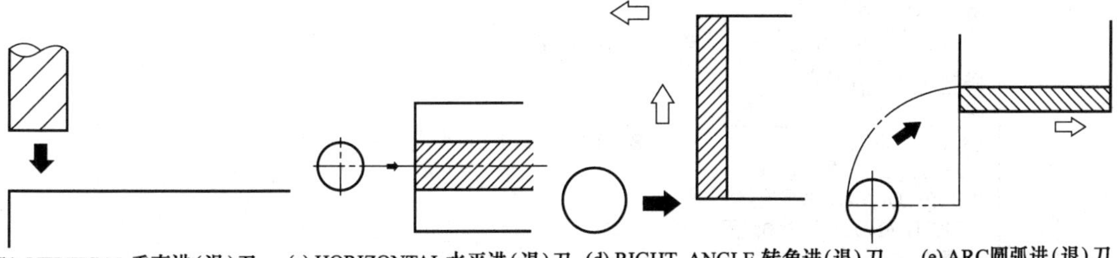

图 7-2-30 进给方式

（3）模式

MODE（定位模式）有 CUTTING（切削模式）与 POS CHK（位置确认模式）两种。

（4）进给方式

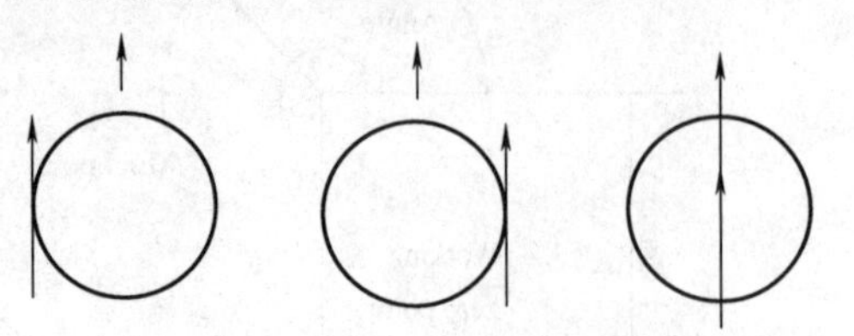

图 7-2-31　刀具半径补偿

APPR.（进刀方式）有 VERTICAL（垂直进刀）、HORIZONTAL（水平进刀）、RIGHT ANGLE（转角进刀）与 ARC（圆弧进刀）四种。如图 7-2-30 所示。

（5）刀具半径补偿

CUTPO　R. COMP（补偿方向）有 LINE RIGHT（右补偿）、LINE LEFT（左补偿）、. LINE CENTER（无补偿）三种。如图 7-2-31 所示。

（6）参数输入

JOB 20 CONTOUR　不规则轮廓铣削
■LN　1.START LINE　连续轮廓起始线
2.ONE LINE　单一轮廓线
■PATRN　1.LN-XY　2.LN-ANGL　3.ARC-CW　4.ARC-CCW
图形分布　直线-XY　直线-角度　圆弧-顺时针　圆弧-逆时针
■CORSS　与下轮廓交点　■CNR　交点状况
1.UP　上交点　1.NOT SPECIFIED　两轮廓按程序路径（尖角过渡）
2.DOWE　下交点　2.C（BEVELING）　两轮廓加倒棱
3.RIGHT　右交点　3.R（ROUNDING）　两轮廓加倒圆
4.LIFT　左交点
■MODE　定位模式　1.CUTTING　切削模式
2.POS CHK　位置确认模式
■END　X　Y　终点位置
■APPR.　进刀方式　■DISTN　离开工件距离
1.VERTICAL　垂直进刀
2.HORIZONTAL 水平进刀
3.RIGHT ANGLE　转角进刀
4.ARC　圆弧进刀
■START　X　Y　起始位置
■TOOL Φ　（RGH）粗铣刀直径　（FIN）精铣刀直径
■ALLOW　■SIDE　侧面留余量　■BTM　底面留余量
■INFED　一次进刀深度　■C.W.R.　刀径使用比率
■CUTPO　R.COMP　补偿方向　DEP　深度
1.LINE RIGHT　右偿正
2.LINE LEFT　左偿正
3.LINE CENTER　无偿正
■HGT　工件高度　■Ht　程序内退刀高度
■P.F.P.S.R.　转速　FEED R.　进给率
连续轮廓继续回答
■LN　1.CONTINUE　连续轮廓线
2.END LINE　结束轮廓线
■PATRN　图形分布
■CROSS　与下轮廓交点　■CNR　交点状况
■MOED　定位模式
■END　X　Y　终点位置
■APPR. 退刀方式　■DISTN　离开工件距离
1.ERTICAL　垂直退刀
2.HORIZONTAL 水平退刀
3.RIGHT ANGLE　转角退刀
4.ARC　圆弧退刀
■P.F.P.S.R.　转速　FEED R.　进给率

5. JOB 21 CHF MILL　不规则倒角铣削

不规则倒角铣削和不规则轮廓铣削类似，只有刀具设定和补正不同。其参数输入如下。

```
JOB 21 CHF MILL  不规则倒角铣削
■PATRN     1.LN-XY    2.LN-ANGL    3.ARC-CW     4.ARC-CCW
图形分布   直线-XY    直线-角度    圆弧-顺时针  圆弧-逆时针
■CORSS  与下轮廓交点           ■CNR   交点状况
1.UP     上交点                1.NOT SPECIFIED    两轮廓按程序路径
2.DOWE   下交点                2.C（BEVELING）    两轮廓加倒棱
3.RIGHT  右交点                3.R（ROUNDING）    两轮廓加倒圆
4.LIFT   左交点
■MODE  定位模式   1.CUTTING  切削模式
                  2.POS CHK  位置确认模式
■END  X  Y  终点位置
■APPR.  进刀方式                        ■DISTN  离开工件距离
1.VERTICAL  垂直进刀
2.HORIZONTAL 水平进刀
3.RIGHT ANGLE  转角进刀
4.ARC          圆弧进刀
■START  X  Y  起始位置
■TOOL Φ （RGH）粗铣刀直径       ANGLE  倒角刀角度
■MIN.D  SIDE  侧面干涉       ■BTM  底面干涉
■CUTPO  R.COMP  补偿方向    CHAMFR  倒角
1.LINE RIGHT  右补偿
2.LINE LEFT  左补偿
3.LINE CENTER  无补偿
■HGT   工件高度  ■TLPOS  刀具使用位置
■P.F.P.S.R.  转速  FEED R.  进给率
```

五、切削液

1）JOB 09 COOLANT 切削液。

2）ON：切削液开；OFF：切削液关。

六、JOB 10 AXIS MOVEMNET 指定轴移动

JOB 10 AXIS MOVEMNET 指定轴移动如表 7-2-6 所示。

表 7-2-6 指定轴移动

指定轴	说明	指定轴	说明
XY-DESIGNATE	指定 *XY* 轴移动	ANGLE DESIGNNATION B	指定 *B* 轴移动
M. ZERO RETURN	回参考点	M. ZERO RETURN(No. 2)	回第 2 参考点
W. ZERO RETURN	回工件原点	M. ZERO RETURN(No. 3)	回第 3 参考点
M. ZERO RETURN(Z)	*Z* 轴回参考点	M. ZERO RETURN(A)	*A* 轴回参考点
Z-DESIGNATE	指定 *Z* 轴移动	W. ZERO RETURN(A)	*A* 轴回工件原点
M. ZERO RETURN(B)	*B* 轴回参考点	ANGLE DESIGNNATION A	指定 *A* 轴移动
W. ZERO RETURN(B)	*B* 轴回工件原点		

七、JOB 12 SUB PROGRAM 子程序呼叫

```
JOB 12 SUB PROGRAM  子程序呼叫
NO. 号码
■XYPOS  X  X轴轴距  Y  Y轴轴距（基准点）
■PFPS R  转速   FEED R  进给率
子程序编程与主程序后
■MAIN PROG RAM END  主程序结束
■SUB PROGRAM  NO.  子程序号码
```

八、坐标变换

JOB 14 COORDINATE SET　　MSR NO.　?

坐标旋转与平移　　坐标序号 (1-4)

CODE　?　信号输出号码

ANGLE　A　?　B　?　新坐标与工作原点的差

ZERO P　X　?　Y　?　新坐标与工作原点的差

Z　?

TOOL RETURN（COORD）　Hc　坐标转移时Z轴退刀高度

TOOL RETURN（JOB）　Hj　新坐标Z轴退刀高度

ROTATE　ANGLE　?　坐标旋转角度

CENTE　R　X　?　Y　?　坐标旋转中心

九、JOB 17 MOTION CALL　子程序

子程序中可以设置图形分布、刀具号、程序段号、快速位移、切削定位、主轴功能等。

1）POSITION：快速位移，见表 7-2-7。

表 7-2-7　POSITION　快速位移

移动	说明	移动	说明
1. XY	*XY* 轴	9. M. ZERO RETURN(B)	*B* 轴回参考点
2. Z	*Z* 轴	10. W. ZERO RETURN(B)	*B* 回工件原点
3. XY＋SPINDLE	*XY* 轴＋主轴旋转	11. AXIS	指定轴(最多 3 轴)
4. Z＋ SPINDLE	*Z* 轴＋主轴旋转	12. AXIS ＋ SPINDLE	指定轴＋主轴旋转
5. M. ZERO RETURN	回参考点	13. M. ZERO RETURN(NO. 2)	回第 2 参考点
6. M. ZERO RETURN(Z)	*Z* 轴回参考点	14. M. ZERO RETURN(NO. 3)	回第 3 参考点
7. W. ZERO RETURN	回工件原点	15. M. ZERO RETURN(A)	*A* 轴回参考点
8. PATTERN	图形分布	16. W. ZERO RETURN(A)	*A* 轴回工件原点

2）CUT：切削定位方式，见表 7-2-8。

表 7-2-8　CUT 切削定位方式

移动	说明	移动	说明
1. XY	*XY* 轴	9. ARC/CW＋SPINDLE	圆弧切削顺时针旋转＋主轴旋转
2. Z	*Z* 轴	10. ARC/CCW＋SPINDLE	圆弧切削闻逆时针旋转＋主轴旋转
3. XY＋SPINDLE	*XY* 轴＋主轴旋转	11. AXIS	指定轴(最多 2 轴)
4. Z＋ SPINDLE	*Z* 轴＋主轴旋转	12. AXIS＋SPINDLE	指定轴＋主轴旋转
5. DRILLING	钻孔进给	13. THREAD CUTTING/CW	丝锥正转
6. TAPPING	攻螺纹进给	14. THREAD CUTTING/CCW	丝锥反转
7. ARC/CW	圆弧切削顺时针旋转	15. 1-WAY TAP	单一方向定位攻丝
8. ARC/CCW	圆弧切削逆时针旋转		

3）SPINDLE：主轴功能，见表 7-2-9。

表 7-2-9　SPINDLE　主轴功能

1. CW	正转
2. CCW	反转
3. STOP	停止
4. ORIENTATION	主轴原点定位
5. ORIENT FIXED POSITION	主轴任意角度定位

4）DWELL：暂停，单位 0.1s。

5）ABS/INC：绝对值/增量值。

6）M FUNCTION：M CODE 输出。

7）CUTTER RADIUS：补偿方向。

COMPENSATION：①LINE RIGHT：右补偿；②LINE LEFT：左补偿；③LINE CENTER：无补偿。

8）MEASUREMENT：自动测量功（OPTION），见表 7-2-10

表 7-2-10 MEASUREMENT 自动测量功（OPTION）

测量	说明	测量	说明
1. CORNER	相交	5. ROTATION(X AXIS 2)	旋转(*X* 轴向)
2. APRALLEL	平行	6. ROTATION(Y AXIS 2)	旋转(*Y* 轴向)
3. CIRCLE	圆形	0:BLOCK END	结束
4. Z LEVEL	*Z* 轴高度		

第三节 CAD/CAM 技术在数控车削方面的应用

数控车工与程序员高级工内容

交互式图形编程必须通过 CAD/CAM 软件来实现，通过 CAD 软件进行实体建模，再通过 CAM 软件进行刀具轨迹处理。目前，绝大部分的数控编程软件均同时具有 CAD 和 CAM 功能，因此，在同一软件中即可实现图形交互编程的全过程。当前，我国市场上常用的数控编程软件见表 7-3-1。

表 7-3-1 我国常用 CAD/CAM 软件简介

软件名称	研制公司	软件介绍	常用版本
UG (Unigraphics)	源于麦道飞机制造公司，由 EDS 公司开发	该软件是集成化的 CAD/CAE/CAM 系统，是当前国际、国内最为流行的工业设计平台。其主要模块有数控造型、数控加工、产品装配等通用模块和计算机辅助工业设计、钣金设计加工、模具设计加工、管路设计布局等专用模块	UG NX UG NX3 UG NX4
Pro/Engineer	PTC（参数科技）公司（美国）于 1989 年开发	该软件开创了三维 CAD/CAM 参数化的先河，采用单一数据库的设计，是基于特征、全参数、全相关性的 CAD/CAE/CAM 系统。该软件包含了零件造型、产品装配、NC 加工、模具开发、钣金件设计、外型设计、逆向工程、机构模拟、应力分析等功能模块	Pro/Engineer Wildfire(野火版)
CATIA	达索飞机制造公司(法国)开发	该软件最早用于航空业的大型 CAD/CAE/CAM 软件，目前 60%以上的航空业和汽车工业都使用该软件。该软件是最早实现曲面造型的软件，它开创了三维设计的新时代。目前 CATIA 系统已发展成为从产品设计、产品分析、NC 加工、装配和检验，到过程管理、虚拟动作等众多功能的大型软件	CATIA V5R12
Solidworks	Solidworks 公司(美国)开发	该软件具有极强的图形格式转换功能，几乎所有的 CAD/CAE/CAM 软件都可以与 Solidworks 软件进行数据转换，美中不足的是其数控加工功能不够强大。该软件的功能有产品的设计、产品造型、产品装配、钣金设计、焊接及工程图等	Solidworks 2005 Solidworks 2006 Solidworks 2007
Master cam	CNC Software 公司(美国)开发	该软件是基于 PC 平台集二维绘图、三维曲面设计、体素拼合、数控编程、刀具路径模拟及真实感模拟功能于一身的 CAD/CAM 软件，该软件尤其对于复杂曲面的生成与加工具有独到的优势，但其对零件的设计、模具的设计功能不强	Mastercam 9.0 Mastercam X
CIMATRON	Cimatron 公司(以色列)开发	该软件是一套集成 CAD/CAE/CAM 的专业软件，它具有模具设计、三维造型、生成工程图、数控加工等功能。该软件在我国得到了广泛的使用，特别是在数控加工方面更是占有很大的比重	Cimatron E6.0
CAXA 制造工程师	北航海尔软件有限公司(中国)	该软件是我国自行研制开发的全中文、面向数控铣床与加工中心的三维 CAD/CAM 软件，它既具有线框造型、曲面造型和实体造型的设计功能，又具有生成二至五轴的加工代码的数控加工功能，可用于加工具有复杂三维曲面的零件	CAXA 制造工程师 XPCAXA 线切割

下面以 MASTERCAM Lathe 为例来介绍 CAD/CAM 在数控车削方面的应用。在 MASTERCAM Lathe 加工方式中包括粗加工、精加工、螺纹加工、切槽加工、端面加工、钻孔加工、切断加工等多种加工方式。

一、粗加工

点击【机床类型】-【车削】，在图 7-3-1 所示界面选择相应的机床类型。

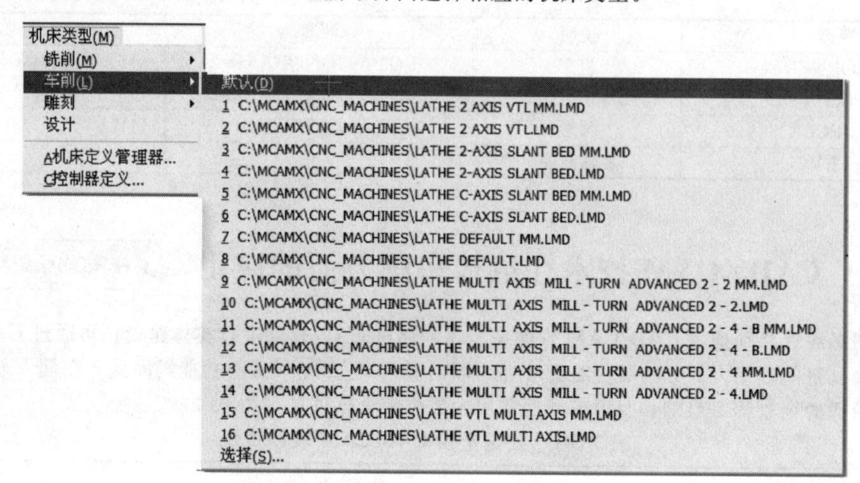

图 7-3-1　机床类型选择列表

点击【刀具路径】-【粗车】（如图 7-3-2 所示）。工作区弹出图 7-3-3 所示串连选项对话框。

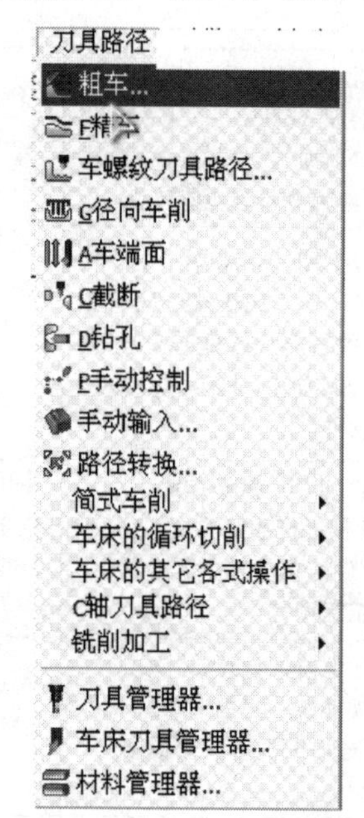

图 7-3-2　加工方式选择

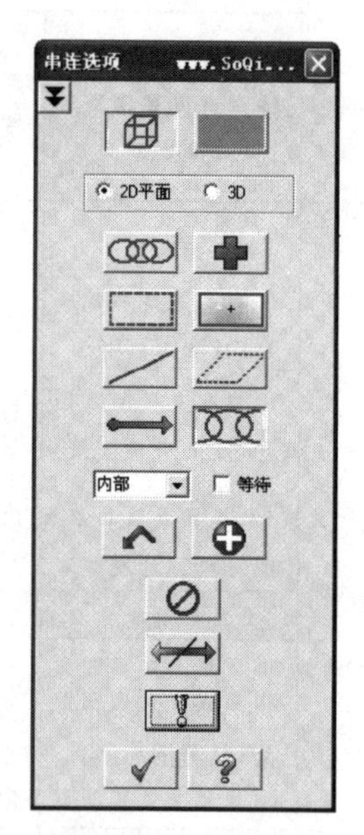

图 7-3-3　串连列表

拾取图 7-3-4 所示 P1 到 P2 线串，回车确认（或点击图 7-3-3 中的 ✓），弹出如图 7-3-5 所示刀具选择界面。

按图 7-3-5 所示设定刀具参数。点击图中“坐标”，按下弹出的图 7-3-6 对话框中的“选择”，拾取图 7-3-4 中点 P1 并确认。

点击图 7-3-5 中的“粗车参数”，弹出图 7-3-7 所示界面，按图所示选择加工参数。

按下图 7-3-7 中的 ✓，刀具轨迹如图 7-3-8 所示。

二、精加工

点击【刀具路径】-【精车】，拾取图 7-3-4 中的 P1 到 P2 串连线串。按图 7-3-9 设定刀具及切削用量，点击“精车参数”，按如图 7-3-10 所示设定精车参数。

按下图 7-3-10 中的 ✓。刀具轨迹如图 7-3-11 所示。

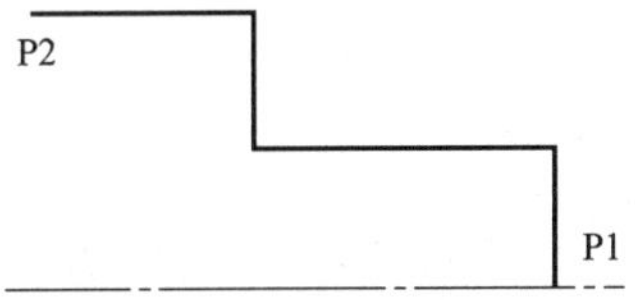

P2

P1

图 7-3-4 轮廓外形

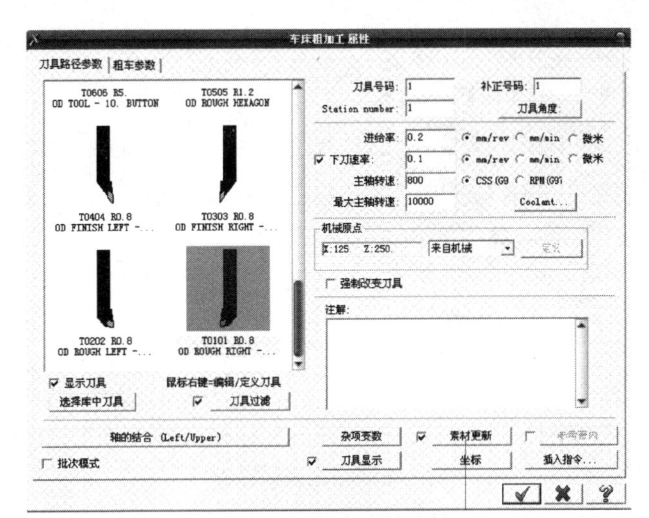

图 7-3-5 粗车刀具选择

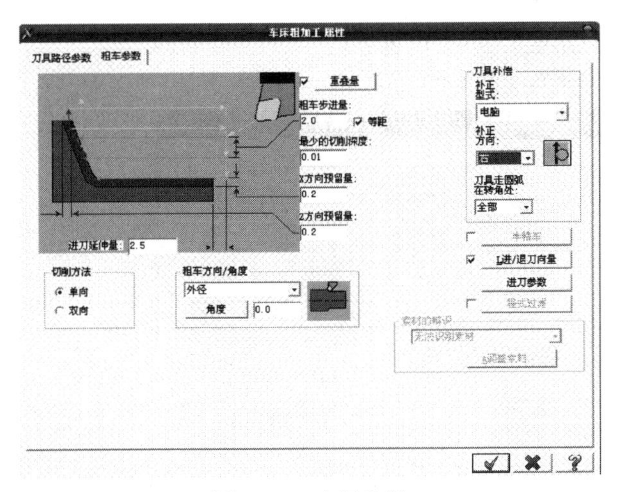

图 7-3-6 坐标选择

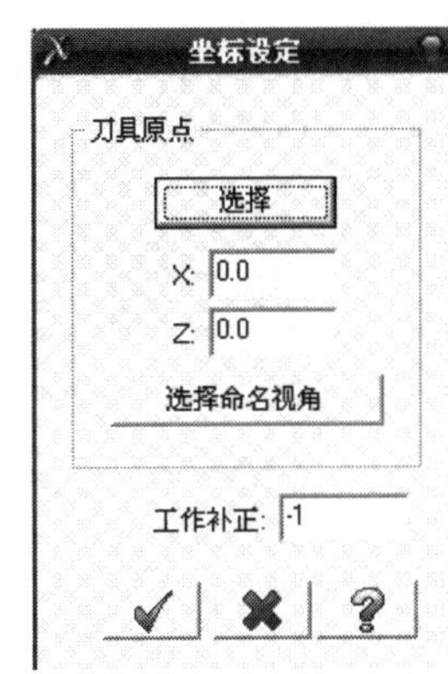

图 7-3-7 粗车参数设定

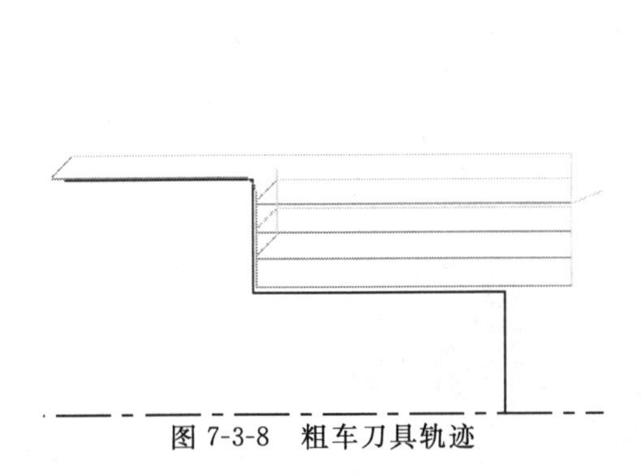

图 7-3-8 粗车刀具轨迹

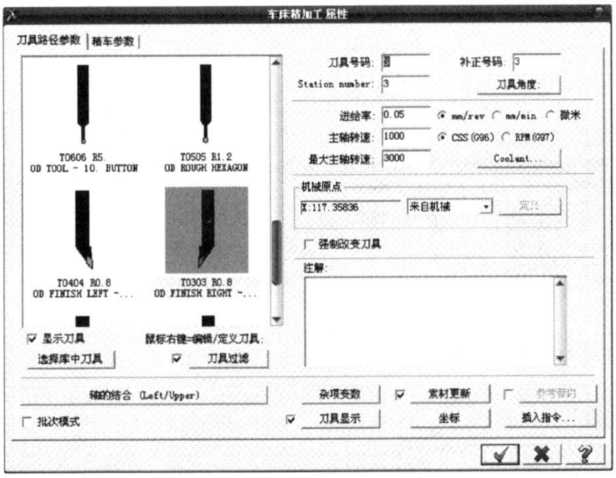

图 7-3-9 精车刀具选择

三、切槽加工

点击【刀具路径】-【径向车削】，在弹出的图 7-3-12 所示“切槽定义方式”对话框中选择“串连”方式，

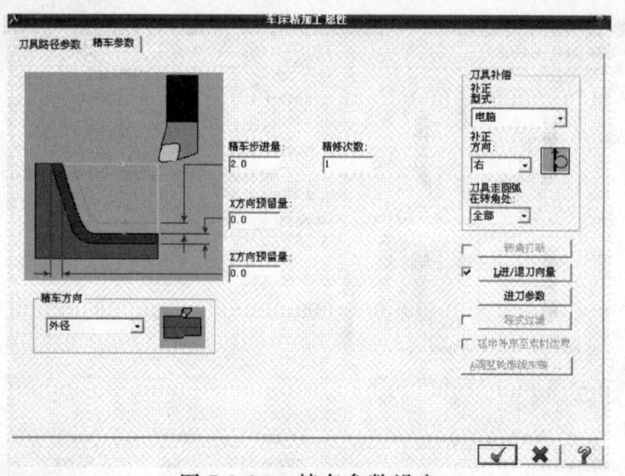

图 7-3-10　精车参数设定

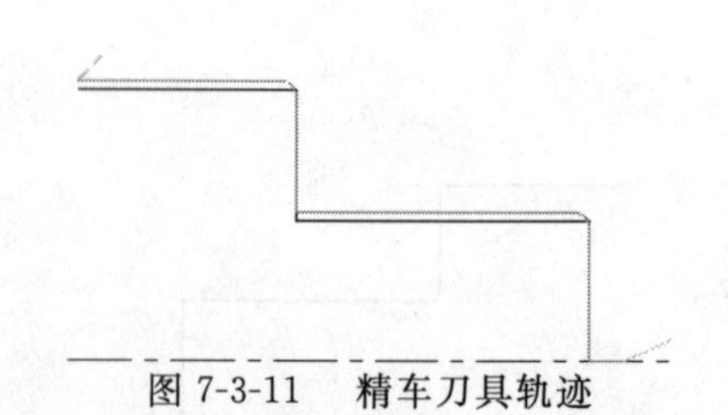

图 7-3-11　精车刀具轨迹

点击，弹出图 7-3-14 所示对话框，框选图 7-3-13 中直线 *AB*、*BC*、*CD*，点击，系统弹出如图 7-3-14 所示切槽设置对话框。

设置刀具路径参数如图 7-3-14 所示，设置粗加工参数如图 7-3-15 所示。

设置精加工参数如图 7-3-16 所示，点击，切槽轨迹如图 7-3-17 所示。

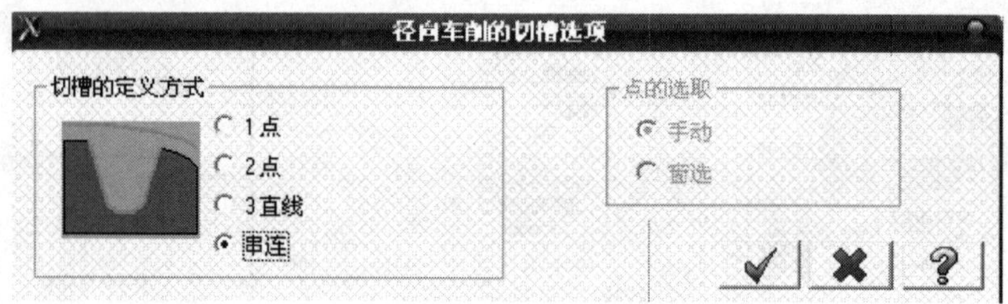

图 7-3-12　切槽定义方式

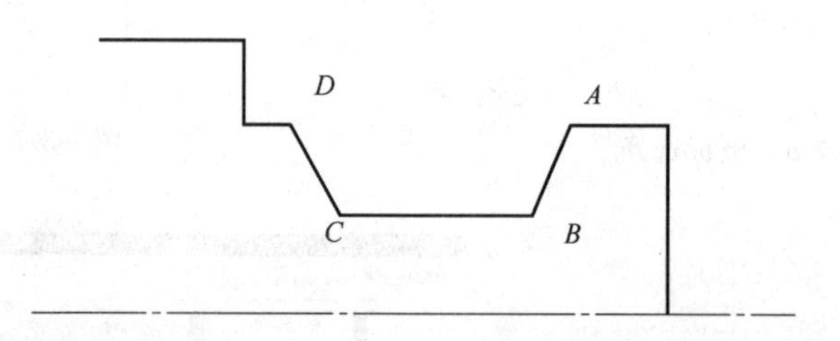

图 7-3-13　槽轮廓

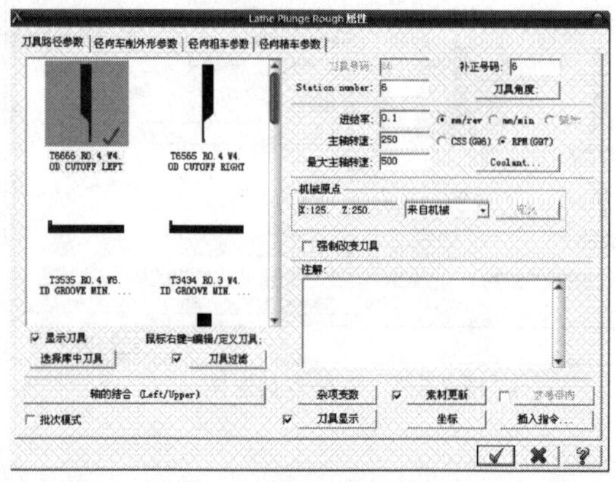

图 7-3-14　切槽刀具路径参数

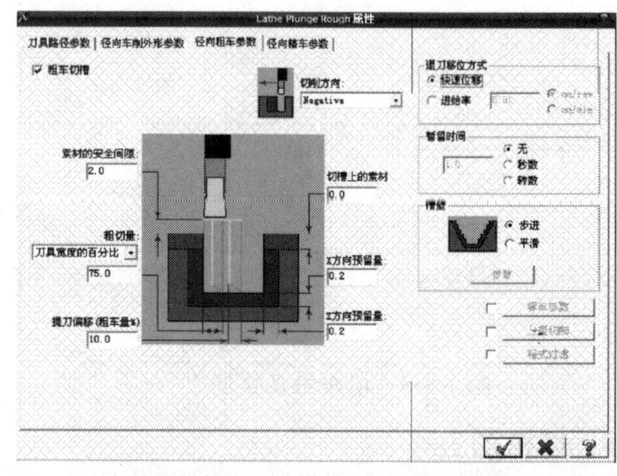

图 7-3-15　切槽粗加工参数设置

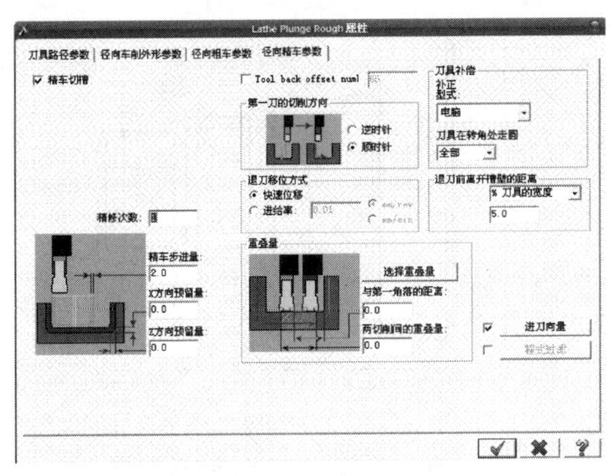

图 7-3-16　切槽精加工参数设置

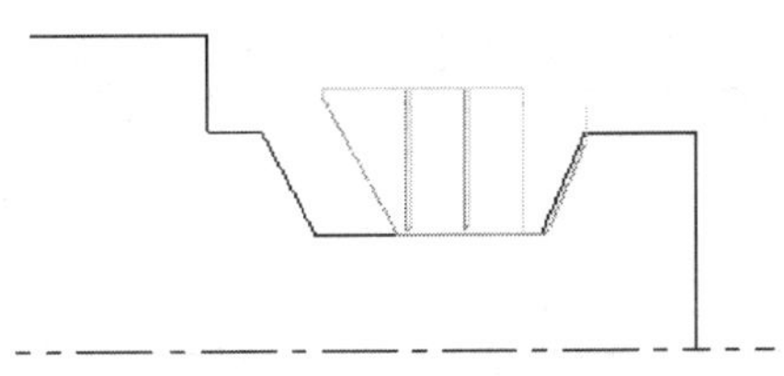

图 7-3-17　切槽刀具轨迹

四、螺纹加工

点击【刀具路径】-【车螺纹刀具路径】，按图 7-3-18 所示设定刀具路径参数，按图 7-3-19 所示设定螺纹形式参数。

分别点击图 7-3-19 中的 起始位置... ，结束位置... ，依次拾取图 7-3-20 中的 A、B 两点。按图 7-3-21 所示设定车螺纹参数，进刀加速间隙改为 5.0。

点击图 7-3-21 中的 ✔，刀具轨迹如图 7-3-22 所示。

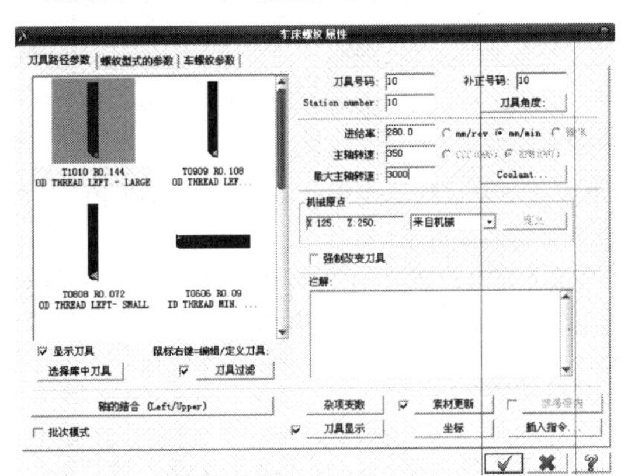

图 7-3-18　螺纹切削刀具路径参数

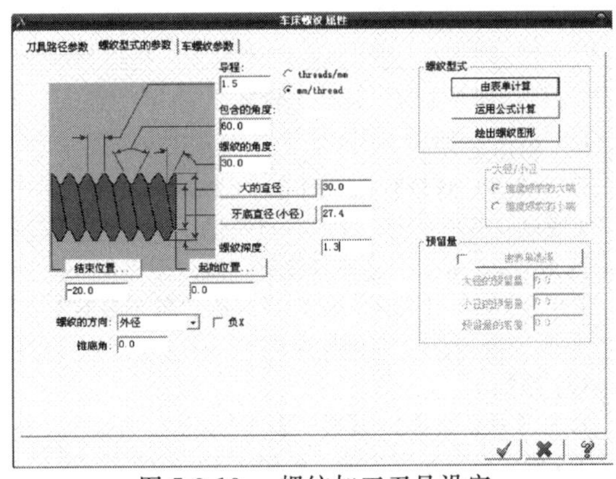

图 7-3-19　螺纹加工刀具设定

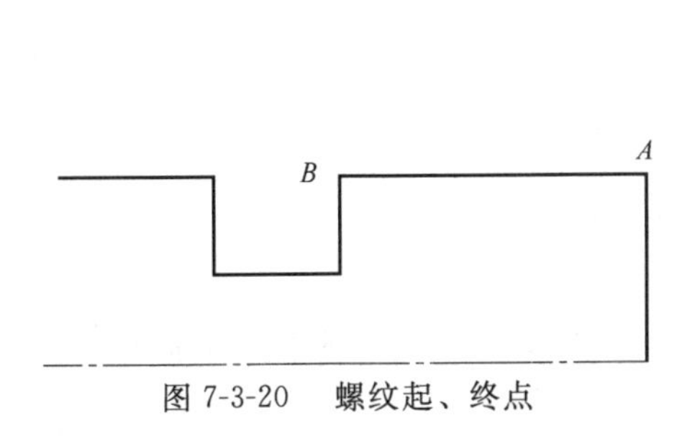

图 7-3-20　螺纹起、终点

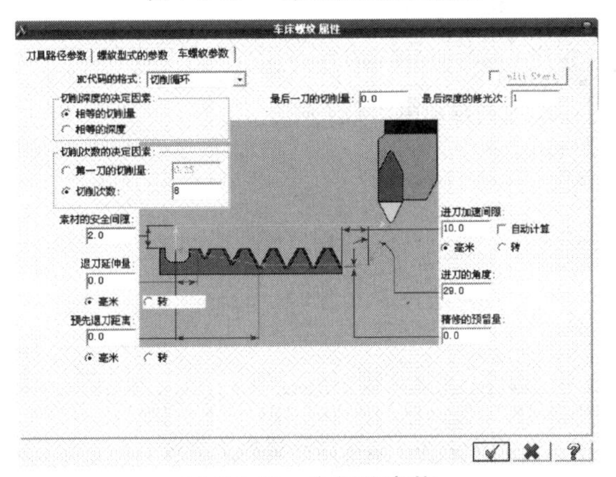

图 7-3-21　车螺纹参数

例 7-3-1　在 MASTERCAM 生成图 7-3-23 零件的刀具轨迹。

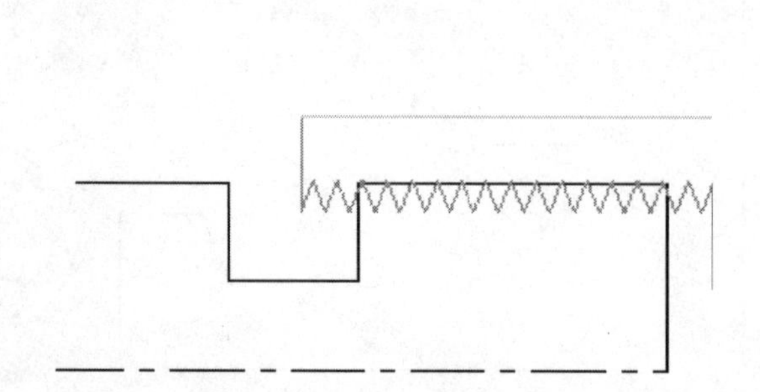

图 7-3-22　螺纹加工刀具轨迹

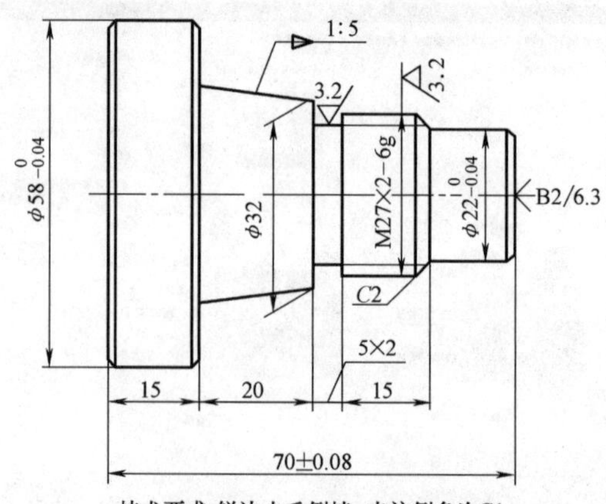

图 7-3-23　固定循环加工零件图

将图 7-3-23 的中心线以上需加工轮廓部分绘制在 MASTERCAM X 工作区内（图 7-3-24）。

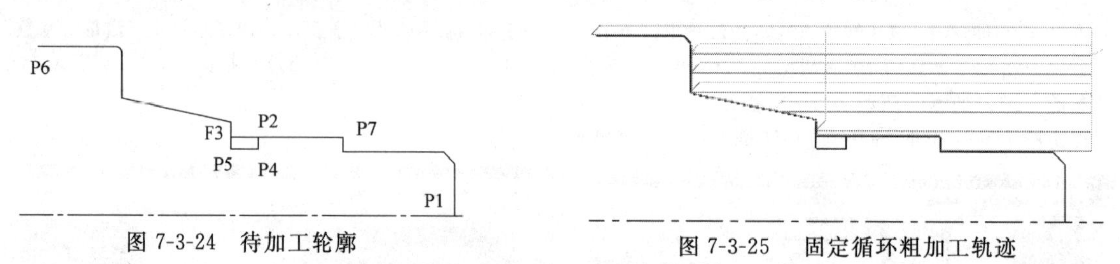

图 7-3-24　待加工轮廓

图 7-3-25　固定循环粗加工轨迹

（1）粗加工

点击【刀具路径】-【粗车】，工作区弹出图 7-3-3 所示串连选项对话框（选择串连方式），拾取 P1-P7-P2-P3-P6 线串（不经过 P4、P5），点击图 7-3-3 中的✔确认。

按图 7-3-5 所示设定刀具参数。点击图 7-3-5 中“坐标”，按下弹出的图 7-3-6 对话框中的“选择”，拾取图 7-3-24 中点的 P1 并确认，设定相应的“粗车参数”并点击图 7-3-5 中的✔确认（也就是 G71）。粗车轨迹如图 7-3-25 所示。

（2）精加工

点击【刀具路径】-【精车】，拾取相应的线串，按图 7-3-8 设定刀具及切削用量，点击“精车参数”，按如图 7-3-9 所示设定精车参数。按图 7-3-9 中的✔确认（也就是 G70）。刀具轨迹如图 7-3-26 所示。

（3）切槽

点击【刀具路径】-【径向车削】，在弹出的图 7-3-12 所示“切槽定义方式”对话框中选择“两点”方式点击✔，提取图 7-3-24 点 P2、P5 回车确认，按照图 7-3-14～图 7-3-16 设置相关切槽参数后确认（也就是 G75），刀具轨迹如图 7-3-27 所示。

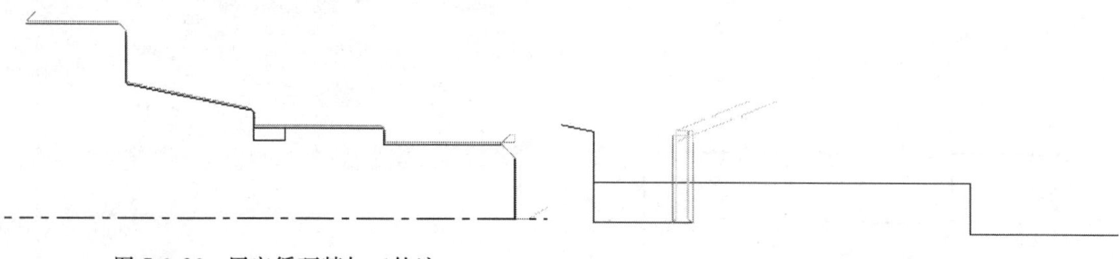

图 7-3-26　固定循环精加工轨迹

图 7-3-27　固定循环切槽刀具轨迹

（4）螺纹

点击【刀具路径】-【车螺纹刀具路径】，按图 7-3-18 所示设定刀具路径参数，设定图 7-3-19 中的“螺纹型式”参数：大径为 27，小径为 25.3。

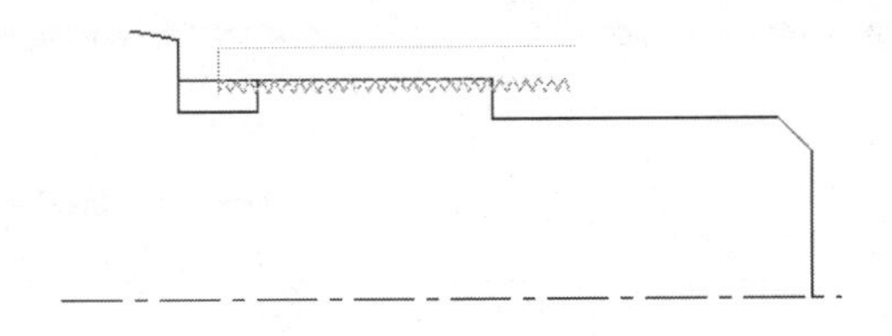

图 7-3-28　固定循环螺纹加工

分别点击图 7-3-19 中的【起始位置...】，【结束位置...】，依次拾取图 7-3-24 中的 P7 点、线段 P2P3 的中点。设定图 7-3-21“车螺纹参数”中的“进刀加速间隙”为 5 并确认，刀具轨迹如图 7-3-28 所示。

例 7-3-2　在 MASTERCAM Lathe 上生成如图 7-3-29 所示零件的刀具轨迹，模拟加工该图形并生成数控代码。图中 $\phi20$ 的内孔已加工完成。

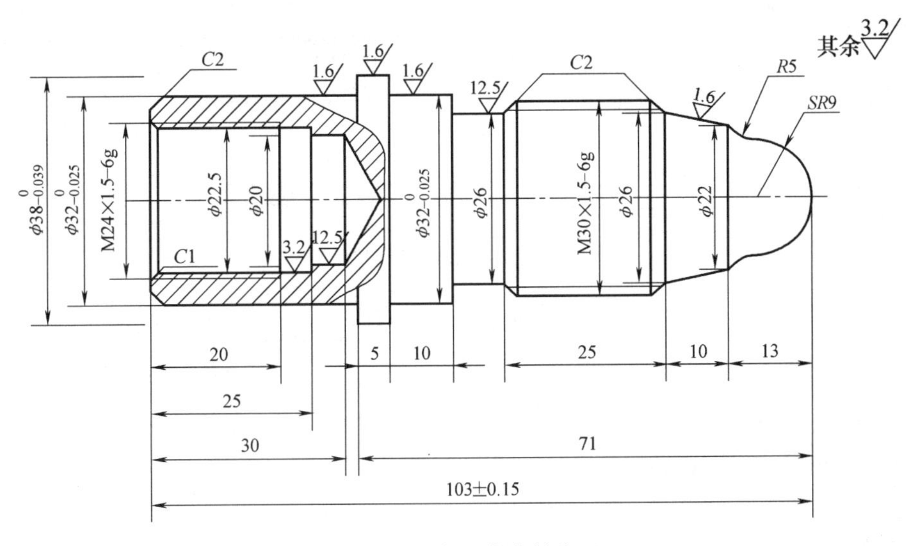

图 7-3-29　加工综合件练习

(1) 分析图样制订加工工艺

零件图样如图 7-3-29 所示，需要两次装夹加工才能完成，首先夹持工件的右端加工工件的左端内孔；左端加工完成后再夹持工件的左端加工右端的轮廓、沟槽和螺纹。

(2) 左端面加工

1) 绘制待加工部分二维图　图中 20 的内孔已经加工完成，需加工部分仅为 $\phi22.5$ 内孔与 M24 的螺纹。待加工部分如图 7-3-30 所示。

2) 内轮廓粗加工　点击【刀具路径】-【粗车】，工作区弹出图 7-3-31所示串连选项对话框（选择串连方式），拾取图 7-3-30 中 P2-P3-P5-P6线串，点击图7-3-31中的【✓】确认。

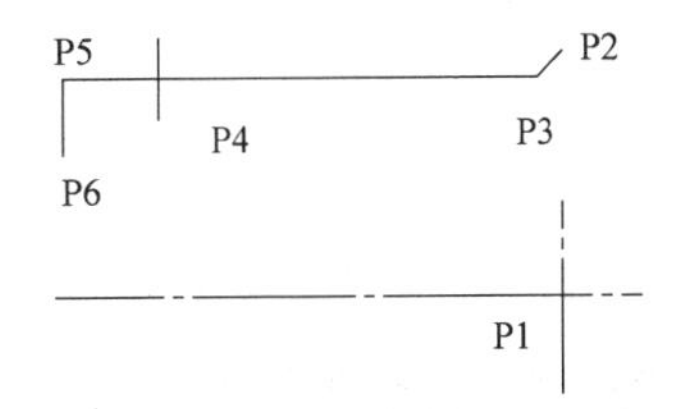

图 7-3-30　综合实例左端待加工部分

按图 7-3-32 所示设定刀具及切削用量。点击图 7-3-32 中“坐标”，点击弹出的图 7-3-31 对话框中的“选择”，拾取图 7-3-30 中的点 P1 并确认。按图 7-3-32 设置相应的“粗车参数”并点击图 7-3-31 中的【✓】确认。粗车轨迹如图 7-3-33 所示。

3) 内轮廓精加工　点击【刀具路径】-【精车】，拾取串连线串并确认，设置精车刀具及切削用量如图 7-3-34所示。设置“精车参数”如图 7-3-35 所示并点击【✓】确定。刀具轨迹如图 7-3-36 所示。

4) 内螺纹加工　点击【刀具路径】-【车螺纹刀具路径】，按图 7-3-37 所示设定刀具及切削用量，按图 7-3-38所示设定螺纹型式参数。

分别点击图 7-3-38 中的【起始位置...】，【结束位置...】，依次拾取图 7-3-30 中的 P3、P4 两点。按图 7-3-39 所示设定“车螺纹参数”，进刀加速间隙改为 5.0。点击图 7-3-40 中的【✓】确认。刀具轨迹如图 7-3-41所示。

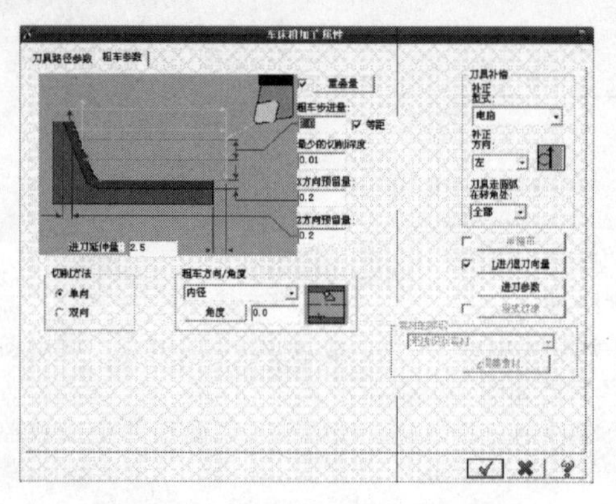

图 7-3-31　内孔加工粗车参数设置

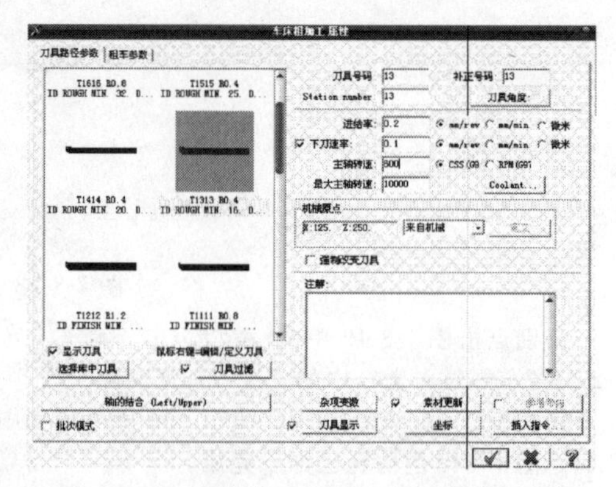

图 7-3-32　内孔加工刀具及切削用量设置

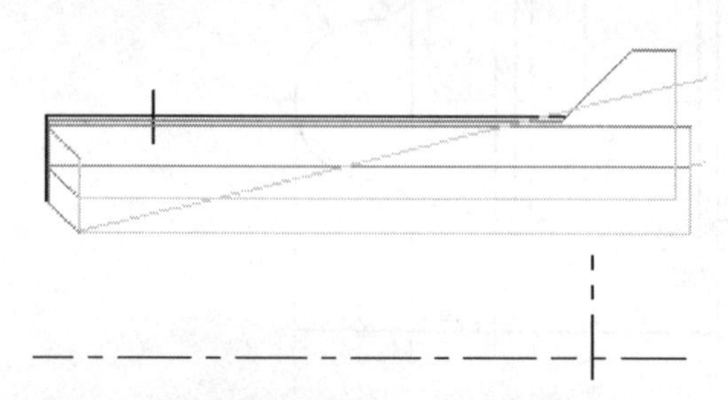

图 7-3-33　内孔加工刀具轨迹

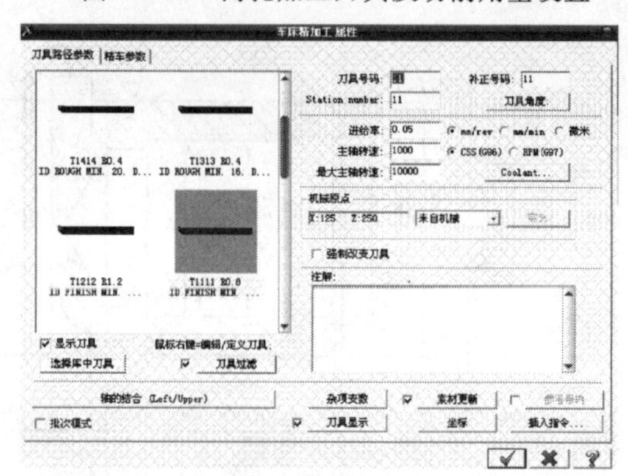

图 7-3-34　内孔加工刀具及切削用量设定

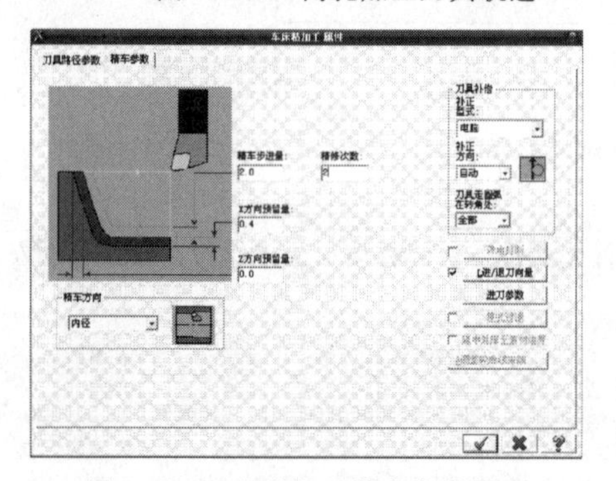

图 7-3-35　内孔加工精车参数设定

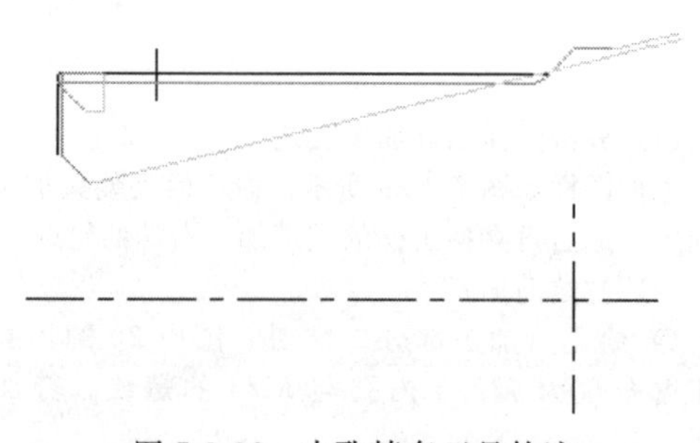

图 7-3-36　内孔精车刀具轨迹

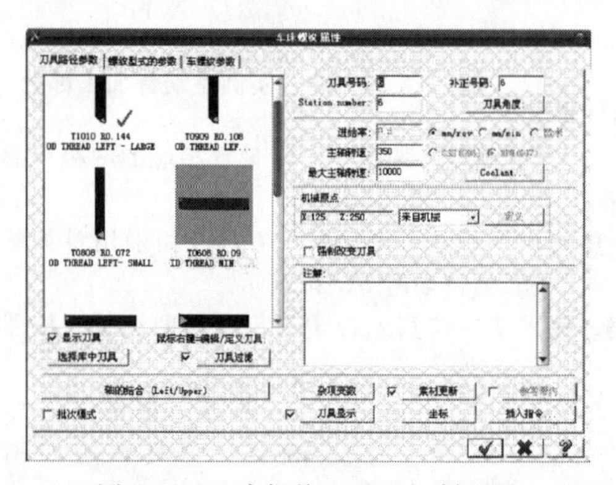

图 7-3-37　内螺纹刀具及切削用量

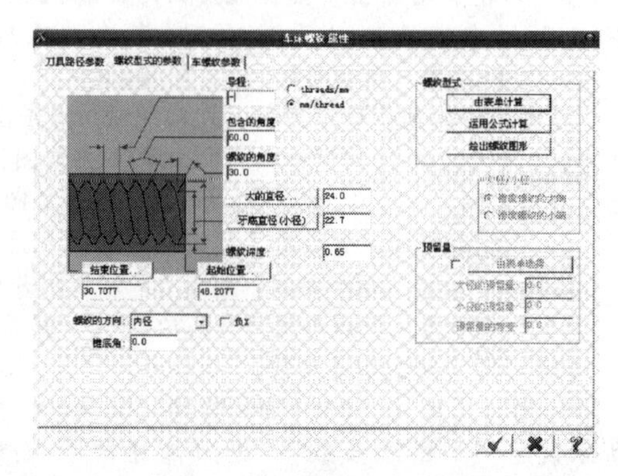

图 7-3-38　内螺纹型式参数

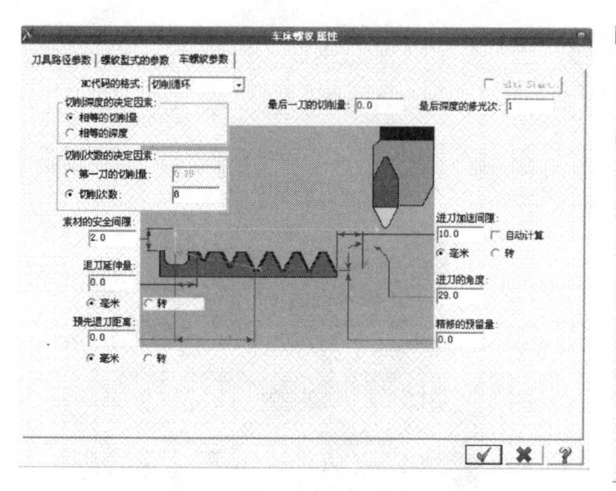

图 7-3-39　车螺纹参数

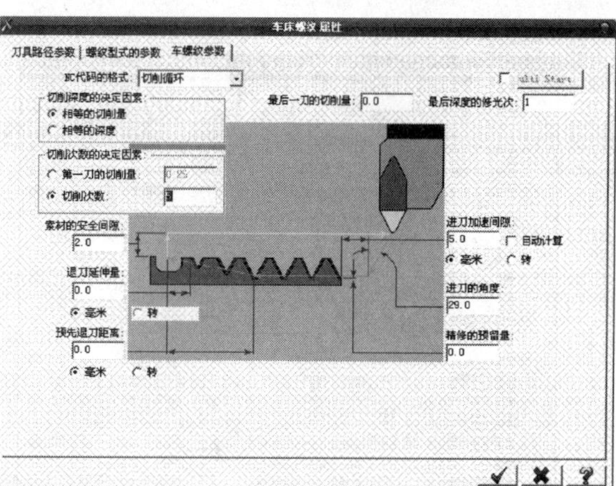

图 7-3-40　车螺纹参数

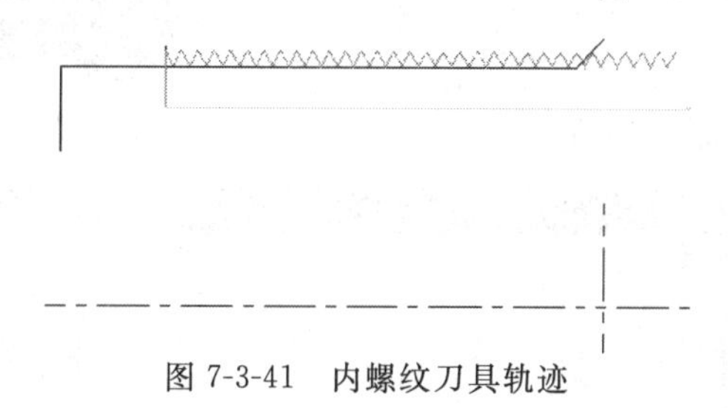

图 7-3-41　内螺纹刀具轨迹

5）加工模拟验证　点击图 7-3-42 加工模拟管理器上拾取所有加工（也可按住 SHIFT 键拾取），点击系统弹出图 7-3-43 实体验证对话框。

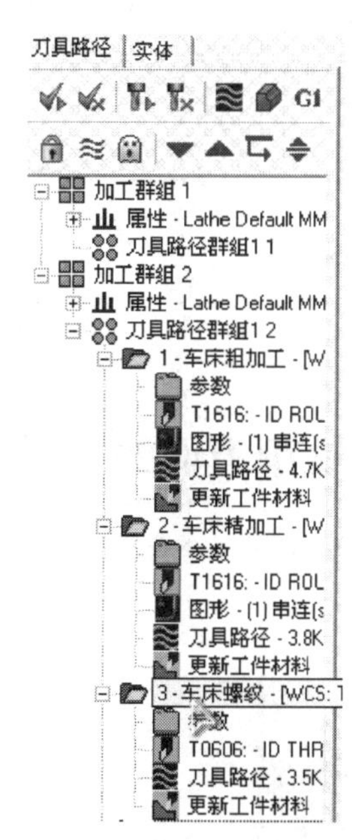

图 7-3-42　加工模拟管理器

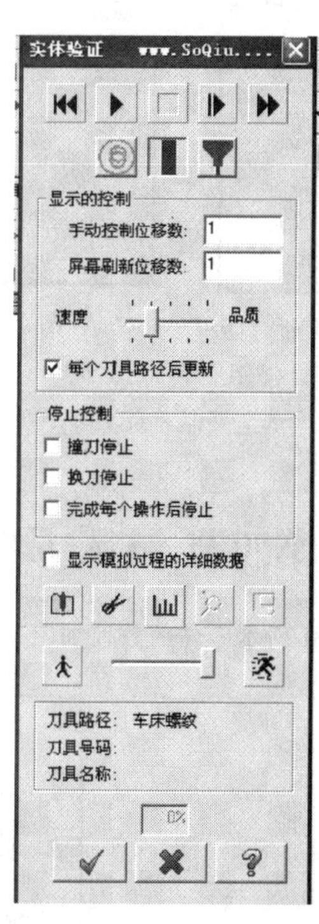

图 7-3-43　实体验证对话框

点击图 7-3-43 中的系统弹出图 7-3-44 参数设定对话框，设定工件形状及尺寸。点击确定返回图 7-3-43 模拟参数/控制对话框，点击开始模拟加工，完成后实体效果如图 7-3-45 所示。

6）后置处理　点击图 7-3-42 加工模拟管理器上G1按钮，系统弹出图 7-3-46 所示对话框，点击确定后系统弹出存

储对话框（如图 7-3-47），选择程序存储位置后点击保存，系统处理完成后弹出程序文件（如图 7-3-48 程序文件）。

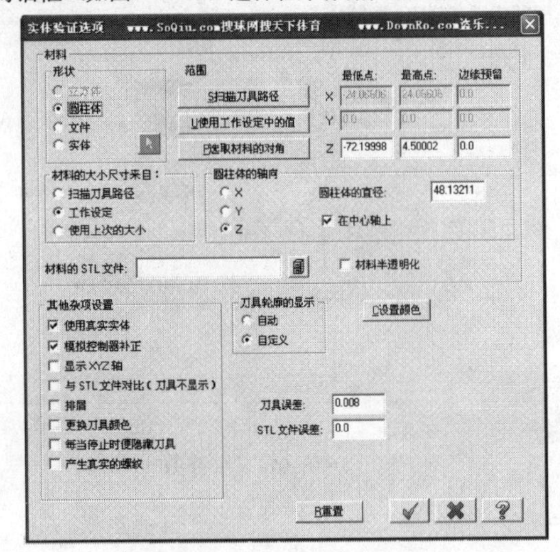

图 7-3-44　参数设定对话框

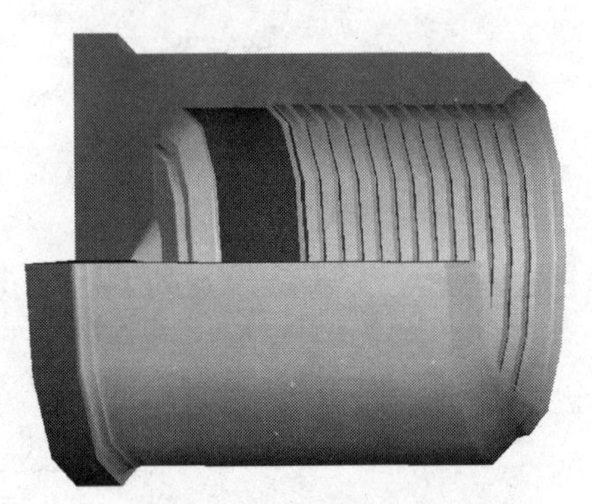

图 7-3-45　左端模拟加工效果图

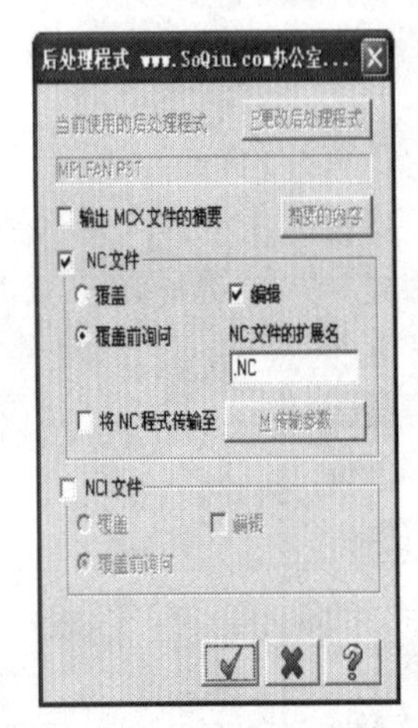

图 7-3-46　后置处理对话框

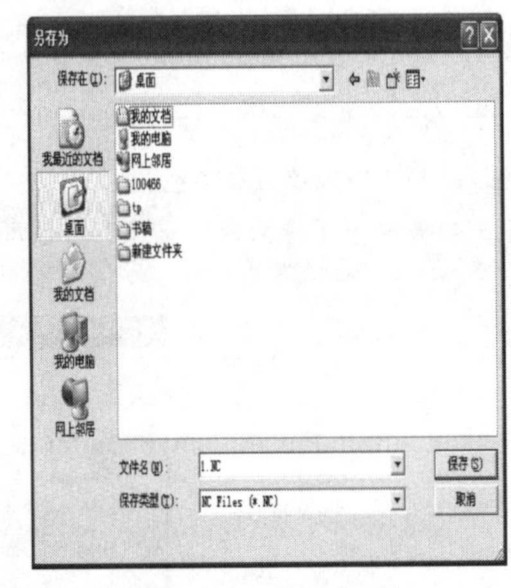

图 7-3-47　存储对话框

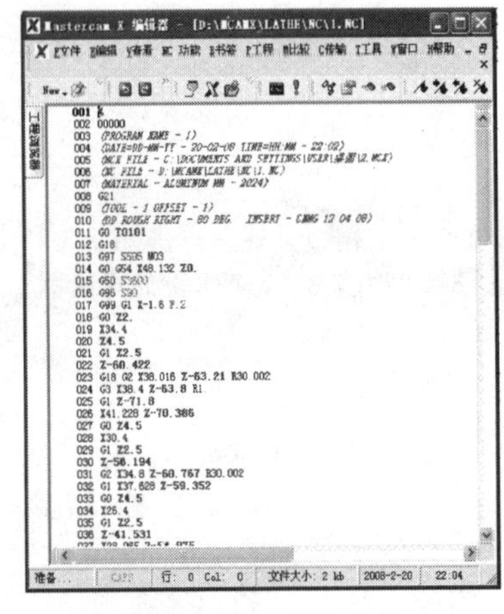

图 7-3-48　程序文件

（3）右端加工效果图

右端加工与例 7-3-1 类似，此处不再展开。

第四节　CAD/CAM 技术在数控铣削方面的应用

通过对图 7-4-1 所示零件的数控加工来介绍 CAD/CAM（Cimatron E7）技术在数控铣削方面的应用。

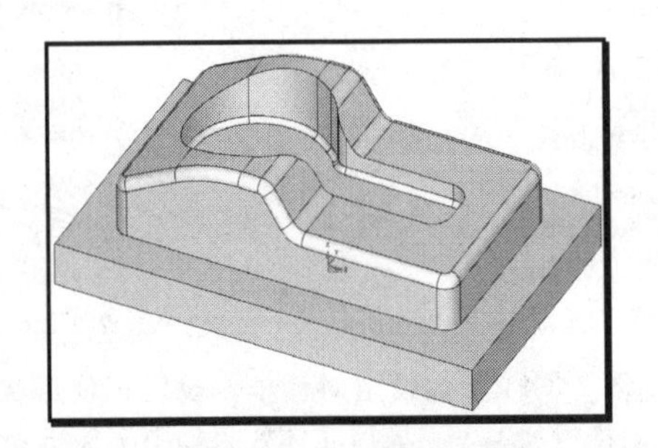

图 7-4-1　零件模型

一、调入模型

将参照模型调入到绘图区域中，操作步骤如表 7-4-1 所示。

表 7-4-1 调入模型

序号	步骤	操作	图示
1	打开软件	打开 Cimatron E7 软件，选择编程模块	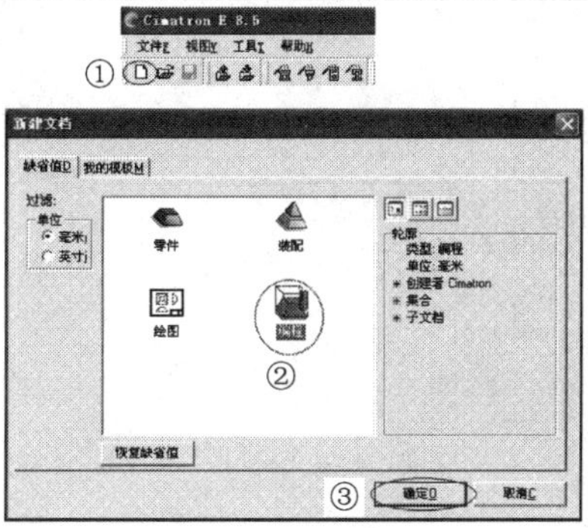
2	调入	切换至高级模式，单击【调入模型】按钮，再选择参照模型，将其调入 若有破损，要进行修补	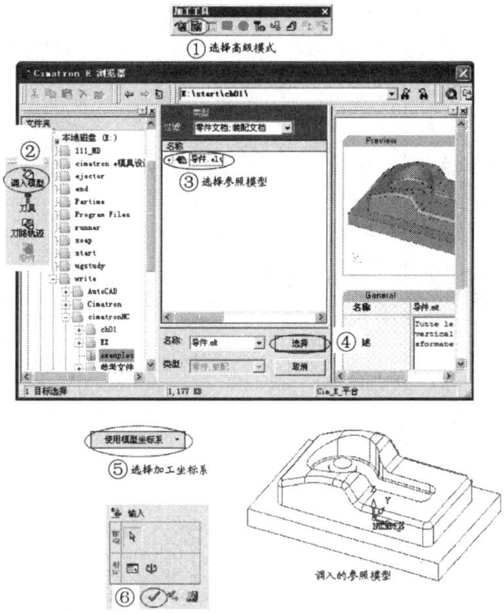

二、创建刀具

根据参照模型的特点和数控加工的要求设置刀具，操作步骤如表 7-4-2 所示。

表 7-4-2 创建刀具

序号	步骤	操作	图示
1	测量	对零件的各个关键部位进行测量	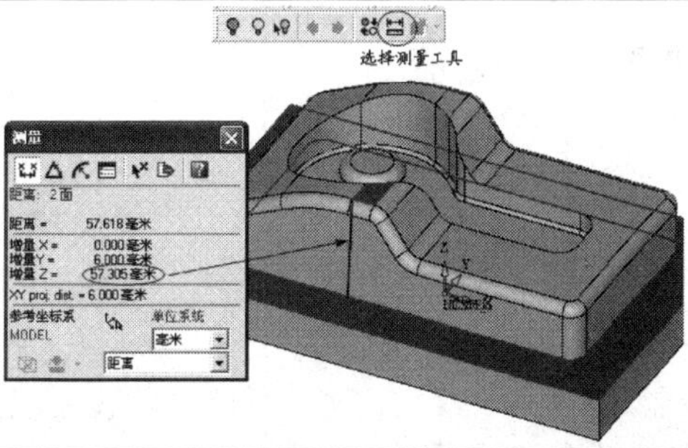

续表

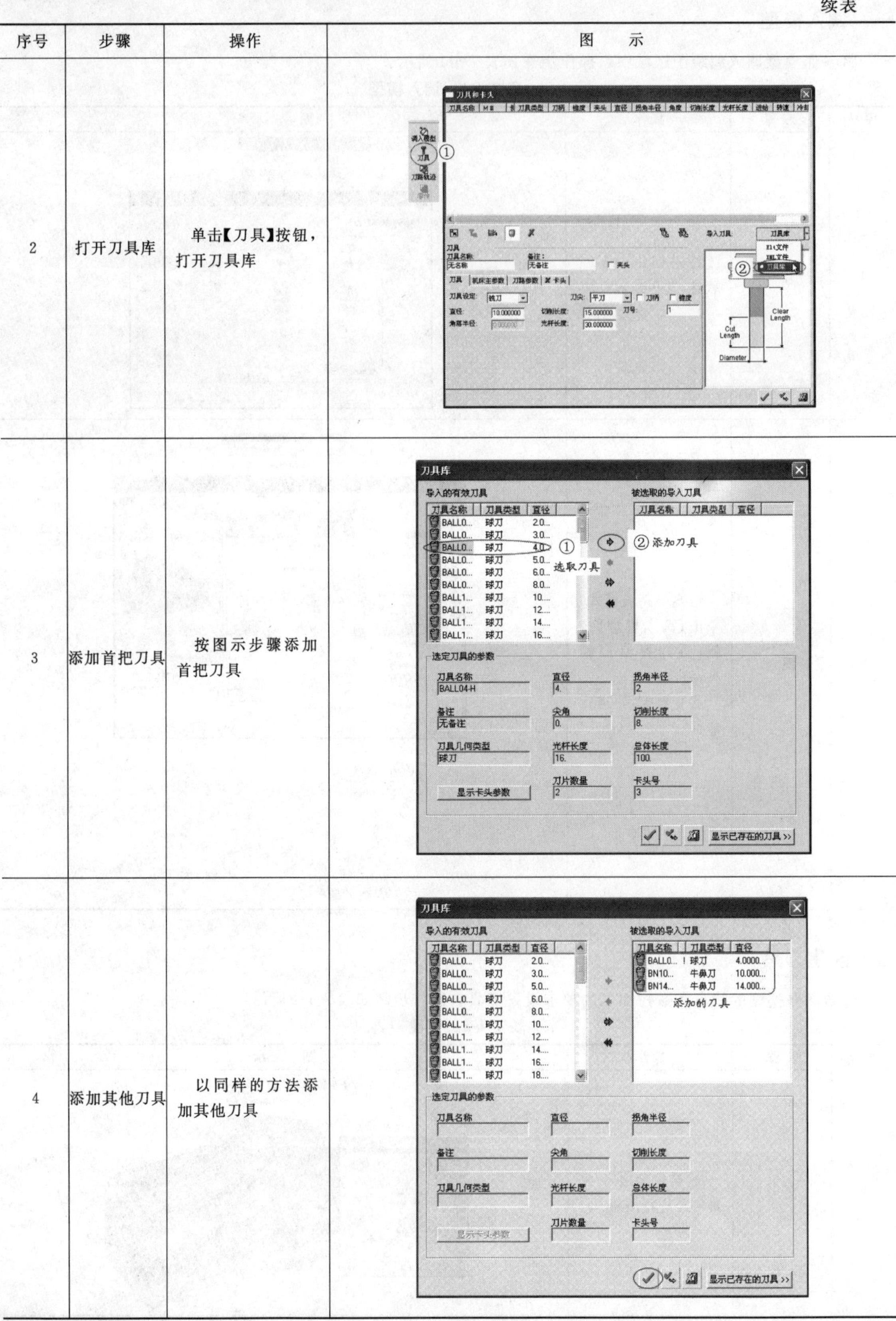

序号	步骤	操作	图示
2	打开刀具库	单击【刀具】按钮，打开刀具库	
3	添加首把刀具	按图示步骤添加首把刀具	
4	添加其他刀具	以同样的方法添加其他刀具	

续表

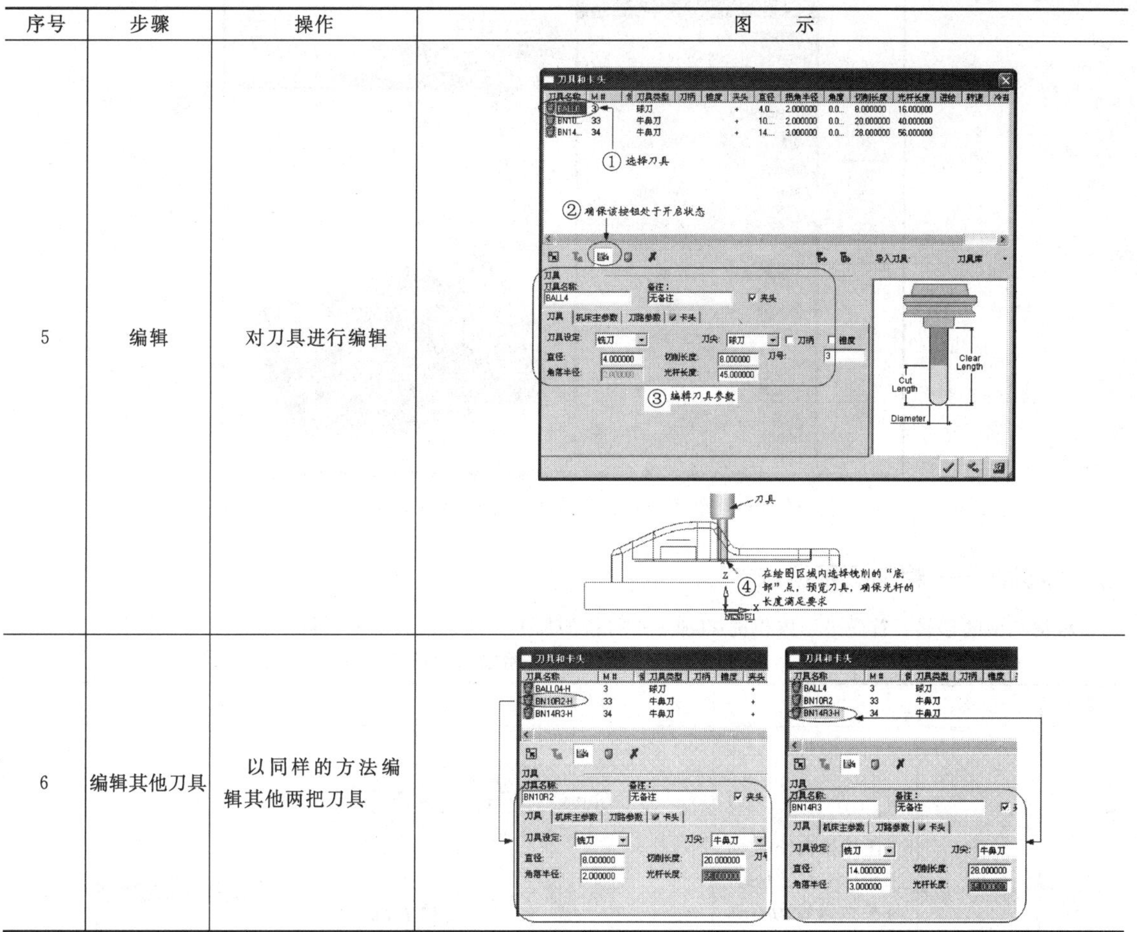

序号	步骤	操作	图示
5	编辑	对刀具进行编辑	
6	编辑其他刀具	以同样的方法编辑其他两把刀具	

三、创建刀路轨迹

根据零件的特点，采用 3 轴加工的方式创建 3 轴刀路轨迹，如图 7-4-2 所示。

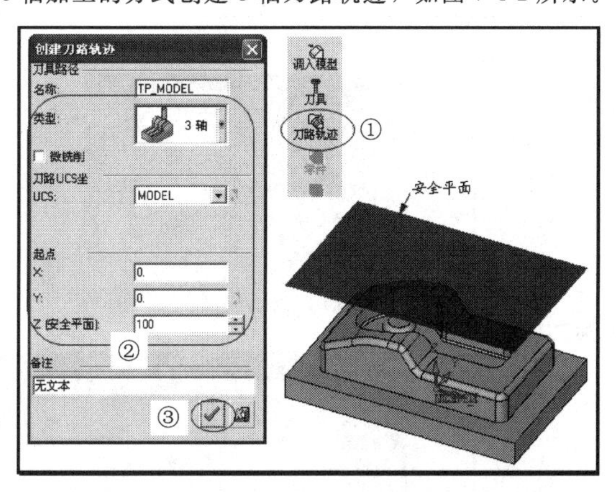

图 7-4-2　创建刀路轨迹

四、创建毛坯

创建长方体毛坯，使之刚好包容整个零件。创建毛坯的操作步骤如图 7-4-3 所示。

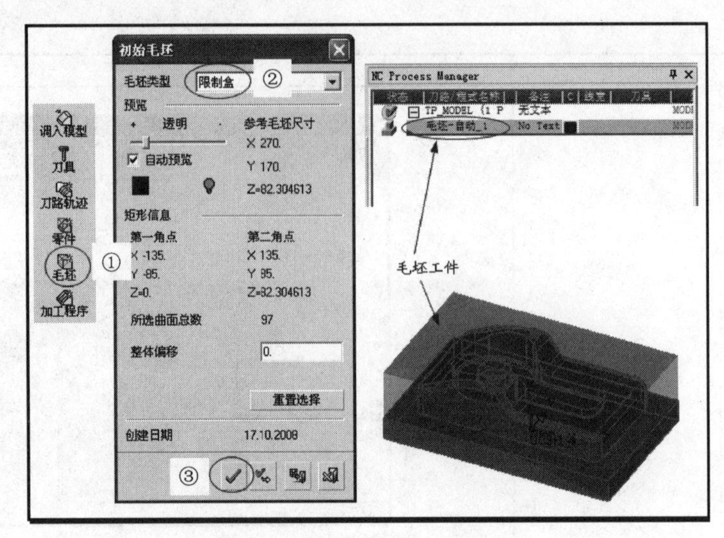

图 7-4-3 创建毛坯的操作步骤

五、体积铣——粗加工平行铣

根据模型的形状，首先采用体积铣-粗加工平行铣的加工方式铣削大部分材料，操作步骤如表 7-4-3 所示。

表 7-4-3　体积铣——粗加工平行铣

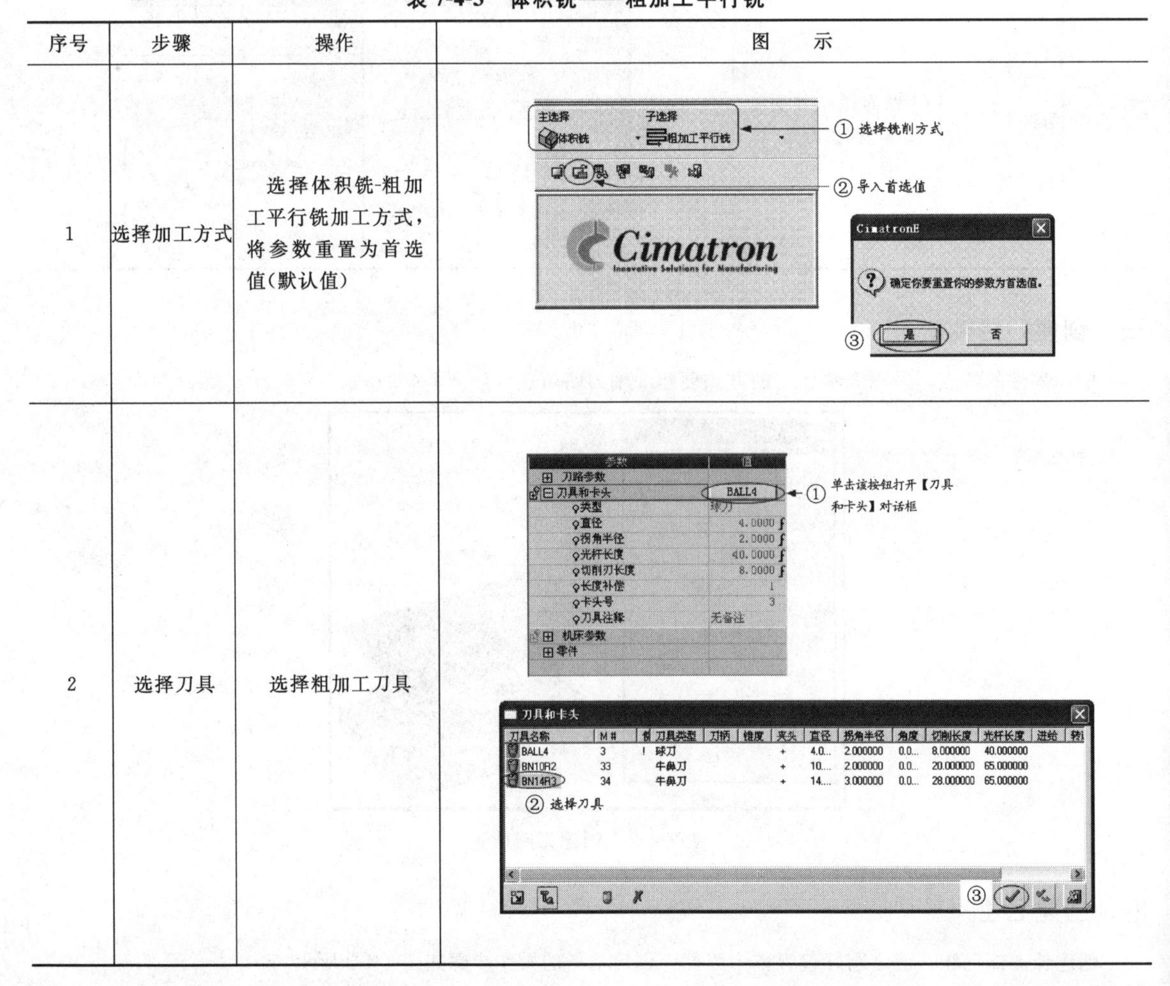

序号	步骤	操作	图　　示
1	选择加工方式	选择体积铣-粗加工平行铣加工方式，将参数重置为首选值（默认值）	
2	选择刀具	选择粗加工刀具	

续表

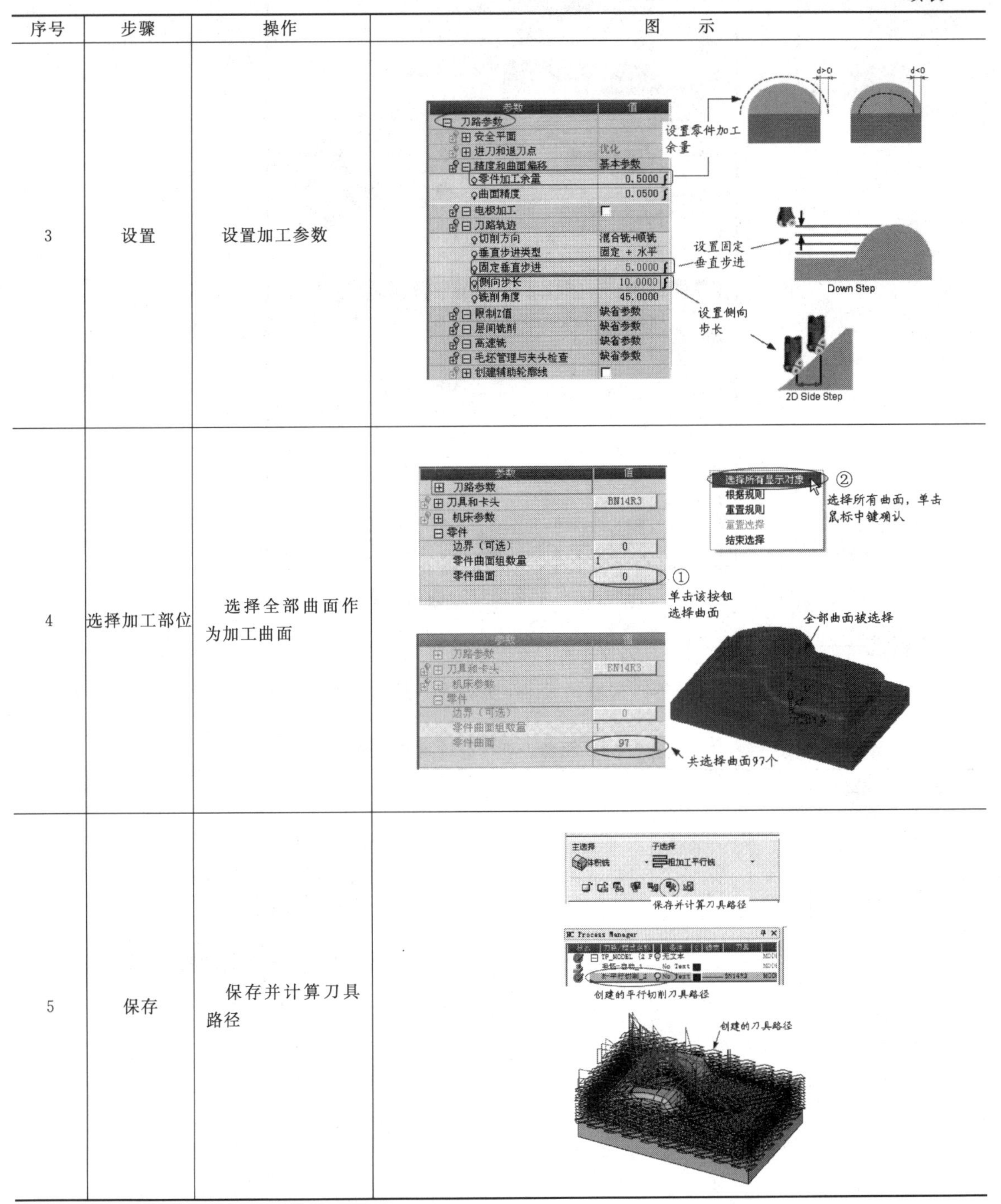

序号	步骤	操作	图示
3	设置	设置加工参数	
4	选择加工部位	选择全部曲面作为加工曲面	
5	保存	保存并计算刀具路径	

注：“牛鼻刀”即为“环形刀”。

六、剩余毛坯

创建的剩余毛坯是上一步粗加工铣削后剩余的毛坯，进行数控加工模拟时，可以采用该毛坯进行模拟验证，以节省时间和提高效率。剩余毛坯的创建步骤如图 7-4-4 所示。

七、粗加工平行铣仿真和后处理

对加工程序进行仿真模拟，并输出数控机床能够识别的 G 代码程序，操作步骤如表 7-4-4 所示。

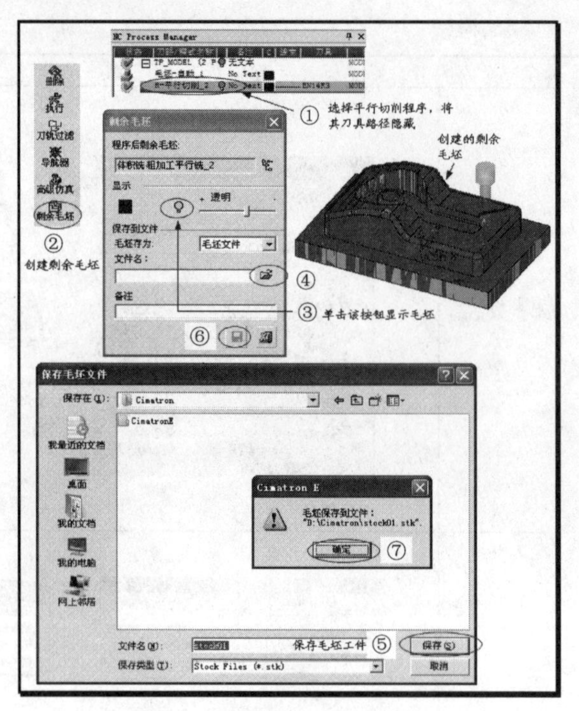

图 7-4-4　剩余毛坯的创建步骤

八、体积铣——二次开粗

在原来粗加工的基础上再次进行二次粗加工，铣削因为刀具问题而留下的残料，操作步骤如表 7-4-5 所示。

表 7-4-4　粗加工平行铣仿真和后处理

序号	步骤	操作	图　示
1	选择	单击【高级仿真】按钮，选择要模拟的加工程序	① 单击高级仿真　② 选择平行铣削程序　③ 确认

续表

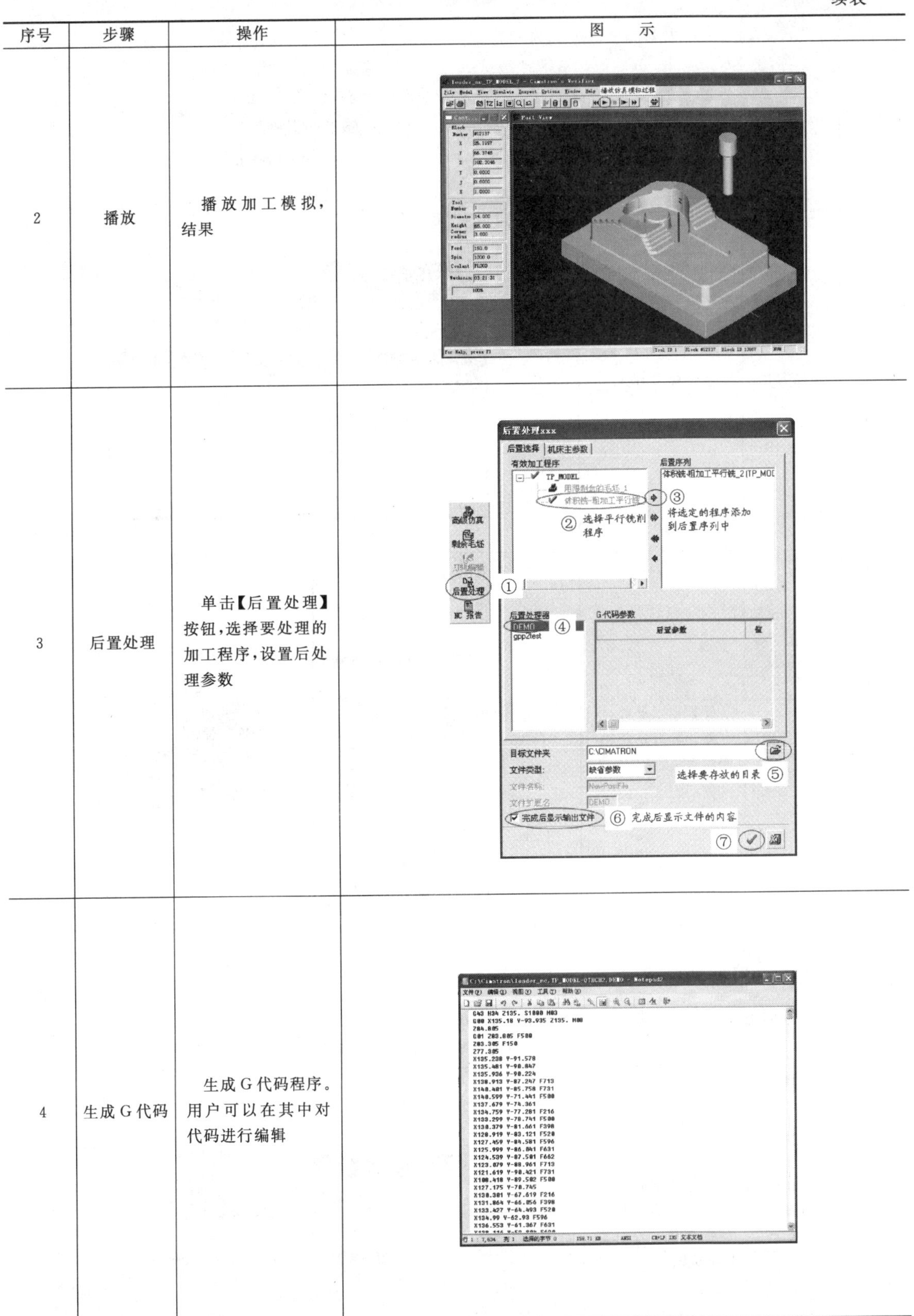

序号	步骤	操作	图示
2	播放	播放加工模拟，结果	
3	后置处理	单击【后置处理】按钮，选择要处理的加工程序，设置后处理参数	
4	生成G代码	生成G代码程序。用户可以在其中对代码进行编辑	

表 7-4-5　体积铣——二次开粗

序号	步骤	操作	图　示
1	选择	选择体积铣——二次开粗加工方式，将参数重置为首选值(默认值)	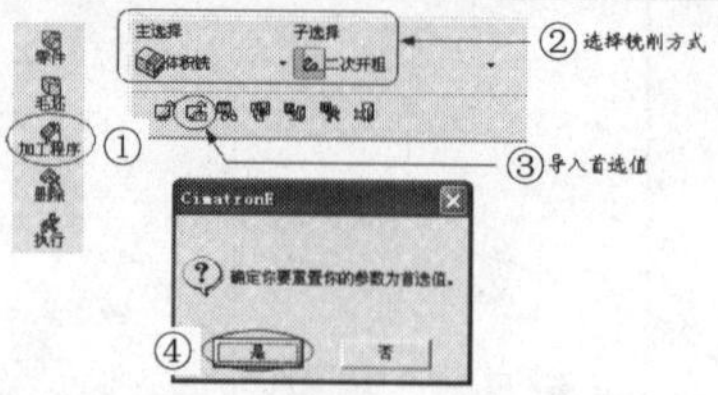
2	选择刀具	选择加工刀具	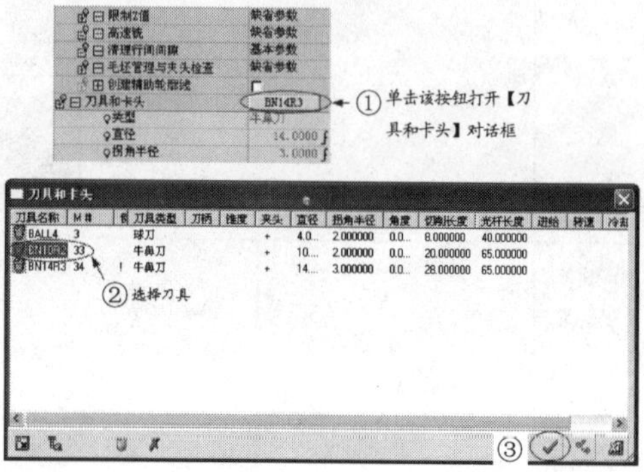
3	设置参数	设置加工参数，保存并计算刀具路径，创建刀具路径	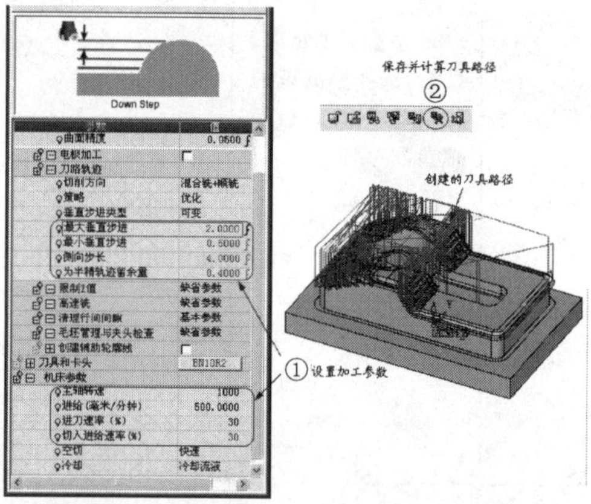

九、曲面铣——根据角度精铣

对二次开粗加工方式进行编辑，以曲面铣的方式取代，操作步骤如表 7-4-6 所示。

表 7-4-6　曲面铣——根据角度精铣

序号	步骤	操作	图　示
1	选择	选择二次开粗加工方式，对其进行编辑，将加工方式修改为曲面铣——根据角度精铣	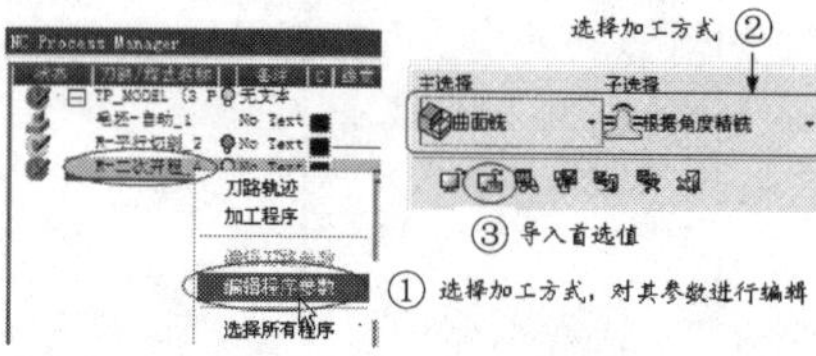

续表

序号	步骤	操作	图示
2	确定加工边界	选择底部曲面边界作为加工边界	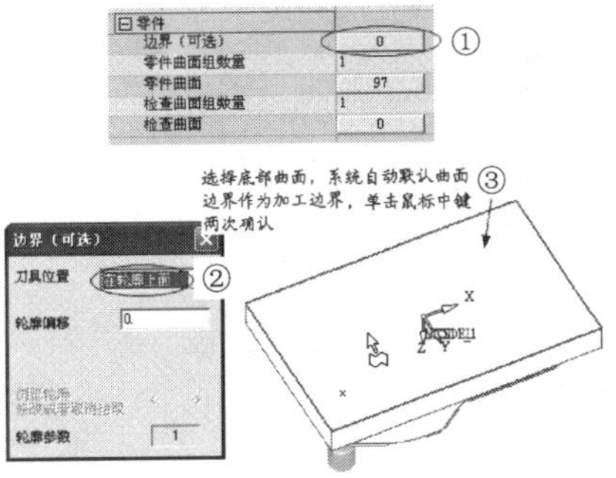 零件 边界（可选） 0 ① 零件曲面组数量 1 零件曲面 97 检查曲面组数量 1 检查曲面 0 选择底部曲面，系统自动默认曲面边界作为加工边界，单击鼠标中键两次确认 ③ 边界（可选） 刀具位置 在轮廓上面 ② 轮廓偏移 0. 轮廓参数 1
3	参数	设置加工参数，保存并计算刀具路径	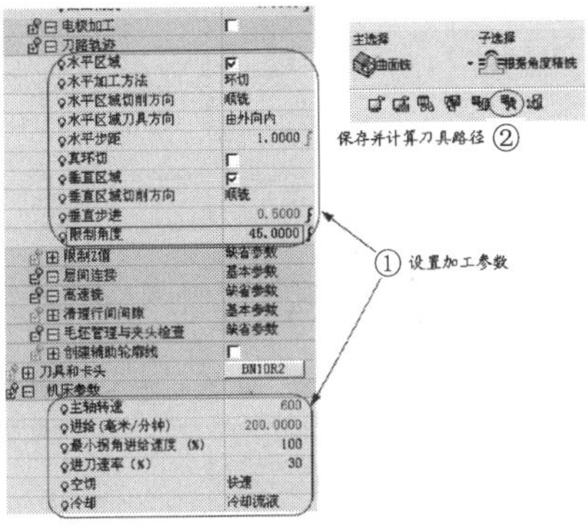 电极加工 刀路轨迹 水平区域 ☑ 水平加工方法 环切 水平区域切削方向 顺铣 水平区域刀具方向 由外向内 水平步距 1.0000 真环切 ☐ 垂直区域 ☑ 垂直区域切削方向 顺铣 垂直步进 0.5000 限制角度 45.0000 限制Z值 缺省参数 层间连接 基本参数 高速铣 缺省参数 清理行间间隙 基本参数 毛坯管理与夹头检查 缺省参数 创建辅助轮廓线 ☐ 刀具和卡头 BN10R2 机床参数 主轴转速 600 进给（毫米/分钟） 200.0000 最小拐角进给速度（%） 100 进刀速率（%） 30 空切 快速 冷却 冷却流液 ① 设置加工参数 主选择 子选择 曲面铣 根据角度精铣 保存并计算刀具路径 ②
4	显示	选择刀轨过滤工具，对刀具路径的显示方式进行设置，结果如右图所示，从图中可以看出，刀具路径过密，需要对其进行编辑	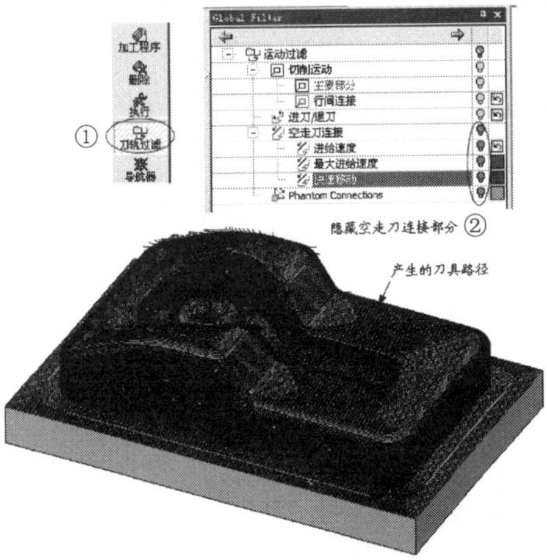 加工程序 删除 执行 ① 刀轨过滤 导航器 Global Filter 运动过滤 切削运动 主要部分 行间连接 进刀/退刀 空走刀连接 进给速度 最大进给速度 快速移动 Phantom Connections 隐藏空走刀连接部分 ② 产生的刀具路径
5	加工参数	再次单击【刀轨过滤】按钮将该功能关闭。对加工程序进行编辑，设置加工参数	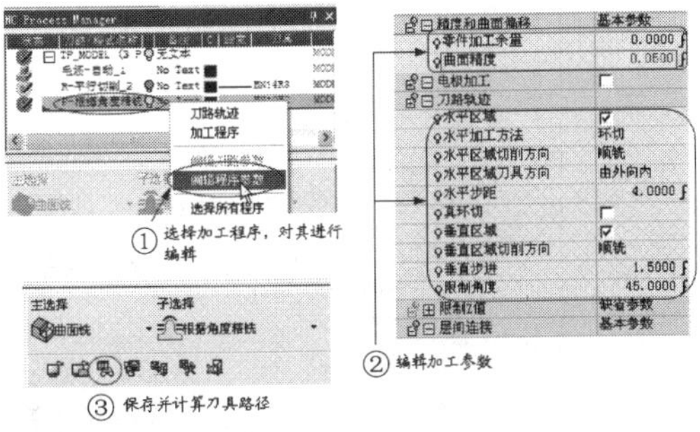 MC Process Manager TP_MODEL 无文本 毛坯-自动_1 No Text R-平行切削_2 No Text BN14R3 F-根据角度精铣 刀路轨迹 加工程序 编辑程序参数 选择所有程序 ① 选择加工程序，对其进行编辑 精度和曲面偏移 基本参数 零件加工余量 0.0000 曲面精度 0.0500 电极加工 ☐ 刀路轨迹 水平区域 ☑ 水平加工方法 环切 水平区域切削方向 顺铣 水平区域刀具方向 由外向内 水平步距 4.0000 真环切 ☐ 垂直区域 ☑ 垂直区域切削方向 顺铣 垂直步进 1.5000 限制角度 45.0000 限制Z值 缺省参数 层间连接 基本参数 ② 编辑加工参数 主选择 子选择 曲面铣 根据角度精铣 ③ 保存并计算刀具路径

续表

序号	步骤	操作	图示
6	设置颜色	修改刀具路径的颜色	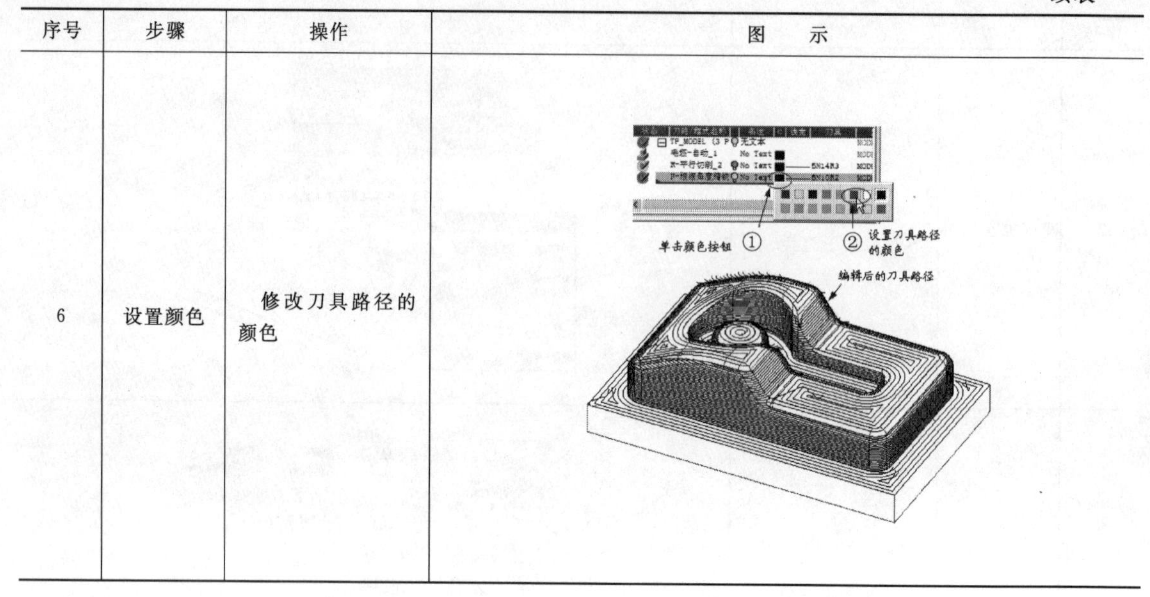

十、生成 NC 报告（表 7-4-7）

表 7-4-7　生成 NC 报告

序号	步骤	操作	图示
1	生成	单击【NC 报告】按钮，选择全部加工程序，生成 NC 报告	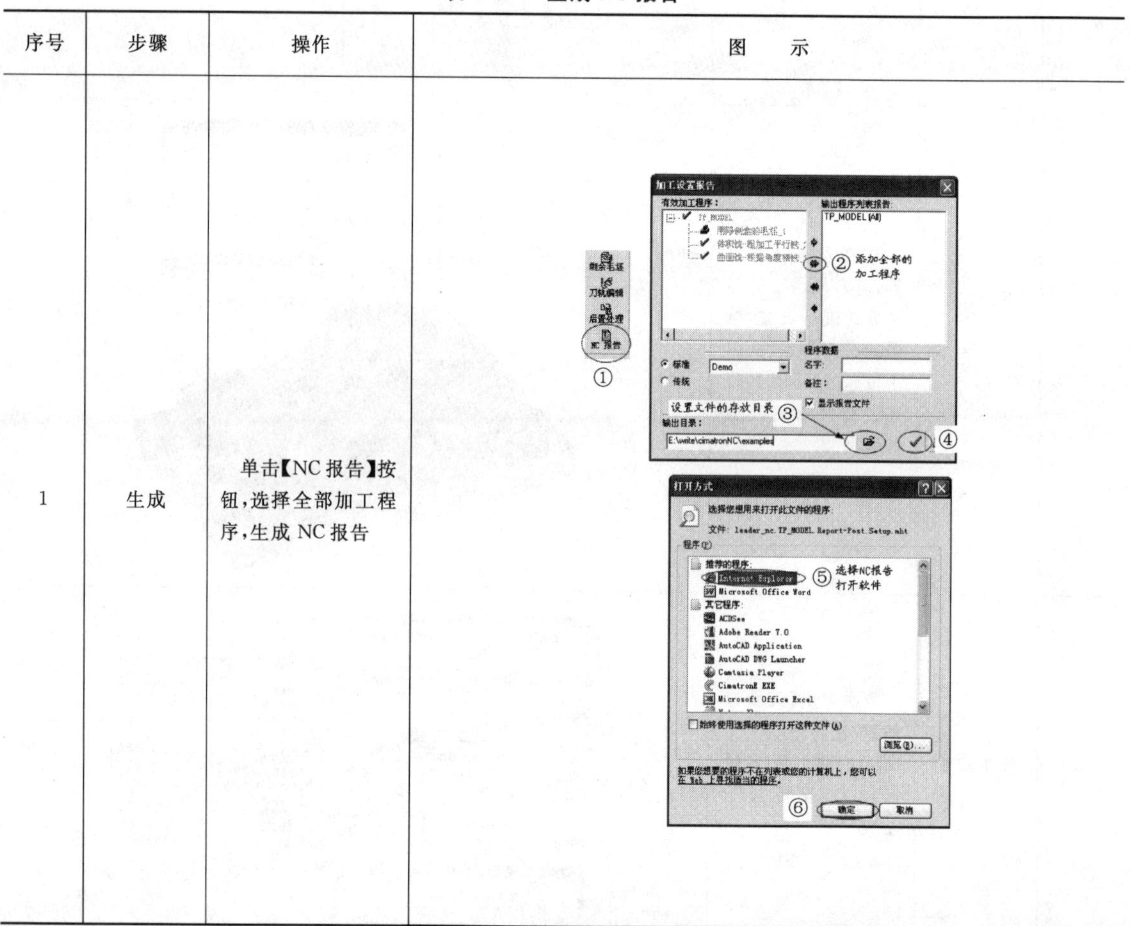

续表

序号	步骤	操作	图示
2	创建	创建的 NC 报告	mhtml:file://E:\write\cimatronNC\examples\leader_nc.TP_MODEL_2.Report-Post.Setup.mht 文件(F) 编辑(E) 查看(V) 收藏(A) 工具(T) 帮助(H) 地址(D) E:\write\cimatronNC\examples\leader_nc.TP_MODEL_2.Report-Post.Setup.mht NC Setup Sheet Cimatron Program name: Program comment: Date: 20/10/2008 Time: 22:55 User name: Administrator Cimatron file name: leader_nc Path: E:\write\cimatronNC\examples Operations Procedure / Tool No. 1 — Name: F-f铁 k'套&g2-i铣_4; Comment: No Text; Feed time 03:25:33; Air time 00:00:43; Total time 03:26:15 Tool — Name: BN10R2; No. T33; Diameter 10.; Clear length 65.; Cut length 20.; Corner rad. 2.; Con/Tool ang. 0.0/0.0; Auto-Drill Comment; Spin 600; Feed 200. Motions Limits (Min, Max): Statistics: 完毕 我的电脑

十一、模拟检验

对加工效果进行检验，与零件进行对比，分析加工误差，操作步骤如表 7-4-8 所示。

表 7-4-8 模拟检验

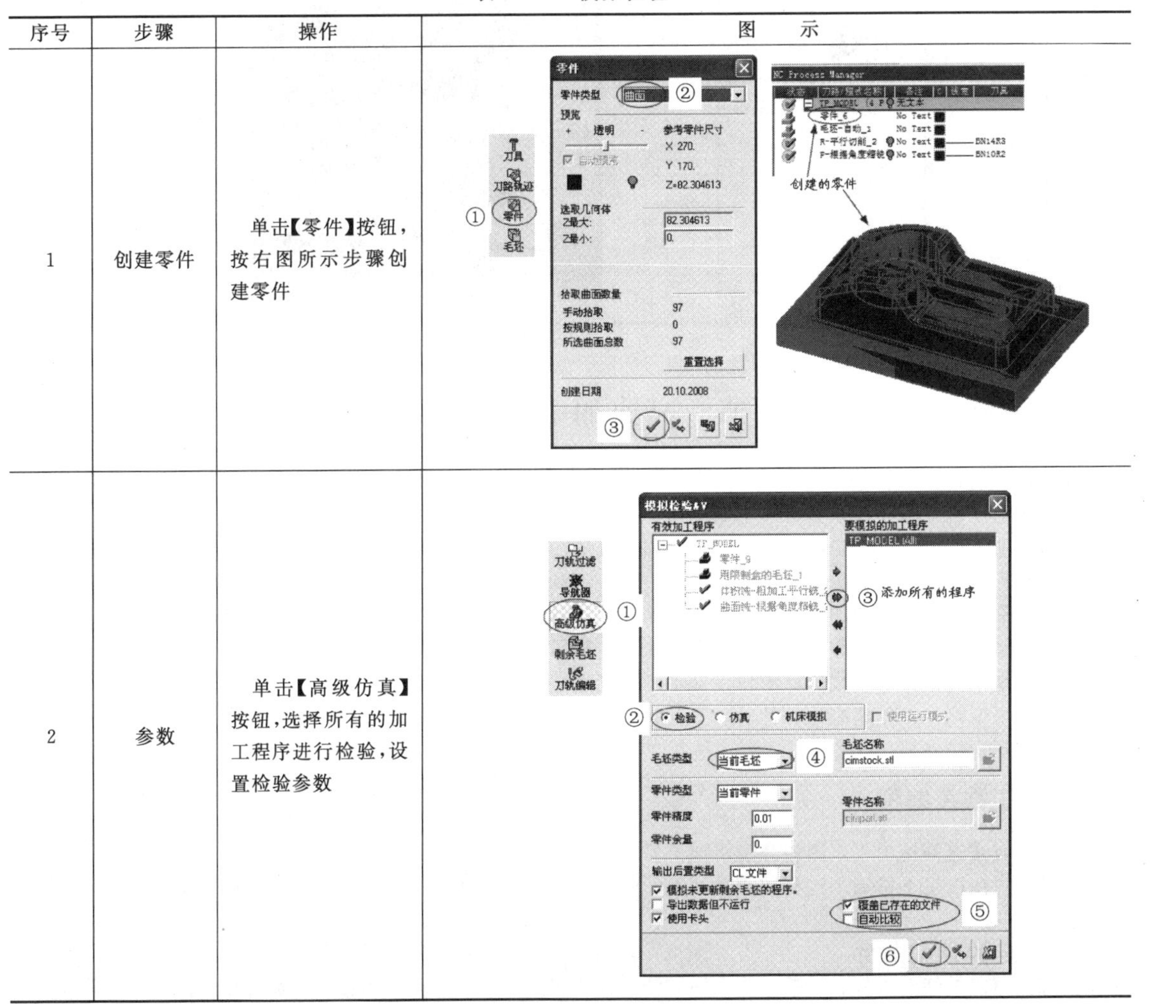

序号	步骤	操作	图示
1	创建零件	单击【零件】按钮，按右图所示步骤创建零件	
2	参数	单击【高级仿真】按钮，选择所有的加工程序进行检验，设置检验参数	

续表

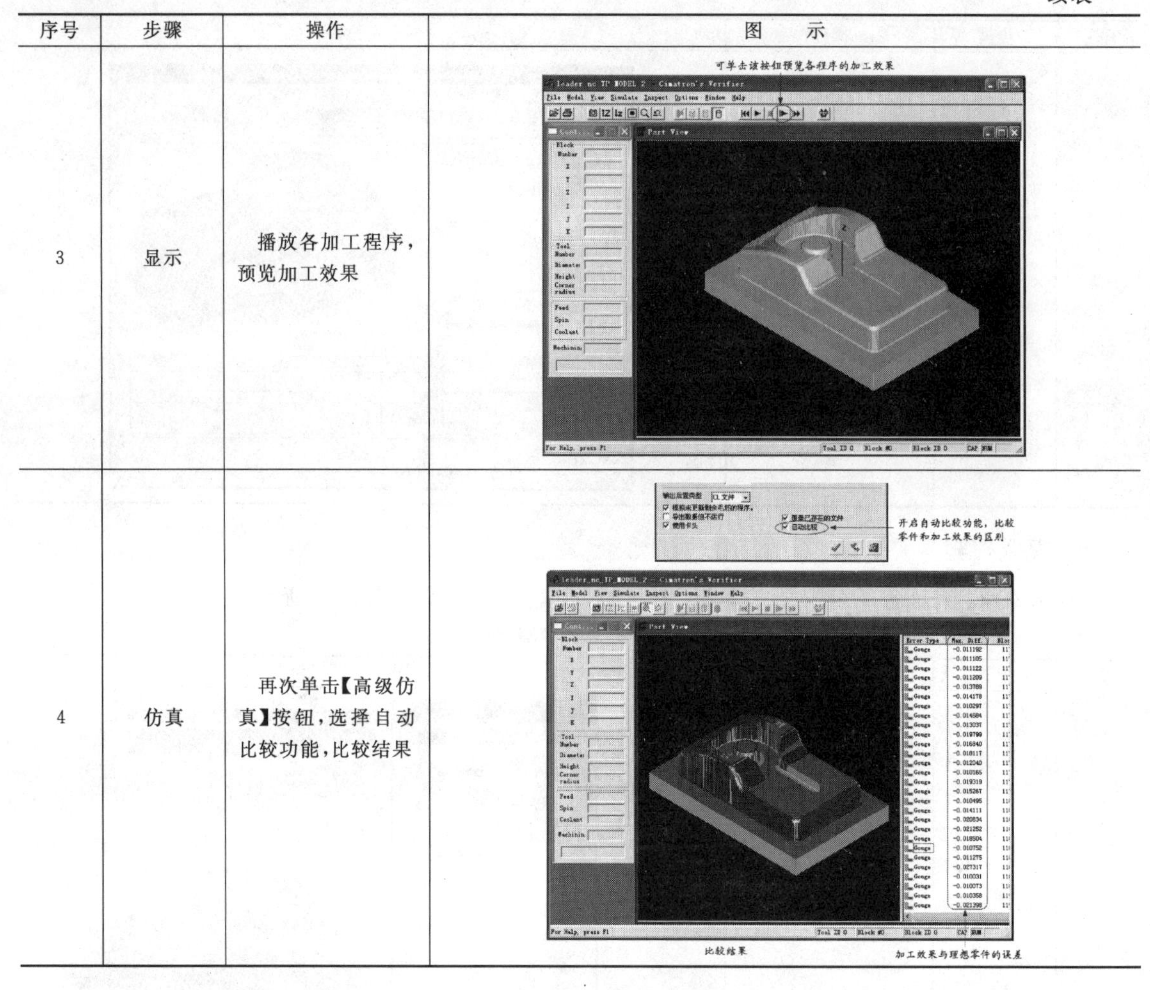

序号	步骤	操作	图　示
3	显示	播放各加工程序，预览加工效果	
4	仿真	再次单击【高级仿真】按钮，选择自动比较功能，比较结果	

第五节　高速加工

数控程序员技师内容

高速切削（HSM或HSC）是20世纪90年代迅速走向实际应用的先进加工技术，通常指高主轴转速和高进给速度下的立铣，国际上在航空航天制造业、模具加工业、汽车零件加工以及精密零件加工等得到广泛的应用。高速铣削可用于铝合金、铜等易切削金属和淬火钢、钛合金、高温合金等难加工材料，以及碳纤维塑料等非金属材料。例如，在铝合金等飞机零件加工中，曲面和结构复杂，材料去除量高达90%～95%，采用高速铣削可大大提高生产效率和加工精度；在模具加工中，高速铣削可加工淬火硬度大于50HRC的钢件，因此许多情况下可省去电火花加工和手工修磨，在热处理后采用高速铣削达到零件尺寸、形状和表面粗糙度要求。

高速切削中的数控编程代码并不仅仅局限于切削速度、切削深度和进给量的不同数值。数控编程人员必须改变全部加工策略，以创建有效、精确、安全的刀具路径，从而得到预期的表面精度。高速切削对数控编程的具体要求如下。

一、粗加工数控编程

粗加工时常选高速加工，因为高速粗加工要比传统方式粗加工为半精加工、精加工留有更均衡的余量。粗加工的结果直接决定了精加工过程的难易和工件的加工质量。因此，在高速粗加工过程中，要着重考虑以下几个方面。

1. 恒定的切削条件

为保持恒定的切削条件，一般主要采用顺铣（爬升切削）方式，或采用在实际加工点计算加工条件等方式进行粗加工（如图 7-5-1 所示）。在高速切削过程中采用顺铣削方式，可以产生较少的切削热，降低刀具的负载，降低甚至消除了工件的加工硬化，以及获得较好的表面质量等。

2. 恒定的金属去除率

如图 7-5-2 所示，在高速切削过程中，要保证恒定的金属去除率，分层切削要优于仿形加工。

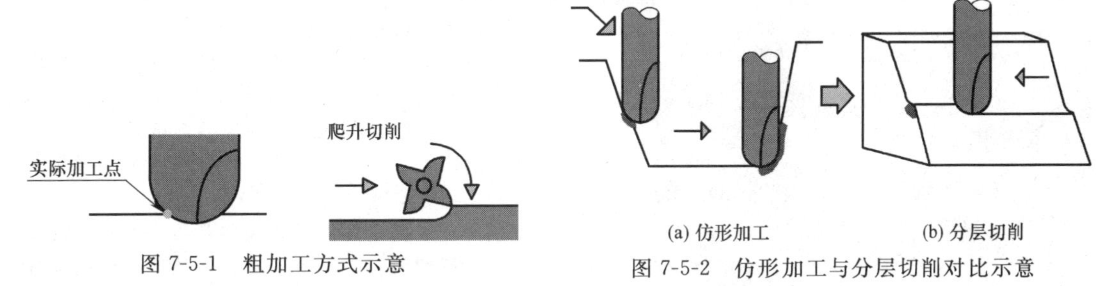

图 7-5-1 粗加工方式示意

图 7-5-2 仿形加工与分层切削对比示意

在高速切削的粗加工过程中，保持恒定的金属去除率，可以获得以下的加工效果：

1）保持恒定的切削负载；
2）保持切屑尺寸的恒定；
3）较好的热转移；
4）刀具和工件均保持在较冷的状态；
5）没有必要去熟练操作进给量和主轴转速；
6）延长刀具的寿命；
7）较好的加工质量等。

3. 走刀方式的选择

（1）刀具要平滑地切入工件

如图 7-5-3 所示，在高速切削过程中，让刀具沿一定斜度或螺旋线方向切入工件要优于刀具直接沿 Z 向直接插入。

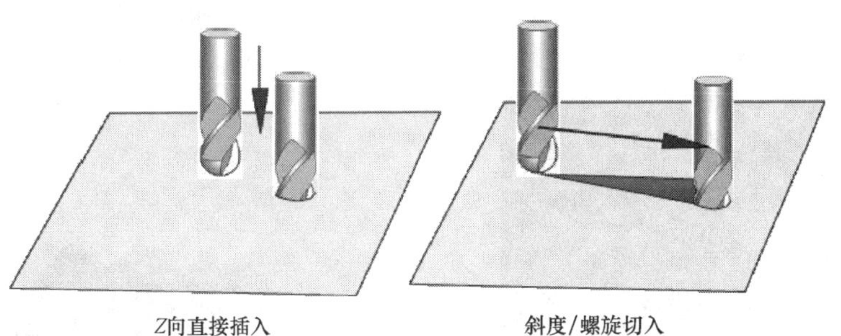

图 7-5-3 Z 向直接插入与斜度/螺旋切入对比示意

（2）保证刀具轨迹的平滑过渡

刀具轨迹的平滑是保证切削负载恒定的重要条件。如图 7-5-4 所示，螺旋曲线走刀是高速切削加工中一种较为有效的走刀方式。

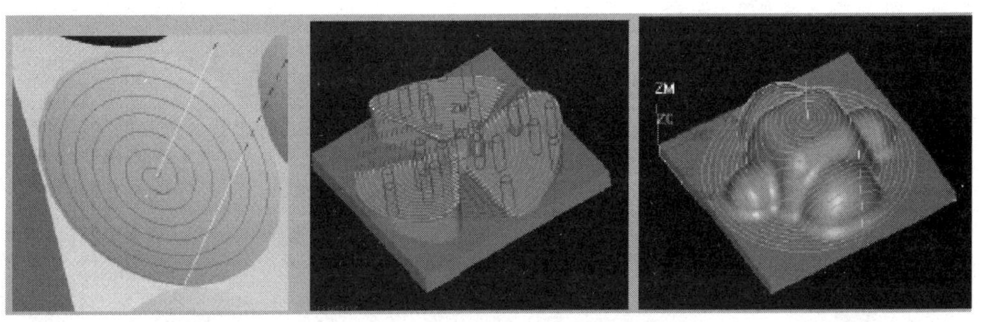

图 7-5-4 螺旋曲线走刀方式示意

4. 尽量减少刀具的切入次数

由于“之字形”模式主要应用于传统加工，因此许多人在高速加工中选择回路或单一路径切削。这是因为在换向时 NC 机床必须立即停止（紧急降速）然后再执行下一步操作。由于机床的加速局限性，而容易造成时间的浪费。因此，许多人将选择单一路径切削模式来进行顺铣，尽可能地不中断切削过程和刀具路径，尽量减少刀具的切入切出次数，以获得相对稳定的切削过程（如图 7-5-5）。

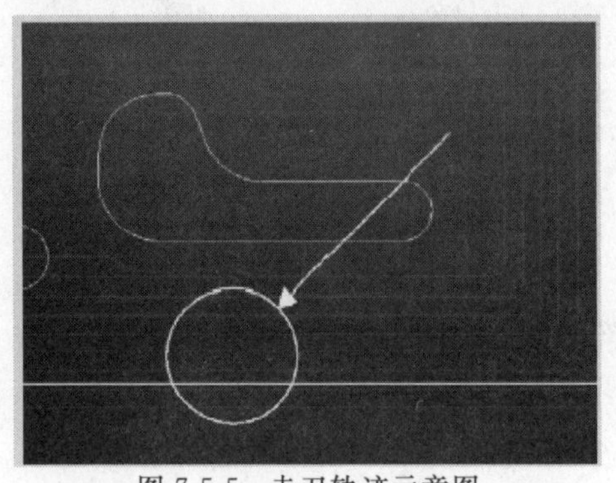

图 7-5-5　走刀轨迹示意图

5. 尽量减少刀具的急速换向

由于进给量和切削速度非常的高，编程人员必须预测刀具是如何切削材料的。除了减小步距和切削深度以外，还要避免可能的加工方向的急剧改变。急速换向的地方要减慢速度，急停或急动则会破坏表面精度，且有可能因为过切而产生拉刀或在外拐角处咬边。尤其在 3D 型面的加工过程中，要注意一些复杂细节或拐角处切削形貌的产生，而不是仅仅设法采用平行之字形切削、单向切削或其他的普通切削等方式来生成所有的形貌。

此外，编程人员还应该了解，不论 HSD（High Speed Data）控制器中的前馈功能有多好，它仍然不知道在一个 3D 结构中的加工步长是多少。前馈功能只能知道沿着刀具轨迹和它的拐角处的切除，其并不知道 3D 精加工路径中的步长，也不知道金属去除率是多少。

通常，切削过程越简单越好。这是因为简单的切削过程可以允许最大的进给量，而不必因为数据点的密集或方向的急剧改变而降低速度。从一种切削层等变率地降到另一层要好于直接跃迁，采用类似于圈状的路线将每一条连续的刀具路径连接起来，可以尽可能地减小加速度的加减速突变（如图 7-5-6 所示）。

6. 在 Z 方向切削连续的平面

粗加工所采用的方法，通常是在“Z”方向切削连续的平面。这种切削遵循了高速加工理论，采用了比常规切削更小的步距，从而降低每齿切削去除量。当采用这种粗加工方式时，根据所使用刀具的正常的圆角几何形状，利用 CAM 软件计算它的 Z 水平路径是很重要的。如果使用一把非平头刀具进行粗加工，则需要考虑加工余量的三维偏差。根据精加工余量的不同，三维偏差和二维偏差也不相同。如图 7-5-7 所示为 Z 方向切削连续平面示意图。

图 7-5-6　走刀轨迹示意

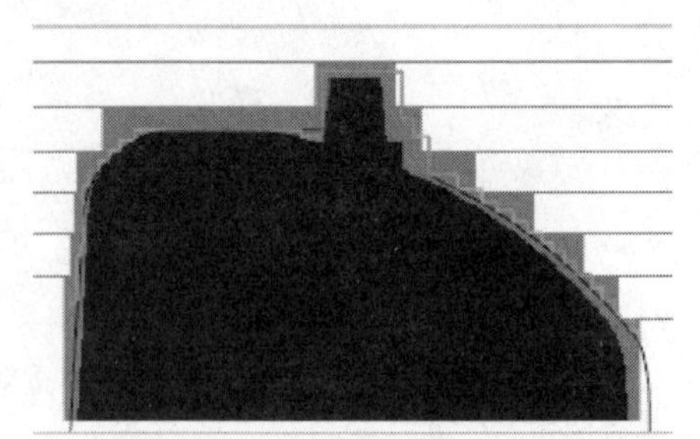

图 7-5-7　在 Z 方向切削连续的平面示意

二、精加工数控编程

在高速切削的精加工过程中，保证精加工余量的恒定至关重要。为保证精加工余量的恒定，主要注意以下几个方面。

1. 笔式加工（清根）

在半精加工之前为了清理拐角［如图 7-5-8（a）］，在过去典型的方法就是选择组成拐角的两个表面，沿着两表面的交界处走刀。采用该方法，可以处理一些小型的或简单的工件，也可以在有充足时间编程的情况下处理复杂结构。但是，由于需要手工选择不同尺寸的刀具和切削所有的拐角，许多人选择预先进行这步工作，因此，在高速加工中可能会产生危险。

笔式铣削采用的策略为：首先找到先前大尺寸刀具加工后留下的拐角和凹槽，然后自动沿着这些拐角走刀。其次允许用户采用越来越小的刀具，直到刀具的半径与三维拐角或凹槽的半径相一致。理想的情况下，可以通过一种优化的方式跟踪多种表面，以减少路径重复。

笔式铣削的这种功能，在期望保持切屑去除率为常量的高速加工中是非常重要的。缺少了笔式切削，当精加工这些带有侧壁和腹板的部件时，刀具走到拐角处将会产生较大的金属去除率。采用笔式切削，拐角处的切削难度被降低，降低了让刀量和噪声的产生，该方法既可用于顺铣又可用于逆铣。

由于笔式铣削能够清除拐角处的余量，当去除量较大的时候，通常在 3D 精加工之前进行笔式铣削。机床操作人员和 NC 编程人员可以根据增大的金属去除率来适当地降低笔式铣削的进给量，也可以增加沿角头的清根轨迹以去除多余余量［如图 7-5-8（b）、(c)］。

2. 余量加工（清根）

余量铣削类似于笔式铣削，但是其又可以应用于精加工操作。其采用的加工思想与笔式铣削相同，余量铣削能够发现并非同一把刀具加工出的三维工件所有的区域，并能采用一把较小的刀具加工所有的这些区域。余量铣削与笔式铣削的不同之处在于，余量铣削加工的是大尺寸铣刀加工之后的整个区域，而笔式铣削仅仅针对拐角处的加工。

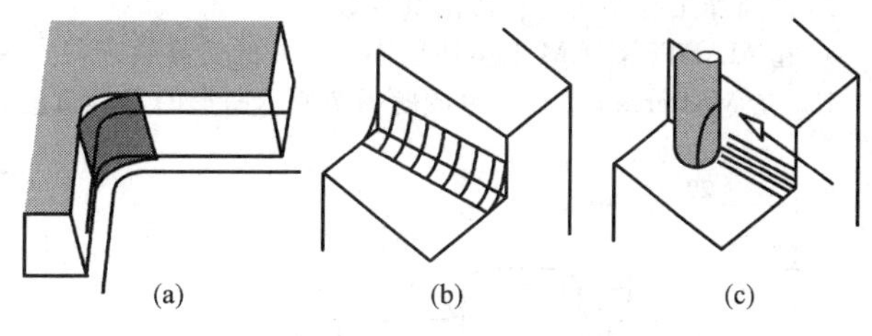

图 7-5-8　笔式铣削示意

HSM（High Speed Memory）的一个重要选择就是，能够计算垂直或平行于切削区域的切削余量。法向选择是在剩余切削区域内来回走刀进行切削，而平行选择则将遵从剩余切削区域的加工流理（U-V 线）方向进行切削。HSM 用户可以适当地应用平行选择，其可以将成百上千的步长数减少到很少的量，从而使加工过程更加有效。而且，通过由外向内计算一个腔体，恒采用顺铣模式，并应用软件在表面上生成的加工步长，可以很好地进行精加工。

3. 控制残余高度

在切削 3D 外形的时候，计算 NC 精加工步长的方法主要是根据残余高度，而不是使用等量步长。这种计算步长的算法以不同的形式被封装在不同的 CAM 软件包中。过去采用这种功能的优势就是进行一致性表面精加工。特别表现在，打磨和手工精加工任务的需求将越来越少。在 HSM 中采用对自定义的残余高度进行编程还有另外的好处。根据 NC 精加工路径动态地改变加工步长，该软件可以帮助保持切屑去除率在一个常量水平。这有助于切削力保持恒定，从而将不期望的切削振动控制在最小值。

可以通过两种方法来实现残余高度的控制。

（1）实际残余高度加工

主要根据表面的法向而不是刀具矢量的法向来计算步长。其可以不管工件表面的曲率而保持每一次走刀之间的等距离切削，并且保持刀具上恒定的切削负载，如图 7-5-9 所示，特别是在工件表面的曲率急剧变化的时候——从垂直方向变为水平方向或者相反，其优势更为明显。

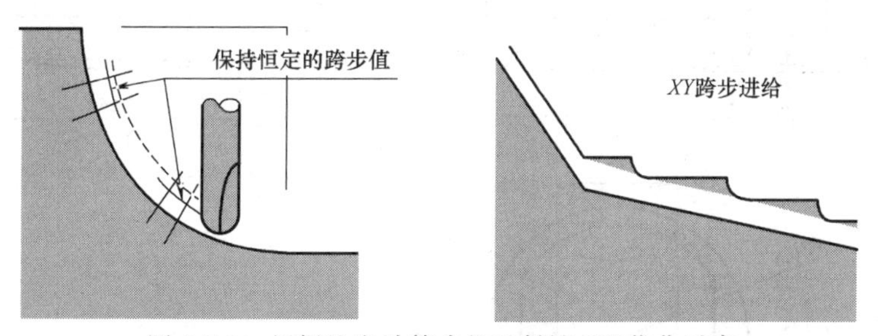

图 7-5-9　根据法向计算步长及斜坡 *XY* 优化示意

（2）*XY* 优化

自动地在最初切削的局部范围内再加工残余材料，以修整所有的残留高度。这种选择性的刀具路径创建，精简了再加工整个工件或者必须在 CAM 中手工设置分界线以便加工出光滑表面的一系列工序。如何根据残余高度进行切削，主要在于软件对 3D 形貌中的斜坡部分的计算（如图 7-5-9）。软件能够根据刀具的尺寸和几何形状来调整加工步长以保持恒定的残余高度。这就意味着坡度越陡峭，所需精加工操作中的加工步长越密。

思考与练习

1. 什么是跟踪、拷贝与数字化？
2. 跟踪有几种？写出其指令。
3. 数字化有几种形式？写出其指令。
4. 跟踪/数字化固定循环？写出其指令。
5. 会话编程中常用的刀具资料有哪些？
6. 孔加工分为哪几部分？
7. 孔系有哪几种？写出其参数。
8. 铣削加工有哪几种？写出其参数。
9. 在 MASTERCAM 上生成题图 1 零件的刀具轨迹并生成加工程序。
10. 在 Mastercam Lathe 生成题图 2 所示图形的刀具轨迹。

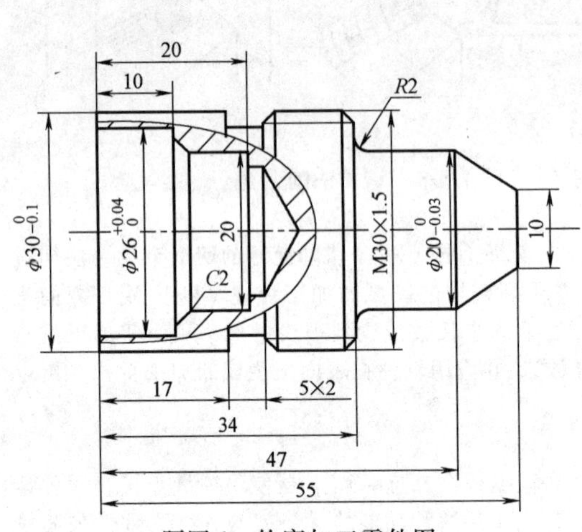

题图 1　轮廓加工零件图

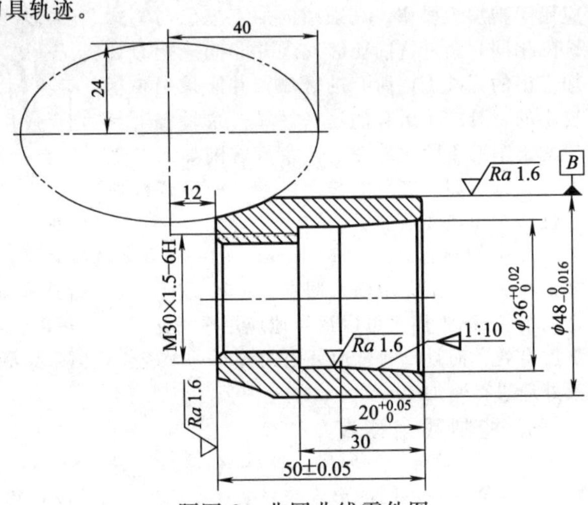

题图 2　非圆曲线零件图

11. 完成题图 3 所示零件的自动编程。

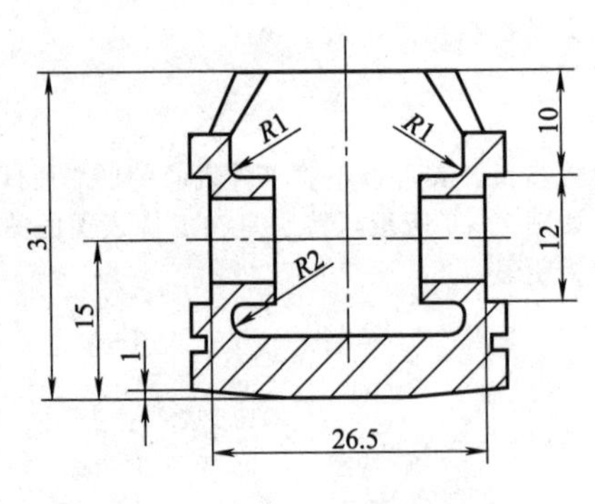

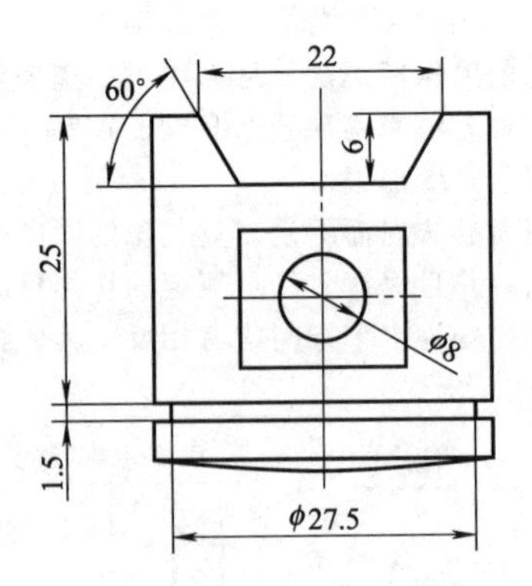

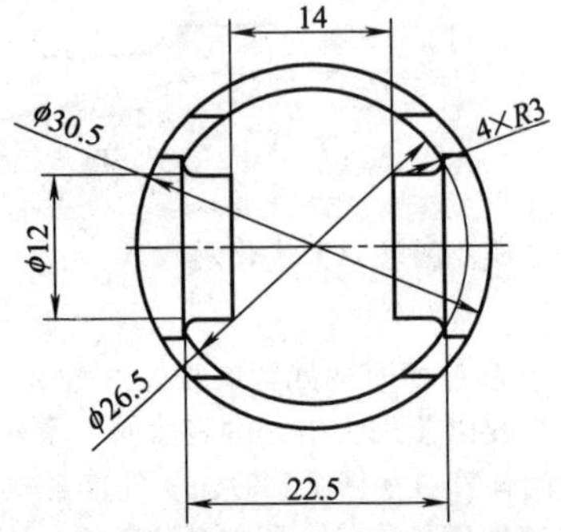

题图 3　综合加工零件图

理论试题

一、选择题

1. 检验程序正确性的方法不包括（　　）方法。
A. 空运行　B. 图形动态模拟　C. 自动校正　D. 试切削
2. 数控零件加工程序的输入必须在（　　）工作方式下进行。
A. 手动方式　B. 自动加工　C. 编辑方式　D. 手动输入方式
3. 数控加工程序编制的首要工作是（　　）。
A. 选择机床　B. 选择刀具　C. 工艺分析　D. 编排工序
4. 数控机床每次接通电源后在运行前首先应做的是（　　）。
A. 给机床各部分加润滑油　B. 检查刀具安装是否正确
C. 机床各坐标轴回参考点　D. 工件是否安装正确
5. 根据加工零件图样选定的编制零件程序的原点是（　　）。
A. 机床原点　B. 编程原点　C. 加工原点　D. 刀具原点
6. 在（　　）情况下，需要手动返回机床参考点。
A. 机床电源接通开始工作之前
B. 机床停电后，再次接通数控系统的电源时
C. 机床在急停信号或超程报警信号解除之后，恢复工作时
D. ABC 都是
7. 数控加工时刀具相对运动的起点为（　　）。
A. 换刀点　B. 刀位点　C. 对刀点　D. 机床原点
8. 数控机床在确定坐标系时，考虑刀具与工件之间运动关系，采用（　　）原则。
A. 假设刀具运动，工件静止　B. 假设工件运动，刀具静止
C. 看具体情况而定　D. 假设刀具、工件都不动
9. 数控编程时，应首先设定（　　）。
A. 机床原点　B. 机床参考点　C. 机床坐标系　D. 工件坐标系
10. 对于大多数数控机床，开机第一步总是先使机床返回参考点，其目的是为了建立（　　）。
A. 工件坐标系　B. 机床坐标系　C. 编程坐标系　D. 工件基准
11. 数控机床的 Z 轴方向（　　）。
A. 平行于工件装夹方向　B. 垂直于工件装夹方向
C. 与主轴回转中心平行　D. 不确定
12. 数控机床的旋转轴之一 B 轴是绕（　　）直线轴旋转的轴。
A. X 轴　B. Y 轴　C. Z 轴　D. W 轴
13. 若在自动运行中跳过程序段，则应用符号（　　）。
A. “－”　B. “＝”　C. “/”　D. “\”
14. 在现代数控系统中系统都有子程序功能，并且子程序（　　）嵌套。
A. 只能有一层　B. 可以有限层　C. 可以无限层　D. 不能
15. 如果忽略了重复调用子程序的次数，则认为重复次数为（　　）。
A. 0 次　B. 1 次　C. 99 次　D. 100 次
16. 子程序调用指令 M98　P42021 的含义为（　　）。
A. 调用 420 号子程序 21 次　B. 调用 2021 号子程序 4 次
C. 调用 4202 号子程序 1 次　D. 调用 021 号子程序 42 次
17. 子程序调用格式 M98 P30010 中 10 代表（　　）。
A. 无单独含义　B. 表示 10 号子程序

C. 表示调用10次子程序　　D. 表示程序段位置

18. 用于机床开关指令的代码是（　　）。

A. F代码　　B. S代码　　C. M代码　　D. G代码

19. 下列指令属于准备功能字的是（　　）。

A. G01　　B. M08　　C. T01　　D. S500

20. 以下指令中，（　　）是辅助功能指令。

A. M03　　B. G90　　C. Y30.0　　D. S600

21. 在程序执行过程中，程序结束后返回主程序开头的代码是（　　）。

A. M99　　B. M17　　C. M02　　D. M30

22. 主程序结束指令中，可使程序返回至开始状态，其指令为（　　）。

A. M00　　B. M02　　C. M05　　D. M30

23. 指"G41 G01 X16.0 Y16.0 D16;"中的D16表示（　　）。

A. 刀具的直径值是16 mm　　B. 刀具的半径值是16mm

C. 刀具在半径方向的偏移量是16mm　　D. 刀具的地址是16

24. 用ϕ10的刀进行轮廓的粗精加工时，要求精加工余量为0.5mm，则粗加工半径补偿量是（　　）。

A. 5.5　　B. 5　　C. 9.5　　D. 10.5

25. 刀具长度补偿指令（　　）是将H代码指定的已存入偏置值加到运动指令终点坐标去。

A. G48　　B. G49　　C. G43　　D. G44

26. 刀具长度补偿指令（　　）是将运动指令终点坐标减去H代码指定的偏置值。

A. G48　　B. G49　　C. G43　　D. G44

27. 撤消刀具长度补偿指令是（　　）。

A. G40　　B. G41　　C. G43　　D. G49

28. 在数控加工中，刀具补偿功能除对刀具半径进行补偿外在用同一把刀进行粗、精加工时，还可进行加工余量的补偿，设刀具半径为r，精加工时半径方向的余量为Δ，则最后一次粗加工走刀的半径补偿量为（　　）。

A. $r+\Delta$　　B. r　　C. Δ　　D. $2r+\Delta$

29. 影响刀具半径补偿值的主要因素是（　　）。

A. 进给量　　B. 切削速度　　C. 切削深度　　D. 刀具半径大小

30. 刀具半径补偿的建立只能通过（　　）来实现。

A. G01或G02　　B. G00或G03　　C. G02或G03　　D. G00或G01

31. 采用等插补误差法加工非圆曲线时，各插补段的误差相等，都小于实际误差，一般为实际误差的（　　）。

A. 1/3～1/2　　B. 1/6～1/4　　C. 4/100～6/100　　D. 1/5～1/3

32. 直线方程的标准形式为：$y=kx+b$，其中b是（　　）。

A. 直线的斜率　　B. 直线在x轴上的截距

C. 直线在y轴上的截距　　D. 直线在z轴上的截距

33. 圆的一般方程为$x^2-12x+y^2-12y+47=0$，则该圆圆心坐标及半径R分别为（　　）。

A. (6，−6)，6　　B. (−6，6)，10

C. (6，6)，5　　D. (12，6)，5

34. 平面选择指令G18表示选择（　　）平面。

A. *XY*　　B. *YZ*　　C. *ZX*　　D. *XZ*

35. 平面选择指令G19表示选择（　　）平面。

A. *XY*　　B. *ZX*　　C. *YZ*　　D. *XZ*

36. 平面选择指令G17表示选择（　　）平面。

A. *XY*　　B. *YZ*　　C. *ZX*　　D. *YC*

37. 在数控车床的以下代码中，属于开机默认代码的是（　　）。

A. G17　　B. G18　　C. G19　　D. G20

38. 数字单位以脉冲当量作为最小输入单位时，指令"G01 U100;"表示移动距离为（　　）mm。

A. 100　　B. 10　　C. 0.1　　D. 0.001

39. 平面选择指令G18表示选择（　　）平面。

A. *XY*　　B. *YZ*　　C. *ZX*　　D. *XZ*

40. 平面选择指令 G19 表示选择（　　）平面。

A. *XY*　　B. *ZX*　　C. *YZ*　　D. *XZ*

41. 平面选择指令 G17 表示选择（　　）平面。

A. *XY*　　B. *YZ*　　C. *ZX*　　D. *YC*

42. 在数控车床的以下代码中，属于开机默认代码的是（　　）。

A. G17　　B. G18　　C. G19　　D. G20

43. 数字单位以脉冲当量作为最小输入单位时，指令“G01 U100；”表示移动距离为（　　）mm。

A. 100　　B. 10　　C. 0.1　　D. 0.001

44. 下列 FANUC 系统指令中，用于表示进给速度单位为“mm/min”的 G 指令是（　　）。

A. G96　　B. G97　　C. G98　　D. G99

45. 下列 FANUC 系统指令中，用于表示进给速度单位为“mm/r”的 G 指令是（　　）。

A. G96　　B. G97　　C. G98　　D. G99

46. 精车球面时，应（　　）。

A. 提高主轴转速　　B. 提高进给速度　　C. 提高中小滑板的进给量　　D. 降低进给速度

47. 在数控车床坐标系中平行机床主轴的直线运动为（　　）。

A. *X* 轴　　B. *Z* 轴　　C. *Y* 轴　　D. *A* 轴

48. FANUC 系统中，指令“G04 X10.0；”表示刀具（　　）。

A. 增量移动 10.0mm　　B. 到达绝对坐标点 X10.0 处

C. 暂停 10s　　D. 暂停 0.01s

49. 下列指令中，不会使机床产生任何运动，但会使机床屏幕显示的工件坐标系值发生变化的指令是（　　）。

A. G00 X　Y　Z　　B. G01 X　Y　Z　　C. G03 X　Y　Z　　D. G50 X　Y　Z

50. 数控车床的标准坐标系是以（　　）来确定的。

A. 绝对坐标系　　B. 相对坐标系

C. 工件坐标系　　D. 右手笛卡儿直角坐标系

51. G50 X200.0 Z100.0 指令表示（　　）。

A. 机床回零　　B. 原点检查　　C. 刀具定位　　D. 工件坐标系设定

52. G52 指令表示（　　）。

A. 工件坐标系设定指令　　B. 工件坐标系选取指令

C. 设定局部坐标系指令　　D. 设定机械坐标系指令

53. 数控车床除可用 G54～G59 指令来设置工件坐标系外，还可用（　　）来确定工件坐标系原点位置。

A. G50　　B. G92　　C. G49　　D. G52

54. 在以（　　）设定的坐标系中，必须将对刀点作为刀具相对于工件运动的起点。

A. G52　　B. G53　　C. G54　　D. G50

55. 圆弧编程中的 I、K 值是指（　　）的矢量值。

A. 起点到圆心　　B. 终点到圆心　　C. 圆心到起点　　D. 圆心到终点

56. “G03 X20.0 Z−10.0 R10.0 I0 K−10.0；”该程序段中实际采用的编程方法是（　　）。

A. 终点坐标与半径编程　　B. 终点坐标与圆心编程

C. 起点坐标与半径编程　　D. 起点坐标与圆心编程

57. 在数控加工中，如果圆弧指令后的半径遗漏，则机床按（　　）执行。

A. 直线指令　　B. 圆弧指令　　C. 停止　　D. 报警

58. 当执行完程序段“G00 X20.0 Z30.0；G01 U10.0 W20.0 F100；X−40.0 W−70.0；”后，刀具所到达的工件坐标系的位置为（　　）。

A. X−40.0 Z−70.0　　B. X−10.0 Z−20.0

C. X−10.0 Z−70.0　　D. X−40.0 Z−20.0

59. 圆锥切削循环的指令是（　　）。

A. G90　　B. G92　　C. G94　　D. G96

60. 程序 N50　G71　U2.0　R0.1；

N60　G71　P70　Q130　U2.0　W2.0　F0.3；中的 R0.1 表示（　　）。

A. 背吃刀量　　B. 退刀量　　C. 精加工余量　　D. 切削次数

61. 下列指令中，可用于加工端面槽的指令是（　　）。

A. G73　　B. G74　　C. G75　　D. G76

62. G41/G42 指令必须含有（　　）指令才能生效。

A. G00/G01　　B. G02/G03　　C. G0/G02　　D. G01/G03

63. 应用刀具半径补偿功能时，如刀补值设置为负值，则刀具轨迹是（　　）。

A. 左补　　B. 右补　　C. 不能补偿　　D. 左补变右补，右补变左补

64. 刀尖半径左补偿方向的规定是（　　）。

A. 沿刀具运动方向看，工件位于刀具左侧

B. 沿工件运动方向看，工件位于刀具左侧

C. 沿工件运动方向看，刀具位于工件左侧

D. 沿刀具运动方向看，刀具位于工件左侧

65. 在 FANUC 系统的刀具补偿模式下，一般不允许存在连续（　　）段以上的非补偿平面内移动指令。

A. 1　　B. 2　　C. 3　　D. 4

66. 数控车床车削外圆时由于刀具磨损，工件直径超大了 0.02mm，此时利用设置刀具偏置中的磨损进行补偿，输入的补偿值为（　　）。

A. ＋0.02　　B. ＋0.01　　C. －0.02　　D. －0.01

67. FANUC 系统中 G90 X50 Z－60 R－2 F0.1；完成的是（　　）单次循环加工。

A. 圆柱面　　B. 圆锥面　　C. 圆弧面　　D. 螺纹

68. FANUC 指令"G90 X（U）　Z（W）　R　F　；"中的 R 值是指所切削圆锥面 X 方向的（　　）。

A. 起点坐标－终点坐标　　B. 终点坐标－起点坐标

C. （起点坐标－终点坐标)/2　　D. （终点坐标－起点坐标)/2

69. 为了高效切削铸锻造成型、粗车成型的工件，避免较多的空走刀，选用（　　）指令作为粗加工循环指令较为合适。

A. G71　　B. G72　　C. G73　　D. G74

70. FANUC 系统中（　　）指令是精加工指令。

A. G70　　B. G71　　C. G72　　D. G73

71. FANUC 系统中（　　）指令用于内、外径切槽或钻孔。

A. G71　　B. G72　　C. G73　　D. G75

72. 指令"G71 U（Δd）R（e）；G71 P（ns）Q（nf）U（Δu）W（Δw）F　S　T　；"中的"Δd"表示（　　）。

A. X 方向每次进刀量，半径量　　B. X 方向每次进刀量，直径量

C. X 向精加工余量，半径量　　D. X 向精加工余量，直径量

73. 车螺纹期间要使用（　　）进行主轴转速的控制。

A. G96　　B. G97　　C. G98　　D. G99

74. 在程序段 G32 X（U）　Z（W）　F　中，F 表示（　　）。

A. 主轴转速　　B. 进给速度　　C. 螺纹螺距　　D. 背吃刀量

75. 对于 FANUC 系统指令"G32 X（U）　Z（W）　F　Q　；"中的"Q　"，下列描述不正确的是（　　）。

A. 螺纹起始角　　B. 该值不带小数点　　C. 单位为 0.001°　　D. 模态值

76. 用 FANUC 系统指令"G92 X（U）　Z（W）　F　；"加工双头螺纹，则该指令中的"F　"是指（　　）。

A. 螺纹导程　　B. 螺纹螺距　　C. 每分钟进给量　　D. 螺纹起始角

77. （　　）适用于对圆柱螺纹和圆锥螺纹进行循环切削，每指定一次，螺纹切削自动进行一次循环加工。

A. G32　　B. G92　　C. G76　　D. G34

78. 下列 FANUC 系统指令中可用于变螺距螺纹加工的指令是（　　）。

A. G32　　B. G34　　C. G92　　D. G76

79. 用 G33 指令加工圆锥螺纹时，当锥角大于 45°时，其编写格式为（　　）。

A. G33 X_ I_　　B. G33 Z_ K_　　C. G33 X_ Z_ I_　　D. G33 X_ Z_ K_

80. 在加工螺纹时，应适当考虑其车削开始时的导入距离，该值一般取（　　）较为合适。

A. 1～2mm　B. 1P　C. 2P～3P　D. 5～10mm

81. FANUC 系统螺纹复合循环指令"G76 P (m) (r) (α)　Q (Δd_{min})　R (d)　; G76 X (U) Z (W)　R (i)　P (k)　Q (Δd)　F　;"中的 d 是指（　）。

A. X 方向的精加工余量　B. X 方向的退刀量　C. 第一刀切削深度　D. 螺纹总切削深度

82. 采用拟合法加工非圆曲线零件轮廓时，拟合线段的各连接点称为（　）。

A. 基点　B. 节点　C. 交点　D. 切点

83. 考虑到工艺系统及计算误差的影响，非圆曲线允许的拟合误差一般取零件公差的（　）倍较为合适。

A. 1　B. 1/3～1/2　C. 1/10～1/5　D. 小于 1/10

84. 下列指令中，属于宏程序模态调用的指令是（　）。

A. G65　B. G66　C. G68　D. G69

85. 在宏程序的运算指令中，H31 代表（　）。

A. 正弦　B. 余弦　C. 开平方　D. 绝对值

86. B类宏程序用于舍入的字符是（　）。

A. ROUND　B. SQRT　C. ABS　D. FIX

87. 局部变量的变量号通常为（　）。

A. #10　B. #1～#33　C. #100～#531　D. #1000～#5322

88. 执行程序#1=10；#2=35；#100=[#2]/[#1]后，#100 的值等于（　）。

A. 0　B. 3　C. 3.5　D. 4

89. 在运算指令中，形式为#i=FUP[#j]代表的意义是（　）。

A. 四舍五入整数化　B. 舍去小数点　C. 小数点以下舍去　D. 小数点以下进位

90. 下列字母中，能作为引数替变量赋值的字母是（　）。

A. M　B. N　C. O　D. P

91. FANUC 0i 车铣中心用于启动极坐标的指令是（　）。

A. G15　B. G16　C. G112　D. G113

92. 在 FANUC 系统车削中心上执行 B180.0 时（　）。

A. 主轴只分度不切削　B. 主轴只切削不分度　C. 主轴分度且切削　D. 视条件而定

93. FANUC 0i 车铣中心启用极坐标后，G17 平面对第二轴叙述不正确的是（　）。

A. 虚拟轴　B. 用地址"Y"表示　C. 用半径值表示　D. 坐标单位为 mm

94. 对于 FANUC 0i 车铣中心圆柱插补指令，下列叙述不正确的是（　）。

A. 圆柱插补内不能指定坐标设定指令

B. 圆柱插补内不能指定快速移动指令

C. 圆柱插补内不能指定孔加工固定循环

D. 圆柱插补内不能指定刀具半径补偿

95. FANUC 0i 车铣中心指令"G107 C50.0"中的"C50"表示（　）。

A. 圆柱体半径为 50mm　B. 圆柱体直径为 50mm

C. 回转角度为为 5　D. 直角倒角量为 50mm

96. 程序 G90 X60 Z=IC (30) 是（　）。

A. 绝对值编程　B. 增量值编程

C. X 为绝对值编程，Z 为增量值编程　D. Z 为绝对值编程，X 为增量值编程

97. SIEMENS 系统中选择公制、增量尺寸进行编程，使用的 G 代码指令为（　）。

A. G70 G90　B. G71 G90　C. G70 G91　D. G71 G91

98. 在 SINMERIK (802D) 数控车床上回参考点的编程格式为（　）。

A. G75 X=0 Z=0　B. G74 X1=0 Z1=0　C. G75 X0 Z0　D. G74 X0 Z0

99. SINMERIK (802D) 数控系统的子程序名为（　）。

A. JSXY_001. MPF　B. JSXY01. MPF

C. JSXY121. SPF　D. JSXY_001. SPF

100. 西门子系统中，子程序嵌套是指（　）。

A. 同一子程序被连续调用

B. 同一子程序可被不同主程序调用

C. 主程序不调用子程序

D. 主程序调用子程序，子程序中调用子程序

101. 以下代码中，作为 SIEMENS 系统子程序结束的代码是（　　）。

A. M30　　B. M20　　C. RET　　D. M99

102. SINMERIK（802D）数控系统的主程序名为（　　）。

A. JSXY _ 001. MPF　　B. JSXY01. MPF　　C. JSXY121. SPF　　D. JSXY _ 001. SPF

103. “ASD123”只能作为以下（　　）系统的程序名。

A. 法那科　　B. 西门子　　C. 三菱　　D. 广州数控

104. 在 SIEMENS802D 中，外圆粗车循环指令为（　　）。

A. G90　　B. G92　　C. CYCLE95　　D. CYCLE93

105. SIEMENS 802D 车床数控系统毛坯切削循环 CYCLE95 中，参数“NPP”表示（　　）。

A. 轮廓子程序名称　　B. 最大粗加工背吃刀量

C. 断屑停顿时间　　D. 沿轮廓方向的精加工余量

106. SIEMENS 802D 车床数控系统毛坯切削循环 CYCLE95 中，参数“MID”表示（　　）。

A. 总进刀数量　　B. 最大粗加工背吃刀量

C. 待加工的总深度　　D. 最后一次的进刀深度

107. 毛坯切削循环 CYCLE95 中，用于表示综合加工方式的参数 VARI 的值为（　　）。

A. 1～4　　B. 5～8　　C. 9～12　　D. 1～12

108. 毛坯切削循环 CYCLE95 中，用于表示轮廓方向精加工余量的参数是（　　）。

A. NPP　　B. MID　　C. FAL　　D. DAM

109. 在 SIEMENS802D 中，不属于螺纹插补指令的是（　　）。

A. G32　　B. G33　　C. CYCLE97　　D. G63

110. 螺纹加工指令 CYCLE97 中，采用恒定切除截面积进给加工内螺纹的 VARI 值为（　　）。

A. 1　　B. 2　　C. 3　　D. 4

111. 螺纹循环指令“CYCLE97（PIT，MPIT，SPL，FPL，DM1，DM2，APP，ROP，TDEP，FAL，IANG，NSP，NRC，NID，VARI，NUMT）;”中的“MPIT”表示（　　）。

A. 起始点螺纹直径　　B. 终点螺纹直径　　C. 螺纹公称直径　　D. 螺纹深度

112. 下列 SIEMENS 802D 系统指令中，用于加工减螺距螺纹的指令为（　　）。

A. G33　　B. G34　　C. G35　　D. G36

113. 使用 SIEMENS 802D 系统螺纹加工循环指令 CYCLE97 加工 M30×2 的外螺纹，则指令中用于表示螺距的参数为（　　）。

A. PIT　　B. MPIT　　C. SPL　　D. FPL

114. SIEMENS 系统，宏程序中大于等于的运算符为（　　）。

A. ＝＝　　B. ＜　　C. ＜＞　　D. ＞＝

115. 西门子系统中，表示正切函数运算的指令是（　　）。

A. ri＝tan（rj）　　B. ri＝atan（rj）　　C. ri＝fix（rj）　　D. ri＝cos（rj）

116. R 参数编程中的程序书写形式，其中书写有错的是（　　）。

A. X＝－R10　　B. R1＝R1＋R2　　C. SIN（－R30－R31）　　D. IF（R10＞0）GOTOB MA1

117. 西门子系统中，表示平方根函数运算的指令是（　　）。

A. ri＝tan（rj）　　B. ri＝EXP（rj）　　C. ri＝LN（rj）　　D. Ri＝SQRT（Rj）

118. SIEMENS 系统，宏程序中不等于的运算符为（　　）。

A. ≠　　B. ！＝　　C. ＜＞　　D. NE

119. M2＝3S2＝1200 表示（　　）。

A. 第二主轴正转，转速为 1200r/mim　　B. 第一主轴正转，转速为 1200r/mim

C. 第二主轴反转，转速为 1200r/mim　　D. 第一主轴反转，转速为 1200r/mim

120. 执行程序“B30”时（　　）。

A. 可以进行切削　　B. 只分度不切削　　C. 机床不运动

121. A＝ACP（30）表示（　　）。

A. A 轴正向运行到 30°位置　　B. A 轴负向运行到 30°位置

C. A 轴最短路径运行到 30°位置

122. 应用 TRANSMIT 编程时要做到（　　）。

A. 单独程序段　　B. 与 TRAFOOF 在一程序段　　C. 没有要求

123. 执行程序“G01 C30”时（　　）。

A. 可以进行切削　　B. 只分度不切削　　C. 机床不运动

124. 程序段“G00 G01 G02 G03 X100.0 …；”中实际有效的 G 代码是（　　）。

A. G00　　B. G01　　C. G02　　D. G03

125. 程序段“G02 X20 Y－20 R－10 F100；”所加工的一般是（　　）。

A. 整圆　　B. 夹角≥180°　　C. 夹角≤180°　　D. 180°＜夹角＜360°

126. 圆弧插补编程时，半径的取值与（　　）有关。

A. 圆弧的相位　　B. 圆弧的角度　　C. 圆弧的方向　　D. 与 A，B，C 都有关系

127. 圆弧插补指令“G03 X　Y　R　；”中，X、Y 的值表示圆弧的（　　）。

A. 起点坐标值　　B. 终点坐标值

C. 圆心坐标相对于起点的值　　D. 圆心坐标相对于终点的值

128. 整圆的直径为 ϕ40mm，要求由 A（20，0）点逆时针圆弧插补并返回 A 点，其程序段格式为（　　）。

A. G03 X20.0 Y0 I20.0 J0 F100；

B. G03 X20.0 Y0 I－20.0 J0　F100；

C. G03 X20.0 Y0 R－20.0 F100；

D. G03 X20.0 Y0 R20.0 F100；

129. 指令“G28 X　Y　；”中的坐标表示的是（　　）点的坐标。

A. 中间　　B. 参考　　C. 目标　　D. 任意

130. 指令“G29 X　Y　；”中的坐标表示的是（　　）点的坐标。

A. 中间　　B. 参考　　C. 目标　　D. 任意

131. 暂停 5s，下列指令正确的是（　　）。

A. G04 P5000　　B. G04 P500　　C. G04 P50　　D. G04 P5

132. 铣削内球面，铣刀刀尖回转直径一般（　　）球面直径。

A. 大于　　B. 等于　　C. 小于　　D. 随意

133. 数控铣床上半径补偿建立的矢量与补偿开始点的切向矢量的夹角以（　　）为宜。

A. 小于 90°大于 180°　　B. 任何角度

C. 大于 90°小于 180°　　D. 不等于 90°不等于 180°

134. 建立刀具半径补偿的程序段中不能指定（　　）指令。

A. G00　　B. G01　　C. G02　　D. G17

135. 在 XOY 平面内的刀具半径补偿执行的程序段中，两段连续程序为（　　）不会产生过切。

A. N60 G01 X60. Y20.；N70 Z－3.

B. N60 G01　Z－3.0；N70 M03 S800

C. N60 G00 Z10.；N70 G01 Z－3.

D. N60 M03　S800；N70 M08

136. 在使用 G53－G59 工件坐标系时，就不再用（　　）指令。

A. G90　　B. G17　　C. G41　　D. G92

137. 执行指令“G54；G53；G00 X0.0 Y0.0 Z0.0；”后，刀具所到达的位置为（　　）。

A. 刀具当前点　　B. 机床原点　　C. 编程原点　　D. 加工中心换刀点

138. 通常采用右刀补进行内轮廓精加工是（　　）铣。

A. 顺　　B. 由工件的进给方向确定顺、逆

C. 逆　　D. 不能确定顺、逆

139. FANUC 系统返回 Z 向参考点指令“G91 G28 Z0；”中的“Z0”是指（　　）。

A. Z 向参考点　　B. 工件坐标系 $Z0$ 点

C. Z 向中间点与刀具当前点重合　　D. Z 向机床原点

140. 在数控机床上铣一个正方形零件（外轮廓），如果使用的铣刀直径比原来小 1mm，则加工后正方形的

尺寸差为（　　）mm。

A. 小 1　　B. 小 0.5　　C. 大 1　　D. 大 0.5

141. 数控铣削加工中，NC 系统所控制的总是（　　）。

A. 零件轮廓的轨迹　　B. 刀具中心的轨迹

C. 工件运动轨迹　　D. 刀尖的轨迹

142. 铣削锐角时，所用的指令为（　　）。

A. G09　　B. G08　　C. G05　　D. G01

143. 程序 N0010　G91　G01　X100.0，C10.0；N0020　X100.0　Y100.0；中的 10.0 表示（　　）。

A. 倒棱长度 10mm　　B. 倒圆弧半径 10mm

C. 倒棱长度 10μm　　D. 倒圆弧直径 10μm

144. 以下提法中（　　）是错误的。

A. G04X3.0 表示暂停 3s　　B. G92 是模态指令

C. G33 Z　F　中的 F 表示进给量　　D. G41 是刀具左补偿。

145. 系统规定三轴联动加工中心的（　　）轴可采用刀具长度补偿。

A. *Z*　　B. *X*　　C. *Y*　　D. 所有

146. 利用刀具长度补偿功能进行工件坐标系 *Z* 向零点偏置值的设定，则设在刀具长度补偿存储器中的值为（　　）。

A. 负值　　B. 正值　　C. 零值　　D. 不确定

147. 设 H01=6mm，则执行“G91 G01 Z−15. H01;”程序后，实际的移动量是（　　）mm。

A. 9　　B. 21　　C. 15　　D. 6

148. 设 H01=2mm，则执行“G91 G44 G01 Z−20. H01 F100;”程序后，刀具实际移动距离为（　　）mm。

A. 30　　B. 18　　C. 22　　D. 20

149. 设 H01=−10mm，则执行“G91 G44 G01 Z−20 H01 F100;”程序后，刀具实际移动距离为（　　）mm。

A. 10　　B. 30　　C. 22　　D. 20

150. 补偿值为 5mm，则执行“G19 G43 G90 G01 X100 Y30 Z50 H01;”后，刀位点的位置为（　　）。

A. X105 Y35 Z55　　B. X00 Y35 Z50　　C. X105 Y30 Z50　　D. X100 Y30 Z55

151. 采用固定循环编程，可以（　　）。

A. 加快切削速度，提高加工质量　B. 缩短程序的长度，减少程序所占内存

C. 减少换刀次数，提高切削速度　D. 减少吃刀深度，保证加工质量

152. 孔系加工时，孔距精度与数控系统的固定循环功能（　　）。

A. 有关　　B. 无关　　C. 有点关系　　D. 不确定

153. 下列指令中，刀具以切削进给方式加工到孔底，然后以切削进给方式返回到 *R* 点平面的指令是（　　）。

A. G85　　B. G86　　C. G87　　D. G88

154. FANUC 系统中可实现孔底主轴准停，刀具向刀尖相反方向移动 *Q* 值后快速退刀指令是（　　）。

A. G76　　B. G85　　C. G81　　D. G87

155. FANUC 系统中细长孔的钻削应采用固定循环指令（　　）为好。

A. G81　　B. G83　　C. G73　　D. G76

156. 下列孔加工指令中，能执行孔底暂停的指令是（　　）。

A. G73　　B. G81　　C. G82　　D. G83

157.（　　）可修正上一工序所产生的孔的轴线位置偏差，保证孔的位置精度。

A. 镗孔　　B. 扩孔　　C. 铰孔　　D. 钻孔

158. G81 与 G85 的区别是分别以（　　）返回。

A. F 速度；快速　　B. F 速度；F 速度

C. 快速；F 速度　　D. 快速；快速

159. *R* 点平面距工件表面的距离主要考虑工件表面的尺寸变化，一般情况下取（　　）mm。

A. 0～1　　B. 2～5　　C. 6～8　　D. 9～10

160. 固定循环中，刀具从初始平面到 *R* 点平面的移动方式是（　　）。

A. G00　　B. G01

C. 根据不同的固定循环确定　　D. 由编程决定

161. 孔加工循环，(　　) 到零件表面的距离可以任意设定在一个安全的高度上。
A. 初始平面　　B. R 点平面　　C. 孔底平面　　D. 零件平面
162. 固定循环中 P 的单位是 (　　)。
A. s　　B. ms　　C. m　　D. mm
163. 在钻深孔时，为便于排削和散热，加工中宜 (　　)。
A. 重复进行进给和进给暂停的动作　　B. 连续进给
C. 重复进行进给和退出的动作　　D. 重复进行进给
164. 如果主程序用指令"M98 P×× L10"，而子程序采用 M99 L5 返回，则子程序重复执行的次数为 (　　) 次。
A. 1　　B. 2　　C. 5　　D. 10
165. 在 FANUC 数控系统中，可以独立使用保存计算结果的变量为 (　　)。
A. 系统变量　　B. 空变量　　C. 公共变量　　D. 局部变量
166. B 类宏程序用于执行取绝对值的字符是 (　　)。
A. ROUND　　B. SQRT　　C. ABS　　D. FIX
167. #149 属于 (　　)。
A. 局部变量　　B. 公共变量　　C. 系统变量　　D. 都不是
168. NE 表示 (　　)。
A. =　　B. ≠　　C. ≤　　D. >
169. WHILE 的条件式不成立，则执行 (　　)。
A. WHILE 与 DO 之间的程序　　B. DO 与 END 之间的程序
C. END 之后的程序　　D. 结束复位
170. 通过指令"G65 P0030 A50.0 E40.0 J100.0 K0 J20.0;"引数赋值后，变量#8=(　　)。
A. 40.0　　B. 0.0　　C. 0　　D. 20.0
171. B 类宏程序指令"IF [#1GE#100] GOTO 1000;"的"GE"表示 (　　)。
A. >　　B. <　　C. ≥　　D. ≤
172. 指定不同的缩放比例加工圆弧时，数控铣床进行 (　　) 加工。
A. 椭圆　　B. 加工圆弧，其半径根据 I、J 中的较大值进行缩放
C. 加工圆弧，其半径根据 I、J 中的较小值进行缩放
D. 数控机床不能这样指定
173. 执行#2=-2.0，#3=FUP [#2] 时，#3 的值为 (　　)。
A. 2　　B. 3　　C. −2　　D. −3
174. "G68 X0 Y0 R#100;" #100 的单位是 (　　)。
A. mm　　B. in　　C. 倍率　　D. 度
175. 下列零件中，(　　) 宜采用极坐标编写程序。
A. 正多边形　　B. 圆周分布的孔类零件
C. 以半径与角度形式标示的零件　　D. 都可以
176. FANUC 系统中坐标旋转功能指令是 (　　)。
A. G16　　B. G51　　C. G51.1　　D. G68
177. 执行指令"G68 X20.0 Y0.0 R30.0; G01 X10.0 Y.0 F100;"后，刀具中心所到达的位置为 (　　)。
A. (10.0，0)　　B. (8.66，5.0)　　C. (11.34，−5.0)　　D. (11.34，5.0)
178. 在坐标系旋转方式中，只能指定 (　　)。
A. G28　　B. G92　　C. G41　　D. G51
179. G02/G03 AR=__X__Y__表示用 (　　) 编写圆弧程序。
A. 圆弧终点和圆心　　B. 半径和圆弧终点　　C. 圆心角和圆心　　D. 圆心角和圆弧终点
180. G02/G03 AR=__I__J__表示用 (　　) 编写圆弧程序。
A. 圆弧终点和圆心　　B. 半径和圆弧终点　　C. 圆心角和圆心　　D. 圆心角和圆弧终点
181. G02/G03 CR=__X__Y__表示用 (　　) 编写圆弧程序。
A. 圆弧终点和圆心　　B. 圆心角和圆心　　C. 半径和圆弧终点　　D. 圆心角和圆弧终点
182. G02/G03 X__Y__I__J__表示用 (　　) 编写圆弧程序。

A. 圆弧终点和圆心　B. 圆心角和圆心　C. 半径和圆弧终点　D. 圆心角和圆弧终点

183. 下列指令中，一般不作为 SIEMENS 系统子程序的结束标记是（　）。

A. M99　B. M17　C. M02　D. RET

184. 西门子系统中，子程序的最后一个程序段为（　）命令结束返回主程序。

A. M00　B. M01　C. M02　D. M03

185. 某加工程序中的一个程序段为 N003 G91 G18 G94 G02 X30.0 Y35.0 I30.0 F100 LF，该程序段的错误在于（　）。

A. 不应该用 G91　B. 不应该用 G18　C. 不应该用 G94　D. 不应该用 G02

186. 在 SINMERIK（802D）数控铣床上回参考点的编程格式为（　）。

A. G75 X=0 Y=0 Z=0　B. G74 X1=0 Y1=0 Z1=0

C. G75 X0 Y0 Z0　D. G74 X0 Y0 Z0

187. SIEMENS 802D 系统中，指令 CYCLE81 是（　）。

A. 孔加工指令　B. 铣槽指令　C. 铣平面指令　D. 以上都不对

188. 在（50，50）上钻一个直径为 20mm、深 10mm 的通孔，Z 轴的坐标零点位于零件的上表面，正确的程序是（　）。

A. CYCLE81（50，0，0，－13，2）

B. CYCLE81（50，0，0，－13）

C. CYCLE81（50，0，3，－13）

D. CYCLE83（50，0，0，－13，－13，5，，2，1，1，1，0）

189. CYCLE82（RTP，RFP，SDIS，DP，DPR，DTB）中，DTB 表示（　）。

A. 返回平面　B. 安全平面　C. 参考平面　D. 暂停时间

190. CYCLE85（RTP，RFP，SDIS，DP，DPR，DTB，FFR，RFF）中，SDIS 表示（　）。

A. 返回平面　B. 安全高度　C. 参考平面　D. 铰孔深度

191. 程序 HOLES1（20，30，0，10，20，5）可加工（　）个孔。

A. 20　B. 30　C. 10　D. 5

192. GOTOB 表示（　）。

A. 向前跳转　B. 向后跳转

C. 不是转移指令　D. 可以向前跳转也可以向后跳转

193. 下列作为程序跳跃的目标程序段，其书写正确的是（　）。

A. N10 MARK1 R1=R1+R2　B. N60 MARK2：R5=R5－R2

C. N10 MARK1；R1=R1+R2　D. N60 MARK2. R5=R5－R2

194. 圆周槽铣削固定循环指令为（　）。

A. SLOT1　B. SLOT2　C. POCKET1　D. POCKET2

195. SIEMENS 802D 系统中，指令 CYCLE72 是（　）。

A. 孔加工指令　B. 规则轮廓铣削　C. 铣平面指令　D. 一般轮廓铣削

196. 圆弧槽铣削固定循环指令为（　）。

A. SLOT1　B. SLOT2　C. POCKET1　D. POCKET2

197. CYCLE71（RTP，RFP，SDIS，DP，PA，PO，LENG，WID，STA，MID，MIDA，FDP，FALD，FFP1，VARI，FDP1）中，MID 表示（　）。

A. 第一轴上的矩形长度　B. 精加工方向上的返回行程

C. 最大进给深度　D. 最大进给宽度

198. 平面铣削循环指令 CYCLE71 中，当 VARI=31 时，表示所选择的加工类型是（　）。

A. 平行于平面的第一轴粗加工　B. 平行于平面的第一轴精加工

C. 平行于平面的第二轴粗加工　D. 平行于平面的第二轴精加工

199. 程序段“G18 ROT RPL=45”中的 45 表示（　）。

A. 坐标系沿 X 轴旋转角度　B. 坐标系沿 Z 轴旋转角度

C. 坐标系沿 Y 轴旋转角度　D. 坐标系沿 XY 平面旋转角度

200. 在坐标旋转和镜像中刀具半径补偿的方向分别（　）。

A. 不变、可能相反　B. 可能相反、不变　C. 一定不变　D. 一定相反

201. 用指令（　　）可指定当前刀具点为极点。

A. G110　　B. G111　　C. G112　　D. G113

202. SIEMENS 系统中坐标相对平移指令是（　　）。

A. TRANS　　B. ATRANS　　C. SCALE　　D. ASCALE

203. 指令“G00　AP=　　RP=　　”中的 AP 表示（　　）。

A. 极坐标角度　　B. 极坐标半径

C. 极坐标参数　　D. 极坐标增量值

204. FANUC 系统数控磨床 G72 中的 P 表示（　　）。

A. 暂停时间　　B. 量仪号　　C. 磨削次数　　D. 工件号

205. FANUC 系统数控磨床 G71 中的 W 表示（　　）。

A. 暂停时间　　B. 磨削范围　　C. 磨削次数　　D. 工件号

206. FANUC 系统数控磨床 G71 中若 A=B=0 表示（　　）。

A. 无火花磨削　　B. 进给磨削　　C. 磨削次数为 0　　D. 工件号 0

207. SIEMENS 系统数控磨床 G05 表示（　　）。

A. 暂停时间　　B. 椭圆插补　　C. 斜向切入　　D. 柱面插补

208. SIEMENS 系统数控磨床 G07 表示（　　）。

A. 暂停时间　　B. 返回起始位置　　C. 斜向切入　　D. 柱面插补

209. SIEMENS 系统数控磨床刀具补偿 D 的刀沿 1 表示（　　）砂轮。

A. 1 号砂轮　　B. 1 号刀补　　C. 左边砂轮　　D. 右边砂轮

210. SIEMENS 系统数控磨床刀具补偿 D 的刀沿 4 表示（　　）砂轮。

A. 4 号砂轮　　B. 4 号刀补　　C. 左边砂轮　　D. 右边砂轮

211. 如果修整器是只进行浸入式修整的金刚石滚轮修整器，而不使用其他修整器。则始终使用修整器（　　）。

A. 1　　B. 2　　C. 4　　D. 任意

212. 应用 DIAM90 编程时 G90 表示（　　），G91 表示（　　）。

A. 绝对值编程　　B. 增量值编程　　C. 直径编程　　D. 半径编程

213. 半径磨削（CYCLE414）中 LAGE 为 23 表示（　　）。

A. 内角　　B. 外角　　C. 正角　　D. 负角

214. 半径磨削（CYCLE414）中 LAGE 为 31 表示（　　）。

A. 内角　　B. 外角　　C. 正角　　D. 负角

215. 摆动（CYCLE415）中 Z _ ST 表示（　　）。

A. *Z* 向起始位置（绝对）　　B. *X* 向起始位置（绝对）

C. *Z* 向起始位置（增量）　　D. *X* 向起始位置（增量）

216. F _ BL _ AB 表示（　　）。

A. 右轨迹进给率　　B. 左轨迹进给率

C. 直径方向右进给率　　D. 后左轨迹进给率

217. F _ DR _ AB 表示（　　）。

A. 直径方向右进给率　　B. 右轨迹进给率

C. 左轨迹进给率　　D. 右轨迹进给率

218. FFW 表示（　　）。

A. 空转路径（增量）　　B. 空转路径（绝对值）

C. 进给路径（增量）　　D. 进给路径（绝对值）

219. UWERK 为 100 表示（　　）。

A. 工件圆周速度 100m/min　　B. 工件圆周速度 100m/s

C. 砂轮圆周速度 100m/min　　D. 砂轮圆周速度 100m/s

220. USCH 为 100 表示（　　）。

A. 工件圆周速度 100m/min　　B. 工件圆周速度 100m/s

C. 砂轮圆周速度 100m/min　　D. 砂轮圆周速度 100m/s

221. N _ ABR=3 表示（　　）。

A. 修整次数为3　　B. 修整前工件数为3
C. 修整前工件数为30V　　D. 修整次数为30
222. G29编写格式中I30.0表示（　　）。
A. 孔距为30mm　　B. 圆弧半径为30mm
C. 冲压起始点的角度为30°　　D. 角度间距为30°
223. G28编写格式中I30.0表示（　　）。
A. 孔距为30mm　　B. 圆弧半径为30mm
C. 冲压起始点的角度为30°　　D. 角度间距为30°
224. 应用G66编写冲压程序时，冲模应用为（　　）。
A. 圆形　　B. 圆弧形　　C. 矩形　　D. 任意形状
225. 在G66 I120.0J45.0P30.0 T210；中T210的形状为（　　）。
A. 半径为120mm的圆形　　B. 边长为120mm的正方形
C. 边长为45mm的正方形　　D. 边长为30mm的正方形
226. 在应用G69编写程序时Q为（　　）。
A. 正　　B. 负　　C. 0　　D. 任意实数
227. 在G69 I180.0J30.0P25.0Q6.0T316中T316的实际尺寸为（　　）。
A. 180　　B. 30　　C. 25　　D. 没有表示出来
228. TANGON（C，0）表示（　　）。
A. 接通耦合，*C*轴方向0度　　B. 接通*C*轴，耦合方向0度
C. 关闭耦合　　D. 程序结束
229. PON表示（　　）。
A. 冲裁开　　B. 步冲开　　C. 步冲关　　D. 冲裁关
230. SON表示（　　）。
A. 冲裁开　　B. 步冲开　　C. 步冲关　　D. 冲裁关
231. 程序N70 X50 SPOF N80 X100 SON表示（　　）。
A. 运行前*X*=50结束时X=100　　B. 运行前*X*=100运行前*X*=100
C. 运行前*X*=100　　D. 运行前*X*=100
232. X275 Y160 SPOF表示（　　）。
A. 冲裁开　　B. 步冲开　　C. 报警关　　D. 冲裁关
233. 程序N20 SPP=3.5 X15 Y15；执行该指令的冲裁长度（　　）。
A. 一样　　B. 不一样　　C. 根据实际情况而定　　D. 由操作者确定
234. 3B代码编程的格式中X、Y的单位（　　）。
A. μm　　B. mm　　C. cm　　D. 可以根据实际需要设定
235. 应用3B代码编程的格式编写圆弧加工程序时X、Y为（　　）。
A. 圆弧中间点的坐标值　　B. 圆弧圆心的坐标值
C. 圆弧终点的坐标值　　D. 圆弧起点的坐标值
236. 应用3B代码编程的格式编写直线加工程序时X、Y为（　　）。
A. 直线上任一点的坐标值　　B. 直线中间点的坐标值
C. 直线终点的坐标值　　D. 直线起点的坐标值
237. 应用4B代码编程时Z表示加工指令即（　　）。
A. 加工方向　　B. *Z*向尺寸　　C. 加工距离　　D. 加工的*Z*向坐标值
238. 在线切割加工中G05表示（　　）。
A. *X*轴镜像　　B. *Y*轴镜像　　C. *Z*轴镜像　　D. 原点轴镜像
239. 在线切割加工中G51表示（　　）。
A. 锥度左偏　　B. 锥度右偏　　C. Y轴镜像　　D. X轴镜像
240. 3B代码编程的格式中X、Y的单位（　　）。
A. μm　　B. mm　　C. cm　　D. 可以根据实际需要设定
241. 应用3B代码编程的格式编写圆弧加工程序时X、Y为（　　）。
A. 圆弧中间点的坐标值　　B. 圆弧圆心的坐标值

C. 圆弧终点的坐标值　　D. 圆弧起点的坐标值

242. 应用3B代码编程的格式编写直线加工程序时X、Y为（　　）。

A. 直线上任一点的坐标值　　B. 直线中间点的坐标值

C. 直线终点的坐标值　　D. 直线起点的坐标值

243. 应用4B代码编程时Z表示加工指令即（　　）。

A. 加工方向　　B. Z向尺寸　　C. 加工距离　　D. 加工的Z向坐标值

244. 在线切割加工中G05表示（　　）。

A. X轴镜像　　B. Y轴镜像　　C. Z轴镜像　　D. 原点轴镜像

245. 在线切割加工中G51表示（　　）。

A. 锥度左偏　　B. 锥度右偏　　C. Y轴镜像　　D. X轴镜像

246. 在数控成型加工中G81表示（　　）。

A. 固定循环　　B. 回极限位置　　C. 钻孔指令　　D. 由操作者确

247. 在数控成形加工中G82表示（　　）。

A. 固定循环　　B. 回极限位置

C. 钻孔指令　　D. 回到当前位置与零点的一半

248. 在数控成形加工中程序G84　Z300；表示（　　）。

A. Z坐标值放入H300开始的地址

B. 加工的深度为300

C. 加工的深度为－300

D. 电极回到Z300处

249. 在数控成形加工中程序G86　X001000；表示（　　）。

A. 加工10min　　B. 加工10h　　C. 加工10s　　D. 加工1000mm

二、判断题

（　）1. 在数控成形加工中G81表示孔加工循环。

（　）2. 在数控成形加工中G82表示孔加工循环。

（　）3. 在数控成形加工中G83表示孔加工循环。

（　）4. 在数控成形加工中G84为G85定义一个H寄存器的起始地址。

（　）5. 在数控成形加工中程序G84 Y200；表示Y坐标值放入H200开始的地址。

（　）6. 应用4B代码编程时D表示切割凸圆弧。

（　）7. 应用4B代码编程时MJ表示程序结束（加工完毕）。

（　）8. 4B格式能处理尖角的自动间隙补偿。

（　）9. 在线切割加工中G80表示接触感知。

（　）10. 在线切割加工中G82表示半程移动。

（　）11. N20 POS [B]＝CAC（10）表示返回编码位置10（相对）。

（　）12. PDELAYON是一种辅助功能。

（　）13. SPP模态有效。

（　）14. SPP＝2 X10表示10mm的总运行区间划分成5段2mm（SPP＝2）的部分区间。

（　）15. SPP＝3.5 X15 Y15；表示部分区间的长度为3mm。

（　）16. G70能进行冲压。

（　）17. G27X－500.0表示冲头移动到X500mm处。

（　）18. G29编写格式中P30.0表示角度间距为30°。

（　）19. 程序G72 G90 X480.0Y120.0；G29 I180.0J30.0P15.0K6 T203；表示在圆心不冲孔。

（　）20. 程序G72 G90 X300.0Y200.0；G28 I25.0 J30.0 K5 T203；表示在基准点冲孔。

（　）21. 在应用G69编写程序时Q为正。

（　）22. 摆动（CYCLE415）中Z _ END表示Z向目标位置（绝对）。

（　）23. F _ DL _ AB直径方向左进给率。

（　）24. ZSTW表示测量头进给路径（增量）。

（　）25. F _ Z _ MESS＝100表示测量进给（率）为100。

（ ）26. 用参数 ZSTW 编写 Z 向的测量头增量进给量。

（ ）27. SIEMENS 系统数控磨床刀具补偿 D 与数控铣床一样，没有固定的含义。

（ ）28. SIEMENS 系统数控磨床刀具补偿 D 的刀沿 1、3、5 表示左边砂轮。

（ ）29. 如果修整器是只进行浸入式修整的金刚石滚轮修整器，而不使用其他修整器，则始终使用修整器 3。

（ ）30. 应用 DIAM90 编程时 G90 表示绝对值编程。

（ ）31. 应用 DIAM90 编程时 G91 表示增量值编程。

（ ）32. 如果在一个程序段中仅编程了第 3 轴或者第 4 轴，若该轴为回转轴，F 的单位在 G94 时相应 mm/min，G95 时主轴的 F 单位为 mm/r。

（ ）33. FANUC 系统数控磨床 G78 中 P 表示暂停时间。

（ ）34. 切入磨削循环（G75）中 I 表示首次切深，方向由正负号决定。

（ ）35. 纵磨循环（G71）中 K 表示 W 的进给速度。

（ ）36. SIEMENS 系统中，不可同时使用两种不同的坐标系转换指令。

（ ）37. SIEMENS 系统中的坐标平移可用 TRANS 指定。

（ ）38. SIEMENS 系统中，平面内的坐标旋转用 ROT X=… 来表示。

（ ）39. 使用 SCALE、ASCALE 指令，可以为所有坐标轴按编程的比例系数进行缩放，按此比例使所给定的轴放大或缩小若干倍。

（ ）40. 如果在比例缩放后，再进行坐标系的平移，则坐标系平移值不必进行比例缩放。

（ ）41. 使用 CYCLE71 指令可以切削任何矩形进给的平面。

（ ）42. 在 CYCLE71 循环中使用 MIDA 定义在平面中连续加工时的最大进给宽度。

（ ）43. 在 CYCLE71 循环中 FDP 值没有要求。

（ ）44. 在 CYCLE71 循环中用 FALD 定义深度方向的精加工余量。

（ ）45. 使用 CYCLE72 指令只能铣削由子程序定义的封闭轮廓。

（ ）46. 使用 CYCLE72 只能进行轮廓粗加工。

（ ）47. 使用 CYCLE76 精加工时需用端面铣刀。

（ ）48. 使用 CYCLE77 精加工时需用端面铣刀。

（ ）49. 在应用 LONGHOLE 加工时 MID=0 表示一次切削完成槽深切削。

（ ）50. 程序 HOLES1（10，20，0，30，40，5）可加工 10 个孔。

（ ）51. SIEMENS 系统的指令“GOTOB”表示向后跳转，即向程序开始的方向跳转。

（ ）52. 孔加工固定循环的参数中，参数 DPR 值一定是正值。

（ ）53. 固定循环指令中，参数 RFP 表示参考平面。

（ ）54. 固定循环多而复杂，手工编程时尽量不用。

（ ）55. 固定循环指令中，参数 SDIS 表示安全距离。

（ ）56. 钻孔循环指令中，参数 DPR 表示孔的深度。

（ ）57. CYCLE81 可用于中心孔定位。

（ ）58. CYCLE83 指令中，FDPR 表示相对于参考平面的第一次钻孔深度。

（ ）59. CT X30 Y80 加工的是一条与圆弧相切的直线。

（ ）60. SIEMENS 数控铣床上绝对值编程只能用 G90。

（ ）61. 程序 G02 X50 Y40 I1=40 J1=45 是加工圆弧的程序，其圆心坐标为（X40 Y45）。

（ ）62. 执行 G00 指令时刀具是沿一条直线运行。

（ ）63. 程序 N20 CFC _ LF N30 G02 X _ Y _ I _ J _ F350LF 表示进给率值在轮廓处有效。

（ ）64. SINUMERIK 数控铣床上可以这样编写圆弧程序 G03 X50 Y40 I1=40 J1=45。

（ ）65. 圆弧插补指令中，只有用圆心和终点定义的程序段格式才可以编制整圆。

（ ）66. SINUMERIK 数控铣床上可以这样编写圆弧程序 G2 X35 Y30 CR12。

（ ）67. SINUMERIK 数控铣床上可以这样编写圆弧程序 G3 X30. Y40. AR=120。

（ ）68. SINUMERIK 数控铣床上可以这样编写圆弧程序 N10 G01 X30 F200 LF N20 CT X80 Y60 LF。

（ ）69. SINUMERIK 数控铣床上可以这样编写圆弧程序 G02 I15 J-8 AR=120。

（ ）70. 倒角 CHF=　与 CHR=　一样。

（ ）71. G331、G332 指令要求主轴必须是位置控制的主轴，且具有位置测量系统。

( ) 72. FANUC 与 SIEMENS 系统在编程时方法与格式是一致的。

( ) 73. 当宏程序 A 调用宏程序 B 而且都有变量#3 时，则 A 中的#3 与 B 中的#3 是同一个变量。

( ) 74. FANUC 系统中，余弦的指令格式为#i=COS [#j]。

( ) 75. 通过指令“G65 P1 000 D100.0;”引数赋值后，程序中的参数“#7”的初始值为 100.0。

( ) 76. 表达式“30.0+20.0=#100;”是一个正确的变量赋值表达式。

( ) 77. FANUC 系统中，运算符号 LE 含义是大于等于。

( ) 78. 曲面加工中，在接近拐角处应适当降低切削速度，以避免加工中的过切与欠切现象。

( ) 79. 循环语句“WHILE [条件表达式] DO m”中的 m 是循环标号，标号可有任意数字指定。

( ) 80. 如果在主程序中执行 M99，则程序将返回到主程序的开头并继续执行程序。

( ) 81. 主程序中的模态指令 F、S、G90 等，不能沿用至子程序中，因此在子程序中必须重新编写这些指令。

( ) 82. 子程序的编写方式必须是增量方式。

( ) 83. 在 FANUC 系统中宏程序和子程序的调用区别在于前者用 G65，而后者用 M98。

( ) 84. 指令“G51.1 X10.0;”的镜像轴为过点（10.0，0）且平行于 Y 轴的轴线。

( ) 85. “G91 G17 G16;”表示以刀具当前点作为极坐标系原点。

( ) 86. 加工中心与数控铣床在程序编制方面的本质区别不在于自动换刀功能。

( ) 87. 加工中心和数控车床一样，换刀点的位置是任意的。

( ) 88. 采用立铣刀加工内轮廓时，铣刀直径应小于或等于工件内轮廓最小曲率半径的 2 倍。

( ) 89. 用立铣刀粗加工窄而深的直角沟槽时，背吃刀量应尽可能大些。

( ) 90. 立铣刀分层铣削内轮廓时，Z 向可采取用螺旋或斜线下刀。

( ) 91. 用键槽铣刀和立铣刀加工封闭沟槽时，均需事先钻好落刀孔。

( ) 92. 在立式铣床上铣削曲线轮廓时，立铣刀的直径应大于工件上最小凹圆弧的直径。

( ) 93. 在孔系加工时，粗加工应该选用最短路线的工艺方案，精加工应该选用同向进给路线的工艺方案。

( ) 94. 执行孔加工固定循环程序，刀具在初始平面内的移动是以 G00 方式来实现的。

( ) 95. 孔加工循环加工通孔时一般刀具还要伸长超过工件底平面一段距离，主要是保证全部孔深都加工到尺寸。

( ) 96. 固定循环中的孔底暂停是指刀具到达孔底后主轴暂时停止转动。

( ) 97. G83 指令中每次间隙进给后的退刀量 d 值，由固定循环指令编程确定。

( ) 98. 在钻镗加工中，钻入或镗入工件的方向是 Z 的正方向。

( ) 99. 在单步进给模式执行固定循环时启动一次执行一步循环动作。

( ) 100. 在 G74 指定攻左旋螺纹时，进给倍率调整无效。

( ) 101. FANUC 系统的固定循环指令中 Q 值在 G73、G83 中指定是每次进给钻削深度，在 G76、G87 中指定刀具的退刀量。

( ) 102. 任何数控机床的刀具长度补偿补偿的都是刀具的实际长度与标准刀具的差。

( ) 103. G00 快速点定位指令控制刀具沿直线快速移动到目标位置。

( ) 104. 用半径 R 可以编写整圆程序。

( ) 105. G02 指令只能进行圆弧插补。

( ) 106. 圆弧插补指令中，I、J 地址的值无方向，用绝对值表示。

( ) 107. 圆弧程序段“G03 X Y I J ;”，无论是在 G90 方式还是在 G91 方式，只要 I、J 为“0”即可省略不写。

( ) 108. 刀具切入切出工件表面时应法向切入切出，才能保证表面不留痕迹。

( ) 109. 三坐标联动的数控机床可以用于加工立体曲面零件。

( ) 110. 数控加工中，采用加工路线最短的原则确定走刀路线，即可以减少空刀时间，还可以减少程序段。

( ) 111. 数控铣床加工过程中可以根据需要改变主轴速度和进给速度。

( ) 112. G01 中 F 指定的速度是沿着直线移动的工作台速度。

( ) 113. G01 为模态指令，可由 G00、G02、G03 或 G33 功能注销。

( ) 114. 用 G54 设定工件坐标系时，其工件原点的位置与刀具起点有关。

（ ）115. 工件坐标系偏移指令程序段只设定程序原点的位置，它并不产生运动。

（ ）116. 通过零点偏置设定的工件坐标系，当机床关机后再开机，其坐标系将消失。

（ ）117. 取消刀具半径补偿可以用 D00。

（ ）118. 在钻孔固定循环方式中，刀具长度补偿功能有效。

（ ）119. N30 G94G1 A90 F3000 表示轴 *A* 以进给率 3000°/min 运行到 90°位置。

（ ）120. A＝DC（30）表示以最短距离回到 30°位置。

（ ）121. TRACYL 可用于端面的铣削加工。

（ ）122. OFFN 只在刀具半径补偿选择后才生效。

（ ）123. TRANSMIT 可用于端面的铣削加工。

（ ）124. CYCLE81 可用于中心孔定位。

（ ）125. 运用数控系统的固定循环加工功能可简化编程。

（ ）126. 在 SIEMENS 系统的比较运算过程中，等于用符号“＝”表示。

（ ）127. 符号“GOTOF”表示向后跳转，即向程序开始的方向跳转。

（ ）128. 西门子系统中，指数函数的运算指令格式是 Ri＝EXP（Rj）。

（ ）129. 50°42′换算成度是 50.42°。

（ ）130. R 参数的运算法则与数学上的运算法则一致。

（ ）131. 在 SIEMENS802D 数控系统中，在 G33 指令中，多头螺纹的偏移量用 SF 表示。

（ ）132. 恒定背吃刀量进给方式进行螺纹粗加工时，每次背吃刀量相等，其值由参数 TDEP、FAL 和 NRC 确定，计算公式为 ap＝(TDEP-FAL)/NRC。

（ ）133. 螺纹循环指令“CYCLE97（PIT，MPIT，SPL，FPL，DM1，DM2，APP，ROP，TDEP，FAL，IANG，NSP，NRC，NID，VARI，NUMT）；”中参数 VARI 为加工方式，其值在 1～4 之间。

（ ）134. 采用恒定切削截面积进给方式进行螺纹粗加工时，背吃刀量按递减规律自动分配，并使每次切除表面的截面积近似相等。

（ ）135. SIEMENS 802D 系统的毛坯切削循环不仅能加工单调递增或单调递减的轮廓，还可以加工内凹的轮廓及超过 1/4 圆的圆弧。

（ ）136. 毛坯切削循环 CYCLE95 中，用于表示 *X* 方向精加工余量的参数 FALX 有正负值之分，当加工外圆时其值为正，当加工内孔时其值为负。

（ ）137. 毛坯切削循环 CYCLE95 中的横向加工方式是指沿 *X* 轴方向切深进给，而沿 *Z* 轴方向切削进给的一种加工方式。

（ ）138. 毛坯切削循环 CYCLE95 中的纵向加工方式是指沿 *X* 轴方向切深进给，而沿 *Z* 轴方向切削进给的一种加工方式。

（ ）139. 毛坏切削循环 CYCLE95 中的纵向加工方式中，当毛坯切削循环刀具的切深方向为－X 向时，则该加工方式为纵向内部加工方式。

（ ）140. 毛坯切削循环 *CYCLE*95 中，可分别用不同的参数表示粗加工和精加工的进给速度。

（ ）141. 在 *SIENENS* 系统中，指令“*T*1*D*1；”和指令“*T*2*D*1；”使用的刀具补偿值是同一刀补存储器中的补偿值。

（ ）142. 在 *SIEMENS*802*D* 数控系统中，子程序结束语句可使用 *M*17 或 *M*2。

（ ）143. *SIEMENS* 系统中，子程序 *L*30 和子程序 *L*0030 是两个不同的程序。

（ ）144. *SIEMENS* 系统的调用子程序指令“*L*0123*P*3"，表示调用子程序 *L*0123 共计三次。

（ ）145. 如果几个连续编程的程序段中有不含坐标轴移动指令的程序段，则不可以进行倒棱/倒圆编程。

（ ）146. 在 *SIEMENS* 系统数车床的编程中，分别用字符“*U*”、“*V*”、“*W*”来表示“X”、“Y”、“Z”方向的增量坐标。

（ ）147. 在 *SIEMENS* 系统的同一程序段中，可以同时指定增量坐标和绝对坐标。

（ ）148. *SIEMENS* 系统返回固定点（如换刀点）的指令是 *G*75。

（ ）149. 可编程工作区域限制通常称为软极限。

（ ）150. *SINUMERIK* 系统程序名称最多为 16 个字符，可以使用分隔符。

（ ）151. *FANUC* 0*i* 系统车铣中心中指令“*G*107 *C* ；”和指令“*G*01 *Z* *C* ；”中的“*C* ”是同一个概念。

（ ）152. *FANUC* 0*i* 车铣中心启用极坐标后，XY 平面内第一轴仍用地址“*X*”表示，且该值为直径值。

（ ）153. 在车削加工中心上可以进行钻孔、螺纹加工和磨削加工。

（ ）154. *FANUC* 0*i* 系统车铣中心的圆柱插补方式中，圆弧半径不能用地址 *I*、*J* 和 *K* 指定，而必须用 *R* 指定。

（ ）155. *FANUC* 0*i* 车铣中心启用极坐标后，也可采用刀具半径补偿编程，但必须在极坐标指令指定前指定刀具半径补偿指令。

（ ）156. 通过指令"*G*65 *P*1 000 *E*90.0；"引数赋值后，程序中的参数"＃8"的初始值为 90.0。

（ ）157. 当宏程序 *A* 调用宏程序 *B* 而且都有变量＃100 时，宏程序 *A* 中的＃100 与宏程序 *B* 中的＃100 是同一个变量。

（ ）158. 在数控程序中局部变量是停电后就失去的变量。

（ ）159. 宏程序的格式类似于子程序的格式，以 *M*99 来结束宏程序，因此宏程序只能以子程序调用方法进行调用，即只能用 *M*98 进行调用。

（ ）160. 宏程序可用 *G* 代码调用。

（ ）161. 在编写 *A* 类宏程序时，要注意在宏程序中不可采用刀具半径补偿进行编程。

（ ）162. 在编写 *A* 类宏程序时，可以应用"*"表示乘号。

（ ）163. *B* 类宏程序的运算指令中函数 *SIN*、*COS* 等的角度单位是度，分和秒要换算成带小数点的度。

（ ）164. 指令"*G*65 *H*80 *P*120；"属于无条件跳转指令，执行该指令时，将无条件跳转到 *N*120 程序段执行。

（ ）165. *B* 类宏程序除可采用 *A* 类宏程序的变量表示方法外，还可以用表达式表示，但表达式必须封闭在圆括号"（ ）"中。

（ ）166. 指令"*G*65 *P*1 000 *X*100.0 *Y*30.0 *Z*20.0 *F*100.0；"中的 *X*、*Y*、*Z* 并不代表坐标功能，*F* 也不代表进给功能。

（ ）167. *B* 类宏程序函数中的括号允许嵌套使用，但最多只允许嵌套 5 级。

（ ）168. 在 *G*99 方式下攻螺纹时 *F* 为导程。

（ ）169. 加工螺距 4*mm* 以上的螺纹时，一般采用直进法提高螺纹精度。

（ ）170. 数控车床可以车削直线、斜线、圆弧、公制和英制螺纹、圆柱管螺纹、圆锥螺纹，但是不能车削多头螺纹。

（ ）171. 在数控车床上车螺纹时，沿螺距方向的 Z 向进给应和机床主轴的旋转保持严格的速比关系。

（ ）172. 数控车床程序中所使用的进给量 *F* 值在车削螺纹时，是指导程而言。

（ ）173. 车螺纹前的底孔直径一般大于螺纹标准中规定的螺纹小径。

（ ）174. 在数控车床上车削螺纹必须通过主轴的同步运行功能而实现。

（ ）175. 数控车床能车削增导程、减导程以及要求等导程和变导程之间平滑过渡的螺纹。

（ ）176. 在 *G*92 指令执行过程中，进给速度倍率和主轴速度倍率均无效。

（ ）177. *FANUC* 系统 *G*76 指令只能用于圆柱螺纹的加工，不能用于圆锥螺纹的加工。

（ ）178. 对表面粗糙度要求较高的表面，应选用恒转速切削。

（ ）179. 用刀尖点编出的程序在进行倒角、锥面及圆弧切削时，则会产生少切或过切现象。

（ ）180. 数控车床精加工余量确定时应考虑热变形的影响。

（ ）181. 在数控车床上车削锥面和端面时，如果转速恒定不变，则车削后的表面粗糙度 Ra 值一致，如果采用恒线速，车削后的表面粗糙值比较大。

（ ）182. 在编辑工作方式下，可实现数控零件加工程序的输入。

（ ）183. 增大背吃刀量可使走刀次数减少，增大进给量有利于断屑。

（ ）184. 对所用数控车床来说，在数控车进入刀具半径补偿时，要在指令中指明补偿号 *R*，如果没写补偿号，就认为补偿量为零。

（ ）185. *FANUC* 车床数控系统允许同时在 X 轴和 Z 轴方向实现刀具长度补偿。

（ ）186. 刀具位置补偿功能是由程序段中的 *T* 代码来实现。

（ ）187. 在调用刀具时，必须在取消刀具补偿状态下调用刀具。

（ ）188. 数控车床的刀具补偿功能有刀尖半径补偿与刀具位置补偿。

（ ）189. 数控车床与普通车床用的可转位车刀，一般有本质的区别，其基本结构、功能特点都是不相同的。

（ ）190. 单轴类零件加工余量较多时，采用固定循环功能可简化编程。

( ) 191. *FANUC* 数控车复合固定循环指令中能进行子程序的调用。

( ) 192. 用 *G*71 粗加工时，在 ns～nf 程序段中的 *F*、*S*、*T* 是有效的。

( ) 193. 圆粗车循环方式适合于加工棒料毛坯除去较大余量的切削。

( ) 194. *G*53 的功能是选择机床坐标系或取消坐标系零点偏置。

( ) 195. 圆弧加工程序中若圆心坐标 *I*、*J*、*K*，半径 *R* 同时出现时，程序执行按半径 *R*，*I*、*J*、*K* 不起作用。

( ) 196. 当用 *G*02/*G*03 指令，对被加工零件进行圆弧编程时，圆心坐标 *I*、*J*、*K* 为圆弧终点到圆弧中心所作矢量分别在 X、Y、Z 坐标轴方向上的分矢量（矢量方向指向圆心）。

( ) 197. 程序中指定的圆弧插补进给速度，是指圆弧切线方向的进给速度。

( ) 198. 圆弧插补中，对于整圆，其起点和终点相重合，用 *R* 编程无法定义，所以只能用圆心坐标编程。

( ) 199. 顺时针圆弧插补（*G*02）和逆时针圆弧插补（*G*03）的判别方向是：沿着不在圆弧平面内的坐标轴正方向向负方向看去，顺时针方向为 *G*02，逆时针方向为 *G*03。

( ) 200. 数控车削加工中，如果圆弧指令后的半径遗漏，则圆弧指令作直线指令执行。

( ) 201. *G*01 中 *F* 指定的速度是沿着直线移动的刀具速度。

( ) 202. *G*00、*G*01 指令都能使机床坐标轴准确到位，因此它们都是插补指令。

( ) 203. *G*00 指令可以用于切削加工。

( ) 204. *G*00 指令为刀具依机床设定之最高位移速度前进至所指定之位置。

( ) 205. *G*01 为模态指令，可由 *G*00、*G*02、*G*03 或 *G*33 功能注销。

( ) 206. *G*00 快速进给速度不能由地址 *F* 指定，可用操作面板上的进给修调调整。

( ) 207. *G*00、*G*01 指令的运动轨迹路线相同，只是设计速度不同。

( ) 208. *G*00 的运动轨迹一般为直线。

( ) 209. 对所有数控机床来说，如果在 *G*01 程序段之前的程序段没有 *F* 指令，且现在的 *G*01 程序段中没有 *F* 指令，则机床不运动。

( ) 210. 加工中心机床不能加工螺纹孔。

( ) 211. *FANUC* 系统数控车床在输入程序时，可以加入小数点。

( ) 212. 数控车床编程有绝对值和增量值编程，使用时不能将它们放在同一程序段中。

( ) 213. *FANUC* 车床数控系统使用 *G*91 指令来表示增量坐标，而用 *G*90 指令来表示绝对坐标。

( ) 214. 数控车床上一般将工件坐标原点设定在零件右端面或左端面中心上。

( ) 215. 数控车床在输入程序时，不论何种系统坐标值不论是整数和小数都不必加入小数点。

( ) 216. “*T*1001”是刀具选择机能为选择一号刀具和一号刀补。

( ) 217. 刀具半径补偿是一种平面补偿，而不是轴的补偿。

( ) 218. 刀具补偿功能包括刀补的建立、刀补的执行和刀补的取消三个阶段。

( ) 219. 在 *FANUC* 系统中，指令“*T*0101;”和指令“*T*0201;”使用的刀具补偿值是同一刀补存储器中的补偿值。

( ) 220. 高速切削时，刀具的主要问题是磨损。

( ) 221. 刀具补偿寄存器内可以存入负值。

( ) 222. *G*41/*G*42/*G*40 为模态指令。机床的初始状态为 *G*40。

( ) 223. 刀具补偿程序段内有 *G*00 或 *G*01 功能才有效。

( ) 224. 在使用 *G*41 和 *G*42 之后的程序段，不能出现连续两个或两个以上的不移动指令，否则 *G*41 和 *G*42 会失效。

( ) 225. *Tab* 中 *a* 代表刀补号，*b* 代表刀具号。

( ) 226. 数控车床的换刀，需在机床主轴准停后进行。

( ) 227. 刀具半径补偿功能主要是针对刀位点在圆心位置上的刀具而设定的，它根据实际尺寸进行自动补偿。

( ) 228. *G*39 是刀具半径补偿指令。

( ) 229. 程序用 *M*02 结束，执行后光标并不能返回到程序的第一语句。

( ) 230. 非模态指令只能在本程序段内有效。

( ) 231. 某程序段为：*N*10 *S*500 *M*03，它的意义为指定主轴以 500*r*/*min* 的转速正转。

（ ）232. 准备功能字 *G* 代码主要用来控制机床主轴的开、停，切削液的开关和工件的夹紧与松开等机床准备动作。

（ ）233. 辅助功能 *M*30 表示主程序的结束，程序自动运行至此后，程序运行停止，系统自动复位一次。

（ ）234. 辅助功能 *M*00 为无条件程序暂停，执行该程序指令后，所有运转部件停止运动，且所有模态信息全部丢失。

（ ）235. 当前我国使用的各种数控系统，只允许使用两位数的 *G* 代码。

（ ）236. *ISO* 标准规定了 *G* 代码和 *M* 代码从 00～99 共 100 种。

（ ）237. 在任何程序段中，*F* 表示进给速度。

（ ）238. 数控系统中对每一组的代码指令，都选取其中的一个作为开机默认代码。

（ ）239. *FANUC* 系统指令"*M*98 *P*××××*L*××××;"中省略了 *L*，则该指令表示调用子程序一次。

（ ）240. *FANUC* 系统的主程序调用子程序用指令 *M*99 *PXXXX*（子程序号），而返回主程序用 *M*98 指令。

（ ）241. 程序 *M*98 *P*51002，是将"子程序号为 5100 的子程序连续调用两次"。

（ ）242. *FANUC* 系统程序"（）"中的内容仅表示程序注释，不能表示其他内容。

（ ）243. 数控加工程序的顺序段号必须顺序排列。

（ ）244. 编程人员必须严格按照机床说明书的规定格式进行编程。

（ ）245. "*X*100.0;"是一个正确的程序段。

（ ）246. 数控加工程序在系统内执行的先后次序与程序段号无关。

（ ）247. *FANUC* 系统中，程序 *O*10 和程序 *O*0010 是相同的程序。

（ ）248. 当程序段作为"跳转"或"程序检索"的目标位置时，程序段号不可省略。

（ ）249. 工件坐标系是编程时使用的坐标系，故又称为编程坐标系。

（ ）250. 换刀点是机床上一个固定的极限点。

（ ）251. 数控机床的参考点是机床上的一个固定位置点。

（ ）252. 试切对刀是为了找机床机械零点。

（ ）253. 加工中心的机床坐标原点和机床参考点是重合的。

（ ）254. 机床的某一运动部件的运动正方向，规定为刀具远离工件的方向。

（ ）255. 工件坐标系原点的位置通常由厂家确定。

（ ）256. 数控机床的坐标系规定与普通机床相同，均是由左手笛卡儿直角坐标系确定。

（ ）257. 通俗地讲，对刀就是找机床的坐标系零点。

（ ）258. 机床参考点在机床上是一个浮动的点。

（ ）259. 为防止换刀时碰伤零件或夹具，换刀点常常设置在被加工零件的外面，并要有一定的安全量。

（ ）260. 对几何形状不复杂的零件，自动编程的经济性好。

（ ）261. 手工编程比较适合批量较大、形状简单、计算方便、轮廓由直线或圆弧组成的零件的编程加工。

（ ）262. 手工编程比自动编程麻烦，但正确性比自动编程高。

（ ）263. 程序编制的一般过程是确定工艺路线、计算刀具轨迹的坐标值、编写加工程序、程序输入数控系统、程序检验。

（ ）264. 程序试运行和对刀试切都是为了检验加工程序是否正确。

理论试题答案

一、选择题

1	2	3	4	5	6	7	8	9	10	11	12	13	14	15	16
D	C	C	C	B	D	D	A	D	B	C	B	C	B	B	B
17	18	19	20	21	22	23	24	25	26	27	28	29	30	31	32
B	C	A	A	D	D	D	A	C	D	D	A	D	D	A	C
33	34	35	36	37	38	39	40	41	42	43	44	45	46	47	48
C	C	C	A	A	C	C	C	A	A	C	D	C	A	B	C
49	50	51	52	53	54	55	56	57	58	59	60	61	62	63	64
D	D	D	C	B	D	A	A	D	B	A	B	B	A	D	D
65	66	67	68	69	70	71	72	73	74	75	76	77	78	79	80
B	D	B	C	C	A	D	A	B	C	D	A	B	B	A	A
81	82	83	84	85	86	87	88	89	90	91	92	93	94	95	96
A	B	C	B	A	A	B	C	C	A	C	A	D	D	B	C
97	98	99	100	101	102	103	104	105	106	107	108	109	110	111	112
D	B	C	D	C	B	B	C	A	B	D	C	A	D	C	C
113	114	115	116	117	118	119	120	121	122	123	124	125	126	127	128
A	D	A	D	D	C	A	B	A	A	A	D	D	B	B	B
129	130	131	132	133	134	135	136	137	138	139	140	141	142	143	144
A	A	A	C	C	C	A	D	B	C	D	A	B	A	A	B
145	146	147	148	149	150	151	152	153	154	155	156	157	158	159	160
D	D	A	C	A	C	B	B	A	A	B	C	A	C	B	A
161	162	163	164	165	166	167	168	169	170	171	172	173	174	175	176
A	B	C	D	D	C	B	B	C	A	C	B	A	D	D	D

177	178	179	180	181	182	183	184	185	186	187	188	189	190	191	192
C	C	D	C	C	A	A	C	B	B	A	B	D	B	D	B

193	194	195	196	197	198	199	200	201	202	203	204	205	206	207	208
B	B	D	A	C	A	C	A	A	B	A	B	B	A	C	B

209	210	211	212	213	214	215	216	217	218	219	220	221	222	223	224
C	D	A	CD	A	B	A	B	A	A	A	D	A	B	A	C

225	226	227	228	229	230	231	232	233	234	235	236	237	238	239	240
B	A	D	A	A	B	A	D	A	A	D	C	A	A	A	A

241	242	243	244	245	246	247	248	249							
D	C	A	A	A	B	D	A	A							

二、判断题

1	2	3	4	5	6	7	8	9	10	11	12	13	14	15	16
×	×	×	√	√	√	√	×	√	√	×	×	√	√	√	×

17	18	19	20	21	22	23	24	25	26	27	28	29	30	31	32
×	√	√	×	√	√	√	√	√	√	×	√	×	×	×	×

33	34	35	36	37	38	39	40	41	42	43	44	45	46	47	48
√	√	√	×	√	×	√	×	√	√	×	√	×	×	√	×

49	50	51	52	53	54	55	56	57	58	59	60	61	62	63	64
√	×	√	×	√	×	√	×	√	√	×	×	×	×	√	×

65	66	67	68	69	70	71	72	73	74	75	76	77	78	79	80
√	×	√	√	√	×	√	×	×	√	√	×	×	√	×	√

81	82	83	84	85	86	87	88	89	90	91	92	93	94	95	96
×	×	×	×	√	×	×	×	×	√	×	×	√	√	√	×

97	98	99	100	101	102	103	104	105	106	107	108	109	110	111	112
×	×	√	√	√	×	×	×	×	×	×	×	×	√	√	×

113	114	115	116	117	118	119	120	121	122	123	124	125	126	127	128
×	×	√	√	√	√	√	√	×	√	√	√	√	×	×	√

129	130	131	132	133	134	135	136	137	138	139	140	141	142	143	144
×	√	×	√	√	√	√	×	√	×	×	√	×	√	√	×
145	146	147	148	149	150	151	152	153	154	155	156	157	158	159	160
√	×	√	√	√	×	×	√	√	√	×	√	×	×	×	√
161	162	163	164	165	166	167	168	169	170	171	172	173	174	175	176
√	×	√	√	×	√	√	×	×	×	√	×	√	√	√	√
177	178	179	180	181	182	183	184	185	186	187	188	189	190	191	192
×	√	√	√	×	√	√	×	×	√	√	√	×	√	×	×
193	194	195	196	197	198	199	200	201	202	203	204	205	206	207	208
√	√	√	×	√	√	√	×	√	×	×	×	√	√	×	×
209	210	211	212	213	214	215	216	217	218	219	220	221	222	223	224
×	×	√	×	×	√	×	×	√	√	√	×	√	√	×	√
225	226	227	228	229	230	231	232	233	234	235	236	237	238	239	240
×	×	×	×	√	√	√	×	√	×	×	√	×	√	√	×
241	242	243	244	245	246	247	248	249	250	251	252	253	254	255	256
×	√	×	√	√	√	√	√	√	×	√	×	√	√	×	×
257	258	259	260	261	262	263	264								
×	×	√	×	×	×	√	√								

高级工试题一

一、编写加工图 1 所示的零件程序

二、要求：

1. 外圆、内孔及“V”形槽部分在数控车床上加工。
2. “U”形槽部分在加工中心上加工。
3. 7∶24 等标有“G”的部分需要磨削 Ra 为 0.4μm，需要在数控磨床上加工。
4. 为了保证质量，棒料需要在数控线切割机床上切断。

考核时间：150min

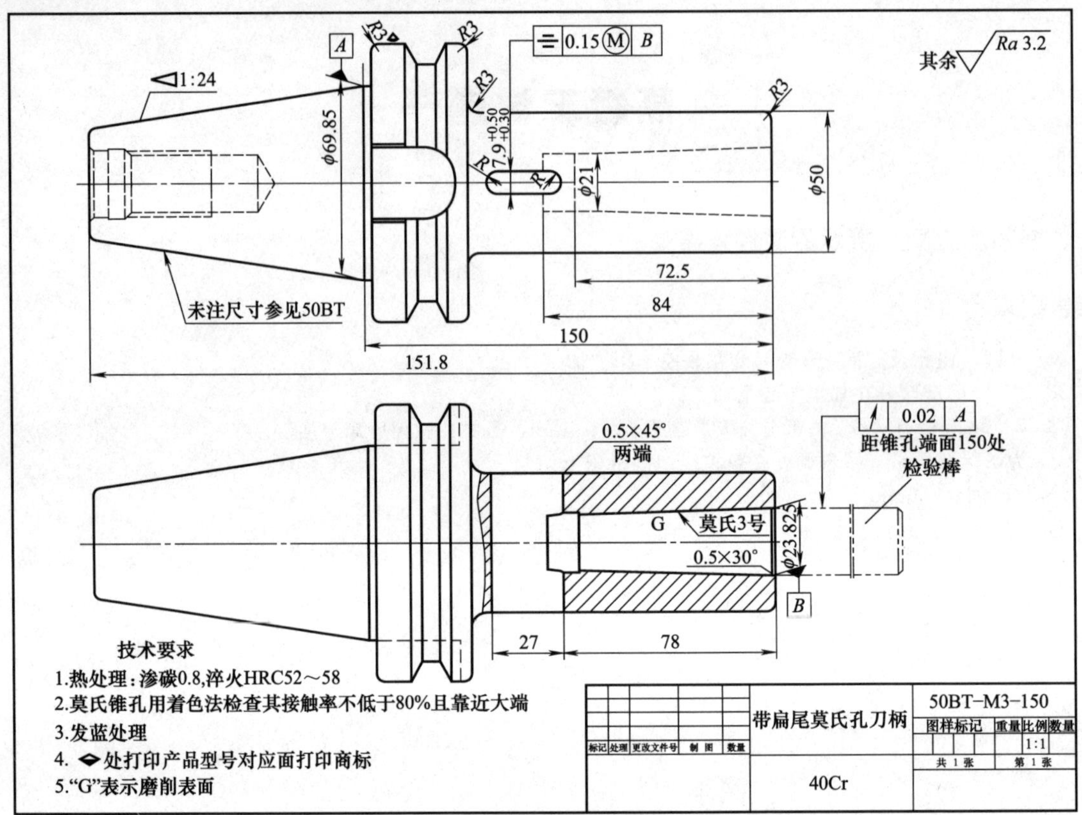
其余 Ra 3.2
1:24
未注尺寸参见50BT
0.15 M B
0.02 A
距锥孔端面150处
检验棒
0.5×45°
两端
莫氏3号
0.5×30°
技术要求
1.热处理：渗碳0.8,淬火HRC52～58
2.莫氏锥孔用着色法检查其接触率不低于80%且靠近大端
3.发蓝处理
4. 处打印产品型号对应面打印商标
5."G"表示磨削表面
带扁尾莫氏孔刀柄
50BT-M3-150
40Cr
1:1
共 1 张
第 1 张

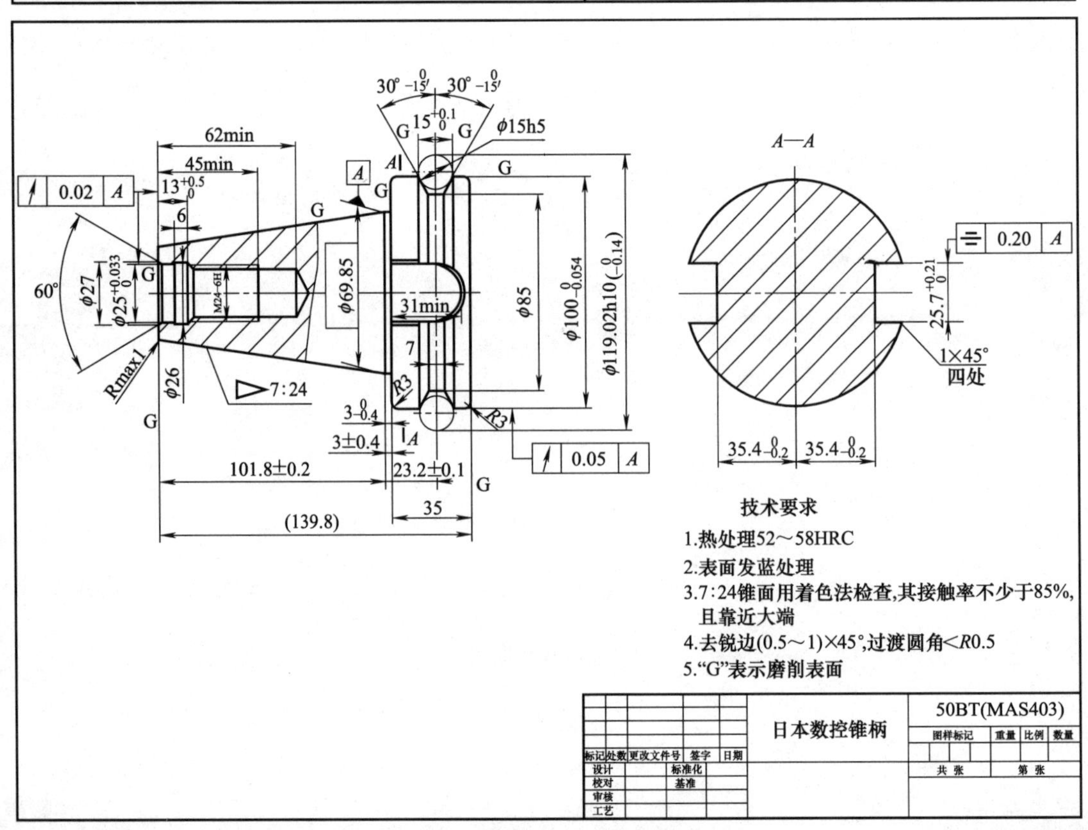
A—A
0.02 A
0.05 A
0.20 A
7:24
1×45°
四处
技术要求
1.热处理52～58HRC
2.表面发蓝处理
3.7:24锥面用着色法检查,其接触率不少于85%,
且靠近大端
4.去锐边(0.5～1)×45°,过渡圆角<R0.5
5."G"表示磨削表面
日本数控锥柄
50BT(MAS403)

图 1　带扁尾莫氏孔刀柄

高级工试题二

编写图2所示的零件加工程序

1. 工件说明

1）材料 HT200，硬度 120～150HB。

2）加工余量单边 2～3mm。

3）铸件经退火处理。

4）大批量。

2. 要求

（1）分别制订铣削中心和车削中心的加工工艺方案（采用表格形式）。

要求：

1）加工中心的装夹方式。

2）切削中心的装夹方式。

3）分别列出所需刀具的名称、参数及数量。

4）合理分配加工余量。

5）确定各工步切削长度。

6）合理设计切削用量。

（2）编写加工程序。

1）车削中心程序。

2）铣削中心程序。

考核时间：90min

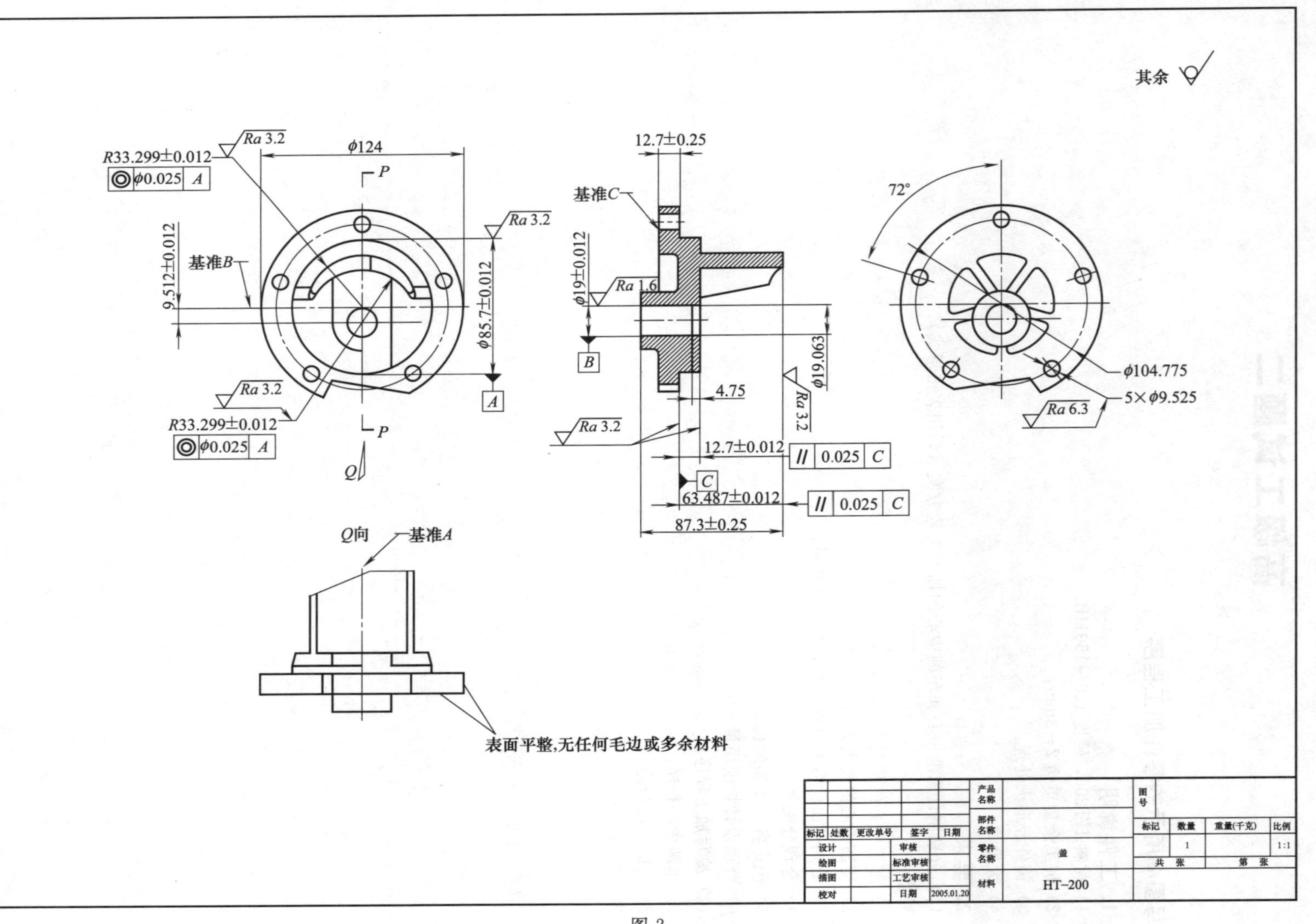
其余
R33.299±0.012
φ0.025 A
Ra 3.2
φ124
P
9.512±0.012
基准B
φ85.7±0.012
A
Q
12.7±0.25
基准C
φ19±0.012
Ra 1.6
B
4.75
φ19.063
12.7±0.012
0.025 C
63.487±0.012
87.3±0.25
72°
φ104.775
5×φ9.525
Ra 6.3
Q向
基准A
表面平整,无任何毛边或多余材料
盘
HT-200
1:1
2005.01.20

图 2

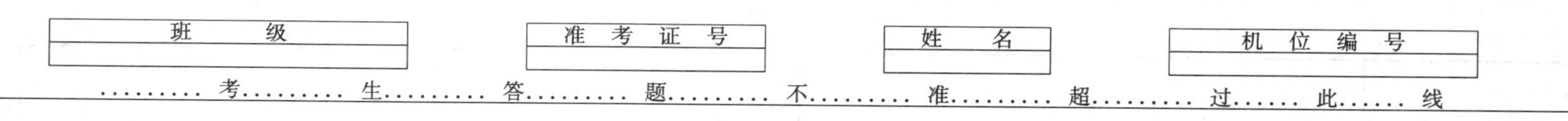

班　级	准考证号	姓　名	机位编号

………考………生………答………题………不………准………超………过……此……线

数控程序员技师试题

注意事项

1. 请考生在试卷的标封处填写班级、姓名和准考证号
2. 上机做题前须先在本机的硬盘 D 上以准考证号为名建立自己文件夹并注意随时保存文件
3. 考试时间为 120 分钟

题号	一	二	三	总分	审核人
分数					

一、根据图示尺寸，完成零件的三维曲面或实体造型（建模），并以准考证号加 ma 为文件名保存为所用 CAXA 系统的造型文件（本题满分 30 分）

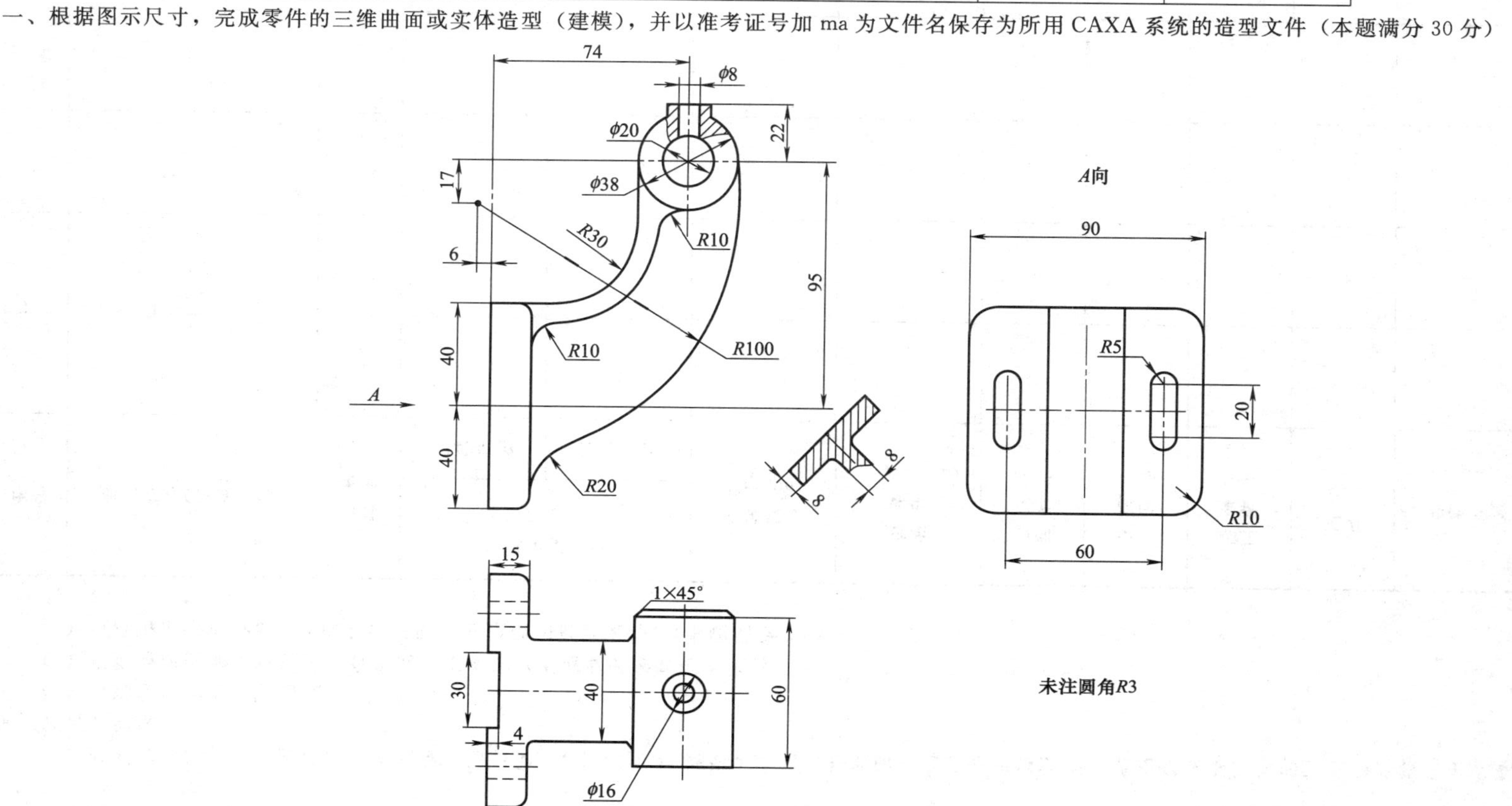

二、某零件图尺寸如下图所示，外轮廓不需要加工，材料为 45 调质，底面（基准面）已经完成精加工，请先完成零件的加工造型，然后生成零件的粗精加工轨迹，要求：

（1）合理安排加工工艺路线；

（2）根据生成的加工轨迹填写合理的加工参数（不需要的参数可不填）；

（3）以准考证号加 mb 为文件名保存所有的造型和轨迹文件。（本题满分 30 分）

序号	加工方式(轨迹名称)	刀具类型	刀具主要参数 /mm		主轴转速 /(r/min)	进给速度 /(mm/min)	切削深度 /mm	安全高度 /mm	加工余量 /mm	走刀方式	补偿方式	刀次
			刀具半径	刀角半径								

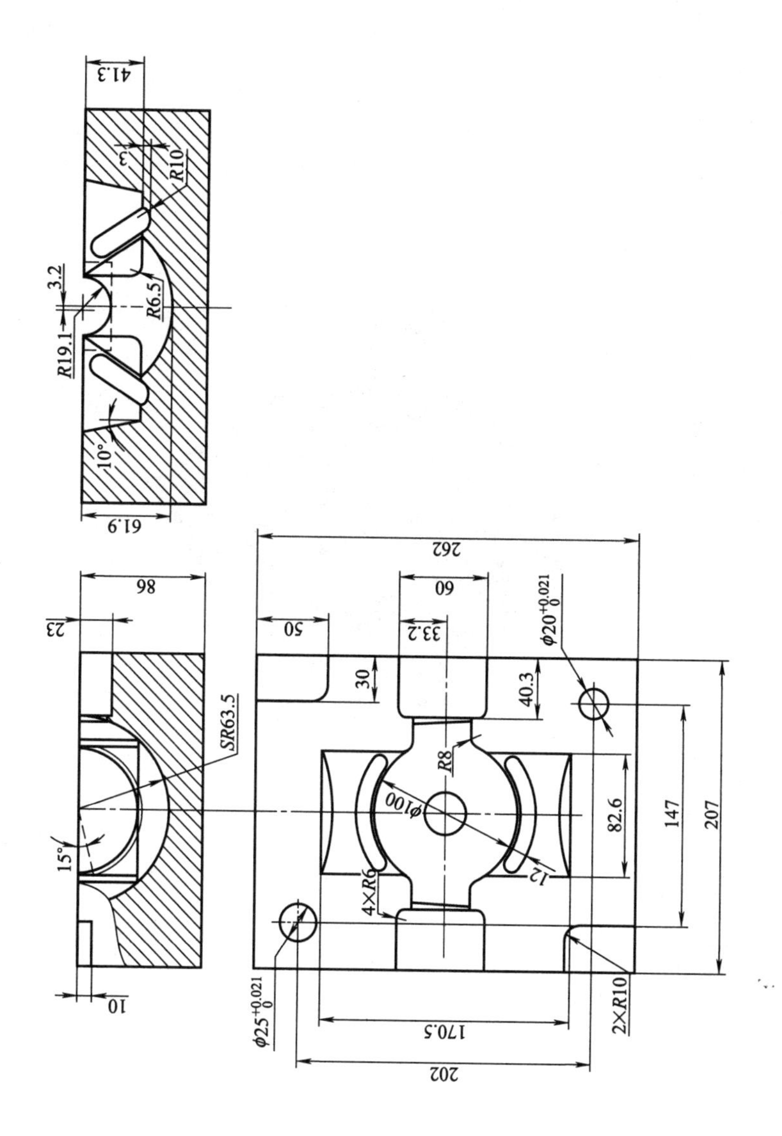

班　　级	准考证号	姓　　名	机位编号

………考………生………答………题………不………准………超………过……此……线

三、某模具零件如下图所示，已知毛坯尺寸为 120mm×120mm×48mm，材料为 45 调质，底面（基准面）和四周已经加工完成。（本题满分 40 分）要求：

（1）调出待加工零件的通用格式的造型数据文件 E:\ KS03. IGS，合理安排加工工艺路线和建立加工坐标系，生成粗、精加工和清根的刀具加工轨迹，并以准考证号加 mc 为文件名保存文件；

（2）根据生成的加工轨迹填写合理的加工参数（不需要的参数可不填）；

（3）按华中世纪星后置处理格式要求生成 G 代码并保存（准考证号加 mc. cut）；

（4）调用生成的 G 代码在仿真软件上完成零件的仿真加工，使用“保存项目”，将设置好的对刀加工环境、机床状态等以准考证号加 mc 为文件名保存。

CAM 加工参数表

序号	加工方式（轨迹名称）	刀具类型	刀具主要参数/mm		主轴转速/(r/min)	进给速度/(mm/min)	切削深度/mm	安全高度/mm	加工余量/mm	走刀方式	补偿方式	刀次
			刀具半径	刀角半径								

选送单位	准考证号	姓名	机位编号

………考………生………答………题………不………准………超………过……此……线

数控程序员高级工试题

注意事项

1. 请选手在试卷的标封处填写您的所在单位、姓名和准考证号
2. 选手须在每题小格内声明所使用的 CAD/CAM 系统的名称和版本号
3. 上机做题前须先在本机的硬盘 E 上以准考证号为名建立自己文件夹并注意随时保存文件
4. 竞赛结束前须在指定地址备份所有上机结果
5. 考试时间为 60 分钟

得分	
评分人	

已知毛坯尺寸为 110×70×30，材质为 45 钢，零件底面已精加工，根据下图，完成零件的三维实体造型，生成加工轨迹，根据 FAUNC-0i 系统要求进行后置处理，生成 CAM 编程 NC 代码（手工编程不得分），并填写数控加工工艺卡片及数控刀具卡片。最后将造型、加工轨迹和 NC 代码文件存放至本机 E:\ xxxxxx 文件夹中（xxxxxx 为准考证号码），数控铣需生成多个代码文件请在文件名后用加“-1”“-2”“-3”方式区分，不按指定地址存放者得 0 分。

CAD/CAM 软件名称	
版本号	

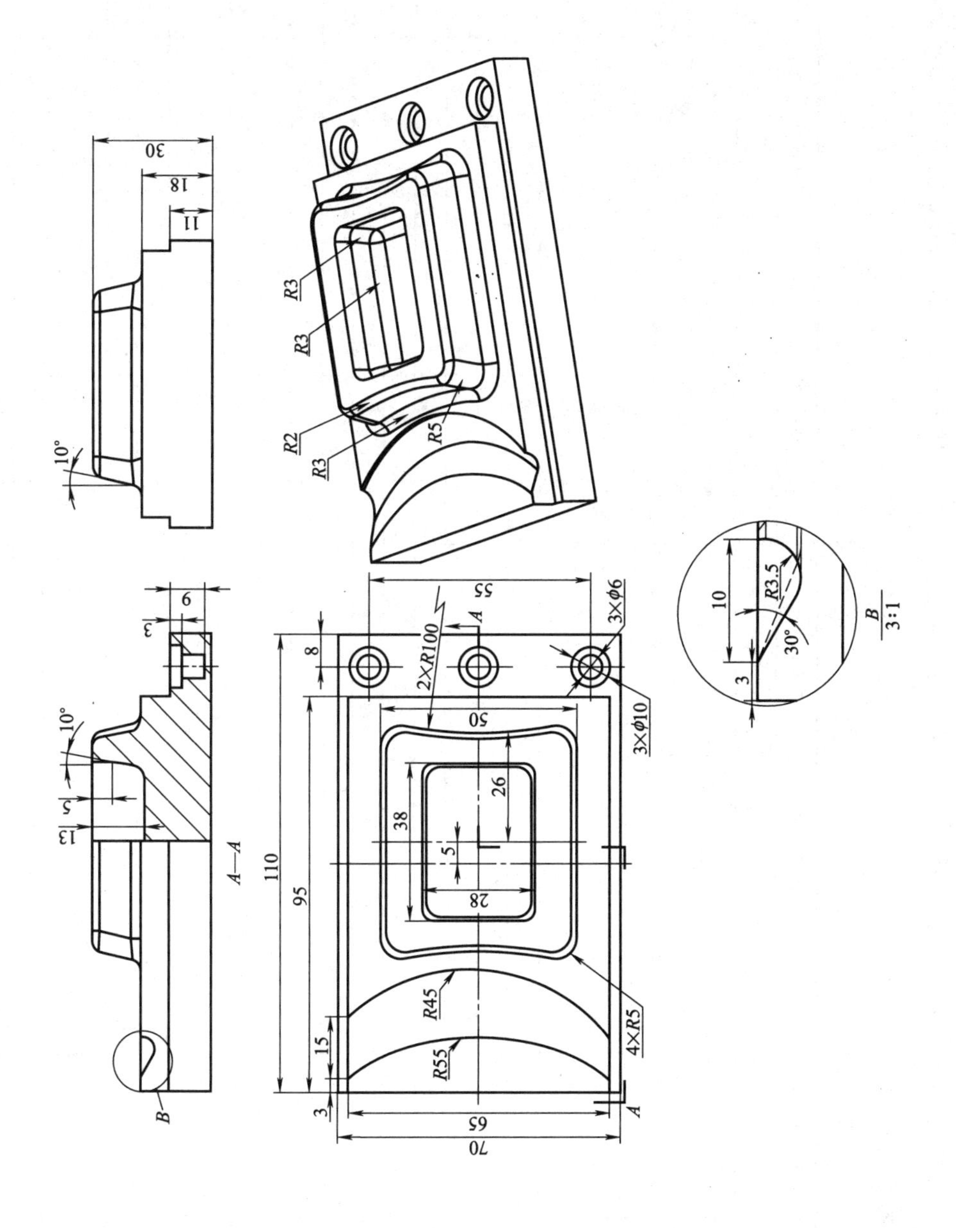
A—A
B
B
3:1
R3
R3
R2
R3
R5
R3.5
30°
10°
2×R100
3×φ6
3×φ10
4×R5
R45
R55
110
95
70
65
55
50
38
28
26
30
18
11
15
13
10
9
8
5
3

选送单位	准考证号	姓名	机位编号

………考………生………答………题………不………准………超………过……此……线

一、数控加工工艺卡片

CAM数控铣、加工中心单元数控加工工艺卡				零件代号		材料名称		零件数量
								1
设备名称		系统型号		夹具名称			毛坯尺寸	

工序号	工序内容	刀具号	主轴转速/(r/min)	进给量/(mm/r)	背吃刀量/mm	NC程序文件名

编制		审核		批准		年 月 日	共1页	第1页

二、数控刀具卡片

序号	刀具号	刀具名称	刀片/刀具规格	刀具材料	备注

附录一　数控程序员技师论文写作与答辩要点

一、论文写作

1. 论文定义

论文是讨论和研究某种问题的文章，是一个人从事某一专业（工种，如数控程序员）的学识、技术和能力的基本反映，也是个人劳动成果、经验和智慧的升华。

2. 论文的构成

论文由论点、论据、引证、论证、结论等几个部分构成。

1）论点是论述中的确定性意见及支持意见的理由。

2）论据是证明论题判断的依据。

3）引证是引用前人事例或著作作为明证、根据、证据。

4）论证是用以论证论题真实性的论述过程。一般根据个人的了解或理解证明。机械加工（如数控程序员）技师论文是用事实即加工出的零件来证明。当然，可以自己加工，也可以与他人合作完成。

5）结论从一定的前提推论得到的结果，对事物做出的总结性判断。

3. 技术论文的撰写

（1）论文命题的选择

论文命题的标题应做到贴切、鲜明、简短。写好论文关键在如何选题。就机械行业来讲，由于每个单位情况不同，各专业技术工种也不同；就同一工种而言，其技术复杂程度，难易、深浅各不相同，专业技术各不相同，因此，不能用一种模式、一种定义来表达各不相同的专业技术情况。选择命题不是刻意地寻找，去研究那些尚未开发的领域，不要超出技师的要求，比如数控程序员技师论文选择为《非圆曲线的插补计算方法》（硕士论文）或《五坐标刀具补偿的建模》（博士论文）都是不合理的，而是把生产实践中解决的生产问题、工作问题通过筛选总结整理出来，上升为理论，以达到指导今后生产和工作的目的。数控程序员技师论文选择《等壁厚椭圆型腔的编程方法》就比较合适。命题是论文的精髓所在，是论文方向性、选择性、关键性、成功性的关键和体现，命题方向选择失误往往导致论文的失败。选题确定后再选择命题的标题。

（2）摘要

摘要是论文内容基本思想的浓缩，简要阐明论文的论点、论据、方法、成果和结论，要求完整、准确和简练，其本身是完整的短文，能独立使用，字数一般二三百字为好，至多不超过500字。

（3）主题词（关键词）

主题词是对论文内容的高度概括，是代表论文的关键性词语。比如《等壁厚椭圆型腔的编程方法》的主题词就是加工中心、椭圆型腔、椭圆轮廓、等距线、宏程序、通用性等。主题词一般为四～六个，一般不要超过十个。

（4）前言

前言是论文的开场白，主要说明本课题研究的目的、相关的前人成果和知识空白、理论依据和实践方法、设备基础和预期目标等。切忌自封水平、客套空话，政治口号和商业宣传。

（5）正文

正文是论文的主体，包括论点、论据、引证、论证、实践方法（包括其理论依据）、实践过程及参考文献、实际成果等。写好这部分文章要有材料、有内容，文字简明精炼，通俗易懂，准确地表达必要的理论和实践成果。在写作中表达数据的图、表要经过精心挑选；论文中凡引用他人的文章、数据、论点、材料等，均应按出现顺序依次列出参考文献，并准确无误。

（6）结论

结论是整篇论文的归结，它不应是前文已经分别作的研究、实践成果的简单重复，而应该提到更深层次的理论高度进行概括，文字组织要有说服力，要突出科学性、严密性，使论文有完善的结尾。对于数控程序员技师来说，最好是呈现已经用作者的加工方法加工出来的零件。

论文是按一定格式撰写的。一般分为：题目，作者姓名和工作单位，摘要，前言，实践方法（包括其理论依据），实践过程，参考文献等。论文全文的长短根据内容需要而定，一般在三四千字以内。要明确读者对象。要充分占有资料。初稿完稿后，要进行反复推敲与修改，使文字表达符合我国的语言习惯、行业标准，文字精练，逻辑关系明确。除自审外，最好请有关专家审阅，按所提的意见再修改一次，以消除差错，进一步提高论文质量，达到精益求精的目的。

二、论文的答辩

1. 专家组成

专业技术工种专家组须由5～7相应技术工种的专家、技师、高级技师、工程师、高级工程师组成。

2. 答辩者自叙

自叙包括两部分内容。

1）答辩者的个人情况，包括工作简历，发明创造，技术革新，时间不要超过5分钟。

2）论文情况，答辩者介绍一下论文的论点、论据、在本论文中的创新点、本论文存在的问题等。要注意，这不是论文的宣读。时间不要超过10分钟。

3. 专家提问

专家组提问考核，时间约为15分钟。主要包括以下几个方面。

1）论文中提出的结构、原理、定义、原则、公式推导、方法等。

2）本工种的专业工艺知识，一般以鉴定标准为依据。

3）在相关知识，不同的工种是不同的，比如数控程序员技师相关知识大体上涉及到加工工艺、刀具、夹具、电气、维修、验收、工效学、质量管理、消防、安全生产、环境保护等知识。

4. 结论

对具体论文（工作总结）主要从论文项目的难度、项目的实用性、项目经济效果、项目的科学性进行评估。做出“优秀、良好、中等、及格、不及格”的结论。

附录二　数控程序员技师论文撰写实例

数控程序员技师评审论文

论文题目：等壁厚椭圆型腔的编程方法

姓　　名：____________

身份证号：____________

准考证号：____________

所在省市：____________

所在单位：____________

等壁厚椭圆型腔的编程方法

摘要：多年来等壁厚椭圆型腔的加工存在着一个壁厚不等的现象，本文提出造成这种现象的原因，找出了解决方法，并编制了在FANUC系统的加工中心上加工该型腔所用的通用子程序，为等壁厚椭圆型腔加工提供工具。

主题词：椭圆型腔 椭圆轮廓 等距线 子程序 宏程序 通用性

随着科学技术的不断进步，椭圆型腔的应用也越来越广泛了。在航空、航天、机械、模具、玻璃制品行业尤为如此。然而，椭圆型腔的加工存在这一个数学误区，就是认为椭圆的等距线也是椭圆。比如加工图1所示的等壁厚型腔时，已知外轮廓的方程为$\frac{x^2}{a^2}+\frac{y^2}{b^2}=1$，在加工内轮廓时，往往按方程$\frac{x^2}{(a-r)^2}+\frac{y^2}{(b-r)^2}=1$进行加工，结果加工出来的零件壁厚是不等的，并且$r$越大，误差也就越大。其实内轮廓的方程并不是$\frac{x^2}{(a-r)^2}+\frac{y^2}{(b-r)^2}=1$，而是一条特殊曲线。

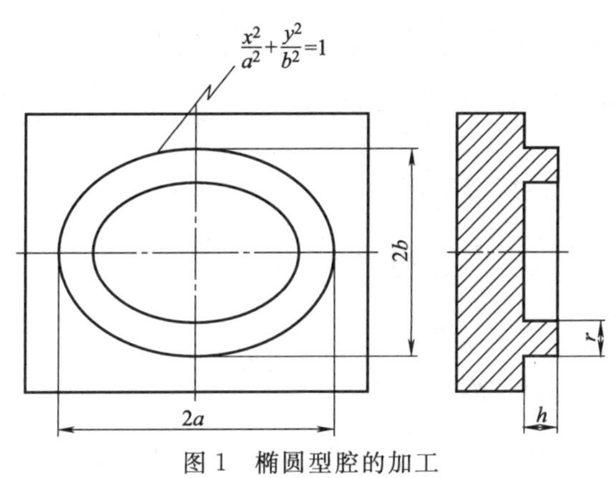

图1 椭圆型腔的加工

一、椭圆等距线的方程

椭圆的方程：

$$\frac{x^2}{a^2}+\frac{y^2}{b^2}=1$$

参数方程：

$$\begin{cases}x=a\cos\theta\\ y=b\sin\theta\end{cases}\quad（其中\ 0\leqslant\theta\leqslant2\pi）$$

设A（X，Y）是椭圆上任一点，B（X_1，Y_1）、C（X_2，Y_2）为其等距曲线上的对应点，如图2所示。

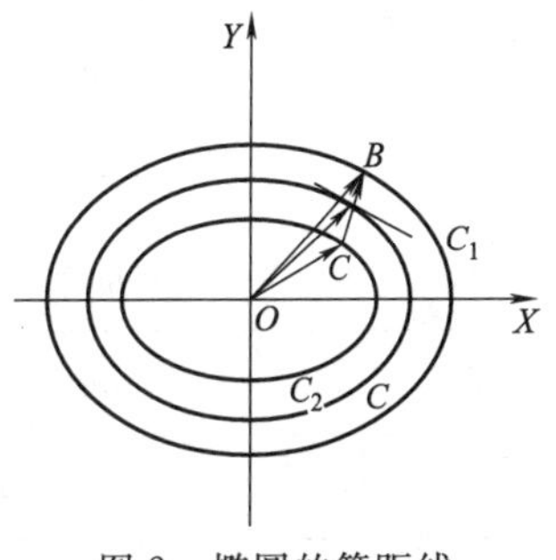

图2 椭圆的等距线

$\therefore OB=OA+AB$

$OC=OA+AC$

$\because OA=（a\cos\theta，b\sin\theta）$

$|AB|=|AC|=R$

$\therefore$关键在于求向量AB、AC方向

$\because$过A点的单位切向量为

$$\tau=\left(\frac{1}{\sqrt{1+[f'(x)]^2}},\frac{f'(x)}{\sqrt{1+[f'(x)]^2}}\right)$$

$\because f'(x)=-\frac{b\cos\theta}{a\sin\theta}$

$\therefore \vec{\tau}=\left(\frac{a\sin\theta}{\sqrt{a^2\sin^2\theta+b^2\cos^2\theta}}, -\frac{b\cos\theta}{\sqrt{a^2\sin^2\theta+b^2\cos^2\theta}}\right)$

∴与 AB 同方向的单位法向量为

$\vec{\eta_1}=\left(-\frac{b\cos\theta}{\sqrt{a^2\sin^2\theta+b^2\cos^2\theta}}, -\frac{a\sin\theta}{\sqrt{a^2\sin^2\theta+b^2\cos^2\theta}}\right)$

与 AC 同方向的单位法向量为

$\vec{\eta_2}=\left(\frac{b\cos\theta}{\sqrt{a^2\sin^2\theta+b^2\cos^2\theta}}, \frac{a\sin\theta}{\sqrt{a^2\sin^2\theta+b^2\cos^2\theta}}\right)$

$\therefore AB=R\,\vec{\eta}_1=\left(-R\frac{b\cos\theta}{\sqrt{a^2 sin^2\theta+b^2 cos^2\theta}}, -R\frac{a sin\theta}{\sqrt{a^2 sin^2\theta+b^2 cos^2\theta}}\right)$

$AC=R\,\vec{\eta}_2=\left(R\frac{b\cos\theta}{\sqrt{a^2 sin^2\theta+b^2 cos^2\theta}}, R\frac{a sin\theta}{\sqrt{a^2 sin^2\theta+b^2 cos^2\theta}}\right)$

$\therefore OB=OA+AB$

$=\left(a\cos\theta-R\frac{b\cos\theta}{\sqrt{a^2\sin^2\theta+b^2\cos^2\theta}}, b\sin\theta-R\frac{a\sin\theta}{\sqrt{a^2\sin^2\theta+b^2\cos^2\theta}}\right)$

$OC=OA+AC$

$=\left(a\cos\theta+R\frac{b\cos\theta}{\sqrt{a^2\sin^2\theta+b^2\cos^2\theta}}, b\sin\theta+R\frac{a\sin\theta}{\sqrt{a^2\sin^2\theta+b^2\cos^2\theta}}\right)$

∴椭圆$\frac{x^2}{a^2}+\frac{y^2}{b^2}=1$的等距曲线 C_1、C_2 的方程分别为

$$C_1:\begin{cases} x_1(\theta)=a\cos\theta-R\dfrac{b\cos\theta}{\sqrt{a^2\sin^2\theta+b^2\cos^2\theta}} \\ y_1(\theta)=b\sin\theta-R\dfrac{a\sin\theta}{\sqrt{a^2\sin^2\theta+b^2\cos^2\theta}} \end{cases} \quad (0\leqslant\theta\leqslant2\pi)$$

$$C_2:\begin{cases} x_2(\theta)=a\cos\theta+R\dfrac{b\cos\theta}{\sqrt{a^2\sin^2\theta+b^2\cos^2\theta}} \\ y_2(\theta)=b\sin\theta+R\dfrac{a\sin\theta}{\sqrt{a^2\sin^2\theta+b^2\cos^2\theta}} \end{cases} \quad (0\leqslant\theta\leqslant2\pi)$$

实际上椭圆内型腔的曲线方程为 C_1，并不是椭圆，这是造成加工误差的关键所在。

二、通用程序的编写

1. 参数说明

应用宏指令，编写在 FANUC 系统加工中心上加工椭圆的通用子程序。其参数说明如表 1 所示。

表 1　参数说明

参数	说明	变量
A	椭圆长半轴 a	#1
B	椭圆短半轴 b	#2
C	起始角 θ(一般为 0°)	#3
I	终止角(一般为 360°)	#4
D	刀具补偿类型	#7
E	步距角	#8
F	进给量	#9
R	壁厚	#18

2. 子程序的编写

```
O9011                                              子程序名
    G#7 G00 X#1 Y#2 D01;                           建立刀具补偿
    G00 Y0;                                        运动到Y0位置
    G01 Z-#26 F#9;                                 Z向进给
    WHILE [#3<#4] DO 3;                            条件转移开始
    #101=#1*COS#3;                                 变量变换
    #102=#2*SIN#3;                                 变量变换
    #103=#2*COS#3                                  变量变换
    #104=#1*SIN#3                                  变量变换
    #105=SQRT[#104*#104+#103*#103]                 变量变换
    #106=#101-#18*[#103/#105]                      计算X
    #107=#102-#18*[#104/#105]                      计算Y
    G01 X#106 Y#107 F#9;                           进给
    #3=#3+#8                                       变量变换
    END 3;                                         条件转移结束
    G91 G00 Z50.0;                                 Z向退刀
    G40 G90 G00 X0 Y0                              取消刀具半径补偿
    M99;                                           子程序结束
```

3. 子程序的调用

只要把系统参数7051设置为113，就可以用G113来调用该子程序了。比如加工椭圆内轮廓时在主程序中的调用方式如下

G113 A____ B____ C____ I____ D____ R____ E____ F____;

当然，亦可以用如下方法直接调用

G65 P9011　A____ B____ C____ I____ D____ R____ E____ F____;

实践证明，这样加工出来的零件符合要求。当然，若图样给出的内型腔为椭圆，此时亦可用以上介绍的子程序来加工外轮廓，只不过在加工内型腔时D即#7为41，R即#18变量为正值；加工外轮廓时，只要把R即#18变量变为负值，并且D即#7变为42即可。

参考文献

[1] 韩鸿鸾编著．基础数控技术［M］．北京：机械工业出版社，1999.
[2] 韩鸿鸾主编．数控编程［M］．北京：中国劳动和社会保障出版社．2002.
[3] 韩鸿鸾主编．数控加工技师手册［M］．北京：机械工业出版社．2005.
[4] 《机械工人》（冷加工）［J］．1998，8.
[5] 《制造技术与机床》［J］．1999，12.
[6] 《机械制造与自动控制》［J］．2006，3.
[7] 刘雄伟主编．数控机床操作与编程培训教程．北京：机械工业出版社，2001.
[8] 《数控大赛试题．答案．点评》编委会编著．数控大赛试题．答案．点评．北京：机械工业出版社，2006.
[9] 眭润舟主编．数控编程与加工技术．北京：机械工业出版社，2001.
[10] 袁锋主编．全国数控大赛试题精选．北京：机械工业出版社，2005.
[11] 顾京主编．数控机床加工程序编制．北京：机械工业出版社，2001.
[12] 第一届全国数控技能大赛组委会/机床杂志社组编．决赛试题解析与点评．北京：中国科学技术出版社，2005.
[13] 王平主编．数控机床与编程实用教程．北京：化学工业出版社，2004.
[14] 黄卫主编．数控技术与数控编程．北京：机械工业出版社，2004.
[15] 韩鸿鸾主编．数控加工技师手册．北京：机械工业出版社，2005.
[16] 韩鸿鸾编著．数控编程．北京：中国劳动和社会保障出版社，2004.
[17] 韩鸿鸾主编．数控加工工艺学．北京：中国劳动和社会保障出版社，2005.
[18] 韩鸿鸾主编．数控编程．济南：山东科学技术出版社，2005.
[19] 顾京主编．数控加工编程及操作．北京：高等教育出版社，2003.
[20] 关颖编著．数控车床．沈阳：辽宁科学技术出版社，2005.
[21] 韩鸿鸾主编．数控车床的编程与操作实例．北京：中国电力出版社，2006.
[22] 顾雪艳等编著．数控加工编程操作技巧与禁忌．北京：机械工业出版社，2007.
[23] 冯志刚编著．数控宏程序编程方法、技巧与实例．北京：机械工业出版社，2007.
[24] 沈建峰，虞俊主编．数控车工（高级）．北京：机械工业出版社，2007.
[25] 崔兆华主编．数控车工（中级）．北京：机械工业出版社，2007.
[26] 韩鸿鸾主编．数控车工（技师、高级技师）．北京：机械工业出版社，2008.
[27] 韩鸿鸾主编．数控加工工艺．北京：中国电力出版社，2008.
[28] 沈建峰主编．MasterCAM．北京：中国劳动和社会保障出版社，2008.
[29] BEIJING－FANUC Series 0—TD 操作说明书.
[30] FANUC Series 15—T 操作说明书.
[31] FANUC Series 18/16—T 操作说明书.
[32] FANUC Series 21—M 操作说明书.
[33] SIEMENS（802）数控车床说明书.